"十二五"国家重点图书出版规划项目

材料科学研究与工程技术系列

化学纤维成型工艺学

祖立武　主编

哈尔滨工业大学出版社

内容简介

本书系统地介绍了化学纤维生产工艺的基本知识及化学纤维成型原理。本书共 10 章:第 1、2、3 章主要阐述了用熔体纺丝方法生产的纤维工艺,如涤纶、聚酰胺纤维、丙纶;第 4、5、6 章主要阐述了用溶液纺丝方法生产的纤维工艺,如腈纶、维尼纶、氨纶;第 7、8 章介绍了再生纤维素纤维和主要高性能纤维的生产工艺;第 9、10 章介绍了纤维成型原理及拉伸、热定型原理。本书在编写过程中以突出重点、兼顾最新发展为原则,以适应普通高等学校高分子材料专业学生的特点和教学要求;在语言方面深入浅出、简明扼要,便于使用者理解接受。

本书可作为高分子材料与工程专业的本科教材使用,也适合于纤维加工及相关专业学生使用,并可供从事化学纤维生产、研究开发和应用的工程技术人员参考。

图书在版编目(CIP)数据

化学纤维成型工艺学/祖立武主编. —哈尔滨:哈尔滨工业大学出版社,2014.8(2025.1 重印)

ISBN 978 - 7 - 5603 - 4583 - 3

Ⅰ.①化…　Ⅱ.①祖…　Ⅲ.①合成纤维-成型-工艺学-高等学校-教材　Ⅳ.①TQ342

中国版本图书馆 CIP 数据核字(2014)第 187999 号

材料科学与工程
图书工作室

责任编辑　刘　瑶
封面设计　卞秉利
出版发行　哈尔滨工业大学出版社
社　　址　哈尔滨市南岗区复华四道街 10 号　邮编 150006
传　　真　0451-86414749
网　　址　http://hitpress.hit.edu.cn
印　　刷　哈尔滨圣铂印刷有限公司
开　　本　787mm×1092mm　1/16　印张 24.25　字数 571 千字
版　　次　2014 年 9 月第 1 版　2025 年 1 月第 5 次印刷
书　　号　ISBN 978 - 7 - 5603 - 4583 - 3
定　　价　68.00 元

前　言

　　21 世纪化学纤维工业在国民生产中仍是占主要地位的基础工业。化学纤维不仅满足和丰富了人们生活所必需的纤维材料，而且成为经济建设中其他领域不可缺少的重要材料。随着高分子材料、生物工程、微电子等高新技术飞速发展，极大地推动了化纤、纺织等传统产业的技术进步。世界化纤工业已全面进入以高新技术、高新产品为核心，以信息工程和知识经济为基础，竞争更为激烈的新阶段。因此系统学习和掌握化学纤维的基本生产工艺、加工原理及设备等知识是非常重要的。

　　本书系统地介绍了化学纤维生产工艺的基本知识及化学纤维成型原理。本书共 10章：第 1、2、3 章主要阐述了用熔体纺丝方法生产的纤维工艺，如涤纶、聚酰胺纤维、丙纶；第 4、5、6 章主要阐述了用溶液纺丝方法生产的纤维工艺，如腈纶、维尼纶、氨纶；第 7、8 章介绍了再生纤维素纤维和主要高性能纤维的生产工艺；第 9、10 章介绍了纤维成型原理及拉伸、热定型原理。本书在编写过程中以突出重点、兼顾最新发展为原则，以适应普通高等学校高分子材料专业学生的特点和教学要求；在语言方面深入浅出、简明扼要，便于使用者理解接受。

　　本书具体分工如下：绪论及第 1、2、3、6、7、8 章由齐齐哈尔大学祖立武编写；第 4、5 章由齐齐哈尔大学王雅珍编写；第 9、10 章由齐齐哈尔大学娄春华编写。全书由祖立武统稿。

　　本书在编写过程中参考了大量国内外文献资料和专著，限于篇幅只列出了主要参考文献。

　　由于编者水平所限，难免有错漏和不足之处，衷心希望广大读者批评指正。

编　者
2014 年 5 月

目　　录

第0章 绪 论

0.1 纤维的基本概念与分类

纤维(Fibre)是一种柔软而细长的物质,其长度与直径之比至少为10∶1,其截面积小于0.05 mm²。对于供纺织用的纤维,其长度与直径之比一般大于1 000∶1。在纺织纤维中,一类是天然纤维(Natural fiber),如棉、麻、羊毛、蚕丝等;另一类为化学纤维(Chemical fiber)。化学纤维是指用天然或合成的高聚物为原料,经过化学方法和机械加工制成的纤维。化学纤维的问世使纺织工业出现了突飞猛进的发展,经过100多年的历程,今天的化学纤维无论是产量、品种,还是性能与使用领域都已超过了天然纤维,而且化学纤维生产的新技术、新设备、新工艺、新材料、新品种、新性能不断涌现,呈现出蓬勃发展的趋势。

0.1.1 化学纤维的分类

化学纤维的种类繁多,分类方法也有很多种,根据原料来源、形态结构、制造方法、单根纤维内的组成和纤维性能差别等分类如下。

1.按原料来源分类

按化学纤维的原料,分为再生纤维(Regenerated fibre)和合成纤维(Synthetic fibres)两大类。

(1)再生纤维

再生纤维也称人造纤维,是利用天然聚合物或失去纺织加工价值的纤维原料经过一系列化学处理和机械加工而制得的纤维。其纤维的化学组成与原高聚物基本相同,包括再生纤维素纤维(Regenerated cellulose fibre)(如黏胶纤维、铜氨纤维等)、再生蛋白质纤维(Regenerated protein fibre)(如大豆蛋白纤维、花生蛋白纤维等)、再生无机纤维(如玻璃纤维、金属纤维等)和再生有机纤维(如甲壳素纤维、海藻胶纤维等)。

(2)合成纤维

合成纤维是以石油、煤、石灰石、天然气、食盐、空气、水以及某些农副产品等天然的低分子化合物作原料,经化学合成和加工制得的纤维。常见的合成纤维有七大类品种:聚酯纤维(涤纶)、聚酰胺纤维(锦纶)、聚丙烯腈纤维(腈纶)、聚乙烯醇缩甲醛纤维(维纶)、聚丙烯纤维(丙纶)、聚氯乙烯纤维(氯纶)和聚氨酯弹性纤维(氨纶)等。图0.1列出纺织纤维的分类及其品种。

表 0.1 纺织纤维的分类

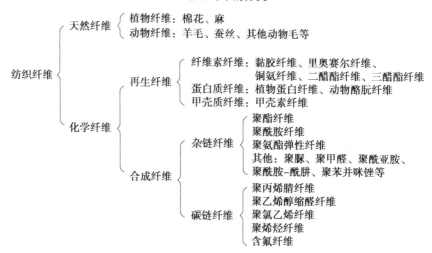

2. 按形态结构分类

按照化学纤维的形态结构特征,通常分为长丝(Continuous filament)和短纤维(Staple fibre)两大类。

(1)长丝

在化学纤维制造过程中,纺丝流体(熔体或溶液)经纺丝成形和后加工后,得到的长度以千米计的纤维称为化学纤维长丝,简称化纤长丝。化纤长丝可分为单丝(Monofil)、复丝(Multifilaments)、捻丝、复捻丝、帘线丝和变形丝(Textured filament)。

单丝:长度很长的连续单根纤维。

复丝:两根或两根以上的单丝并合在一起组成的丝条。化学纤维的复丝一般由 8 ~ 100 根以下单纤维组成。

捻丝:复丝加捻成为捻丝。

复捻丝:两根或两根以上的捻丝再合并加捻就成为复捻丝。

帘线丝:由 100 多根到几百根单纤维组成,用于制造轮胎帘子布的丝条。

变形丝:化学纤维原丝经过变形加工使之具有卷曲、螺旋、环圈等外观特性而呈现蓬松性、伸缩性的长丝。

(2)短纤维

化学纤维的产品被切断成几厘米至十几厘米的长度,这种长度的纤维称为短纤维。根据切断长度的不同,短纤维可分成棉型(Cotton type fibre)、毛型(Wool type fibre)和中长型短纤维(Mid fibre)。

棉型纤维的长度为 30 ~ 40 mm,线密度为 1. 67 dtex 左右,纤维较细,类似棉花;毛型纤维的长度为 70 ~ 150 mm,线密度为 3. 3 ~ 7. 7 dtex,纤维较粗,类似羊毛;中长型短纤维的长度为 51 ~ 65 mm,线密度为 2. 2 ~ 3. 3 dtex,介于棉型和毛型之间。

3. 按纤维制造方法分类

化学纤维按基本的制造方法不同,可分为两类,即熔体纺丝纤维(Melt spinning)和溶液纺丝纤维(包括干法纺丝纤维(Dry spinning)和湿法纺丝纤维(Wet spinning))。

熔体纺丝是高分子熔体从喷丝孔压出,熔体细流在周围空气(或水)中凝固成丝的方法;干法纺丝是高分子浓溶液从喷丝孔压出,形成细流,在热介质中溶剂迅速挥发而凝固成丝的方法;湿法纺丝是高分子浓溶液由喷丝孔压出,在凝固浴中固化成丝的方法。

4.按单根纤维内的组成分类

按照单根纤维内的组成分为单组分纤维和多组分纤维。

由同一种高聚物组成的纤维称单组分纤维,大多数常规纤维为单组分纤维,如涤纶等。

由两种或两种以上高聚物组成的纤维称为多组分纤维,如腈纶等。若各组分沿纤维轴向有规则地排列并形成连续的界面的纤维,则称为复合纤维。若各组分随机分散或较均匀混合的纤维,则称为共混纤维。

5.按纤维性能差别分类

化学纤维按纤维性能差别主要分为三类:差别化纤维(Differential fibre)、功能纤维(Functional fibre)和高性能纤维(High-performance fibre)。

(1)差别化纤维

差别化纤维指经过化学或物理变化而不同于常规纤维的化学纤维。如异形纤维、复合纤维、超细纤维、易染纤维、阻燃纤维、亲水性合成纤维、着色纤维和抗起球纤维等。

(2)功能纤维

功能纤维指在纤维现有的性能之外,再同时附加上某些特殊功能的纤维。如导电纤维、光导纤维、离子交换纤维、含陶瓷粒子纤维、调温保温纤维、防辐射纤维、生物活性纤维、生物降解性纤维、可产生负离子纤维和抗菌除臭纤维等。

(3)高性能纤维

高性能纤维指强度为 17.7 cN/dtex,模量为 441.5 cN/dtex 以上的特种纤维。如碳纤维、芳香族聚酰胺纤维、聚苯并咪唑纤维、聚苯硫醚纤维及超高相对分子质量聚乙烯纤维等。

0.1.2　化学纤维的命名

人造纤维的短纤维一律称为"纤"(如黏纤、富纤等),合成纤维的短纤维一律称为"纶"(如锦纶、涤纶等)。如果是长纤维,就在名称末尾加"丝"或"长丝"(如黏胶丝、涤纶丝、腈纶长丝等)。

0.1.3　化学纤维的主要品种

目前世界上生产的化学纤维品种繁多,据统计有几十种,一些新品种还在陆续问世。主要产品见表0.2。

表0.2　化学纤维主要品种

学名及英文名		分子结构	中国商品名	代号
再生纤维素纤维	viscose	$\pm C_6H_{10}O_5\mp_n$	黏胶纤维	
聚酯系	聚对苯二甲酸乙二酯纤维（polyester）	$\pm OC-\bigcirc-COO(CH_2)_2CO\mp_n$	涤纶	PET
脂肪族聚酰胺系	聚酰胺6纤维（nylon 6）	$\pm HN(CH_2)_5CO\mp_n$	锦纶6	PA6
	聚酰胺66纤维（nylon 66）	$\pm HN(CH_2)_6NHCO(CH_2)_4CO\mp_n$	锦纶66	PA66
聚丙烯腈系	聚丙烯腈纤维（acrylic）	$\pm CH_2-CH\mp_n$ CN	腈纶	PAN
聚乙烯醇系	聚乙烯醇缩甲醛纤维（vinylon）	$\pm CH_2-CH-CH_2-CH\mp_n$	维纶	PVA
聚烯烃系	聚丙烯纤维（propylene）	$\pm CH_2-CH_2\mp_n$ CH₃	丙纶	PP
	超高相对分子质量聚乙烯纤维	$\pm CH_2-CH_2\mp_n$	乙纶	UHMWPE
含氯纤维	聚氯乙烯纤维（chlorofibre）	$\pm CH_2-CH\mp_n$ Cl	氯纶	PVC
聚氨酯系	聚氨基甲酸酯纤维（spandex）	$\pm HNCOOR\mp_n$	氨纶	PU
芳香族聚酰胺系	聚间苯二甲酰间苯二胺（Nomex）	$\pm HN-\bigcirc-NH-CO-\bigcirc-CO\mp_n$	芳纶1313	PMIA
	聚对苯二甲酰对苯二胺（Kevlar）	$\pm HN-\bigcirc-NH-CO-\bigcirc-CO\mp_n$	芳纶1414	PPTA

0.2　化学纤维的生产方法概述

化学纤维的制造可概括为以下四个工序：

①原料制备。高分子化合物的合成（聚合）或天然高分子化合物的化学、物理处理和机械加工。

②纺丝熔体或纺丝溶液的制备。

③化学纤维的纺丝成型。

④化学纤维的后加工。

0.2.1　原料制备

1. 成纤聚合物的基本性质

用于化学纤维生产的高分子化合物称为成纤聚合物（Fibre-forming polymer）。成纤聚合物分两大类：一类为天然高分子化合物，用于生产人造纤维；另一类为合成高分子化合物，用于生产合成纤维。作为化学纤维的生产原料，成纤聚合物的性质不仅在一定程度上决定了纤维的性质，而且对纺丝、后加工工艺有重要影响。对成纤聚合物的一般要求如下：

①作为成纤聚合物必须是线型的、能伸直的分子，支链尽可能少，没有庞大的侧基。

②高聚物分子之间有适当的相互作用力，或具有一定规律性的化学结构和空间结构。

③高聚物应具有适当高的平均相对分子质量和较窄的相对分子质量分布。

④高聚物应具有一定的热稳定性，其熔点或软化点应比允许使用温度高得多。

2. 原料的制备

化学纤维一般是高分子聚合物，此成纤聚合物可直接取自于自然界，也可由自然界的低分子化合物经化学聚合而成。再生纤维由天然高分子聚合物经化学加工制造而成，其原料制备过程是将天然高分子化合物经一系列的化学处理和机械加工，再提纯去除杂质。例如，黏胶纤维的基本原料是浆粕（纤维素），它是交棉短戎或木材等富含纤维素的物质经备料、蒸煮、精选、脱水、烘干等一系列工序制备而成。甲壳素的基本原料是虾蟹壳富含甲壳素的物质。

合成纤维则以石油、煤、天然气及一些农副产品等低分子为原料制成单体后，经过化学聚合成具有一定官能团、一定平均相对分子质量和相对分子质量分布的线型聚合物，然后再制成纤维。由于其聚合方法和聚合物的性质不同，合成的聚合物可能是熔体状态或溶液状态。

0.2.2　纺丝熔体或溶液的制备

将成纤聚合物加工成纤维，首先要制备纺丝液。纺丝液的制备有熔体法和溶液法两种，分别对应纺丝熔体和纺丝溶液。表0.3列出了几种主要成纤聚合物的热分解温度和熔点。

表 0.3 几种主要成纤聚合物的热分解温度和熔点

聚合物	热分解温度/℃	熔点/℃	聚合物	热分解温度/℃	熔点/℃
聚乙烯	350~400	138	聚己内酰胺	300~350	215
等规聚丙烯	350~380	176	聚对苯二甲酸乙二酯	300~350	265
聚丙烯腈	200~250	320	纤维素	180~220	—
聚氯乙烯	150~200	170~220	醋酸纤维素	200~230	—
聚乙烯醇	200~220	225~230			

1. 纺丝熔体的制备

凡高聚物的熔点低于其分解温度的,多采用将高聚物熔融成流动的熔体(纺丝熔体)的方法进行纺丝(如涤纶、锦纶、丙纶等)。

熔体纺丝法用于工业生产有两种实施方法:一是熔体直接纺丝,是将聚合的熔体直接输送到纺丝组件进行纺丝,也可以将聚合的熔体经铸带、切粒制成切片。与切片纺丝相比,熔体直接纺丝法省去了铸带、切粒、切片干燥及再熔融等工序,可大大简化生产流程,减小车间面积,节省投资,有利于提高劳动生产率和降低成本。

另一种是切片纺丝,切片经过干燥,通过螺杆挤出机挤出熔融形成纺丝熔体。切片纺丝法灵活性强,停车开车方便,而且纺丝前对切片质量的选择余地较大,可以调换。但工序较多,投资费用较大,劳动生产率较低,成本较高。目前,对于生产产品质量要求较高的帘子线及不具备聚合生产能力的企业,大多采用切片纺丝法。

应该指出的是,熔体直接纺丝法是发展方向,国外大多数均采用此方法,我国在20世纪90年代末和21世纪初已经建成多家大规模的涤纶熔体直接纺丝路线设备。

2. 纺丝溶液的制备

凡高聚物的熔点高于其分解温度或无熔点的,多采用将高聚物溶解成流动的液体(纺丝溶液)的方法进行纺丝(如腈纶、黏胶纤维等)。

采用溶液纺丝法时,纺丝熔液的制备有两种方法:一是直接利用聚合后得到的聚合物溶液作为纺丝原液,称为一步法;二是将聚合物溶液先制成颗粒状或粉末状的成纤聚合物,然后再溶解,以获得纺丝液,称为二步法。现只有聚丙烯腈纤维既可用一步法,又可用二步法。

采用一步法省去了聚合物的分离、干燥、溶解等工序,可以简化工艺流程,连续化程度高,易实现高度自动化,基建投资较少;但工艺管理要求严格,纺丝与聚合工序间故障相互影响,生产弹性较差。反应中产生不合格的聚合物不易分离出来,而且溶剂、单体带入的以及反应中产生的杂质均为纺丝溶液的组成部分,对纺丝过程和纤维质量不利。

采用二步法时,需要选择合适的溶剂将成纤聚合物溶解,所得的溶液在送去纺丝之前还要经过混合、过滤和脱泡等工序,这些工序总称为纺前准备。

0.2.3 化学纤维的纺丝成型

将纺丝熔体或溶液,用纺丝泵(或称计量泵)连续、定量而均匀地从喷丝头的喷丝孔中压出,呈液体细丝状,再在适当介质中固化成细丝,这一过程称为纺丝,这是化学纤维生产的核心工序。

常用的纺丝方法根据纺丝流体制备的方法和液体细丝固化的方法不同,分为熔体纺丝和溶液纺丝两类。

1.熔体纺丝

熔体纺丝是将成纤聚合物熔体经纺丝喷丝头流出熔体细流、在周围空气(或水)中冷却凝固成型的方法,如图0.1所示。如涤纶、锦纶、丙纶等采用熔体纺丝方法制得。此法流程短;纺丝速度高,纺丝速度一般为 1 000~2 000 m/min,高速纺丝可达 3 000~6 000 m/min;成本低;喷丝板孔数较少,长丝为 1~150 孔,短纤维为 300~800 孔,高的可达 1 000~4 000 孔,甚至更多。若用常规圆形喷丝孔,则纺得的纤维截面大多为圆形;采用异形喷丝孔,则纺得的纤维截面为异形。该法适用于能熔化、易流动、不易分解的高聚物。

2.溶液纺丝

溶液纺丝分为湿法纺丝和干法纺丝。

湿法纺丝是将高聚物在溶剂(无机、有机)中配成纺丝溶液后经纺丝泵计量再经喷丝孔挤出细流,在凝固浴中凝固成型的方法,如图0.2所示。腈纶、维纶、黏胶纤维等可以采用湿法纺丝方法制得。此法喷丝板孔数较多,一般为 4 000~20 000 孔,高的可达 50 000 孔以上。但纺丝速度低,为 50~100 m/min。由于液体凝固剂的固化作用,虽然仍是常规圆形喷丝孔,但纤维截面大多不呈圆形,且有较明显的皮芯结构。该法适用于不耐热、不易熔化,但能溶于某一种溶剂中的高聚物。

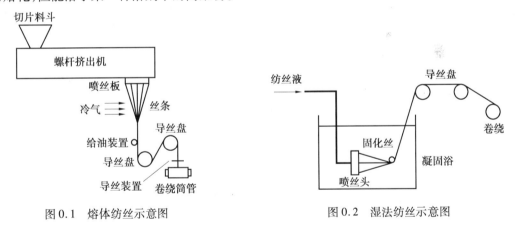

图 0.1 熔体纺丝示意图 图 0.2 湿法纺丝示意图

干法纺丝是将纺丝溶液经喷丝孔流出细流,溶剂被加热介质(空气或氮气)挥发带走的同时,使得高聚物凝固成丝的方法(图0.3)。腈纶、维纶、氯纶、氨纶、醋酯纤维等可以采用干法纺丝。干法纺丝要求采用易挥发的溶剂溶解高聚物。此法纺丝速度较高,为 200~500 m/min,高的可达 1 000~1 500 m/min。但由于受溶剂挥发速度的限制,干法纺丝速度还是比熔体纺丝速度低,而且还需要溶剂回收等工序,故辅助设备比熔体纺丝多,成本高。干法纺丝成品质量好,但喷丝孔数较少,一般为 300~600 孔。表0.4列出了三种纺丝成型法的特征。

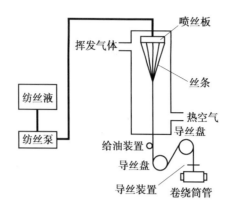

图 0.3　干法纺丝示意图

表 0.4　三种基本纺丝成型法的特征

特征 \ 纺丝方法	熔体纺丝	干法纺丝	湿法纺丝
纺丝液状态	熔体	溶液	溶液或乳液
纺丝液的质量分数/%	100	18～45	12～16
纺丝液黏度/(Pa·s)	100～1 000	$2 \times 10 \sim 4 \times 10^2$	$2 \sim 2 \times 10^2$
喷丝孔直径/mm	0.2～0.8	0.03～0.2	0.07～0.1
凝固介质	冷却空气,不回收	热空气或氮气,再生	凝固浴,回收、再生
凝固机理	冷却	溶剂挥发	脱溶剂(或伴有化学反应)

3. 新型纺丝方法

在上述三种经典纺丝方法的基础上,发展出了新型纺丝方法,如化学反应纺丝、复合纤维纺丝、干湿法纺丝、乳液纺丝、悬浮纺丝、冻胶纺丝、液晶纺丝、相分离纺丝等。

(1)干湿法纺丝

干湿法纺丝是将干法与湿法结合起来的一种溶液纺丝方法,又称干喷湿纺。干湿法纺丝时,纺丝溶液从喷丝头压出后,先经过一段时间,然后进入凝固浴,因此也有人把这种方法称为气隙纺丝(Air gap spinning)。干湿法纺丝示意图如图 0.4 所示,从凝固浴中导出的初生纤维的后处理过程与普通湿法纺丝相同。

干湿法纺丝与传统湿法纺丝有显著的区别。

①干湿法纺丝不会发生纺丝溶液冻结的问题,因此可采用比湿法纺丝低得多的凝固浴温度。

②干湿法纺丝时,纺丝溶液挤出喷丝孔后先通过一段空气层,导致喷丝头至丝条固化点之间的距离增大,因此拉伸区长度可达 5～100 mm,远远超过液流胀大区的长度。在这样长的距离内发生的液流轴向形变,其

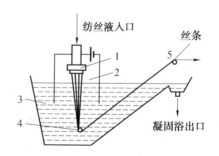

图 0.4　干湿法纺丝示意图
1—喷丝头;2—空气;3—凝固浴;4,5—导丝辊

速度梯度不大,形成的纤维能在空气层中经受显著的喷丝头拉伸,而液流胀大区却没有很大的形变,这就可以大大提高纺丝速度。而湿法纺丝喷丝头拉伸在很短的区域内发生,这样就导致产生很大的拉伸速度,而且特别不利的是导致液流胀大区发生强烈的形变,使黏弹性的液体受到过大的张力,并在较小的喷丝头拉伸下就发生断裂。因而在湿法纺丝时,要借增大喷丝头拉伸而提高纺丝速度是有限制的。因此,通常干湿法纺丝的速度可比湿法纺丝高 5 ~ 10 倍。

另外,干湿法纺丝可以采用直径较大的喷丝孔(0.15 ~ 0.3 mm)和黏度较大的纺丝溶液。湿法纺丝溶液的黏度一般为 20 ~ 50 Pa·s,而干湿法纺丝溶液的黏度为 50 ~ 100 Pa·s,甚至可以达 200 Pa·s 或更高。因此,干湿法纺丝的生产率比湿法纺丝有很大的提高。

目前,干湿法纺丝已在聚丙烯腈长丝和 Lyocell 纤维的生产中得到了实际应用。聚丙烯腈长丝的纺丝速度达到 40 ~ 150 m/min。下面提到的冻胶纺丝和液晶纺丝也采用了干湿法纺丝工艺。

(2)冻胶纺丝

冻胶纺丝也称凝胶纺丝,是一种通过冻胶态中间物质制得高强度纤维的新型纺丝方法。冻胶纺丝的所有技术要点都是为了减少宏观和微观的缺陷,使结晶结构接近理想的纤维,使分子链几乎完全沿纤维轴取向。因此,冻胶纺丝的原料使用超高相对分子质量的聚合体,以减少链末端造成的缺陷,从而提高纤维的强度。但由于纺丝溶液的流动性、可纺性和初生纤维的最大拉伸比随相对分子质量和纺丝溶液浓度的增大而下降,因此超高相对分子质量聚合物的冻胶纺丝通常采用半稀溶液。

冻胶纺丝原液中,聚合物质量分数虽然只有百分之几,但由于超高相对分子质量聚合物的大分子间易产生相互缠结,因此纺丝原液具有很高的黏度。如何使大分子链解缠,是该技术的要点之一。另外,纺丝原液必须尽可能的均匀,因为任何不均匀都将成为最终纤维中的缺陷,降低纤维的力学性能。解决这个问题的各种溶解方法已有报道,目前主要通过螺杆挤压机将纺丝原液进行机械解缠和提高纺丝原液温度等措施来降低大分子的缠结。

冻胶纺丝的关键技术之一是将喷丝头出来的丝束引入到低温凝固浴中,以保持大分子的解缠状态。为抑制挤出细流与凝固浴间发生双扩散,提高纤维的均匀性,凝固浴的浓度一般很高。挤出细流在低温、高浓度的凝固浴中发生热交换而被迅速冻结而发生结晶,同时使双扩散受到抑制,从而得到含大量溶剂的力学性能较稳定的冻胶体。该冻胶体经过超倍拉伸后,大分子高度取向,并促进应力诱导结晶,从而成为高强高模纤维。

冻胶纺丝通常使喷丝孔挤出的热原液细流在冷的凝固浴内冻结。但如果采用普通的湿法纺丝,由于凝固浴温度很低,纺丝原液会被冻结于喷丝孔内,从而不能顺利纺丝。因此,冻胶纺丝通常采用干湿法纺丝工艺,使挤出细流先通过气隙然后进入凝固浴。因此与普通的干湿法纺丝的区别,不在于纺丝工艺,而是在于挤出细流在凝固浴中的状态不同。高强高模聚乙烯纤维的冻胶纺丝已经实现工业化生产,目前有商品名 Dyneema 和 Spectra 等高强高模聚乙烯纤维在生产。超高相对分子质量聚丙烯腈和聚乙烯醇等的冻胶纺丝已开发成功。

（3）液晶纺丝

液晶纺丝是制得高强度纤维的另一种新型纺丝方法，具有刚性分子结构的聚合物在适当的溶液浓度和温度下，可以形成各向异性溶液或熔体。在纤维制造过程中，各向异性溶液或熔体的液晶区在剪切和拉伸流动下易于取向，同时各向异性聚合物在冷却过程中会发生相变形成高结晶性的固体。从而可以得到高取向度和高结晶度的高强纤维。

溶致性聚合物的液晶纺丝通常采用干湿法纺丝工艺。图 0.5 为干湿法纺丝中聚合物分子取向机理示意图。各向异性溶液从喷丝头的细孔挤出时，由于细孔中的剪切，液晶区在流动的方向取向。因溶液的黏弹性，细孔出口处液晶区的取向略有些散乱。然而这种散乱在空气间隔层随纺丝张力引起的长丝变细而迅速恢复正常，变细的长丝保持高取向分子结构被凝固，从而形成高结晶高取向性的纤维结构。

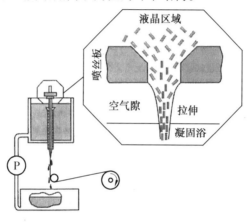

图 0.5 干湿法纺丝中聚合物分子取向机理示意图

热致性聚合物的液晶纺丝可采用熔融纺丝工艺。聚合物用乙醇、丙酮、水等溶剂洗净，然后从喷丝头的细孔中熔融挤出形成纤维。利用这种传统的技术，热致性聚合物可在 90 ~ 180 m/min 速度下纺丝。为了避免挤出过程中聚合物的老化，必须使挤出温度维持在聚合物的分解温度以下。熔融温度为 275 ~ 375 ℃，热分解温度为 350 ~ 450 ℃ 的热致性聚合物可进行稳定的纺丝。未经处理的热致性聚合物纤维要提高物理性能，通常要在高温下进行热处理。

考虑到热致性聚合物的熔融温度高、熔融黏度大，此外，为了使添加剂在纤维中充分分散，热致性聚合物的液晶纺丝也可采用溶液纺丝工艺。

芳香族聚酰胺的液晶纺丝已经实现工业化生产，其中美国杜邦公司的聚对苯二甲酰对苯二胺纤维在 1972 年以 Kevlar 的商品名问世。热致性液晶高分子中最重要的一类是芳香族共聚酯，芳香族共聚酯 Vectran 纤维已在 1986 年开发成功。

0.2.4 化学纤维的后加工

纺丝流体从喷丝孔中喷出刚固化的丝称为初生纤维。初生纤维虽已成丝状，但其结构还不完善，物理机械性能较差，如伸长大，强度低，尺寸稳定性差，沸水收缩率很高，纤维硬而脆，没有使用价值，还不能直接用于纺织加工。为了完善纤维的结构和性能，得到性能优良的纺织用纤维，必须经过一系列的后加工。后加工随化纤品种、纺丝方法和产品要求而异,其中主要的工序是拉伸和热定型。

1. 拉伸

拉伸的目的是使纤维的断裂强度提高,断裂伸长率降低,耐磨性和对各种不同形变的耐疲劳强度提高。拉伸的方式有多种,按拉伸次数分为一道拉伸和多道拉伸;按拉伸介质分为干拉伸、蒸汽拉伸和湿拉伸,拉伸介质分别是空气、水蒸气和冰浴、油浴或其他溶液;按拉伸温度又可分为冷拉伸和热拉伸。总拉伸倍数是各道拉伸倍数的乘积,一般熔纺纤维的总拉伸倍数为 3.0~7.0 倍;湿纺纤维可达 8~12 倍;生产高强度纤维时,拉伸倍数更高,甚至达数十倍。

2. 热定型

热定型的目的是消除纤维的内应力,提高纤维的尺寸稳定性,并且进一步改善其物理-机械性能。热定型可以在张力下进行,也可以在无张力下进行,前者称为紧张热定型,后者称为松弛热定型。热定型的方式和工艺条件不同,所得纤维的结构和性能也不同。

在化学纤维生产中,无论是纺丝还是后加工都需要上油。上油的目的是提高纤维的平滑性、柔软性和抱合力,减小摩擦和静电的产生,改善化学纤维的纺织加工性能。上油的形式有油槽或油辊上油及油嘴喷油。不同品种和规格的纤维需采用不同的专用油剂。

除上述工序外,在用溶液纺丝法生产纤维和用直接纺丝法生产聚酰胺纤维的后处理过程中,都要有水洗工序,以除去附着在纤维上的凝固剂和溶剂,或混在纤维中的单体和低聚物。在黏胶纤维的后处理工序中,还需设脱硫、漂白和酸洗工序。生产短纤维时,需要进行卷曲和切断;生产长丝时,需要进行加捻和络筒。加捻的目的是使复丝中各根单纤维紧密地抱合,避免在纺织加工时发生断头或紊乱现象,并使纤维的断裂强度提高。络筒是将丝筒或丝饼退绕至锥形纸管上,形成双斜面主塔型筒子,以便运输和纺织加工。生产弹力丝时,需进行变形加工。生产网络丝时,在长丝后加工设备上加装网络喷嘴,经喷射气流的作用,单丝互相缠结而呈周期性网络点。网络加工既可改进合纤长丝的极光效应和蜡状岛,又可提高其纺织加工性能,免去上浆、退浆,代替加捻或并捻。为了赋予纤维某些特殊性能,还可在后加工过程中进行某些特殊处理,如提高纤维的抗皱性、耐热水性、阻燃性等。

随着合成纤维生产技术的发展,纺丝和后加工技术已从间歇式的多道工序发展为连续、高速一步法的联合工艺,如聚酯全拉伸丝可在纺丝-牵伸联合机上生产,而利用超高速纺丝(纺速达 5 500 m/min 以上)生产的全取向丝,不需进行后加工,便可直接用作纺织原料。

0.3 化学纤维的主要品质指标

纤维的品质是指对纤维制品的使用价值有决定意义的许多指标的总体而言。反映纤维品质的主要指标有物理性能指标,包括纤维的长度、细度、密度、光泽、吸湿性、热性能、电性能等;机械性能指标,包括断裂强度、断裂伸长、初始模量、回弹性、耐多次变形性等;稳定性能指标,包括对高温和低温的稳定性、对光-大气的稳定性、对化学试剂的稳定性及对微生物作用的稳定性等;加工性能指标,包括纤维的抱合性、起静电性和染色性等;短纤维的附加品质指标,包括纤维长度、卷曲度、纤维瑕疵点等。应该指出,纤维有些性能的属性有交叉。如抗静电性能既可归入物理性能,也可归入使用性能。

0.3.1 化学纤维的物理性能

1.线密度

线密度是纤维粗细的程度。纤维的粗细可用纤维的直径和截面积表示,但纤维的截面积不规则,且不易测量。在化学纤维工业中,通常以单位长度的纤维质量,即线密度(Linear density,旧称纤度)表示。其法定单位为特克斯,简称特,符号为 tex。常用的线密度有以下三种表示方法。

(1)特(tex)或分特(dtex)

特或分特是国际单位制(法定计量单位)。1 000 m 长的纤维的质量克数称为特;其1/10 为分特。由于纤维细度较细,用特数表示细度时数值较小,故通常以分特表示纤维的细度。对同一种纤维来讲(即纤维的密度一定时),特数越小,单纤维越细,手感越柔软,光泽柔和且易变形加工。

(2)旦尼尔(Denier,简称旦)

9 000 m 长的纤维的质量克数称为旦,对同一种纤维来讲(即纤维的密度一定时),旦数越小,单纤维越细。

(3)公制支数

公制支数简称公支,指单位质量(g)的纤维所具有的长度(m)。对同一种纤维而言,支数越高,表示纤维越细。

特或分特、旦数和支数的数值可相互换算,具体关系如下:

旦数×支数=9 000

特数×支数=1 000

旦数=9×特数

分特数=10×特数

(4)测定方法

化学纤维细度的测定方法有直接法和间接法两种。直接法用得最广的是中段切取称重法。间接法利用振动仪或气流仪测定纤维的细度。国际上推荐采用振动法来测量单根化学纤维的线密度。由于振动法是在单根纤维上施加规定张力使其伸直的情况下测量其线密度的,故测量结果比较准确,特别是卷曲较大的纤维以及需要测试单纤维相对强度时,采用振动法更具优越性。

在化纤生产中,因原材料、设备运转状态和工艺条件的波动都会使未拉伸丝、拉伸丝的条干不均匀。因此,测定纤维沿长度方向的条干均匀度是衡量纤维质量变化的重要指标,它不仅影响纤维的物理-机械性能与染色性能,还影响纤维的纺织加工性能及织物外观。一般采用乌斯特(Uster)条干均匀度仪进行测定,测定结果以平均差系数、均方差系数及极差系数表示。

2.密度

密度(densities)是指单位体积纤维的质量,常用单位为克每立方厘米,符号为 g/cm^3。由于物质组成、大分子排列堆砌以及纤维形态结构不同,各种纤维的密度是不同的。主要的化学纤维品种中,丙纶的密度最小,黏胶纤维的密度最大。主要纺织纤维的密度见表0.5。

表0.5　主要纺织纤维的密度

纤维	密度/$(g \cdot cm^{-3})$	纤维	密度/$(g \cdot cm^{-3})$
黏胶纤维	1.50~1.52	氨纶	1.54
涤纶	1.38	棉	1.32
锦纶	1.14	羊毛	1.32
腈纶	1.14~1.17	蚕丝	1.33~1.45
维纶	1.26~1.30	麻	1.5
丙纶	0.91		

测定纤维密度的方法很多,有液体浮力法、比重瓶法、气体容积法、液体温升悬浮法和密度梯度法等。其中密度梯度法的精确度较高,也较简单。

3. 吸湿性

(1) 吸湿性(Moisture absorption)的定义

吸湿性是指纤维吸收或放出气态水分的能力。吸湿性一般用回潮率(Moisture regain)或含水率(Moisture content)表示。前者是指纤维所含水分的质量与干燥纤维质量的百分比;后者是指纤维所含水分质量与纤维实际质量的百分比。化纤行业一般用回潮率来表示纤维吸湿性的强弱。具体公式如下

$$回潮率 = \frac{试样所含水分的质量}{干燥试样的质量} \times 100\%$$

$$含湿率 = \frac{试样所含水分的质量}{未干燥试样的质量} \times 100\%$$

(2) 标准状态下的回潮率与公定回潮率

各种纤维的实际回潮率随环境的温度、湿度而变,为了比较各种纤维材料的吸湿能力,将其放在统一的标准大气条件下(20 ℃、65%相对湿度)一定时间后,使它们的回潮率在"吸湿过程"中达到一个稳态值,这时的回潮率为标准状态下的回潮率。在贸易和成本计算中,纤维材料往往并不处于标准状态,为了方便计重和核价,必须对各种纤维材料的回潮率做出人为的统一规定,称之为公定回潮率。各种纤维在标准状态下的回潮率和我国所规定的公定回潮率(Ficial regain)见表0.6。

表0.6　纤维在20 ℃、65%相对湿度下的回潮率和我国所规定的公定回潮率

纤维	标准状态下的回潮率/%	公定回潮率/%	纤维	标准状态下的回潮率/%	公定回潮率/%
蚕丝	9	11.0	维纶	3.0~5.0	5.0
棉	7	8.5	锦纶	3.0~5.0	4.5
羊毛	16	16.0	腈纶	1.2~2.0	2.0
亚麻	7~10	12.0	涤纶	0.4~0.5	0.1
苎麻	7~10	12.0	氯纶	0	0
黏胶纤维	12~14	13.0	丙纶	0	0
醋酯纤维	6~7	7.0	乙纶	0	0

从表 0.6 中可见,天然纤维和再生纤维的回潮率较高,合成纤维的回潮率较低。

(3)吸湿性的检测方法

按照吸湿性的测试特点,大致可分为两类,即直接测定法和间接测定法。直接测定法是直接获取纤维中水分质量的测定方法,从而计算出含水率或回潮率,如烘箱法、红外线辐射法、吸湿剂干燥法、真空干燥法等。其中烘箱法应用最广。

间接测定法是利用纤维材料中含水多少与某些物理性质(如电阻、电容、水分子振动吸收性能等)密切相关的原理,通过测量这些性质来推测含水率或回潮率,如电阻测试法、电容测试法。这类方法测量迅速、不损伤纤维、可在线测量,但干扰因素较多,测量结果的稳定性和准确性受到影响。

4. 光泽与横截面

光泽是化学纤维的重要外观性质。纤维的光泽与正反射光、表面漫射光、来自内部的散射光和透射光密切相关。光泽的主体是正反射光,但表面的漫反射光和来自内部的散射光也是不容忽略的,因此纤维的光泽取决于它的纵向表面形态、内部结构和横截面形状等。

纤维纵向表面形态主要看纤维沿纵向表面的凸凹情况和表面粗糙程度。如纵向光滑,粗细均匀,则漫反射少,镜面反射高,表现出较强的光泽。化学纤维中添加的消光剂不但会造成纤维表面的不平整,使漫反射增强,而且这些小颗粒的消光剂也会增加纤维吸收光线的能力。

纤维横截面的形状很多,它们的光泽效应差异很大,其中有典型意义的是圆形和三角形。以相同的入射光量比较,三角形截面纤维存在部分全反射现象,光泽较强,同时进入纤维内部的光线会在纤维的内表面产生镜面反射和平行的透射。像棱柱晶体一样转动时或不同视角观察时,会产生光泽明暗相同的现象,称为"闪光"效应。而三角棱镜的色散作用,还会产生不同的色彩效应。常用的闪光丝,就是一种具有三角形截面的合纤长丝。

近年来,在化纤生产中,由两种或两种以上的聚合物制成的双组分纤维和多层结构纤维等复合纤维,以及利用特殊形状的喷丝孔生产的各种断面的异形纤维,得到迅速发展。简单的异形纤维,如三角形纤维、星形纤维、多叶形纤维、Y 形纤维等,都可获得特殊的光泽效应。

5. 热收缩

热收缩是纤维热性能之一,指受热条件下纤维形态尺寸收缩,温度降低后不可逆。纤维产生热收缩是由于纤维存在内应力,热收缩的大小用热收缩率(Heat-shrinkage)表示,它是指加热后纤维缩短的长度占原长度的百分比。

根据加热介质不同,纤维热收缩分为沸水收缩率、热空气收缩率和饱和蒸汽收缩率等。对纤维进行热收缩处理,品种不同,采取的热处理条件也不同,见表 0.7。

表 0.7 纤维热收缩处理条件

涤纶、锦纶	180 ℃干热空气	处理 30 min
腈纶	沸水或 120 ℃蒸汽	处理 30 min
维纶	沸水	处理 30 min

用纤维热收缩测定仪测量纤维热收缩前后的长度。纤维热收缩率的大小,与热处理的方式、处理温度和时间等因素有关,一般情况下,纤维的收缩在饱和蒸汽中最大,在沸水中次之,在热空气中最小。氯纶在 100 ℃热气中收缩率达 50% 以上,维纶的沸水收缩率约为 5%,正常加工涤纶短纤维的沸水收缩率约为 1%。

6. 热导率

化学纤维的导热性是纺织纤维的热学性质之一,与纺织染整加工和服用性能有密切关系。纤维材料的导热性用热导率 λ 表示,法定单位为 $W/(m \cdot ℃)$。λ 值越小,表示材料的导热性越低,它的绝热性或保暖性越高。各种纺织材料的热导率见表 0.8。

表 0.8　纺织材料的热导率(室温 20 ℃测量)

材料	$\lambda/(W \cdot (m \cdot ℃)^{-1})$	材料	$\lambda/(W \cdot (m \cdot ℃)^{-1})$
棉	0.071 ~ 0.073	涤纶	0.084
羊毛	0.052 ~ 0.055	腈纶	0.051
蚕丝	0.05 ~ 0.055	丙纶	0.221 ~ 0.302
黏胶纤维	0.055 ~ 0.071	氯纶	0.042
醋酯纤维	0.05	空气	0.026
锦纶	0.244 ~ 0.337	水	0.697

由表 0.8 可以看出,静止空气的热导率是最小的,也是最好的热绝缘体。因此,纺织材料的保暖性取决于纤维层中夹持的空气的数量和状态。在空气不流动的前提下,纤维层中夹持的空气越多,纤维层的绝热性越好,而一旦空气发生流动,纤维层的保暖性就大大下降。水的热导率是较大的,约为纺织材料热导率的 10 倍。因此,随着回潮率的提高,纺织材料的热导率将增大,保暖性将下降。此外,纺织材料的温度不同,热导率也不同,温度高时,热导率稍大。纤维实际上是纤维、空气和水的混合物,故纤维的热导率受纤维的结构与排列、空隙或空气的含量及空气流动性和水分含量等影响。

0.3.2　纤维的机械性能

1. 拉伸性能

纤维材料受到拉伸、弯曲、压缩、摩擦和扭转作用,会产生不同的变形。化学纤维在使用过程中主要受到的外力是张力,纤维的弯曲性能也与其拉伸性能有关,因此拉伸性能是纤维最重要的机械性能。它包括强力和伸长两个方面,因此又称强伸性能。表示材料拉伸过程受力与变形的关系曲线称为拉伸曲线。它可以用负荷-伸长曲线表示,也可用应力-应变曲线(Stress-strain curve)表示。图 0.6 为几种常见纤维的应力-应变曲线。

应力-应变曲线的初始阶段为弹性区域,在这个区域中纤维分子链产生弹性形变,相互间没有大的变化。超过这一范围后为延伸区域,外力克服分子间引力,使分子链间产生滑移,纤维应力较小的增加会产生较大的延伸,应力去除后发生不可恢复的剩余应变。

(1)断裂强度

断裂强度是表征纤维品质的主要指标,即纤维在标准状态下受恒速增加的负荷作用

直到断裂时的负荷值,提高纤维的断裂强度可改善制品的使用性质。纤维的断裂强度通常有以下几种表示方法:

a. 相对强度。拉断单位细度纤维所需要的强力称为相对强度,即纤维的断裂强力与线密度之比,用以比较不同粗细的纤维拉伸断裂性质的指标,单位为牛每特(N/tex)。

b. 强度极限。纤维单位截面积上能承受的最大强力,单位为帕斯卡(Pa)。

纤维的断裂强度通常用强力试验机测定。断裂强度高,纤维在加工过程中不易断头、绕辊;但断裂强度太高,纤维的刚性增加,手感变硬。

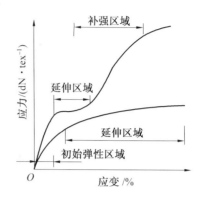

图 0.6 纤维的应力–应变曲线图

(2)断裂伸长

纤维拉伸时产生的伸长占原来长度的百分比称为伸长率。纤维拉伸至断裂时的伸长率称为断裂伸长率(Elongation at break),它表示纤维承受拉伸变形的能力。

在相同断裂强度下,断裂伸长率大的纤维,手感比较柔软,在纺织加工时,可以缓冲所受到的力,毛丝、断头较少;但断裂伸长率也不宜过大,否则织物容易变形。普通纺织纤维的断裂伸长率为10% ~30%比较合适。但对于工业用强力丝,则一般要求断裂强度高、断裂伸长率低,使其产品不易变形。

(3)初始模量

初始模量(Initial modulus)也称弹性模量或杨氏模量,为纤维受拉伸而当伸长为原长的1%时所受的应力,即应力–应变曲线(或称负荷–伸长曲线)起始一段直线部分的斜率,单位为牛每特(N/tex),如图 0.8 所示直线的斜率 OY。初始模量表示试样在小负荷下变形的难易程度,反映了材料的刚性。

纤维的初始模量取决于高聚物的化学结构以及分子间相互作用力的大小。大分子柔性越强,纤维的初始模量就越小,也就容易发生形变。对于由同一种高聚物制得的纤维,若分子间的作用力越大,取向度或结晶度越高,则纤维的初始模量就越大。

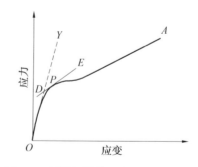

图 0.7 纤维初始模量与屈服点的求法

在主要的化学纤维品种中,以涤纶的初始模量最大,锦纶则较小,因而涤纶织物挺括,不易起皱;而锦纶则易起皱,保形性差。

(4)屈服应力与屈服应变

在拉伸曲线上,曲线的坡度由较大转向较小时,表示材料对于变形的抵抗能力逐渐减弱,这一转折点称为屈服点(Yield point),如图 0.7 中的 P 点。屈服点处所对应的应力和伸长就是它的屈服应力和屈服应变。屈服点是纤维开始明显产生塑性变形的转变点。一般而言,屈服点高的纤维,不易产生塑性变形,拉伸弹性较好,其制品的抗皱性较好。

（5）断裂功、断裂比功和功系数

断裂功（Work of rupture）是指拉断纤维时外力所做的功，也就是纤维受拉伸到断裂时所吸收的能量。由图0.8可知，断裂功就是曲线下所包含的面积（阴影部分）。断裂功的大小与试样的粗细和长度有关，所以对不同粗细和长度的纤维没有可比性。为了能相互比较，常采用断裂比功。

断裂比功（Specific work of rupture）是指拉断单位线密度、单位长度纤维材料所需的能量，单位常用牛每特（N/tex）来表示。

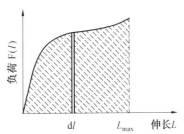

图0.8　断裂功的求法

负荷-伸长曲线下面积与断裂强力和断裂伸长乘积之比称为功系数。功系数越大，外力拉伸纤维所做的功越多，表明这种材料抵抗拉伸断裂的能力越强，其制品的使用寿命也就越长。各种纤维的功系数为0.36~0.65。

断裂功、断裂比功和功系数反映纤维的韧性，可用来表征纤维及其制品耐冲击和耐磨的能力。当其他条件不变时，断裂功或断裂比功越大，纤维的韧性及其制品的耐磨和耐冲击的能力越好。当断裂强力、断裂伸长相同时，功系数大表示拉断时外力做功大，纤维坚韧。

几种常见化学纤维的拉伸指标见表0.9。

表0.9　几种常见化学纤维的拉伸指标

纤维品种		断裂强度 /(N·tex⁻¹)		钩接强度 /(N·tex⁻¹)	断裂伸长率 /%		初始模量 /(N·tex⁻¹)	定伸长回弹率(伸长3%) /%
		干态	湿态		干态	湿态		
涤纶	高强低伸型	0.53~0.62	0.53~0.62	0.35~0.44	18~28	18~28	6.17~7.94	97
	普通型	0.42~0.52	0.42~0.52	0.35~0.44	30~45	30~45	4.41~6.17	
锦纶6		0.32~0.62	0.33~0.53	0.31~0.49	25~55	27~58	0.71~2.65	100
腈纶		0.25~0.40	0.22~0.35	0.16~0.22	25~50	25~60	2.65~5.29	89~95
维纶		0.44~0.51	0.35~0.43	0.28~0.35	15~20	17~23	2.21~4.41	70~80
丙纶		0.40~0.62	0.40~0.62	0.35~0.62	30~60	30~60	1.76~4.85	96~100
氯纶		0.22~0.35	0.22~0.35	0.16~0.22	20~40	20~40	1.32~2.21	70~85
黏胶纤维		0.18~0.26	0.11~0.16	0.06~0.13	16~22	21~29	3.53~5.29	55~80
富强纤维		0.31~0.40	0.25~0.29	0.05~0.06	9~10	11~13	7.06~7.94	60~85
醋酯纤维		0.11~0.14	0.07~0.09	0.09~0.12	25~35	35~50	2.21~3.53	70~90

2. 回弹性

材料在外力作用下(拉伸或压缩)产生的形变,在外力除去后,恢复原来状态的能力称为回弹性(Elastic recovery)。纤维在负荷作用下,所发生的形变包括三部分,即普弹形变、高弹形变和塑性形变。这三种形变不是逐个依次出现,而是同时发展的,只是各自的速度不同。因此,当外力撤除后,可恢复的普弹形变和松弛时间较短的那一部分高弹形变(急回弹形变)将很快回缩,并留下一部分形变,即剩余形变,其中包括松弛时间长的高弹形变(缓回弹形变)和不可恢复的塑性形变。剩余形变值越小,纤维的回弹性越好。

表征纤维回弹性的方法一般有以下两种。

(1)一次负荷回弹性质——回弹率和弹性功

测定的方法是先施加一定的负荷(或使产生一定的伸长),然后撤去负荷,经松弛一定时间(30 s 或 60 s,视测定仪器和方法而定)后,测定剩余伸长(图0.9)。

回弹率可表示为

$$回弹率 = \frac{\varepsilon_e}{\varepsilon_t} \times 100\% = \frac{\varepsilon_t - \varepsilon_F}{\varepsilon_t} \times 100\%$$

式中 ε_e——可恢复的弹性伸长;

       ε_F——不能恢复的塑性伸长或剩余伸长;

       ε_t——总伸长。

弹性功可表示为

$$弹性功 = \frac{卸荷时所恢复的功}{伸长时所做的总功} = \frac{CBDC \text{ 的面积}}{ABDCA \text{ 的面积}}$$

回弹率又有两种不同的测定方法:一种称为定负荷回弹率,另一种称为定伸长回弹率。

(2)多次循环负荷回弹性质

纤维在实际使用中不会只受一次拉伸而断裂,而是经受反复多次微弱且方向和频率经常变化的负荷作用,因此需要相应的纤维耐多次循环负荷的测定方法,才能够正确地反映其在使用过程中的性能。在测定负荷-延伸性质时,如果在达到断裂负荷以前就停止增加负荷,并逐渐减小,以至完全撤去负荷,这种增加和撤去负荷的过程可以循环重复很多次,就能得到多次循环负荷-延伸曲线,如图0.10所示。

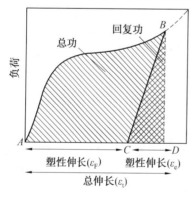

图0.9 形变时纤维的弹性和塑性伸长

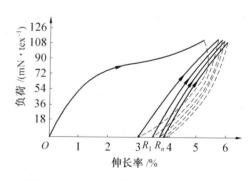

图0.10 纤维多次循环的负荷-延伸曲线

纤维的回弹性与其制品的尺寸稳定性和折皱性有密切关系,回弹性高的纤维(如涤纶等)制成的服装不易起皱,具有挺括等特性。

3. 耐疲劳性

耐疲劳性通常是指纤维在反复负荷作用下,或在静负荷的长时间作用下引起的损伤或破坏。

耐疲劳性是反映纤维对多次变形作用的稳定程度,通常以双折抗次数表示,测定方法是在特制的仪器上将试样反复折挠(折挠并恢复),计算纤维断裂前能经受的折挠次数。经受的次数越多,纤维耐疲劳性能越好。

4. 耐磨性

所谓磨损,一般指材料由于机械作用从固体表面不断失去少量物质的现象,即两个固体表面接触做相对运动,伴随着摩擦引起的减量过程。

影响纤维耐磨损性能的因素非常复杂。首先是纤维的分子结构和微观结构。一般情况下,分子主链键能强,分子链柔曲性好,聚合度好,取向度高,结晶度适当,结晶颗粒较细较匀,纤维的玻璃化温度在使用温度附近时,耐磨损性能较好。从纤维性能方面看,纤维表层硬度高,拉伸急弹性恢复率高,拉伸断裂比功大,恢复功系数高时,耐磨损性能较好。另外,温湿度、试样张力及磨料的种类、形状、硬度等都对耐磨损性能有影响。

纤维耐磨性的测定方法有很多,一般以纤维在耐磨试验仪器上所测得的断裂强度的降低或质量的损失程度来表征纤维耐磨性的好坏。

0.3.3 化学纤维的加工性能和使用性能

1. 染色性

纤维的染色性与三个因素有关,即染色亲和力、染色速度及纤维-着色剂的性质。

染料与纤维的结合可通过离子键、氢键、偶极的相互作用,对于活性染料的染色还有共价键的相互作用。纤维的分子结构和超分子结构对纤维与染料的亲和力有很大影响,采用适当的共聚、共混等改性方法可改进染色性,即增大无序程度和可及性,可以引入亲染料的基团。

染料从溶液中进入纤维是一个打散过程,它取决于染浴中的染料向纤维表面扩散、染料被纤维表面吸附以及染料从纤维表面向纤维内部扩散。

纤维-染料复合体的稳定性是决定染色坚牢度的结构因素,各种染色牢度主要与纤维-染料复合体的性质有关,而不仅仅取决于染料本身的性质。

染色均匀性反映纤维结构的均匀性,它与纤维生产的工艺条件密切相关。染色均匀性是化学纤维长丝的重要质量指标之一。

2. 阻燃性

纤维燃烧是纤维物质在遇到明火高温时的快速热降解和剧烈化学反应的结果。阻燃性是纤维的稳定性能指标之一,也称防燃性。描述纤维燃烧性能的指标有极限氧指数 LOI(Limiting oxygen index)、着火点温度 T、燃烧时间 t、火焰温度 TB 等指标。其中应用较为广泛的为极限氧指数。所谓极限氧指数,是指试样在氧气和氮气的混合气中,维持完全燃烧所需的最低氧气的体积分数,即

$$\varphi_{LOI} = \frac{V_{O_2}}{V_{O_2} + V_{N_2}} \times 100\%$$

式中 V_{O_2}、V_{N_2}——氧气或氮气的体积。

极限氧指数越高,说明燃烧时所需氧气的浓度越高,常态下纤维越难燃烧。根据 LOI 数值的大小,可将纤维燃烧性能分为四类,见表0.10。

表0.10 根据 φ_{LOI} 对纤维燃烧性能的分类

分类	φ_{LOI}/%	燃烧状态	纤维品种
不燃	≥35	常态环境及火源作用后短时间不燃烧	多数金属纤维、碳纤维、石棉、硼纤维、玻璃纤维及 PBO、氟纶、PPS 纤维
难燃	26~34	接触火焰燃烧,离火自熄	芳纶、氯纶、酚醛、改性腈纶、改性涤纶、改性丙纶等
可燃	20~26	可点燃及续燃,但燃烧速度慢	涤纶、锦纶、维纶、羊毛、蚕丝、醋酯纤维等
易燃	≤20	易点燃,燃烧速度快	丙纶、腈纶、棉、麻、黏胶纤维等

各种化学纤维的极限氧指数见表0.11。

表0.11 化学纤维的极限氧指数

纤维名称	限氧指数/%	纤维名称	极限氧指数/%
黏胶纤维	17~19	氯纶	35~37
丙纶	19~20	涤纶	20~22
腈纶	18~20	氟纶	95
锦纶	20~22	酚醛纤维	32~34

测试燃烧性能常用的仪器是氧指数测试仪。要获得阻燃纤维,一是在纺丝原液中加入阻燃剂,混合纺丝制成;二是由合成的难燃聚合物纺制而成。由于主要化学纤维品种都属于易燃或可燃纤维,因此耐燃烧性能的测试与研究已成为当前国内外关注的问题。

3. 抗静电性

在电场作用下,电荷在纤维材料中定向移动而产生电流的特征称为纤维材料的导电性质。反映纤维材料导电性质的物理量为纤维的比电阻。质量比电阻就是长度为 1 cm,质量为 1 g 的材料在一定温度下所具有的电阻。对于纤维材料来说,由于截面的面积不易测量,用体积比电阻就不如质量比电阻方便,所以在实际应用中经常用质量比电阻来表征纤维材料的导电性能,其数值越大,纤维的导电性能越差。表0.12 是几种常用化学纤维的质量比电阻。纤维的质量比电阻值通常用纤维比电阻仪测定。

表0.12 几种常用化学纤维的质量比电阻

纤维种类	质量比电阻/($\Omega \cdot g \cdot cm^{-2}$)
黏胶纤维	10^7
锦纶、涤纶(去油)	$10^{13} \sim 10^{14}$
腈纶(去油)	$10^{12} \sim 10^{13}$

影响纤维比电阻的因素较多,纤维吸湿后,比电阻迅速下降,环境温度升高,其比电阻也下降,如果化学纤维上有化纤油剂,就会降低其比电阻值。

4. 含油率和上油率

化学纤维的含油率是指化学纤维上油剂干重占含油纤维干重的百分比。上油率是指化学纤维上油剂干重占脱油剂后纤维干重质量的百分比。

含油率的高低与纤维的可纺性能关系密切,含油率低的纤维容易产生静电现象,含油率过高,则容易产生黏缠现象,影响纺织生产加工的正常进行。化学纤维的油剂分为纺丝油剂和纺织油剂,施加纺丝油剂仅仅是为了纺丝工艺的需要,在后道工序中将被洗掉,再加上纺织油剂,使纺织工艺能顺利进行。纺织油剂因纤维品种及纺织加工工序要求而异,各种油剂的成分和配方并不相同。

化学纤维油剂的含量一般掌握在满足抗静电性和平滑性等要求的情况下,含油剂以少为好。目前,棉型化纤的含油率如下:涤纶、丙纶为 0.1% ~ 0.2%,维纶为 0.15% ~ 0.25%,腈纶为 0.3% ~ 0.5%,锦纶为 0.3% ~ 0.4%;毛型化纤的含油率要稍高些,如毛型涤纶的含油率以 0.2% ~ 0.3% 为宜;长丝一般掌握为 0.8% ~ 1.2%。测量含油率通常采用萃取法。

0.3.4 化学纤维的稳定性能

1. 耐热性和热稳定性

纤维及其制品在加工过程中要经受高温的作用(如染整、烘干等),在使用过程中也要常常接触到高温(如洗涤和熨烫),具有特殊要求的纤维则更要受到高温的长时间处理,因此对高温作用的稳定性,是材料稳定性能指标之一。

耐热性表征纤维在升高温度下测得的机械性能的变化,这种变化在恢复至常温时往往能够恢复(属于可复变化),因此也称物理耐热性。

热稳定性(Thermal stability)表征纤维受热后,机械性能的不可恢复变化,这种变化是将纤维加热并冷却至常温后测得的,系聚合物发生了降解或化学变化所致,因此也称化学耐热性。影响纤维对高温作用的稳定性因素如下:

①高聚物分子链的化学结构。

②大分子之间是否存在交联。

③分子间相互作用的强弱。

④纤维受热时所处的介质(是否有氧和水分存在)。

⑤抗氧剂和热稳定剂的性质和含量。

高聚物的化学结构是影响纤维耐热性(包括热稳定性)的主要因素之一。天然的纤维素纤维和再生的水化纤维素纤维的耐热性很高,这类纤维不是热塑性的,因而在升温下不会软化或发生黏结。合成纤维在升温下强度的降低程度比水化纤维素纤维高。主要是因为化学纤维品种中,黏胶纤维耐热性最好,而涤纶的热稳定性最好。

高聚物分子中形成交联结构可以提高纤维的耐热性,如聚乙烯醇的缩醛化。

借助于加入少量抗氧剂或链裂解过程的阻滞剂,可使纤维的热裂解和热氧化裂解程度大为减小,可提高纤维的热稳定性,但不能提高纤维的耐热性。

2. 耐候性和对大气作用的稳定性

对日光和大气作用的稳定性是纤维的稳定性指标之一,也称耐候性。

耐光性(Light fastness)是指纤维受光照后其力学性能保持不变的性能。对大气作用的稳定性是指纤维受光照射、空气中的氧气、热和水分的长时间作用后,不发生降解或光氧化,不产生色泽变化的性能。

化学纤维耐光性与纤维分子链节的组成、主链键和交联键的形成有关;与分子的振动能量和转换有关;与纤维的聚集态结构有关;与光辐射强度、照射时间和波长有关。

气候条件引起纤维性能的变化,主要是由于日光和空气中的氧所引起的,因此提高纤维的耐光性和对大气作用的稳定性是提高其光稳定性和氧稳定性。在化学纤维品种中,腈纶纤维的耐光性和对大气作用的稳定性最好,因为在腈纶的大分子中有氰基,能吸收紫外线并把光能转化为热能,可以有效地保持分子化学结构的完整性和分子之间结构的稳定,保护聚合物不受破坏,因此耐候性最好。锦纶纤维的耐光性和对大气作用的稳定性差,其裂解过程是一个氧化反应过程,锦纶纤维分子上的酰胺基具有促进氧化的作用,其裂解速度随氧浓度的增大和温度的升高而增大,故其耐光性差。在锦纶纤维的分子中可以引入氰基,抑制高聚物的光化学裂解过程,从而使纤维的耐光性显著改善。表 0.13 是几种常用纤维日晒后的强力损失程度,纤维耐光性由高到低的排序大致为:腈纶 > 黏胶纤维 > 涤纶 > 腈纶。

表 0.13　常用纤维日晒后强力损失程度

纤维名称	日晒时间/h	强力损失/%
黏胶纤维	900	50
腈纶	800	10 ~ 25
锦纶	200	36
涤纶	600	60

3. 对化学试剂及微生物作用的稳定性

化学稳定性是材料的稳定性能之一,也称耐化学性,是纤维抵抗化学试剂作用的能力的量度。对微生物作用的稳定性是指纤维抵抗蛀虫、霉菌作用的能力,也称耐微生物性。

化学纤维对化学试剂作用的稳定性主要决定于其聚合物的结构。一般碳链化学纤维比杂链化学纤维对酸碱的稳定性好,但与侧基也有关系。例如,腈纶纤维的大分子链上有氰基,因此不耐强碱。

涤纶纤维化学稳定性主要取决于分子结构。涤纶纤维除耐碱性差以外,耐其他化学试剂性能均比较优良。涤纶纤维耐微生物侵蚀,不受蛀虫、霉菌等的影响。

锦纶纤维耐碱性、耐还原剂作用的能力很好,但耐酸性和耐氧化剂性能比较差。锦纶纤维耐微生物作用的能力较好,在淤泥水或碱中,耐微生物作用的能力仅次于氯纶纤维,但有油剂或上浆剂的锦纶纤维,耐微生物作用的能力降低。

腈纶纤维耐酸、碱性好,35% 盐酸、65% 硫酸、45% 硝酸对其强度无影响,在 50% 苛性钠和 28% 氨水中强度几乎不下降。腈纶纤维耐虫蛀,耐霉菌性能好。

0.3.5 短纤维的附加品质指标

在评定短纤维的品质时,除与长丝共有的各项指标外,还有一些特有指标,其中主要是纤维长度分布图所表现的纤维长度的均匀性,纤维的卷曲度和卷曲稳定性,以及纤维中瑕疵点的多少等。

1.切断长度

纤维长度是指纤维伸直但没伸长时两端间的距离。化学纤维的长度是根据需要而定的,可以切断成等长纤维,也可以牵切成不等长纤维,决定化纤切断长度的依据是纺织加工设备形式和混纺纤维的长度,主要有棉型、毛型和中长型三种。棉型化纤的长度为30~40 mm,毛型化纤为70~150 mm,中长型化纤长度为51~65 mm。

超长纤维是长度超过一定界限的短纤维。棉型纤维超过名义长度 5 mm 并小于名义长度的 2 倍者,中长型及毛型纤维超过名义长度 10 mm 并小于名义长度 2 倍者称为超长纤维。纤维长度超过名义长度 2 倍及以上者(包括牵切纤维)称为倍长纤维。

表示化学纤维的长度指标有平均长度、长度偏差、超长纤维率、短纤维率及倍长纤维含量等。

平均长度:指纤维长度的平均值,一般都用质量加权的平均长度。

长度偏差:指实测纤维平均长度和纤维名义长度的百分比。

超长纤维率:指超长纤维质量占纤维总质量的百分比。

短纤维率:指短纤维质量占纤维总质量的百分比。

倍长纤维含量:以 100 g 纤维所含倍长纤维质量的毫克数表示。

一般来讲,短纤维的存在会影响成纱条干不匀、毛茸多、断头多,因此要求短纤维率越低越好;超长纤维和倍长纤维的存在,会使纺纱过程中发生绕打手、绕锡林、绕罗拉等现象,引起断头增多,纱的条干不匀,严重影响正常生产和成纱质量,其危害性更甚于短纤维。因此要求超长纤维率和倍长纤维含量越低越好。

化学纤维的长度测试主要有三种方法,即中段切断称重法、单根纤维测量法和长度测试仪法,其中中段切断称重法最为常见。

2.卷曲度

沿着纤维纵向形成的规则或不规则的弯曲称为卷曲。由于化学纤维的表面比较光滑,不像棉纤维那样有天然扭曲,也不像羊毛那样表面有鳞片,因此纤维之间的抱合力比较小,不利于纺织加工,为了改善这一性能,增加化学纤维与棉、毛混纺时的抱合力,改善纤维的柔软性,必须将纤维进行卷曲加工。化学纤维卷曲性能检验在卷曲弹性仪上进行。

通常采用单位长度纤维上的卷曲数来表示卷曲度。一般供棉纺用的化学纤维要求高卷曲度(4~5.5 个/cm),供精梳毛纺的化学纤维及制膨体毛条的长纤维要求中卷曲度(3.5~5 个/cm)。为了全面地表征化学纤维的卷曲度,可采用下列指标:

卷曲数(J_n)是表示卷曲多少的指标,指单位长度(10 mm 或 25 mm)内纤维的卷曲个数,其公式为

$$J_n = \frac{J_a}{2L_o} \times 25 \text{ 或 } J_n = \frac{J_a}{2L_o} \times 10$$

式中 J_n——纤维卷曲数;

J_a——纤维在 25 mm 内全部卷曲的波峰数或波谷数;

L_o——纤维在轻负荷下测得的长度,mm。

卷曲数太少,纤维难以承受多道工序的牵伸,纤维宜伸直粘卷严重可纺性不好。卷曲过高,不利于纤维开松和牵伸的顺利进行,影响成纱质量。如棉型涤纶的卷曲数不宜少于 10 个/25 mm,以(13 ~ 18)个/25 mm 为佳,毛型涤纶的卷曲数以(8 ~ 13)个/25 mm 为佳,一般化纤的卷曲数为(12 ~ 14)个/25 mm。

3. 纤维瑕疵点

化学短纤维的外观瑕疵点包括纤维的含杂和疵点。含杂是指除纤维以外的夹杂物。疵点是指生产过程中形成的不正常异状纤维。疵点包括僵丝(脆而硬的丝)、并丝(黏合在一起不易分开的数根纤维)、硬丝(由于纺丝不正常而产生的比未牵伸丝更粗的丝)、注头丝(由于纺线不正常,中段或一端呈硬块的丝)、未牵伸丝(未经牵伸或牵伸不足而产生的粗而硬的丝)、胶块(没有形成纤维的小块聚合体)、硬板丝(因卷曲机挤压形成的纤维硬块)、粗纤维(直径为正常纤维 4 倍及以上的单纤维)等异状纤维。

0.4 化学纤维发展概述

0.4.1 世界化学纤维工业的发展概况

1884 年,法国 H. B. Chardonnet 将硝酸纤维素溶解在乙醇或乙醚中制成黏稠液,再通过细管吹到空气中凝固而成细丝,这是最早的人造纤维——硝酸酯纤维。该纤维于 1891 年在法国贝桑松建厂进行工业生产,由于硝酸酯纤维易燃,生产中使用的溶剂易爆,纤维质量差,未能发展,但从此开始了化学纤维工业的历史。1899 年,由纤维素的铜氨溶液为纺丝液,经化学处理和机械加工制得的铜氨纤维实现工业生产。1905 年,黏胶纤维问世,因原料(纤维素)来源充分、辅助材料价廉、穿着性能优良,从而发展成为人造纤维的最主要品种。其间,1900 年英国托珀姆还开发了金属喷丝头、离心式纺丝罐、纺丝泵等,从而完善了黏胶纤维的加工设备。继黏胶纤维之后,又实现了醋酯纤维(1916 年)、再生蛋白质纤维(1933 年)等人造纤维的工业生产。

合成纤维的起步较晚,1935 年,美国 W. Carothers 等成功研究了第一种合成纤维——聚酰胺 66(尼龙 66),并于 1939 年在美国实现工业化生产。1941 年,由德国 Schlack 发明的聚己内酰胺纤维(尼龙 6)在德国实现工业化生产。在其后的二三十年内,合成了数十种成纤聚合物,并采用熔体纺丝和溶液纺丝法纺丝,其中最成功、最重要的品种有聚丙烯腈纤维(1950 年,又称腈纶)、聚乙烯醇缩甲醛纤维(1950 年,又称维纶)、聚对苯二甲酸乙二酯纤维(1953 年,又称涤纶)和聚丙烯纤维(1957 年,又称丙纶)。20 世纪 60 年代,石油化学工业的迅猛发展促进了合成纤维工业的发展,其产量远远超过了天然高分子纤维。

1956 ~ 1960 年,发展了第二代化学纤维——改性纤维,通过改性使原有化学纤维的染色、光热稳定、抗静电、防污、阻燃、抗起球、蓬松、手感、吸湿等性能有较大改进。有改变纤维性能的抗静电、吸湿、吸汗、抗起球、耐热、阻燃、高卷曲、高收缩、高蓬松纤维;有改变纤维形状的异形、中空、超细、特殊立体卷曲纤维等。

1960 年至今,发展了第三代化学纤维——高性能纤维,如强度为 19 ~ 22 dN/tex、模量为 460 ~ 850 dN/tex 的高强度、高模量纤维(芳纶 1414);在 304 ℃下连续加热 1 000 h 强度仍保持 64%,在火焰中难燃,具有自熄性的耐高温纤维(芳纶 1313);伸长率为 500% ~ 600% 时,弹性恢复率为 97% ~98% 的弹性纤维(氨纶)等。

0.4.2 我国化学纤维工业的发展概况

我国的化学纤维工业是新中国成立后发展起来的一门新兴产业。20 世纪 60 年代初,由东欧国家引进黏胶纤维生产技术、设备,同时依靠自己的力量建设了一批黏胶纤维生产厂。同期从日本、英国分别引进了生产维纶、腈纶的成套生产线。

20 世纪 60 年代,我国大力发展聚乙烯醇,生产棉型维纶;70 年代,相继形成约 10 万 t 的生产能力,为缓和棉布供应紧张起到了一定的作用。同时,聚丙烯腈也得到相应的发展,开创了腈纶的生产。进入 70 年代,随着我国石油化工的发展,合成纤维工业蓬勃发展,其中聚酯纤维的发展尤为迅速,为我国化纤工业的更大发展奠定了基础。

80 年代建设了特大型化纤企业——江苏仪征化纤工程;完成了上海石化公司的二期工程,并在广东的新会、佛山,河南的平顶山以及辽宁的抚顺等地,建成了多个技术先进的涤纶、锦纶和腈纶厂。90 年代又完成了仪征三期和辽化二期工程。1995 年我国的化纤产量达到 288.5 万 t,仅次于美国,居世界第二位。自 90 年代末开始,在浙江、江苏先后建立起了多家大型现代化的化纤生产企业,如江苏三房巷集团有限公司、浙江桐昆化纤集团股份有限公司、浙江恒逸集团有限公司等。

为了适应我国纺织工业发展的需要,在化纤工业迅速发展的同时,我国也开始重视差别化纤维的研究与开发,化纤新品种不断投产。其中有年产量超过万吨的有色纤维、网络丝、细旦丝、高强低伸缝纫线等;有年产量超过千吨的高收缩纤维、异形纤维、涤纶阳离子可染改性纤维、三维立体卷曲涤纶、空气变形丝、远红外纤维、中空仿羽绒纤维、抗静电纤维、纳米纤维、智能纤维等。

2004 年世界纤维总产量已达到 6 080 万 t,比 2003 年增长了 14%,其中化学纤维增长了 9%,产量达到 3 460 万 t。联合国预测在 2050 年需要天然纤维和化学纤维总量达9 000 ~10 000 万 t,其中化学纤维占 80%,产量增长速度将超过世界人口增长速度。我国是化纤生产大国,2006 年化纤产能已达到 2 250 万 t,占全世界化纤产能的 40%,其中70% 以上的产能都是从 1999 年以后发展起来的优质产能,主要技术和设备达到 20 世纪90 年代末的国际先进水平,部分达到 21 世纪初的国际先进水平。到 2006 年底,年产 20 万 t 以上的化纤企业达 26 家,合计产能 1 033 万 t,占总产能的 45.9%,它们平均年产能40 万 t。

第1章 聚酯纤维

聚酯纤维是大分子链中各链节通过酯基相连的成纤聚合物纺制而成的纤维（英文缩写为PET）。我国将含聚对苯二甲酸乙二酯组分大于85%的合成纤维称为聚酯纤维，商品名为涤纶。

1894年Vorlander用丁二酰氯和乙二醇制得低相对分子质量的聚酯，1898年Einkorn合成聚碳酸酯；Carothers合成脂肪族聚酯。早年合成的聚酯大多为脂肪族化合物，其相对分子质量及熔点都较低，且易溶于水，故不能具有纺织纤维的实用价值。1941年Whinfield和Dickson用对苯二甲酸二甲酯（DMT）和乙二醇（EG）合成了聚对苯二甲酸乙二酯，这种聚合物可通过熔体纺丝制得性能优良的纤维。1953年美国首先建厂生产聚酯纤维。

随着有机合成和高分子科学与工业的发展，近年研制开发出多种具有不同特性的实用性聚酯纤维。如具有高伸缩弹性的聚对苯二甲酸丁二酯（PBT）纤维及聚对苯二甲酸丙二酯（PTT）纤维，具有超高强度、高模量的全芳香族聚酯纤维等。目前所谓"聚酯纤维"通常指聚对苯二甲酸乙二酯纤维。

1.1 聚酯纤维原料

1.1.1 聚对苯二甲酸乙二酯（PET）的制备

由图1.1可知，PET工艺路线有直接酯化法（PTA法）、酯交换法（DMT法）和环氧乙烷直接加成法（EO法）。在工业生产中主要以对苯二甲酸双羟乙二酯（BHET）为原料，经缩聚反应脱除乙二醇（EG）来实现。其反应方程式为

$$n\text{HOCH}_2\text{CH}_2\text{OOC}——\text{COOHCH}_2\text{CH}_2\text{OH} \rightleftharpoons$$

$$\text{HOCH}_2\text{CH}_2\text{OOC}——\text{CO}\{\,\text{OCH}_2\text{CH}_2\text{OOC}——\text{CO}\,\}_{n-1}\text{OCH}_2\text{CH}_3\text{OH}+$$

$$(n-1)\text{HOCH}_2\text{CH}_2\text{OH}$$

PTA法连续聚酯生产工艺具有原料消耗低、反应时间短等优势。自20世纪80年代起已成为聚酯的主要工艺和首选技术路线。PTA法连续工艺主要是德国吉码公司（Zimmer）、美国杜邦公司（DuPont）、瑞士伊文达公司（Inventa）和日本钟纺公司（Kanebo）等公司的技术。DMT法连续工艺主要是法国罗纳普朗克和日本帝人公司的技术。

PET生产中大规模生产线均为连续生产工艺。半连续及间歇生产工艺适合于中、小型多品种生产。目前，世界上大型聚酯公司都采用先进的集散型（DCS）自动控制系统对聚酯工艺生产进行控制和管理。为了解决大型连续装置生产多品种的问题还开发了柔性生产线。

在聚酯柔性生产装置上日本企业发展最快，产品转换迅速，且具有多个功能。在催化

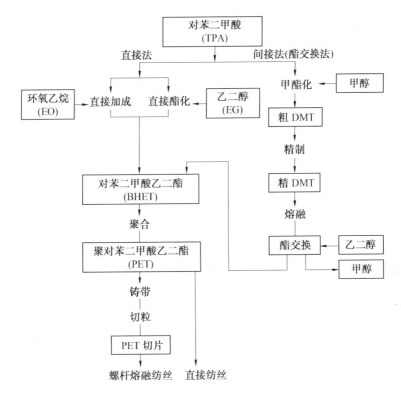

图 1.1　PET 生产路线

剂上,基于环保和增效的目的,很多世界级聚酯企业和工程大公司都在致力于开发不含锑等重金属的新型催化剂,如吉玛公司用铝、锗等金属,以沸石、硅藻土等作载体,开发出了商品名为 Ecoat 的催化剂,经在传统装置上使用,证明同锑类催化剂的效果相当;此外,Acordis 公司研究出了基于 TiO₂ 的催化剂 C-94,用该催化剂生产出的 PET 在外观及后加工过程中都优于采用传统锑催化剂生产率的 PET。

1. 酯交换法(DMT)生产 PET

DMT 法是先将对苯二甲酸(TPA)与甲醇反应生成粗对苯二甲酸二甲酯(粗 DMT),经精制提纯后,在催化剂(如 Mn、Zn、Co、Mg 等的醋酸盐)存在下,EG 与 DMT 进行酯交换反应,被取代的甲氧基与 EG 中的氢结合,生成甲醇,得到纯度较高的 BHET,再经缩聚制得 PET。其反应方程式为

$$CH_3OOC \text{—}\!\!\bigcirc\!\!\text{—} COOCH_3 + 2HOCH_2CH_2OH \Longleftrightarrow$$

$$HOCH_2CH_2OOC \text{—}\!\!\bigcirc\!\!\text{—} COOCH_2CH_2OH + 2CH_3OH$$

DMT 的酯交换反应实际是分两步完成的。两个端酯基先后分两步进行反应,两个酯基在两步反应中的活性相同。在一定反应条件下,酯交换反应达到可逆平衡。酯交换反应是吸热反应,$\Delta H = 11.22$ kJ/mol。温度升高有利于酯交换,但热效应的数值很小,升高温度对反应平衡常数 K 值增加不大。例如,使用醋酸锌催化剂,180 ℃时,$K = 0.3$;195 ℃时,$K = 0.33$。所以,反应平衡时,BHET 的收率很低。生产中为了增加 BHET 的收率,通常加入过量的 EG,并从体系中排除反应副产物甲醇。

酯交换缩聚法分为间歇式酯交换缩聚法和连续式酯交换缩聚法。

（1）DMT法间歇式生产PET工艺

DMT法间歇式生产PET工艺的主机只有一台酯交换釜和一台缩聚釜（图1.2）。酯交换釜是一圆柱形反应釜，内装有锚式搅拌叶，釜外壁有联苯加热夹套，釜顶盖有加料孔、防爆装置和甲醇（或乙二醇）蒸汽出口。

原料DMT、EG按$n(DMT):n(EG)=1:(2.3\sim2.5)$（EG过量，有利于增加BHET收率），以及0.05%（相对于DMT质量）左右的金属醋酸盐催化剂加入酯交换釜，先控制温度在180~200℃，使酯交换反应生成的甲醇经酯交换釜上部的蒸馏塔馏出（称甲醇相阶段），酯交换反应通常在常压下进行，甲醇馏出量达到理论生成量（按理论计算，每吨DMT生成甲醇约417 L）的90%时，认为酯交换反应结束，时间约为4 h。

酯交换反应结束后，随即加入0.03%~0.04%缩聚催化剂三氧化二锑和0.015%~0.03%热稳定剂亚磷酸三苯酯或磷酸三甲酯（TPP）（均相对于DMT质量），可直接将物料放入缩聚釜进行缩聚反应。也可在酯交换结束后，将物料升温至230~240℃，将多余的EG蒸汽，并进行初期缩聚反应（称乙二醇相阶段），时间约为1.5 h，再用N_2送入缩聚釜进行缩聚反应。酯交换过程蒸出的甲醇或EG蒸汽，先经蒸馏塔，后经冷凝器冷凝，收集的粗甲醇和粗EG送去蒸馏提纯后回收再用。

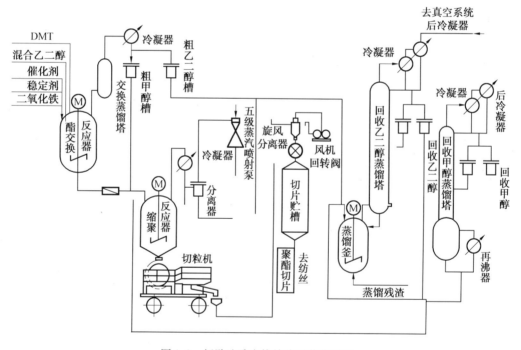

图1.2　间歇法酯交换缩聚工艺流程图

间歇缩聚釜是主体为圆柱形、底部为圆锥形的密闭不锈钢反应器，内有锚式搅拌叶，外有气相加热夹套。物料在釜内的反应分两个阶段控制，第一阶段是低真空（余压约为5.3 kPa）缩聚，第二阶段是高真空（余压小于66 Pa）缩聚。釜内真空是由釜外的五级蒸汽喷射泵或高真空度的真空泵建立的，反应生成的EG蒸汽被抽出和冷凝后送去蒸馏回收。两个阶段反应的温度均需严格控制，通常前段为250~260℃，后段为270~285℃。当缩聚釜内搅拌电流增至一定数值(表示反应物料的表观黏度达到一定值),或经取样测定聚合物特性黏度达到一定值(通常为 0.64 ~ 0.66 dL/g),即可打开缩聚釜出料阀,熔体经铸带头到圆筒冷凝器,经冷却槽结成片状,由切粒机切成一定规格的 PET 粒子,再经筛选,除去过大或过小的粒子,风送至湿切片储槽,以备切片干燥和纺丝。

(2)DMT 法连续式生产 PET 工艺

DMT 法连续式生产 PET 工艺是指物料在连续流动和搅拌过程中完成酯交换反应生成 BHET,再缩聚生成 PET。连续酯交换装置有多种形式,如多个带搅拌的立式反应釜串联式,多个带搅拌的卧式反应釜串联式和多层泡罩塔式等。

罗纳-普朗克工艺:原料 DMT(熔体)、EG-A(溶有酯交换催化剂 $Zn(OAc)_2$)和 EG-B(含新鲜 EG 和回收 EG),按 $n(EG) : n(DMT) = 1.9 : 1$ 定量连续通入酯交换反应器上部。反应器内有 20 块泡罩板的酯交换塔,塔顶部装有 10 块泡罩板的甲醇分馏塔,塔底部装有两台带有悬臂式搅拌的再沸器。酯交换反应在 225 ~ 230 ℃ 和常压下进行,生成的甲醇夹带着 EG 蒸汽,经分馏塔分离,EG 回流,甲醇由塔顶(64 ~ 66 ℃)馏出;酯交换产物 BHET,由再沸器底部抽出,添加缩聚催化剂 Sb_2O_3、稳定剂 H_3PO_4 和消光剂 TiO_2 后送入脱 EG 塔中。脱 EG 塔为空塔,塔侧装有再沸器,物料以泵循环,在 228 ℃、26.7 kPa 下脱去 EG,进一步完成酯交换反应。脱出的 EG 经长颈空塔分离器分离夹带物后,从塔顶逸出冷凝后,精制回收再用;脱 EG 后的 BHET 由塔底抽出送入预缩聚塔(CPC 塔)。CPC 塔内装有 12 块特殊结构的塔板,每块塔板上均装有热载体蛇管加热,以保持预缩聚反应温度;塔顶装有 EG 分离塔,以分离 EG 中夹带的预聚物。预缩聚反应是在 234 ~ 285 ℃(各部温度不同)、12 ~ 16.7 kPa 下进行的,反应脱出的 EG 由塔顶逸出,预缩聚物(聚合度为 25 ~ 30)由塔底抽出,经中间罐送入缩聚反应器。罗纳-普朗克工艺缩聚段工艺流程图如图 1.3 所示。

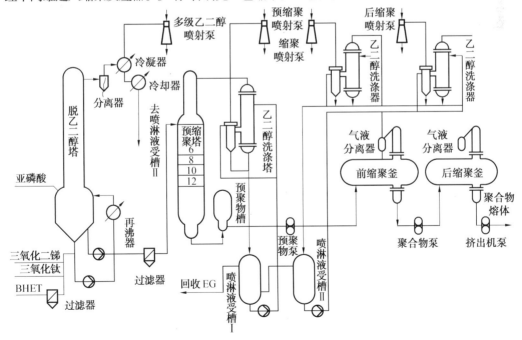

图 1.3　罗纳-普朗克工艺缩聚段工艺流程图

缩聚由前缩聚和后缩聚两台串联卧式釜组成,釜内装有鼠笼式搅拌器,釜外夹套通热载体加热。两釜结构完全相同,但控制的工艺条件不同:缩聚釜的温度为 285 ℃,压力为 0.67 kPa;后缩聚釜的温度为 285 ℃,压力为 0.3~0.4 kPa。后缩聚釜产物为 PET 熔体,在高真空下由齿轮泵抽出,经在线黏度控制分析后送铸条、水冷、切粒和包装。

缩聚反应生成的 EG 在真空下抽出,夹带的低聚物分离后收集于储罐中;EG 蒸汽经 EG 喷淋冷凝器冷却后,排空不凝气体;冷却的 EG 经过滤净化后再循环喷淋,多余部分(EG-T)送精制处理。送精制处理的 EG-T 经拔顶塔蒸出轻组分甲醇 G(含甲醇、水等),拔顶后的粗 EG 再减压精馏得再生 EG,汇流进入 EG-B 系统。酯交换塔馏出的甲醇和甲醇 G 也用精馏方法精制后送 DMT 装置使用。

罗纳-普朗克工艺与同类工艺相比具有如下特点:选用 $Mn(OAc)_2$-Sb_2O_3-H_3PO_3 催化稳定体系,组分少,用量少,并具有较高活性,产品质量较好。酯交换、预缩聚、缩聚和后缩聚连续反应器均为平推流型,结构先进,停留时间短,效率高。适当调整工艺条件即可用于生产改性聚酯和薄膜级聚酯。

2. PTA(精对苯二甲酸)直接酯化缩聚法生产 PET

PTA 直接酯化缩聚法,就是 PTA 与 EG 直接进行酯化反应,一步法制得 BHET 再缩聚合制得 PET。由于 PTA 在常压下为无色针状结晶或无定形粉末,其熔点(425 ℃)高于其升华温度(300 ℃),而 EG 的沸点(197 ℃)又低于 PTA 的升华温度。因此,直接酯化体系为固相 PTA 与液相 EG 共存的多相体系,酯化反应只发生在已溶解于 EG 中的 PTA 和 EG 之间,溶液中反应消耗的 PTA 由随后溶解的 PTA 补充。由于 PTA 在 EG 中的溶解度不大,所以在 PTA 全部溶解前,体系中的液相为 PTA 的饱和溶液,故酯化反应的速度与 PTA 浓度无关,平衡向生成 BHET 方向进行,此时酯化反应为零级反应。

PTA 法连续工艺中,德国吉玛、日本钟纺、瑞士伊文达公司在 20 世纪 90 年代初期推荐采用的技术表征都是 5 釜流程。三个公司反应工艺均采用两个酯化釜、两个预缩聚釜和一个终缩聚釜工艺,在反应工艺条件控制上基本相似,区别主要在于反应工艺设备上。

①吉玛公司反应设备。吉玛公司为两个酯化釜和预缩聚釜 I 为立式反应釜,预缩釜 II 和终缩聚釜为带有圆盘搅拌器的卧式反应釜,各缩聚釜均带有自动刮板式冷凝器的 EG 回收系统。

②钟纺公司反应设备。钟纺公司第二酯化釜为卧式反应釜,釜内分隔成四个反应区,各区保持一定的反应速度梯度,在常压 265 ℃下反应,其他反应设备与吉玛公司相同。

③伊文达工艺反应设备。伊文达工艺两个酯化釜及两个预缩聚釜均为立式反应器,只有终缩聚釜为卧式反应釜,各缩聚釜均带有自动刮板式冷凝器的 EG 回收装置。5 釜工艺流程以伊文达公司为例进行介绍。

(1)伊文达工艺

EG/PTA 按给定摩尔比(1.15±0.03)加入打浆罐,在搅拌下充分混合,打成浆液。浆液经齿轮泵定量加入第一酯化釜,在 255~265 ℃、0.18~0.22 MPa 下进行酯化,酯化率达 85%。然后压入第二酯化釜,进行升温降压,在 265~275 ℃、0.05~0.1MPa 继续酯化,达到酯化率为 98%。在所得酯化产物中,加入适量的消光剂 TiO_2、催化剂 Sb_2O_3 和稳定剂 $(CH_3O)_3PO$,然后经过滤器导入预缩聚釜,在系统逐步抽真空和升温的条件下,经预缩聚釜(270~275 ℃,6 kPa)、缩聚釜(275~285 ℃,0.6 kPa)和终缩聚釜(285~295 ℃,

50 Pa)得到合格的 PET 熔体。熔体可分流,用于铸条切粒、直接纺丝和增黏后纺丝。如加入各类添加剂,可制成各种改性 PET。第一酯化釜蒸出反应生成的水和 EG,经分馏塔分离后水排出、EG 回至釜内。第二酯化釜蒸出反应生成的水和 EG,经喷淋冷凝后排至 EG 回收系统。三段缩聚釜缩聚生成的 EG,抽真空排出,经喷淋冷凝后排至 EG 回收系统,回收的 EG 循环使用。预缩聚采用水环泵抽真空,缩聚和终缩聚采用 EG 蒸气喷射泵抽真空。为防止排气系统被低聚物堵塞,各段 EG 喷淋中均采用自动刮板式冷凝器。伊文达工艺流程图如图 1.4 所示。

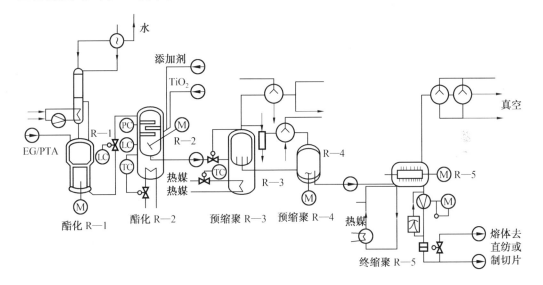

图 1.4 伊文达工艺流程图

（2）杜邦工艺

杜邦工艺是 3 釜流程,其缩聚工艺条件与 5 釜基本相似,但酯化工艺条件差别较大。5 釜流程采用较低温度和压力,而 3 釜流程则采用高摩尔比和较高的酯化温度,强化反应条件,加快反应速度,缩短反应停留时间。总的反应时间 5 釜流程约为 10 h(其中酯化为 5.5 h),3 釜流程为 3.5 h(其中酯化为 1.5 h)。

①酯化。杜邦工艺的酯化反应设备主要由一气相热媒加热的列管式换热器和一酯化蒸发器组成,如图 1.5 所示。PTA/EG 浆料由供应泵输送到浆料注射喷嘴,自下而上进入酯化热交换器。与酯化热交换器相连的酯化蒸发器内的液位保持在通道口以下,使蒸发器上部形成足够的蒸发空间,以分离水和部分 EG,下部通过各自的齐聚物泵将齐聚物经过齐聚物过滤器后送入缩聚工序,酯化蒸发器内的大部分齐聚物返回到酯化热交换器,形成物料的自循环,从而改善 PTA 在 EG 中的混合特性。酯化反应的水分、夹带的 EG 以及少量的低沸物经酯化蒸发器空间进行气液分离,气相部分进入酯化分离塔,塔顶上部冷凝下来的水及低沸物进入回流水槽,回流水槽保持一定的液位,多余部分直接排入废水池。分离塔底部的 EG 和少量的齐聚物进入酯化热井,经过滤后重新进入塔内,其余则返回 EG 供给槽,循环使用。

②聚合。该工序主要由一上流式预聚釜(UFPP)和一终聚釜(FIN)组成,如图 1.6、1.7 所示。另配有一套真空系统,备有四级蒸汽喷射泵,反应釜各备有 EG 喷淋系统。

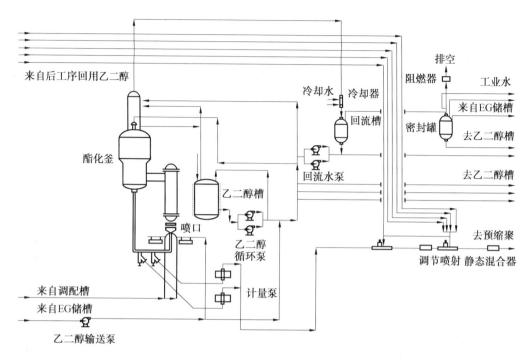

图 1.5　PTA 酯化示意图

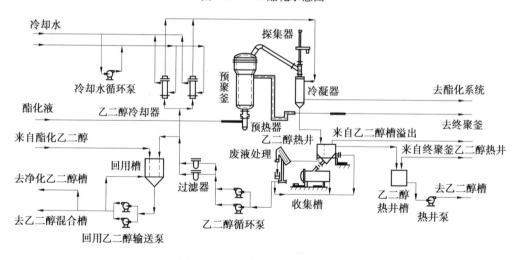

图 1.6　上流式预缩聚釜(UFPP)

UFPP 呈立式,内有 16 块塔板,底部进口设有预热器,本体用导生夹套加热。来自齐聚物泵的物料经齐聚物过滤器从 UFPP 底部进入,在塔板上进行预热传递和化学反应,在第 16 块塔板上有一个出口,预聚物在这一出口从 UFPP 流向密封管线到终聚釜。终聚釜是卧式鼠笼式搅拌器,外设气相导生夹套加热,该釜内的鼠笼式网片排列由密渐稀,使熔体表面迅速脱出 EG 和水。

　　目前,世界上大型聚酯公司都采用先进的集散型(DCS)自动控制系统对聚酯工艺生产进行控制和管理。聚酯仿真技术的进步,可以对全流程或单釜流程进行仿真计算。

　　传统聚酯工艺流程已从 6 釜、5 釜向 3 釜甚至 2 釜流程演进。杜邦公司已经推出了

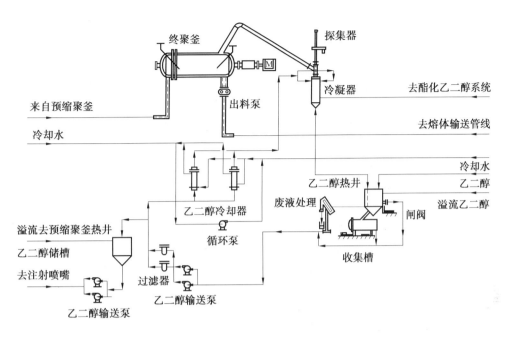

图 1.7　终缩聚釜(FIN)

主要用作瓶片的最新 NG3 型聚酯装置的 2 釜流程,产能为 600 ~ 900 t/d。该装置投资成本比传统投资约降低 25% ,生产成本约降低 40% 。

3. 环氧乙烷加成法

因为乙二醇是由环氧乙烷制成的,由环氧乙烷(EO)与 TPA 直接加成得 BHET,再缩聚成 PET。这个方法称为环氧乙烷法,反应步骤如下:

$$HOOC \!-\!\!\!\bigodot\!\!\!-\! COOH \;+\; 2H_2C \underset{O}{\overset{}{\diagdown\!\!\diagup}} CH_2 \xrightarrow{加成} BHET \xrightarrow{缩聚} PET$$

此法可省去由 EO 制取乙二醇这一步骤,故成本低,反应快,优于直缩法。但因 EO 易于开环生成聚醚,反应热大(约为 100 kJ/mol),EO 易热分解,EO 在常温下为气体,运输及储存都较困难,故此法尚未大规模采用。

1.1.2　聚对苯二甲酸乙二酯的结构和性质

1. 分子结构

PET 分子化学结构式为

$$COOH_2CH_2COH \!-\!\!\!\bigcirc\!\!\!-\! CO[OCH_2CH_2OOC \!-\!\!\!\bigcirc\!\!\!-\! CO]_{n-1} OCH_2CH_2OH$$

PET 为线型大分子,分子链的两端各有一个羟基,中间每个单元链节都由苯环通过酯基与乙基相连,没有大的支链,因此分子线性好,易于沿着纤维拉伸方向取向而平行排列。PET 分子链中由酯基连接苯环基基团,刚性大,因此 PET 的熔点较高(约为 267 ℃)。

由于分子链上的 C—C 键内旋转,故分子存在两种空间构象。无定形 PET 为顺式,结晶 PET 为反式。PET 分子链的结构具有高度立体规整性,所有芳香环几乎处在一个平面上,因此具有紧密敛集的能力和结晶倾向。

无定形 PET 为无色透明固体,密度为 1. 335 g/cm³。完全结晶的聚合物为乳白色固体,密度为 1.455 g/cm³。PET 纤维为部分结晶,密度为 1.38 ~ 1.40 g/cm³。

PET 大分子中各链节通过酯基相连,其许多化学性质与酯键有关,如在高温和水存在下或在强碱介质中容易发生酯键的水解,使分子链断裂,聚合度下降。故在 PET 纺丝时必须严格控制水分的含量。在酯交换或缩聚过程中,副反应生成的羧基化合物、环状低聚物、二甘醇(DEG)等,可破坏分子的规整性,从而降低大分子间的敛集能力,使 PET 熔点下降,纺丝加工困难,并使成品纤维物理-机械性能变坏。纺丝盘或拉伸盘上析出的白色粉末,即含部分环状低聚物。

2. 相对分子质量及其分布

(1)相对分子质量

纤维用 PET 树脂的相对分子质量通常为 15 000 ~ 22 000。PET 的相对分子质量直接影响丝性能及纤维的物理-机械性能。若相对分子质量低,则熔体黏度下降,纺丝易断头,纤维也经不起较高倍数的拉伸,所得成品强力下降,延伸度上升,耐热性、耐光性、耐化学稳定性差。当相对分子质量小于 8 000 ~ 10 000 时,几乎不具有可纺性。

通常用溶液法测定 PET 的特性黏度,并通过式 $[\eta]=KM^a$ 求出相对分子质量。故一般 PET 树脂相对分子质量可用特性黏度 $[\eta]$ 来表征,上式中的 K 和 a 均为系数,纤维级 PET 树脂特性黏度通常为 0.62 ~ 0.68 dL/g。

(2)相对分子质量分布

缩聚反应制得的 PET 树脂是从低相对分子质量到高相对分子质量的分子集合体,各种方法所测定的相对分子质量仅具有平均统计意义,对于每种 PET 切片,均存在相对分子质量分布问题。相对分子质量分布对 PET 纺丝加工性能及成品纤维的结构、性能影响较大。低相对分子质量组分含量较高的 PET,纺丝时易产生断头、毛丝和疵点,且经不起拉伸。所得纤维产品强度低、延伸度性恢复率低,在电子显微镜下可见纤维表面有许多不规则的裂纹。相对分子质量分布窄的纤维,其表面均一,无明显裂纹。PET 的相对分子质量分布通常采用凝胶渗透色谱法(GPC)测定,可用相对分子质量分布指数 a 来表征。

3. 流变性

(1)熔点

纯 PET 的熔点为 267 ℃,工业生产的 PET 熔点略低,一般为 255 ~ 265 ℃,这主要是由于在酯交换(酯化)或缩聚反应过程中副反应产生 DEG,致使 PET 分子中含有醚键,破坏了分子结构的规整性,不仅降低了分子间的作用力,而且增加了大分子柔性的缘故。熔点是酯切片的一项重要指标。切片熔点波动较大,熔融纺丝温度也需做适当调整,但熔点对成型过程的影响不如特性黏度(相对分子质量)的影响大。

(2)熔体黏度

聚合物熔体纺丝时,在一定压力下被压出喷丝孔,成为熔体细流并冷却成型。熔体黏度是熔体流变性能的表征,与纺丝成型密切相关。熔体黏度与切变速率及相对分子质量有关。相对分子质量低于 20 000 的 PET 树脂,其熔体黏度与温度间呈明显的线性函数关系,而相对分子质量超过 20 000 时,则呈非线性关系。

影响熔体黏度的因素有温度、压力、聚合度和切变速率等。随着温度的提高,熔体黏度以指数函数关系降低。随着 PET 相对分子质量的增大,在相同温度下的熔体黏度增大;而在不同温度下,熔体温度每增减 10 ℃,相当于 PET 特性黏度增减 0.05 dL/g,这对生产控制颇有现实意义。在纺丝成型时,为使熔体黏度控制在一定范围内,如聚合度发生波动时,可用调整熔体温度的方法,使熔体黏度保持恒定。

由于熔体黏度依赖于分子间的作用力,而作用力又与分子间距有关,所以当熔体承受较大压力而使分子间距减小时,其熔体黏度有所增大。

4.物理性质和化学性质

PET 是高分子化合物,其物理性质通常依赖于其相对分子质量和相对分子质量分布,也依赖于大分子的聚集状态及聚集体中的杂质含量。除上述 PET 的熔点及熔体黏度外,纤维级(相对分子质量为 15 000 ~ 22 000)PET 的其他物理性质见表 1.1。

表 1.1　PET 的物理性质

	无定形态	67
玻璃化温度/℃	晶态	81
	取向态结晶	125
固态密度/(g·cm⁻³)		1.335 ~ 1.455
熔体密度/(g·cm⁻³)	270 ℃	1.22
	295 ℃	1.117
吸水性(25 ℃浸水 7 天后吸水质量分数)/%		0.5

1.1.3　聚酯切片的质量指标

PET 切片的质量对纺丝、拉伸工艺和纤维质量有很大影响。切片的相对分子质量及其分布、熔点灰分、DEG 含量、羧基及粉尘含量等将直接影响 PET 熔体的流变性、均匀性和细流强度。对 PET 切片质量的要求,随纤维品种、纺丝方法和设备而异。通常生产长丝,特别是高速纺长丝,要求切片的杂质含量少,熔体均匀性高。纤维级 PET 切片的主要质量指标见表 1.2。

表 1.2　纤维级 PET 切片的主要质量指标

项　目	优级品	一级品	合格品	测试标准
特性黏度$[\eta]$/(dL·g⁻¹)	$M_1 \pm 0.012$	$M_1 \pm 0.015$	$M_1 \pm 0.025$	
软化点/℃	≥259	≥258	≥256	
熔点/℃	≥260	≥259	≥257	
羧基含量/(mol·t⁻¹)	≤30(40)	≤35(45)	≤40(45)	
色度(b 值)	$M_2 \pm 2$	$M_2 \pm 3$	$M_2 \pm 4$	
凝聚粒子(≥10um)/(个·mg⁻¹)	≤1.0	≤3.0	≤6.0	GB/T 14189—93
含水量/%	≤0.4	≤0.4	≤0.5	
异状切片和粉末/%	≤0.4	≤0.5	≤0.6	
二氧化钛的质量分数/%	$M_3 \pm 0.05$	$M_3 \pm 0.05$	$M_3 \pm 0.06$	
灰分/%	≤0.07	≤0.07	≤0.08	
铁分/%	≤0.000 4	≤0.000 6	≤0.000 8	
DEG 的质量分数/%	≤1.2	≤1.3	≤1.5	

注:1.中心值 M_1 和 M_3,由企业自行确定后,不得任意更改;

　　2.中心值 M_2(片状值)在小于等于 8 范围内由企业自行确定后,不得任意更改;

　　3.M_1、M_2、M_3 须报上级主管部门备案;

　　4.羧基项括号内的数值,仅用于间歇缩聚工艺生产的聚酯切片;

　　5.二氧化钛含量对有光聚酯切片的考核由供需双方确定

切片质量指标是保证纺丝、拉伸等加工性能及成品纤维物理−机械性能所必需的。切片中的凝聚粒子对纺丝、纤维后加工等过程及成品纤维质量影响甚大。在纺丝时，凝聚粒子沉积于熔体过滤器的滤网或喷丝头组件的滤层，阻碍熔体通过，缩短滤网或喷丝头组件的更换周期；或因熔体过滤反压太大而击穿滤网；此外，保留在纤维中的凝聚粒子，会造成纤维节瘤，使纤维拉伸断头或拉伸不匀，降低成品纤维的品质。

1.2　聚酯切片的干燥

1.2.1　切片干燥的目的

1.除去水分

湿切片中含水率为 0.4% ~ 0.5% ，干燥后下降至 0.01% （常规纺丝）或 0.003% ~ 0.005% （高速纺丝），切片中水对生产过程产生的不良影响有：在纺丝温度下，水的存在使 PET 大分子的酯键水解，聚合度下降，纺丝发生困难，成品丝质量降低；少量水分汽化，往往造成纺丝断头，使生产难以正常进行，并使成品纤维质量下降。

2.提高切片含水的均匀性

通过在相同条件下的干燥过程，使切片中的微量水分更为均匀，以保证纤维质量均匀。

3.提高结晶度及软化点

聚合物熔体的挤出铸带是在水中急剧冷却的，所得 PET 切片基本为无定形结构，软化点较低，70 ~ 80 ℃ 开始变软和粘连。如不提高其结晶度，进入纺丝螺杆挤出机后便软化黏结，造成环结阻料。干燥初期，切片受热结晶，结晶度提高至 25% ~ 30% ，切片变得坚硬，软化点提高至 210 ℃ 以上，且熔程狭窄，熔体质量均匀，不易发生环结阻料。干燥初期，升高温度使切片结晶度提高的过程称为预结晶。

1.2.2　切片干燥机理

1.切片中的水分

PET 大分子缺少亲水性基团，吸湿能力差，通常湿切片含水率小于 0.5% ，其水分分为两部分：一是粘附在切片表面的非结合水，这种水分的存在使物料表面上的蒸汽压等于水的饱和蒸汽压；二是与 PET 大分子上的羰基及极少量的端羟基等以氢键结合的结合水，其在切片表面上的平衡蒸汽压小于同温度下的饱和蒸汽压。在干燥过程中，通常非结合水较易除去，而结合水则较难除去。

2.切片的干燥曲线

切片干燥包含两个基本过程：加热介质传热给切片，使水分吸热并从切片表面蒸发；水分从切片内部迁移至切片表面，再进入干燥介质中。这两个过程同时进行，因此切片干燥实质是一个同时进行的传质和传热过程。

在干燥过程中，测定切片在不同温度热风中经不同时间干燥后的含水率，可得一组干燥曲线。在各干燥曲线温度下，切片的含水率均随干燥时间延长而逐步降低。干燥前期为恒速干燥阶段。这时除去的主要是切片中的非结合水，切片含水率随干燥时间增加几乎呈直线关系下降。温度越高,恒速干燥的速率越高。干燥后期为降速干燥阶段。水与大分子结合的氢键被破坏,结合水慢慢向切片表面扩散并被除去,直至达到在某一干燥条件下的平衡水分。此后,再延长时间,含水率变化甚微。干燥温度越高,切片达到平衡水分的干燥时间越短,切片中平衡水分含量也越少。切片经不同温度热风干燥时的干燥曲线如图 1.8 所示。

干燥温度从 120 ℃ 升高到 140 ℃,干燥速率有一突然升高过程(提高 2.2 倍),至 140 ℃ 以后,速率的提高又转向平缓,这一现象与切片干燥的结晶过程有关。

3. 切片干燥过程的结晶

由于 PET 分子链的结构具有高度立构规整性,所有芳香环几乎处在同一平面上,因而具有紧密敛集能力与结晶倾向。图 1.9 为切片在不同温度下达到 50% 结晶所需的时间(半结晶化时间)。在 170 ~ 190 ℃ 时,聚酯结晶速率最高。在 190 ℃ 时,半结晶时间约为 1 min,但超过 190 ℃,结晶速率反而随温度升高而下降。这是由于高温下晶核生成太少的缘故。由此可以设想,在 170 ℃ 以下短时间干燥,由于切片表面温度高于内部温度,切片表面的结晶度往往大于内部的结晶度;反之,如在 190 ℃ 以下短时间干燥,则内部结晶度大于表面结晶度。

结晶对切片干燥速率有很大影响。一方面,结晶时由于体积收缩的挤压和空穴的消失,把一部分水分挤压到切片表面,有利于提高干燥速率;另一方面,又将一部分水挤压到切片内部,加大了扩散距离,且由于外加热式(170 ℃)干燥时,切片表面温度往往高于内部温度,因切片表面结晶度较大而形成的致密化层使水分扩散阻力大增。因而在通常情况下,结晶会使干燥速率迅速大幅度下降。

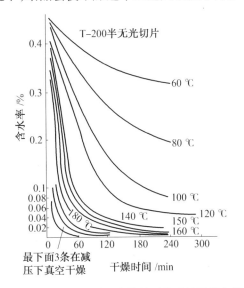

图 1.8　切片经不同温度热风干燥时的干燥曲线　　　图 1.9　PET 切片的结晶速率

采用高频电微波加热结晶,由于切片内外温度均匀,结晶对提高干燥速率十分有利。圆柱体切片的干燥优于平板切片。因圆柱体切片的表面由里向外随半径增大而增大,使切片外表面的传质面积大于内部的传质面积,以补偿由于外表面结晶度较大而形成的扩散阻力。使用圆柱体切片可缩短干燥时间,并达到更低的含水率,还可减少粉尘的产生。

在干燥过程中,PET 在高温作用下伴随着部分化学反应,主要是高温水解反应。水解速率与切片中水分含量及温度有关。水分含量越高,水解越快。在过激条件下也会发生热裂解、热氧化降解等反应。此外,在某些条件下,还伴随着大分子的缩聚反应(固相缩聚)。

1.2.3 切片干燥的工艺控制

1. 温度

温度高则干燥速度快,干燥时间短,干燥后切片的平衡含水率降低。但温度太高,切片易黏结,大分子降解,色泽变黄。在180 ℃以上易引起固相缩聚反应,影响熔体均匀性。因此,通常预结晶温度控制在170 ℃以下,干燥温度控制在180 ℃以下。

2. 时间

干燥时间取决于干燥方式、干燥设备及干燥温度。对于同一设备,干燥时间取决于干燥温度。在同一温度下,干燥时间延长则切片含水率下降,均匀性也好。但时间过长,PET 降解严重,色泽变黄。

3. 风速

风速提高,则切片与气流相对流速大,干燥时间可缩短;但采用沸腾干燥时,风速太大,切片间相互摩擦加剧,粉尘增多。风速选择还与干燥方式有关,例如,沸腾干燥,需风速大,否则切片沸腾不起来,可用 20 m/s 以上的风速;充填干燥则风速不能太大,否则会把料床吹乱,不能保证切片在干燥器内均匀地下降,通常风速为 8 ~ 10 m/s。风速的选择也与所用设备的大小、料位高度、生产能力等因素有关。

4. 风湿度

热风含湿率越低,干燥速度越快,切片平衡水分越低。因此必须不断排除循环热风中的部分含湿空气,并不断补充经除湿的低露点空气。例如,BM 式干燥机所补充的新鲜空气含湿量小于 8 g/kg。

1.2.4 切片干燥设备

聚酯切片干燥设备分为间歇式和连续式两大类。间歇式设备有真空转鼓干燥机;连续式设备有回转式干燥机、沸腾式干燥机和充填式干燥机,也有用多种形式组合而成的联合干燥装置。目前,国内常用的且与涤纶高速纺丝配套的有德国的 KF(Karl-Fisher)、BM(Bubler-Miag)、吉玛等干燥装置。

1. 间歇式干燥设备

真空转鼓干燥装置(图 1.10)是应用已久的间歇式干燥设备,设备主体是一带蒸汽夹套的倾斜旋转圆鼓,主要由转鼓、真空系统和加热系统组成。切片在鼓内被翻动加热,水分蒸发并借助真空系统将水抽出。

间歇式干燥设备的优点:

①结构简单,流程短,干燥质量高,切片特性黏度下降少,能耗低。

②更换切片方便,出料灵活。

③操作环境好,噪声低。

间歇式干燥设备的缺点:

①切片干燥周期长,单机产量低。

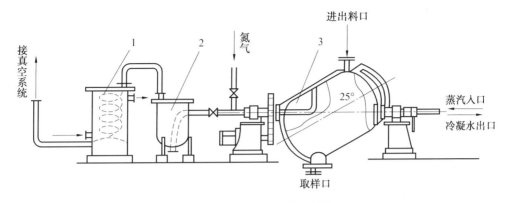

图 1.10　VC353 真空转鼓干燥装置

1—冷却桶;2—除尘桶;3—加热夹套

②切片干燥后产生的粉尘较多。

③各批切片干燥质量有差异。

2.连续式干燥设备

连续式干燥装置如下:

(1)回转圆筒充填干燥装置

回转圆筒充填二级干燥是组合干燥的一种形式。此装置是与 VD406 涤纶短纤维纺丝机套的切片干燥设备。前段是切片输送和回转圆筒干燥机,后段由切片输送系统和充填干燥机部分组成。其工艺流程如图 1.11 所示。聚酯切片进入回转圆筒干燥机后被筒内翼片带动,在重力作用下下落,被轴向气流吹动而移动一段距离,与热风进行热交换,使水分蒸发,并被热风带走,以达到切片干燥和结晶的目的。

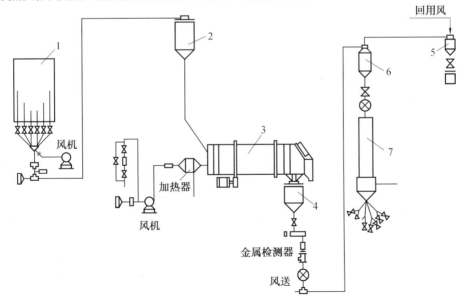

图 1.11　回转圆筒充填干燥装置工艺流程图

1—混合料仓;2—上部切片料斗;3—回转干燥机;4—下部切片料斗;5—旋风分离器;6—第三料斗;

7—充填干燥机

　　回转圆筒充填干燥机的特点是生产能力大,干燥聚酯切片能满足短纤维纺丝的要求,最高日产量可达 28～29 t。其缺点是干燥流程长,设备庞大,由于无余热回收装置,能耗较高,并要求较高压力的蒸汽,聚酯切片产生的粉末也较多。

　　(2)BM 式预结晶干燥装置

　　该设备采用沸腾式预结晶器(有连续式和间歇式两种)和连续式充填干燥器组合装置,并附有氯化锂空气除湿器和余热回收装置。其工艺流程图如图 1.12 所示。

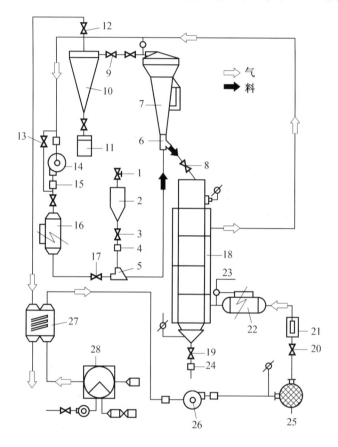

图 1.12　BM 式预结晶干燥装置工艺流程图

1— 进料阀;2—计量桶;3、8、19—出料阀;4—冷却器;5—气流喷射器;6—隔板阀;7—预结晶器;9、12、20—调节阀;10—旋风分离器;11—粉末收集器;12、13—旁通阀;14、26—离心风机;15—补偿器;16、22—加热器;17—气动阀;18—充填干燥器;21—流量计;23—温度调节器;24—视镜;25—精过滤器;27—热管式换热器;28—除湿器

　　BM 间歇式预结晶器(图 1.13)采用漩涡式设备,其主体为一锥形圆筒体。170 ℃热风从筒底送入,切片因热风吹动而呈沸腾状,由于切片受热面积大,传热效果好,气流温度高,故预结晶速度快,仅 10 min 左右即可完成。另一形式为卧式沸腾床 BM 连续预结晶装置。该机有一微微倾斜的多孔板,切片经星形阀落于多孔板面,130～140 ℃的热风从下而上通过板孔吹送,使切片呈沸腾状态被加热和结晶。切片停留时间可由多孔板倾斜度控制,一般为 15 min。

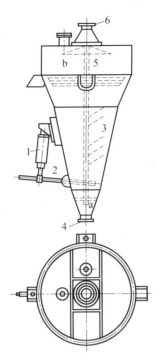

图 1.13 BM 间歇式预结晶器

1—气缸;2—杠杆;3—中心杆;4—进料口;5—锥形帽;6—排气口

BM 干燥装置采用气缝充填干燥器,它是由若干节(一般四节)长方体叠合而成,每节干燥仓由若干组纵向交错排列着的三棱形风管组成。其中第一节干燥仓,右风道为进风道,左风道为出风道,中间有 6 组风管。其中 1、3、5 与右风道相通(左端密封),称为进风管;2、4、6 与左风道相通(右端密封),称为出风管。干热空气流(165~170 ℃)从进风口入右风道,分 3 路同时进入 1、3、5 风管内,并从这些管的底部长条形开口缝逸出,转向上,穿透切片层而上升,继而从 2、4、6 出风管下部长条形开口处进入,汇集于左风道,并进入第二节干燥仓,与第一节相同,但风向进出与第一节相反,即左风道是进风道,右风道为出风道。以下各节则以此类推,如图 1.14 所示,在整个充填干燥器中,干热空气流向在同节干燥箱中呈并联流动,而在节与节之间则为串联流动。

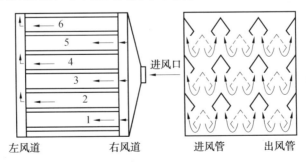

图 1.14 气缝充填干燥器的气体流动示意图

BM 切片干燥装置的优点是:①预结晶温度高(切片为 140~150 ℃),速度快(只需 10~15 min),切片表层坚硬;②气缝式充填干燥器设计合理,切片干燥均匀,热风阻力小,可用中低压热风;③热气流循环使用,热回收率较高。其缺点是热风中粉尘较多,易在加热器上结焦,增加能耗。

(3)KF式预结晶干燥装置

该装置主体为竖井式充填塔,分为上、下两段,上段为带立式搅拌的预结晶器,下段为干燥器,上、下段间由一料管相连接。其工艺流程图如图1.15所示。切片在机内停留2~3 h,产量为240~440 kg/h,预结晶温度为140 ℃,干燥温度为160 ℃,搅拌器转速为1~2 r/min,干空气露点为-20~-27 ℃,干切片含水率为0.003%~0.005%。

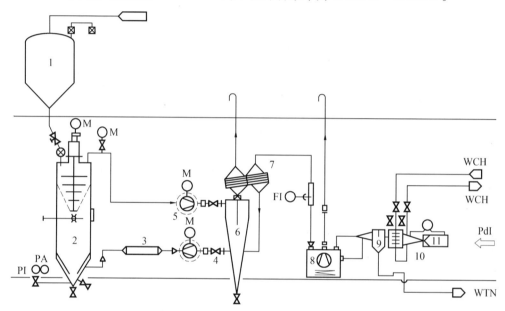

图1.15　KF式预结晶干燥装置工艺流程图

1—料仓;2—干燥塔;3—干空气加热器;4—进风风机;5—吸风风机;6—旋风分离器;7—热交换器;
8—脱湿器;9—水分离器;10—空气冷冻器;11—空气过滤器

KF式预结晶干燥装置的优点是:①设备紧凑、简单,流程短,预结晶与干燥合为一体,占地面积小,设备单位容积生产量大,生产费用低;②采用脉冲输送切片,粉尘少;③热风系统为一次通过,可以防止粉尘积留在加热器表面而影响传热效果,热风经干燥切片、预结晶切片和余热回收后才排入大气,因此能耗较低。该装置的缺点是开车时操作较繁琐,切片品种多,更换不方便;切片干燥的均匀性相对较差。

(4)吉玛式预结晶干燥装置

该装置采用卧式连续沸腾床预结晶机和充填干燥机组合,其工艺流程图如图1.16所示。结晶机内有一块装于振动弹簧上的卧式不锈钢多孔板,板面具一定倾斜度,170 ℃热气流自下部通过多孔板向上吹,使切片翻动,呈沸腾状,防止黏结。预结晶切片通过振动器,不断送到充填干燥机中。

充填干燥机主体为圆柱体,底部为锥形,热气流分别从底部和中上部进入,通过气流分配环在塔内均匀分布。该装置的优点是:预结晶温度较高,结晶速度快,产量高;在干燥器的中上部和下部两处进热风温度分布较均匀,干切片含水率达0.003%以下。其缺点是流程较繁琐,仪表控制回路较多,充填干燥塔体积较大,设备占地面积大,要求厂房较

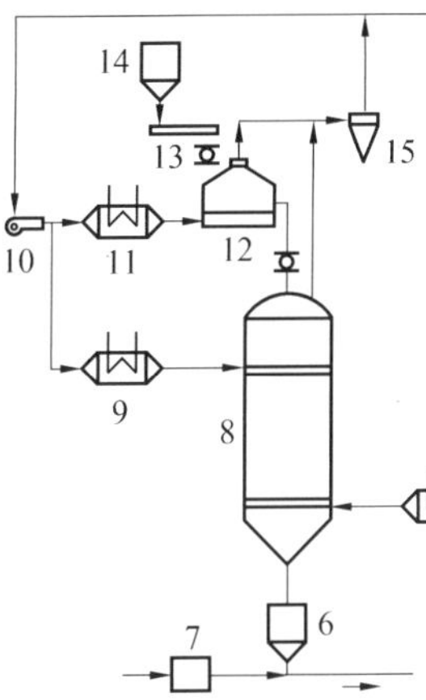

图 1.16 吉玛式预结晶干燥装置工艺流程图

1—空气冷却器;2—氯化锂除湿器;3—干燥风机;4—热交换器;5—电加热器;
6—干料仓;7—空气除湿器;8—充填干燥塔;9、11—电加热器;10—预结晶风机;
12—预结晶器;13—振动管;14—湿料斗;15—旋风分离器

高;振动结晶器结构复杂,维修量大;能耗和操作费用高。

(5)罗森式干燥装置

切片通过可变速振动输送器及定速换向阀(防止内外空气短路)进入到多室的流化床内,与床内上升的热空气接触,即开始部分悬浮起来。切片不断喂入,床内切片呈沸腾状态,表面水分很快被蒸发掉,结晶度可达35%。为防切片黏结,床内设有一系列挡板(可通过调节挡板高度改变切片的停留时间)。热空气从流化床上方排出,通过旋风分离器除去粉末,再经过滤器把特细粉末过滤掉。然后通过循环风机,利用电加热再升温,循环使用,因而热量利用率较高。

切片经预结晶后越过溢流堰进入立式干燥塔,在塔内切片以活塞状向下移动,停留时间分布均匀,而且无结块现象。温度为30 ℃、压力为0.7 MPa的压缩空气经过滤器、分子筛除湿器、过滤和减压阀转化成露点很低的干燥空气,如图1.17所示,再经电加热器加热后用自身的压力压入干燥塔底部,并经多孔锥形分布器分散,与下行的切片逆向接触。出干燥塔的高温含湿废气进入预结晶循环系统,故余热得到回收利用。

罗森式压缩空气除湿加热系统由两个除湿塔、气路和电路控制系统组成。除湿塔分为 A 塔和 B 塔,塔内装有吸湿用的分子筛。分子筛为颗粒状,直径为 1~2 mm,长约为 3 mm,每粒分子筛均有吸湿的气孔。当湿空气进入塔内时,分子筛能将水蒸气吸附。塔内还装有对压缩空气进行加热的电热棒,每组两根,每根功率为 2 kW。分子筛吸附的水蒸气由控制箱内的凸轮组成的与门控制电路经电磁阀定时排出。除湿装置配有一个露点传感器和露点温度指示仪,用于对加热后的压缩空气进行检查并记录。

两个塔的切换由凸轮组成时间控制与门电路来实现,当除湿塔 A 加热时,B 塔吸附;B 塔加热时,A 塔吸附。时间控制凸轮可根据除湿程度和工艺要求进行时间调节,时间凸轮共分 4 组,每组各分红黑两对,每对凸轮都有时间刻隙,每一格为 15 min。

湿切片喂料系统由振动输送器和旋转换向阀组成,切片振动器由料位控制器对振动幅度进行调节,可使切片喂入量随振动幅度而改变。

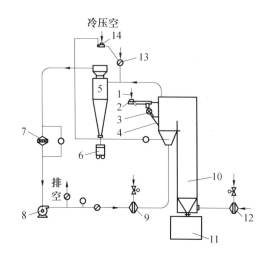

图 1.17 罗森式干燥装置工艺流程图

1—切片入口;2—振动输送器;3—回转阀;4—预结晶器;5—旋风分离器;6—粉尘箱;
7—精过滤器;8—风机;9、12—电加热器;10—充填干燥塔;11—出料系统;13—骤冷空气阀;14—气缸

该设备的特点是简单高效,操作容易,维修量低,运转中无任何调整,质量稳定,改变工艺参数(如预结晶温度、干燥塔温度、风量及露点温度)则靠自动控制系统来调整。干燥空气的露点低,以压缩空气为干燥气源,可得到露点极低的干燥空气。因而使得干燥过程传质推动力增大,故无需消耗大量干燥空气,一般干切片产量低于 1 000 kg/h 时,干空气消耗小于 300 N·m³/h,压缩空气除湿成本低,能耗也低。

(6)细川式切片干燥装置

该装置采用卧式圆形容器预结晶器和充填干燥机组合,其工艺流程如图 1.18 所示。干燥塔内有一静电式料位仪调节料位,用来控制切片停留时间,预结晶器为卧式圆形容器,外带夹套(内充满联苯),预结晶器中心有一根带 148 块桨叶的旋转推进器,桨叶在圆周方向上有 4 块,共 37 组。当湿切片落入预结晶器时,在桨叶的旋转作用下,切片一面受到均匀有效的间接加热而结晶,一面被推向出料口。预结晶器可通过对搅拌轴桨叶方向的配置(前向、平行、后向)改变切片的滞流量,确定最适当的停留时间,以达到最佳的结晶效果。

细川式切片干燥装置具有以下特点:

①采用一次气送方式,工艺流程简单,易于操作。

②采用脉冲送料器输送,气固比为 10% ~40%,输送速度为 8 ~15 m/s,输送过程产生粉末少。

③除湿装置结构紧凑,操作方便,能耗较低。

④空气露点达-80 ℃。干燥效果好,干切片含水率达 0.001 2%。

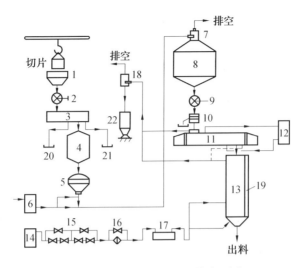

图 1.18　细川干燥装置工艺流程图

1、4、8—切片料斗;2、9—回转阀;3—振动筛;5—输送料仓;6—储气罐;
7、18—旋风分离器;10—金属检出器;11—预结晶器;12—热媒加热系
统;13—干燥塔;14—除湿器;15—控制阀;16—过滤器;17—电加热器;
19—料位仪;20、22—粉末料斗;21—废切片料料

1.3　纺丝熔体的制备及输送

1.3.1　纺丝熔体的制备

由连续缩聚制得的聚酯熔体可直接用于纺丝,也可将缩聚后的熔体经铸带、切粒后经干燥再熔融以制备纺丝熔体。采用熔体直接纺丝,可省去铸带、切粒、干燥和螺杆挤出机等工序,大大降低了生产成本,但对生产系统的稳定性要求十分严格,生产灵活性也较差;而切片纺丝则生产流程较长,但生产过程较熔体直接纺丝易于控制,更多地用于纺细特(旦)纤维。

聚酯切片的熔融纺丝广泛采用螺杆挤出纺丝机。

用于熔纺合成纤维生产的主要设备是单螺杆挤出机,它由螺杆、套筒、传动部分以及加料、加热和冷却装置构成。在纤维成型中,螺杆有输送、熔融、搅拌和计量等作用,根据螺杆中物料前移的变化和螺杆各段所起的作用,通常把螺杆的工作部分分为三段,即进料段、压缩段和计量(均化)段。固体切片从料筒进入螺杆后,首先在进料段被输送和预热,再经压缩段压实、排气并逐渐熔化,然后在计量段内进一步混合塑化,并达到一定温度,以一定压力定量输送至计量泵进行纺丝。切片在螺杆挤出机中经历着温度、压力、黏度、物理结构与化学结构等一系列复杂的变化。

在整个挤出过程中,螺杆完成以下三个操作:切片的供给、切片的熔融和熔体的计量挤出,同时使物料起到混匀和塑化作用。按物料在挤出机中的状态,可将螺杆挤出机分成三个区域,即固体区、熔化区和熔体区。在固体区和熔体区物料是单相的,在熔化区是两相并存的。这和螺杆的几何分段(进料段、压缩段和计量段)在一定程度上相一致。事实上,物料在螺杆挤出机中的状态是连续变化的,不能机械地认为某种变化会截然局限于在某段内发生。进料段物料主要处于固体状态,但在其末端已开始软化并部分熔化;而在计量段主要是熔融状态,但在其开始的几节螺距还可能继续完成熔化作用。

螺杆挤出机的特征集中反映于螺杆的结构。螺杆的结构特征主要有螺杆直径、长径比、压缩比、螺距、螺杆与套筒的间隙、套筒及材质要求等。这些因素互相联系、互相影响。

(1)螺杆直径

螺杆直径通常指螺杆的外径。直径加大,产量上升,目前设计提高产量的挤出机都采用放大直径的方法。然而直径太大会引起其他方面的问题,如导致单位加热面积所需加热的物料增加,传热变差,功率消耗大等。

(2)长径比

长径比是指螺杆工作长度(不包括鱼雷头及附件)与外径之比。长径比大,有利于物料的混合塑化,提高熔体压力,减少逆流及漏流损失。目前一般采用长径比为 20～28 的螺杆,也有采用长径比为 28～33 的,但是螺杆太长,物料在高温下的停留时间增加,对一些热稳定性较差的高聚物就会引起热分解。

(3)压缩比

螺杆的压缩作用以压缩比 i 表示。压缩比主要决定于物料熔融后密度的变化,不同形态(粉状、粒状或片状)的物料其堆砌密度不同,压实和熔融后体积的变化也不同,螺杆的压缩比应与此相适应。熔体纺丝用螺杆常用压缩比为 3～4。对于聚酯取 3.5～3.7,尼龙 6 取 3.5,尼龙 66 取 3.7,聚丙烯取 3.7～4。压缩比可以用改变螺距或改变根径来实现,变螺距螺杆不易加工,纺丝机用的都是等螺距螺杆,可通过螺纹沟槽深度的变化来实现压缩作用。

(4)螺距

螺杆直径决定以后,螺距 t 决定于螺旋角 ϕ,其计算式为 $t = \pi D \tan \phi$。螺旋角不同,送料能力也不同;不同形状的物料,对螺旋角的要求也不同。通常螺杆挤出机均供给固体物料,又要兼具熔化物料的功能。螺旋角 ϕ 的取值为 $17°38'$,螺距等于直径,此时螺旋角的正切为 $\tan \phi = \dfrac{t}{\pi D} = \dfrac{1}{\pi}$,在螺杆制造时较为方便。

(5)螺杆与套筒的间隙

这是螺杆挤出机的一个重要结构参数,特别在计量段,对产量影响很大,漏流流量与间隙的三次方成正比,当间隙 $\delta = 0.15D$ 时,漏流流量可达总流量的 1/3,故在保证螺杆与套筒不产生刮磨的条件下,间隙应尽可能取小。一般小螺杆间隙 δ 应小于 $0.002D$,大螺杆间隙应小于 $0.005D$。

(6)套筒

套筒是挤出机中仅次于螺杆的重要部件,它和螺杆组成了挤出机的基本结构。套筒实质上相当于一个压力容器和加热室,因此除考虑套筒的材质、结构、强度等外,还应考虑其热传导和热容量,以及在工作时的熔体压力、螺杆转动时的机械磨损及熔体的化学腐蚀作用等。大多数套筒是整体结构,长度太大也可分段制作,但不易保证较高的制造精度和装配精度,影响螺杆和套筒的同心度。

(7) 材质要求

螺杆的材质要求较高,必须具有高强度、耐磨、耐腐蚀、热变形小等特性,才能满足工艺要求。螺杆常用的材料有 45 钢、40Cr、38CrMoAlA、38CrWVAlA、1Cr18Ni9Ti 等,尤以前三者应用较多。

套筒的材料与螺杆要求相同,由于套筒的加工比螺杆更为困难,尤其是长螺杆的套筒,所以应在热处理或材质选择时,使其内表面硬度比螺杆高。

1.3.2 熔体输送

输送技术包括熔体增压、熔体冷却、熔体静态混合、熔体过滤和优化设计的熔体分配管形式。熔体输送的主要流程如下:

1. 熔体增压

从终聚合聚釜出口的熔体通过出料泵、熔体三通阀分配,一部分熔体供纺丝,一部分熔体进行切粒,进行切粒的熔体距离出料泵相对较近,一般出料泵的压力可以满足铸带的要求。用于纺丝的熔体还需要经过熔体过滤器,熔体过滤器的压力损失根据熔体输送量的多少而定,一般在 5 MPa 以上,因此需要熔体增压泵对熔体增压后输送。熔体输送管采用夹套管方式,内层管内走熔体,一般采用不锈钢材料,可承受压力为 25 MPa。外管通入逆向循环的液态或气态热媒(联苯和联苯醚的混合体),其温度略低于熔体温度,目的是保证熔体输送过程中适当的保温和带走熔体流动产生的热量。

2. 熔体过滤

纺丝过程需要相对稳定和杂质含量少的熔体,因此,直接纺丝需要对熔体进行过滤,过滤掉大于 15 μm 或大于 20 μm 的杂质粒子。过滤器一般安装在增压泵的出口,距离纺丝机近,采用烛式过滤,当过滤器的压差达到设定值的上限时,对过滤器进行切换。

3. 熔体冷却

随着熔体输送管线距离的增加,到达纺丝机入口的熔体温度可能达到或接近聚酯的裂解或降解的极限值,因此在熔体管线上设置熔体冷却器(静态混合器),其目的是有效降低熔体温度,同时对熔体进行适当的径向混合。熔体冷却器的热媒温度可单独调,根据熔体管内熔体的流速、流量确定所需要降低的熔体温度。

4. 熔体分配管的形式

比较常用的熔体管分配方式有两种:一种是分支式,一出二进,在每个分岔处设有静态混合器,以增加熔体在熔体管截面方向的混合。其优点是管道制作简单、热应力计算相对简便;缺点是单管内流量大,熔体与热媒的热交换效率低,且可能存在熔体流动的死角。另一种是欧洲一些工程公司采用的发射式分配,可以一出多进,解决了纺丝位数的灵活性和熔体输送的充分热交换问题,设计较烦琐,管道制作要求高。

熔体在输送中由于增压、增加熔体输送量、摩擦等因素会引起熔体温度的变化,温度的改变会引起特性黏度、流动黏度等参数的变化。同时由于 PET 熔体的相对热导率小,在输送过程中存在明显的管径方向温度梯度差。这些都可能引起熔体内在质量的下降。

合理设计熔体分配管道,选择合适静态混合器,可以保证输送过程中温度变化控制在较小的范围内,各纺丝位的压力稳定,以保证纤维外观和内在质量的均匀性。

熔体在管内平均停留时间与管径和输送量有关,因此在管径不变的前提下,可以得到不同输送量的停留时间。

5. 熔体管线上静态混合器的应用

静态混合器是借助流体管路的不同结构,而又没有机械可动部分的流体管路结构体。因而借助折流板或简单的迷宫和流体惯性(湍流区和过渡区)进行混合的管路结构体,均不属于静态混合器。

经静态混合器混合后,流体的混合形态与经具有传动部件的混合机或搅拌机混合的混合形态有明显的差别。采用静态混合器混合两种流体时,产生典型的层流混合状态。混合状态由条带状变为连续的或不连续的线状及粒子状。混合器的单元数和直径随流体的性质(黏度、互溶性、密度)、混合比、希望达到的混合状态、接触面上液体的结构变化等而不同,可通过试验和经验来确定。

静态混合器的主要功能从以往的熔体混合功能向混合降温复合功能转化。国外将此设备称为熔体冷却器(Polymer cooler)或熔体热交换器(Polymer heat exchanger)。主要设备制造商有荷兰的 PriMix(图1.19)和瑞士的 Sulzer(图1.20)。PriMix 采用的是列管式的并列静态混合器管,熔体走管程,热媒走壳程;Sulzer 采用盘管式,热媒走管程,熔体走壳程。

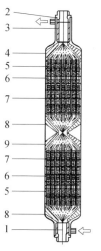
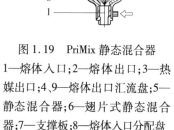

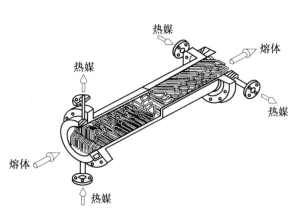

图1.19　PriMix 静态混合器

1—熔体入口;2—熔体出口;3—热媒出口;4、9—熔体出口汇流盘;5—静态混合器;6—翅片式静态混合器;7—支撑板;8—熔体入口分配盘

图1.20　Sulzer 静态混合器

熔体输送过程中熔体内管的平均温度直接影响熔体的流变性能、可纺性、质量及生产状况。原则上,熔体输送温度在确保熔体有很好流动性的同时应尽可能低,直接纺丝时,熔体输送温度控制在 285～292 ℃为宜。在输送过程中,熔体经增压泵增压后温度要上升 2～4 ℃,为了有效调节熔体温度,使熔体进入纺丝箱时尽可能与纺丝箱温度一致,在每条纺丝线的增压泵后均设有熔体热交换器,每个熔体热交换器配有一套液相热媒循环系统来调节熔体温度,热交换器为静态混合型,在调节熔体温度的同时,可充分混炼熔体,使熔体得以充分混合,提高熔体的均匀性和可纺性。

1.4　纺丝成型设备及工艺参数

1.4.1　熔融纺丝机的基本结构

熔体纺丝机组的种类及型号虽多种多样,但其基本结构类似,均包括以下构成部分:

①高聚物熔融装置:包括螺杆挤出机。

②熔体输送、分配、纺丝及保温装置:包括弯管、熔体分配管、计量泵、纺丝头组件及纺丝箱体部件。

③丝条冷却装置:包括纺丝窗及冷却套筒。

④丝条收集装置:包括卷绕机或受丝机构。

⑤上油装置:包括上油部件及油浴分配循环机构。

1. 纺丝箱体及纺丝组件

熔体自螺杆挤出后,经熔体管路分配至各纺丝位的计量泵和纺丝组件。为进行熔体保温和温度控制,一般都采用4~6位(即一根螺杆所供给的位数)合用一个矩形载热体加热箱进行集中保温,通常称之为纺丝箱体。纺丝箱的作用是保持由挤压机送至箱体的熔体经各部件到每个纺丝位都有相同的温度和压力降,保证熔体均匀地分配到每个纺丝位上。纺丝箱有长方形和方形。纺丝箱一般有2个、4个、6个、8个纺丝位,国内多为6位。纺长丝是一个纺丝位可有2个、4个、6个、16个纺丝头,纺短纤时,一个纺丝位只有一个纺丝头。

箱体内装有至各部位的熔体分配管、计量泵与纺丝组件安置的保温座以及电热棒等。通过加热联苯-联苯醚混合热载体气液两相保温,箱外包覆绝热材料。VD405纺丝机的纺丝箱体断面如图1.21所示。

纺丝箱体中的熔体分配管有两种形式:一种为分支式,另一种为辐射式。箱体中熔体分配的原则,应确保熔体到达每个纺丝位所需时间完全相同,管径的选择和管线安排应有利于缩短熔体在分配过程中的停留时间,并尽可能减少回折,避免各位之间管路阻力差异。

纺丝箱体采用联苯-联苯醚热载体加热方式。可以直接在箱内加入占箱体容积1/2~2/3的联苯混合物液体,插入电热棒直接加热,气液两相同时保温;也可以用联苯混合物蒸汽作载热体,在箱外附设联苯锅炉。

纺丝组件是喷丝板、熔体分配板、熔体过滤材料及组装套的结合件。纺丝组件是熔体纺丝成型前最后通过的一组构件,除确保熔体过滤、分配和纺丝成型的要求外,还应满足高度密封、拆装方便和固定可靠的要求。长丝组件与短纤维高压纺丝组件如图1.22所示。

2. 计量泵与喷丝板

计量泵与喷丝板是化纤生产中使用的两个高精密度标准件。成纤聚合物熔体经计量泵以准确的计量送至喷丝头组件,再从喷丝板上的喷丝孔挤出完成纤维成型。

(1)计量泵

计量泵的作用是精确计量、连续输送成纤聚合物熔体或溶液,并与喷丝头组件结合产

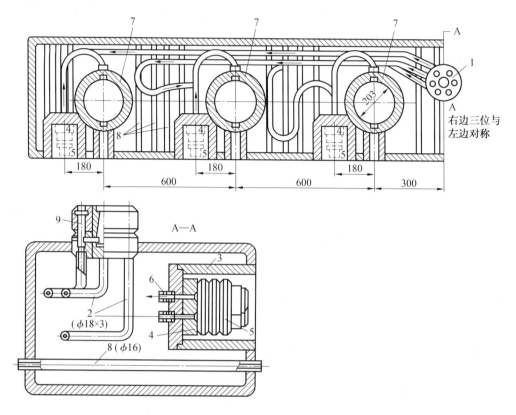

图 1.21　VD405 纺丝机的纺丝箱体断面

1—熔体分配头(熔体总管接头、分配管接头、针形阀座);2—熔体分配管;3—计量泵保温座;4—泵体;5—计量泵;6—熔体连接管;7—组件座;8—电热棒插管;9—针形阀座

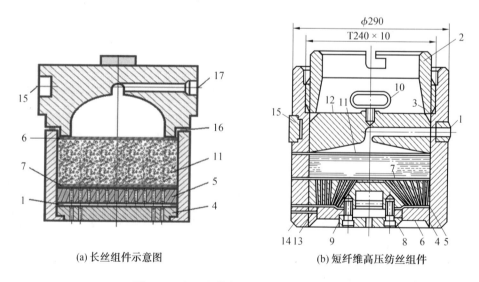

(a) 长丝组件示意图　　　　　　　　(b) 短纤维高压纺丝组件

图 1.22　长丝组件与短纤维高压纺丝组件

1—垫圈;2—压帽;3—O 形圈;4—喷丝板;5—承压板;6、7—包边滤网;8—螺钉;9—压板;10—吊环;11—过滤网;12—分配板;13—垫圈;14—外壳;15—定位块;16—密封圈;17—熔体进口

生预定的压力,保证纺丝流体通过滤层到达喷丝板,以精确的流量从喷丝孔喷出。计量泵是纺丝过程中的高精度部件,我国已有系列化产品,产品型号表示为 JRG-1.2×2。其中,J 表示计量泵;R 表示熔纺,另有 Y 表示黏胶,S 表示腈纶,N 表示维纶;G 表示高压泵;数字 1.2 表示公称流量,即 1.2 mL/r;2 表示叠泵。

熔体纺丝用计量泵属于高温齿轮泵类型,是由一对齿轮、三块板和联轴节等组成,如图 1.23 所示。这是单进液孔、单出液孔的计量泵,泵轴的轴头插在联轴节一头的槽中,转动轴转动时,主动齿轮被联轴节带动,从而使一对齿轮相啮合而运转。联轴节装在轴套内,用压盖及内六角螺钉固定在泵板上,一对齿轮密封装在中间板的"8"字形孔于上、下板之间,借三块板之间高精度平面密合而不是用垫片来实现密封,可防止熔体渗漏。

随着高速纺、多头纺复合纺丝技术的发展,熔纺计量泵由单泵发展成多层、多出液孔的叠泵、多泵;适合复合纺丝要求的结构为双层两出口两入口的复合泵以及适合高压纺丝的高压泵。

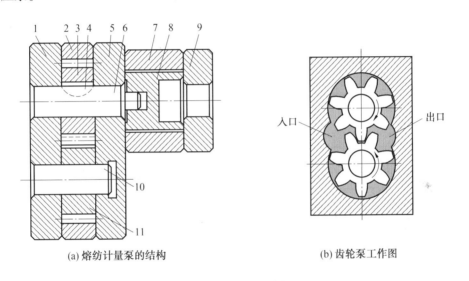

(a) 熔纺计量泵的结构　　　　　　　(b) 齿轮泵工作图

图 1.23　齿轮泵的结构

1—下泵板;2—中泵板;3—主动齿轮;4—键;5—上泵板;6—主动轴;7—轴套;8—联接轴;9—端盖;
10—从动轴;11—从支齿轮

根据所纺纤维的品种、规格和纺速,也可计算出纺丝机的产量,然后确定单位时间的流量,由工作转速选择泵的规格。纺长丝选用 0.6 ~ 3 mL/r 的计量泵,纺短丝选用 9 mL/r 以上的齿轮泵。计量泵的体积流量的计算公式为

$$Q_{长} = \frac{Vk_1k_2E}{N\rho k_3}$$

$$Q_{短} = \frac{Vk_1k_2EDm}{1\,000rk_3}$$

式中　Q——泵供量,mL/min;

　　　D——所纺纤维的线密度,dtex;

　　　m——喷丝板孔数;

　　　V——纺丝速度,m/min;

k_1——成品纤维含湿率系数;

k_2——纤维含油量系数;

k_3——低分子物质含量系数;

E——后拉伸倍数;

N——成品纤维公支数,m/g;

ρ——熔体密度,g/mL。

表 1.3　不同纤维的 K 值

纤维品种	k_1	k_2	k_3
锦纶	0.995	0.98 ~ 0.985	0.975
涤纶	0.995 ~ 1	0.98	1

（2）喷丝板

喷丝板的形状有圆形和矩形两种,圆形喷丝板加工方便,使用比较广泛。矩形喷丝板主要用于纺制短纤维。

喷丝孔的几何形状直接影响熔体的流动特性,从而影响纤维成型。喷丝孔通常由导孔和毛细孔两段构成,除纺异形丝的喷丝孔外,毛细孔都是圆柱形的,导孔则有圆柱形、圆筒平底圆柱形、圆锥形和双曲线形等,如图 1.24 所示。最常见的是圆形导孔,其加工最方便;但为了控制熔体流动的切变速率和获得较大的压力差来源,还是圆锥形和双曲面形导孔为好,但其加工较困难,对于异形喷丝板由于导角加工困难仅能使用平底型导孔。

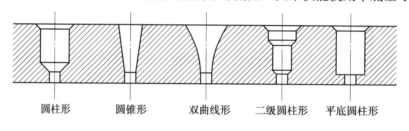

圆柱形　　圆锥形　　双曲线形　　二级圆柱形　　平底圆柱形

图 1.24　喷丝板导孔形状

喷丝板的孔数与纺丝的品种有关,纺长丝一般采用 1 ~ 80 孔,广泛采用的有 20、24、30、32、36、68、72、74、96 孔,纺帘子线采用 100 ~ 400 孔,纺短纤维采用 400 孔以上,有的多达 150 000 孔。一般微孔长径比为 1 ~ 4,应用较广泛的是 1.5 ~ 2。

喷丝孔在板上的分布应尽量避免密集,孔之间有足够的间距,使冷却风均匀吹到每一根丝条上。喷丝板的排列形式可归纳为五种类型,即同心圆形、正方形（或菱形）、满天星形、一字线形及分区均布排列。矩形喷丝板用直线形排列,圆形喷丝板以同心圆或分区均布排列方式为最多。

3. 丝条冷却装置

丝条冷却吹风的形式有两种,即侧吹风和环形吹风。

（1）侧吹风

目前涤纶长丝纺丝常采用侧吹风。采用侧吹风时,空气直接吹在纤维还未完全凝固的区域,并与纤维成垂直方向,故传热系数高,冷却效果好。但往往不够均匀,尤其是单纤维根数较多时,位于侧吹风的迎风侧和背风侧的冷却条件差异较大。侧吹风装置如图1.25所示。

缓冷室是为防止冷却风吹向喷丝板、提高初生纤维的性能和喷丝板的使用周期而设计的,其高度为 30～200 mm,下部有两块插板,使丝条冷却室与缓冷室隔开。纺工业丝时,为了提高丝的强度,在喷丝板下装有徐冷环,温度在 290 ℃ 左右,目的是改善初生纤维的可拉伸性能,提高强度和降低伸度。对于丙纶、锦纶纺丝时,有低分子气体排出,为了净化环境,在喷丝板下设有吸烟装置。

吹风窗下部为金属圆筒(或短形筒)的纺丝甬道,在多头纺丝时,要在甬道内用隔板隔出几个小甬道,以防车间内空气干扰。甬道下面装有甬道门,防止卷绕室的气流倒灌,扰乱冷却气流,在甬道上方设有喷油嘴和导丝器,吹风窗的高度为 1 m 左右,甬道长为3～5 m。

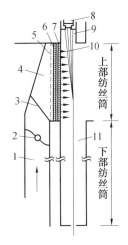

图 1.25　侧吹风装置

1—风道;2—碟阀;3—多孔板;4—稳压室;5—风窗;6—蜂窝板;7—金属网;8—喷丝板;9—缓冷室;10—冷却风;11—甬道

侧吹风的风速分布与导流板形式有关,按照丝条的温度变化规律,要求风速紧靠喷丝板下方处为零,随着喷丝板距离的增加,风速逐渐增大。在离喷丝板 100～500 mm 处,风速应最大,待丝条固化后,风速再逐渐减小。

(2)环形吹风

环形吹风是从丝束周围吹向丝条,可克服凝固的丝条偏离垂直位置而产生的弯曲,甚至互相碰撞黏结与并丝等缺点。环吹风装置用于生产短纤维,它由环吹头、吹风筒、阻尼层、上下风室、稳压室和移动装置等组成,在结构上有密闭式和开放式两种。密闭式环吹装置安装在喷丝头下方,而开放式装置与喷丝头之间留有间隙。

图 1.26 为开放式环吹风装置,其中图(a)为侧进风式,图(b)为下进风式,后者安装较方便。外壳用镀锌板或镀铬板卷制而成,有同心圆和渐开线两种形式。渐开线的风速比较合理,阻尼材料可用钢丝网、非织造布、泡沫塑料和多孔板。为了使风速均匀地从环吹头内吹出,可安装 2～4 块导流板。

有一种径向吹风装置,该装置是在圆形喷丝板中间的无孔区,自下方插入一个圆筒,圆筒壁由多孔材料制成(多孔青铜或多孔不锈钢),吹入空气能使所有的丝条均匀冷却。在采用900～1 000 孔甚至更多纺丝孔的喷丝板生产短纤维时,这是一种简单有效的均匀冷却方法。

中心放射环吹风适用于直径很大的环形喷丝板,喷丝孔集中在喷丝板的外圆周上,中间有一个圆形的无孔区,冷却风由无孔区进入,在喷丝板的下部有一锥形的扩散冷空气导管,导管的上部为一平板塞,利用调节锥形孔与平板塞夹缝的宽窄来控制环吹风的风量。

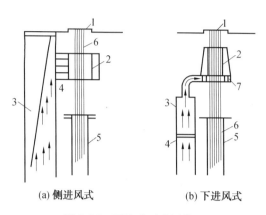

(a) 侧进风式　　　　　(b) 下进风式

图 1.26　开放式环吹风装置

1—喷丝板;2—多孔板;3—风道;4—泡沫塑料;5—提拉套筒;6—丝条;7—分配板

4. 卷绕装置

成型的丝条经纺丝室和甬道冷却固化后是完全干燥的,目的是避免产生静电,并能进行正常的卷绕。必须先行给湿上油,然后按一定规律卷。一般卷绕机由上油机构、导丝机构和卷绕机构三部分组成。高速纺丝的给油喷嘴安装在纺丝风窗的下部。国产纺丝机每位有两个油盘,可分别给湿和上油,也可将给湿和上油结合起来。导丝机构为导丝盘(辊),也称纺丝盘。所谓纺丝速度就是指导丝盘转动的线速度。

长丝纺丝机一般采用两个导丝盘。为了保证丝条有一定的张紧力,上、下导丝盘直径有微小差异,后一盘比前一盘大 0.5%。也可分别用变频调速控制丝条张力。

短纤初生纤维卷绕装置(图 1.27)主要用于初生纤维的卷绕成型;长丝卷绕机(图 1.28)的结构由往复机构、筒管及其传动装置组成,将卷绕丝卷成筒子形式。

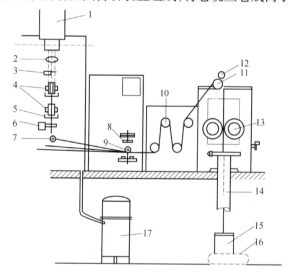

图 1.27　短纤初生纤维卷绕装置

1—纺丝甬道;2—废丝吸丝器;3—压丝器;4—上油轮;5—盛油盘;6—浆块剔除器;7—导丝轮;
8—纺丝油剂总上油器;9—集束导丝器;10—牵引辊;11—导丝辊;12—压丝器;13—喂入轮;
14—导丝筒;15—盛丝桶;16—盛丝桶传动履带;17—废丝真空吸引槽

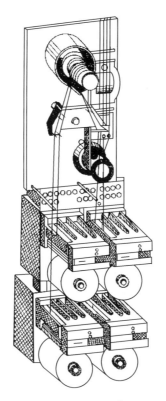

图1.28 长丝卷绕机

1.4.2 纺丝过程的主要工艺参数

熔体纺丝过程中有许多参数,这些参数决定纤维形成的历程及纺出纤维的结构和性质,通过控制这些参数获得所需要的纤维。

为方便起见,按工艺过程把生产中控制的主要纺丝参数归纳成熔融条件、喷丝条件、固化条件、绕丝条件等项加以讨论。

1.熔融条件

这里主要指切片纺丝(间接纺丝)时,高聚物切片熔融及熔体输送过程的条件。

(1)螺杆各区温度的选择与控制

切片自进料后被螺杆不断推向前,经过冷却区进入预热段,被套筒壁逐渐加热,到达预热段末端紧靠压缩段时,温度达到熔点。在整个进料段内,物料有一较大的升温梯度,一般从50℃上升至265℃。在预热段内,物料温度基本低于熔点,即物料应基本上保持固体状态。在进入压缩段后,随着温度的升高,并由于螺杆的挤压作用,切片逐渐熔融,由固态转变为黏流状态的熔体,其温度基本等于熔点或比熔点略高。在压缩段还没有结束以前,切片已全部转化为流体,而在计量段内的物料,则全部为温度高于熔点的熔体。

(2)预热段的温度

为保证螺杆的正常运转,在预热段内切片不应过早熔化,但同时又要使切片在达到压缩段时温度不致过低而影响到熔融温度,因此预热段套筒壁必须保持一个合适的温度。若预热段温度过高,切片在到达压缩段前就过早熔化,使原来固体颗粒间的空隙消失,熔化后的熔体由于在螺槽等深的预热段无法压缩,从而失去了往前推进的能力,造成环结阻料。反之,若预热段温度过低,切片在进入压缩段后还不能畅通地熔融,也必然会造成切片在压缩段内阻塞。对于某一给定的熔体挤出量,必然有其相应合适的套筒壁温度。

(3)螺杆其他各加热区的温度

螺杆的另一重要加热区在压缩段。切片在该区内要吸收熔融热并提高熔体温度,故该区温度可适当高一些,根据生产实践经验,可按下式确定:$t = T_m + (27 \sim 33)$。实际上,加热温度的确定除要依据切片的熔点 T_m 及螺杆挤出量(螺杆转速和机头压力)外,还应考虑切片的特性黏度与切片尺寸等因素。原则上,对于熔点高、黏度大或切片粒子大的聚酯,加热温度要相应高些,反之就稍低些。对于计量段的温度控制,要使切片进一步完全熔化,就要其保持一定的熔体温度和黏度,并确保在稳定的压力下输送熔体。对熔点在255 ℃以上的聚酯切片,该区温度约为285 ℃。切片特性黏度较大时,温度要相应提高。

总之,螺杆各区温度设定范围不甚一致,或温度分布由高到低,或温度分布平稳,或温度分布由低到高,这种温度分布控制对于防止环结、使熔融均匀、减少降解、适于成型等方面都是有利的。

2. 熔体输送过程中温度的选择与控制

螺杆通过法兰与弯管相接,由于法兰区本身较短,对熔体温度影响不大,但法兰散热较大,故该区温度也不宜过低,一般法兰区的温度可与计量段的温度相等或略低一些。

弯管则起输送熔体及保温作用,由于弯管较长,熔体在其中停留约1.5 min,对聚酯降解影响较大。一般弯管区温度可接近或略低于纺丝熔体温度。据经验估算,弯管区温度可较 PET 熔点高14 ~ 20 ℃。

箱体是对熔体、纺丝泵及纺丝组件保温及输送并分配熔体至每个纺丝部位的部件,此区温度直接影响熔体纺丝成型,是纺丝工艺温度中的重要参数。熔体在箱体中停留1 ~ 1.5 min,箱体能加热熔体并起保温和使温度分布均匀的作用。适当提高箱体温度,有利于纺丝成型,并改善初生纤维的拉伸性能,但也不宜过高,以免特性黏度明显下降。通常箱体温度为285 ~ 288 ℃,并依纺丝成型情况而定。

以上列举的各种温度的具体数值,在很大程度上是根据经验而言,因此在制订工艺温度时应以纺丝质量为依据,加以适当调整。

3. 熔体温度与熔体黏度的选定

由于熔体温度直接影响熔体黏度即熔体的流变性能,同时对熔体细流的冷却固化效果、初生纤维的结构以及拉伸性能都有很大影响,所以正确地选择与严格控制熔体温度是十分重要的。

聚酯的相对分子质量(特性黏度)、熔体温度与熔体黏度之间有一定的依赖关系。相对分子质量低于20 000 的 PET,其熔体黏度与温度呈明显的线性函数关系。熔体流出喷丝板孔道前的温度 T_s 称为纺丝温度或挤出温度。纺丝时,应控制 T_s 高于结晶高聚物的熔点 T_m,使其具有合适的熔体黏度,以保证纺丝成型顺利进行。

纺丝熔体温度的提高是有一定限制的,它主要受到高聚物热裂解温度 T_d 和熔体黏度的限制。因此,选择纺丝温度应满足 $T_d > T_s > T_m$(或 T_f)。熔体温度应根据成纤聚合物的种类、相对分子质量、纺丝速度、喷丝板孔径及纤维的线密度等因素来决定。此外,纺丝熔体的温度和黏度的均匀稳定,对纺丝成型能否顺利进行也是十分重要的,若熔体不均匀、含杂质过高,则往往导致飘丝、毛丝等异常现象。此时可采取加强纺前预过滤器和纺丝组件中过滤介质的过滤作用,以及适当调整纺丝各区的温度和增强螺杆挤出机的混炼效果等措施来改善纺丝熔体的均匀性,使纺丝得以顺利进行。

4. 喷丝条件

(1)泵供量

泵供量的精确性和稳定性直接影响成丝的线密度及其均匀性。熔纺计量泵的泵供量除与泵的转数有关外,还与熔体黏度、泵的进出口熔体压力有关。当螺杆与纺丝泵间熔体压力达 2 MPa 以上时,泵供量与转速成直线关系,而在一定转速下,泵供量为一恒定值,不随熔体压力而改变。

螺杆的挤出量随挤出压力的大小而改变。当螺杆挤出量稍大于纺丝泵的输出量(总泵供量)时,在纺丝泵前产生一定的熔体压力,螺杆挤出量会相应的下降(逆流量增加),熔体压力随二者之间差值大小而改变。因此,欲使泵供量恒定,必须保持一定的熔体压力,即要求螺杆转数一定,熔体挤出量恒定。

(2)喷丝头组件的结构

喷丝头组件的结构是否合理以及喷丝板清洗和检查工作的优劣,均对纺丝成型过程及纤维质量有很大影响。

由于喷丝毛细孔的孔径很小,若熔体内夹有杂质,易使喷丝孔堵塞,产生"注头丝""细丝""毛丝"等瑕疵,所以熔体在进入喷丝孔前,应先经仔细过滤,可用粗细不同的多层不锈钢丝网组合作过滤介质,也有采用石英砂和不锈钢丝网组合作过滤介质的。在高压纺丝时,则往往采用更稠密的烧结金属滤层、厚层石英砂、Al_2O_3 颗粒、金属非织造布等组合使用。

为使纤维成型良好,就应使熔体均匀稳定地分配到每个喷丝孔中去,这个任务由喷丝头组件内耐压(扩散)板、分配板、粗滤网及滤砂来完成,且尽可能使组件内储存熔体的空腔加大,保证喷丝头组件内熔体压力均匀,喷丝良好。

纺丝成型时,喷丝头组件要承受很高的压力,因为增加纺丝熔体压力,可提高纤维线密度的均匀性和染色均匀性。采用高压纺丝工艺时,组件内压力高达 20 ~ 50 MPa。因此组件各层间应采用铝垫圈或包边滤网,起严格密封作用。组件组装后用油泵压紧,以防"漏浆"。组件与泵体的熔体出口相接处也应用铝垫圈密封,以防止"泛浆"。

5. 丝条冷却固化条件

丝条冷却固化条件对纤维结构与性能有决定性的影响,为控制聚酯熔体细流的冷却速度及其均匀性,生产中普遍采用冷却吹风。冷却吹风可加速熔体细流冷却速度,有利于提高纺丝速度;而且加强了丝条周围空气的对流,使内外层丝条冷却均匀,为采用多孔喷丝板创造了条件;冷却吹风使初生纤维质量提高,拉伸性能好,有利于提高设备的生产能力。

冷却吹风工艺条件主要包括以下内容:

(1)风温与风湿

风温的选定与成纤聚合物的玻璃化温度、纺丝速度、产品线密度、设备特征(包括吹风方式)等因素有关。在采用单面侧吹风时,适当提高送风温度(22 ~ 32 ℃),有利于提高卷绕丝断裂强度,而最大拉伸倍数变化不甚明显。在较高的纺丝速度下,热交换量增加,应加快丝条冷却速度,风温宜低。风温的高低直接影响初生纤维的预取向度,卷绕丝的双折射率总是随风温的升高而降低,而在某一温度以上,则随风温的升高而增大。

用作熔纺冷却介质的空气湿度对纤维成型有一定影响。一定的湿度可防止丝束在纺丝甬道中摩擦带电,减少丝束的抖动;空气含湿可提高介质的比热容和热导率,有利丝室温度恒定和丝条及时冷却;此外,湿度对初生纤维的结晶速度和回潮伸长均有一定影响。纺制短纤维时,对卷绕成型要求稍低,送风湿度可采用 70% ~80% 的相对湿度,也可采用相对湿度为 100% 的露点风。

(2)风速及其分布

风速和风速分布是影响纺丝成型的重要因素。风速的分布形式多种多样,在采用不同孔径的均匀分布环形吹风装置时,纺丝成型效果良好。对侧吹风而言,风速分布一般有均匀直形分布、弧形分布及 S 形分布三种形式。

采用单面侧吹风时,纺速为 600 ~900 m/min、风温为 26 ~28 ℃、送风相对湿度为 70% ~80%、风速为 0.4 ~0.5 m/s 较好,且随纺速提高,最佳风速点向较大风速偏移。相反,采用环形吹风时,最佳风速点向较小风速偏移,显然这是由于环形吹风易于穿透丝束之故。若风速过高,不但能穿透丝层且有剩余动能,造成丝束摇晃湍动,在喷丝板处气流形成涡流,使纤维品质指标不匀率上升。

6.卷绕工艺条件

(1)纺丝(卷绕)速度

纺丝速度也称卷绕速度,纺丝速度越高,纺丝线上的速度梯度也越大,且丝束与冷却空气的摩擦阻力提高,致使卷绕丝分子取向度高,双折射率增加,后拉伸倍数降低。当卷绕速度在 1 000 ~1 600 m/min 范围内,卷绕丝的双折射率和卷绕速度成直线关系;若卷绕速度达到 5 000 m/min 以上时,就可能得到接近于完全取向的纤维。

在高速纺丝条件下,卷绕丝的预取向度高,因而最大拉伸比和自然拉伸比都相应减小。在常用的纺丝速度范围内,随着纺丝速度的提高,初生纤维的卷绕张力和双折射率有所增大,同时熔体细流冷却凝固速度加快,也导致纤维中的内应力增大,从而使初生纤维的沸水收缩率增大。

进一步提高纺丝速度至 3 000 ~3 500 m/min 时,纤维双折射率随纺速增加的速率基本达最大值,但其结晶度仍很低,不具备成品纤维应有的物理力学性能。但是如将高速卷绕技术与后拉伸变形工艺相结合,用以加工涤纶长丝,则具有增大纺丝机产量、省去拉伸加捻与络筒工序及改善成品丝质量等优点。

(2)上油与给湿

上油与给湿的目的是为了增加丝束的集束性、抗静电性和平滑性,以满足纺丝拉伸和后加工的要求。高速纺丝对上油的均匀性要求高于常规纺丝。上油方式一般可采用由齿轮泵计量的喷嘴上油(或油盘上油)、喷嘴和油盘兼用三种形式。纺丝油剂是由多种复配而成,其主要成分有润滑剂、抗静电剂、集束剂、乳化剂和调整剂等。此外对于高速纺丝油剂还要求其具有良好的热稳定性。一般来说,POY 含油率要求达 0.3% ~0.4%。

(3)卷绕车间温湿度

为确保初生纤维吸湿均匀和卷绕成型良好,卷绕车间的温湿度控制在一定范围内。一般生产厂卷绕车间冬天温度控制在 20 ℃ 左右,夏天温度控制在 25 ~27 ℃;相对湿度控制在60%~75%。

1.5 聚酯长丝的纺丝

1.5.1 常规纺丝

聚对苯二甲酸乙二酯(PET)属于结晶性高聚物,其熔点 T_m 低于热分解温度 T_d,因此常采用熔体纺丝法。聚酯纤维熔体纺丝可分为切片纺丝和直接纺丝两种方法。

聚酯纤维产品基本分为涤纶长丝和涤纶短纤维两大类,在聚酯纤维中的比例分别占54%和44%,复合纤维、熔喷纤维、单丝约占2%。自20世纪70年代以来,具有一定生产规模的企业,采用直接纺短纤维,可以使日产量达到50 t/线。90年代,100~200 t/线已经占据国内短纤维生产能力的50%以上。长丝的高速纺丝技术快速发展,不仅大大提高了生产效率和过程的自动机程度,而且进一步将纺丝和后加工联合起来,可从纺丝过程中直接制得有实用价值的产品。

聚酯长丝一般以纺丝速度的高低来划分纺丝技术路线的类型,如常规纺丝技术、高速纺丝技术和超高速纺丝技术等。

①常规纺丝。纺丝速度为500~1 000 m/min,其卷绕丝为未拉伸丝,是服用长丝,统称 UDY(Undraw yarn)。

②中速纺丝。纺丝速度为1 500~3 000 m/min,其卷绕丝具中等取向度,为中取向丝,统称 MOY(Medium oriented yarn)。

③高速纺丝。纺丝速度为3 000~6 000 m/min。纺丝速度在4 000 m/min 以下的卷绕丝具有较高的取向度,为预取向丝,统称 POY(Partially oriented yarn)。若在纺丝过程中引入拉伸作用,可获得具有较高取向度和中等结晶度的卷绕丝,为全拉伸丝,统称 FDY(Fully draw yarn)。

④超高速纺丝。纺丝速度为6 000~8 000 m/min。在熔体中添加部分无机添加剂,可以降低纤维在高速纺丝过程中产生的结晶,可以使卷绕速度提高到5 500 m/min,大大提高生产率。高取向丝 HOY 是20世纪90年代开发的新技术。今后仍将沿着高速、高效、大容量、短流程、高度自动化的方向发展,并将加强差别化、功能化纤维纺制技术的开发。图1.29 所示为聚酯长丝常规纺丝流程示意图。

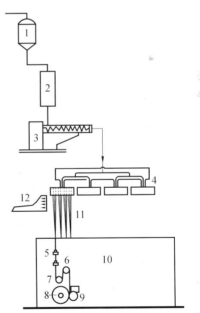

图1.29 聚酯长丝常规纺丝流程示意图
1—切片料仓;2—切片干燥机;3—螺杆挤出机;4—箱体;5—上油轮;6—上导丝盘;7—下导丝盘;8—卷绕筒子;9—摩擦辊;10—卷绕机;11—纺丝甬道;12—冷却吹风

聚酯长丝生产工艺流程与短纤工艺相比,具有如下工艺特点:

(1)对原材料的质量要求高

由于长丝纺丝温度高,熔体在高温下停留时间长,因此要求切片含水率低。常规纺长丝切片的含水率不大于0.008%,纺短纤维时切片的含水率为0.02%。还要求干切片中粉末和粘连粒子少;干燥过程中的黏度降低;干燥均匀性好。

(2)工艺控制要求严格

在长丝生产中,为了保证纺丝的连续性和均一性,须严格控制工艺参数。如熔体温度波动不超过±1 ℃,侧吹风风速差异不大于0.1 m/s,纺丝张力要稳定等。

(3)高速度、大卷装

聚酯长丝的纺丝卷绕速度为1 000~6 000 m/min。在不同卷绕速度下制得的卷绕丝具有不同的性能,目前长丝的纺丝速度趋向高速化,工业生产中已较普遍采用5 500 m/min的纺速。随着生产速度的提高,长丝筒子的卷装质量越来越大,卷绕丝筒子的净重从3~4 kg增至15 kg。卷装质量增大后,对高速卷绕辊的材质、精度和运转性能的要求也大大提高了。

1.5.2　聚酯纤维的高速纺丝

高速纺丝是20世纪70年代发展起来的合成纤维纺丝新技术。高速纺丝的生产能力比常规纺丝高6~15倍,并将纺丝和拉伸工艺合并,从而减少了工艺损耗。高速纺丝技术在聚酯纤维生产中应用最为广泛,近年新建的聚酯长丝厂大多采用高速纺丝技术。

常规纺丝生产的卷绕丝,大分子基本上是未取向的,还需进行3~5倍的拉伸才能用于纺织加工。高速纺丝生产的卷绕丝,由于卷绕速度的大幅度提高,其大分子沿轴向已经具有一定程度的取向结构,可以减少后拉伸倍数,或完全取消后拉伸。

高速纺丝与常规纺丝的工艺过程基本相似,但由于纺丝速度提高,卷绕丝的性能发生了根本性变化。例如,纤维的取向度高,但结晶度不高,纤维柔软,易染色等,这是由于卷绕丝性能对纺丝速度的依赖性所致。

1. 聚酯预取向丝的生产工艺

预取向丝或部分取向丝(POY),是在纺丝速度为3 000~4 000 m/min条件下获得的卷绕丝,其结构与常规未拉伸丝(UDY)不同,与全拉伸丝(FDY)的结构也不同。POY是高取向、低结晶结构的卷绕丝,这种结构是由于纺丝速度提高,出喷丝头后的熔体细流受到高拉伸应力和较大的冷却温度梯度的作用,发生快速形变所致。高速纺丝时所观察到的局部最大形变速率达600 s^{-1}。在如此高的形变速率下,大分子受拉伸而整齐排列,形成高取向度,形变取向使POY的双折射率达到0.02~0.03。支配这一拉伸形变的动力学因素主要是惯性力和空气摩擦阻力。根据计算,纤维单位面积上所承受的张力可达100 MPa,这与纤维冷拉伸时所需的应力已相差不远。在纺程中,对熔体流变部分的形变和内部结构演变起支配作用的主要是惯性力。而空气摩擦阻力沿纺程的增加,可能导致纤维塑性形变。纤维中的大分子链受到高拉伸张力的作用,其形变不仅发生在熔体未凝固的流动状态区域,而且在固化后还发生细颈拉伸现象,从而大大提高了卷绕丝的取向度,并使其结构稳定。纺丝速度为3 000 m/min以上时,取向度的变化十分明显,这也正是POY与UDY纺丝技术的区别所在。

（1）生产工艺流程

高速纺丝生产 POY 一般有切片纺丝和直接纺丝两种生产工艺流程。其工艺流程与常规纺丝基本相同,如图 1.30 所示。

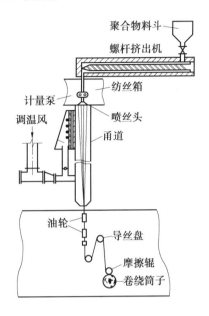

图 1.30 POY 纺丝生产工艺流程图

（2）生产工艺控制

①切片的质量要求。POY 纺丝对切片的特性黏度[η]和含水率要求较严格。要求切片的特性黏度在 0.65 dL/g 以上,波动值小于 0.01 dL/g。切片的含水率一般应控制在 0.005% 以下。聚酯切片的含水率对高速纺丝可纺性的影响见表 1.4。熔体中不允许含有直径大于 6 μm 的杂质或 TiO_2 凝聚粒子。

表 1.4 聚酯切片的含水率对高速纺丝可纺性的影响

可纺性和纤维性质	切片的含水率	
	0.005%	0.014%
纺丝时热降解/%	3.1	7.6
纺丝速度/(m·min⁻¹)	3 500	3 500
毛丝	无	少量
断头	无	少量
最高纺丝速度/(m·min⁻¹)	6 000	5 000
可纺性	良好	欠佳
纤维的强度/(cN·dtex⁻¹)	2.33	2.30
纤维的断裂伸长率/%	118.4	124.0

②纺丝温度和压力。高速纺丝螺杆各区温度的控制与常规纺丝基本相同。但由于纺

丝速度的提高,要求熔体有较好的流变性,故 POY 纺丝温度比常规纺丝高 5～10 ℃,一般为 290～300 ℃。纺丝温度需根据切片的黏度、熔点、纺丝压力及切片含水率进行调整。当切片的特性黏度较高时,宜将螺杆前几区的温度调至接近甚至等于后面各区的温度。对于特性黏度和含水率一定的切片,纺丝箱体的温度需随纺丝压力升高而相应降低。纺丝箱体温度随切片含水率的增高而相应下降。

高速纺丝常采用高压纺丝或中压纺丝。高压纺丝组件压力在 40 MPa 以上,中压纺丝组件压力为 15～30 MPa。实践证明,聚酯熔体在 30 MPa 以上的压力下纺丝时,熔体在短时间内通过滤层后将上升 10～12 ℃。压力引起的熔体温度升高比由箱体加热升温更均匀,这有利于改善熔体的纺丝性能。

③冷却吹风条件。冷却固化条件对纺程上熔体细流的流变特性,如拉伸流动黏度、拉伸应力等物理参数有很大影响。但在高速纺丝时,冷却吹风条件对丝条凝固动力学的影响明显减弱。但吹风速度对 POY 的条干均匀性影响较大。风速过大时,空气流动的湍动会引起丝条的振动或飘动,则丝条凝固速度减缓,使凝固丝条飘忽、振动的因素增加而引起条干不匀。

由于 POY 很少时,丝条的运动速度比常规纺丝高 3～4 倍,故相应的冷却吹风速度也需提高,一般选择 0.3～0.7 m/s。吹风温度为 20 ℃,相对湿度为 70%～80%。

④卷绕速度。POY 的纺丝速度影响丝条的结构和性能,随着纺丝速度的提高,而密度、双折射率和屈服应力增大。

当纺丝速度为 3 000～3 600 m/min 时,其双折射率随纺速增加的速率基本达到最大值,而其密度增长的最高速率要稍落后于双折射率,约在 4 000 m/min 附近,这是由于大分子诱导结晶作用所致。

POY 的纺丝速度应尽可能选择在防止发生取向诱导结晶作用的范围内。若纺丝速度太高,则丝条后加工性能变差;若纺丝速度偏低,则丝条张力过小,达不到要求的预取向度。

POY 的纺丝速度与产量有一定的关系。机台产量可随纺丝速度的提高而增加,在最终成品纤维线密度一定的条件下,纺丝机的产量依赖于纺丝速度和后拉伸倍数的乘积,当纺丝速度提高时,后拉伸倍数下降。因此,POY 纺丝速度的提高有其最适宜值。影响 POY 结构和性能的工艺参数还有上油集束位置、纺丝机上有无导丝盘等因素。

(3)预取向丝的性能

①取向度。POY 的双折射率(Δn)在 0.025 以上,但不大于 0.06。若 Δn 过高,则会导致大分子间的超分子结构加强,使后加工性能变差;若 Δn 过低,则纤维结构不稳定。

②结晶度。POY 的结晶度越低越好,一般为 1%～2%。后拉伸性能与原丝的初级结构有关,初级结构越完整,拉伸时对原有结晶结构的破坏就越大,新结构形成就越不完整。且原丝结晶度高,使后拉伸应力增加,容易产生毛丝。

③断裂伸长率。POY 的断裂伸长率应为 70%～180%,最好为 100%～150%,这样的POY 才具有良好的可加工性,且所需拉伸倍数又不太高。

④结构一体性参数和沸水收缩率。表征 POY 拉伸加工性能的指标有结构一体性参数 E0.2 和沸水收缩率,这两项指标可间接度量纤维的结晶和取向程度。一般要求 POY的 E0.2 为 0.3～1.0,沸水收缩率为 40%～70%。若 E0.2>1.0,说明纤维的取向度和结

晶度过低,断裂伸长率大;当 E0.2<0.3 时,则纤维取向度过高,并有准晶结构形成,这种 POY 断裂伸长率小,纤维后拉伸性能较差。

⑤摩擦因数与含油率。POY 的摩擦因数要求在 0.37 以下,最好为 0.2 ~ 0.34,含油率要求为 0.3% ~ 0.4%。这两项指标可保证 POY 具有良好的后加工性能。含油率太高会使 POY 在后加工中白粉增多。

⑥乌斯特条干不匀率。要求乌斯特条干不匀率在 1.2% 以下(正常值),乌斯特条干不匀率太高,会使成品丝的不匀率增加。乌斯特条干不匀率是 POY 质量的重要指标之一。

此外,还要求 POY 的卷装成型良好,德氏硬度适中(60% ~ 70%),并易于退绕。

2.聚酯全拉伸丝的生产工艺

(1)生产工艺流程

此处所说的全拉伸丝(FDY)是生产不同于 UDY–DT 工艺所生产的全拉伸丝,它是在 POY 高速纺丝过程中引入有效拉伸,当卷绕速度达到 5 000 m/min 以上时,便可获得具有全取向结构的拉伸丝。故 FDY 的生产工艺是纺丝、拉伸、卷绕一步法连续工艺,如图 1.31 所示。

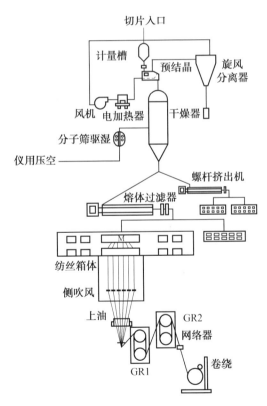

图 1.31 切片纺 FDY 工艺流程示意图

在一般高速纺丝条件下,丝条中全部分子的取向是在熔融态或部分熔融态中发生的,纺丝过程中形成的大分子和微晶仍能非常自由地运动,因此不能像未取向丝在固态下拉伸那样使大分子沿纤维轴完全取向。因此,一般高速纺丝虽然纺丝张力很大,但所得纤维的强力不能达到最高值。只有当纺丝速度达到 7 000 ~ 8 000 m/min 以上,才能获得像未拉伸丝经受拉伸后所具有的强度,而如此高的纺丝速度对生产设备要求高,难度较大。因此,可考虑在纺丝线上建立有效的拉伸阶段,即先以一定的速度(如 3 000 m/min)纺出预取向丝,随后即对此固化丝条再进行一次热拉伸,便可获得拉伸取向效果。基于此,在POY 纺丝过程中配置一组热拉伸辊,使丝条在离开第一导辊之后,连续喂入拉伸–卷绕机,丝条在第一辊上已达到 POY 的纺丝速度 3 000 m/min,在第二辊上达到 5 000 m/min以上的速度,在两辊之间获得稳定的张力和伸长,从而获得与纺丝、拉伸二步法相近的丝条结构。

（2）生产工艺控制

①纺丝条件。FDY 的纺丝特征是大吐出量和高倍率的喷丝头拉伸,且纺丝速度高,因而纺丝工艺要求比 POY 纺丝严格。如切片要求比纺 POY 的含水率更低,有些生产厂控制在 0.001 8% 以下,且要求熔体中的凝聚粒子和杂质含量更少。

由于 FDY 纺丝速度高,要求熔体有良好的流变性能,故纺丝温度要比纺 POY 高,通常控制在 295 ~ 300 ℃。冷却条件与纺 POY 相同,吹风速度采用 0.5 ~ 0.7 m/s。

②拉伸条件。FDY 的拉伸借助于拉伸卷绕机上的一对拉伸辊。丝条在第一拉伸辊上的速度必须达到 POY 的纺丝速度,即 3 000 m/min,其剩余拉伸比只有 2。因此,第二拉伸辊的速度需控制在拉伸比小于 2 的范围内,一般为 5 200 m/min。

FDY 需进行热拉伸,拉伸温度在 POY 的玻璃化温度 T_g 以上,通常采用一对热辊,第一热辊的温度为 60 ~ 80 ℃,第二热辊的温度为 150 ~ 195 ℃。为了使丝条在热辊上均匀受热,要求辊筒表面温度均匀一致,并使丝束在热辊上的接触位置不变。

FDY 的生产采用高速纺丝并紧接高速拉伸,故丝条所受张力较难松弛。为了使拉伸后的丝条得到一定程度的低张力收缩,故卷绕速度一般应低于第二拉伸辊的速度,使大分子在卷绕前略有松弛,同时也可获得较好的成丝质量和卷装。聚酯 FDY 的卷绕速度在5 000 m/min 以上。

③网络度。FDY 是以一步法连续工艺生产的全拉伸丝。由于在高速卷绕过程中无法加捻,因此在拉伸辊之后装有空气网络喷嘴,使丝束中各单丝抱合缠结。比较适宜的网络度大于 20 个/m。FDY 经网络后还可省去织造时的并丝、加捻、上浆等纺织加工工序。

（3）全拉伸丝的性能

FDY 是经一步法制取的具有全取向结构的拉伸丝。其密度约为 1.379 g/cm³,取向度接近常规纺丝法的全拉伸丝。FDY 的双折射率(Δn)在 0.1 以上。由于分子取向高,有利于结晶,在纺丝的高应力下,结晶起始温度较高,结晶时间缩短。FDY 的结晶度达0.2(结晶体积分数)以上。

由于取向和晶相结构的形成,FDY 的强度在 3.5 cN/dtex 以上,断裂伸长率为 35% ~40%。FDY 质量比较均匀,强度和伸度不匀率比常规拉伸丝小得多,但其初始模量也相对较低,这一特性是丝条在热辊上经历了低张力热定型的效果。FDY 物理–机械性能已达到纺织加工的要求,并具有较好的染色性能。全拉伸丝的质量指标见表 1.5。

表 1.5　全拉伸丝(FDY)的质量指标

质量指标	A 级	B 级
拉伸丝线密度变异系数(筒子间)/%	≤0.5	≤0.65
拉伸丝条干均匀度/%	≤0.6	≤0.75
断裂强度/(cN·dtex^{-1})	≥3.96	≥3.83
断裂强度变异系数/%	≤4	≤6
断裂伸长率/%	23～30	23～30
断裂伸长率变异系数/%	≤8	≤9
染色均匀率/级	≥4	≥3
沸水收缩率/%	≤5	≤7

3. 聚酯全取向丝的生产工艺

全取向丝(Fully oriented yarn, FOY)是采用 6 000 m/min 以上的纺丝速度而获得的具有高度取向结构的长丝。全取向丝(FOY)所得卷绕丝具有普通拉伸加工成品丝的取向度和结晶度。FOY 生产技术称为超高速纺丝技术。实践证明,6 000 m/min 纺速得到的是高取向丝(HOY),其断裂伸长率仍较大,高达 40% 左右,其结构与 FDY 相差较大,只有在 7 000 m/min 以上得到的全取向丝(FOY)结构才与 FDY 基本相同。现在纺速在 7 000 m/min 以上的超高速纺丝工艺路线已实现工业化生产。

超高速纺丝工艺具有以下特点。

(1)纺程上凝固点位置随纺丝速度变化

纺程上丝条凝固点的位置与纺丝速度有关,当纺丝速度为 3 000 m/min 时,丝条的冷却长度 L_k 为 80 cm,相应的冷却时间约为 10 ms;当纺丝速度为 5 000 m/min 时,L_k 为 60 cm,冷却时间为 10 ms;当纺丝速度为 9 000 m/min 时,L_k 仅为 10 cm,冷却时间只有 1 ms。由此可见,纺丝速度提高,凝固点位置移向喷丝板。与此同时,丝条在凝固点的温度也随之提高,当纺丝速度为 1 500 m/min 时,冷却固化后丝条的温度为 80 ℃,纺丝速度为 3 200 m/min 时,冷却固化后丝条的温度为 100 ℃。这是由于随着纺丝速度的提高,拉伸应力增大以及冷却条件的强化,提前限制了大分子链段的运动,从而提高了纤维的冷却固化温度。

(2)纤维截面上径向温度梯度增大

随着纺丝速度的提高,丝条表面和中心的温差增大,丝条表面的取向度比中心的取向度也大得多,这导致内外层结构产生差异,形成皮芯层结构。

(3)具有微原纤结构

纺丝速度为 6 000～10 000 m/min 制取的 FOY 具有微原纤结构。这是由于晶区和无定形区相互连接并呈周期分布的结果。在超高速纺丝条件下,由于高拉伸应力的作用使大分子链产生取向和热结晶而形成微原纤结构。

(4)细颈现象明显

在涤纶高速纺丝过程中,丝条的直径沿纺丝线发生变化。当纺丝速度达到 4 000 m/min 以上时,在纺丝线上某一狭小区域内,开始出现颈状变化,当纺丝速度达到 5 500～6 000 m/min 时,丝条直径急剧变细,细颈现象十分明显。纺丝速度越高,或在相同的纺速下,质量流量越小,细颈点的位置越向喷丝头的方向上移,但细颈开始点的温度则大致相同。丝条出现细颈现象变形后,其直径不再变细。关于颈状变形的原因现在尚无确切的解释。可能是达到足够高的纺丝速度时,纤维的结构性质处于某一状态,由于结晶或其他原因使成纤聚合物在细颈点屈服的缘故。

4. TCS 热管法聚酯全拉伸丝生产工艺

用热管纺丝法(Thermal channel spinning, TCS)生产全拉伸丝的工艺技术,最早是由英国 ICI 公司纤维研究部提出的,但作为工业化生产技术则是 20 世纪 90 年代由德国巴马格公司推出的。

(1)生产工艺流程

TCS 法纺丝工艺的关键是在原纺丝甬道的位置上改装成热管,对已完成冷却成型的丝束进行再加热,利用受热丝束的热塑性和惯性,在较高的纺速下,对丝束进行拉伸和定型,其生产工艺流程如下:

螺杆挤压纺丝→侧吹风→集束件→热管→集束件→上油→导丝盘→卷绕

丝条从喷丝板挤出,经喷丝头拉伸、侧吹风冷却后进入热管内;在热管内,丝条被热空气加热,在空气摩擦阻力及温度梯度的作用下被拉伸,使初生纤维产生了取向,并且随着拉伸的进行,非晶区链段沿张力方向进行有序排列,生成大量晶核,导致应变结晶,同时纤维被热定型。热管内的空气,既要提供丝条拉伸时大分子链段运动的能量,又要提供丝条热定型结晶的能量,丝条出热管后物理-机械性能已经基本稳定,整个过程由第一导丝盘提供纺丝拉伸速度,第二导丝盘提供对卷绕机的超喂,以调节卷绕张力,无需绕圈,也不需分丝辊。根据生产纤维的规格不同,热管可安装在甬道的不同位置。近年也有采用两个热管进行拉伸的。

(2)生产工艺特点

当聚酯熔体细流自喷丝孔喷出后,在侧吹风的作用下逐渐冷却,冷却到适当的温度时(玻璃化温度以下),丝条进入热管让其再经受加热,在张力与温度的协同作用下,在纺程上发生拉伸,表现为丝条运动速度增大,这属于无细颈的均匀拉伸,这种拉伸可分为两个阶段,第一阶段的喷丝头拉伸是在进入热管前的那一段,第二阶段的拉伸发生于热管内。生产中,对于某固定品种而言,总的拉伸倍数为两段拉伸倍数的乘积。有研究表明,在同一卷绕速度下,在热管中的拉伸倍数,由进入热管前纤维的取向度决定,其取向越低,在热管中的形变越大,即热管拉伸倍数越大,而喷丝头拉伸则变小,此时丝条进入热管的速度将降低,相应受到的摩擦阻力也减小,这样将使热管中的拉伸倍数随之降低,因而可以抑制原来的变化,反之亦然。

TCS 的两段拉伸总是在不断的自我平衡,即具有自补偿效应,这是 TCS 工艺的最大特点。在纺丝过程中,当原料切片的特性黏度、纺丝温度和冷却条件等发生变化时,就能够通过上述过程自行补偿调节,从而使工艺状态恢复到原来的位置上,这样便能制得结构性能较为均匀稳定的纤维,特别是染色均匀性要比用 POY 经拉伸后的丝条所加工成的织物有明显的提高。TCS 工艺更适合纺制单丝更细的纤维,有利于利用单丝与空气间的摩擦力实现拉伸。

TCS 法可在 4 500 m/min 左右的纺丝速度下,纺制出符合质量要求的全拉伸丝,其断裂强度一般达 3.8～4.0 cN/dtex,断裂伸长率为 35% 左右。这是一种在设备投资和维护上较为经济的生产工艺。TCS 法的参考工艺条件见表1.6。

表1.6 TCS法的参考工艺条件

产品规格		110 dtex/72f	热管温度/℃	170
熔体温度/℃		286	网络压力/MPa	0.30
纺丝组件压力/MPa		18	导辊速度/(m·min⁻¹)	4 670
冷却吹风条件	温度/℃	20±1	卷绕速度/(m·min⁻¹)	4 600
	相对湿度/%	70±10	卷绕张力/cN	11
	风速/(m·s⁻¹)	0.40±0.01		

5. 高速纺纤维的结构与性能

高速纺丝条件下制取的卷绕丝,与低速纺卷绕丝性质比较有明显区别,其力学性能见表1.7。

表1.7 不同纺丝速度卷绕丝的力学性质

分 类	双折射率/$\Delta n \times 10^3$	结晶度/%	密度/(g·cm⁻³)	强度/(cN·dtex⁻¹)	伸长/%	热收缩率/%	初始模量/(cN·dtex⁻¹)
常规纺丝 900~1 500 m/min 的卷绕丝(UDY)	5~15	2~4	1.340	1.3	450	40~50	13.2
高速纺丝 2 500~4 000 m/min 的预取向丝(POY)	30~60 (当为62~68时,结晶开始急剧进行)	6~10	1.342~1.346	1.9~2.8	220~120	60~70 (3 000 m/min达到最大值)	17.6
超高速纺丝 5 000 m/min 以上的全取向丝(FOY)	120	30~45	1.360~1.390	3.5~4.1	40	<6	70.6

随着纺丝速度的提高,纤维的取向度和结晶度也相应提高。因此,高速纺丝得到的预取向丝比常规卷绕丝有较高的强度和模量,同时断裂伸长率较低。通常涤纶拉伸丝的强度为3.5~5.3 cN/dtex,伸长率约为30%,而超高速纺丝获得的全取向丝也具有类似的性质。

(1)强度

高速卷绕丝随着纺丝速度的提高,纤维强度增大,伸长减小。这种变化在纺丝速度达6 000 m/min时出现极限值。这是由于冷却速率随卷绕速度提高而增加;结晶速率增加至纺速为6 000 m/min 左右时趋于不变;而随纺速提高,结晶起始温度提高,结晶时间缩短的缘故。但当纺丝速度超过7 000 m/min 时,强度稍有下降。这可能是丝条内部形成微孔或表面损伤形成裂纹所致。

(2)延伸度

高速纺丝过程的取向和结晶对纤维拉伸性能也有显著影响。随着纺丝速度的提高，纤维延伸度减小，屈服应力升高，自然拉伸比降低。

当纺速为 1 000～2 000 m/min 时，初生纤维屈服应力与常规法生产的未拉伸丝相似；在纺速为 3 000～4 000 m/min 时，反映非晶区分子间作用力的初始屈服应力上升，且在拉伸曲线上的弯曲消失；当纺速达 5 000 m/min 以上时，就显示出所谓的二次屈服点这种与完全取向丝相似的性质，卷绕丝应变行为接近于拉伸丝的性质。

(3)热性能

纺丝速度不同，卷绕丝热性能也不相同。在较低纺丝速度时，卷绕丝在低温侧 (130 ℃)附近仍有冷结晶峰出现(结晶放热峰)，在高温侧(250 ℃)附近有结晶熔融吸热峰，只有在卷绕丝进行拉伸热处理后，低温侧的冷结晶峰才消失。但随着纺丝速度的提高，DTA 曲线上的冷结晶峰逐渐减少并向低温方向移动，纺速达 5 000 m/min 以上时，冷结晶峰消失，而熔融峰随纺速提高逐渐变得尖锐，并略向高温方向移动。这说明随着纺丝速度的提高，聚酯卷绕丝从非晶态逐渐变化至半结晶态，结晶度在提高，其变化过程与纺丝速度成正比，因而引起物理性能的改变。

(4)密度和沸水收缩率

沸水收缩率随纺丝速度提高而下降，到 5 000 m/min 左右开始趋于稳定。卷绕丝的密度则随纺丝速度的提高而增加。

综上所述，高速纺卷绕丝的物理-机械性能不同于常规纺卷绕丝，而且在不同纺速范围，性能也不同。因此，生产上可根据产品的性能要求选择合适的纺丝速度。

1.6 聚酯长丝的后加工

涤纶长丝的规格繁多，其后加工流程也不尽相同。长丝后加工过程取决于原丝的生产方法和产品的最终用途。常规纺卷绕丝与高速纺卷绕丝的后加工过程基本相同，区别在于常规纺丝后加工需要进行高倍拉伸，而高速纺丝后加工只需进行补充拉伸(或不拉伸)。由于高速纺丝技术的发展，以 POY 为原丝进行变形丝的生产工艺占主要地位。其产品主要有拉伸加捻丝、弹力丝、网络丝及空气变形纱等。

1.6.1 POY-DT 工艺

1.拉伸加捻工艺过程

加捻的目的是使丝条沿纵向各横截面间产生相对角位移来增加丝条中各单丝间的抱合力，且可改善手感及柔和的光泽等物理性能。

拉伸加捻是在同一台设备上完成的，以拉伸为主并给予少量的捻度。这种捻度较小的丝称为弱捻丝，弱捻丝在织造前通常需要补充加捻，即进行复捻或后捻，以得到较高的捻度。相对于复捻后捻度较高的丝而言，拉伸加捻机上所得到的弱捻丝通常又称为无捻丝。

卷绕丝从筒子架上引出，经过导丝器、喂入辊，在上拉伸盘上被预热，在喂入辊和第一导丝盘间进行一段拉伸,在第一和第二拉伸盘间进行二段拉伸。在拉伸的同时,经加热器进行初步热定型。从第二拉伸盘引出的拉伸丝,经卷绕系统上部中心处的导丝器和上下移动着的钢领上的钢丝圈后,被卷绕在旋转的筒管上。涤纶长丝拉伸加捻机的结构示意图如图 1.32 所示。

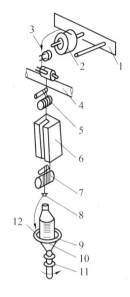

图 1.32　涤纶长丝拉伸加捻机的结构示意图
1—筒子架;2—卷绕丝;3、8—导丝器;4—喂入辊;5—上拉伸盘;6—加热器;7—下拉伸盘;9—钢领;10—筒管;11—废丝轴;12—钢丝圈

加捻的捻向可分为左捻和右捻,以丝条横截面间产生的相对角位移为 360° 时称作一个捻度,其量度是以单位长度丝条上的捻数来计算的,即捻/m。牵伸加捻机是采用握持丝条的一端不动,另一端回转加捻方法实现加捻。丝条的加捻装置是由回转锭子和在固定钢领上滑动的钢丝钩组成。牵伸盘与小转子握持丝条的一端,另一端由锭子及丝条拖着钢丝钩于钢领上滑行(图 1.33)。钢丝钩每转一圈,丝条就获得一个捻度。由于纤维的弹性,此捻度可传递到上方,到牵伸盘为止。

2. 拉伸加捻工艺的条件

(1)拉伸比

涤纶长丝通常采用双区热拉伸。两段拉伸比分别为 1.01 和 1.60 左右,总拉伸比为 1.6~1.8。第一段拉伸主要是使丝条在后加工中具有一定的张力。总拉伸比视剩余拉伸倍数及成品纤维性能要求而定。总拉伸比随着纺丝速度提高和丝条线密度降低而降低。

(2)拉伸温度

热盘(第一拉伸盘)温度一般应控制在丝条玻璃化温度以上 10~20 ℃。热盘温度过高,拉伸时容易断头,甚至丝条发生熔化,

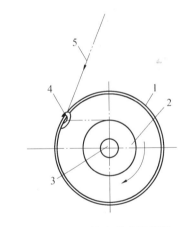

图 1.33　捻度形成示意图
1—钢领;2—筒管;3—锭子;4—钢丝钩;5—丝条

拉伸不均匀性增大;热盘温度过低,拉伸时所需热量不足,使拉伸点下移,也会使拉伸不匀且出现未拉伸丝、成品丝染色不匀等现象。在同一台拉伸机上,各热盘间温度差异越小越好,以保证成品丝质量均匀,通常要求各锭位间热盘温差控制在±2 ℃以内。

在实际生产中,第一段拉伸温度(丝条温度)系在 T_g 以上,第二段拉伸温度通常在结晶速率最快的温度区间,即 140~190 ℃,使拉伸取向和结晶相变两个过程同时顺利进行。第二段拉伸温度对纤维的结构及性能有重要影响。

3. 拉伸加捻机

拉伸加捻机一般为双面式,全机由四部分组成,即原丝筒子架、拉伸装置、加热器和加

捻卷绕成型系统,并附有自动装载筒子架和自动落纱等辅助机构。我国使用的有德国 Zinser517-2 型和日本石川机(16S)等型号的拉伸加捻机,均为 156 锭,加工速度在 1 000 m/min 以上,可用于加工 40 ~ 70 dtex 的普通长丝。

1.6.2 聚酯低弹力丝加工

1. 假捻变形丝生产方法

假捻变形丝的加工方法一般分为两大类,即伸缩性变形丝的加工方法和非伸缩性变形丝的加工方法。

(1)伸缩性变形丝的加工方法

伸缩性变形丝的加工方法主要包括以下五种。

①假捻法。

经此法加工后的丝条具有较高的蓬松性和弹性,广泛用于针织和机织物。

②填塞箱法。

丝条经一对卷曲罗拉,将其喂入填塞箱,经丝条的堆积作用,直到其压力足够克服反压装置的阻力而拽出。加工成平面卷曲的变形丝,弹性小,卷曲较细,一般切制成短纤维与其他纤维混纺,这种方法在短纤维后加工中经常使用。

③擦过法。

丝条从擦过体的刀刃处连续擦过,以擦过体为支点,利用擦过力给予卷曲变形(图 1.34)。丝条一边擦过,一边热定型,加工成擦过变形丝。其弹性中等,卷曲稍粗,主要用于丝袜及外衣用丝。

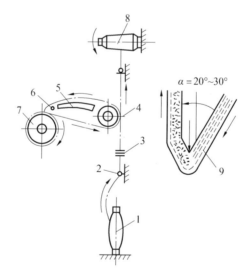

图1.34 擦过法流程

1—丝筒;2—导丝钩;3—张力器;4—喂丝罗拉;
5—热板;6—擦过体;7—输出罗拉;8—卷装;9—
擦过体放大图

④赋形法。

丝条从一对齿轮之间通过,一边赋予丝条齿形变形,一边热定型,加工成赋形变形丝

（图1.35）。其弹性稍低，卷曲较粗，主要用于丝袜、地毯及装饰布用丝。

⑤复合纤维卷曲法。

利用高聚物热收缩的差异，低收缩物为外侧，高收缩物为内侧，由同一喷丝孔纺丝，制成并列或皮芯结构纤维，这种丝条拉伸后经紧张热定型加工成螺旋形卷曲变形丝。其弹性小，卷曲粗，主要用于女袜用丝。

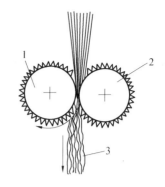

图1.35　赋形法卷曲变形
1、2—齿轮；3—赋形卷曲变形上

（2）非伸缩性变形丝的加工方法

非伸缩性变形丝的加工方法主要有以下两种。

①空气喷射法。

丝条经高速偏气流的冲击，使单丝分离，弯曲变形，产生稳定丝圈，制成空气变形丝，赋予丝条良好的蓬松性、覆盖性和透气性，使其具有天然纤维的特性。一般用于仿短纤纱、仿真丝、仿羊毛等织物用丝。

②热流体喷射法。

此法已广泛用于短程纺的长（短）丝加工。用热空气（或蒸汽）对较粗的丝束进行三维卷曲变形加工，它与空气喷射法的主要区别是以较高温度的流体进入导丝管，使丝束得到充分预热，经热流体喷射输送到填塞腔内（即溢流储存管），在储存管内迅速降速，丝束堆集成块。由于这种失速，丝条急剧松弛，加之喷射流的湍流、漩流等综合作用，在储存管内喷射流溢出力作用下，丝条被压紧在管壁上，产生摩擦力，使减速的丝块缓慢前移，并得到充分冷却，把卷曲变形的特性固定下来，制成三维卷曲变形丝。

目前应用广泛的是假捻法，它具有弹性高、蓬松性好、抗起球等特点，是装饰织物和服装织物较理想的用丝。

假捻法所使用的机械是牵伸变形机，又称弹力丝机，是加工变形丝的主要设备。靠假捻的机械作用，对具有热可塑性的纤维赋予高蓬松性、弹性及可伸性，使纤维获得良好的纺织加性能。

2. 假捻变形丝的生产原理

传统的假捻变形丝是以拉伸加捻丝为原丝，在弹力丝机上经定型、解捻而得。即加捻、热定型、解捻三个过程分开进行，操作工序多，速度慢。近年发展了假捻连续工艺，将拉伸和假捻变形连续进行，简称DTY法。用假捻法生产弹力丝的过程包括三个基本步骤，即对复丝加上高捻度、热定型和解捻。

加捻复丝时，单丝从复丝中心到表面的应力逐渐增大，表面上的丝受到的应力最大，而位于丝束中心的单丝，只受到垂直于丝轴平面的扭矩作用。但各根单丝并不局限于一个固定不变的位置，在径向力的作用下，它们的位置发生变化，因此加捻复丝时，各根单丝所受的变形大致相同。

加捻后的复丝在内应力的作用下有退捻趋势。加捻复丝经热处理，其结构被定型，加捻引起的内应力得以消除，使丝达到平衡状态。

加捻复丝解捻时，各根单丝可回到原始状态，但它们在加捻时形成的螺旋形配置已经由热处理而定型,它们会顽固地保持下去。然而,由于解捻对加捻复丝所加的反方向扭矩,使各单丝又产生内应力。解捻的结果是由加捻产生的,并经热定型的变形,呈现在长丝纱上。各单丝呈正反螺旋状交替排列的空间螺旋弹簧形弯曲,使复丝直径增大,蓬松度提高。由于螺旋可被拉直,故变形丝在负荷下有很大伸长。去除负荷时,由于内应力又使它恢复到初始状态。

假捻加工原理:假捻模型如1.36图所示。固定丝的一端使另一端旋转时,则可加捻,如图1.36(a)所示。若固定丝的两端,握住其中间加以旋转,则以握持点为界,握持点上、下两端的丝条得到捻向相反而捻数相等的捻度(n 和 $-n$),如图1.36(b)所示,而在整根丝上,捻度为零,此种状态在动力学上称为假捻。如果丝条以一定速度 v 运行,则握持点以前的捻数为 n/v,在握持点以后,以相反捻向($-n/v$)移动,如图1.36(c)所示。因此,在握持点以后区域内的捻数为零。

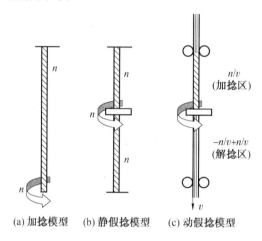

(a) 加捻模型　　(b) 静假捻模型　　(c) 动假捻模型

图 1.36　假捻模型

假捻器有转子式、摩擦式和皮圈式。现代多采用摩擦式假捻器(图1.37),常用三轴重叠盘,把丝直接压在数组圆盘的外表面上。由于圆盘的高速旋转,借助其摩擦力使丝条加捻。在假捻器上方,丝被加捻;而在假捻器下方,丝被解捻。

在假捻机构的加捻区域内(进丝侧)装置加热器,一面使丝加捻变形,一面使丝运行,便可使加捻、热定型及解捻三个基本工序连续化。

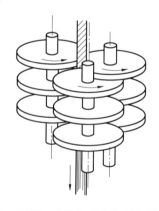

图 1.37　可调三重叠盘式摩擦假捻器示意图

3. 聚酯低弹丝的生产工艺

(1)假捻变形工艺流程

聚酯低弹丝一般只需做低弹加工。聚酯低弹丝采用装有两段加热器的假捻变形机生产,如图1.38所示。原丝POY通过张力器进入喂入辊,并在喂入辊和传送辊之间,借助第一段热板加热进行拉伸,同时穿过高速旋转的假捻器。由于捻度的迅速传递,原丝在喂入辊和假捻器之间被加捻变形,而在假捻器和传送器之间被解捻,再在局部松弛下进入第二加热器定型,从而获得所要求的卷缩弹性和蓬松性。

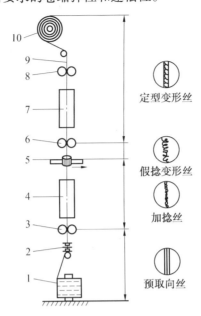

图1.38 假捻变形工艺流程以及相应纤维表观形态示意图

1—预取向丝;2—张力器;3—喂入辊;4—第一热箱;5—假捻转子;6—传送辊;
7—第二热箱;8—卷绕辊;9—低弹丝;10—卷绕筒子

在上述流程中,拉伸和变形在同一区域内同时完成,故称为内拉伸变形工艺。拉伸与假捻分别在两个区域完成的称为外拉伸变形工艺。在第一热箱和假捻器之间装有冷却板,以冷固定方式进入假捻器,使加捻热定型后的变形丝冷却至玻璃化温度(T_g)以下再进行解捻,以保证解捻后的丝条呈卷曲状态。

丝条的加热和冷却是假捻变形工艺的必要条件,丝条温度的均匀性和丝条之间的一致性,对于变形丝的卷曲和染色不匀率等质量指标有极大影响。加热器和冷却区的长度由加工速度及线密度来决定,同时,两者又是影响机器布局和操作方便程度的重要因素。通常对加热器的要求是:热容量要大,加热器之间、锭位之间在整个运转时间内的温度波动要小(温差为±1 ℃),加热器保温绝热性能要好、耗能低,操作生头及维护要方便。加工高弹丝时只需一个变形加热箱,加工低弹丝时,需要两个加热箱。

第一热箱也称变形热箱,其作用是把加捻区获得的单纤卷曲度固定下来,并消除拉伸时的应力。第二热箱的作用是使变形丝进一步热定型,消除卷曲内应力,降低热收缩率,赋予尺寸的热稳定性。

(2)假捻变形工艺条件

①温度。变形和定型温度应根据所要求变形纱的性质、原丝粗细、热定型箱长度和纱运行速度等因素来确定。第一热箱,通常采用联苯加热。对第一热箱的要求是在很短的时间内(0.2~0.5 s),把丝条加热到变形温度,故采用接触式加热方式。温度过低,则变形、卷曲不良,缺乏弹性;但温度过高会导致张力下降,收缩潜力大,手感粗糙,强伸度和韧度受到影响。通常采用丝条熔点以下30~50 ℃,即190~230 ℃。

第二热箱也称定型热箱,多为非接触式,这是因为进入第二热箱的丝已经卷曲,单丝间空隙大,比较蓬松,采用非接触式热定型比较均匀,且对丝条的阻力小。丝由导丝器保持在热管的中心,有利于加热均匀。一般用气相管式加热器。定型温度主要视变形纱的弹性而定,通常为 180~230 ℃。变形纱要求弹性较高时,定型温度较变形温度低;反之,则定型温度比变形温度高,并要求各部位温差必须控制在 ±1 ℃。

②加热时间和冷却时间。加热时间和丝的线密度、丝速、加热温度等因素有关。通常第一热箱的时间控制为 0.2~0.5 s。若加热时间过短,变形不充分,则弹性差;但时间过长,则会造成僵丝,毛丝、断头,并使纱发黄。

③冷却时间。如果丝条冷却不充分,丝条仍具有热塑性,那么丝条的加捻效果将因退捻而消失,起不到变形的效果,丝条容易粘连,产生毛丝,不利于假捻。冷却区一般采用空气冷却或冷却板(冷却水)等冷却。空气冷却效果较差,现多采用接触式冷却,即风冷或水冷的冷却板。接触式冷却的优点是可提高冷却速度,缩短冷却区长度,稳定丝路。

④假捻张力。丝条的张力,尤其是假捻器前后丝条的张力波动或张力控制不当,不仅影响操作,还影响弹力丝的质量,使丝条染色均匀性发生较大差异。加捻张力的大小与输出辊接触点、假捻器粗糙度、热板的弧度、超喂率等因素密切相关。

解捻张力应大于加捻张力。若解捻张力太低,捻度在假捻器下方不能全部消除,使单丝粘在一起形成紧点,影响丝的蓬松性。若解捻张力过大,则会导致丝条在假捻器下方呈松散状态而形成毛丝。

假捻张力影响丝束与摩擦盘的接触压力,若张力过低,则接触不良,假捻数下降,卷曲性能差;若张力过高,则易产生毛丝和断头。张力的调整可通过拉伸比、丝的速度及摩擦盘的圆周速度与丝条通过摩擦盘速度之比来控制调节。

⑤假捻度。假捻度是直接影响卷曲效果的重要因素。假捻度为假捻器计算转速(r/min)与假捻机输出辊表面线速度(m/min)之比。随着假捻度的增加,卷曲伸长率增大而强度有所下降。假捻度的大小主要取决于变形纱的使用要求和原丝线密度,通常线密度越小,捻度越高,可由以下经验公式近似计算:

$$T = \alpha \frac{97500}{\sqrt{T_t}}$$

式中　　T——假捻度,捻/m;

　　　　α——捻系数,$\alpha = 0.85 \sim 1.0$;

　　　　T_t——线密度,tex;

⑥超喂率。假捻时通常都要采用超喂,即超喂率大于 0;若超喂率为 0,称为等喂;若超喂率小于 0,则称欠喂。假捻度相同时,变形区超喂率越小,卷曲伸长率越高,这是由于低弹丝在受到短时间的张力后,使其膨体性有所改善。通常,在生产允许的范围内,使张力偏上上限,以使丝条性能与外观得到改善,一般超喂率在 10%~20%,其中变形超喂对假捻影响较大。当假捻度为 2 300 捻/m 时,变形超喂率为 6.9%,温度分别为 230 ℃、170 ℃。热定型区超喂率越大,丝条所形成的螺旋形线圈和轴向所成夹角就越大,定型丝条的卷曲伸长也就越大。

3. 假捻变形机(DTY 机)

随着牵伸变形机的高速化,丝条在设备中的路线发生了较大改变,以便于工人操作和有效利用空间。在低速时,丝的走向是直上直下的,但随着丝速的不断提高,加热区和冷却区都需加长。为了避免机身过高,操作不便,将喂丝部分或卷绕部分,或两者同时移至主机的两侧,丝的走向采用折线型丝路。

(1)直线型丝路

当第一热箱出口丝轴与假捻器出丝轴线所成夹角 α 接近 0°时,称为直线型丝路,如巴马格公司的 FK6CT—600 型、法国 ARCT 公司的 FTF55 型。

直线型丝路的特点是:

①丝条转弯少,阻力小,加捻到退捻传递方便,且均匀。

②丝条张力均匀,既适合常规品种(167 dtex),也适合低线密度、异形丝的加工。

③丝路为下行式,与第一热箱的排烟成逆向,不利于排烟。

④当纺速提高时,热箱长度增加,机身提高,操作不便。

(2)折线型丝路

一般 $\alpha = 180°$ 或成钝角、锐角,如巴马格 FK6UF-900 型、FK6M-700 型、FK6-M1000 型。折线型丝路的特点是:

①机高降低,操作方便,适合高速加工。

②丝路为上行式,与第一热箱排烟同向,便于排除油烟。

③丝路转弯多,有碍捻度的传递,致使低线密度丝及异形丝的捻度不匀,故较适合加工常规丝。

上述各种 DTY 机的基本组成均有原丝筒子架、拉伸和输送辊、变形和定型加热箱、冷却板、假捻器、吹风和排风装置、卷绕装置等,有的还附有吹络装置。FK6-M1000 型变形机的结构如图 1.39 所示。

目前运行的 DTY 机,热箱温度一般不超过 230 ℃。而帝人制机推出了一种 HTS-1500 型 DTY 机,热箱温度高达 500 ℃。按常规,若要提高 DTY 机的速度,则必须加大热箱的长度,例如 900/min 速度的 DTY 机第一热箱已达 2.5 m,再提高速度,热箱更长,将会使机器的高度大大增加。按照时温等效原理,提高温度,可缩短加热时间,减少热箱长度。HTS-1500 型 DTY 机速度为 1 500 m/min,由于热箱温度提高,第一热箱的长度只有 1 m,第二热箱的长度只有 0.6 m。

(3)超细旦涤纶 DTY 机

为了适应生产超细旦涤纶 DTY 的需要,Barmag 等四家公司都对原常规涤纶 DTY 机进行了改进,并且改进的方法基本相似:采用柔和的加捻装置、低摩擦力的摩擦表面、直线形走丝路线,以及均匀的、对丝进行充分交络的空气网络装置。但在改进的细节上,各公司不尽相同,形成了自己的特点。

DTY 机的走丝路线如下:

Barmag 公司:筒子架→空气网络装置→供丝皮圈或压辊→止捻罗拉→静止导丝器→第一热箱→冷却板→假捻锭组→带分丝辊的压辊→第二热箱→输出辊和上油辊→卷绕装置。

ICBT 公司:筒子架→切丝器→喂入罗拉→第一热箱→冷却板→假捻锭组→中间罗拉→空气网络装置→第二热箱→输出罗拉→断丝检测器→上油辊→卷绕装置。

RPR 公司:筒子架→切丝器→喂入罗拉→导丝器→止捻器→第一热箱→冷却板→假

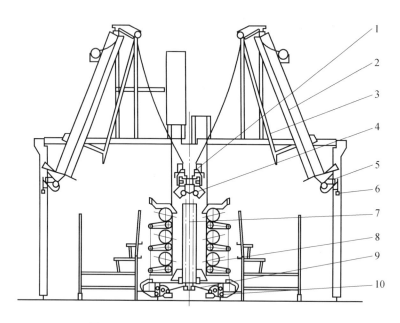

图 1.39 FK6-M1000 型变形机的结构示意图

1—假捻器;2—第一热箱;3—操作杆;4—拉伸辊;5—喂入辊;6—丝束喂入及断丝器;7—第二热箱;
8—卷绕丝;9—转向辊;10—上油组件

捻锭组→中间罗拉→空气网络装置→第二热箱→输出罗拉→断丝检测器→上油辊→卷绕装置。

Giudici 公司:筒子架→切丝器→气动生头装置→喂入罗拉→止捻器→第一热箱→冷却板→假捻锭组→中间罗拉→空气网络装置→第二热箱→输出罗拉→断丝检测器→上油辊→卷绕装置。

网络装置的安装位置:Barmag 公司认为对于超细纤维,此装置在喂入罗拉前加入,有利于改善丝的反光、退绕和减少毛丝。若加在假捻锭组后,则即使压缩空气的压力很低(0.1 MPa),也会影响假捻变形区的低张力要求而破坏较多的单丝。但其他公司认为后一种作法可以使网络效果较明显,对退绕有利。

假捻摩擦盘:四家公司均采用直线型丝路及低摩擦因数的摩擦盘材质,同时使假捻装置按丝的走向旋转,这样可大大降低假捻装置前后丝的张力,以减少毛丝的产生。

第二热箱:由于超细旦涤纶 DTY 丝的扭矩及抗弯强度低,理论上可以取消第二热箱。但保留它可以有利于生产多品种的涤纶长丝。在生产超细旦丝时,使第二热箱处于较低温度较为有利,但不要处于冷态。因为细旦丝容易与管式热箱接触,会使毛丝增多。

传动与卷绕:所有 DTY 机全机均为 216 锭,分为 9 节,每节 24 锭,都可两面分别传动。卷绕装置均有防乱边和防迭丝装置。

1.6.3　网络丝的加工

网络丝是指丝条在网络喷嘴中,经喷射气流作用,单丝互相缠结而呈周期性网络点的长丝。网络加工对改进合纤长丝的极光效应和蜡状感有良好的效果。网络丝用途广泛,如织造时可免去上浆、代替并捻或加捻、提高卷绕丝的加工性能、改善卷装或用于制造不同类型的混纤丝等。目前网络加工多用于 POY、FDY 和 DTY 的加工中。

1. 网络生成原理

当合纤长丝在网络器的丝道中通过时,受到与丝条垂直的喷射气流的横向撞击,产生与丝条平行的涡流,使各单丝产生两个马鞍形运动和高频率振动的波浪形往复。合纤长丝首先开松,随后整根丝条从网络喷嘴丝道里通过,折向气流,使每根单丝不同程度地被捆扎和加速。丝道中间的单丝得到气流所给予的最大加速,位于丝道侧壁的单丝则进入边缘较弱的气流回流里。当这两股气流所携带的单丝在丝道内汇合时,便发生交络、缠结,产生沿丝条轴线方向上的缠结点。两个折向气流形成的涡流给一部分丝加 S 捻,给另一部分丝加 Z 捻,两个反向涡流碰头点,即形成合纤长丝的网络点。由于不同区域涡流的流体速度不同,从而形成周期性的网络间距和结点。网络器内气流的作用和流向如图 1.40 所示。

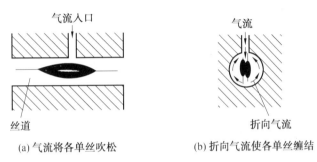

| (a) 气流将各单丝吹松 | (b) 折向气流使各单丝缠结 |

图 1.40　网络器内气流的作用和流向

2. 网络喷嘴

网络喷嘴是网络技术的关键,有开启式和封闭式之分,其中包括单孔和双孔。开启式生头方便,使用较广泛,加工线密度范围大(100~400 dtex),尤其适合于高速网络加工。网络喷嘴丝道一般在 30~40 mm 长,气孔直径为 1.5~2 mm。喷嘴芯用优质钢制成,经硬化处理,丝道两端装有陶瓷导丝圈。

3. 网络工艺条件

涤纶长丝进行网络加工的原丝有拉伸变形丝(DTY)、预取向丝(POY)、全拉伸丝(FDY)及混纤丝等。虽然其网络原理相同,但由于网络原丝性质不同,对成品网络丝的特性要求也不同,故网络加工条件也不尽相同。POY 和 FDY 的网络度较低,大多在20 个/m 以下。DTY 的网络度为 60~100 个/m。DTY 的网络加工工艺条件如下。

(1)压缩空气压力

压缩空气压力对网络丝的影响甚大,它除了决定网络丝网络结点的牢度之外,还影响网络度(单位长度内的网络结点数)。在压缩空气压力较低的范围内,随压力的增加,网络丝的网络度迅速增加;压缩空气压力在 0.3 MPa 以上时,网络度的增加逐渐缓慢,直至不再增加。这是由于当压力刚增加时,喷射气流对丝条的撞击力增加,丝道内的流体紊流加剧,从而使丝条产生的高频振动频率增加,丝条网络度随之增加,且网络结点的牢度高,不易松散;但压力增加到一定值后,丝条的高频振动频率接近临界值,因而网络度的增加逐渐缓慢,直到平衡值。

（2）网络加工速度

在丝条网络过程内，网络度随网络加工速度的增高而降低。这是由于丝条速度提高，而网络器中恒定气体紊流引起丝条振动的频率却不发生变化，单位时间内对丝条产生的网络度一定，从而使丝条单位长度上的网络点减少，网络度降低。

（3）丝条张力和超喂率

在网络过程中，丝条的张力越高，在高频气流冲击下，丝条产生的弦振动越小，即丝条的开松和丝的旋转程度下降，从而使网络丝的网络度下降，这在高速加工网络丝时尤为突出。但丝条张力过低，丝条在网络器丝道中易偏离中心位置而位于丝道的气流死角区域，其丝条不易被吹开，致使丝条网络不均匀，大段丝条没有网络点。此外，低弹丝网络加工时，因网络器一般装在第二热箱的进口或出口处，故丝条张力过低，易使丝条在第二热箱中飘动，影响丝条在第二热箱中的补充定型效果，以至影响网络低弹丝的其他质量指标。实验证明，低弹丝网络加工中张力控制在 0.04～0.09 cN/dtex 为宜。

一般调节超喂率以得到合适的丝条张力，当超喂率增加时，丝条的张力降低，单位长度的丝条被网络的机会减少，网络度下降。此外，丝条进出网络器的角度，一般需控制在 40°～70°，才能保证有良好的网络效果。丝条的总线密度和异形度等因素，对网络度也有一定影响。

1.6.4 空气变形丝的加工

空气变形纱（ATY）是化纤长丝用空气喷射法加工而成，它与假捻法加工的变形纱（DTY）相比，其外观完全不同。假捻变形纱赋予丝条螺旋状的卷曲变形，具有较好的弹性。但是其织物不能改变合成纤维特有的闪光、蜡感、透气性差、易起球等缺点；空气喷射法加工的变形纱，其表面具有稳定的丝圈及外伸的纤维头，织物具有较高的蓬松性及抗起球性，克服了弹力丝织物的缺点，外观酷似短纤纱。但比加工短纤纱流程短，设备简单，经济效益明显。

空气变形又称吹捻变形，制得的产品称为空气变形丝（ATY）。空气变形丝以 POY 或 FOY 为原丝，通过一个特殊的喷嘴，在空气喷射作用下单丝弯曲形成圈状结构，环圈和线圈缠结在一起，形成具有高度蓬松性的环圈丝。若将部分丝圈拉断，则变形表面可见圈圈和细纱尖，具有类似短纤纱的某些特征。因此空气变形丝又称为仿短纤纱。选择不同的原丝（颜色、线密度及单丝线密度）、采用不同的变形工艺（超喂率、空气压力、加工速度与喷嘴型号等），可以制出具有仿棉、

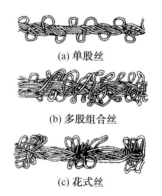

(a) 单股丝

(b) 多股组合丝

(c) 花式丝

图 1.41　环圈变形丝的结构示意图

仿毛、仿麻、仿丝绸等天然纤维的风格的空气变形丝，如图 1.41 所示。其工艺流程如下：

$$长丝喂入 \xrightarrow[\text{给湿压缩空气}]{\text{低(高)超喂}} 喷射变形 \rightarrow 冷拉伸 \rightarrow 热定型 \rightarrow 上油 \xrightarrow{\text{欠喂}} 卷绕成型$$

由单股或多股复丝从原丝筒子经喂入罗拉,以相同(或不同)的速度喂入,通过调节导丝针与导丝管(又称文丘里管)之间隙,产生高速偏流湍流场,如图1.42所示。

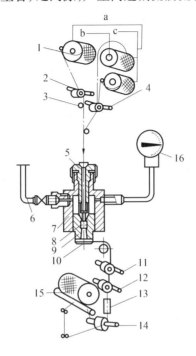

图1.42　空气变形纱工艺流程

1—原丝;2、4—喂入罗拉;3—热锭;5—喷嘴导丝针;6—压缩空气入口;7—缓冲室;8—环隙;9—导丝管;10—挡体;11、12—冷牵伸罗拉;13—加热器;14—输出罗拉;15—卷装;16—压力表;a—多股花式变形纱;b—单股纱;c—双股平行纱

丝条在高速偏气流作用下,单根纤维被吹散并分离,实现交缠。在吹散的同时,各单根纤维发生横向变形,成为弓形,为形成丝圈创造条件。丝条在超喂状态下进入喷嘴内部,在喷嘴通道中由于较大速度差的作用,沿丝条纵向单根纤维互相纠缠,形成丝圈结构,如图1.43所示。经喷嘴出口处挡体的折射,丝条与喷嘴轴线成90°连续拽出,通过罗拉与罗拉之间欠喂输送及单纤维间摩擦力的作用使形成的丝圈结构趋于稳定。如果是低于1 000 dtex的丝,还需经加热器定型处理。

(a) 喷射前长丝　　　(b) 受喷射作用的过渡状态　　　(c) 喷射后形成的丝圈

图1.43　空气喷射形成丝圈模型

1. 空气变形丝的生产原理

变形技术的核心是空气变形喷嘴,在喷气变形过程中,有横向气流,也有轴向气流和旋转涡流。其作用就是赋予化纤长丝以膨化、扭曲和缠结。将原丝(POY、FDY)以单束、两束或两束以上的长丝喂入喷嘴箱,纤维经喷水后进入喷嘴。在喷嘴内压缩空气气流喷射纤维,使纤维呈一字形旋转运动。同时沿轴向振动,在运动过程中使长丝开纤、拉伸、扭结,进而发生交络或包覆。开纤就是原丝在压缩空气作用下以平行状态被吹开,同时产生压缩、拉伸。因气流在喷嘴内的搅动,使单丝间产生交络或缠绕。

影响变形效果的因素主要有:原丝的选择、超喂率、喷嘴孔径和长度、压缩空气的压力和流量、纤维给水量、纤维总线密度和单丝线密度、加热温度、卷绕速度的设定、特殊功能机构的引入等。

2. 空气变形丝生产的主要工艺参数

(1)超喂率

变形区超喂率以变形喷嘴前、后罗拉的速度来表征。超喂可提高长丝在喷射气流作用下交缠和起圈的程度,增加变形丝沿长度方向上分布的丝圈;增大丝条的蓬松性及覆盖效果。超喂率过低,不利于丝条缠结成圈;超喂率过高,丝条表面毛圈过大,条干松散,毛圈的绕结牢度降低,均匀性和稳定性变差,给织造和后处理带来困难。生产中,超喂率一般控制在 10% ~30%。

(2)热辊温度和拉伸比

POY 在变形加工时需进行热拉伸。以涤纶 POY 为原丝进行空气变形的热辊温度控制在 130 ~150 ℃,最高不得超过 160 ℃。随着空气变形加工中拉伸比的增加,线密度下降,断裂伸长率减小而沸水收缩率增大。涤纶 POY 在空气变形加工中的拉伸比应控制在 1.5 ~1.7。

(3)定型温度和定型时间

在定型加热器长度一定的前提下,定型效果取决于丝条的行走速度和加热器的温度。定型温度越高,定型时间越长,空气变形丝的丝圈缠结越紧,变形丝结构稳定性越好,沸水收缩率越低。由于空气变形丝的丝圈内充满了空气,故它的传热性比拉伸变形丝差,要使其丝芯达到同样的定型效果,就需延长加热时间。

(4)加工速度和张力

提高加工速度可提高生产效率,但受到一定限制。如丝速从 300 m/min 增至 600 m/min,线密度增加率相对下降 35% ~40%。加工速度还会影响张力和热定型效果。

在空气变形过程中,各区张力对成品的性质有很大影响。在变形区,较低的张力有利于开松、卷曲成圈;在稳定区控制较低的张力,则有利于纤维内应力松弛,提高变形效果。生产中,张力应控制在 5.5 ~8.0 cN。

(5)空气压力

空气压力的变化会引起气流状态的变化,提高空气压力,有利于丝圈形成,使变形效果增加。空气压力在 0.6 ~1.2MPa,便能满足变形要求。

(6)给湿量

丝条进入空气变形喷嘴前,先进行给水润湿。水可洗去原丝上的部分油剂并起增塑作用,故给湿能明显增强变形效果。提高给湿率还可降低压缩空气压力及其消耗量,这是因为空气湿度的增加使其密度提高,进而增强喷嘴内的湍流状态,以提高变形效果。给水量取决于丝条的张力、加工速度、线密度和变形超喂率。

根据变形加工速度及原丝规格,计量给湿量很重要。给湿量过少,会引起丝条在喷嘴出口处跳动,变形效果差;给湿量过多,对变形及热定型有不良效果。在速度特低(小于100 m/min)或者加工玻璃纤维时,可以不给湿。

给水装置分喷淋式和水浴式。一般喷淋式用水量为 0.8~1.6 L/(h·锭)。水浴式用水量为 2.5~5 L/(h·锭)。

3. 空气变形机(ATY 机)

(1)空气变形机的分类

空气变形机一般按原丝或变形丝的规格、结构不同分为以下三类:

①按加工成品纱的粗细分类。

仿纱型变形机:主要适合加工中(细)线密度变形纱。如 ELTEX 公司生产的 AT-HS 型、Bar-mag 公司生产的 FK6T-80 型和国产 WKV611 型等。

仿毛型变形机:主要适合加工中(粗)线密度变形纱。如易迈公司生产的 EMAD-17 型、国产 KB-3 型及 KBF 型等。

②按使用的原丝分类。

POY 用变形机:如 EMAD-17 型、KB-3 型和 KBF 型等。

FOY 用变形机:如 AT-HS 型、FK6T-80 型、村田 335-Ⅱ型和 WKV611 型等。

③按机器结构分类。

有热定型的变形机:主要用于加工服装用纱。

无热定型的变形机:主要用于加工装饰品用纱。

(2)空气变形机的结构

空气变形机包括原丝喂入部分、POY 丝热拉伸部分、空气喷射变形装置、冷拉伸稳定区、热定型及卷绕成形装置等。在空气变形丝生产工艺流程中,还可设有附属装置,可以使其短纤化、起绒等装置。变形技术的核心是空气变形喷嘴。

空气喷射装置的结构对于变形丝的质量和经济性有很大的影响。尽管有各种型号的喷嘴,但其基本结构大致相同,即均要产生高湍流、高不对称及超音速气流,在偏流场作用下,对丝条产生扰动。

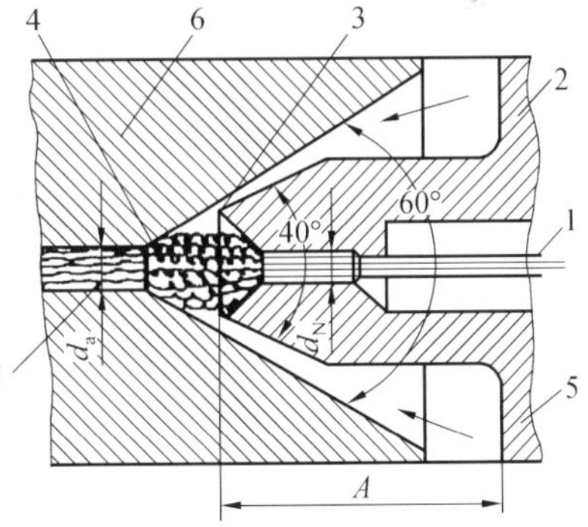

图 1.44 杜邦型喷嘴结构

1—丝条;2—导丝针;3—环隙;4—紊流室;5—压缩空气节流孔;6—导丝管;7—喉径

瑞士公司赫马型喷嘴通过小孔的大小、轴向位置及倾斜度的变化,产生高速偏流场;而杜邦型、易迈型喷嘴是通过导丝针与文丘里管间隙的大小,及进气小孔偏于一侧或导丝针端切除一块,形成不对称的几何形状,从而产生高速偏流场。杜邦喷嘴分为 XIV 型(用于细特丝)和 XV 型(用于粗特丝)。其几何形状(图 1.44)是导丝针前端呈圆锥面,外锥顶角为 40°,导丝管呈喇叭口形,内锥顶角为 60°。组装后,在环隙处产生高速气流,经导丝管的喉径通道后,气流一直在加速,加之进气节流孔也偏于一侧,直至喷嘴出口处达到超音速的偏流场。

易迈型喷嘴导丝针的圆锥面被切除一块(图1.45),当压缩空气通过窄缝进入变形室时,就会形成不对称的紊流场(图1.46),从而增加变形效果。

喷嘴的应用一般分为仿纱型和仿毛型两类。前者如赫马型喷嘴(图1.47),后者如杜邦型及易迈型喷嘴。

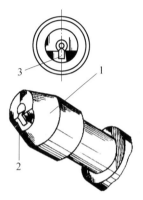

图1.45　易迈3000型导丝针几何形状

1—导丝针;2—针端切块;3—矩形槽

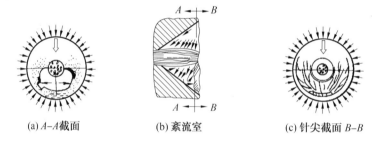

(a) A—A截面　　　(b) 紊流室　　　(c) 针尖截面 B—B

图1.46　不对称射流与丝条汇合状态

近十几年来,空气变形机已不断改进,加工速度和生产能力不断提高,产品的单耗也大为降低。机器改进的重点是研制新型的喷嘴。著名的空气变形喷嘴有美国杜邦公司的XIV型(用于细特丝)和XV型(用于粗特丝),其效果甚好。另一种是瑞士公司的赫马型喷嘴,该喷嘴的喷嘴芯有T-100型(一个进气口)、T-300型(三个进气口)与HW-01型给湿系统配合使用,也具有良好的效果。上述喷嘴的优点是空气消耗量比一般喷嘴减少一半,喷嘴内部不易积污,且易于调整。

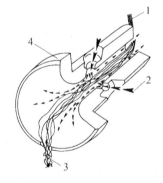

图1.47　赫马型喷射芯子

1—喂入丝条;2—压缩空气;
3—变形丝;4—喷射芯子

1.7 涤纶短纤维纺丝及后加工

1.7.1 聚酯短纤维的纺丝工艺

1. 聚酯短纤初生纤维纺丝工艺

聚酯短纤生产包括初生纤维的生产和短纤后加工两步。聚酯短纤初生纤维生产可分为切片纺丝和直接纺丝两类,其流程和长丝生产相似。聚酯短纤初生纤维常规纺丝工艺如图1.48所示。

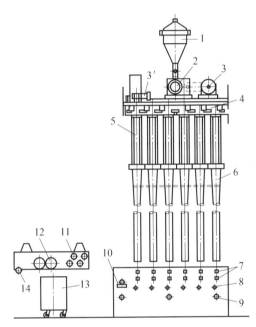

图1.48 聚酯短纤维常规纺丝工艺流程图

1—切片料桶;2—螺杆挤出机;3—螺杆挤出机和计量泵传动装置;4—纺丝箱体;
5—吹风窗;6—甬道;7—上油轮;8—导丝器;9—绕丝辊;10—总上油轮;
11—牵引辊;12—喂入轮;13—受丝桶;14—总绕丝辊

(1)纺丝温度

纺丝时,螺杆各区温度控制在290~300 ℃,纺丝箱体温度控制在285~260 ℃。若纺丝温度过高,会导致热降解,使熔体黏度下降,造成气泡丝;若纺丝温度过低,则使熔体黏度增高,造成熔体输送困难,组件内压力升高而出现漏浆现象。纺丝温度过高或过低均会导致产生异常丝。纺丝温度的波动范围越小越好,一般不应超过±2 ℃。

(2)纺丝压力

聚酯短纤维熔体纺丝压力为0.5~0.9 MPa时,称为低压纺丝;为15 MPa以上时,称为高压纺丝。低压纺丝时,一般需升高纺丝温度,以改善熔体流变性能,这易引起热降解。高压纺丝时,由于组件内滤层厚而密,熔体在高压下强制通过滤层会产生大的压力降,使熔体温度升高。压力每升高10 MPa,熔体温度升高3~4 ℃。因此采用高压纺丝可降低纺丝箱体的温度。在纺丝过程中,必须建立稳定的压力。

（3）丝条冷却固化条件

在聚酯短纤维生产中,环形吹风的温度一般为（30±2）℃、风的相对湿度为70%～80%。

吹风速度对成型的影响比风温和风湿更大,随着纺丝速度的提高或孔数的增多,吹风速度应相应加大,生产上一般采用0.3～0.4 m/s。采用侧吹风时,吹风速度可为弧形或直形分布,均能达到良好的冷却效果。

（4）纺丝速度

聚酯短纤维纺丝速度为1 000 m/min 时,后拉伸倍数约为4;当纺丝速度增大到1 700 m/min时,后拉伸倍数只有3.5。后拉伸倍数一般根据纺织加工的需要来确定,其可拉伸倍数则取决于纺丝速度。为使卷绕丝具有良好的后加工性能,常规纺短纤维的纺丝速度控制在2 000 m/min 以下。

2. 短纤维的后处理

纤维后加工是指对纺丝成型的初生纤维（卷绕丝）进行加工,以改善纤维的结构,使其具有优良的使用性能。纤维后加工有如下作用:①将纤维进行拉伸（或补充拉伸）,使纤维中大分子取向并规整排列,提高纤维强度,降低其断裂伸长率;②将纤维进行热处理,使大分子在热作用下,消除拉伸时产生的内应力,降低纤维的收缩率,并提高纤维的结晶度;③对纤维进行特殊加工,如将纤维卷曲等,以提高纤维的摩擦因数、弹性、柔软性、蓬松性,或使纤维具有特殊的用途及纺织加工性能。后加工包括拉伸、热定型、卷曲、切断和成品包装等工序。后处理工艺及设备流程示意图如图1.49 所示。

由于纤维物理-机械性能不同,后加工流程和设备均有差异。目前国内生产的聚酯短纤维有普通型及高强低伸型。生产高强低伸型短纤维采用含紧张热定型的流程,生产普通型则不用紧张热定型。其工艺控制及设备如下:

（1）初生纤维的存放及集束

刚成型的初生纤维其取向度不稳定,需经存放获得平衡,使内应力减小或消除,预取向度降低至平衡值;还需使卷绕时的油剂扩散均匀,以改善纤维的拉伸性能。因此,初生纤维不能直接集束拉伸,必须在恒温、恒湿条件下存放一定时间。卷绕丝在存放过程中其结构和性能发生变化,由聚酯卷绕丝双折射率与存放时间的关系可知,存放8 h 以上时,卷绕丝的取向度可达稳定。

对存放平衡后的丝条进行集束。所谓集束是把若干个盛丝筒的丝条合并,集中成工艺规定粗度的大股丝束,以便进行后处理。集束在恒温、恒湿条件下进行。各生产厂集束的粗细根据卷曲机生产能力不同而有差别,一般为(30 ktex×1 股)～(75 ktex×2 股),以成品纤维的线密度为准。

（2）拉伸设备

拉伸工艺采用集束拉伸,常用三道七辊拉伸机。为保证丝束加热均匀,短纤维一般采用湿热拉伸工艺,因此在各道拉伸机之间常设置加热器,有热水喷淋、蒸汽喷射、油浴和水浴加热等形式。由于液体的热导率比气体和蒸汽的大得多,因此前两种方法一般不易均匀加热,目前更多倾向于油浴和水浴加热。

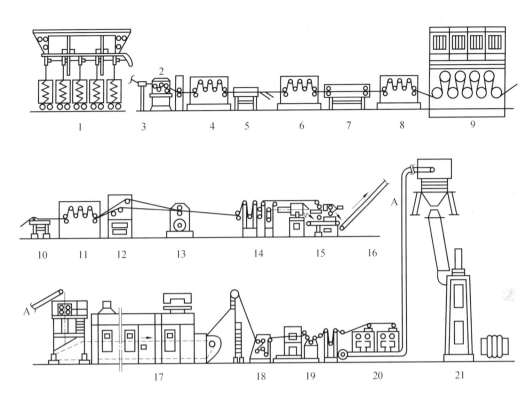

图 1.49 后处理工艺及设备流程示意图

1—集束架;2—导丝机;3—导丝架;4—第一拉伸机;5—浸油槽;6—第二拉伸机;7—水浴槽或过热蒸汽拉伸箱;8—第三道七辊;9—紧张热定型机;10—油浴冷却槽;11—四道七辊;12—叠丝机;13—张力控制机;14—张力架;15—卷曲机;16—皮带输送机;17—松弛热定型机(干燥机);18—拽引机;19—三辊牵引机;20—切断机;21—打包机

（3）拉伸工艺条件

拉伸方式分为一级拉伸和二级拉伸。涤纶短纤维生产通常采用间歇集束二级拉伸工艺。

①拉伸温度。随着拉伸温度的提高,丝条的屈服应力和拉伸应力减小,有利于拉伸。在高聚物的玻璃化温度以上,拉伸屈服应力随温度升高而下降更为明显。因此第一级拉伸温度一般控制在玻璃化温度 T_g 以上,但不应超过 T_g 过高,以防发生流动变形,温度最好控制在 70 ~ 90 ℃。

纤维经过第一级拉伸后,已有一定程度的取向,结晶度也有所提高, T_g 也随之提高。进行第二级拉伸,就必须采取更高的拉伸温度。目前某些工厂采用过热蒸汽加热,温度控制在 150(棉型) ~ 180 ℃(毛型)。拉伸温度过低,会加大拉伸应力,增加纤维断头率。

②拉伸速度。在二级拉伸工艺中,丝束拉伸是通过三台拉伸机完成的。在拉伸过程中,随着拉伸速度的提高,拉伸应力有所增加,这是因为拉伸中纤维的形变是一个松弛过程,形变的发展需要一定的时间。可采用适当提高拉伸温度的措施来降低拉伸应力,提高拉伸速度。若拉伸速度太快,形变来不及发展,必然会增加纤维中的应力。但由于拉伸过程发热,会使被拉伸纤维的实际温度升高,从而使拉伸应力减小。因此,当拉伸速度超过某一值后,拉伸应力又有降低的趋势。目前涤纶短纤维生产中,拉伸时丝束的喂入速度一

般为 30 ~ 45 m/min，出丝速度为 140 ~ 180 m/min，毛型短纤维的出丝速度则要低些。

③拉伸倍数及其分配。拉伸倍数应根据卷绕丝的应力-应变曲线来确定，选择在自然拉伸倍数和最大拉伸倍数之间。若拉伸倍数小于自然拉伸倍数，则被拉伸纤维中细颈尚未扩展到整个纤维，必然包含较多的末拉伸丝，这样的纤维没有实用价值；而当拉伸倍数达到最大拉伸倍数时，纤维就要断裂。

采用二级拉伸工艺时，在总拉伸倍数基本不变的情况下，随着一级拉伸倍数的增加，二级拉伸倍数缩小，纤维的断裂强度有所提高，延伸度与沸水收缩率也随之下降；当一级拉伸倍数提高到某一定值，即占总拉伸倍数的90%时，再继续提高拉伸倍数，则纤维性能变差，表现为断裂强度下降，延伸度和沸水收缩率上升。目前，当总拉伸为 4.0 ~ 4.4 倍时，第一级拉伸倍数控制在总拉伸倍数的85%左右为好。

④拉伸点的控制。通常把拉伸过程中出现细颈的位置称为拉伸点。由于各单根纤维的细颈不可能同时在一个位置上产生，而往往在 2 ~ 3 cm 的区域内展开，因此，确切地说应称为拉伸区。在生产上，拉伸点（区）的距离越短越好，如果位置移动，则会出现拉伸不足或毛丝，造成纤维粗细不一，染色不匀。

由拉伸机理可知，拉伸点的位置与拉伸温度、拉伸倍数、拉伸速度及拉伸张力等因素有关，因此必须从拉伸工艺条件及拉伸设备方面来严格控制拉伸点的位置。

a. 在工艺上，为了稳定拉伸点，一般在一道、二道拉伸机之间设有水浴或油浴加热装置，使纤维内部形成一稳定的温度梯度；当纤维的实际温度上升至在相应的拉伸应力下能发生屈服变形时，纤维会出现细颈。此外，纤维在拉伸过程中会放出大量的热能，若没有合适的加热介质，将放出的热量及时地扩散出去，则会因温度变化，导致纤维的屈服应力随之变化，拉伸点会产生移动。所以，装设加热装置是控制拉伸点的有效方法。

b. 配置浸渍辊。为了使拉伸点不发生在拉伸辊的张力坡度上，把第一台牵伸机的最后一辊设定为浸渍辊，内部通有冷却水，从而降低丝束的温度，增大纤维的屈服应力。

c. 采用橡胶压辊和增加拉伸辊数目，丝束通过牵伸机上牵伸辊时，纤维与金属表面存在打滑现象。由滑动摩擦引起的纤维的温度升高，影响拉伸的位置变化。故在牵伸机上采用橡胶压辊和增加拉伸辊数目。一般五辊牵伸机打滑系数为 7% ~ 10%，而七辊牵伸机仅为 3%。

d. 采用长边轴传动和提高电气控制精度来控制牵伸速度恒定。

⑤卷曲。涤纶的截面近似圆形，表面光滑，因此纤维间抱合力较小，不易与其他纤维抱合在一起，对纺织加工不利。故必须进行卷曲加工，使其具有与天然纤维相似的卷曲性。纤维卷曲的程度一般以卷曲数或卷曲度表示。目前，一般涤纶短纤维的卷曲数要求为：棉型，5 ~ 7 个/cm；毛型，3 ~ 5 个/cm。

合成纤维有机械卷曲和化学卷曲两种卷曲方法。目前大规模生产的涤纶短纤维，多数仍采用机械卷曲法。填塞箱式卷曲机由上卷曲轮、下卷曲轮、卷曲刀、卷曲箱和加压机构等组成。丝束经导辊被上、下卷曲轮夹住送入卷曲箱中。上卷曲轮采用压缩空气加压，并通过重锤来调节丝束在卷曲箱中所受的压力，使丝束在卷曲箱中受挤压而卷曲。

⑥热定型。热定型的目的是消除纤维在拉伸过程中的内应力，使大分子发生一定程度的松弛，提高纤维的结晶度，改善纤维的弹性，降低纤维的热收缩率，使其尺寸稳定。普通涤纶短纤维一般在链板式或辊式热定型机上进行松弛热定型；生产高强低伸型涤纶短

纤维时,通常是长丝束经拉伸后在热辊式定型设备上,在一定的张力下进行紧张热定型,然后再进行卷曲、松弛热定型等。

用于热定型的设备有链板式松弛热定型机、圆网式松弛热定型机、九辊紧张热定型机等。干燥温度为 110～115 ℃,松弛热定型温度为 120～130 ℃,紧张热定型温度在 170 ℃ 左右。

⑦切断和打包。纺织加工对纤维长度有一定的要求,为使涤纶很好地与棉、羊毛及其他品种化学短纤维混纺,需将纤维切成相应的长度。根据纤维或织物规格的不同,一般有下列几种切断长度。

a.棉型短纤维。切断长度(名义长度)为 35 mm 或 38 mm,并要求长度偏差不超过 ±6%,超长纤维含量不大于 2%。

b.中长纤维。切断长度为 51～76 mm,介于棉型和毛型之间。

c.用于粗梳毛纺的毛型短纤维。要求切断长度为 64～76 mm。

d.用于精梳毛纺的毛型短纤维。要求切断长度为 89～114 mm。对于毛型短纤维,长度不匀率要求比棉型纤维低。

e.也有根据用户要求切成不等长(如分布在 51～114 mm 范围)短纤维,或直接生产长丝束再经牵切成条的。

切断方式有:经拉伸卷曲后的湿丝束先切断,然后再干燥热定型;湿丝束先干燥热定型,然后再切断。

打包是涤纶短纤维生产的最后一道工序,将短纤维打成一定规格和质量的包,以便运送出厂。成包后应标明批号、等级、质量、时间和生产厂等内容。

1.7.2　聚酯短纤高速纺丝技术及大容量直接纺丝技术

1.短纤维高速纺丝

随着高速纺丝技术的出现和发展,短纤维的高速纺丝已实现工业化。以往的短纤维生产是采用一对喂入齿轮将纤维束储于条筒中。但当纺丝速度高于 2 500 m/min 时,喂入齿轮会使丝束产生毛丝,且由于两只喂入齿轮高速旋转产生的空气涡流,将丝束缠绕在喂入轮上。因此对于短纤维的高速纺丝,由于缺少完善的圈条装置而发展缓慢,最高的纺丝速度也只有 2 000 m/min 左右。近年来,丝束落入条筒的沉降速度问题已通过采用螺旋圈状沉降式布丝器而获得解决,促使短纤维高速纺丝实现工业化生产。

(1)短纤维高速纺丝的特殊要求

短纤维的高速纺丝工艺原理与长丝高速纺丝相同,也有 POY 工艺、FOY 工艺或纺丝-拉伸-卷曲连续化工艺。但由于短纤维在纺丝机上进行多位集束并喂入受丝机构,因此,高速化必须解决丝束喂入问题。另外,由于短纤维纺丝的泵供量大,纤维凝固时散热量也大,为了使丝条凝固均匀,一般采用环形吹风或径向吹风,以提高冷却的均匀性。同时还要控制吹风速度、吹风温度、吹风湿度以及吹过丝条后的出风温度。

聚酯短纤维高速纺丝常采用密闭式的吹风形式,即环形吹风筒与甬道连接处是密闭的。风从环形吹风筒吹出后,由甬道下端的侧面排出。由上述短纤维高速纺丝特点可知,高速纺丝比常规纺丝工艺复杂得多。短纤维高速纺丝的单丝线密度较低为宜,一般选择 2.8 dtex 以下。聚酯短纤维高速纺丝工艺与预取向丝(POY)的性质有密切关系。

（2）高速条筒布丝器

高速条筒布丝器有螺旋圈状沉降式、帘子缓冲式、圆网缓冲式等类型。高速纺丝的丝束以螺旋线圈的形式盘卷在条筒内，欲使丝束在条筒内充填密度均匀，可将圈条按心形曲线在条筒内盘卷，或圈条按偏心圆运动，均能达到均匀的充填密度，这不仅可简化传动装置，而且可节省设备投资。

（3）聚酯短纤维高速短程纺丝工艺

聚酯短纤维高速短程纺丝工艺是20世纪80年代研制出的先进纺丝技术之一，其特点是高速、多孔、短程、连续和高速自动化。

我国引进的高速一步法短程纺丝工艺，纺丝速度可达2 000～3 000 m/min，喷丝板孔数为2 860孔，采用热辊拉伸、中压蒸汽卷曲和高速切断，产品呈立体卷曲。聚酯短纤维高速短程纺丝工艺流程图如图1.50所示。

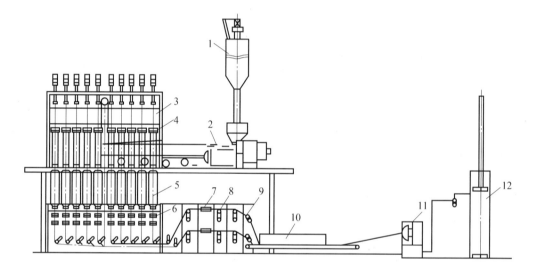

图1.50　聚酯短纤维高速短程纺丝工艺流程图

1—切片干燥机；2—螺杆挤出机；3—纺丝箱；4—环吹风套；5—纺丝甬道；6—上油轮；7—蒸汽加热器；8—拉伸辊；9—卷曲器；10—定型装置；11—切断机；12—打包机

高速短程纺丝与常规纺丝的主要区别是：凝固丝条在纺丝机上经二道油轮上油后，立即进行二级热辊拉伸、中压蒸汽卷曲、松弛热定型和喷油，并连续切断呈三维立体卷曲的短纤维。从原料切片到短纤维的生产过程连续完成。纺丝速度为2 000～3 000 m/min，具有高速高效的优点。

2.大容量直接纺丝技术

其生产线的主要技术特征为单部位高密度的喷丝板与开孔密度、低阻尼的骤冷风中心吹风结构的丝束冷却系统、高速的卷绕机、大容量的后处理拉伸设备和高密度卷曲切断设备，可以适合多品种的柔性化工艺调节体系、高度自动化工艺和操作控制计算机技术。国外涤纶短纤维技术发展将朝着大容量、高度柔性化、多品种、计算机控制等方向发展。

1.8 涤纶工业丝

1.8.1 原料

涤纶工业丝生产所用的原料为高黏度切片,高黏度 PET 切片的生产方法有固相缩聚(SSP)、熔融缩聚及化学扩链三种方法。熔融缩聚通过延长缩聚时间来提高相对分子质量,导致副产物排除更加困难,降解反应增加;化学扩链是在熔融缩聚过程中加入带有高反应活性基团的扩链剂,在短时间内使相对分子质量迅速增加,但扩链剂稳定性差,与反应物基体的连接稳定性不高;SSP 反应是将低相对分子质量的聚合物加热至玻璃化温度以上熔点以下,通过抽真空或通入惰性气体的方法,使其在无定型区继续进行聚合反应。SSP 由于具有反应条件温和、副反应低、产品热稳定性好、色泽佳等优点发展成为主流生产工艺。

1. PET 固相聚合基本机理

在固相聚合中,低分子链 PET 中的许多端基在真空或惰性气体中加热而获得一定活化能,PET 低分子链之间就会发生链增长反应,并析出乙二醇、乙醛、水等小分子副产物,小分子副产物由固体高聚物内部向表面扩散,借助于抽真空或惰性气体吹扫及时地排出系统。

从固相聚合基本原理可知,PET 固相聚合反应速率由化学反应速率、副产物在固相高聚物内向外扩散速率、副产物分子从固相高聚物表面向空间气体扩散速率所决定,是多种因素综合影响的结果。

进行固相缩聚所用预聚体切片的原料路线不同,最终得到的高黏度聚酯树脂质量有较明显的差异。由 PTA 直接酯化法生产的高黏度聚酯切片的质量比用 DMT 法的质量好。这是因为 PTA 法只需要一种催化剂,灰分比 DMT 法少得多,且杂质少,切片质量好。另外,用 DMT 法生产的聚酯残存甲酯端基,在固相聚合时阻碍缩聚反应进行,难以得到高相对分子质量的聚酯切片。

2. 固相缩聚工艺技术

固相缩聚制造方法通常分为间歇法固相聚合和连续法固相聚合两大类。生产涤纶工业长丝高黏度切片可采用三种工艺:第一种工艺是缩聚制成聚酯切片,再固相缩聚成高黏度切片,这是传统的方法;第二种工艺是将缩聚制成的聚酯切片加热挤压,经高黏自净反应器(HVSR)制成高黏熔体;第三种工艺是将缩聚后的熔体经高黏自净反应器制成高黏熔体。上述第二种和第三种工艺采用高黏自净反应器,是为了使聚合物在熔融状态下实现"再封端"的工艺。这是德国吉玛公司为解决固相聚合中出现质量上黏度差异和粉尘的难题而开发成功的高黏度高速纺丝生产高模低收缩涤纶工业丝的突破性新技术。

近年来固相缩聚工艺发展迅速,已从早期的真空转鼓式间歇工艺发展成 20 世纪 90 年代初的小规模的连续化生产工艺,目前已从连续法一次结晶工艺发展成大规模的连续化二次结晶工艺。我国有多家企业,在 90 年代早期引进了小规模连续化生产工艺。该工艺采用一次结晶技术,引进初期均存在切片黏结、产品质量不稳等问题。针对切片的黏结问题,各企业都进行了二次结晶工艺的改造。

目前,固相缩聚连续化技术公司主要有美国的 Bepex 公司、杜邦公司,瑞士的 Buhler 公司,UOP-Sinco 公司,德国的 Zimmer 公司、卡尔菲休公司,日本的东丽公司。这些公司都各自拥有自己的固相缩聚专利技术,其过程一般分为干燥或预结晶、结晶、固相缩聚、冷却等步骤,差异主要在预结晶与结晶工序。

(1)美国 Bepex 公司的固相缩聚工艺

如图 1.51 所示,固相缩聚主要由预结晶器、结晶器、退火螺杆、反应器、流化床冷却器及气体净化系统六部分组成。Bepex 公司采用卧式搅拌桨式预结晶器,采用夹套热油加热,搅拌桨将切片打向器壁吸收能量,加热油温度约为 220 ℃,切片的温度为 175 ℃。切片在结晶器中的停留时间为 5~7 min,可以通过调节出口处搅拌桨的几块叶片的角度来实现。此外通入小流量的氮气,可带走水分和小分子。Bepex 公司在搅拌桨式结晶器的基础上,又推出了串联圆盘式结晶器和远红外结晶器。串联圆盘式结晶器传热效果好,容量大,搅拌速度慢,既有效地避免了切片的黏结,又抑制了粉尘的产生。串联圆盘式结晶器不仅夹套中有热媒,其搅拌轴中也有热媒,热媒温度为 230 ℃,切片温度控制在 230 ℃左右,出口结晶度约为 45%。Bepex 公司的固相缩聚工艺的最显著的特点是采用强制搅拌式结晶方式,结晶温度高;缺点是粉尘产生量大。

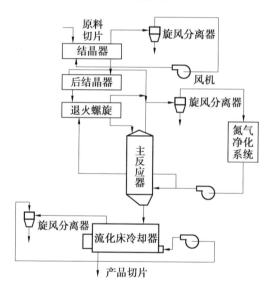

图 1.51 Bepex 公司的固相缩聚工艺流程简图

Bepex 公司的固相缩聚工艺中设有热处理设备,即退火螺杆。采用带夹套的单螺杆搅拌结构。切片温度控制在 210 ℃,搅拌器低速运转,切片在此进行结晶结构调整,并进一步提高结晶度,避免切片在反应器中黏结。Bepex 采用不带夹套的圆筒式反应器,其长径比达到了 8 以上。氮气从反应器的底部导入,从顶部排出,切片借助重力以平推流的形式向下移动。从反应器的底部导入的反应载气冷氮气,也在反应器的底部起到了冷却的作用。与其他工艺不同是,Bepex 在反应器的底部采用了一种独特的机械出料装置,进一步消除切片的黏结,出来的物料在流化床的冷却器中冷却。

(2)Buhler 公司的连续式固相缩聚工艺

如图 1.52 所示,连续式固相缩聚主要由预结晶器、结晶器、预热器、反应器、冷却器及

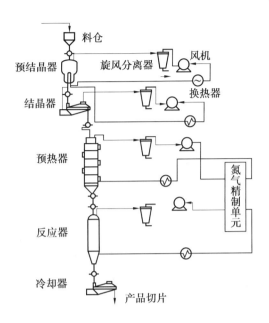

图 1.52　Buhler 的连续式固相缩聚工艺流程简图

气体净化系统组成。Buhler 采用沸腾床预结晶器,切片在 180 ℃循环热空气的作用下进行干燥和结晶,切片温度控制在 150 ℃左右,停留时间约为 20 min。切片在结晶器处于强烈的涌动状态,避免了切片的黏结。结晶器采用卧式流化床结构,切片在气力作用下以平推流的形式从结晶器的一端向另一端移动,仍采用 180 ℃的热空气加热,切片的温度控制在 175 ℃左右,出口的结晶度约为 40%。Buhler 结晶系统的最显著特点是结晶温度低,结晶时间长,采用无机械搅拌结晶设备,粉尘产生量相对较少。与 Bepex 工艺相比,Buhler 的结晶器出口温度相对较低,因此采用一个预热器将切片温度提升到反应温度,同时在升温过程中,也进行固相缩聚反应。Buhler 采用屋脊式预热器,预热器由多个加热节组成,每个加热节又由多层屋脊板组成。切片在屋脊间隙中向下移动,与上升的热氮气流进行换热。热氮气流首先进入屋脊腔内,由屋脊腔的两边进入屋脊间隙内上升,与切片接触后进入上一层屋脊腔内,再排到外加热器中进行加热,用于上一节加热器的加热载气。Buhler 也采用不带夹套的圆筒式反应器,温度控制在 220 ℃左右。其长径比达到了 10,比 Bepex 稍大。同样,氮气从反应器的底部导入,从顶部排出,切片借助重力以平推流的形式向下移动,氮气在反应器的底部也同时起到冷却的作用。与 Bepex 不同的是,在反应器的底部未采用机械出料装置,而采用一个出料锥,改善切片的流场分布,使之更接近于平推流。出来的物料在流化床冷却器中冷却。

（3）Sinco 公司的固相缩聚工艺

图 1.53 所示是 Sinco 公司的固相缩聚工艺流程,主要由预结晶、结晶、固相缩聚反应、冷却和氮气净化系统等部分组成。结晶器采用流化床设备,采用氮气为气体介质,切片温度控制在 195 ℃,出口结晶度控制在 35% ~40%。结晶器采用带夹套的双螺杆桨叶结构,搅拌轴内有热媒,采用双轴传动,既增强了传热效果,又避免了切片的黏结。切片在结晶器中以平推流形式向前移动。该工艺最显著的特点是结晶温度更高,结晶工艺简单。其次,在该工艺中,在反应器之前未设预处理设备,结晶器出来的切片直接进入到反应器

中。Sinco 公司的固相缩聚反应器是带夹套的圆筒式结构,其长径比相对较小,热媒夹套的温度控制在 200 ℃,切片固相缩聚温度控制在 210 ℃,停留时间约为 15 h。与其他工艺不同,反应器底部通入热氮气(200 ℃),采用流化床冷却器冷却切片。

(4)杜邦公司的 NG3 工艺

杜邦公司在 20 世纪 90 年代中期推出了具有鲜明特点的 NG3 工艺,该工艺与常规的固相缩聚法生产高黏度聚酯不同,NG3 工艺使用低黏度(0.25 ~ 0.35 dL/g)的预聚体颗粒,使大部分的聚合反应发生在固相缩聚阶段。图 1.54 所示是 NG3 工艺流程图。PTA 和乙二醇在常压下酯化和预缩聚得到聚合度为 25 ~ 30(0.28 dL/g 左右)的低黏度聚酯,送至回旋式颗粒成型机造粒,以沟槽式的传送带送到固相缩聚反应器提高特性黏度。由于在颗粒成型的同时,颗粒已完成了结晶,可省略掉结晶器。此外与常规工艺相比,该工艺省略了 PET 熔融缩聚阶段冷却切粒、固相缩聚阶段的升温结晶等工序,因此节省了大量的能耗和设备投资。整个技术的核心是杜邦的低黏度聚酯的造粒成形及结晶技术,杜邦公司认为采用这种结晶技术所得的结晶体中形成了一种新的晶型。但从 X 衍射图可知,与常规聚酯结晶体相比,由 NG3 工艺生产的高黏片并没有生成新的晶型,只是结晶度更高,晶粒尺寸更大,结晶更完善。

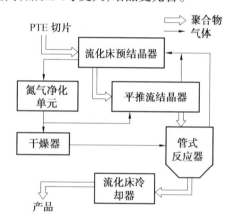

图 1.53　Sinco 公司的固相缩聚工艺流程简图

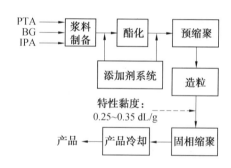

图 1.54　NG3 工艺流程简图

(5)日本东丽公司的固相聚合工艺流程

图 1.55 所示为日本东丽公司的固相聚合工艺流程示意图。切片用吊葫芦提升,放入切片投料料斗,经金属检测器、缓冲槽进入罗茨鼓风机,将切片送入两只切片混合料仓,混合后用风送至湿切片料仓,再经振动筛除杂质、粉末和粗大粒子,由罗茨鼓风机送至固相聚合反应系统。

切片经高位料仓连续、定量地喂入湿切片预结晶槽,预结晶的热介质是用一般空气通过过滤、加热后由预结晶槽的下部进入,与切片逆向对流加热切片,并带走蒸发的水分,使切片达到预结晶和预干燥的目的。预结晶带有搅拌器,防止黏结。预结晶后的切片进入预加热槽,使切片进一步干燥和加热到固相聚合反应的起始温度,再将切片送入固相聚合釜。预加热槽的加热介质为热氮,并由热媒盘管在槽外加热保温。在预加热槽和固相聚合釜中,切片自上而下依靠重力下移,氮气则由下向上与切片逆向流动,达到与切片进行热交换的目的,并带走切片在干燥和固相聚合反应中产生的水分和低分子物。由于固相聚合为放热反应,所以进入固相聚合釜底部的氮气为较低温度,在与切片进行热交换后,一方面可使固相聚合釜出来的切片温度下降,另一方面可带走部分反应热,有利于固相聚合切片黏度的提高。从固相聚合釜出来的氮气,通过冷却,分子筛吸附其中的水分和低分子物,经露点仪检测和气相色谱仪测定低分子物含量后再循环进入固相聚合釜。当水分和低分子物含量达到临界状态时,切换分子筛吸附系统。同时对吸附后的分子筛进行加热再生,再生后的分子筛冷却后待下次切换时重新使用。经过固相聚合的高黏度切片,从固相聚合釜底部出料,由回转阀控制出料量,进入干切片料斗。经分析后的合格切片送入干切片料仓待用,若检测不合格,则送到不合格固相聚合切片料仓,定期打包,作为不合格品出厂。

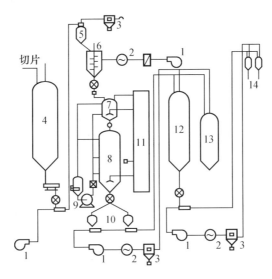

图 1.55　日本东丽公司的固相聚合工艺流程示意图

1—鼓风机;2—空气加热器;3—袋式过滤器;4—切片料仓;5—切片储存槽;6—加热切片仓;
7—预结晶器;8—固相缩聚釜;9—热媒循环系统;10—增黏后切片储槽;11—氮气处理系统;
12—合格料仓;13—不合格料仓;14—纺丝用料仓

（6）吉玛公司的工艺

吉玛公司的工艺流程是在 PET 熔体直接纺丝工艺,即酯化预缩聚后的熔体依次进入圆盘反应器(DRR)高黏度自洁反应器(HVSR)后,熔体黏度达 0.98～1.0,可直接进入帘线纺丝工序。另外,酯化预缩聚后的熔体也可经过圆盘反应器连续缩聚制得黏度达 0.96 的高黏度熔体,然后直接进入直纺工序。采用熔体直接纺丝,聚合物黏度比较均一,不存在 SSP 生产过程中可能进入的灰分杂质;能耗低,维修保养方便,土建投资节省。由于聚合物加工过程短,熔体停留时间相对也短,抑制了降解发生,因此聚合物品质较高。但高黏度 PET 熔体直接纺制帘线工艺,存在着帘线生产规模与经济的缩聚生产线能力间匹配的技术课题。

3. 涤纶工业丝的生产

直接纺一步法适合大规模、大品种生产,投资省(在有 PET 聚合装置的前提下),产品稳定,节省能耗,成本低,很有发展前景,但对管理水平要求很高,对小批量多品种,变换频繁,受局限。切片纺一步法生产灵活,改变品种方便,管理容易,产品质量好,但投资较前者稍高(相对而言),目前大多采用一步法,此法生产的产量占世界年产量的65%以上。直接纺二步法及切片纺二步法将逐步被淘汰。

纺制高模低缩(HMLS)涤纶工业用丝涤纶工业用丝,近十年来出现了从传统的纺丝、拉伸两步法到高速纺丝-牵伸卷绕自动换筒一步法先进技术的重要变革。工艺路线:高黏度聚酯切片制备(间歇式或连续式固相缩聚)→高压或低压纺丝→牵伸卷绕→FDY复丝→或(帘子线→浸胶)。工业丝的工艺流程如图1.56所示。

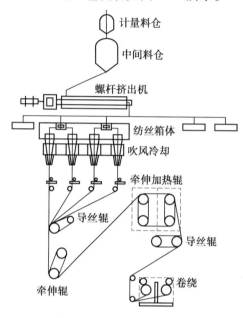

图1.56 工业丝的工艺流程

高黏度固相聚合切片自合格干切片料仓底部出料,通过回转出料阀、罗茨鼓风机(氮气风送)送至纺丝中间料斗,进入有抽真空系统的切片喂入料斗,再进入螺杆挤出机。其设有切片喂入料斗抽真空系统和氮封,可以提高熔体的可纺性。每条纺丝线为四个纺丝位,每个纺丝位为四个喷丝头,每个组件装一块喷丝板,组件采用上装式。

由喷丝头纺出的初生纤维,先进入缓冷区,该区利用电加热控制温度,使丝束达到缓慢冷却的目的,有利于丝束的拉伸。然后再经隔热筒和侧吹风冷却、凝固成型。经过冷却后的丝束,通过罗拉上油,进入第一导丝热辊。再进入第二导丝辊,导丝辊的温度在70～100 ℃,导丝速度为500～600 m/min,而后到达第一道拉伸热辊、第二道拉伸热辊和松弛辊,最后进入卷绕头卷绕成每只筒子为10 kg的丝筒。

工业丝生产工艺条件如下:

(1)切片的质量要求

工业丝纺丝对切片的特性黏度$[\eta]$和含水率要求较严格。其相对分子质量分布越窄越好,对羧基含量,杂质的含量均越小越好。因为切片末端羧基含量少,其热稳定性好,水分和杂质减少也有利于可纺性要求。一般要求切片为高黏度切片,具体性能指标见表1.8。

表 1.8 高黏度 PET 切片性能指标

性能	规格
切片的特性黏度/(dL·g^{-1})	$0.95 \sim 1.25$,波动值小于 0.01
含水率/%	3×10^{-5}
端羟基值/(mol·L^{-1})	<20
DEG 量/%	<1.5
TiO$_2$的质量分数/%	0

（2）纺丝温度和压力

高速纺丝螺杆各区温度的控制与常规纺丝基本相同。由于纺丝速度的提高,要求熔体有较好的流变性,故工业丝纺丝温度比常规纺丝高 5~10 ℃,一般为 290~300 ℃。

工业丝 FDY 速纺丝常采用高压纺丝或中压纺丝。熔体压力的大小直接影响到熔体的可纺性。增加熔体的压力,熔体在管道中流动时受到的剪切挤压作用增强,流动性变好,表观黏度下降,弹性效应变弱,细流出喷丝板板孔时膨胀现象减弱,有利于纺丝的进行;但熔体压力过大,会使熔体分子在剪切挤压作用下过度降解,熔体黏度过低,使丝条拉伸性变差,出现飘丝、毛丝和断头等现象。另外,在过高的熔体压力下纺丝细流熔体破裂,会严重影响纺丝的正常进行。熔体压力一般设定为 10~30 MPa。

（3）冷却吹风条件

由于工业丝 FDY 采用高速经丝,丝条运动速度比常规纺丝高 3~4 倍,故相应的冷却吹风速度也需提高,一般选择 0.5~0.7 m/s。吹风温度为 20~22 ℃,相对湿度为70%~80%。

在喷丝板下面设置缓冷器,使熔体在出喷丝板后在 310~370 ℃ 的热空气中保留一段时间不至于迅速冷却。一方面,可使熔体不易产生破裂现象,熔体大分子缓慢冷却,消除内应力。另一方面,适中的缓冷器温度,能减少丝条拉伸过程中的横截熔差,降低因骤冷而引起的丝条表面和丝条内芯形成的皮芯层纤维结构。缓冷温度过低（低于 310 ℃）会使丝条过快地固化,在拉伸过程中会现过多的毛丝,而当缓冷温度设置过高（高于370 ℃）时,丝条出喷丝板孔时又极易发生粘连,严重时无法纺丝。

（4）拉伸倍数及拉伸温度

生产涤纶工业丝由于用高黏度切片纺出来的初生纤维的拉伸屈服应力较大,形变发展较慢,一次拉伸难以完成,因此通过多级拉伸一次热定型来获得较高拉伸倍数才能生产出强度高、伸长小的市场所需的涤纶工业丝。一般在生产中拉伸主要集中在一、二、三级拉伸中,总拉伸倍数在 5 倍以上。通常情况一级拉伸在 1 倍左右,二级拉伸在 4 倍左右,三级拉伸在 1.5 倍左右。

在拉伸过程中拉伸温度对纤维拉伸性能起决定作用,在一级拉伸时拉伸温度应高于玻璃化温度,通常控制在 80~100 ℃ 较好,在二级拉伸时分子有了一定的取向再进一步拉伸所需温度要高些,经过实验得出在 130 ℃ 左右较适宜,在三级拉伸热定型温度控制在200~230 ℃。纤维内应力绝大部分已消除,大分子链的联结点也得到加固,再产生新的联结点时,对改善纤维强力有利。

（5）卷绕速度

纺丝速度在 3 000 ~ 5 000 m/min。生产 HMLS 时卷绕速度应高于 5 200 m/min。

涤纶工业丝产品主要用于安全带用丝、子午胎帘子线用丝、输送带用丝、涂层织物等用丝。

1.9　聚酯纤维的性能及应用

1.9.1　聚酯纤维的性质

1. 物理性质

①颜色。涤纶一般为乳白色并带有丝光；生产无光产品需在纺丝之前加入消光剂 TiO_2；生产纯白色产品需加入增白剂；生产有色丝则需在纺丝熔体中加入颜料或染料。

②表面及横截面形状。常规涤纶表面光滑，横截面近于圆形。如采用异形喷丝板，可制成种特殊截面形状的纤维，如三角形、Y 形、中空等异形截面丝。

③密度。涤纶在完全无定形时，密度为 1.333 g/cm^3。完全结晶时为 1.455 g/cm^3。通常涤纶具有较高的结晶度，密度为 1.38 ~ 1.40 g/cm^3，与羊毛（1.32 g/cm^3）相近。

④回潮率。标准状态下涤纶回潮率为 0.4%，低于腈纶（1% ~ 2%）和锦纶（4%）。涤纶的吸湿性低，故其湿强度下降少，织物洗可穿性好；但加工及穿着时静电现象严重，织物透气性和吸湿性差。

⑤热性能。涤纶的软化点 T_g 为 230 ~ 240 ℃，熔点 T_m 为 255 ~ 265 ℃，分解点 T_d 为 300 ℃左右。涤纶在火中能燃烧，发生卷曲，并熔成珠，有黑烟及芳香味。

⑥耐光性。其耐光性仅次于腈纶。涤纶的耐光性与其分子结构有关，涤纶仅在 315 nm 光波区有强烈的吸收带，所以在日光照射 600 h 后强度仅损失 60%，与棉相近。

⑦电性能。涤纶因吸湿性低，故其导电性差，在 −100 ~ +160 ℃ 范围内的介电常数为 3.0 ~ 3.8，是一种优良的绝缘体。

2. 力学性能

①强度高。干态强度为 4 ~ 7 cN/dtex，湿态则下降。

②延伸度适中，为 20% ~ 50%。

③模量高。在大品种的合成纤维中，以涤纶的初始模量最高，其值可高达 14 ~ 17 GPa，这使涤纶织物尺寸稳定，不变形、不走样，褶裥持久。

④回弹性好。其弹性接近于羊毛，当伸长 5% 时，去负荷后几乎完全可以恢复。故涤纶织物的抗皱性超过其他纤织物。

⑤耐磨性。其耐磨性仅次于锦纶，而超过其他合成纤维，耐磨性几乎相同。

3. 化学稳定性

涤纶化学稳定性主要取决于分子链结构。涤纶除耐碱性差以外，耐其他试剂性能均较优良。

①耐酸性。涤纶对酸（尤其是有机酸）很稳定，在 100 ℃ 下于质量分数为 5% 的盐酸溶液内浸泡 24 h，或在 40 ℃ 下于质量分数为 70% 的硫酸溶液内浸泡 72 h 后，其强度均无损失，但在室温下不能抵抗浓硝酸或浓硫酸的长时间作用。

②耐碱性。由于涤纶大分子上的酯基受碱作用容易水解。在常温下与浓碱、高温下与稀碱作用能使纤维破坏,只有在低温下对稀碱或弱碱才比较稳定。

③耐溶剂性。涤纶对一般非极性有机溶剂有极强的抵抗力,即使对极性有机溶剂在室温下也有强的抵抗力。例如,在室温下于丙酮、氯仿、甲苯、三氯乙烯、四氯化碳中浸泡 24 h,纤维强度不降低。在加热状态下,涤纶可溶于苯酚、二甲酚、邻二氯苯酚、苯甲醇、硝基苯和苯酚-四氯化碳、苯酚-氯仿、苯酚-甲苯等混合溶剂中。

4.耐微生物性

涤纶耐微生物作用,不受蛀虫、霉菌等作用,收藏涤纶衣物无需防虫蛀,织物保存较容易。

1.9.2 聚酯纤维的用途

聚酯纤维的强度高、模量高、吸水性低,作为民用织物及工业用织物都有广泛的用途。作为纺织材料,涤纶短纤维可以纯纺,也特别适于与其他纤维混纺;既可与天然纤维如棉、麻、羊毛混纺,也可与其他化学短纤维如粘纤、醋酯纤维、聚丙烯腈纤维等短纤维混纺。其纯纺或混纺制成的仿棉、仿毛、仿麻织物一般具有聚酯纤维原有的优良特性,如织物的抗皱性和褶裥保持性、尺寸稳定性、耐磨性、洗可穿性等,而聚酯纤维原有的一些缺点,如纺织加工中的静电现象和染色困难、吸汗性与透气性差、遇火星易熔成空洞等缺点,可随亲水性纤维的混入在一定程度上得以减轻和改善。

涤纶加捻长丝(DT)主要用于织造各种仿丝绸织物,也可与天然纤维或化学短纤维纱交织,还可与蚕丝或其他化纤长丝交织,这种交织物保持了涤纶的一系列优点。

聚酯变形纱(主要是低弹丝 DTY)是我国近年发展的主要品种。它与普通长丝不同之处是高蓬松、大卷曲度、毛感强、柔软,且具有高度的弹性伸长率(达400%)。用其织成的织物具有保暖性好,遮覆性和悬垂性优良,光泽柔和等特点,特别适于织造仿毛呢、哔叽等西装面料,外衣、外套以及各种装饰织物如窗帘、台布、沙发面料等。

涤纶空气变形丝 ATY 和网络丝的抱合性、平滑性良好,可以筒丝形式直接用于喷水织机,适合织造仿真丝绸及薄形织物,也可织造中厚型织物。

聚酯纤维在工、农业及高新技术领域的应用也日益广泛,如帘子线、输送带、绳索、电绝缘材料等。

涤纶强力丝的强度和初始模量高,耐热性、耐疲劳性和形态稳定性好,特别适用于纺制轮胎帘子线。使用涤纶帘子线制造轮胎,可减少其平点现象。

1.10 聚酯纤维的改性和新型聚酯纤维

聚酯纤维的物理力学性能和综合服用性能优良,但也有缺点,主要是染色性差,吸湿性低,易积聚静电荷,织物易起球。涤纶用作轮胎帘子线时,与橡胶的黏合性差。为了克服聚酯纤维的上述缺点,自 20 世纪 80 年代以来,对聚酯纤维进行改性研究,开发出了各种具有良好舒适性和独特风格的聚酯差别化纤维。

1.10.1 易染色聚酯纤维

采用对苯二甲酸、乙二醇和取代琥珀酸(或酐)共聚制得改性聚酯,或与间苯二甲酸、脂肪族聚酯或聚醚共聚可制得分散性染料常压可染改性涤纶;添加第三组分或再添加第四组分,如间苯二甲酸二甲酯磺酸盐、己二酸、聚醚等,进行共缩聚,可制备阳离子染料可染的改性涤纶;采用共聚、共熔和后处理改性,在纤维内部引入含碱性叔氮原子的化合物,可制备用酸性染料可染的改性涤纶。由于聚酯分子链紧密敛集,结晶度和取向度较高,因此染料不易透入纤维。除采用分散染料载体染色、高温染色及热熔法染色等方法外,纺制易染纤维是解决涤纶染色困难的一个重要途径。

1.10.2 仿真丝

聚酯仿真丝是在保持聚酯优异性能的前提下,采用物理或化学的方法,制造出性能接近于真丝的聚酯纤维。制造仿真丝绸,包括从纤维到织物的结构、染整、加工等一系列过程。

目前,聚酯仿真丝产品已有四代,第一代为碱减量、异形丝处理的等产品,使聚酯产生真丝般的光泽;第二代为阳离子染料可染型、抗静电型、防污型的产品,使其染色性、防尘性更接近于真丝;第三代产品为高复丝、超复丝及交络丝产品,其织物如乔其纱、塔夫绸等,具有轻、软、挺、耐洗等优点;第四代仿真丝分为两大类,一类由聚酯纤维改性来制造,另一类是通过与天然或再生纤维混用来制造。

1. 异形丝

异形丝可使纤维在一定程度上获得真丝般的光泽。单丝截面有三角形或多角形,如三叶形、五角形、多边形、马蹄形、豆形等,这类异形丝具有非闪光效果,假捻后丝的截面发生变化,变形部位的直线距离小至 $9 \sim 10 \ \mu m$,能消除聚酯纤维表面的闪光,使光泽变得更自然,且能改变静摩擦因数,改善手感、透明性、悬垂性等性能。

2. 细特丝

一般聚酯复丝中单丝的线密度在 1.6 dtex 以上时,手感比较粗硬,利用超拉伸、小孔径喷丝孔纺丝,可把单丝线密度降到 1 dtex 以下。用这种低线密度丝组成的复丝经再加捻而不变硬,适合织薄型织物。现代生产聚酯仿真丝绸所用细丝的线密度为 0.6 ~ 0.7 dtex,原则上为 0.1 ~ 0.9 dtex 即可。超复丝的强捻薄型织物经碱减量处理后,无论是织物的外观、风格,还是悬垂性、光泽、柔软性,均能与真丝绸的强捻织物相媲美。

3. 异线密度混纤丝

真丝不仅在长度方向有粗细不均的变化,而且截面形状也不一致。这是由蚕吐丝过程的不匀性造成的,这给蚕丝带来许多特有的性能。模仿这一特点,把聚酯的线密度不规则性控制在一定范围内,使线密度不同的长丝混杂在一起,其中稍粗的起挺括作用,稍细的起柔软作用,就可得到类似于真丝的自然感。

4. 异收缩丝混纤和异染色混纤丝

异收缩丝混纤是指收缩率不同的长丝混纤,如不同种类的丝混纤,同种异性、异形丝混纤等。混纤可在纺丝、拉伸或后加工过程中进行。收缩率不同的长丝经过混纤加工,在染色过程中受热时会出现热收缩率差异。利用这种方法能使织物结构松弛,手感柔软、蓬松。预先设定的热收缩率差异对于制异收缩混纤丝是十分重要的。异染色丝混纤是采用两种不同染色性能的聚酯长丝混纤,可获得类似真丝色织产品的效果。

5.表面加工丝

采用表面加工的方法,可使丝条表面出现较为理想的真丝外观。蚕丝由两根截面呈8字形的丝素纤维(丝芯)和外面包着的丝胶两部分构成,用碱精炼后去掉丝胶,形成只有丝素的纤维,使单丝间出现空隙而形成弯曲。因此,聚酯丝的表面加工就是模仿蚕丝的脱胶工艺进行碱减量处理,使纤维表面发生部分水解。碱减量处理不仅使线密度变细,而且纤维表面产生不同程度的剥蚀沟纹和微孔,使之起皱和消光,从而获得真丝般的柔软效果和丝绸的风格。可对纤维或织物进行聚酯的碱减量加工。碱减量真丝化的关键,是控制减量率和实现织物各部分减量的均匀性。现代仿真丝生产大多采用复合改性或共混改性纤维(或织物)进行碱减量处理。

1.10.3 仿毛及仿麻型纤维

1.涤纶仿毛纤维

涤纶仿毛纤维的性能,如刚柔性、蓬松性及滑爽性等仿毛综合手感,可通过选用适当的线密度、卷曲度、纤维截面形状及混纤比例来达到。仿毛型聚酯纤维的线密度一般为3.33~13.33 dtex,这与羊毛及天然动物毛相似。

原丝可采用短纤维、变形丝、混纤丝、花式丝、复合纤维以及单纤维内的双层与多层变化,使织物向三维结构过渡而具备羊毛织物的风格和性能。

2.仿麻纤维

天然麻是一种截面为五角形或六角形的中空异形纤维,密度为 1.5 g/cm^3,各种麻类的长度不一。早期的聚酯仿麻品种多采用特殊卷曲的加工方法或异形纤维。仿麻织物具有挺括、凉爽、透气及手感似真麻的性能。

现代涤纶仿麻的生产工艺与仿毛纤维相似,采用从聚合到纺丝以至制成服装的一系列综合改性加工,常用表面处理法、复合纺丝法、混纤丝和花式丝等加工方法。其中利用聚酯长丝经变形、合股网络制成超喂丝,形成粗节状的致密结构,能产生毛型感,制成的织物呈多层交络结构和自然不匀的粗节外观,更具真麻的特征。

1.10.4 聚酯复合纤维

复合纤维是由两种或两种以上组分纺制而成的纤维,每根纤维中的两组分有明显的界面。复合纺是采用物理改性方法使化学纤维模拟和超过天然纤维的重要手段之一,由于其品种繁多、产品性能独特及附加价值高,深受市场的青睐。聚酯复合纤维是将聚酯与其他种类的成纤聚合物熔体利用其组分、配比、黏度不同,分别通过各自的熔体管道,输送到由多块分配板组合而成的复合纺丝组件,在组件中的适当部位汇合,从同一喷丝孔喷出成为一根纤维。一些复合纤维品种如图 1.57 所示。

与聚酯复合的其他聚合物组分,一般可选择改性共聚酯、聚酰胺、聚乙烯、聚丙烯和聚苯乙烯等物质。根据不同的用途和要求,已研制开发出的聚酯复合纤维有自发卷曲型纤维、热熔式非织造布用纤维、裂离型超细纤维和海岛型超细纤维等多个品种。

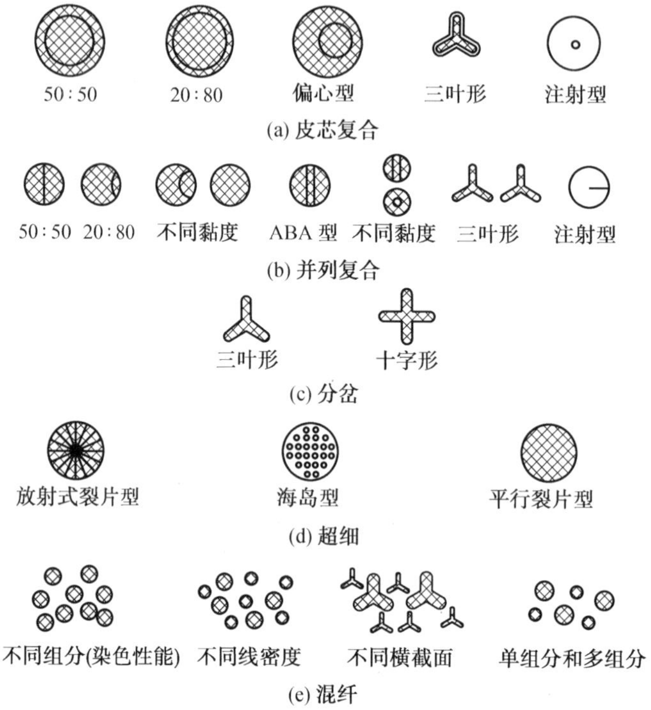

| 50:50 | 20:80 | 偏心型 | 三叶形 | 注射型 |

(a) 皮芯复合

| 50:50 20:80 | 不同黏度 | ABA 型 不同黏度 | 三叶形 | 注射型 |

(b) 并列复合

三叶形　　十字形

(c) 分岔

放射式裂片型　　海岛型　　平行裂片型

(d) 超细

不同组分(染色性能) 不同线密度 不同横截面 单组分和多组分

(e) 混纤

图 1.57　复合纤维品种示意图

1. 聚酯复合纤维的主要品种

(1) 自发卷曲型纤维

自发卷曲型纤维又称三维卷曲或立体卷曲纤维。为了使织物具有优良的蓬松性、丰富的手感、高的伸缩性以及优越的覆盖性,可选择两种具有不同收缩性能的聚合物,纺制成并列型或偏皮芯型复合纤维,这种纤维具有与天然羊毛相似的永久三维卷曲结构。

自发卷曲型复合纤维的复合组分一般是选择同一类型,但在物理-化学性质上又有一定差异的聚合物,如有一种由常规聚酯与改性共聚酯复合而成的并列型复合纤维,其中一种组分为对苯二甲酸乙二醇酯的均聚酯,另一组分为对苯二甲酸乙二醇酯和间苯二甲酸乙二醇酯以摩尔比(8:2)~(9:1)共聚而成的共聚酯。两者进行复合纺丝的比例为(40:60)~(60:40),由于均聚酯与共聚酯属同一类型的聚合物,但在物理化学性质上又有一定的差异,所以它们之间既有强的黏合力,在界面上不会产生裂离,又由于两组分在收缩上的差异而使复合纤维具有高度的潜在卷曲性,当纤维经受外力拉伸或热松弛后便产生卷曲,用它纺成短纤维,有很好的纺织加工性。

(2) 热黏合聚酯复合纤维

热黏合聚酯复合纤维作为非织造布的纤维原料已被大量使用,当生产无化学黏合剂的非织造布时,可以通过在纤维网中混入一定比例的热黏合聚酯复合纤维来实现。这种复合纤维是选用两种不同熔点的聚合物纺制成皮芯型结构,皮层的熔点比芯层低,在一定的温度下使皮层熔融,而芯层不熔,这样纤网中的纤维之间便产生黏结点,使纤网得到加固,形成非织造布。

热黏合聚酯复合纤维,芯层一般是常规聚酯,皮层采用改性共聚酯或聚烯烃等组分,如聚酯/共聚酯皮芯型复合纤维,其芯层是常规聚酯,熔点为 260 ℃,皮层为改性共聚酯,熔点为 110 ℃,使用时,只要把纤维加热到高于皮层的熔点而低于芯层的熔点,使纤维的表面熔融,而不会失去纤维本身的形态,利用这一性质,可使纤维网在交络点上产生热融黏合,获得手感柔软、蓬松性和弹性好的非织造布絮棉等制品。

(3)复合裂离型和海岛型超细纤维

超细纤维(一般单丝线密度小于 0.3 dtex)以其独特的美学特性和服用卫生性而风靡国际市场,世界各大纤维公司竞相开发,不断推出新品种,单丝细特化已成为 20 世纪 90 年代化纤生产的一股新潮流。其中以复合纺丝法制取聚酯超细纤维的技术较为成熟,新产品开发层出不穷。复合裂离法和海岛法制取聚酯超细纤维的主要方法如图 1.58 所示。

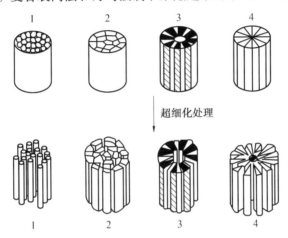

图 1.58 复合裂离法和复合海岛法制取聚酯超细纤维的方法
1—海岛型复合纤维;2—花卉型复合纤维;3—中空辐射型复合纤维;4—橘瓣型复合纤维

①复合裂离法。复合裂离法是将两种在化学结构上完全不同,彼此互不相容的聚合物,通过复合纺丝方法,使两种聚合物在截面中交替配置,制成复合纤维,然后用化学或机械的方法进行剥离,从而使一根复合纤维分裂成为几根独立的超细纤维。纤维的根数和单丝的线密度取决于复合纤维中两组分的配置数,纤维为异形截面,如放射型、橘瓣型等。此法加工的单丝线密度可达 0.1 ~ 0.2 dtex。聚酯类裂离型复合纤维的两组分一般选用聚酯/聚酰胺、聚酯/聚丙烯和聚酯/聚乙烯等组合。

②复合海岛法。复合海岛法又称溶出法,是将聚酯与另一种可溶性聚合物制成海岛型复合纤维,再用溶剂溶去可溶性组分(海)后所制取的超细纤维。

常用的海岛法有两种:一是复合纺丝法,将两种聚合物通过双螺杆复合纺丝机和特殊的喷丝头组件进行熔融纺丝,其中一种聚合物有规则地分布于另一种聚合物中,此法可纺制长丝;二是共混纺丝法,将两种聚合物共混纺丝,一组分(岛组分)随机分布于另一种组分(海组分)中,可制得短纤维。

海岛法可自由变化海/岛比例,控制纤维的线密度和截面形状,为降低成本,应尽量减少溶解组分的量,即海组分越少越好,但应综合平衡,使溶剂对可溶性组分具有良好的接触溶解条件。通常在海岛型聚酯复合纤维中,海组分为聚苯乙烯,岛组分为聚酯,以三氯乙烯为溶剂,将海组分溶去,可得到线密度为 0.05 ~ 0.1 dtex 的超细纤维。

2. 复合超细纤维的特性及其应用

（1）复合超细纤维的主要特性

①线密度小，比表面积大。复合超细纤维在分离后，纤维的直径很小，仅为 0.4 ~ 4 μm，线密度为普通纤维的 1/40 ~ 1/8，故其手感特别柔软。因相同质量的高聚物制成超细纤维，其根数远远超过普通纤维，故复合超细纤维的比表面积比普通纤维大数倍至数十倍。

②纤维的导湿、保水性能良好。由于复合超细纤维是由两种高聚物构成，两组分间有一定的相界面，即使两组分剥离了，其间隙也极小，故该类纤维具有良好的保水性和导湿性。此外，该类纤维的公定回潮率可达 3%，约为普通涤纶长丝的 6 倍。

（2）复合超细纤维的应用

①仿天然纤维织物。复合超细纤维的线密度小于 0.3 dtex，故相同特数的纱线所含单根纤维的根数要比普通纤维多数倍，采用该类纤维织成的织物显得蓬松、丰满，悬垂性、保湿性好，更具有柔软的手感，仿真效果极佳。同时织物还保持了常规涤纶的尺寸稳定性和免烫性。桃皮绒织物就是近年来运用高技术开发出来的一种超细纤维高密度薄型起绒织物，因其表面覆盖着一层特别短而精致细密的绒毛，具有新鲜桃子表皮的外观和触感。

桃皮绒织物的经纱为细特涤纶，纬纱为产生密集短绒的裂片型复合超细纤维，起绒部分单丝的线密度最佳为 0.1 ~ 0.2 dtex，PET/PA6 裂片式超细纤维就是模仿真丝砂洗使微纤元裂开，故该纤维是生产桃皮绒织物理想的合成纤维原料。

用复合超细纤维做人造麂皮的基布，按素软缎组织结构织造后采用涂层技术对基布进行处理，再经起毛、磨绒加工，可制成具有书写效应的高档人造麂皮，用于外套、夹克、装饰面料，风格高雅，仿真感极佳。

②功能性织物。复合超细纤维用于制造出色的功能性织物，较典型的应用是织造高密防水透气织物。在高密织物中，纤维与纤维间的间隙是 0.2 ~ 10 μm，而液态水的最小粒径在 10 μm 以上，因而前者窄得足以挡住最小的雨滴，而人体散发出来的水蒸气又能从间隙中逸散出去，使穿着者有舒适的感觉。特别是在剧烈活动出汗的情况下无粘身的感觉。该类织物用途广泛，如用作户外运动服、风衣等。

除防水透湿性织物外，复合超细纤维的另一功能性用途是作洁净布。由于纤维的比表面积很大，因而能较好地清除微尘，对被擦拭物品表面也不会产生任何损伤，不会残留纤维碎段。此外，复合超细纤维是由含有亲油基团和亲水基团的高聚物组合而成，对去除指纹、手垢、油脂、糖类、淀粉类、水滴和其他水溶性污垢都具有良好的清洁效果。

用超细纤维做压缩服装正方兴未艾。这种轻如蝉翼的小体积服装存放、携带十分方便，深受外出者的欢迎。

1.10.5 新聚酯系列产品

1. PBT 纤维

PBT 纤维是聚对苯二甲酸丁二酯（Polybuty lenetere phthalate）纤维的简称，是由高纯度对苯二甲酸（PTA）或对苯二甲酸二甲酯（DMT）与 1,4-丁二醇酯化后缩聚的线性聚合物经熔体纺丝制得的纤维，属于聚酯纤维的一种。生产中常采用对苯二甲酸二甲酯与 1,4-丁二醇通过酯交换，并在较高的温度和真空度下，以有机钛或有机锡化合物和钛酸四丁酯为催化剂进行缩聚反应,再经熔融纺丝而制得 PBT 纤维。纺丝温度为 240 ~ 280 ℃,宜采用中速或高速纺丝,用约 80 ℃ 的热盘或 120 ℃ 的热板拉伸。PBT 纤维的强度为 30.91 ~ 35.32 cN/tex,断裂伸长率为 30% ~ 60%,密度为 1.32 g/cm³,玻璃化温度为 22 ℃,熔点为 223 ℃,其结晶化速度比聚对苯二甲酸乙二酯快 10 倍,有极好的弹性恢复率和柔软、易染色的特点。也可以与聚对苯二甲酸乙二酯、聚丙烯进行复合纺丝或与聚酯、聚酰胺、聚丙烯共混纺丝,纤维强度为 2.7 ~ 4.5 cN/dtex。PBT 纤维的聚合、纺丝、加工变形生产工艺路线与普通涤纶基本相同,只要稍加改造,就能用涤纶生产设备生产 PBT 纤维。

由 PBT 制成的纤维具有聚酯纤维共有的一些性质,但由于 PBT 大分子基本链节上的柔性部分较长,因而 PBT 纤维的熔点和玻璃化温度较普通聚酯纤维低,导致纤维大分子链的柔性和弹性有所提高。因此,PBT 纤维又具有其自身的一些特点,如弹性和染色性较好。

综上,PBT 纤维具有以下特点:

①耐久性、尺寸稳定性和弹性较好,且弹性不受湿度的影响。

②纤维及其制品的手感柔软,吸湿性、耐磨性和纤维卷曲性好,拉伸弹性和压缩弹性极好,弹性恢复率优于涤纶。在干态和湿态条件下均具有特殊的伸缩性,而且弹性不受周围环境温度变化的影响,价格远低于氨纶。

③具有良好的染色性能,可用普通分散染料进行常压沸染,而不需载体。染后纤维色泽鲜艳,色牢度及耐氯性优良。

④具有优良的耐化学药品性、耐光性和耐热性。

⑤PBT 与 PET 复合纤维具有细而密的立体卷曲,回弹性、染色性能良好,手感柔软,穿着舒适,是理想的仿毛、仿羽绒原料。

由于 PBT 纤维具有上述一些特点,近年来受到纺织行业的普遍关注,在各个领域得到了广泛的应用,特别适于制作游泳衣、连袜裤、训练服、体操服、健美服、网球服、舞蹈紧身衣、弹力牛仔服、滑雪裤、医用绷带等高弹性纺织品。长丝可经变形加工后使用,短纤维可与其他纤维混纺,也可用于包芯纱制作弹力劳动布,还可织制仿毛织品。若用 PBT 纤维制成多孔保温絮片,则具有可洗、柔软、透气、轻薄、舒适等特点,宜作冬装及被褥填充料。用 PBT 纤维生产的簇绒地毯,触感酷似羊毛地毯。鬃丝可作牙刷丝,具有很好的抗倒毛性能。

2. PTT 纤维

PTT(聚对苯二甲酸丙二酯)是 20 世纪 90 年代中期工业化开发成功的一种极有发展前途的新型聚酯材料,PTT 纤维综合了 PET 纤维的刚性和 PBT 纤维的柔性,兼具聚酯和聚酰胺纤维的优点,特别是它优异的回弹性和易染性。它不仅可以用于地毯和纺织品市场,而且在聚酯染色助剂、针刺非织造布纤维、热塑性工程塑料、薄膜等领域也很有发展潜力,是一种非常有潜力的新型聚酯材料。PTT 纤维的突出优点是有优异的拉伸回弹性,拉伸恢复性大于 PBT 和 PET 纤维。

与其他服用纤维相比,PTT 纤维各方面的性能都非常突出,手感、弹性等性能明显优于 PET 纤维。尤其值得人们注意的是,PTT 既具有与锦纶和氨纶相似的回弹性,又有与锦纶相同的染色深度及优于二者的手感、色牢度和悬垂性,使得 PTT 织物既具有穿着的舒适性、优雅的外观,又不易褪色,经过多次洗涤及长时间日晒依然崭新如初。这正是锦纶和氨纶织物所不具备的。此外,PTT 纤维还具有优异的混纺性。

利用 PTT 纤维的优异特性,通过经编、纬编、机织工艺可制作内衣、紧身衣、泳装、运动服、外衣及其他弹性服装,制成的服装手感柔软,耐磨损,弹性适中,不会产生紧绷感,而且易于维护。

与 PET 相比,PTT 纤维玻璃化温度只有 45~65 ℃,可以用分散染料进行无载体常压沸染,这就为其与各种天然纤维交织或混纺创造了极为有利的条件。

3. PEN 纤维

聚萘二甲酸乙二醇酯(PEN)是由 2,6-萘二甲酸(NDC)或 2,6-萘二酸二甲酯(DMN)与乙二醇(EG)缩聚而成,是一种性能优良的聚合物。PEN 的化学结构与 PET 相似,不同之处在于分子链中 PEN 由刚性更大的萘环代替了 PET 中的苯环,萘环结构使 PEN 具有比 PET 更高的物理-机械性能、气体阻隔性能、化学稳定性及耐热、耐紫外线、耐辐射性能。

(1)纤维性能

由于萘的结构更容易呈平面状,使得 PEN 具有良好的气体阻隔性。PEN 对水的阻隔性是 PET 的 3~4 倍,对氧气和二氧化碳的阻隔性是 PET 的 4~5 倍,且不受潮湿环境的影响。因而,PEN 可作为饮料及食品的包装材料,并可大大提高产品的保质期。

PEN 具有良好的化学稳定性,对有机溶液和化学药品稳定,耐酸、耐碱性也好于 PET。由于 PEN 的气密性好,相对分子质量较大,所以在实际使用温度下,其析出低聚物的倾向比 PET 小,在加工温度高于 PET 的情况下分解放出的低级醛也少于 PEN。

由于萘环提高了分子的芳香度,使 PEN 比 PET 具有更优良的耐热性。PEN 在 130 ℃的潮湿空气中放置 500 h 后,断裂伸长率仅下降 10%;在 180 ℃ 干燥空气中放置 10 h 后,断裂伸长率仍能保持 50%;而 PET 在同等条件下会因变脆而失去使用价值。PEN 的熔点为 265 ℃,与 PET 相近,其玻璃化温度在 120 ℃ 以上,比 PET 高出 50 ℃ 左右。

另外,萘的双环结构具有很强的紫外线吸收能力,使得 PEN 可以阻隔小于 380 nm 的紫外线,其阻隔效应明显优于 PC。此外,PEN 的光致力学性能下降少,光稳定性约为 PET 的 5 倍,经放射后,断裂伸长率下降少,在真空和氧气中耐放射线的能力分别为 PET 的 10 倍和 4 倍。

PEN 还具有优良的力学性能,PEN 的弹性模量和拉伸弹性模量均比 PET 高出 50%。而且,PEN 的力学性能稳定,即使在高温高压下,其弹性模量、强度、蠕变和寿命仍能保持相当的稳定性。PEN 还具有优良的电气性能,其介电常数、体积电阻率、电导率均与 PET 接近,但其电导率随温度的变化而较小。

(2)应用领域

PEN 纤维目前主要用于以下领域:

①汽车防冲撞充气安全袋。这种安全袋折叠后体积小、质量轻、强度高、阻燃性能好,由 PEN 纤维织制的织物可满足此要求。

②轮胎和传送(传动)带等的骨架材料。由于 PEN 纤维具有较大的回弹性和刚性,能够满足对橡胶骨架材料的耐高温性、抗疲劳性、抗冲击性、黏结性和抗蠕变性的要求,因而将成为替代钢丝、PA66、PET 等纤维的理想材料。

③PEN 纤维增强材料。高压水管、蒸汽、燃料、化学药品等输送管道以及汽车发动机罩盖等用品都是在热湿环境中工作的,必须具有优良的物理–机械性能,PEN 纤维是这些用品的理想增强材料。

④过滤材料。环保用过滤材料一般是在干燥及潮湿环境下使用,要求具有优异的耐热性、耐化学腐蚀性、耐潮湿水解和耐磨等性能,由 PEN 纤维制成的过滤材料过滤性能极优,是一种理想的过滤材料,可与聚苯硫醚(PPS)纤维相媲美。PEN 滤材的绝缘、绝热指标可达到 F 级标准,可在 160 ℃高温环境中连续使用。PEN 滤材在较宽的 pH 值范围内具有优异的拉伸强度,因而它将逐步替代 PET 筛网,在造纸筛网领域内得到较为广泛的应用。

⑤缆绳。由于 PEN 纤维的模量高,伸长大,并具有优良的耐化学品性能及抗紫外线性能,是制造各种缆绳的理想材料,有可能逐步替代 PET 缆绳。

⑥服装和服饰材料。由于 PEN 纤维具有许多优异的性能,因而是理想的服装和服饰材料。由于 PEN 具有优良的强度和刚性,热稳定性好,所以 PEN 纤维在耐高温地毯、高温气体过滤器、丝网印刷、绝缘材料和工业丝等方面有广泛的应用。PEN 工业丝还适合用作轮胎帘子线,但目前因 PEN 帘子线在性能上不及钢丝,价格又高于 PET,因而限制了PEN 帘子线的发展。PEN 工业丝在三角带、输送带方面的应用前景也较为看好,壳牌公司预测,PEN 工业丝在水下电缆及恶劣环境下使用的三角带和运输皮带方面有着诱人的应用前景。

(3)纤维制造技术

PEN 聚合物可由两种生产工艺制取。一是通过 2,6–萘二甲酸二甲酯(NDC)与乙二醇(EG)进行酯交换,然后再进行缩聚制得;二是通过 2,6–萘二甲酸(NDCA)与乙二醇(EG)直接酯化,然后再经缩聚制得。在酯交换过程中,使用的催化剂主要有醋酸锰、醋酸镁等,缩聚时采用的催化剂主要有三氧化二锑和锗系、钛系催化剂等,聚合物的生产工艺基本上与 PET 相似,若在生产中加入少量的含有机胺、有机磷类的化合物,则可大大改善PEN 聚合物的热稳定性能。PEN 聚合物纺丝时,主要采用熔融纺丝生产工艺,先将特性黏度为 0.9 dL/g 的 PEN 树脂去湿干燥,然后再通过常规 PET 熔融纺丝技术和生产设备进行纺丝,PEN 的纺丝速度根据其产品而定,一般为 3 000~5 000 m/min。由于 PEN 的玻璃化温度大大高于 PET,因此不能套用 PET 的牵伸工艺,否则由于过慢的分子取向速度而影响到 PEN 纤维的质量,这可通过采用多道牵伸并提高纤维的牵伸温度而得到解决。

第2章　聚酰胺纤维的制造

聚酰胺纤维是世界上最早投入工业化生产的合成纤维,由于其具有优良的物理性能和纺织性能,因此在合成纤维生产中一直占据重要地位。聚酰胺纤维是指纤维大分子主链由酰胺键连接起来的一类合成纤维。其合成主要分为两大类:一类是由二无胺和二元酸缩聚而得;另一类是由 ω-氨基酸缩聚或由内酰胺开环聚合而得。聚酰胺纤维有许多品种,目前工业化生产及应用最广是以聚酰胺66和聚酰胺6。

聚酰胺纤维大多采用熔体纺丝法生产(只有特殊类型的耐高温和改性聚酰胺纤维除外)。熔体纺丝有直接纺丝法和间接纺丝法两种。直接纺丝法能耗较低,成本较低,目前大多数聚酰胺66纤维生产装置采用直接纺丝法。但因聚合生成的聚酰胺6聚合物,一般含有8%~10%的单体和低聚物,如果在纺丝前不把这些低分子物的含量降至2%以下,则会影响纺丝质量,并造成后加工困难。因此,一般生产聚酰胺6纤维都采用间接纺丝法,先对聚酰胺6切片进行萃取处理,除去低分子物,再进行干燥、纺丝和后加工。萃取的方法是以热的脱盐水洗涤切片,这实际上是一个扩散和渗透的过程,脱盐水渗入切片内部,切片中的低分子物则在脱盐水中溶解扩散。若采用直接纺丝法,须用薄膜抽真空法充分除去熔体中的低聚物。

20世纪70年代后期,聚酰胺的熔体纺丝技术有了新的突破,即由原来的常规纺丝发展为高速纺丝(制POY)和高速纺丝-拉伸-步法(制FDY)。长期以来,熔体纺丝速度停留在1 000~1 500 m/min的水平,称为常规纺。随着科学技术的进步,聚酯熔融纺丝机的卷绕速度向高速发展(3 000~4 000 m/min),所得卷绕丝为预取向丝(POY),其结构和性能比较稳定,而常规纺所得卷绕丝为未拉伸丝(UDY),其结构和性能不太稳定。聚酰胺纤维的结构与聚酯有所不同,为了使聚酰胺卷绕丝在卷装上不发生过多的松弛而导致变软、崩塌,聚酰胺纺丝速度必须达到4 200~4 500 m/min。

20世纪80年代以后,随着机械制造技术的进一步提高,在聚酰胺纤维生产中已成功地应用高速卷绕头(机械速度可达6 000 m/min)一步法制取全拉伸丝。纵观国内外生产发展情况,聚酰胺纤维的高速纺丝已逐步取代常规纺丝。

2.1　聚酰胺原料的制备

2.1.1　尼龙66

工业上生产尼龙66是由尼龙66盐缩聚而成,生产方法可分为间歇法和连续缩聚法。目前,一般采用连续缩聚法,间歇缩聚仅用于生产特殊产品、试验品和生产装置能力在4 500 t/a的小装置中。生产尼龙66盐的工艺路线可概括为水溶液法和溶剂结晶法两种。目前生产尼龙66的其他工艺有非水溶液聚合、熔融单体或熔融盐直接聚合、界面缩聚等方法。

尼龙 66 盐是己二酰己二胺盐的俗称,分子式为 $C_{12}H_{26}O_4N_2$,相对分子质量为262.35,是无臭、无腐蚀、略带氨味的白色或微黄色宝石状单斜晶系结晶。室温下,干燥或溶液中的尼龙 66 盐比较稳定,温度高于 200 ℃时,会发生聚合反应。尼龙 66 盐在水中的溶解度很大。

1. 尼龙 66 盐的制备

(1)水溶液法制尼龙 66 盐

以水为溶剂,等摩尔的己二胺和己二酸在水溶液中进行中和,制成50% 尼龙 66 盐水溶液。在真空状态下,将 50% 的尼龙 66 盐水溶液经蒸发、脱水、浓缩、结晶、干燥,即可制成固体尼龙 66 盐。水溶液法的优点是方便易行,安全可靠,工艺路线短,能耗省,成本低;缺点是对原料中间体质量要求高,远途运输费用高,通常制成固体盐再长途运输。

(2)溶剂结晶法制尼龙 66 盐

以甲醇或乙醇为溶剂,经中和、结晶、离心分离及洗涤制得固体尼龙 66 盐。溶剂结晶法的特点是产品运输方便、质量好,但对温度、湿度、光和氧敏感性强,在缩聚操作中要重新加水溶解。

2. 尼龙 66 缩聚工艺

(1)尼龙 66 连续缩聚工艺

连续缩聚尼龙 66,按所用设备的形式和能力可分为立管式连续缩聚和横管式减压连续缩聚两种。国内一般采用后者,其工艺流程如图2.1所示。质量分数为63% 的尼龙 66 盐水溶液从储槽泵入静态混合器,加入少量己二胺的醋酸溶液,进入蒸发反应器,物料被加热到 232 ℃,在氮气保护 1.72 MPa 的条件下停留 3 h,脱水预缩聚,蒸发反应器出口物料含水率约为 18% ,50%的尼龙 66 盐已经聚合为低相对分子质量的聚合物。蒸发出来的水蒸气经冷凝后进入冷凝液槽,从中可以回收己二胺。从蒸发器出来的物料进入两个平行的管式反应器,每个反应器的典型管长为243.8 m,并在若干点设有静态混合器,在适当的位置设置添加剂加入口。物料在 285 ℃下停留 40 min,出口压力为 0.28 MPa,反应完成98.5% 。通过闪蒸除去反应过程中形成并保留在熔体中的水蒸气后,用螺旋输送机将熔体向下输送到成品反应器,同时从熔体中挤出剩余的水蒸气。成品反应器在 0.04 MPa、271 ℃的条件下操作,物料的停留时间取决于产品的要求:对于通常的注射级产品,停留时间为 50 min,产品的数均相对分子质量约为 18 000。尼龙 66 熔体由位于成品反应器底部的挤压机挤出,铸带切粒。尼龙 66 颗粒先经过预分离器,再经脱水桶后送入流化床干燥器,在热氮气保护下维持流化状态,使切片彻底干燥,即得本色注射级尼龙 66 树脂。

(2)尼龙 66 间歇缩聚工艺流程

间歇缩聚法与连续缩聚法的原理相同,反应条件基本一致,只是相关的反应过程均在高压缩聚釜中完成,而连续缩聚的不同反应过程是在不同的反应设备中连续进行的。

尼龙 66 的间歇缩聚包括溶解、调配、缩聚、铸带、切粒、干燥等工序。在同一高压釜中完成缩聚的全过程(升温、加压、卸压、真空),尼龙 66 熔体从釜底挤出铸带,与最初挤出的产物相比,最后挤出的产物停留时间较长。由于其相对分子质量在较大程度上取决于最后阶段的停留时间,所以间歇法固有的相对分子质量不均匀性是严重的,大型反应器更为严重,因而目前工业上用于间歇缩聚的反应器容积大多在 4 m³ 以下,最大者也不超过 7 m³。

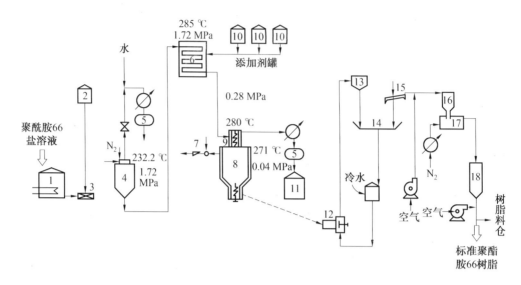

图 2.1 尼龙 66 盐连续缩聚工艺流程

1—尼龙 66 盐储罐;2—醋酸罐;3—静态混合器;4—蒸发反应器;5—冷凝液槽;6—管式反应器;7—蒸汽喷射器;8—成品反应器;9—分离器;10—添加剂罐;11—冷凝液储槽;12—挤压机;13—造粒机;14—脱水桶;15—预分离器;16—进料斗;19—流化床干燥器;18—树脂料仓

2.1.2 尼龙-6

尼龙-6 可由己内酰胺开环聚合而成,故常称聚己内酰胺,实际上它也可由 ω—氨基己酸缩聚而得,还可以由己内酰胺开环聚合制得。由于己内酰胺的制造方法和精制提纯过程比 ω-氨基己酸要简单,因此大规模工业生产中都以己内酰胺作为原料水解开环聚合而成。聚合反应分三阶段进行,即开环反应(水解作用)、加聚反应及缩聚反应。

聚己内酰胺聚合工艺分为间歇和连续工艺两种。间歇聚合是将引发剂、相对分子质量调节剂和熔融的己内酰胺一起加入到聚合釜,在一定温度和压力下进行聚合。当相对分子质量达到预定要求后,将聚合物从釜底排出,经水急冷、铸带、切粒即得聚己内酰胺树脂。间歇法设备比较简单,但各批次聚合物的质量均匀性差,操作繁琐,因此适用于小批量多品种生产。大规模生产则采用连续聚合方法。

连续式聚合方法可分为常压连续聚合(一段式连续聚合)和两段连续聚合工艺。所谓连续生产,是指聚合、萃取、干燥、包装各工序连续进行。

尼龙 6 连续聚合反应一般采用管式反应器,工业上将这种管式反应器称为 VK 管。VK 管是绝热或带夹套的容器,高度可超过 10 m。VK 管结构对聚合反应影响很大,是PA6 生产过程中最关键的设备。不同公司的技术只是在 VK 管反应器的结构上有所区别。

两段式反应一般采用前聚合器加压(0.2 ~ 2 MPa),便于水解开环,终聚合器负压或常压,便于缩聚反应产生的大量水分子从熔体中向上排出,而且两段式反应器内,缩聚反应的发生靠近反应器上部,对排水更有利。一段式反应只有一根垂直塔式反应器(VK管),采用加压(0.2 MPa 左右)或常压反应后不难看出,处于 VK 管中下部的缩聚反应所产生的大量水分子的排出比两段式聚合困难得多,这带来三个差别:①段式聚合反应时间长达 18 以上;②单线产能提高受到限制(小于等于 130 t/d 为宜),而两段式聚合时间只需约 10 h,单线可以实现 200 ~ 300 t/d,甚至更高产能;③一段式聚合的高聚物黏度不会太高,一般相对黏度小于等于 2.8,而两段式聚合的高聚物黏度可达 3.3 以上。因此一段式反应适合于民用丝和单线产能在小于等于 130 t/d 的生产中。在同等产能下,一段式聚合的聚合物单位能耗远高于两段式聚合。因此,在 PA6 聚合器产能大型化发展过程中,两段式聚合必将逐渐取代一段式聚合的工艺和技术。

1. 常压连续聚合工艺

图 2.2 所示为 KF 型连续聚合生产工艺流程图。工艺以联苯–联苯醚为载热体,采用分段加热的方式进行加热变。一段温度为 260 ~ 270 ℃,第二段温度为(250±2) ℃,第三段温度为(260±2) ℃。投料前用氮气置换反应器中的空气后,再将熔融的(90 ~ 100 ℃)的己内酰胺经过滤后,用齿轮泵送入熔体贮罐,并将引发剂和相对分子质量调节剂等助剂经调配、混合过滤后送入助剂计量槽。然后按比例将物料从 VK 管顶部加入,使其慢慢从管内多孔挡板间曲折流下。单体在第一段被引发剂开环并初步聚合;经过第二段和第三段完成平衡聚合反应,反应过程中产生的水分不断从反应器顶部排出。单体物料在管内的平均停留时间约为 20 h。聚合后熔融的产物用齿轮泵从直形 VK 管底部送出,可以直接纺丝,也可以铸带切片。

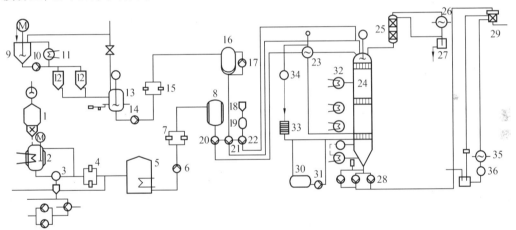

图 2.2 KF 型连续聚合 PA6 生产流程

1—己内酰胺投料器;2—熔融锅;3,6,10,14,17,20,21,22,28,31,34,36—输送泵;4,7,15—过滤器;5—己内酰胺熔体贮槽;8—己内酰胺熔体罐;9—TiO₂ 添加剂调配器;11,23,26,32,35—热交换器;12—中间罐;13—调制计量罐;16—高位贮槽;18,19—无离子水加入槽;24—VK 聚合管;25—分馏柱;27—冷凝水受槽;29—铸带切粒机;30—联苯贮槽;33—过滤机;37—水循环槽

经聚合、铸带、切粒后的聚己内酰胺切片还需经萃取、干燥等纺前处理,以除去切片中大部分单体和聚合物,并通过干燥降低切片的含水率,避免熔融时水解。

聚合反应器 VK 管的结构特点:① 整个聚合管为等直径管,共设四个独立的换热器,其中管内设有三个, 均采用联苯加热;②聚合管上端的旋转管式分布器为一个带孔的板,板上设有旋转装置,这个分布器可使单体分布均匀;③采用领带式列管换热器,可以避免列管式换热器所产生的水鼓泡而引起的反应不均匀现象,领带式的列管可以形成一个平衡的液面,保证反应均匀进行;④聚合管内使流速均匀的装置为一系列的板,板上打孔,一种板中间孔大,周围孔小,另一种板反之。将这两种结构的板在聚合管内间隔排列,以使在管内流速中间大、两壁小的物料停留时间一致。

2.两段式聚合工艺

图2.3所示是德国Zimmer公司的两段法PA6连续聚合工艺流程图。采用前聚合加压、后聚合减压的两段聚合法,在加压聚合阶段,压力为0.25 MPa(绝对压力),熔融己内酰胺在换热器中经联苯液体加热至180 ℃进入前聚合器,前聚合反应器的列管换热器和夹套用270 ℃的联苯蒸气加热,物料经加热迅速升温至253 ℃进行水解开环反应。在前聚合反应器下段,由于缩聚、加聚反应的进行,物料温度继续升至270~274 ℃,聚合物在前聚合管中停留4 h,此时聚合物相对黏度可达1.7左右。前聚合出料由齿轮泵将物料排出,送到后聚合反应器。

减压聚合阶段主要进行缩聚和平衡反应。后聚合反应器的压力为0.045 MPa(绝对压力),由于聚合物的最终聚合度与体系中水的含量有关,为了提高相对分子质量,必须降低体系中水的含量。因此,在减压聚合管上部装有一个成膜器,用270 ℃气态联苯加热,尽可能除去体系中的水分,闪蒸出多余的水分,温度也相应降至243~263 ℃。由于缩聚为放热反应,后聚合反应器中部设有一个列管换热器,下段有伴管夹套,通有液体联苯,温度为250~254 ℃,使熔体温度温尽快降至并保持在254 ℃左右。聚合物在反应器内停留10 h左右出料,此时聚合物相对黏度可达2.8~3.6(可按需要调整)。聚合物经铸带、水下切粒、连续萃取、干燥,可用于纺丝或工程塑料。

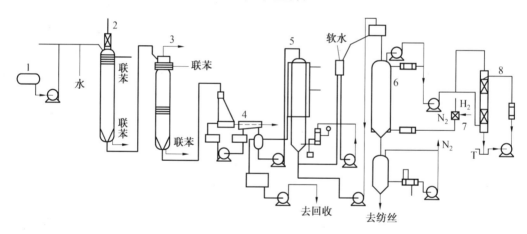

图2.3 Zimmer公司两段法 PA6 连续聚合工艺流程

1—液体己内酰胺贮槽;2—前聚合器;3—后聚合器;4—水下切粒机;5—萃取塔;6—干燥塔;7—氮气净化装置;8—冷却塔

两段聚合反应器的结构与特点如下:

(1)第一聚合反应器的结构与特点

①VK管顶部设有填料塔,冷凝回流水蒸气夹带的己内酰胺到VK管内,以减少己内酰胺的损失。②VK管上部安装列管,可以使物料迅速而均匀地获得开环加聚反应所需的热量。列管能保证列管内熔体传热时径向温度均匀一致,可以减少VK管内(物料)径向温度的差异。还可以有效地改善熔体物料的流动分布,从而能保证聚合物经过列管后径向质量均匀一致。③VK管下部内分配板的作用:VK管的夹套保温段中部装有一块厚

度为 20 mm、有不同孔径的孔的单层或多层铝板,分别用来改善夹套保温段和伴管保温段内聚合物熔体的流动分布,消除 VK 管内同一截面聚合物熔体的流速及停留时间不同的差异,保证聚合物熔体在 VK 管内径向质量均匀。

(2)第二聚合反应器的结构与作用

①第二段 VK 管顶部内装有一个汽包,其作用类似于薄膜蒸发器的功能,当聚合物熔体进入第二段 VK 管顶部时,在汽包表面呈膜状下流。在减压条件下,熔体中的水分容易脱除。VK 管上部夹套用联苯蒸汽加热,保证熔体温度有利于聚合反应和排除熔体中的低分子物。中部列管换热器用液体联苯传递反应体系的热量。带出的热量用于加热己内酰胺。列管换热器的作用是迅速而均匀地降低熔体温度。②第二段 VK 管的下部同样装有分配板,其作用与第一段 VK 管分配板相同。

3. 萃取

从聚合管出来的切片中含有 8% ~10% 的单体和低聚物。如果不除去这些单体和低聚物,将严重影响尼龙 6 的力学性能。工业上用水作萃取剂将单体和低聚物从切片中萃取出来。

萃取设备为立式多级萃取塔。萃取塔中有各种不同的内构件,这些内构件不但将全塔分为若干级,防止由于萃取水上下浓度不同引起各级间的返混,而且在构件中形成一定的狭窄通道,切片自上而下,萃取水自下而上,在狭窄的通道内由于液体的湍动程度增加而增加了萃取过程的传质效率。

萃取工艺:塔顶循环水温为 110 ℃,进水温度为 95 ℃,萃取时间为 17 ~18 h,浴比为 1:(1 ~1.2),水中单体的质量分数为 8% ~10%,切片中单体的质量分数为 0.2% ~0.5%。

2.2　切片干燥

萃取后的聚酰胺 6 切片经机械脱水或自然干燥,仍含有 10% 左右的水分,聚酰胺 66 虽不经过萃取过程,但也含有 0.2% ~0.4% 的水分。通常,它们都不能直接用于纺丝,纺丝前必须对湿切片进行干燥。

1. 干燥的目的

对聚酰胺聚合物切片而言,干燥的目的如下:

(1)除去切片中的水分

切片中水分含量对纺丝过程和纤维质量影响很大。聚酰胺 6 和聚酰胺 66 在熔融状态下极易水解,造成相对分子质量降低。水在高温下非常容易汽化,纺丝时形成气泡丝或使断头率增加。为了保证纤维质量,必须使切片含水率尽可能低。一般要求聚酰胺切片含水率小于 0.06%。

(2)使切片含水均匀

切片含水均匀可以保证纤维的质量均匀和纺丝及后加工生产稳定。干燥过程实质上是一个传热和传质同时进行的过程,在聚酰胺切片干燥过程中,同时伴随着高聚物结晶度的变化和轻微的黏度降低。

2. 干燥工艺条件

干燥过程中,切片只能被干燥到干燥介质的湿度和温度所对应的平衡含水率,要想得到含水率低的切片,必须降低干燥介质的含湿量,这就要求提高干燥介质的除湿能力或采用真空干燥,也可以采用较高的干燥温度。但是,聚酰胺切片在高温时比聚酯切片易氧化发黄,所以干燥温度不宜太高。通常聚酰胺 6 切片的干燥温度为 115 ~ 130 ℃,聚酰胺 66 比聚酰胺 6 更易氧化,干燥温度宜采用 105 ~ 110 ℃。由于聚酰胺在高温下易氧化,所以在干燥过程中应尽量避免和空气中的氧气接触,一般采用真空转鼓间歇干燥或热氮气对流连续干燥。

3. 干燥设备

真空转鼓间歇干燥适用于多品种、小批量聚酰胺纤维的生产。真空转鼓干燥是在转鼓内使切片中的水分在一定的温度和真空度下蒸发,并通过真空系统将蒸发出的水分同空气一起抽除,从而达到干燥切片的目的。真空转鼓干燥具有干燥质量高、更换品种容易、干燥过程中高聚物不易氧化等优点,但其设备结构较复杂,能耗较大,生产成本较高,干燥时间长,生产能力低,不适合大规模生产。

在大规模生产中,一般都采用热氮气对流连续干燥,其典型的干燥方式是填充式干燥,其过程是切片自干燥塔顶部进入填充干燥塔后,充满整个干燥机,切片自上向下靠自重呈活塞式流动,热的减湿氮气以较低的风速从干燥塔底部进入,自下向上与切片呈逆流接触,进行热交换,使切片中的水分蒸发,蒸发出的水蒸气随气流带走,达到使切片干燥的目的。

填充式干燥的特点是切片在塔内呈活塞式流动,基本上可保证切片在干燥过程中停留时间一致,干燥质量好,并且产生设备结构简单,但需要减湿和高纯氮气。采用热氮气对流连续干燥,必须严格控制氮气的含氧量,以免切片在干燥过程中氧化发黄,一般高纯氮气的含氧量小于 10 cm^3/m^3。

聚酰胺切片在干燥过程中还应注意以下几点。

①要使切片在干燥过程中所经历的工艺条件完全相同,切片在干燥过程中尽量少发生物性变化,这样才能保证切片的质量均匀一致。在保证干燥后切片含水率符合要求的前提下,干燥温度越低,干燥时间越短,切片物性变化越小,因此应注意选择干燥温度和时间的最佳点。

②切片在干燥过程中,应尽量少产生粉末或将产生的粉末清除出去,这是因为粉末的比表面积大,在同样的干燥条件下,粉末的结晶度高于普通切片,当粉末与切片一起进入螺杆挤压机后,两者的熔融速率不同,会造成熔体不均匀,不利于纺丝的正常进行。

切片干燥后,为了防止切片出料时在高温下和空气接触而氧化发黄,必须将切片温度降至 90 ℃以下才可出料。干燥后的切片含水率很低,极易重新吸湿,使切片含水率达不到纺丝要求,因此干燥后的切片必须储存在密封的干切片储料桶中,防止在储存过程中重新吸湿。一般热氮气对流连续干燥装置都是将干切片直接输送到纺丝机上的密闭干切片储罐中,供纺丝用。

2.3 聚酰胺纺丝成型

聚酰胺的熔体纺丝可分为两类,即直接纺丝和间接纺丝(切片纺丝)。这两种纺丝生产工艺过程相同,但间接纺丝还需先制备熔体。对于 PA66 纤维多采用直接纺丝方法,而对于 PA6,由于聚合体内含有 10% 左右的单体和低聚物,所以直接纺丝法大多限于生产短纤,生产长丝则多采用切片纺丝方法。

2.3.1 纺丝熔体制备

用于纺丝的聚酰胺切片,其聚合度、相对分子质量分布、含湿量等指标必须符合要求,并保持均匀一致。由于聚合物切片的热导率低,如果切片尺寸过大,则不容易熔融。所以,要求切片直径为 2 ~ 4 mm,长度为 2.5 ~ 5 mm,高速纺丝时切片含水率低于 0.08%。有光切片应五色透明,消光或半消光切片应呈白色。切片中不得有粉末和杂质。

聚酰胺切片的熔融可采用两种以不同原理工作的熔融设备,一种是熔融炉栅,另一种是螺杆挤压机。这两种设备的主要作用是,以一定的速度连续地将高聚物切片熔融成高聚物熔体,并达到所要求的温度,同时尽可能避免高聚物在高温下的热分解。

1. 熔融炉栅

炉栅纺丝法是美国 20 世纪 30 年代末期为聚酰胺 66 纺丝而研制的,曾一度被广泛使用。70 年代以后,聚酰胺的熔体纺丝已普遍采用螺杆挤压机。

炉栅纺丝对聚酰胺切片的含湿率要求不高,只要小于 0.04% 即可,一般可以省去干燥工序。与螺杆挤压机相比,炉栅存在很多不足。炉栅熔融效率低,熔体在炉栅中停留时间较长,熔体的流动仅靠熔体本身的静压和增压泵的吸入作用,不适宜纺制黏度高、流动性差的高聚物。另外,炉栅的生产运行周期较短,炉栅管壁的熔体附着物(凝胶和焦化物)越来越厚,严重影响炉栅的熔融效率,以致影响纺丝的正常进行。因此,炉栅纺丝越来越少。

2. 螺杆挤压机

螺杆挤压机原来是用于塑料加工的机器,用于合成纤维工业的主要是单螺杆挤压机。与炉栅相比,螺杆挤压机的优点是,熔融效率高,熔体停留时间短,熔体塑化均匀,适用切片黏度范围宽,输出熔体压力高。从 20 世纪 70 年代中期起,螺杆挤压机获得广泛应用,基本取代了炉栅。螺杆挤压机由螺杆、螺杆套筒、传动部分、加热和冷却系统等机构组成。

在聚酰胺纤维生产中,由于聚酰胺是晶态高聚物,熔化温度范围较窄,所以基本上采用单头短区渐变型螺杆。$L/D>22$,压缩比为 3.0 ~ 4.0。此外,在螺杆计量段之前,装置带有销钉状结构的混炼头,可提高熔体黏度、温度的均匀性和稳定性。混炼头上的销钉状结构打乱了熔体流动,能增加熔体流动的阻力,加剧物料摩擦和剪切作用,减少熔体温度和黏度的波动,还能破碎和排除熔体中残留的气泡,从而有利于稳定挤出量,提高高速挤出熔体的质量。

2.3.2 聚酰胺常规纺丝

在聚酰胺民用长丝的工业生产中,根据生产设备和技术状况的不同,可分成三类纺丝卷绕速度:第一类的卷绕速度在 600 m/min 以下,称为低速纺丝,20 世纪 60 年代我国制造的设备均属于此类(VC403 型等),现已经淘汰;第二类的卷绕速度为 700 ~ 1 500 m/min,称为常规纺丝,20 世纪 70 年代我国制造的 VC406 型纺丝机均属于此类;第三类的卷绕速度在 4 000 m/min 以上,称为高速纺丝。聚酰胺纤维高速纺丝是发达国家 20 世纪 70 年代末 80 年代初开发的新技术,从 80 年代中期开始,我国引进了聚酰胺长丝高速纺丝的技术和设备。这三类纺丝卷绕的生产过程基本相同,仅是纺丝卷绕设备和生产技术的发展和完善。

聚酰胺熔体纺丝设备及工艺流程和聚酯基本相似,以常规纺丝为例,来自连续缩聚装置或螺杆挤压机输出的聚酰胺熔体,通过管道进入纺丝箱体,在熔体管道上一般都设有静态混合器,以消除熔体在管道中流动时以抛物线速度分布引起的停留时间差,熔体在纺丝箱体中经联苯混合物加热而保持一定的温度,同时经箱体内部的熔体分配管进入纺丝计量泵,经计量泵定量输入纺丝组件,在组件内,熔体经过滤介质的过滤混合后,从直径为0.25 ~ 0.4 mm的喷丝孔挤出,形成连续细长的丝条,在冷却风的作用下,丝条固化,然后经纺丝甬道加湿和给油盘上油后卷绕在筒管上,所得到的初生纤维又称卷绕丝。其工艺流程如图 2.4 所示。

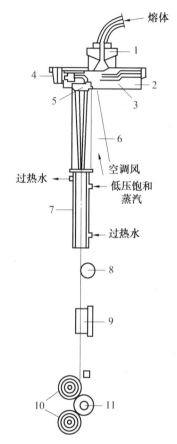

图 2.4 聚酰胺 66 常规纺丝工艺流程

1—直纺头;2—纺丝箱体;3—电热棒;4—计量泵;5—纺丝组件;6—纺丝窗;7—纺丝甬道;8—给油盘;9—导丝盘;10—筒管;11—摩擦辊

1.纺丝工艺及设备特点

(1)纺丝箱体

纺丝机的型号不同,纺丝箱体的形状和大小也不同。由于聚酰胺 66 对热很敏感,极易产生凝胶,这就要求熔体管道尽可能短,避免出现死角。为了便于定期煅烧处理,聚酰胺 66 纤维的纺丝箱体通常较小,其基本结构主要由联苯加热箱、纺丝计量泵及纺丝组件三部分组成。纺丝箱体的加热方式有两种,一种是每个箱体独立用电加热箱体中的液体联苯,另一种是用联苯蒸汽发生炉产生的蒸汽集中加热各个箱体。

纺丝组件内的过滤介质一般是不锈钢网、石英砂或不锈钢砂等物质。喷丝板形状多为圆形,厚度一般为 10 ~ 25 mm,喷丝板的孔数取决于纤维的品种和单丝线密度的要求,喷丝板孔径一般为 0.2 ~ 0.4 mm,根据熔体在喷丝孔内的切变速率确定具体数值。

(2)丝条冷却装置

丝条冷却装置和聚酯纺丝相同,由吹风窗和纺丝甬道组成。刚从喷丝头喷出的熔体细流温度很高,冷却过程伴有吸湿。冷却条件对产品性能影响较大,纤维线密度均匀性、预取向度及加工性能都与从喷丝头到卷绕筒管之间的处理条件有关。吹风窗侧吹风气流不得发生紊流,要求风速在吹风宽度上都相等,使每根丝都经受相同程度的冷却。纺丝甬道通常是一根简单的竖管,聚酰胺 66 纤维常规纺丝要在甬道中向丝条喷射低压蒸汽,使丝条快速提高含湿量,保证卷绕成型良好。聚酰胺 6 低速纺丝和高速纺丝不需要在甬道内向丝条喷射蒸汽。

(3)丝条上油

在聚酰胺长丝纺丝卷绕及后加工过程中,纤维之间及纤维与设备之间经常发生摩擦。摩擦会损伤纤维表面,并且易产生毛丝或断头。摩擦产生的静电还会使单纤维之间产生排斥力,使丝束抱合不良。给丝条上油的目的就是解决丝条的润滑、抱合和抗静电问题。

纺丝油剂由润滑剂、乳化剂、表面活性剂、抗静电剂和防腐剂等多种组分混合而成。丝条表面所施加的油剂总量是很少的,一般只占丝条质量的 0.5% ~ 1.5%。黏稠的油剂不容易在纤维表面形成很薄而均匀的涂层,因而往往将油剂加水调配后使用,在给丝条上油的同时也起到加湿的作用。调配后的油剂乳化液的质量分数一般为 10% 左右。

纺丝油剂除了润滑、抱合、抗静电的功能外,还要适合纺织加工的要求,例如,聚酰胺长丝在加弹过程中要经受 210 ℃ 左右的高温,这就要求油剂耐热,在织物染色过程中,纤维上的油剂应能很容易被洗掉而不致于影响染色。

(4)卷绕装置

上油后的丝条经过导丝盘进入卷绕装置,导丝盘的主要作用是使导丝盘之前的丝条张力保持恒定,不受卷绕装置上导丝器往复运动的影响,导丝盘由电动机驱动,变频调速。

卷绕装置有摩擦传动和锭子传动两种传动方式,两种传动方式都要保证丝条的卷绕速度不变。摩擦传动较为简单,常规纺丝都采用这种方式。卷绕装置由往复导丝器、摩擦辊和筒管支架三部分组成,往复导丝器也是变频调速,其往复运行速度发生周期性的小范围变化,以避免筒子塌边。摩擦辊传动电动机和导丝盘电动机一般采用不同的变频电源,以便按工艺要求调节丝条的张力。摩擦辊靠摩擦力使紧靠在它上面的筒管转动,因此,无论筒管上丝层的厚度如何变化,丝管的卷绕线速度始终保持不变。

2. 纺丝工艺条件

为了制得质量好的成品纤维,要求纺丝时得到的卷绕丝具有良好的拉伸性能、一定的线密度、线密度均匀性以及白度。要得到良好的卷绕丝,除了对高聚物切片或熔体的质量以及纺丝设备有一定要求外,还必须合理地选择纺丝过程的工艺条件。这些工艺条件有纺丝温度、冷却条件、纺丝速度、泵供量、喷丝头拉伸倍数、给油、给湿、卷绕间的温湿度条件以及卷绕丝的存放时间等。

(1)纺丝温度

纺丝温度通常就是熔体温度。纺丝时,这一温度必须大于聚酰胺树脂的熔点而小于其分解温度。聚酰胺 6 和聚酰胺 66 的熔点分别为 215 ℃ 和 255 ℃,而两者的分解温度相差不大,约为 300 ℃。聚酰胺的熔体黏度随相对分子质量的增加而增大,在相对分子质量相同的情况下,熔体黏度随温度升高而减小。聚酰胺 6 的熔体黏度还与单体含量、低聚物含量及水含量有关。纺丝温度过高,会使聚合物的热分解加剧、相对分子质量降低、出现气泡丝,并因熔体黏度太低而出现毛细断裂,形成所谓的"注头"。对聚己内酰胺纺丝而言,纺丝温度过高,熔体停留时间长,会增加熔体中低分子物含量,将严重影响纤维质量。纺丝温度过低,会使熔体黏度过高,增加泵输送的负担,往往出现漏料,并使挤出物胀大现象趋于严重,甚至出现熔体破裂现象,影响正常纺丝。还会形成硬头丝,使丝色发白,手感发硬,增加后拉伸的断头,甚至不能拉伸。纺丝温度的波动也会影响纤维的质量。

通常,聚酰胺 6 的纺丝温度应控制在 270~280 ℃,聚酰胺 66 的纺丝温度应控制在 280~290 ℃,温度的波动范围越小越好,一般不应超过±2 ℃。聚酰胺 66 的熔点比聚酰胺 6 的熔点高 40 ℃左右,其分解温度相差不大,因此聚酰胺 66 的纺丝温度应比聚酰胺 6 高,纺丝时允许的温度波动范围应更小,对纺丝温度的控制要求更为严格。而且聚酰胺 66 熔体的热稳定性比聚酰胺 6 差,易分解或生成凝胶。因此,应严格控制熔体在体系中的停留时间。

合理控制纺丝温度可以提高熔体的可纺性,改善熔体的流变性,稳定熔体黏度,还可以辅之以其他措施。例如,加入相对分子质量稳定剂以防止聚酰胺的相对分子质量变化,从而稳定熔体黏度;提高聚酰胺的相对分子质量的均匀性和结晶的均匀性,以提高熔体黏度的稳定性和均匀性;强化螺杆塑化作用(如提高螺杆转速,增大熔体压力)以及改变喷丝孔的几何尺寸(增大喷丝孔的长径比、合理设计毛细孔入口角度等),以降低熔体黏度,提高熔体均匀性,改善熔体的流变性能。

(2)冷却条件

纺丝时应选择适当的冷却条件并保证冷却条件稳定、均匀,避免受到外界条件的影响,避免聚合物熔体细流在冷却过程中发生温度变化、速度变化、凝固点位置变化,使轴向拉力保持稳定。冷却吹风的形式有侧吹风、环形吹风、辐射冷却吹风等,冷却条件主要指冷却空气的温度、风量、风压、湿度、流动状态及丝室温度。

通常冷却吹风使用 20 ℃左右的露点风,送风速度一般为 0.5~1 m/s,冷却吹风位置上部应靠近喷丝板,但又不能使喷丝板温度降低。

丝室的温度和湿度对冷却成型过程和丝条的品质影响较大,应加以控制。丝室温度通常控制在 30~40 ℃,一般相对湿度控制在 50%~60%。聚酰胺 66 聚合物中几乎不含低分子物,吸水性比聚酰胺 6 差,在成型过程中为防止纤维带电,要求丝室的相对湿度更高一些。聚酰胺 66 的甬道可分成两段,第一段吹入 20 ℃左右、相对湿度约为 65%的空气,第二段直接吹入低压蒸汽,这样可平衡丝条水分,防止静电,使丝条中单纤维很好地抱合,使卷绕顺利,并提高纤维质量。

在高相对分子质量的聚酰胺纺丝(如纺制帘线丝)时,要获得具有良好拉伸性能的卷绕丝,必须使它具有较低的预取向度和结晶度。为此,可在喷丝板下方设置后加热器(缓冷器),以降低熔体细流的冷却速率,延长丝条的塑性区,增大冷却距离,使平均轴向速度梯度减小,从而使初生纤维的预取向度减小。

(3)纺丝速度和喷丝头拉伸倍数

聚酰胺熔体纺丝,常规纺丝的速度一般在 900~1 200 m/min,高速纺丝纺速已达 4 000~6 000 m/min,甚至更高。由于熔体纺丝法纺丝速度很高,因而喷丝头拉伸倍数也较大。卷绕速度和喷丝头拉伸倍数的变化,影响卷绕丝的结构和拉伸性能。

(4)给油及给湿

熔体纺丝法生产聚酰胺纤维时,刚成型的纤维几乎是绝干的,会从空气中吸收水分,使纤维伸长。聚酰胺 6 初生纤维的轴向吸湿伸长与预取向度密切相关。由于纺丝速度很高,从细流挤出到丝条卷绕的时间还不到 1 s,在这样短的时间内,纤维的含湿量与空气的湿度不可能达到平衡,因此绕在筒管上的丝就要继续从空气中吸收水分,使纤维伸长,出现松圈和塌边现象。为了避免出现这种现象,卷绕前必须让纤维吸收水分,使之达到卷绕丝储存条件下的平衡含水率。卷绕丝的给湿通常是在卷绕之前设置给湿盘来实现的。为了使给湿均匀,可在水中加入少量扩散浸润剂(如 0.5% ~ 1% 的拉开粉),使水分容易在纤维内渗透、扩散。

干燥的纤维容易起静电,单纤维间的抱合力差,与设备的摩擦力较大,会给卷绕和后加工工序带来困难。除了在卷绕前对纤维给湿外,还必须上油。油剂的选择和给油的适当与否,对纤维的卷绕,进而对纤维的拉伸性能影响很大。纤维含油量过高或过低都是不利的。

纤维可以先给湿后上油,也可以给湿和上油合并在一起进行。通过调节给湿和给油盘的转速、油槽中液面的高度以及纤维与给湿和给油盘的接触长度,可以控制纤维的含湿率和含油量。

(5)卷绕间的温湿度条件和卷绕丝的存放时间

为了使卷绕顺利进行,防止已经给湿、给油的纤维在卷绕过程中因卷绕间温湿度的变化再次吸收水分,或者纤维中水分向空气中蒸发而使含湿量发生变化,引起纤维长度的变化,要求卷绕间的温湿度与给湿后的纤维含湿量相适应,并保持恒定。一般卷绕间温度最好保持在 19 ~ 20 ℃,相对湿度保持在 50% ~ 55%。纺制聚酰胺 66 纤维时,车间相对湿度可略高些。

一方面,纤维通过给湿盘、给油盘的时间极短,不可能达到完全均匀,需要在一定的温湿度条件下存放一段时间,使纤维内外层的含油、含湿趋于均匀,以利于拉伸的顺利进行。另一方面,刚成型的聚酰胺纤维的内部结构会发生变化,生成不稳定的 γ 型或 β 型晶体结构(六方晶系),这种结构变化需要一定的时间(约 4 h)才能逐渐趋于稳定。经过拉伸,特别是热拉伸,这种不稳定的晶体结构转变成稳定的 α 型晶体结构(单斜晶系)。为了稳定初生纤维的结构,卷绕丝在一定的温湿度下存放一段时间是必要的,但存放时间不能过长,否则会影响纤维的拉伸性能。存放时间一般在 20 ~ 24 h。

2.3.3 高速纺丝

20 世纪 70 年代初期,发达国家实现了涤纶高速纺丝工业化,纺速在 3 000 ~ 3 500 m/min,这是合成纤维熔体纺丝的重大技术进步。聚酰胺长丝高速纺丝在 70 年代末期才得以工业化,晚于涤纶高速纺丝五年左右,其原因是聚酰胺纤维预取向丝(POY)的纺丝速度必须达到 4 200 ~ 4 500 m/min,才能使纤维大分子的结构稳定,从而使纤维成型良好,这就对高速卷绕机构提出了更高的要求。我国从 20 世纪 80 年代中期引进了这种技术设备,生产能力快速增长,已有取代常规纺丝之势。

涤纶在 6 000 m/min 纺速时即可制取全取向丝(FOY),其取向度达到了与 POY–DTY 法所制得的成品纤维相接近的程度。聚酰胺纤维的纺速在 8 000 m/min 以上时,才能生产卷绕丝 FOY,由于卷绕速度太高,目前生产工艺技术和设备尚不成熟,仍处于研究开发中。

1. POY 生产工艺

POY 的生产过程与常规纺丝基本相同,但 POY 卷绕速度高,卷绕机械精密复杂,对聚合物熔体质量要求也更高,要求纺丝箱体加热更均匀,丝条上油采用喷嘴上油,纺丝甬道不必喷蒸汽,由于卷绕速度高,卷绕张力较大,可省去导丝盘等机件。随着纺丝速度的提高,喷丝板喷出的熔体必须比常规纺丝更均匀,熔体黏度波动范围更小,因此高速纺丝对聚合物相对分子质量有更高的要求。聚酰胺 6 POY 切片纺丝的技术规格见表 2.1。

表 2.1　聚酰胺 6 POY 切片纺丝的技术规格

相对黏度	2.35 ~ 3.5	端羟基含量/$(mmol \cdot kg^{-1})$	15 ~ 20
含水量/%	0.06±0.03	切片直径/mm	2 ~ 2.5
切片中可萃取物的质量分数/%	<0.6	切片长度/mm	2 ~ 2.5
切片中 TiO_2 的质量分数/%	0.27 ~ 0.33		

酯酰胺 6 高速 POY 纺丝工艺条件和聚酯基本相同,但两种纺丝工艺却有差别。纺丝速度比聚酯高,至少在 4 000 m/min 以上,这主要是由于聚酰胺纤维分子间的结合力大,容易结晶,吸水性强之故。当纺丝速度较低时,预取向丝会因吸湿量高而膨润变形,使卷装筒子不良。纺丝冷却条件基本和聚酯相同。聚酰胺纤维纺丝工艺条件如下:

①纺丝温度温度:260 ~ 275 ℃。

②组件之间温差:小于 1 ℃。

③侧吹风温度:(20±1) ℃。

④侧吹风相对湿度:75% ±2.5%。

⑤卷绕速度:4 100 ~ 4 500 m/min。

⑥剩余拉伸比:1.2 ~ 1.3。

⑦最大卷装直径:400 mm。

⑧卷绕宽度:120 mm。

⑨卷绕送风温度:(15±1) ℃。

⑩卷绕送风相对湿度:90% ±2.5%。

⑪最大卷装质量:10 kg。

2. FDY 生产工艺

纺丝-拉伸-卷绕一步法生产 FDY 民用丝有热辊、H4S(High-speed-spinning-stretching-steaming)、液模拉伸和热管拉伸等方法。一步法生产的 FDY 的质量与用常规纺丝法经拉伸生产的复丝很相似,而其均匀性优于后者,是最适合喷水织机加工的材料。

聚酰胺 FDY 设备与聚酯类同。吉玛技术只是在甬道中上油、给湿,丝条经过冷辊牵伸和热辊定形经网络后卷绕。杜邦公司的早期技术在集束辊与牵伸辊之间设有蒸汽喷嘴,其作用是给湿和提高牵伸点的温度,然后经热辊定形,再经上油辊上油及经网络喷嘴至卷绕机卷绕。

H4S 工艺是瑞士 EMS--INVENTA 公司开发的,主要用于生产聚酰胺 FDY,也可用于涤纶 FDY 的生产。H4S 的特殊之处是冷拉伸和热蒸汽定型网络。H4S 的冷拉伸过程如图 2.5 所示。

从甬道出来的丝束先经上油后,经第一对冷却辊冷却,辊速约为 4 300 m/min,此时的丝束已成为 POY,接着在第二对冷辊上绕几圈,辊的速比第一对冷辊的表面速度高,从而进行了冷拉伸,拉伸后,丝的结构仍不够稳定,其性能尚未达到纺织加工的要求,还要进行热定型处理,以提高纤维的稳定性。离开第二对冷辊的丝条进入 H4S 工艺专用的蒸汽盒,用过热蒸汽进行松弛热定型,并使丝条具有一定的网络度,然后以 5 000 ~ 6 000 m/min 的速度卷绕成丝筒。这种工艺路线生产的聚酰胺纤维的染色性能和手感良好。

全拉伸丝生产工艺参数如下:

（1）纺丝温度

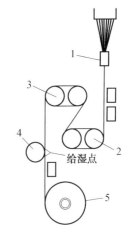

图 2.5　H4S 工艺的冷拉伸过程
1—油辊;2—第一对冷辊;3—第二对冷辊;4—给湿蒸汽浴盒;5—卷绕

FDY 聚酰胺 6 的纺丝温度控制在 270 ℃,聚酰胺 66 则控制在 280 ~ 290 ℃。由于聚酰胺 66 的熔点与分解温度之间的温差范围较窄,因此纺丝时允许温度波动范围更小,对纺丝温度的控制要求更为严格。

（2）冷却条件

通常冷却吹风使用 20 ℃左右的露点风,送风速度一般为 0.4 ~ 0.5 m/s,相对湿度为 75% ~ 80%,冷却吹风位置上部应靠近喷丝板,但注意不能使喷丝板温度降低,以保证纺丝的顺利进行。

（3）纺丝速度和喷丝头拉伸倍数

熔体纺丝速度很快,若纺丝速度太慢,卷绕张力太小,丝条就不能卷绕到丝盘上,所以纺丝速度必须有一个下限值,目前高速纺丝已达到 4 000 ~ 6 000 m/min,甚至更高,由于熔体纺丝法的纺丝速度很高,因而喷丝头拉伸倍数也较大;在 4 600 m/min 的纺丝速度条件下,对于给定的线密度（如 111 dtex/36f）,喷丝头拉伸倍数可高达 200 倍。

卷绕速度和喷丝头拉伸倍数的变化给卷绕丝的结构和拉伸性能带来影响,喷丝头拉伸倍数越大,剩余拉伸倍数就越小。纺丝速度在 2 000 ~ 3 000 m/min,剩余拉伸倍数随纺速的增加而迅速减少,当纺速高于 3 000 m/min 之后,剩余拉伸倍数变化较为缓慢。这一规律可作为高速纺丝与常规纺丝的分界点,当纺丝速度超过此界限时,就能有效地减小后（剩余）拉伸倍数。

（4）上油

常规纺丝采用油盘上油,但对于高速纺丝,油盘上油不但均匀性差,而且油滴会飞离油盘,因此 FDY 工艺中采用上油量比较均匀的齿轮泵计量、喷嘴上油法,且由于 FDY 已具有相当高的取向度和结晶度,所以在卷绕机上上油效果欠佳,故喷嘴上油的位置设在吹风窗下端。

对丝条的含油量也有一定的要求。当油剂含量过少时,表面不能均匀地形成油膜,摩擦阻力增大,集束性差,易产生毛丝;但含量过多时,则会使丝条在后加工过程中造成油剂下滴及污染加剧。一般用于机织物的丝条含油为 0.4% ~ 0.6%,用于针织物的则可高达2%~3%。

（5）拉伸倍数

FDY工艺是将经第一导辊的预取向丝（POY）连续绕经高速运行的辊筒来实行拉伸的，拉伸作用发生在两个转速不同的辊筒之间，后一个速度大于前一个，两个辊筒的速度比即为拉伸倍数。纺制聚酰胺，一般FDY第一导辊的速度可达POY的生产水平（4 000~4 500 m/min），而拉伸的卷绕辊筒的速度则高达5 500~6 000 m/min。对于不同的聚合物，拉伸辊筒的组数、温度及排列方式也有所差异，对聚酯来说，由于其玻璃化温度（T_g）相对较高，两组辊筒均要加热，第一辊控制为70~90 ℃，以使丝条预热，第二辊则为180 ℃左右。而聚酰胺因为T_g比较低，模量也稍低，所需的拉伸应力相应较小，故可采用冷拉伸形式，但根据设备型号和生产品种的不同，采用第一辊不加热或微热而第二辊进行加热的形式，以实现对纤维的热定型。对于已具有一定取向度的预取向丝，其剩余拉伸比较小，所以聚酰胺FDY工艺的拉伸倍数一般只有1.2~1.3倍。

（6）交络作用

FDY过程的设计，是以一步法生产直接用于纺织加工的全拉伸丝为目的，考虑到高速卷绕过程中无法加捻的实际情况，故在第二拉伸辊下部对应于每根丝束设置交络喷嘴，以保证每根丝束中具有每米约20个交络点。除了赋予交络以外，喷嘴的另一个作用是热定型，为此在喷嘴中通入蒸汽或热空气，以消除聚酰胺纤维经冷拉伸后存在的后收缩现象。丝束经交络后，便进入高速卷绕头，卷绕成为FDY成品丝，原则上卷绕头的速度必须低于第二拉伸辊的速度，这样可以保证拉伸后的丝条得到一定程度的低张力收缩，获得满意的成品质量卷装。聚酰胺FDY的卷绕速度一般为5 000 m/min以上。

2.3.4 消光及纺前着色

为了降低纤维的透明度，增加白度，消除织物上的蜡状光泽，在聚酰胺纤维民用纤维生产中，一般都需进行消光处理。消光处理的方法是将微细的锐钛矿型TiO_2粉末分散在纤维中。制取半消光纤维时，TiO_2的质量分数在0.3%左右，全消光纤维TiO_2的质量分数在1%~2%。由于生产聚酰胺66的原料聚酰胺66盐是极性化合物，容易使TiO_2凝聚，所以在缩聚的后期加入TiO_2。由于聚酰胺6的原料己内酰胺的溶液极性较小，TiO_2容易分散而形成稳定的悬浮体，因此可以在聚合反应之前加入。聚酰胺的光老化稳定性不好，TiO_2的加入使纤维的光老化速度加快。为抑制纤维的光老化，可在聚合物中添加防老化剂——锰盐或铜盐。

纺前着色是在纺丝前或纺丝时将颜料加入聚合物中。纺前着色的优点是着色牢度高，着色过程简单，且避免了染色废液对环境的污染；缺点是色泽品种受到限制，更换品种时很麻烦。纺前着色可采用纺丝时加入颜料的方法；间接纺时，颜料和聚合物切片同时送入螺杆挤压机中；直接纺时，可在聚合物熔体管路上设置颜料注入和混合装置。聚酰胺纤维的染色性好，可在常温常压下染色，所以较少采用纺前着色。

2.3.5 聚酰胺工业用长丝的生产

聚酰胺纤维具有断裂强度高、抗冲击负荷性能好、耐疲劳强度高以及与橡胶的附着力大等优良性能，广泛用于轮胎、胶管、运输带、传动带等领域，尤其在轮胎帘子线方面占有较大的比重。与聚酰胺 6 相比,聚酰胺 66 的熔点和软化点较高,因而在工业应用中具有优势。

聚酰胺工业用长丝从聚合、纺丝到拉伸的生产过程,与民用长丝基本相同,但由于对工业用长丝有特殊要求,在生产方法上有一些不同。

1. 聚合

由于要求工业丝的强度高于一般的长丝,因此必须用高黏度的聚合体来制备(相对黏度为 3.2 ~ 3.5,相对分子质量大于 20 000)。为了制取高黏度的聚合体,聚酰胺 6 目前采用加压-常压(或真空)或加压-真空闪蒸-常压后聚合的聚合工艺。采用直接纺丝法生产聚酰胺 66 帘子丝时,通常采用加压顶缩聚-真空闪蒸-后缩聚工艺,用切片纺丝法生产时,也可采用固相后缩聚以提高切片的黏度。

为了提高帘子丝的耐热性,常在纺丝前,在干燥好的切片中加入防老化剂等添加剂(有时也可在聚合时加入),与此同时还加入润滑剂(硬脂酸镁)以减少螺杆的磨损。对于聚酰胺 6 工业丝,由于纺丝后不再进行洗涤单体的工序,因此要求聚合物的单体的质量分数控制在 0.5% ~ 1% 的范围内。

2. 纺丝成型

目前国外在工业纺丝技术上最突出的特点是用高压纺丝法,压力为 29.4 ~ 49.0 MPa,甚至高压纺丝的压力已达 196 MPa。这样,高黏度的聚合物可在较低温度下纺丝,有利于产品质量的提高。实现高压纺丝一般采两种方式:一是加大喷丝头组件内过滤层的阻力;二是选用喷丝孔长径比大的喷丝板,同时配以相应的高压纺丝泵。

3. 冷却条件

适当控制纺丝冷却成型条件也是提高工业丝质量的关键之一。纺工业丝时,由于聚合物熔体黏度较高,通常在喷丝板下加装缓冷装置,以延缓丝条冷却,使丝条的结构均匀,从而获得具有良好拉伸性能的卷绕丝,最终使产品强度提高。缓冷装置下部多采用侧吹风冷却。

4. 卷绕拉伸设备

目前多数采用纺丝-拉伸-卷绕一步法生产技术,由于聚合物的相对分子质量较高,黏度较大,轮胎帘子线较粗,丝条的拉伸屈服应力也大,必须采用粗特牵伸加捻机拉伸。粗特牵伸加捻机一般为双区热拉伸。拉伸时,帘子线大分子形变的发展较为缓慢,一般都是三四对热辊拉伸,拉伸倍数为 4 ~ 5 倍,卷绕速度为 2 200 ~ 3 600 m/min。

5. 喷丝板孔数多

如 93.3tex/140f、140tex/210f 等,丝束中单纤维的线密度为 0.7 tex,而民用复丝单纤维的线密度约为 0.3 tex。

为了适应轮胎工业发展的要求,超高强聚酰胺工业长丝的开发十分活跃,美国杜邦公司推出的轮胎工业丝最高强度的商业标准为 9.17 cN/dtex,帆布类工业丝强度高达 9.70 cN/dtex。专利文献中有原丝强度高达 10.85 cN/dtex 和 11.02 cN/dtex 的报道。国内神马集团公司已有聚酰胺 66 原丝强度为 8.82 cN/drex 和 9.08 cN/dtex 的商品供应。

2.4 聚酰胺纤维的后加工

2.4.1 拉伸加捻(普通长丝)工艺过程

常规纺丝法生产的卷绕丝强力低,伸长大,结构不稳定,尚不具备纺织纤维所应有的特性,必须经过拉伸才能具有使用价值。在拉伸过程中,卷曲的线型大分子发生舒展,并使大分子、分子链段或聚集态结构单元沿纤维轴取向排列,使分子链间的氢键数大大增加,并建立其他类型的分子间力,从而提高了纤维承受外力的能力。在拉伸过程中,在发生取向的同时,还伴随着相态的变化。初生纤维中的部分结晶结构,在拉伸力的作用下将发生晶区的取向,原有的不稳定的结晶结构在拉伸过程中逐渐向稳定的结晶结构转化。另外,由于大分子在拉伸过程中的取向,还可诱导结晶,提高结晶度。未拉伸丝的结晶度为 10% ~20%,拉伸丝的结晶度可增加到 30% ~40%。总之,由于非晶区和晶区的取向、结晶结构的转变、结晶度的增加,使纤维强度提高,延伸度下降,耐磨性和疲劳强度也明显提高。由于结晶和氢键的作用,使大分子的取向被固定下来,所以拉伸丝的结构稳定,可以长时间存放。聚酰胺长丝的生产多采用 POY–DT 工艺。

1. 拉伸倍数

拉伸倍数的选择决定于原丝的性质和对成品质量要求,合理的拉伸比应大于自然拉伸比,小于最大拉伸比。民用丝要求有一定延伸度,柔软而且有弹性,染色好,因此拉伸倍数较低,以 UDY 为原丝,则拉伸倍数为 3.5 ~4 倍。若采用 POY 为原丝,因已具有一定的取向度,故拉伸位数应适当降低,一般为 1.2 ~1.3 倍。高强力丝及帘子线要求强度高延伸度低,因此拉伸倍数要求高些,一般在 5 倍以上(对 UDY)时应采取二或三段拉伸。

2. 拉伸温度

卷绕丝的拉伸一般在聚合物的玻璃化温度以上进行,因为大分子链段在此温度以上才被解除冻结状态,在外力作用下产生相对滑动。拉伸后,纤维的强度随着拉伸比增加而升高,断裂强度随拉伸比的增加而急剧下降。聚酰胺 6 纤维的玻璃化温度为 35 ~50 ℃,聚酰胺 66 纤维玻璃化温度为 40 ~60 ℃。

聚酰胺纤维最常用的有室温拉伸和热拉伸两种。室温拉伸时不对纤维加热,拉伸时产生的形变热,一部分传递给空气介质,空气起冷却作用,另一部分热量使纤维自身温度升高。当纤维本身的温度超过其玻璃化温度时,拉伸便会顺利进行。含水、含单体的聚酰胺 6 纤维的玻璃化温度在室温附近,且民用长丝的拉伸倍数不高,因此聚酰胺 6 长丝生产一般采用室温下拉伸。另一种方式为热拉伸,聚酰胺 66 纤维一般采用单区热拉伸。通过加热,可促进分子热运动,降低拉伸应力,有利于拉伸的顺利进行。对帘子线等高强力聚酰胺 6 长丝,因采用较高倍数的拉伸,为了降低拉伸所需张力,并使拉伸均匀,也需采用热拉伸(约为 150 ℃)。

3. 拉伸加捻设备

聚酰胺长丝的拉伸与聚酯纤维拉伸加捻原理及工艺相同,都是在拉伸加捻机或拉伸卷绕机上进行,这两种工艺都是在供丝辊与运转比较快的拉伸辊之间对卷绕丝进行拉伸,区别是拉伸后的卷绕方式不同。在拉伸加捻机上,拉伸后的丝条由钢领圈上旋转的钢丝钩引导,以约 0.1 cN/dtex 的强度卷绕在程序控制转速的拉伸加捻丝筒上,钢领钩的高速旋转使纤维具有轻微的捻度(5～20 捻/m),拉伸速度为 200～700 m/min。拉伸卷绕机的卷绕方式与纺丝卷绕机相同,在拉伸卷绕机上设有压缩空气喷嘴,使纤维具有一定的网络度,以提高丝束的抱合力。与拉伸加捻机相比,丝条在拉伸卷绕机上的卷绕张力较稳定,因而拉伸卷绕机生产的产品质量更加均匀。经拉伸生产的聚酰胺长丝称为拉伸丝或无捻复丝。

2.4.2　拉伸假捻变形(高弹力丝)工艺

聚酰胺变形弹力丝分为高弹丝和低弹丝,聚酰胺纤维高弹丝多用于生产弹力衫裤、袜子等产品,低弹丝多用于生产家具用织物和地毯。由于聚酰胺纤维的模量较低,织物不够挺括,因此产品一般以高弹丝为主。

聚酰胺弹力丝(DTY)生产多采用假捻变形法。采用常规纺丝法生产的未拉伸丝(UDY)和 POY 为原丝通过拉伸假捻变形工艺都可以制得 DTY。以 POY 为原丝生产DTY 时,拉伸和假捻变形可以在假捻机上一步完成,比常规纺 UDY–DTY 的生产效率高,所得变形丝染色均匀性好。因此现在多采用POY–DTY 加工工艺生产弹力丝。高弹丝的生产仅用一个加热器,这是与低弹丝生产工艺的最大区别。聚酰胺假捻变形工艺流程图如图 2.7 所示。

聚酰胺高弹力丝生产工艺和拉伸假捻原理和聚酯弹力丝相同,加捻、定型、解捻三个工序在同一机台拉伸假捻机上连续完成。原丝从原丝卷装上引出,经张力器,通过喂给辊筒、加热器、假捻器,再通过压缩空气和网络喷嘴形成网络丝,经过丝传感器、上油装置、吸丝器,最后卷绕在纸筒管上,即形成拉伸变形丝(DTY)。聚酰胺高弹丝典型生产工艺条件见表 2.2。

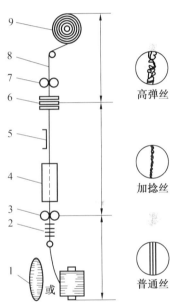

图 2.7　聚酰胺假捻变形工艺流程图
1—原丝卷装;2—张力器;3—喂入辊筒;4—加热器;5—冷却器;6—假捻器;7—卷绕辊;8—变形丝;9—卷绕

拉伸变形主要工艺参数有:拉伸变形速度 DTY 的加工速度为 600～1 200 m/min,加热板温度为 170～250 ℃;丝架处送风温度:夏季为(26±1) ℃,冬季为(22±1) ℃。

表 2.2　聚酰胺高弹丝典型生产工艺条件

工艺参数	聚酰胺 66	聚酰胺 6
POY 原丝规格	44dtex/10f	92dtex/24f
加工速度/(m·min^{-1})	70	602
假捻形式	摩擦式	皮圈式
D/Y 值	2.23	1.59
拉伸比	1.352	1.25
假捻张力(加捻张力 T_1/解捻张力 T_2)	12/10	—
加热器温度/℃	220	170
加热时间/s	0.2	0.2
冷却时间/s	0.1	0.1
超喂率/%	5.4	5.2

2.4.3　聚酰胺纤维 BCF

BCF(Bulked continuous filament)即连续膨体长丝,或称膨化变形长丝。BCF 三维卷曲纤维具有弹性大、蓬松性好等优点,是装饰织物和服用织物较理想的原料。它既适用于非织造布、喷胶棉、地毯用纱和其他装饰布,也可与其他纤维混纺,织造风格独特、仿毛感较强的服装面料。多采用丙纶及锦纶作原料,加工成 800~3 000 dtex 的地毯丝,或加工成 300~400 dtex 的装饰布用丝。聚酰胺纤维 BCF 主要用于生产簇绒、机织和缝编地毯,少量用于装饰布生产。目前,大多数聚酰胺 BCF 都采用纺丝-拉伸-变形-卷绕联合机组工艺生产。

1. 热流体喷射装置

热流体喷射装置的工作原理如图 2.8 所示,热流体喷射装置是加工连续 BCF 及短程纺的核心部件。加热流体(蒸汽或空气)进入后,使喂入丝条得到充分预热塑化。由于导丝管孔径缩小,使气流增速,把丝条从拉伸区送到喷嘴内。随着管径的逐渐扩大,气流在速度减小的同时,碰撞在有网眼的导丝管壁上。丝条在导丝管上部借助高速喷射气流输送,与此同时,导丝管下部管内热流体流速急剧下降,一方面引起松弛和纠缠,另一方面与网眼集丝壁激烈冲击,即由于热流体溢流引起迅速失速,使丝条急剧松弛。由于喷射流造成紊流、漩流等综合作用,形成三维空间

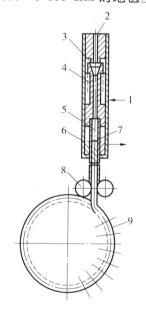

图 2.8　热流体喷射装置的工作原理
1—热流体入口;2—喂入丝条;3—湍流室;4—导丝管喉径;5—导丝管扩孔段;6—网眼管;7—热气流出口;8—输出罗拉;9—多孔冷却鼓

的纠缠和卷曲。同时,因喷射流的溢出力把丝块压紧在管壁上,产生摩擦力,使减速的丝块渐渐储存,形成丝塞,并充分冷却,使已卷曲的丝获得定型,从而制成高蓬松性的卷曲纤维。由喷气变形箱排出的丝束,被吸附在多孔冷却鼓上再强制冷却定型。

2. 生产工艺

图 2.9 所示是纺丝–拉伸–变形联合机生产聚酰胺纤维 BCF 的生产流程示意图。纺丝下来的丝条经冷却上油后,先经导丝热辊拉伸,然后通过热流体变形喷嘴变形,热流体可用热空或蒸汽。热流体压力为 0.5 ~ 1.2 MPa,热流体的温度,聚酰胺 66BCF 为 220 ~ 230 ℃,聚酰胺 6BCF 为 190 ~ 200 ℃。从变形喷嘴出来的丝条成为三维卷曲状态,变形后的丝条经冷却滚筒定型,再经压缩空气网络喷嘴使丝条具有一定的网络度,再由卷绕装置将丝条卷绕在纸筒管上,超喂率为 15% ~ 30%,卷绕速度一般为 2 500 ~ 3 000 m/min。聚酰胺 BCF 重要的质量指标是卷曲度、染色均匀性及热收缩率,而对强度、断裂伸长率、线密度均匀性的要求并不十分严格。

刚纺出的初生纤维在接触导丝盘之前需上油,水相油剂适用于油辊上油,非水相油性油剂则需应用喷嘴上油。上油装置的下面有吸丝枪、切丝器和辅助导丝器。第一加热辊的温度为 60 ~ 120 ℃,第二加热辊表面要求具有非常均匀的温度(介质是封闭的热蒸汽)。由于丝条需要进一步拉伸及定型,并准备送到喷嘴去加工,所以要求该加热区具有高而均匀的温度,这对于变形丝的染色均匀和蓬松性是非常重要的。

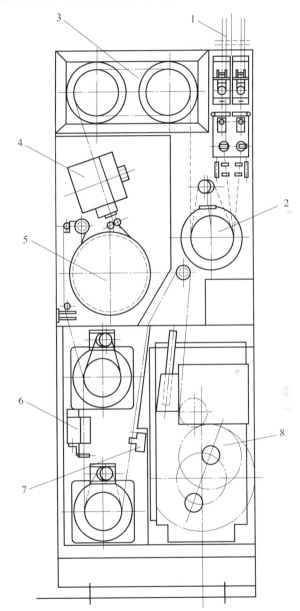

图 2.9 聚酰胺纤维 BCF 生产流程示意图

1—初生丝条;2—第一加热辊;3—加热牵伸箱;4—热流体喷射装置;5—冷却鼓;6—网络喷嘴;7—传感器;8—卷装

2.4.4　聚酰胺短纤维的生产

在聚酰胺短纤维的生产过程中,制造聚合物和熔体纺丝的方法与聚酰胺长丝基本相同。短纤维的熔体纺丝设备向多孔高产发展,喷丝板孔数达 1 000 ~ 2 000 孔,采用环形吹风冷却方式。短纤维卷绕和后加工的生产方式和设备与长丝相比是完全不同的。短纤维纺丝机每个纺丝位生产的丝条,冷却和上油后合并成丝束,经喂入轮送入盛丝桶。将多个盛丝桶中(盛丝桶的数量取决于后加工生产纤维的总线密度)的丝束集中起来进行拉伸、卷曲、热定型、切断,即得到聚酰胺短纤维成品。后加工工艺流程与聚酯短纤类似。

熔纺法生产的短纤维,通常都经过集束、拉伸、热定型、卷曲、切断等工序,得到短纤成品。聚酰胺 6 短纤维由于含有较多的单体(为 8% ~ 10%),其后加工过程除需经上述工序外还必须经过水洗,以使单体的质量分数降低到 1.5% 以下。相应地还需要上油、压干、开松、干燥等辅助过程,才能得到短纤维成品。水洗采用热水。水洗的方法一般有长束洗涤或切断成短纤维后淋洗两种,可分别在水洗槽和淋洗机上进行。开松过程需进行两次:一次是水洗上油后进行湿开松,以利于干燥过程的进行;另一次是在干燥后进行干开松,以增加纤维的开松程度。干燥设备有帘带式干燥机和圆网式干燥机等类型。

2.5　聚酰胺纤维的性能及应用

2.5.1　聚酰胺纤维的性能

聚酰胺纤维是合成纤维中性能优良、用途广泛的一个品种。其耐磨性能优于其他纤维,是强度最高的合成纤维之一,弹性好,其回弹率可与羊毛相媲美,质量轻,为大规模工业化生产的纤维中除丙纶外密度最小的一种(为 1.14 g/cm^3)。因此,聚酰胺纤维还具有一般合成纤维的耐腐蚀、不怕虫蛀、不怕霉烂等优点。

聚酰胺纤维的缺点是耐光性能稍差,在室外长期受日光照射,容易发黄,强度下降。与涤纶相比,它的保型性较差,织物不够挺括。另外,它的表面光滑,有蜡状感,手感较差。

对于这些缺点,近年来已研究了各种改进措施加以解决。如加入耐光剂改善耐光性能,采用共聚或共混纺丝的方法提高挺括性能,制成异形截面丝,以改善外观和手感;与其他品种的纺织纤维混纺或交织,以改善其他有关性能等。

1. 耐磨性

聚酰胺纤维是所有纺织纤维中耐磨性最好的纤维。其耐磨性为棉花的 10 倍,羊毛的 20 倍,黏胶纤维的 50 倍。以上数据是单根纤维测定的结果,不能推广到织物。如在羊毛或棉花中掺入 15% 聚酰胺纤维织成衣料,其耐磨程度比羊毛或棉花织成的织物提高 3 倍。

2. 断裂强度和初始模量

聚酰胺纤维的强度较高。一般纺织用长丝的断裂强度为 4.42 ~ 5.65 cN/dtex,作为特殊用途的聚酰胺强力丝,断裂强度达 6.18 ~ 8.39 cN/dtex,甚至更高。用聚酰胺纤维织成的混纺织物的强力,要比人造毛哔叽高 1 ~ 2 倍。聚酰胺线的湿态强度为干态强度的 85% ~ 90%。

聚酰胺纤维的初始模量比其他大多数纤维低,因此聚酰胺纤维在使用过程中容易变形。在同样的条件下,PA66 纤维的初始模量比 PA6 纤维稍高一些,接近于羊毛和聚丙烯腈纤维。

3. 断裂伸长

聚酰胺纤维的断裂伸长随品种不同而有差异,强力丝的断裂伸长为 20% ~ 30%,普通长丝为 25% ~ 40%,PA6 短纤维要高一些,为 40% ~ 50%。通常,聚酰胺纤维湿态时的断裂伸长率比干态断裂伸长率高 3% ~ 5%。

4. 回弹性

聚酰胺纤维的回弹性极好,例如,聚 PA6 长丝在伸长 10% 的情况下,回弹率为 99%,在同样伸长的情况下,聚酯长丝的回弹率为 67%,而黏胶长丝的回弹率仅为 32%。

5. 耐多次变形性或耐疲劳性

由于聚酰胺纤维的弹性好,因此它的打结强度和耐多次变形性很好。普通聚酰胺长丝的打结强度为断裂强度的 80% ~ 90%,比其他纤维高。聚酰胺纤维的耐多次变形性接近涤纶而高于其他所有化学纤维和天然纤维。因此,聚酰胺纤维是制作轮胎帘子线较好的纤维材料之一。在同样的试验条件下,聚酰胺纤维耐多次变形性比棉纤维高 7 ~ 8 倍,比黏胶纤维高几十倍。

6. 吸湿性

聚酰胺纤维的吸湿性比天然纤维和黏胶纤维低,但在合成纤维中仅次于维纶而高于其他合成纤维。PA6 的吸湿性又略高于 PA66。

7. 染色性

聚酰胺纤维的染色性虽然不如天然纤维和黏胶纤维,但在合成纤维中还是比较容易染色的,通常可用酸性染料,分散染料和其他染料染色。

8. 光学性质

聚酰胺纤维具有光学各向异性,可产生双折射现象。双折射率随拉伸比变化很大,充分拉伸后,PA66 纤维的纵向折射率约为 1.582,横向折射率约为 1.519,PA6 纤维的纵向折射率约为 1.580,横向折射率约为 1.530。聚酰胺纤维的表面光泽度高,通常在纺丝前须添加二氧化钛来消光。

9. 耐光性

聚酰胺纤维的耐光性较差,在长时间的日光和紫外线照射下,强度下降,颜色发黄。通常加入耐光剂,以改善耐光性能。

10. 耐热性

聚酰胺纤维的耐热性能不够好,在 150 ℃ 下,历经 5 h 即变黄,强度和延伸度都显著下降,收缩率增加。但在熔纺合成纤维中,其耐热性比聚烯烃纤维好得多,仅次于涤纶。通常,PA66 纤维的耐热性比 PA6 纤维好,它们的安全使用温度分别为 130 ℃ 和 93 ℃。在 PA66 和 PA6 聚合时加入热稳定剂,可以改善其耐热性。聚酰胺纤维具有良好的耐低温性能,即使在 -70 ℃ 下,其回弹性变化也不大。

11. 电性能

聚酰胺纤维在低温和低湿环境中使用有相当好的绝缘性。在加工过程中容易因摩擦而产生静电。但纤维的电阻率随吸湿率的增加而降低,并随湿度增加而按指数函数规律下降。例如,当大气中的相对湿度分别为 0、50%、100% 时,PA66 和 PA6 纤维的电阻率分别为 $10^{15}\Omega \cdot cm$、$10^{13}\Omega \cdot cm$、$10^{9}\Omega \cdot cm$。因此,在纤维加工中进行给湿处理,可以减少静电效应。

12. 耐微生物作用

聚酰胺纤维耐微生物作用的能力较好,在淤泥或碱中,耐微生物作用的能力仅次于聚氯乙烯纤维,但有油剂或上浆剂的聚酰胺纤维,耐微生物作用的能力降低。PA66 和 PA6 纤维的物理性能虽有差异,但对于一般用途,它们的外观、手感、强力和耐磨性都十分优良,两种纤维的机织物和针织物也难分伯仲,往往可以互相代用。从纤维的收缩率来看,PA6 长丝比 PA66 略高,收缩率高对针织物及起绒织物有利,但不利于机织物。PA6 纤维比 PA66 纤维更柔韧,具有较低的软化点,适用于服装和家用织物。在制造轮胎时的高温处理以及汽车长期使用后,PA6 帘子线强力的降低程度要比 PA66 为大,PA66 的耐高温性能较为优越,因此 PA66 更适宜工业应用。

2.5.2 聚酰胺纤维的用途

聚酰胺纤维广泛用于服装、家用装饰物和工业领域。由于聚酰胺纤维具有高强度、高耐磨和耐用的特性,在对这些性能有特殊要求的场合,常有优于其他纤维的市场地位。例如,高速针织工艺生产的薄型仿丝绸针织品、地毯及旅行毯、轮胎帘子线等。聚酰胺纤维有长丝和短纤。

1. 服用纤维

聚酰胺长丝可以纯织,也可以与其他纤维交织,或经加弹、蓬松等加工过程后作机织物、针织物和纬编织物等的原料。

总线密度在 300 dtex 以下的聚酰胺牵伸丝用于生产羽绒服、滑雪服、伞绸、里子绸、旅行包及混纺织物和丝袜等产品。线密度在 200 dtex 以下的聚酰胺弹力丝和各种变形丝主要用于生产针织服装,多用于妇女内衣、紧身衣、长筒袜和连袜裤。在聚酰胺衣料中,除了锦丝绸、锦丝被面等产品多采用纯聚酰胺长丝外,市场销售的锦纶华达呢、锦纶凡立丁等产品大部分是聚酰胺短纤维与黏胶、羊毛、棉的混纺织物。在宇宙飞行中,聚酰胺纤维用作宇航服的外层和里层面料,利用其高强度来保护宇航员不受微陨石的袭击。随着女式长筒袜和连裤袜消费量的急剧增长,使得 15～40 dtex 聚酰胺纤维弹力丝的产量迅速提高。作为衣料,聚酰胺纤维在运动衣、泳衣、健美服、袜类等方面占有稳定的市场,并日益扩展。

2. 产业用纤维

产业用聚酰胺纤维涉及工农业、交通运输业、渔业等领域。由于聚酰胺纤维具有高干、湿强度和耐腐蚀性,因此是制造工业滤布和造纸毛毡的理想材料,并已在食品、制糖、造纸、染料等轻化工等行业中得到广泛应用。

聚酰胺帘子布轮胎在汽车制造行业中占有重要地位。与其他种类的帘子布相比,更能经受汽车高速行驶中的速率、质量和粗糙路面三要素的考验而不容易使车胎破裂。

聚酰胺纤维由于耐磨、柔软、质量轻,常用于制作渔网、绳索和安全网等产品,在捕鱼、海洋拖拉作业、轮船停泊缆绳、建筑物及桥梁安全保护设施中也深受欢迎。

涂料的聚酰胺织物是以聚酰胺织物为基布,根据用途不同涂上合成橡胶或聚氨基甲酸酯等各种涂料,使其具有高强度、挠性和完全不渗透性,可用作铁路货车和机器的覆盖布、挠性容器、活动车库和帐篷等。高强粗特(140 tex 左右)长丝,用于制作轮胎帘子线、输送带织物、安全聚酰胺纤维,还广泛用于制作传动运输带、消防软管和降落伞布等多种产业用品。

3. 地毯用纤维

粗特(170 tex 以上)聚酰胺 BCF,主要用于生产簇绒、机织和缝编地毯,少量用于装饰布生产。地毯用聚酰胺纤维正逐年增加,特别是新技术开发赋予纤维抗静电、阻燃等特殊功能,旅游、住宅业的发展也促进了地毯用纤维的增长。近年来,随着聚酰胺 BCF 生产的迅速发展,大面积全覆盖式地毯均以聚酰胺为主。使用聚酰胺 BCF 为原料制作簇绒地毯,工艺简单,风格多样,用于起居、宾馆、公共场所和车内装饰等用品,很有发展前途。

聚酰胺短纤维与长丝相比,其使用量较少。单丝线密度为 1.4～20 dtex 的聚酰胺短纤维,用于地毯、针刺毡、工业用毡、混纺纱、静电植绒等方面。在地毯用途中,由于 BCF 的性能更优越,故短纤维的用量在减少。聚酰胺鬃丝用于尼龙搭扣、拉链、牙刷、筛网、渔网等方面。

2.6 聚酰胺纤维的改性

聚酰胺纤维有许多优良性能,但也有一些缺点,如模量低,耐光性、耐热性、抗静电性、染色性以及吸湿性较差。改进聚酰胺纤维的性能有化学改性法和物理改性法两种。化学改性有共聚、接枝等方法,以改善纤维的吸湿性、耐光性、耐热性、染色性和抗静电性;物理改性法有改变喷丝孔的形状和结构、改变纺丝成型条件和后加工技术等方法,以改善纤维的蓬松性、伸缩性、手感、光泽等性能,如纺制复合纤维、异形纤维、混纤丝或经特殊热处理的聚酰胺纤维,可获得各种聚酰胺差别化纤维。

2.6.1 异形截面纤维

异形截面纤维可以改善纤维的手感、弹性和蓬松性,并赋予织物特殊光泽。聚酰胺异形纤维的截面主要有三角形、四角形、三叶形、多叶形、藕形和中空形,可生产仿麻、仿丝、仿毛型产品。中空纤维由于内部存在气体,还可改善其保暖性。

2.6.2 混纤丝

一般将异收缩性纤维相混和将不同截面、不同线密度的纤维相混纺丝。高收缩率和低收缩率纤维的混纤组合,可使纱线成为皮芯复合结构;不同截面和不同线密度的纤维混纤组合,可利用纤维间弯曲模量的差异,避免单纤维间的紧密充填,从而具有蓬松、柔和的手感,并使织物具有丰满感和悬垂性。

2.6.3 抗静电、导电纤维

为了克服聚酰胺纤维易带静电的缺点,可选用亲水性化合物作为抗静电剂与聚酰胺共聚或共混,以获得抗静电纤维。抗静电剂一般是离子型、非离子型和两性型的表面活性剂。纤维的抗静电性是靠吸湿使静电荷泄漏而获得的。例如,在聚己内酰胺的大分子中引入聚氧乙烯(PEO)组分,生成 PA6-PEO 共聚物,其电阻率约为 $10^8\ \Omega \cdot cm$,具有良好的抗静电性能。导电纤维是基于自由电子传递电荷,因此其抗静电性能不受环境湿度的影响。用于导电纤维的导电成分为金属、金属化合物、碳素等。

2.6.4 高吸湿性纤维

对服用聚酰胺纤维进行吸湿改性的目的是提高穿着舒适性,使其容易吸湿、透气。改性方法可应用聚氧乙烯衍生物与己内酰胺共聚,经熔融纺丝后,再用环氧乙烷、氢氧化钾、马来酸共聚物进行后处理而制得。此外,还可先将聚酰胺纤维溶胀,再用金属盐溶液浸渍或用稀碱溶液后处理,以获得高吸湿聚酰胺纤维。

意大利 SniaFibre 公司开发的"Fibre-S"是一种改性高吸湿聚酰胺纤维,是在聚己内酰胺中添加 20% 的聚(4,9—二氧环癸烷己二酰二胺),通过共混纺丝而制得,纤维的强度和吸湿性有很大改善,其吸湿性与棉相似,且具有柔和的手感。美国 Allied 公司开发生产的高吸水共聚酰胺纤维"Dro—file"系列产品,是以 85∶15 的尼龙 6 和聚氧化乙烯二胺的嵌段共聚物通过熔融纺丝而制得的。日本尤尼吉卡公司开发的一种皮芯型高吸湿放湿的尼龙纤维 HYGRA,由吸水性树脂作芯、尼龙作皮,通过复合纺丝制成的皮芯型复合纤维,其吸水能力是其自重的 35 倍。另外,纤维芯部吸收汗气、液体,纤维皮部的尼龙提供强度和尺寸稳定性,即使在湿润状态下也能保持干爽的触感。HYGRA 除可 100% 单独使用外,还可以与其他纤维材料复合使用,以满足各种用途。

2.6.5 耐光、耐热纤维

聚酰胺纤维在光或热的长期作用下,会发生老化,性能变差。其老化机理是在光和热的作用下,形成自由基,产生连锁反应,使纤维降解,特别是当聚酰胺纤维中含有消光剂二氧化钛时,在日光照射下,与之共存的水和氧生成的过氧化氢引起聚酰胺性能恶化。为了提高其耐光、耐热性,目前已研究了各种类型的防老剂,如苯酮系的紫外线吸收剂,酚类和胺类的有机稳定剂,铜盐和锰盐等无机稳定剂。采用锰盐无机稳定剂对于提高聚酰胺纤维的耐光性更为有效。

第3章 聚丙烯纤维

聚丙烯纤维,也称 PP 纤维或丙纶,是 20 世纪 60 年代才开始工业化生产的新纤维品种。丙烯聚合物有三种构型,纤维生产使用的是等规度大于 95% 的等规聚丙烯。等规聚丙烯是意大利的纳塔(Natta)等人首先研制成功并于 1957 年实现工业化生产的,之后不久,蒙特卡蒂尼(Montecatini)公司将其用于聚丙烯纤维的生产。由于聚丙烯纤维原料来源丰富,生产过程简单,成本低,故应用广泛。因此自 20 世纪 70 年代以后,聚丙烯纤维生产发展迅速。1997 年其产量已达到 387×10^4 t(占合成纤维总产量的 15.6%),超过聚丙烯腈纤维成为仅次于涤纶、锦纶的第三大合成纤维。

3.1 聚丙烯纤维原料

聚丙烯纤维的原料——等规聚丙烯是以丙烯为原料,用配位阴离子型催化剂进行聚合反应制得。在工业生产中可以采用不同的催化剂和工艺路线;有使用惰性烷烃(如己烷、正庚烷)作为反应介质的淤浆聚合法,也有用少量介质或不使用介质的本体聚合法和气相聚合法。多数聚丙烯是用第一种方法生产的。

3.1.1 等规聚丙烯的结构

聚丙烯是以碳原子为主链的大分子,根据其甲基在空间排列位置的不同,有等规、间规、无规三种立体结构(图 3.1)。聚丙烯分子主链上的碳原子在同一平面上,其侧甲基可以在主链平面上、下呈不同的空间排列。

等规聚丙烯(Ⅰ)的侧甲基在主链平面的同一侧,各结构单元在空间有相同的立体位置,立体结构规整,很容易结晶。间规聚丙烯(Ⅱ)的侧甲基有规则地交替分布在主链平面的两侧,也有规整的立体结构,容易结晶。无规聚丙烯(Ⅲ)的侧甲基完全无序地分布在主链平面的两侧,分子对称性差,结晶困难,是一种无定形的聚合物。

成纤用聚丙烯是具有高结晶性的等规聚丙烯,其结晶为一种有规则的螺旋链(图3.2),这种结晶不仅单个链有规则结构,而且在链轴的直角方向也有规则的链堆砌。

由图 3.2 可以看到,聚丙烯的甲基按螺旋状沿碳原子主链有规则地排列,其等同周期为 0.65 nm,在平面上甲基的等同周期为 2.35 nm,它们之间不是整数倍关系,因此设想甲基是按一定角度排列的螺旋结构,在螺旋结构中有右旋、左旋、侧基向上和侧基向下四种。其中,C—C 单键的距离为 0.154 nm,键角为 114°,侧链键角为 110°。

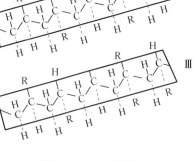

CH
CH₂
CO₃

图 3.1　PP 立体结构　　　　　　　　　　　图 3.2　PP 的螺旋结构

球晶的数目、大小和种类对二次加工的性质有很大影响。屈服应力与单位体积中球晶数的平方根成正比,在相同的结晶度时,球晶小的,屈服应力与硬度较大,因成型及热处理条件不同,其弯曲刚性和动态黏弹性也有差别。球晶中,Ⅰ、Ⅱ及混合型易屈服变形,延伸较大,而Ⅲ、Ⅳ型则变形小。实验表明:结晶温度小于 134 ℃时易出现单斜晶Ⅰ,结晶温度大于 138 ℃时易出现单斜晶Ⅱ,结晶温度小于 128 ℃时易出现六方晶Ⅲ与单斜晶Ⅰ混合,结晶温度在 128～132 ℃时易出现六方晶Ⅳ,结晶温度在 138 ℃左右时易出现单斜晶Ⅰ+Ⅱ。因此可以根据结晶温度选择丙纶的后加工温度。

3.1.2　等规聚丙烯的性质

1. 等规度

聚丙烯除了有较高的相对分子质量外,还必须具有很高的规整度。等规聚丙烯的等规度一般大于 0.95,因此其具有很强的结晶能力,同时会大大改善产品的力学性能。测定聚丙烯的等规度一般用萃取法,此法是基于无规聚丙烯在标准溶剂中,在标准条件下的选择溶解度。通常所说的等规度也称全同指数,是指"沸腾庚烷不溶物"或"沸腾十氢萘不溶物"的量。

2. 热性质

聚丙烯的玻璃化温度有不同数值,无规聚丙烯的玻璃化转变温度为 -12～-15 ℃。等规聚丙烯的玻璃化温度根据测试方法而有不同的值,其范围为 -30～25 ℃。聚丙烯的熔点为 164～176 ℃,高于聚乙烯而低于聚酰胺。等规度越高,熔点也越高;对于同一试样,若升温速度缓慢或在熔点附近长时间缓冷,也会使熔点升高;相对分子质量对熔点的影响不大。聚丙烯热分解的温度为 350～380 ℃。

聚丙烯具有较高的热熔(915 J/g)和较低的热扩散系数(10^{-3} cm²/s),因此其熔体的冷却固化速率较低,加工时应注意成型条件的选择。

聚丙烯的热导率为 $8.79 \times 10^{-2} \sim 17.58 \times 10^{-2}$ W/(m·K),是所有纤维中最低的,因此其保温性能最好,优于羊毛。聚丙烯在无氧时有相当好的热稳定性,但是在有氧时,它的耐热性却很差,因此聚丙烯在加工及使用中,非常有必要防止其产生热氧化降解。一般通过加入抗氧剂及紫外线稳定剂防止降解。

3. 流变性能

图 3.3 为聚乙烯、聚丙烯、聚酯及聚酰胺的流动曲线。可见,聚酯及聚酰胺在剪切应力为 $10^4 \sim 10^5$ Pa 时仍显示牛顿流动行为,而聚乙烯和聚丙烯熔体在同样的剪切应力下,已经严重偏离牛顿流动行为,出现了切力变稀现象。聚丙烯相对分子质量越大,相对分子质量分布越宽,熔体温度越低,其偏离牛顿流动的程度越显著,严重时还会产生熔体破裂,特别是当选用孔径较小的喷丝板、采用较低温度和较高的挤出速率纺丝时。表 3.1 为聚丙烯相对分子质量及其分布对聚丙烯流动性质的影响。

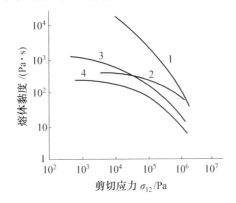

图 3.3 为聚乙烯、聚丙烯、聚酯及聚酰胺的流动曲线
1—PE,150 ℃;2—PET,280 ℃;3—PP,230 ℃;4—PA,280 ℃

表 3.1 聚丙烯相对分子质量及其分布对聚丙烯流变性质的影响

特性黏度/ (dL·g^{-1})	多分散系数 M_w/M_n	MI(230 ℃)/ (g·(10 min)$^{-1}$)	临界切变速率 /(L·s^{-1})	临界切变应力 /MPa	黏流活化能/ (kJ·mol^{-1})
1.48	4.6	9.58	7 600	0.42	41.45
1.95	5.3	2.32	1 200	0.35	43.38
2.33	4.3	0.84	1 100	0.40	48.57
3.28	5.3	0.18	100	0.31	74.53

由表 3.1 可见,聚丙烯的相对分子质量越高,越容易出现假塑性流动行为,越易产生熔体破裂。升高温度可使熔体的零切黏度降低,降低幅度取决于高聚物的相对分子质量和加工时的剪切速率或应力。较低相对分子质量聚合物的黏度对温度变化的敏感性小于较高相对分子质量聚合物;高剪切速率下黏度对温度的敏感性更强。

聚丙烯熔体从毛细孔中挤出时的胀大效应也依赖于相对分子质量、相对分子质量分布及加工成型条件。毛细孔直径增大,毛细孔的长度增加,毛细孔中平均剪切速率减小或温度升高挤出胀大效应减小,反之胀大效应显著。胀大效应对纺速及喷出细流的稳定性及卷绕丝的结构有重要影响。因此应合理选择纺丝成型条件,以避免胀大效应过大。

工业上常采用熔体流动指数(MI)表示聚丙烯的流动性,也可粗略地衡量其相对分子质量。PP 熔体流动指数见表 3.2。

表 3.2 PP 熔体流动指数

聚丙烯的应用	熔体流动指数(MI)/(g·(10 min⁻¹))
丙纶工业丝	8~18
一般丙纶(短纤、复丝)	14~22
高速纺丝、地毯丝	20~30
细特丝	30~40
纺黏法非织造布用丝	30~40

4. 相对分子质量及其分布

相对分子质量及其分布对聚丙烯的熔融流动性质和纺丝、拉伸后纤维的力学性能有很大影响。纤维级聚丙烯的平均相对分子质量为 18 万~30 万,比聚酯和聚酰胺的相对分子质量(2 万左右)高很多。这是因为聚酰胺具有氢键,聚酯有偶极键,大分子之间的作用力较大,而聚丙烯大分子之间的作用力较弱,为使产品获得良好的力学性能,聚丙烯的相对分子质量必须较高。

等规聚丙烯的相对分子质量分布较大,一般相对分子质量的多分散性系数为 4~7,而聚酯和聚酰胺只有 1.5~2。用于纺丝用的聚丙烯树脂,相对分子质量分布越窄越好,一般纺制短纤维聚丙烯的多分散系数为 6 左右,纺制长丝时为 3 左右。

5. 耐化学性及抗生物性

等规聚丙烯是碳氢化合物,因此其耐化学性很强。在室温下,聚丙烯对无机酸、碱、无机盐的水溶液、去污剂、油及油脂等有很好的化学稳定性。氧化性很强的试剂,如过氧化氢、发烟硝酸、卤素、浓硫酸及氯磺酸会侵蚀聚丙烯;有机溶剂也能损害聚丙烯。大多数烷烃、芳烃、卤代烃在高温下会使聚丙烯溶胀和溶解。聚丙烯具有极好的耐霉性和抑菌性。

6. 耐老化性

聚丙烯的特点之一是易老化,使纤维失去光泽、褪色、强伸度下降,这是热、光及大气综合影响的结果。因为聚丙烯的叔碳原子对氧十分敏感,在热和紫外线的作用下易发生热氧化降解和光氧化降解。由于聚丙烯的使用离不开大气、光和热,所以提高聚丙烯的光、热稳定性十分重要,为此需在聚丙烯中添加抗氧剂、抗紫外线稳定剂等。

3.1.3 成纤聚丙烯的质量要求

成品纤维的强度随聚丙烯相对分子质量的增加而增大,但相对分子质量过高也会导致黏度增加,弹性效应显著,可纺性下降。因此,常用纤维级降聚丙烯切片的质量指标见表 3.3。

表 3.3 常用纤维级降聚丙烯切片的质量指标

项目	指标	项目	指标
相对分子质量(M_h)	18 万 ~ 36 万	灰分	<0.05%
相对分子质量分布系数 M_w/M_n	≤6	含水率	<0.1%
熔点	164 ~ 172 ℃	铁和钛的含量	<20 mg/kg
熔体流动指数(每 10 min)	4 ~ 40	含水率	<0.01%
等规度	95% 以上	PP 的[η]	单丝 2 dL/g,复丝 1.5 dL/g

聚丙烯大分子链上不含极性基团,吸水性极差,且水分对聚丙烯的热氧化降解影响不大,所以在纺丝前不必干燥。

对熔体流动指数很低的聚丙烯,可利用化学降解法制得熔体流动指数较高的聚丙烯。化学降解法的实质是将带有活性自由基的低相对分子质量有机过氧化物(如过氧化异丙苯、萜烷过氧化氢等)与等规聚丙烯切片混合,使相对分子质量偏大的聚丙烯发生降解。

在丙纶生产过程中,灰分等含量低的树脂可纺性良好,喷丝头组件的使用周期可长达两周以上;灰分等含量高的树脂可纺性差,喷丝头组件使用周期只有数十小时,注头丝多,而且经常漏胶,成品纤维的均匀性差。

树脂中的杂质可分为无机杂质和有机杂质两种。无机杂质有外来杂质和树脂内杂质。外来杂质来自树脂切片生产、储存、运输和使用等环节;树脂内杂质主要来自催化剂和各类助剂(包括色母粒、阻燃母粒等)。有机杂质(凝胶物)可能是一些相对分子质量极高的或支化的高熔点物质,这与树脂质量指标中的凝胶粒子(或称晶点、鱼眼)有关。纺丝时,一小部分直径较大的杂质被过滤介质滤去,而一部分直径较小的杂质将通过过滤介质而留在初生纤维中。杂质含量高时,易堵塞过滤介质的空隙,使组件内过滤压力升高过快,因而常引起漏胶、击穿滤网而缩短组件的使用寿命。尤其是灰分高、凝胶块大而多时,这种情况就更明显。而留在丝条内的杂质将造成单丝缺陷,拉伸时,应力集中而单丝断裂,引起毛丝、绕盘率、绕辊率、断头率增加。这不但使原料切片消耗增加、纺丝和拉伸困难,而且严重影响生产效率、生产成本和成品丝的质量及纺织加工性能。因此,对聚丙烯树脂切片的杂质要严格限制,灰分含量应控制在 250 mg/kg(最好小于 100 mg/kg),以确保可纺性,这是丙纶生产厂的基本要求。

3.2 聚丙烯纤维的成型加工

等规聚丙烯是一种典型的热塑性高聚物,其熔体形态及流动性质与其相对分子质量及其分布有着密切的关系。不同熔融指数的聚丙烯适于不同的纺丝方法,产品性能也不同。表3.4列出了常用聚丙烯的熔融指数、相对分子质量分布、加工方法及产品用途。

表 3.4　常用聚丙烯的熔融指数、相对分子质量分布、加工方法及产品用途

MI/(g·min^{-1})	M_w/M_n	M_w(×10^3)	加工工艺	产品用途
35	2.9	180	常规法、POY、FDY	卫生或农用非织造布、特殊用途纺织长丝
25	3.4	180	常规法、POY、FDY	细旦或卫生巾用非织造布、地毯、针刺地毡
20	6	220	BCF、短程纺	卫生或农用非织造布、特殊用途纺织长丝
28	4.5	190	短程纺、POY、FDY	产业用纺织用丝、地毯
12	6.5	220	短程纺、低速纺	产业用纺织品、高级卫生用非织造布
12	2.6	220	FDY、POY、纺粘法	产业用纺织品、农业用非织造布
18	4.2	220	短程纺	高强丝、过滤织物

等规聚丙烯是典型热塑性高聚物,可熔融加工为各种用途的制品。工业生产聚丙烯纤维一般采用普通的熔体纺丝法和膜裂纺丝法。随着生产技术的发展,近年来又有许多新的生产工艺出现,如复合纺丝、短程纺、膨体长丝、纺-拉一步法(FDY)、纺粘和熔体喷射法等非织造布工艺。

3.2.1　常规聚丙烯纤维熔体纺丝

和聚酯、聚酰胺一样,聚丙烯可以用常规熔纺工艺纺制 PP 长丝和短纤维。由于纤维级聚丙烯具有较高的相对分子质量和较高的熔体黏度,熔体流动性差,故需采用高于聚丙烯熔点 100～130 ℃的挤出温度(熔体温度),才能使其熔体具有必要的流动性,满足纺丝加工要求。纺制长丝时,卷绕丝收集在筒管上,经热板或热辊在 90～130 ℃下拉伸 4～8倍。生产高强度纤维时,应适当提高拉伸比,以提高纤维的取向度。拉伸之后,要对纤维进行热定型以完善纤维结构,提高纤维尺寸稳定性。

纺制短纤维一般采用 500 或上千孔的喷丝板。初生纤维集束成 60～110 ktex 的丝束,在水浴或蒸汽箱中于 100～140 ℃下进行二级拉伸,拉伸倍数为 3～5 倍,然后进行卷曲和松弛热定型,最后切断成短纤维。

1. 混料

聚丙烯的含水率极低,可不必干燥而直接进行纺丝。由于聚丙烯染色困难,所以常在纺丝时加入色母粒以制得色丝。色母粒的添加主要有两种形式:一是将固态色母粒经计量直接加入聚丙烯中;二是将色母粒熔融后,定量加入挤出机的压缩段的末端与熔融聚丙烯混合。后者的投资较大,但混合精度较高。

2. 纺丝

聚丙烯纤维的纺丝设备和聚酯纤维相似,但也有其特点。通常使用大长径比的单螺杆挤出机 L/D 为 20～26,最小压缩比为 2.8,纺低线密度纤维时,螺杆的计量段应长而

浅,以减少前一段产生的流速变化,有利于更好地混合,得到组成均一的流体,且高速剪切有利于聚丙烯降解,改善高相对分子质量聚丙烯熔体的流动。

由于聚丙烯熔化温度较低、骤冷比较困难,挤出胀大比较大,因此其所用喷丝板通常具有以下特征:①喷丝孔的分布密度应较小,以确保冷却质量;②喷丝孔的孔径较大,一般为 0.5～1.0 mm;③喷丝孔长的径比较大,一般为 2～4,以避免熔体在高速率剪切时过分膨化而导致熔体破裂。

尽管等规聚丙烯结晶能力较强,但容易挤出成型。选择不同的原料及纺丝条件可以获得不同强度的纤维。要得到高强度纤维,必须选择相对分子质量分布较窄的高相对分子质量聚丙烯,同时进行高倍拉伸以提高纤维的结晶度和取向度。

（1）纺丝温度

纺丝温度直接影响着聚丙烯的流变性能、聚丙烯的降解程度和初生纤维的预取向度。因此纺丝温度是熔体成型中的主要工艺参数。

纺丝温度主要是指纺丝箱体(即纺丝区)温度。纺丝温度过高,熔体黏度降低过大,纺丝时容易产生注头丝和毛丝;同时还会因为熔体黏度过低,流动性大,由自重引伸大于喷丝头拉伸,而造成的并丝现象。纺丝温度过低,熔体黏度过大,出丝困难且不均匀,造成喷丝头拉伸时产生熔体破裂而无法卷绕,严重时可能出现全面断头或硬丝。根据生产实践,聚丙烯纺丝区的温度要高于其熔点 100～130 ℃。聚丙烯的相对分子质量增大,纺丝温度要相应提高。

聚丙烯有较高的相对分子质量和熔体黏度,在较低温度下纺丝时,初生纤维可能同时产生取向和结晶,并形成高度有序的单斜晶体结构。若在较高的纺丝温度下纺丝,因结晶前熔体流动性大,初生纤维的预取向度低,并形成不稳定的碟状液结晶结构,所以可以采用较高的后拉伸倍数获得高强度纤维。

聚丙烯的相对分子质量分布不同,纺丝的温度也不同。当相对分子质量分布系数在 1～4 内变化时,纺丝温度的变化范围在 30 ℃左右;相对分子质量分布越宽,则采用的纺丝温度也越高。实践表明,纺短纤维时应选用 MI 为 6～20 g/10 min 的聚丙烯切片;而纺长丝时应选用 MI 为 20～40 g/10 min 的聚丙烯切片。

（2）冷却成型条件

成型过程中的冷却速度对聚丙烯纤维质量有很大影响。若冷却较快,纺丝得到的初生纤维是不稳定的碟状液晶结构;若冷却缓慢,则得到的初生纤维是稳定的单斜晶体结构。冷却条件不同,初生纤维内的晶区大小及结晶度也不同。在成型过程中,增大吹风量,降低丝室温度或在纺黏时用冷却浴使熔体细流骤冷,即可得到具有不稳定的碟状液晶结构的初生纤维,有利于后拉伸。

冷却条件不同,初生纤维的预取向度也不同,增加吹风速度会导致初生纤维预取向度增加,较高取向度还会导致结晶速度加快,结晶度增大,不利于后拉伸,因此合理选择冷却条件至关重要。

在实际生产中,丝室温度以偏低为好。采用侧吹风时,丝室温度可为 35～40 ℃;环吹风时可为 30～40 ℃,送风温度为 15～25 ℃,风速为 0.3～0.8 m/s。

（3）喷丝头拉伸

喷丝头拉伸不仅使纤维变细,而且对纤维的后拉伸及纤维结构有很大影响。在冷却条件不变的情况下,增大喷丝头拉伸比,纤维在凝固区的加速度增大,初生纤维的预取向度增加,结晶变为稳定的单斜晶体,纤维的可拉伸性能下降。聚丙烯纺丝时,喷丝头拉伸比一般控制在 60 倍以内,纺丝速度一般为 500 ~ 1 000 m/min,这样得到的卷绕丝具有较稳定的结构,后拉伸容易进行。

（4）挤出胀大比

聚丙烯熔体黏度大,其纺丝的挤出胀大比比聚酯大。当挤出胀大比增大时,熔体细流拉伸性能逐渐变差,且往往会产生熔体破裂,使初生纤维表面发生破坏,有时呈锯齿形和波纹形,甚至生成螺旋丝。若纺丝速度过高或纺丝温度偏低,其切变应力超过临界切变应力时就会出现熔体破裂,影响纺丝和纤维质量。由实验可知,随着熔体温度的降低或聚丙烯的相对分子质量增大,挤出胀大比增大。

因此,适当提高纺丝温度、增大喷丝孔径及孔长径比,可以减少细流的膨化和熔体破裂。也可在聚丙烯切片中加入相对分子质量调节剂、增塑剂等控制适宜的相对分子质量及分布来改善聚丙烯的可纺性,提高纤维质量。

3. 拉伸

熔纺制得的聚丙烯初生纤维虽有较高的结晶度（33% ~ 40%）和其双折射率（Δn 为 $(1 \times 10^3) \sim (6 \times 10^3)$）,但仍需经热拉伸及热定型处理,以赋予纤维强力及其他性能。其他条件相同时,纤维的强度取决于大分子的取向程度,提高拉伸倍数可提高纤维的强度,降低纤维的延伸度,降低纤维结晶度。但过大的拉伸倍数会导致大分子滑移和断裂。工业生产中拉伸倍数的选择应根据聚丙烯的相对分子质量及其分布和初生纤维的结构来决定。

相对分子质量较高或相对分子质量分布较宽时,选择的拉伸比应较低,初生纤维的预取向度较低或形成结晶结构较不稳定时,可选择较大的喷丝头拉伸比。

（1）拉伸温度

拉伸温度影响拉伸过程的稳定及纤维结构。拉伸温度过低,拉伸应力大,允许的最大拉伸倍数小,纤维强力低且会使纤维泛白,出现结构上的分层。拉伸温度高,纤维的结晶度增大。温度过高,分子过度热运动会导致纤维在取向时强力的增加幅度减少,且会破坏原有的结晶结构。因此聚丙烯纤维的拉伸温度一般控制在 120 ~ 130 ℃。因为在此温度下,纤维性能最好,结晶速度也最高。

（2）拉伸速度

聚丙烯纤维的拉伸速度不宜过高,因为过高的拉伸速度会使拉伸应力大大提高,纤维空洞率增加,拉伸断头率增加。生产长丝时拉伸速度一般为 300 ~ 400 m/min。聚丙烯长丝的拉伸为双区热拉伸,热盘温度为 70 ~ 90 ℃,热板温度为 110 ~ 130 ℃。总拉伸倍数为 4 ~ 8 倍。若采用高相对分子质量聚丙烯,在尽可能低的喷丝头拉伸下冷却成型,然后进行高倍拉伸,可得到高强度的聚丙烯。

短纤维拉伸速度为 180 ~ 200 m/min。聚丙烯短纤维拉伸为二级拉伸,第一级拉伸温度为 60 ~ 65 ℃,拉伸倍数为 3.9 ~ 4.4 倍;第二级拉伸温度为 135 ~ 145 ℃,拉伸倍数为 1.1 ~ 1.2 倍。

（3）总拉伸倍数

棉型纤维的总拉伸倍数为 4.6 ~ 4.8 倍,毛型纤维的总拉伸倍数为 5 ~ 5.5 倍。拉伸后的丝束进行卷曲及松弛热定型,最后经切断成为棉型短纤维。

4. 热定型

聚丙烯纤维经热定型处理后,纤维的尺寸稳定性提高,使沸水收缩率下降,纤维的卷曲度和加捻的稳定性提高。经热处理后的纤维结晶度可以提高到65%左右。实验表明,一定温度范围内,结晶度和密度随提高定型温度和时间延长而增大。聚丙烯纤维的热定型温度以 120 ~ 130 ℃ 为宜。

结晶度增加的原因是热处理提供了激化分子运动的条件,使某些内部的结晶缺陷得到愈合,并使一些缠结分子和低分子进入晶格。张力会妨碍这个过程的进行,因此松弛条件下结晶的变化要比张力条件下的变化更显著。

3.2.2　膜裂纺丝

膜裂纤维也称薄膜纤维,是高聚物薄膜经纵向拉伸、切割、撕裂或原纤化制成的化学纤维。这种纤维的生产方法具有工艺简单、消耗定额低、设备投资少、产量高和成本低等特点,且对原料要求不高,甚至聚合物中填充40%的有机物仍能进行膜裂加工。聚丙烯膜裂纤维具有价格低廉、密度小、强度高、耐腐蚀和绝缘性好等优点,可以代替麻、棉及其他纺织纤维,用于制作地毯基布、帆布、过滤布、包装袋及各种绳索等。

膜裂纤维有许多种生产方法,在这些方法中,均包括以下主要工序:薄膜(或薄膜条)成型、单轴拉伸、热定型以及将其裂纤。根据薄膜裂纤的方法不同,膜裂纤维可分为割裂纤维和撕裂纤维两大类。

1. 薄膜的成型

薄膜成型的方法主要有两种,即平膜挤出法和吹塑制膜法。平膜挤出法是通过 T 型机头挤出平膜,随后在冷却辊上或通过水浴冷却。该方法能准确控制薄膜厚度,裂纤后纤维线密度较均匀,强度高,但手感及抗冲击性稍差。吹塑制膜法是通过环型机头将熔体挤出呈圆桶状,接着向其中心吹气,使其像气球那样膨胀起来而获得拉伸,一直达到所要求的薄膜厚度,随后在环状空气帘中冷却、压平。该方法产量高,手感好,但产品的线密度不够均匀,编织难度较大。聚丙烯未拉伸薄膜一般为 40 ~ 1 200 mm,速度为 20 ~ 30 m/min。

2. 拉伸与热定型

单轴拉伸是膜裂纤维生产的第二个重要步骤。拉伸有三种:①在红外线加热箱、热空气箱或蒸汽加热箱中进行长距离拉伸;②在热板上进行长距离拉伸;③在热辊短隙拉伸。

(1)拉伸

①热箱拉伸。热箱拉伸是最常用的方法。薄膜或扁条在两拉伸机之间的热箱内进行热拉伸,热箱长度一般为 2.5 ~ 4.0 m,由几个短的烘箱串联组合而成。热箱拉伸设备投资少,操作简单,维修方便,但薄膜的宽度会缩小。

②热板拉伸。热板拉伸采用拱形电加热板加热,传热效果比热箱好,薄膜宽度的收缩稍小一些,但在热板的整个宽度上可能存在温度差异,而且为避免薄膜粘板,不能采用过高的温度。

③热辊拉伸。热辊拉伸是在加热辊与冷却辊的短小间隙内发生,拉伸速度高,薄膜宽度基本保持不变,但设备投资大,操作较复杂,它不仅适用于切膜条的拉伸,更适用于整幅薄膜拉伸。

拉伸温度一般为 120~180 ℃，一般拉伸倍数为 6~11 倍；生产织造用的扁丝时，采用低倍拉伸，拉伸 6~8 倍比较适宜；生产打包用绳时，可取 11 倍拉伸。

（2）热定型

热定型可采用与拉伸相同的加热设备，对收缩率要求较低的产品，热定型十分重要，定型温度应比拉伸温度高 5~10 ℃，定型收缩率一般控制在 5%~8%。也有定型与拉伸采用不同加热形式的。经过热定型，薄膜或扁丝的沸水收缩率可降到 3% 以下。

3. 割裂纤维生产工艺

割裂纤维（扁丝）是将挤出或吹塑得到聚丙烯薄膜引入切割刀架，用刀片切割成 2.6~6 mm 宽的扁带，再经单轴拉伸得到的线密度为 555~1 670 dtex 的扁丝。这种扁丝轻便，耐腐蚀，但柔性和覆盖性差，它可用于代替黄麻制作包装袋、地毯衬底织物、编织带及绳索等。

扁丝生产有两种工艺形式：

①窄条拉伸法：将薄膜先切割，然后将切割的膜条在加热箱中拉伸成扁丝。

②筒拉伸法：是在薄膜未切割时进行拉伸，然后切割成纤。这种纤维的边缘不收缩，有利于生产厚包装袋，但其机械性能比拉伸扁丝稍低，热收缩率较大，因而其产品耐热性能差，不能做地毯底布，特别适用于生产包装织物。

切割薄膜或切膜条所用的割刀约为 0.25 mm 厚的不锈钢单面刀片，根据薄膜宽度以及扁丝的宽度要求，将若干把刀片按一定间距组装在刀架上，刀片间用酚醛树脂片隔开。

4. 撕裂纤维

撕裂纤维也称原纤化纤维，是将挤出或吹塑得到的薄膜经单轴拉伸，使其大分子沿着拉伸方向取向提高断裂强度，降低断裂伸长，然后经破纤装置将薄膜开纤，再经物理-化学或机械作用使开纤薄膜进一步离散成纤维网状物或连续长丝。撕裂纤维生产的关键是薄膜的原纤化，原纤化方法有以下三种：

（1）无规机械原纤化

无规则机械原纤化是通过机械作用使薄膜或由薄膜制成的扁条发生原纤化，它是通过在与运行方向垂直或成一夹角的方向上施加一个机械作用实现的。例如，将拉伸的聚丙烯薄膜或扁条穿过一对涂胶辊，而其中至少有一个辊能够在垂直于薄膜的运动方向摆动，使这些扁条同时受到两个方向的力的作用，最终这些扁条被搓裂成形状不规则、线密度不均匀的网状纤维。采用这种原纤化方法得到的是一种网格大小不定的网状纤维，或是长度和宽度都不规则的单纤维。

（2）可调机械原纤化

可调机械原纤化是通过机械作用使薄膜或由薄膜制成的扁条发生原纤化，形成具有均匀网格的网状结构或者均匀尺寸的纤维。可调机械原纤化有以下三种方法用于生产。

①针辊切割法。这是一种受到关注并已得到普及的方法。它是将数万根钢针安装在针辊上，针辊与薄膜同方向运行，同时刺透薄膜，使之裂纤成具有一定规则的网状结构的纤维。网格的几何结构和纤维粗细由针辊与薄膜的接触长度、针辊与薄膜的相对运动速度及针的配置所决定。如采用小直径针辊并使针辊与薄膜的接触长度缩短，会得到极不规则的具有杂乱小孔的网状物，这种网状物由彼此相连的较粗的纤维构成；如采用大直径针辊和长的接触长度，会得到不规则的具有长孔的网状物，这种网状物由彼此相连的较细

的纤维构成。

机械原纤化装置主要由油剂导辊、压辊、针辊等组成。薄膜经高倍拉伸后,再经针辊模裂成为不规则网状纤维。聚丙烯针辊法撕裂纤维生产工艺流程如图 3.4 所示。

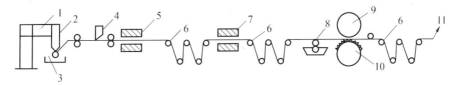

图 3.4　聚丙烯针辊法撕裂纤维生产工艺流程

1—挤出机;2—歧管式机头;3—冷却水箱;4—切割设备;5—加热烘箱;6—拉伸机;7—热定型烘箱;
8—抗静电油剂;9—橡胶压辊;10—机械原纤化辊;11—去卷取

针辊法生产的纤维的线密度一般为 5.5 ~ 33 dtex,适合于作低级地毯、包装材料以及股线、绳索等,也用作薄膜增强材料。该纤维经梳理、加捻或与其他纤维混纺,可得到普通纺织纱线,用于编织和针织加工。

②异形模口挤出法。挤压热塑性熔体,使其通过一个异形的平膜模口(模口的截面形状为沟槽形),得到具有刻痕的宽幅异形薄膜,其中的条筋(隆脊)之间由强度很弱的薄膜相互连接。拉伸取向时,弱的薄膜被破坏,条筋分裂成多根连续长丝。其外观和截面形状与普通长丝相似,没有机械原纤化丝的那种网状结构。异形模口挤出法生产的纤维的线密度一般为 22.2 ~ 27.8 dtex,主要用于优质绳索、包装和保护材料、地毯以及工业用织物。

③辊筒压纹法。用一个带有条痕的压力辊对挤出薄膜进行压纹。压纹可以在薄膜仍为流体时进行,也可在其固化后进行。例如,将宽度和厚度适当的熔体薄膜或经预热的薄膜送入一个由一个光面辊和一个压纹辊组成压力间隙,经过该间隙后薄膜被压成一系列完全或部分分开的或由极薄的薄膜连接着的连续薄膜条,该薄膜条经过热箱拉伸和热定型可得到类似于异形长丝的连续丝条。

辊筒压纹法生产的纤维种类与异形模口挤出法相似,但该法有更多的优点:①用不同槽距和外形的压纹辊,可在很宽的范围内改变纤维横截面形状,因此该纤维用途更广;②变更丝条的分丝棒,可改变丝条根数;③生产过程稳定,容易控制,纤维均匀度较高。

(3)化学-机械原纤化

化学-机械原纤化是在成膜前在聚合物中加入一些其他成分,引入的成分在成型后的薄膜中呈现非连续相,在冷却拉伸中,薄膜中这些非连续相便成为应力集中点,并随之引起机械原纤化。在薄膜中引入泡沫,使之成为薄膜中的间断点,当泡沫薄膜拉伸取向时,薄膜中的气泡被拉长,导致薄膜原纤化。

不论用哪种方法引入间断点,都需进行机械处理,以扩展裂纤作用,并形成一种真正的纤维状的产品。这种方法特别适用那些用机械方法难以裂纤或不能裂纤的薄膜。化学-机械原纤化法得到膜裂纤维也是无规则的,但是由于这种裂纤过程比较缓和,故纤维的均匀性较好。

3.2.3　短程纺丝

短程纺丝是指有冷却丝仓而无纺丝甬道的熔体纺丝方法。较常规纺丝相比,工艺流程短、纺丝工序与拉伸工序直接相连、喷丝头孔数增加、纺丝速度降低的一种新工艺路线。它具有占地面积小、产量高、成本较低、操作方便、宜于迅速开发且适应性强等优点。该技术主要以生产丙纶为主,也可用于生产涤纶、锦纶。

短程纺丝的特点是冷却效果好,没有纺丝甬道,纺丝细流的冷却长度较短(为 0.6 ~ 1.7 m);纺丝丝仓、上油盘以及卷绕机构在一个操作平面上,设备总高度大大降低,整套生产线可缩短到 50 m 左右;从切片输入到纤维打包全部连续化,可生产单丝线密度为 1 ~ 200 dtex的短纤维。

短程纺丝技术按照纺速可分为低速短程纺丝和高速短程纺丝。

1. 低速短程纺丝

低速短程纺的工艺流程如下:混料斗→挤压机→过滤器→纺丝→环吹风→牵引上油→五辊拉伸机→蒸气加热→七辊拉伸机→上油→收幅→张力调节→卷曲→松弛热定型→切断打包。

MODERNE 公司短程纺丝工艺流程图如图 3.5 所示。其生产工艺是 PP 经过混料通过螺杆挤压机熔融,挤出装置由主、辅两台挤出机组成,辅机用于色母料熔融。熔体经过滤器过滤、静态混合器、增压泵后进入纺丝箱体。机组有 12 个纺丝位,每个纺丝位有一个环形喷丝板,板孔为 20 000 ~ 90 000 孔,根据生产纤度不同确定。采用中心放射环吹风系统。丝束经上油进入第一道五辊牵伸机,辊速为 6 ~ 60 m/min,经过加热箱加热,进入第二道七辊牵伸机,辊速为 12 ~ 120 m/min。第一五辊牵伸机后三辊为预热辊,温度为120 ℃。丝束经拉伸后,经二次上油后经叠丝机收丝,以适应卷曲辊宽度要求。通过张力调节辊后进入卷曲蒸气预热箱,再通过卷曲机卷曲,经松弛定型箱定型,再经切断机切断后打包。

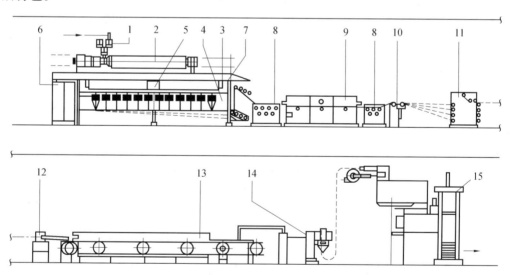

图 3.5　MODERNE 公司短程纺丝工艺流程图

1—自动计量混料系统;2—挤压机;3—纺丝机;4—卷绕装置;5—纺丝箱排烟装置;6—控制柜;7—设备支架;8—牵伸机;9—蒸汽加热箱;10—导丝机;11—叠丝机;12—卷曲机;13—热定型机;14—切断机;15—打包机

PP 低速短程纺丝设备与工艺特点：

（1）纺丝设备

该技术采用 $\phi = 200$ mm、$L/D = 35$ 的螺杆挤压机。纺制涤纶 $L/D = 24$，生产丙纶的螺杆可以生产涤纶，但生产涤纶的不能生产丙纶。

低速短程纺丝技术是将纺丝速度降低到常规纺集束的速度，以增加喷丝板的喷丝孔数来补偿由于纺速下降而减少的产量。纺速一般仅为 6～40 m/min。喷丝板采用大型圆环形或矩形，孔数多达 20 000 孔以上，甚至有 150 000 孔；例如，纺 1.7～2.8 dtex 的纤维时，喷丝板孔数为 73 800 孔；纺 2.8～6.7 dtex 纤维时，喷丝板孔数为 37 200 孔；纺 6.7～25 dtex 纤维时，喷丝板孔数为 18 144 孔。

冷却采用中心放射环吹风技术（圆环形喷丝板）和侧吹风（矩形喷丝板），吹风速度高。由于纺丝速度低，缩短了丝束的冷却距离，无纺丝甬道，为了保证冷却效果，必须提高冷却吹风速度，使丝束在很短的距离内冷却成型。

短程纺的熔体细流剪切速率小于常规纺，一般不会产生熔体破裂；由于纺速较低，喷丝头拉伸减小，会增大孔口胀大现象，但可减小不均匀拉伸，缓和结晶过程，实现稳定纺丝。风口宽度和风口与板面距离可调节，纺 2.8 dtex 纤维时，风口上端与板面距离为 5～6.5 mm，纺 6.7～17 dtex 时，为 9～12 mm。

（2）牵伸系统

牵伸系统由两组牵伸辊间加一个加热热箱组成。采用可控热辊一次拉伸技术，牵伸质量好，整个生产过程一步完成，工艺流程短，生产易控制。牵伸辊有五辊也有七辊的，第一道牵伸辊后三辊（五辊）或后四辊（七辊）为加热辊，第二道为七辊前三辊为加热辊，七辊中有三只辊经过抛光处理，以增加摩擦。丝束经上油的丝束直接送去拉伸，拉伸热辊温度为 90 ℃，拉伸热箱温度为 120～160 ℃，拉伸比为 3～4 倍，拉伸速度为 70～180 m/min。

（3）卷曲系统

卷曲系统由张力调节装置、卷曲预热箱、堵塞式卷曲机组成。拉伸后经再上油的丝束进入卷曲机前经过张力调节装置和卷曲热箱加热，由卷曲上、下辊挟持输送至填塞箱内。由于经过拉伸的纤维具有较高的结晶度，所以机械卷曲要在纤维的 T_g 以上进行，卷曲温度在 120 ℃左右。

2. 高速短程纺丝

高速短程纺丝工艺流程与低速短程纺基本相同，但其拉伸设备为三对拉伸辊，喷丝板多采用矩形或圆形，孔数相对较少。以意大利 TEXFIM 公司、德国纽玛格公司生产工艺为代表。两公司工艺主要区别在于：TEXFIM 公司采用圆形喷丝板，密闭环吹风冷却；而纽玛格公司采用矩形喷丝板，侧吹风工艺；拉伸变形工艺基本相似。以 TEXFIM 公司工艺为例，其工艺流程如图 3.6 所示。

TEXFIM 公司用于生产丙纶的螺杆挤压机螺杆直径 $\phi = 160$ mm、$L/D = 33$。一台挤压机供应两个纺丝箱的熔体，每个纺丝箱装 5 个喷丝头，共计 10 个喷丝头。计量泵规格为 50 mL/r，喷丝板为圆形。根据生产纤维的纤度不同而不同，例如，纺 1.67 dtex 纤维时，喷丝板的孔数为 2 600 孔，纺 3.33 dtex 纤维时，为 1 100 孔。丝束冷却采用密闭式环吹风冷却，冷却条件与常规纺丝一致。TEXFIM 公司的生产是采用一步法。丝束不再装入棉条桶中进行平衡，而是直接进行后拉伸。由纺丝来的丝束分为两组。即每个纺丝箱五个喷

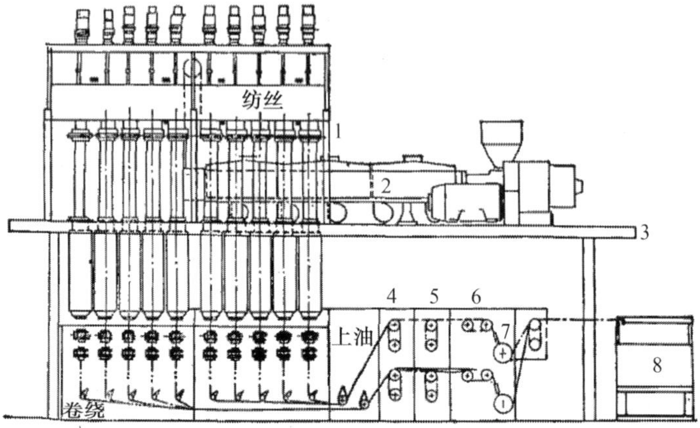

图 3.6 TEXFIM 公司高速短程纺丝工艺流程

1—纺丝箱体；2—螺杆挤出机；3—钢平台；4—一道拉伸辊；

5—二道拉伸辊；6—三道拉伸辊；7—空所变形机；8—切断机

丝头为一组进入拉伸工序。拉伸机分为上、下两层，每层各处理一组丝束，即一台纺丝机的丝束由上、下层的拉伸机分开拉伸。丝束先在冷导辊上进行集束，也就是将五个喷丝头的丝束先进行集束，然后进入第一道热导辊，热辊温度为 80 ℃，引向第二道热导辊，加热到 100 ℃。丝束在一、二热辊间进行 90% 的拉伸。接着丝束引向第三道热导辊，加热到 120～160 ℃，在此进行剩下 10% 的拉伸，同时做紧张热定型处理。每组拉伸辊由上、下两只辊组成，既是拉伸辊，又是加热定型辊。丝束由最后一对拉伸辊出来，以 3 000 m/min 的速度进入空气变形器，经过强烈的中压（1.2 MPa）过热（200～260 ℃）空气的冲击，使纤维错乱地充填在下面稍大的填塞室中。由于上边来的纤维不断增多，纤维将在填塞室中发生强烈曲折打皱，最后被挤出变形器并造成纤维的卷曲。因为纤维在填塞室内无固定方向，所以其卷曲呈三维立体形态。卷曲度可通过调整进入空气的温度和压力控制。卷曲后的丝束以 33 m/min 的速度向下排出并落到冷却轮上冷却定型，最后送去切断及打包。

PP 高速短程纺丝的设备与工艺特点如下：

（1）高速短程纺丝设备与工艺

高速短程纺丝设备与工艺和低速短程纺大体相同，但也有如下区别：

①喷丝板为矩形和圆形，喷丝板孔数相对较少，为 1 000～2 600 孔。

②丝束冷却用侧吹风或采用密闭式环吹风冷却，风速为 0.6 m/s。

③纺速较高，一般为 400～700 m/min。后处理的最大拉伸速度为 1 500～3 000 m/min。

④由于纺速提高，熔体挤出速度增大，因此应适当调高纺丝温度或增大喷丝板孔径，以防熔体破裂。

（2）拉伸卷曲设备与工艺

拉伸设备为三对拉伸辊，高速短程纺丝是在 BCF 的基础上研究的，因此纺丝卷曲采用空气喷射变形装置，使产品具有三维卷曲形态。

4. 膨体变形长丝的纺制

膨体变形长丝（BCF）是将经过拉伸后的丝束通过热空气变形丝。这种变形装置由气体加热、膨化变形、冷却定型、温度压力控制系统等组成。BCF 的膨松性好,三维卷曲成型稳定,手感优良,广泛用于纺织工业,BCF 是三维卷曲的长丝,具有蓬松性、弹性,并有很好的手感,给人以丰满柔和的感觉。根据不同用途可生产各种线密度的 BCF 长丝,如 1 500 ~ 3 500 dtex 的长丝用于生产地毯,1 100 ~ 2 600 dtex 的长丝用于生产家具布、装饰布,550 ~ 770 dtex 的长丝用于生产服装用布等。

目前,BCF 生产工艺有两种,即一步法和两步法。在两步法工艺中,纺出的丝条先卷绕成卷,然后再进行拉伸、变形和卷绕。一步法工艺则将纺丝、牵伸和变形融为一体,不仅各工序连续,而且在一台机组上完成上述各工序,占地面积小,自动化程度高,产品质量稳定且成本较低。目前应用较广的是一步法工艺。许多高分子材料都可用于 BCF 的生产,在 BCF 的世界市场上,丙纶占 42%,锦纶 6 占 30%,锦纶 66 占 28%,涤纶则是刚刚起步。

丙纶 BCF 常用一步法生产。一步法可生产单色或多色 BCF 长丝。多色 BCF 一般指三色,也有生产两色和四色 BCF 的设备。

(1)聚丙烯 BCF 长丝连续一步法生产的工艺流程

切片输送→螺杆熔融挤出→纺丝→拉伸→变形→网络加工→卷绕。

其中熔融、纺丝、拉伸、网络加工和卷绕均与其他长丝生产工艺近似,只有热气流喷射变形工艺为 BCF 工艺所特有。BCF 生产流程如图 3.7 所示。

2. 工艺与设备特点

考虑到丙纶染色困难,用于丙纶的 BCF 设备大多配有纺前着色机构,即配有定量小螺杆或碟式加料器。为使产品具有多种颜色,通常三台螺杆挤出机为一机组,既可生产单色丝,也可生产复色丝。

经挤出、纺丝、侧吹风和上油等工序后,经喂入辊向热拉伸辊拉伸,再进入热液体喷射装置——膨化变形器(简称为膨化器)时,受到具有一定压力、速度和温度的气体喷射作用,而发生三维弯曲变形。然后经冷却吸

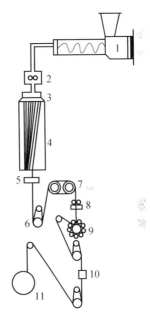

图 3.7 BCF 生产流程

1—挤压机;2—计量泵;3—纺丝组件;4—丝仓;5—油盘;6、7—牵伸辊;8—变形箱;9—冷却吸鼓;10—冷却器;11—高速卷绕机

鼓定型而获得卷曲,再经过空气喷嘴形成网络丝,最后经张力和卷绕速度调节器进行卷绕。

丝束膨化变形效果主要反映在卷曲收缩率上,它是衡量 BCF 质量的重要指标。当加工 BCF 的膨化器一定时,变形效果与丝束喂入速度、压缩气体温度、压力以及丝束自身特性等有关。

(1)喂入速度的影响

BCF 的膨化变形可在较大的喷嘴丝束喂入速度范围内进行。但丝速太低,丝束和气流间的相对速度增大,丝束表面形成一气流层,速度越低,该气流层与丝束贴得越紧,从而

使丝束不易开松而影响变形。一般喂入速度应控制在 800 m/min 以上。

（2）压缩空气温度的影响

聚丙烯具有热塑性,当加热到一定温度时容易变形。通常气流温度要高于纤维的玻璃化温度,低于软化点及熔点。若温度太低,则变形效果不好;若温度太高,则丝束的颜色发生变化,手感变硬,甚至熔融黏结,给操作带来困难。在实际生产中,应根据气体压力和膨化器形式等设定温度,应尽量取下限值,以保证丝束柔软。对于闭式膨化变形器,气体温度一般控制在 120～180 ℃,而开式膨化器,气体温度一般控制在 110～160 ℃。

（3）压缩空气压力的影响

压缩空气压力决定着气流喷射作用的强弱。气体压力越高,丝束受到的弯曲作用力就越大,膨化变形效果也就越好,不同的膨化器所需气体压力不同。封闭式膨化器大多控制在 0.5～0.8 MPa,而开式膨化器压力则要控制在 0.8～1 MPa。

（4）丝束特性对膨化变形的影响

丝束特性包括单丝的截面形状、单丝线密度及含油率。若丝的横截面为非圆形,则各单丝间的附着力小,易开松、分离和卷曲变形。单丝线密度越小,弯曲变形就越容易,蓬松性越好。若含油率过大,则不易于开松,所以应对 BCF 的含油率加以控制。

丙纶 BCF 的主要性能:

①产品规格:800～2 800 dtex/[（80～120）根]

②断裂强度:≥1.5 cN/dtex。

③断裂伸长率:100%±30%。

④沸水收缩率:<5%。

⑤网络数:≥20 个/m。

⑥含油率:1%±0.4%。

3.3　非织造布生产

非织造布是指通过机械的、化学的或热加工的方法,将短纤维、长丝或多孔膜粘合或缠结起来,加工成片状或网状材料。其生产方法有干法、湿法和聚合物挤压成网法。本节仅介绍与熔融纺丝有关的聚合物挤压成网法,它主要包括纺粘法和熔喷法。

3.3.1　纺粘法非织造布

自 20 世纪 60 年代初,美国杜邦公司开始研制并生产纺粘法非织造布,由于该法工艺流程短,劳动效率高,原料耗损少,产品性能好,所以发展甚快。20 世纪 90 年代初,全世界用各种方法生产的非织造布总产量已超过 160 万 t,销售总额约为 60 亿美元,其中30% 以上是用纺粘法生产的。

纺粘法也称纺丝直接成布法,它是利用熔融纺丝等方法将聚合物切片经熔融纺丝、冷却、拉伸而形成的连续长丝进行铺网,然后经粘合、后整理等工序制成产品。采用的原料切片主要有聚丙烯（PP）、聚乙烯（PE）、聚酯（PET）、聚酰胺（PA）以及纤维树脂弹性体双组分聚合物等,其中 PP、PET 的用量最大。非织造布规格以单位面积的质量计。其工艺路线是:切片输送→储料→混合→熔融挤压→过滤→计量泵→纺丝→拉伸→铺网→加固

（后处理）→卷取。

1. 纺粘法非织造布生产工艺

纺粘法开发的工艺技术主要有杜邦法、德国鲁奇公司的 Dacan 法、Reifenheuser 公司的 Reicofil 法和 Freudenberg 公司的 Lutravil 法等。上述几种工艺虽各有不同,但其原理是一致的。

（1）纺丝成形

纺丝工艺与化纤的纺丝工艺基本相同,仅在设备的个别部件有所改动,以适应纺丝成网的要求。喷丝板有圆形,也有矩形,后者可以是整块的,或由几块合成的,可根据纤网的宽度要求配置。纺粘法非织造布生产工艺流程如图 3.8 所示。

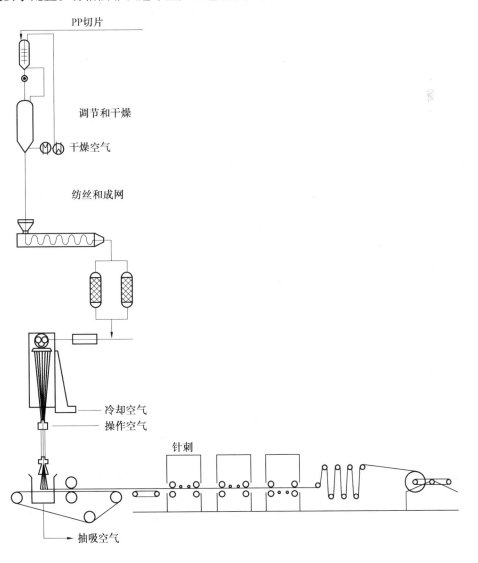

图 3.8　纺粘法非织造布生产工艺流程

①纺丝温度。螺杆各区温度取决于原料及螺杆结构。对熔融指数为 25 ~ 35 g/10 min 的聚丙烯切片,螺杆各区温度为 225 ~ 230 ℃,箱体温度为 240 ~ 245 ℃。

②熔体压力。滤前压力为 13 ~ 15 MPa,滤后压力为 10 MPa,泵前压力为 3 MPa。

③计量泵转速及泵供量。非织造布规格以单位面积的质量计算,因此其对泵转速及泵供量的控制不及通常的聚丙烯长丝及短纤维精确,但过大的泵供量会导致挤出速度过高,丝条有效拉伸减少,非织造布强度下降,手感僵硬。因此应对泵转数及泵供量加以控制。

④侧吹风。吹风速度为 0.2 m/s;风温为 15 ~ 17 ℃;风的相对湿度为 70% ~ 90%。

(2)拉伸

拉伸有机械拉伸和气流拉伸两种,后者最常用。机械拉伸是长丝离开喷丝板后经几组牵伸辊,由于辊速自上而下不断增加,从而使长丝得到拉伸变细,杜邦和英国帝国化学公司采用此法。

气流拉伸是利用经净化的高压高速空气流将刚喷出的丝条经气流拉伸装置拉伸取向。丝条是在气流的摩擦力作用下加速运动并受到拉伸的。气流拉伸有喷嘴式和狭缝式两种。喷嘴式是丝条通过喷嘴时受到高速气流的夹持,丝速成倍增加,以使丝条获得所需的拉伸倍数。法国隆玻利公司和杜邦生产的聚酯喷丝成布就采用此法。由于该法甬道直径小,故气流速度很高,容易出现甬道阻塞,致使高速气流冲至成网帘带上,引起纤维网紊乱,喷嘴噪声大。而狭缝式可消除这些缺点,日本旭化成、东洋纺和美国 Kimborly Clark 公司采用狭缝式方法。在拉伸阶段必须有分丝措施,以防纤维互相缠结粘连。分丝方式有强制带电法、摩擦带电法、气流分丝法和机械法。

气流拉伸张力的来源主要是丝束对气流的摩擦阻力,而摩擦阻力与气流密度成正比,正压牵伸时,气流密度大,摩擦阻力也大,拉伸线上的张力大,有利于拉伸,而负压拉伸则相反,若欲改善拉伸效果,则必须加大进气口开度。气流拉伸是纺黏法的技术关键,影响气流拉伸效果的因素除熔体挤出速度及冷却条件外,还有气流拉伸形式、气流速度及丝条断面形状。

丝束与空气的摩擦阻力与气流速度的二次方成正比,因此提高气流速度可有效提高丝束在拉伸线上的张力,提高丝条的取向。在 Reicofil 工艺上,可通过减小狭缝宽度提高风速,改善拉伸性能;也可以保持狭缝宽度不变,通过增加抽吸风量来提高气流速度。

(3)铺丝成网

铺丝成网指将熔纺成型的长丝束经拉伸、冷却后借助摆丝器连续均匀地铺置成网。铺丝成网分为气流成网和机械成网两种形式。前者是借助拉伸气流在出口处形成的某种运动,使长丝按一定规律铺到凝网帘上;后者是利用导辊或拉伸分丝管的左、右往复运动,将丝束规则地铺到凝网帘上(图 3.9)。成

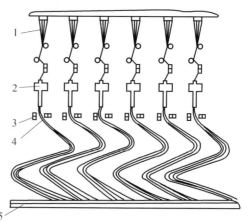

图 3.9 机械成网

1—丝束;2—喷嘴;3、4—偏心轮;5—凝网帘

网的关键是对长丝束进行控制,摆丝器的运动轨迹、速度以及成网机网帘运动的轨迹和速度决定着纤网的厚度、孔的大小和分布。

（4）加固（后加工）

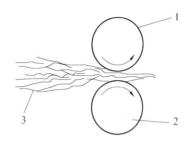

图3.10　热轧粘合法
1—刻花辊;2—光辊;3—纤网

加固是指将纤维网固结成非织造布的过程。根据产品要求选择不同的方法进行加固。其方法有热粘合法、针刺法和化学粘合法等。薄型产品多用热轧粘合法,厚型产品则用针刺法。近年来开始采用组合技术进行加固,用两种工艺进行复合加工,如热风穿透法和超声波法,或热粘合和针刺法等。

①热轧粘合法。纺粘法主要采用热轧粘合法加固,是借助具有轧辊的热轧机,在一定的压力和温度下使纤维网局部熔融粘合,达到加固的目的（图3.10）。

②针刺法。针刺法又分为上下刺法、斜刺法和双面刺法。它是通过针刺机刺针的穿刺作用,不用纱线,而靠纤维间的相互抱合,将蓬松的纤网加固。

针刺法的基本原理如图3.11所示。用截面为三角形和棱边上带有沟刺的针对纤网进行反复穿刺。由于喂入针刺机的纤网十分蓬松,纤维间不发生"交织",抱合力很差,纤网几乎没有强度。但当若干枚针刺入网时,刺针上的钩刺就带住纤网表面的一些纤维随针穿过纤网而产生位移,同时由于摩擦作用而使纤网受到压缩。当刺入一定深度后,刺针回升,此时由于钩刺顺向的缘故,这些纤维脱离钩刺而近似于垂直状态留在纤网内,犹如许多"销钉"钉入了纤网,使已经压缩的纤网不再复原。若1 cm^{2}的纤网内经数十次或数百次的针刺,即把相当数量的纤维刺进纤网,使纤维间互相紧密地缠结,而产生较大的抱合力,纤网的密度大为提高,形成一块既结实又有强度的非织造布。

③化学粘合法。对纺粘法非织造布来说,化学粘合一般用在热轧或针刺之后作为辅助加固,以增加其硬挺度,满足最终产品的要求。通常采用浸渍法,将其施加到纤网中去,然后纤网经热处理而达到粘合加固的目的（图3.12）。

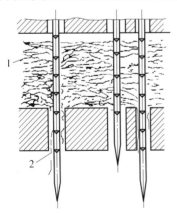

图3.11　针刺法的基本原理
1—纤网;2—刺针

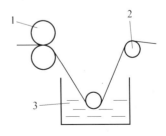

图3.12　浸渍法加固
1—刻花辊;2—导辊;3—浸槽

为改善黏结效果,热轧表面一般刻有花纹,使纤维网上产生很多粘合点,这样不仅可以产生花型,美化产品外观,改善非织造布手感,还可以在纺丝时混入低熔点纤维,以改善黏结效果。

2. 几种典型纺粘法 PP 非织造布技术

（1）Reicofil 法

Reicofil 法是德国莱芬豪斯（Refienhauser）公司开发的,采用短程纺,以低熔融指数的 PP 或 PA 切片为原料,产品幅宽可达 4 400 mm。Reicofil 法纺丝成网设备如图 3.12 所示。

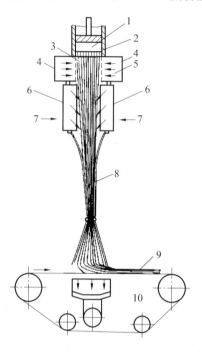

图 3.12 Reicofil 法纺丝成网设备

1—熔体;2—喷丝板;3—长丝;4—风管;5—冷风;
6—导流板;7—室温空气;8—风道板;9—纤网;10—成网机

①纺丝。有两个投料装置,一个投切片,另一个投色母粒,以便生产有色产品,挤压机有六个加热区,螺杆长径比为 30,直径有 70 mm 和 90 mm 两种,分别加工 1.2 m 和 2.4 m 幅宽的产品。喷丝板为矩形,生产 1.2 m 幅宽的产品时,规格为 142 mm×106 mm,孔数为 4 100 孔,孔径为 0.5 mm。生产 2.4 m 幅宽时,板长为 2 882 mm 孔,孔数为 8 200 孔,孔径为 0.5 mm。喷丝板下方是双侧冷却风管,使用大风量的吸风设备及特殊设计的吸风送丝甬道,风速达 2 000 m/min 以上（最高达 9 000 m/min）。冷却甬道分为三区:一区风速为 1.2 m/s;二区风速为 2.2 m/s,均为两面进风,使丝束垂直向下;三区为狭缝风,缝宽可根据丝束所需的拉伸倍数来调节。风管下方有如百叶窗一样的导流板,由此可补入负压拉伸所需的气流。

②拉伸。Reicofil 工艺采用的是抽吸式负压拉伸。即用两台 75 kW 的风机装在凝网布帘下抽风,产生负压,使甬道中产生一股自上而下的气流对丝束进行拉伸。甬道由两块板组成,板间距可调,以便控制拉伸范围。气流经过两板间的狭缝时,拉伸速度达到最大

值,气流速度一般为 3 000 m/min。

③成网。Reicofil 铺网是借牵伸气流惯性自然形成,在拉伸甬道的下端突然扩大,形成一个喇叭口,气流在此扩散,在减速的同时,形成紊流场,拉伸后的丝条产生扰动并不断铺落至不断运行的输送网帘上形成杂乱分布的纤维网。由于采用了矩形喷丝板和狭缝式拉伸甬道,保证了丝条像面纱一样落在凝网帘上,而不会成束。

这种设备的优点是结构紧凑,占地面积小,耗能低,变换品种快,切片废料可回用,产品纵横向强力较接近,成本低,适合小规模、多品种的生产场合;缺点是产量低,单丝强度不高。

(2)Dacan 法

Dacan 法是德国鲁奇(Lurgi)公司的技术。

Dacan 法拉伸采用高压压缩空气喷管拉伸,喷嘴内部呈锥形,外部呈圆管形(图3.13)。具有较高压力的压缩空气在喷嘴处挟持丝条,并对丝条进行拉伸,拉伸后丝条由分纤器进行分纤,再由摆丝机构进行往复摆动铺网,经热轧及冷却定型后得到成品。

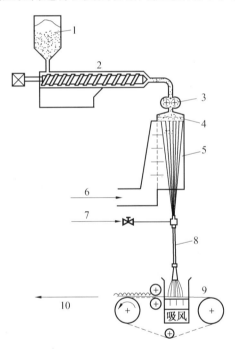

图 3.13　Dacan 法纺丝成网技术
1—切片料仓;2—挤压机;3—纺丝泵;4—喷丝板;
5—冷却室;6—冷却空气;7—压缩空气;8—拉伸系统;
9—成网机;10—去加固

一般一根螺杆有 6 个加热区、1 个冷却区,对应 4 个纺丝位,共 42 只喷管,管长 3～5 m。高压压缩空气将管内丝条拉下,速度可达 3500 m/min,压力大小根据丝条线密度而定。喷管出口处的分丝器呈扁平扇形。丝束下降时由于管内的附壁效应而得以分丝,分丝器由曲柄与喷管相连,使之做一定的往复摆动,以利于丝束的分丝成网。喷丝板为矩形,尺寸为 450 mm×200 mm,原料可选用 PET 或 PP、PA。

（3）意大利 NWT 公司工艺

该公司的设备适合加工 15～1 000 g/m² 的非织造布,幅宽范围为 2.4～5.4 m。挤压机选用 φ120 mm 螺杆,L/D=20,气流窄缝拉伸,摆丝铺网,热轧或针刺加固。

PP 切片经气流输送(PET 切片经干燥机)至螺杆挤压机中(有 7 个区)挤压熔融后进行纺丝。整台设备有 23 个纺丝位,每位有一块矩形喷丝板,规格为 580 mm×94 mm×26.5 mm。每块板上有 234 个喷丝孔,孔径为 0.6 mm。由喷丝板喷出的丝条,经冷却后进入拉伸区,进行正压空气拉伸。拉伸风由装置内侧窄缝喷出,缝宽为 0.8～1.0 mm,气流流量为 23 000 m³/h,风速约为 200 m/s。生产 PP 产品时,压力为 0.025 MPa,生产 PET 产品时,压力为 0.05 MPa,纺速为 1 000 m/min。NMT 公司工艺流程如图 3.14 所示。

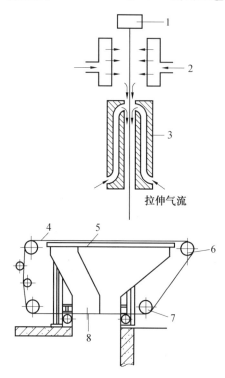

图 3.14　NWT 公司工艺流程

1—喷丝板;2—冷却空气;3—拉伸管;4—网帘;5—托板;6—主动辊;7—从动辊;8—吸风道

分丝采用气流分丝法,即利用拉伸系统中高速气流在出口处扩散而产生的空气动力学效应,使之达到分丝的目的。分丝后长丝借助拉伸喷嘴下的一对摆丝辊摆动,均匀地铺放在运行的成网帘上形成纤网。摆动辊的摆动频率可达到 400 次/min。

成网机由成网帘、吸风道、传动辊和纠偏装置组成。在网帘上有静电消除装置,以消除纤网的静电。网帘下方的吸风道用以加强长丝在网帘上的附着力和防止长丝在气流作用下引起紊乱和飘移。

在加工厚型产品时,成网机的速度为 2～20 m/min;加工薄型产品时达到 100 m/min。加固工序在生产 15～150 g/m² 薄型或中厚型产品时宜用热轧法,热轧机采用热油加热,轧辊最高温度可达 260～300 ℃,工艺温度为 150 ℃,轧辊线压力为 392～441 N/cm²;当生产 150～1 000 g/m² 以上厚型产品时,多采用针刺法。

为赋予产品特殊的性能,在 NWT 生产线上配有喷淋装置和圆网热定型机。前者主要用于提高产品的渗透性能,以适应卫生材料的服用要求;后者多用于针刺加固产品,以满足过滤材料、油毯基布等产品的使用要求。

(4)杜邦工艺

采用机械拉伸加上气流拉伸,喷丝板为圆形,丝条纺出后先经过由多组喂入辊和拉伸辊组成的机械拉伸系统,再由高压喷嘴拉伸,分丝借助于静电作用来实现(图 3.15)。拉伸辊尺寸为 $\phi180$ mm×300 mm。拉伸辊前是一个开有沟槽的加热辊,导致位于沟槽中的一部分丝束未受热而拉伸不足,仍处于无定形状态,这样在纤维网热轧时成为一个粘接点。杜邦拉伸喷嘴结构如图 3.16 所示。

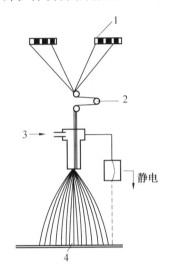 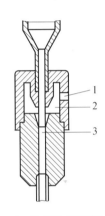

图 3.15　杜邦工艺流程
1—纺丝箱;2—拉伸辊;3—空气入口;4—分丝铺网

图 3.16　杜邦拉伸喷嘴结构图
1—空气入口;2—压缩空气室;3—长丝甬道

(5)意大利 STP 公司工艺

①纺丝与拉伸。螺杆直径为 160 mm,长径比为 30,由 25 kW 的直流电动机传动,螺杆挤压机分为 7 个加热区,每区 12 kW,另附一台直径为 70 mm、长径比为 20 的小型挤压机,用于边角废料的回收之用。整台设备共有 56 块圆形喷丝板,尺寸为 120 mm×130 mm,孔数为 70,孔径为 0.5 mm。

丝条喷出后用侧吹风冷却,每块喷丝板下面有一套拉伸管,长 1 m,前、后两排各 28 个。拉伸管喷嘴处气流压力为 0.25 MPa,拉伸倍数为 500,拉伸速度为 2 500 ~ 3 300 m/min。

②分丝与成网。纤维从拉伸管出来后与一挡板发生碰撞而分丝,并由摇板(频率为 500 次/min)铺置到凝网帘上。由于拉伸管是交错排布,可保证成网均匀度。凝网帘下有一台吸风机,可将喷下的压缩空气排出,以防气流反弹,造成纤网混乱。

3.3.2　熔喷法非织造布

熔喷法非织造布和纺粘法非织造布一样都是利用化纤纺丝得到的纤维直接铺网而成,但是它和纺粘法有原则上的区别,纺粘法是在聚合物熔体喷丝后,才和拉伸的空气相接触,而熔喷法则是在聚合物熔体喷丝的同时利用热空气以超音速和熔体细流接触,使熔体喷出并被拉成极细的无规则短纤维,凝集到多孔滚筒或网帘上形成纤网,最后经自身粘合或热粘合加固成非织造布。它既可自黏合成薄型片材,也可制成很厚的毡状材料,也是制取超细纤维非织造布的主要方法之一。

熔喷法原料有 PP 和 PET。其产品主要用于过滤材料、外科手术口罩、手巾及其他用布,电池隔膜、人造麂皮底衬及复合品,高级衣料、鞋、手套料、滑雪服、登山服、男女冬装、内衣等。其产品规格为 $3 \sim 1\,000\ \text{g/m}^2$,纤维直径为 $1 \sim 25$ mm。

熔熔喷法技术在 20 世纪 50 年代得到研究,直到 70 年代才由美国埃克森公司实现工业化,目前全世界熔喷法产量大约只有 6×10^4 t,主要集中在美国,占总产量的 85%。我国从 20 世纪 90 年代起陆续建成几套熔喷法非织造布生产线,形成了一定的生产能力。

熔喷法成网工艺是将粒状或粉状聚丙烯切片直接纺丝成网的一步法生产工艺。如图 3.17 所示,粉状或粒状聚丙烯经挤压熔融后定量送入熔喷模头,熔体从模头喷板的小孔喷出时与高速热空气流接触,被拉伸成很细的细流,然后在周围冷空气的作用下冷却固化成纤维,其后被捕集装置捕集,经压辊进入铺网机成网,切边后卷装为成品。

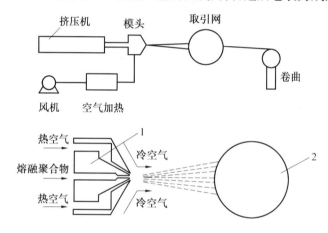

图 3.17 埃克森熔喷法工艺流程
1—喷丝头;2—多孔滚筒喷头

熔喷法制得的非织造布具有三维结构,孔隙多,比表面积大,而且其纤维粗细不同,呈一定规律分布,所以对不同粒径都有很好的过滤性和较小的过滤阻力。但是由于生产工艺不能对纤维进行有效地拉伸,致使纤维的取向度较差,断裂强度低,且熔喷非织造布中的纤维是由熔喷剩余热量及拉伸热空气使相互交叉的纤维热黏合而固结在一起,黏结强度低,因而其产品应用受到限制。可以通过三种方法提高其强度:一是提高熔喷单纤强度;二是对熔喷网进行后处理;三是将熔喷网与其他材料复合以加强其结构。如 SMS,即用两层纺粘非织造布将熔喷非织造布夹在中间。图 3.18 为莱芬豪斯熔喷工艺流程熔喷连续式复合生产线,这种生产线具有效率高、中间环节少及成本低的优点。其熔喷工艺路线为垂直式熔喷工艺流程。图 3.19 为配置三排喷丝头的熔喷法工艺路线,其生产效率得到大幅度的提高。

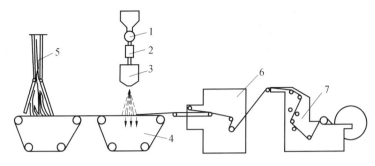

图 3.18 莱芬豪斯熔喷工艺流程

1—螺杆挤压机;2—计量泵;3—喷头;4—成网机;5—纺丝成网设备;6—复合机;7—卷绕分切机

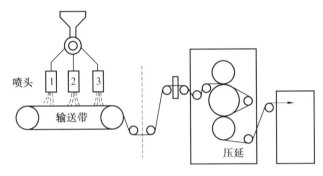

图 3.19 三排喷丝头的熔喷法工艺路线

影响熔喷非织造布产品质量的因素如下:

1. 纺丝温度

纺丝温度是影响熔体流动性能的重要因素,熔体挤出温度高,流变性能好,形变能力强,有利于得到均质产品,但温度过高会导致大分子严重降解而使熔体黏度大幅度下降,并导致熔喷产品中产生"结块"(未拉伸成纤的一种颗粒状物);熔体温度过低,细流出喷丝板后熔体黏度较高,流动性能差,其在拉伸气流中难以达到理想的拉伸倍数,单纤维线密度大,手感差。

聚丙烯熔喷纺丝温度要高于其熔点 100 ~ 130 ℃。对于相对分子质量及分布不同,不同纺丝温度也不同,必须对低 MI 的聚丙烯进行预降解,以保证其熔体黏度达到熔喷要求,即模头喷孔处熔体表观黏度要降至 10 ~ 20 Pa·s。降解的途径主要有两种:一是热降解;二是氧化降解。在无降解剂存在的条件下,发生的主要是热降解,但热降解与氧化降解并非截然分开,热降解过程中也伴随着氧化降解。聚丙烯在 288 ℃时氧化降解作用占 90%,343 ℃时氧化降解作用占 55%,高于 343 ℃时,则热降解作用占优势。

为了加速聚丙烯的降解,使其 $[\eta]$ 下降至 0.9 ~ 1.2 dL/g。熔喷过程中一般要求添加一定量的降解剂,如有机过氧化物、含硫化合物等。其在聚丙烯中的添加比例最好为 0.1% ~ 0.3%。

2. 热气流速度

熔喷纤维直径及产品的柔软性与热气流速度有关。在计量泵转数不变的情况下,熔喷纤维的直径随气流速度的增加而减小。尽管较高的热气热流速度能有效地降低纤维的直径(达 0.5 ~ 5 mm),但会导致"结块"产生,并造成纤维断头率的增加或飞花现象。而热气流速度过低,会使部分熔体拉伸不彻底,未来得及拉伸的熔体落到捕集网上会导致"结块"。日本专利介绍的热气流的质量流速为 24~26 g/s。

3. 热气流温度

热气流的温度对熔喷纤维的质量也有影响。当气流温度过低时,会造成纤维的"结块"现象,当气流温度过高时,虽然制备的产品特别柔软蓬松,但会引起纤维的断裂,产生聚合物熔融块现象。一般情况下要求气流温度高于模头温度 10 ℃左右。

3.4 聚丙烯纤维的性能和用途

3.4.1 聚丙烯纤维的性能

1. 机械性能

聚丙烯纤维的断裂强度随温度的升高而降低,断裂延伸度随温度的升高而增大。常温时,聚丙烯鬃丝和复丝的强度为 3.1~4.5 dN/tex,断裂延伸度依品种而异;工业丝的强度为 5~7 cN/dtex,断裂延伸度为 15%~20%。聚丙烯纤维伸长 10% 时的弹性模量为 61.6~79.2 cN/dtex,优于聚酰胺纤维而劣于聚酯纤维。

聚丙烯纤维的瞬时回弹性介于聚酰胺纤维和聚酯纤维之间。当伸长为 5% 时,聚丙烯短纤维的回弹率为 85%~95%,长丝为 88%~98%。聚丙烯纤维与光滑的金属表面及纤维之间的表面摩擦因数较大,一般可通过施加油剂来改变摩擦性能。此外,聚丙烯纤维的耐磨性较好,这在制作线、渔网、船用缆绳、地毯和装饰织物方面有重要作用。

2. 吸湿性与密度

聚丙烯纤维的吸湿性和密度是常规合成纤维中最小的,其回潮率为 0.03%,密度为 0.90~0.92 g/cm^3。

3. 染色性

聚丙烯的分子中不含极性基团或反应性官能团,纤维结构中又缺乏适当容纳染料分子的位置,故聚丙烯纤维染色非常困难。一般用纺前着色法制有色纤维。

4. 耐光性

聚丙烯纤维的耐光性比较差,特别是对波长为 300~360 nm 的紫外线尤为敏感。为提高聚丙烯纤维的耐光性,可用有机紫外线吸收剂以吸收辐射降解较宽的紫外光谱。常用的抗氧化防老剂为羟基二苯甲酮化合物。

5. 耐化学性

聚丙烯纤维耐化学性优良,常温下有很好的耐酸碱性,优于其他合成纤维。此外,聚丙烯还具有优良的电绝缘性、隔热性和耐虫蛀性。

3.4.2 聚丙烯纤维的用途

聚丙烯纤维具有高强度、高韧度、良好的耐化学性以及价格低廉等特点,因此在产业及装饰领域有广泛的用途。

1. 装饰与产业用途

(1)装饰织物、床单

聚丙烯纤维的密度小(仅为聚酯纤维的65%)、质量轻、覆盖力强、耐磨性好、抗微生物、抗虫蛀、易清洗,特别适于制造装饰织物。在美国,装饰织物通常用纯丙纶长丝织造,在欧洲一般用短纤维制造。以空气变形丝和BCF配合制成的装饰织物或以聚丙烯短纤维制作的天鹅绒织物很有吸引力,赢得了很大的市场。聚丙烯装饰织物常用粗特与中粗特纤维,纤维一般采用纺前着色。随着可染聚丙烯纤维的开发,将有一定数量的印花织物投入市场。

(2)墙壁装饰织物

聚丙烯纤维簇绒墙壁装饰织物的产量增长很快。这类织物不仅成本低,而且也可以作为隔声和隔热材料。聚丙烯纤维在这方面的应用之所以被看好,是因为纺前着色纤维有较好的色牢度,质量轻,易洗涤,有极好的防霉与抗菌性。

(3)地毯与地毯底布

地毯是当今聚丙烯纤维主要的应用领域。地毯是供人踩踏的,因此有些性能对地毯十分重要,例如高耐磨性。实验室试验和实际使用情况表明,丙纶地毯的耐磨性与锦纶地毯相当,明显优于羊毛、粘纤及腈纶地毯。以天然纤维为主的地毯中混入聚丙烯纤维可增强地毯的耐用性。如用聚丙烯纤维和羊毛混纺的地毯就能大大提高其耐用性。混入30%的聚丙烯纤维,可使黄麻绒面地毯的耐用性提高4倍。

抗玷污和易洗是地毯纤维的一个重要性能,聚丙烯纤维比相同截面的聚酰胺纤维玷污小。丙纶的许多基本特性如低吸湿性、抗虫蛀、抗霉性等为地毯提供了抗污染性。聚丙烯纤维可以用来制作簇绒地毯底布,丙纶扁丝用来织造簇绒地毯的第一层底布,同时也在开发制作第二层底布。

(4)毯子

聚丙烯纤维也很适合生产毯子。拉绒毯一般用低捻度的聚丙烯纤维制造。这种毯子具有隔热、抗虫蛀、易洗涤、低收缩和质量轻等性能,既适于家用,也适于军用。

(5)非织造布

非织造布是一个新兴领域,近年来世界非织造布的发展速度超过了纺织业。在各种非织造布中,纺粘法发展最快,年平均增长18%,纺粘非织造布大部分是丙纶。

(6)纸的增强物与造纸用毡

聚丙烯纤维作为牛皮纸原料的增强成分具有很大的潜力。加入适量的聚丙烯纤维可使纸的撕裂强度提高2~10倍。裂膜聚丙烯纤维比常规熔纺纤维更适于作纸浆的增强物,因为裂膜纤维的截面是非圆形,纤维平直,与造纸原料纤维素纤维相似。在工业纺织品中造纸用毡是最大、最贵重的产品。用这种毡来挤压湿纸网,可使水分从纸浆薄层中挤出。与其他合成纤维相比,聚丙烯纤维制作的造纸用毡的突出优点是耐化学性和低回潮率。耐化学性可以延长毡的使用寿命,低回潮率可减少干燥工序的能耗。因此聚丙烯纤维在造纸用毡中应用前景广阔。

(7)帆布

丙纶耐酸碱性优良,抗张强度好,制作的帆布质量比普通帆布轻1/3。作鞋子衬里布或运动鞋面结实耐用,质量轻,防潮透气,没有汗臭。用聚丙烯纤维制作帆布可减轻1/3

的质量,不仅搬运轻便,而且成本低,延长了使用寿命,实现了物美价廉。

(8)过滤布

利用丙纶的强度高、质量轻、对化学药品稳定性好、滤物剥离性好等优点,制造冶金、选矿、化工、制糖、食品、农药、水泥、陶瓷、炼油、污水处理等行业的各种设备所需滤布,可用于温度不超过100℃的过滤过程。除用于湿过滤外,还可以用于空气过滤。熔喷法聚丙烯非织造布和纤维垫可用来进行水和空气的超细悬浮物过滤。

(9)绳类与带类

聚丙烯纤维短纤维、复丝、裂膜丝均可用于海运、航海用缆绳、拽拉绳和渔业用缆绳。

(10)土工用纤维

在土木工程中使用的纺织品统称为土工布。利用聚丙烯纤维强度高、耐酸碱、抗微生物、干湿强力一样等优良特性制造的聚丙烯机织土工布,对建造在软土地基上的土建工程(如堤坝、水库、高速公路、铁路等)起到加固作用,并使承载负荷均匀分配在土工布上,使路基沉降均匀,减少地面龟裂。在建造斜坡时采用机织丙纶土工布可以稳定斜坡,减少斜坡的坍塌,缩短建筑工期,延长斜坡的使用寿命。每年我国要花大量人力、财力去治理水土流失,若采用丙纶机织土工布进行筑坡和护堤,可延长堤坡寿命。在承载负荷较大时,可使用机织土工布和非织造土工布为基体的复合土工布。聚丙烯纤维也可作混凝土、灰泥等的填充材料,提高混凝土的抗冲击性、防水隔热性。

由于聚丙烯纤维熔点低,易折皱,不易染色,因此聚丙烯纤维在服装领域的应用曾受到限制。随着纺丝技术的进步及改性产品的开发,其在服装领域应用日渐广泛。

聚丙烯纤维可用于针织,其织物可制成内衣、滑雪衫、袜子及童装。聚丙烯纤维与羊毛混纺后可用作耐寒室外服装、摩托车运动服、登山服、航海服及飞行服等。细特聚丙烯纤维具有优异的芯吸效应,透气、导湿性能极好,贴身穿着时能保持皮肤干燥,无闷热感。用其制作的服装比纯棉服装轻2/5,保暖性胜似羊毛,因此其可用于针织内衣、运动衣、游泳衣、仿麂皮织物、仿桃皮织物及仿丝绸织物。

2. 医疗卫生用途

由聚丙烯短纤维制成的非织造布、直接成网制成非织造布及复合材料广泛应用于医疗卫生和保健领域。如纺粘法和熔喷法非织造布可用于一次性手术衣、被单、口罩、盖布、液体吸收垫、妇女卫生巾等。

3. 其他用途

(1)香烟滤嘴

20世纪60年代开始研究用聚丙烯替代醋酯纤维作香烟滤嘴,20世纪80年代开始工业化。目前聚丙烯纤维已经广泛用于中、低档香烟的滤嘴填料。

(2)渔具

聚丙烯纤维结节强度和环扣强度高,耐化学性能好,因此特别适合制作渔网。在英国用聚丙烯纤维制作的渔网数量已经超过其他合成纤维制作的渔网数量的总和。

(3)涂层织物

把聚乙烯薄膜或增塑氯乙烯等,用熔融涂层技术涂到聚丙烯纤维织物上,可制作防护布、防风布和矿井排气管。如用沥青或焦油作涂层的聚丙烯纤维织物可作池塘的衬底;用其他涂层织物保护性盖布和临时遮雨布等。

（4）人造草坪

美国比尔特瑞特公司用聚丙烯扁丝通过起圈而制成一种"单一草坪"。美国孟山都公司也用聚丙烯纤维制作了绒面人造草坪（称为化学草坪）。这些人造草坪已被用在公路的中心广场、交通站和其他风景区。我们知道聚丙烯纤维的抗日晒性能较低，因此制作时要加入紫外线吸收剂。

（5）在农业与园艺部门的应用

英国 DON&LOW 有限公司开发了一种在园艺领域颇有潜在用途的特殊织物。该织物为抗紫外线聚丙烯多孔网状织物，用作地被与地网。地被和地网主要有两种：一种是黑色地被，另一种是白色地被或地网。黑色地被被用来抑制植物种子的发芽及生长，白色地被可以反射阳光以促进植物生长。

上述这些农业与园艺用材料均能有效地防风与控制阳光，地被与地网可以挡住40%的阳光，减轻一半风力，网格材料也是防鸟类、猛禽侵害幼嫩植物的理想材料。

3.5　聚丙烯纤维的改性与新品种

聚丙烯纤维具有许多优良的性能，但也有蜡感强、手感偏硬、难染色、易积聚静电等缺点。因此对其进行改性，开发新品种已成为聚丙烯纤维发展的主要方向。

3.5.1　可染聚丙烯纤维

聚丙烯纤维分子中无亲染料基团，分子聚集结构紧密，因此常规聚丙烯纤维一般难染。目前市售聚丙烯纤维大多是通过纺前着色而获得颜色。因此，如何将通常的染色技术应用于聚丙烯纤维，已成为人们关注的问题。目前已开发出多种可染聚丙烯纤维技术，这些技术大体分为两类：一是通过接枝共聚将含有亲染料基团的聚合物或单体接枝到聚丙烯分子链上，使之具有可染性；二是通过共混纺丝破坏和降低聚丙烯大分子间的紧密聚集结构，使含有亲染料基团的聚合物混到聚丙烯纤维内，使纤维内形成一些具有高界面能的亚微观不连续点，使染料能够顺利地渗透到纤维中去并与亲染料基团结合。共混法是目前制造可染聚丙烯纤维的主要而实用的方法，主要产品包括：①媒介染料可染聚丙烯纤维；②碱性染料可染聚丙烯纤维；③分散染料可染聚丙烯纤维；④酸性染料可染聚丙烯纤维。其中酸性染料可染聚丙烯纤维最有前途。

3.5.2　高强聚丙烯纤维

高强聚丙烯纤维在产业用纤维领域中具有极大的竞争潜力。因为其除具有优良的力学性能和耐化学性外，还具有生产设备投资少、原料价格便宜、生产过程耗能少等明显的技术经济优势。在国外，高强聚丙烯纤维的年销量在逐年递增。

高强聚丙烯纤维可以用作各种工业吊带、建筑业安全网、汽车及运动的安全带、船用缆绳，冶金、化工、食品及污水处理等行业的过滤织物，加固堤坝、水库、铁路、高速公路等工程的土工布，汽车和旅游业用的蓬苫布，以及高压水管和工业缝纫线等产业领域。

3.5.3 烯烃共聚物或混合体系聚丙烯纤维

烯烃有相类似的物理–化学性能,通过共聚或共混得到的烯烃共聚物或混合体系仍具良好的可纺性,用烯烃共聚物或混合体系纺丝可改善单种烯烃纤维性能。使不同 MI 的聚丙烯或聚丙烯与不同的烯烃(较常用的为聚乙烯)混合,能得到各种特色的聚丙烯纤维,如日本窒素公司用 PE/PP、改性 PE/PP、改性 PP/PP 的复合纤维生产的 ES 纤维、EA 纤维、EPC 纤维等。

3.5.4 多孔性聚丙烯纤维

聚丙烯纤维具有耐酸碱、抗腐蚀、对化学晶稳定、无毒性及不发霉的优点,因此可作多种行业的过滤材料。多孔性聚丙烯纤维的孔隙率高、孔径小,进一步拓宽了其应用领域,提高过滤功能。例如,日本宇部将聚丙烯与液体石蜡混合,熔融纺丝,拉伸热处理后浸渍在己烷中溶去液体石蜡,制得了孔隙率高达 25% 的多孔性聚丙烯纤维,这种纤维比表面积大,能瞬时吸收、吸附各种物质,可用于清除液体中的不溶性物质和物质中的臭气。如果在本工艺中添加成核剂,能使孔径变得更小而均匀,可用作人工肺的材料。

3.5.5 细特及超细聚丙烯纤维

普通聚丙烯纤维手感较硬,有蜡状感,因此主要用于地毯、非织造布、装饰布和产业等方面,只有很少一部分用于服用生产。随着可控流变性能树脂制造技术,短程纺、细特高速纺(POY、FOY)及纺丝拉伸联合(FDY)、纺丝拉伸加弹联合(细旦 BCF)等纺丝技术的开发,细特聚丙烯纤维得到迅速发展,也为其在服装领域的应用打下了基础。

用细特聚丙烯长丝作为服用材料,具有密度小、静电少、保暖、手感好、有特殊光泽、酷似真丝等特点,并且有"芯吸"效应及疏水、导湿性,是制作内衣及运动服的理想材料。

国内用可控流变性能的聚丙烯切片在常规纺、高速纺及 FDY 设备上成功地开发出单丝线密度达 0.7～1.2 dtex 的聚丙烯细特长丝。空气污染装置、卷烟过滤嘴、采矿、医药及工业用滤网、饮料的微过滤装置等方面得到了广泛应用。超细聚丙烯纤维还可作离子交换树脂的载体及电绝缘材料。其生产方法有离心纺丝、熔喷纺和闪蒸纺及不相容混合物纺丝。

3.5.6 阻燃聚丙烯纤维

由聚丙烯纤维制成的织物易燃烧,这一点限制了它的使用范围。因此阻燃聚丙烯纤维的研制成功将对聚丙烯纤维发展起到促进作用。目前,聚丙烯纤维及织物的阻燃改性方法主要有两种:一是织物阻燃整理;二是共混阻燃改性。

织物阻燃整理的方法是采用含有 C—C 双键或羟甲基之类反应性基团的阻燃剂与有相似反应性基团的多官能度化合物(交联剂)在聚丙烯纤维织物上共聚形成聚合物固着在织物上。由于等规聚丙烯结晶度高,大分子链中缺乏反应性基团,阻燃剂分子很难扩散到纤维中或与它发生化学结合,用整理法赋予织物阻燃性难以持久,且手感差,因此一般多用于地毯等洗涤次数较少的制品。

共混阻燃改性是选用溴系、磷系或含氮阻燃剂或它们的复合物与聚丙烯预先制成阻燃母粒,在纺丝时按比例与聚丙烯切片共混纺丝。燃烧时,聚丙烯形成碳质焦炭以阻碍与氧气接触达到阻燃目的。也有使用磷与卤素协同作用或采用三氧化二锑与卤素协同作用的阻燃剂。例如,用7.2%的八溴联苯醚与三氧化二锑的混合物与聚丙烯共混纺丝,其极限氧指数可以从18.1提高到28.1。

3.5.7　其他改性聚丙烯纤维

将微晶石蜡、肥皂、硅化物、有机酸的脂肪酸脂、高相对分子质量脂肪醇、含氟代烷基的蜡状物、无规聚丙烯或低相对分子质量聚乙烯与聚丙烯切片相混,可制得耐磨性良好的聚丙烯纤维。将聚丙烯切片与抗静电剂混合,纺成纤维。抗静电剂以微原纤形态分散在聚丙烯基体中,使纤维具有抗静电性能。

将陶瓷粉混入聚丙烯纺成纤维可制得远红外敏感纤维,该纤维可吸收不同波长的远红外线,使织物具有保暖作用,也可在吸收红外线的同时放射出一定波长的远红外线,活化细胞组织,促进血液循环,产生强身健体的作用,故可制成各类医疗保健制品。

第4章 聚丙烯腈纤维

聚丙烯腈纤维(Acrylicfibres)是指由聚丙烯腈或丙烯腈质量分数占85%以上的线型聚合物所纺制的纤维。如果聚合物中丙烯腈的质量分数占35%~85%,其他共聚单体质量分数占15%~65%,则由这种共聚物制成的纤维被称为改性聚丙烯腈纤维(Modacrylicfibres)。我国聚丙烯腈纤维的商品名称为腈纶。

20世纪30年代初期,德国Hoechst化学公司和美国DuPont公司就已着手聚丙烯腈纤维的生产试验,并于1942年取得以二甲基甲酰胺(DMF)为聚丙烯腈溶剂的专利。后来又发现其他有机溶剂与无机溶剂,如二甲基乙酰胺(DMA)、二甲基亚砜(DMSO)、硫氰酸钠(NaSCN)浓溶液、氯化锌溶液和硝酸等。随后又花了10余年时间探索,直至1950年,聚丙烯腈纤维才正式投入生产。

最早的聚丙烯腈纤维由纯聚丙烯腈(PAN)制成,因染色困难,且弹性较差,故仅作为工业用纤维。后来开发出丙烯腈与烯基化合物组成的二元或三元共聚物,改善了聚合体的可纺性和纤维的染色性,其后又研制成功丙烯氨氧化法制丙烯腈新方法,才使聚丙烯腈纤维工业得以迅速发展。

聚丙烯腈纤维具有羊毛的特性,蓬松性和保暖性好,手感柔软,防霉、防蛀,并有非常优越的耐光性和耐辐射性。目前,其产量在合成纤维中仅次于聚酯纤维、聚酰胺纤维和聚丙烯纤维。

近年来,为了适应某些特殊用途的需要,通过化学和物理改性的方法,制成了不少具有特殊性能或功能的改性聚丙烯腈纤维,如1 000 ℃的碳纤维、耐3 000 ℃的石墨纤维、阻燃纤维、抗静电纤维及高收缩纤维。

4.1 聚丙烯腈纤维原料

4.1.1 丙烯腈的合成及其性质

丙烯腈(CH_2=CH—CN)是合成聚丙烯腈的单体。目前,丙烯氨氧化法是丙烯腈合成中最主要的生产方法。在室温常压下,丙烯腈具有特殊杏仁气味、无色、易流动的液体。溶解性:丙烯腈在0 ℃水中的溶解度为7%,40 ℃时为8%,20 ℃时为3.10%。丙烯腈能与大部分有机溶剂以任何比例互相溶解,可以与水、苯等形成恒沸物系。

作为聚丙烯腈纤维原料的丙烯腈,少量杂质的存在可明显影响聚合反应及成品质量,因此,除水外的各类杂质(如醛、氢氰酸、不挥发组分及铁等)的总含量不得超过0.005%。

4.1.2　丙烯腈的聚合

（1）生产方法

实际生产丙烯腈大多采用溶液聚合。根据所用溶剂的不同,可分为均相溶液聚合和非均相溶液聚合。

①均相溶液聚合。单体和聚合产物都溶解于溶剂中,所得的聚合液可直接用于纺丝,故又称腈纶生产的一步法。其优点是:反应热容易控制,产品均一,可以连续聚合,连续纺丝。但溶剂对聚合有一定的影响,同时还要有溶剂回收工序。

②非均相溶液聚合。非均相溶液聚合所得聚合物不断呈絮状沉淀析出,经分离后需用合适的溶剂再溶解,方可制成纺丝原液,此法称为腈纶生产的二步法。因非均相聚合的介质通常采用水,所以又称为水相聚合法。其优点是:反应温度低,产品色泽洁白,可以得到相对分子质量分布窄的产品,聚合速度快,转化率高,无溶剂回收工序等;缺点是在纺丝前要进行聚合物的溶解工序。

（2）引发剂

丙烯腈聚合使用的引发剂有三类,即偶氮类、有机过氧化物类和氧化还原体系引发剂。丙烯腈聚合因不同溶剂路线和不同的聚合方法对引发剂的选择也有所不同。例如,NaSCN溶剂路线常采用偶氮类引发剂,水相聚合法则常采用氧化-还原引发体系。

（3）反应单体

纯聚丙烯腈纤维的产量较低,均作工业用途。世界各国生产的聚丙烯腈纤维大多由以丙烯腈为主的三元共聚物制得,其中丙烯腈占88%～95%;第二单体占4%～10%;第三单体占0.3%～2.0%。

第二单体的作用是降低PAN的结晶性,增加纤维的柔软性,提高纤维的机械强度、弹性和手感,提高染料向纤维内部的扩散速度,在一定程度上改善纤维的染色性。常用的第二单体为非离子型单体,如丙烯酸甲酯、甲基丙烯酸甲酯、醋酸乙烯和丙烯酰胺等。

第三单体的目的是引入一定数量的亲染料基团,以增加纤维对染料的亲和力,可制得色谱齐全、颜色鲜艳、染色牢度好的纤维,并使纤维不会因热处理等高温过程而发黄。第三单体为离子型单体,可分为两大类:一类是对阳离子染料有亲和力,含有羧基或磺酸基团的单体,如丙烯磺酸钠、甲基丙烯磺酸钠、亚甲基丁二酸(衣康酸)、对-乙烯基苯磺酸钠、甲基丙烯苯磺酸钠等;另一类是对酸性染料有亲和力,含有氨基、酰胺基、吡啶基等的单体,如乙烯吡啶、2-甲基-5-乙烯吡啶、甲基丙烯酸二甲替氨基乙酯等。

丙烯腈聚合一般控制三种转化率,即低转化率(50%～55%)、中转化率(70%～75%)及高转化率(95%以上)。在硫氰酸钠为溶剂的腈纶一步法生产中,通常只用低或中转化率。水相沉淀聚合时转化率较高,可达70%～80%。

在以硝酸及二甲基亚砜为溶剂的腈纶一步法生产中,可采用高转化率,此时不需要单独脱除未反应的单体,而可在脱泡过程中同时回收少量残余单体。这样可使工艺流程缩短1/3,但所需反应时间约为中转化率的2倍或低转化率的3倍以上。

（4）相对分子质量调节剂

为了使聚合产物具有合适的相对分子质量,在丙烯腈聚合过程中还需加入相对分子质量调节剂(如异丙醇)、终止剂(如乙二胺四乙酸四钠盐)和浅色剂(如二氧化硫脲)等。

1. 均相溶液聚合

丙烯腈等单体及聚丙烯腈均溶于同种溶剂,如硫氰酸钠,故称均相溶液聚合。图 4.1 所示为以硫氰酸钠为溶剂的均相溶液聚合流程简图。原料丙烯腈(AN),第二单体丙烯酸甲酯(MA),第三单体衣康酸(ITA)及 48.8% 硫氰酸钠(NaSCN)溶剂分别经由计量、调温后放入调配桶。引发剂偶氮二异丁腈(AIBN)和浅色剂二氧化硫脲(TUD)经称量后由旋流液封加料斗加入调配桶,其中引发剂用量为总单体质量的 0.2% ~0.8%。经调配桶调配后,以连续、稳定的流量注入试剂混合桶。相对分子质量调节剂异丙醇(IPA)经准确计量后直接加入混合桶,所有注入混合桶内的聚合原料与从聚合浆液中脱除出来的未反应单体等物(如 AN、MA、IPA 和水分)充分混合并调温后,用计量螺杆泵连续送入聚合釜进行聚合反应。当单体转化率为 55% ~70% 时,为了满足纺丝要求,聚合体系中总单体的质量分数控制在 17% ~21%。聚合后聚合物平均相对分子质量控制在 60 000 ~ 80 000。聚合温度一般控制在 76 ~78 ℃,时间为 1.5 ~2.0 h。

完成聚合后的浆液由釜顶出料,通往脱单体塔,未反应的单体在串联的两个脱单体塔中分离逸出,被抽到单体冷凝器,在这里反应用的试剂混合液又被作回收单体的冷凝液,经泵注入喷淋冷凝器,把未反应的单体冷凝下来,而后被一起带回试剂混合桶。脱单体后的浆液被送入脱泡工段。

均相溶液聚合的优点是:省去分离聚合物的沉淀、过滤和烘干等过程,但对原料的纯度要求较高,对原液的质量控制和检测难度较大。

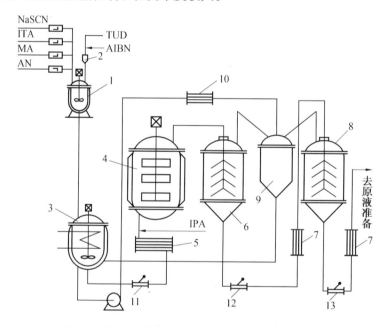

图 4.1　以硫氰酸钠为溶剂的均相溶液聚合流程简图

1—调配桶;2—旋流液封加料斗;3—混合桶;4—聚合釜;5—热交换器;6—第一脱单体塔;7—加热器;8—第二脱单体塔;9—喷淋冷凝器;10—喷淋液冷却器;11、12、13—螺杆泵

2. 水相沉淀聚合

丙烯腈等单体可溶于水,但聚丙烯腈则不溶于水而沉淀,故称水相沉淀聚合。图 4.2 为 PAN 水相沉淀聚合工艺流程图。各种单体连同引发剂硫酸亚铁铵——过硫酸钾、活化

剂亚硫酸钠($NaHSO_3$)和去离子水,通过计量连续加入反应釜进行反应。反应釜有搅拌器和夹套,正常情况下反应器夹套中通冷冻水以带走反应热。但在开始聚合时,要提供热水以加热反应器。夹套冷却水的温度即聚合反应温度,一般为 30~50 ℃。反应物料在釜中停留 1~2 h,转化率为 70%~80%。

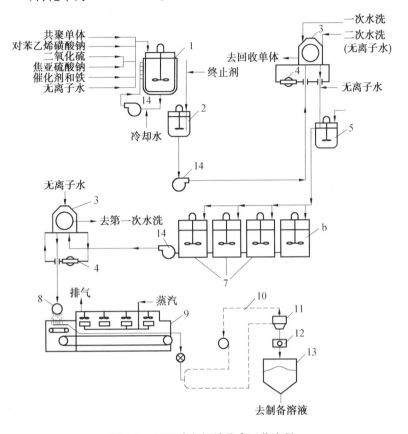

图 4.2　PAN 水相沉淀聚合工艺流程

1—聚合反应釜;2—淤浆槽;3—旋转真空过滤机;4—真空泵;5—第二淤浆槽; 6—分离槽;7—第一淤浆混合槽;8—挤压机;9—干燥机;10—气体系统;11—循环分离器;12—粉碎机;13—聚合物储槽;14—泵

通过引发剂与活化剂的相互作用,可实现对聚合反应的引发及对反应速度、聚合物相对分子质量的有效控制,由聚合釜引出的淤浆含有一定量未参加反应的单体,故须不断向淤浆槽加入足够量的终止剂(乙二胺四乙酸四钠盐)使聚合反应停止。

淤浆由泵送至旋转真空过滤机,分离聚合物,用无离子水彻底水洗,以除去未反应的单体和盐,滤液被送到单体回收工段,将未反应单体回收重新使用。离开过滤机的聚合物大约含有 5% 的水分,加入中和剂(Na_2CO_3)调节 pH 值,然后用去离子水再制成质量分数约为 25% 的浆料,送到混合系统。

混合系统由几个带有搅拌器的槽组成,它使聚合物混合更均匀,并在反应釜和干燥机之间起缓冲作用。混合后的淤浆在第二个旋转真空过滤机中脱水。从这里出来的聚合物含有 60% 的水分,直接喂入挤出机。经挤出送入连续的链板干燥机中,将水分降低到小于 1%。干燥后的聚合物被风送至循环分离器进行液固分离,接着送至粉碎机进行粉碎,最后送溶液制备。干燥不合格的聚合物经与无离子水混合成淤浆返回到分离槽,再次过滤、挤压、干燥。反应釜及第一过滤机和送风系统都用氮气保护,以使氧气含量在爆炸极限以下,所有反应物混合水的温度控制在 25 ℃ 左右,在此温度下反应物易溶解,并可防止催化剂分解和对苯乙烯磺酸钠溶液的自聚。

通常反应体系的 pH 值控制在 2.5 ~ 3.0。

乙二胺四乙酸四钠盐水溶液(质量分数约为 16%,其商品名为"唯尔希")是一种螯合剂,它可与铁离子结合,使铁对连续聚合反应失活,起到终止剂的效应。铁-唯尔希络合物是水溶性的,进行过滤时便可从系统中除去。

虽然希望聚合物体系中有一定酸度才能中和 DMF 中的杂质,以免产品着色,但若存在大量游离酸,会腐蚀原液纺前准备设备和纺丝设备。因此在淤浆槽中加入中和剂($NaOH$ 或 Na_2CO_3)中和硫酸、磺酸和它们的钠、钾盐。一般聚合物中含有约3.5 mmol/kg 的游离酸,即可得到颜色好的产品,而设备只受到轻微的腐蚀。

4.1.3 聚丙烯腈的结构和性质

1. 聚丙烯腈的结构

通过光谱分析研究证实,聚丙烯腈大分子链中丙烯腈单元的连接方式主要是首尾连接,均聚丙烯腈大分子的主链由 C—C 键构成,链并不是呈平面锯齿形分布,而是螺旋状的空间立体构象,螺旋体的直径为 0.6 nm。聚丙烯腈的螺旋体结构主要由极性较强的侧基——氰基所决定。

2. 聚丙烯腈的性质

(1)物理性质

聚丙烯腈为白色粉末状物质,其表观密度为 200 ~ 250 g /L,密度为 1.14 ~ 1.15 g/cm,加热至 220 ~ 230 ℃时软化,并同时发生分解。聚丙烯腈的耐光性非常优良,这是因为聚丙烯腈大分子上含有氰基(—CN),氰基中碳和氮原子之间以三价键连接(一个 σ 键和两个 π 键),这种结构可吸收能量较多紫外光的光子,并能转化为热能,从而保护了主键,使其不易发生降解。

聚丙烯腈的性质及其加工性能在很大程度上取决于产品的相对分子质量及其分布。聚丙烯腈的相对分子质量及其多分散性与所选用引发剂的性质有关。当相对分子质量低于 10 000 时,往往就不可能形成纤维。相对分子质量的多分散性越大,或低分子组分含量越多,则制成的纤维性能越差。

(2)玻璃化温度

聚丙烯腈具有三种不同的聚集状态,即非晶相的低序态、非晶相中序态和准晶相高序态。玻璃化温度(T_g)是表征大分子链段热运动的转变点,因此 T_g 必然与链段所处的聚集状态有关。聚丙烯腈有三种不同的聚集态,必然也有三个与之相对应的链段运动的转变温度。这种转变温度对非晶相是玻璃化温度,对晶相则是熔点。因此聚丙烯腈有两个玻璃化温度。据测定,聚丙烯腈低序区的玻璃化温度为 80 ~ 100 ℃,非晶相中序区的玻璃化温度为 140 ~ 150 ℃,前者为 T_{g1},后者为 T_{g2}。

由于共聚组分的加入,T_{g1} 与 T_{g2} 逐渐相互靠近,以至完全相同。三元共聚的聚丙烯腈的玻璃化转变温度为 75 ~ 100 ℃。由于水的增塑作用,次级溶胀聚丙烯腈的 T_g 进一步下降到 65 ~ 80 ℃;而初级溶胀聚丙烯腈的 T_g 则在 40 ~ 60 ℃ 范围内。

（3）聚丙烯腈的化学性质

聚丙烯腈的化学稳定性较聚氯乙烯低得多,在碱或酸的作用下,能发生一系列化学反应。在碱或酸对聚丙烯腈作用时,氰基会转变成酰胺基。温度越高,反应越剧烈。生成的酰胺又能进一步被水解;在碱性水解时释出的 NH_3,又能与未水解的聚丙烯腈中的氰基发生反应,使聚丙烯腈变成黄色。聚丙烯腈可溶解于浓硫酸中。聚丙烯腈在很宽的温度范围内,对各种醇类、有机酸(甲酸除外)碳氢化合物、油、酮、酯及其他物质的作用都较稳定。

（4）聚丙烯腈的热性质

聚丙烯腈具有较高的热稳定性,一般成纤用聚丙烯腈的颜色在加 170 ~ 180 ℃ 时不应有变化。如在聚合物中存在杂质,则加速聚丙烯腈的热分解及其颜色的变化,如果用偶氮二异丁腈作为聚合反应的引发剂,并严格地精制各个反应组分,可制成热相当高的产物。将聚丙烯腈加热到 250 ~ 300 ℃ 时,则发生热裂解,主要分解出氰化氢及氨。

4.2　聚丙烯腈纺丝原液的制备

经一步法制得的纺丝原液含有未反应的单体、气泡和少量的机械杂质,必须加以去除。为保证丝原液的质量均一性,还必须进行混合。故纺丝原液的制备包括脱单体、混合、脱泡、调温和过滤等环节,以制得符合纺丝工艺要求的纺丝原液。

水相沉淀聚合所得的聚丙烯腈是细小的固体颗粒,必须将其溶解在有机或无机溶剂中,并经混合、脱泡和过滤等工序。

4.2.1　一步法纺丝原液的制备

图 4.3 所示为 NaSCN 一步法原液准备流程图。完成聚合、脱单后送来的原液的浆液经管道混合器进入原液混合槽,使原液充分混合后,用齿轮泵送往真空脱泡塔,脱除原液中的气泡,脱泡后的浆液送入多级混合罐,在此加入消光剂和荧光增白剂,然后经热交换器进行调温,再经过滤除杂质,以稳定的压力送往纺丝机。

1.聚合浆液中单体的脱除

高转化率(转化率大于 95%)的聚合产物不需脱除单体,而中、低转化率的工艺路线则必须将聚合浆液进行脱单体,否则未反应的单体会继续缓慢地发生聚合,使浆液浓度提高,黏度上升。此外,未经脱单体的聚合液直接进入脱泡塔后,在脱泡塔内可逸出大量挥发性单体,从而影响脱泡效果。若将含有大量单体的聚合浆液直接送去纺丝,则会在原液从喷丝孔挤出时气化逸出,既恶化劳动条件,又严重影响纤维的品质。

脱单体的效果主要取决于浆液温度及脱单体时的真空度。脱单体时要求浆液温度不低于操作真空下单体汽化温度,如进料温度约为 70 ℃,出料温度为 50 ℃。脱单体时的真空度与喷淋的温度和喷淋量有关。喷淋液温度越低,喷淋量越大,就越有利于真空的建立。

2.纺丝原液的混合及脱泡

聚合反应是连续进行的,在不同时间内所得原液的各种性能难免产生某些波动,为使

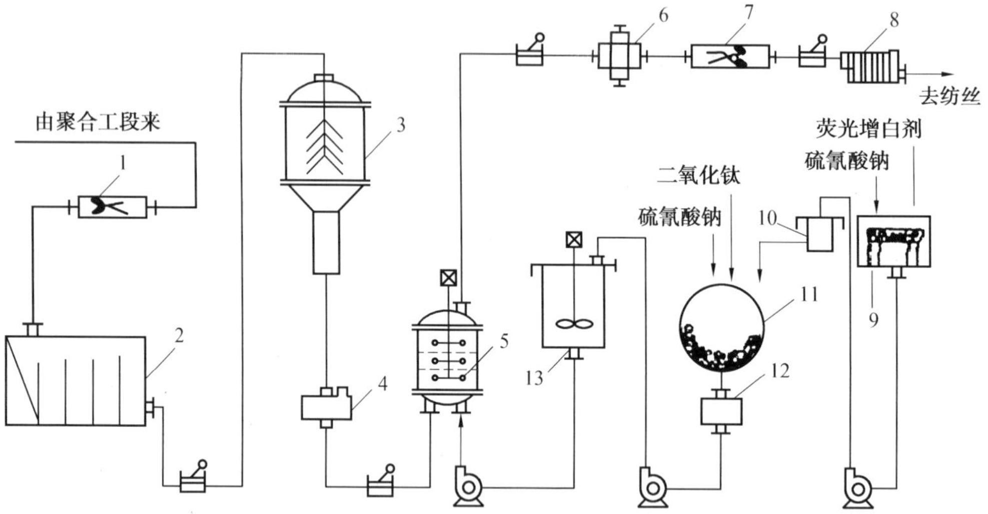

图 4.3　NaSCN 一步法原液准备流程图

1、7—管道混合器;2—原液混合槽;3—脱泡器;4—密封槽;5—多级混合器;6—冷却器;8—板框过滤机;9—振荡研磨饥;10—荧光浆液计量罐;11—球磨机;12—球磨机接受槽;13—消光浆液储槽

原液性能稳定,必须进行混合。经脱单后的原液与循环混合的浆液先在管道混合器内进行充分混合,然后送入浆液混合储槽。

混合储槽容积很大,实际是一个原液储存桶,一旦聚合或纺丝工序发生临时性故障,可有缓冲余地。混合槽内用挡板隔成许多区,原液在槽内(借助泵)循环,充分进行混合,随后送往脱泡塔。

浆液在输送过程中或在机械力作用下会混入气泡,较大的气泡通过喷丝孔会造成纺丝中断、产生毛丝或者形成浆块阻塞喷丝孔,较小的气泡会通过喷丝孔而留在纤维中,造成气泡丝,在拉伸时易断裂或影响成品丝的强力,所以纺丝前必须把原液中的气泡脱除。

3. 调温和过滤

脱泡后的浆液需经热交换器调至一定温度,目的是稳定纺丝浆液的黏度,以便于过滤和纺丝。过滤主要是除去混合浆液中的各种机械杂质,以保证纺丝的顺利进行。过滤设备一般采用板框式压滤机。

4.2.2　二步法纺丝原液的制备

水相沉淀聚合所得的聚丙烯腈呈细小颗粒状固体,首先需要将它溶解于某种有机或无机溶剂中,并经过混合、脱泡、过滤等工序,以制成符合纺丝要求的原液。下面以硫氰酸钠水溶液及二甲基甲酰胺为溶剂讨论 PAN 的溶解过程。

1. 以硫氰酸钠水溶液为溶剂

一般盐溶液的离子都是经过溶剂化的。当盐溶液的浓度很低时,溶剂化的阳离子和阴离子可以独立存在。随着盐溶液浓度的增高,离解度便降低,两类离子的溶剂化层交错在一起;当溶液浓达到相当高时,无机盐可以完全转变成溶剂化分子。硫氰酸钠水溶液中含有 3.96 mol/L NaSCN 时(相当于 24.3%),水溶液完全溶完全溶剂化,无游离水分子存在。当加入聚丙烯腈时,PAN 的氰基参与溶剂化层的组成,在硫氰酸的质量分数达到

43% ~45%时,大分子处于溶剂系统包围之中,使得固体的聚丙烯腈转化成高分子溶液。当硫氰酸钠水溶液的质量分数达到50%左右时,PAN中的氰基与溶剂系统构成的溶剂化层是最适宜的,此时溶液的黏度最低。如果NaSCN的浓度继续增高,则溶剂化度降低,大分子用力增大溶液的黏度反而回升(图4.4)。

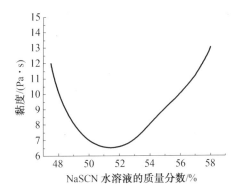

图4.4　NaSCN水溶液的质量分数对12% PAN溶液黏度的影响

生产上所用溶解聚丙烯腈的硫氰酸钠水溶液的质量分数下限为44%,上限是55% ~ 57%,这时中高聚物的质量分数一般为10% ~ 13%,其变动范围主要取决于共聚物的组成及相对分子质量分布。

2. 以二甲基甲酰胺为溶剂

二甲基甲酰胺(DMF)是聚丙烯腈干法纺丝最常用的溶剂。图4.5为以DMF为溶剂的干法纺丝原液制备流程图。丙烯腈共聚物首先经螺杆输送机定量输送,与经加热的DMF、TiO$_2$及浅色剂DTPA(二亚乙基三胺亚乙酸)在混合器进行混合,聚合物在此发生溶胀,然后送至溶解罐,在65 ℃下溶解。纺丝溶液经粗滤器过滤后进入溶液储罐,经增压泵送至加热器,使纺丝溶液加热至80 ~ 110 ℃,再经增压泵送去纺丝。在选择聚丙烯腈溶剂时,应综合考虑溶剂对聚丙烯腈的化学稳定性、溶解能力、沸点、汽化潜热、毒性、安全性、腐蚀性、可回收性及价格等多重因素。表4.1给出了几种常用聚丙烯腈纺丝溶剂的性能。

表4.1　聚丙烯腈纺丝溶剂的性能

性能	溶 剂						
	DMF	DMAc	DMSO	EC	NaSCN	HNO$_3$	ZnCl$_2$
沸点/ ℃	153	165	189	248	132(51% 水溶液)	86 (100%) 120(67%)	
采用的溶剂的质量分数	100%	100%	100%	100%	51% ~52%	63% ~70%	60%
纺丝原液稳定性	好	好	好	较好	好	差（在 0 ℃以上会使氰基水解）	差

续表4.1

性能	溶剂						
	DMF	DMAc	DMSO	EC	NaSCN	HNO₃	ZnCl₂
毒性	大	较大	小	小	无蒸汽污染	蒸汽刺激皮肤黏膜	无蒸汽污染
爆炸性	较大	较大	不大	无	无	较大	不大
腐蚀性	一般	一般	小	一般	强（要用含钼不锈钢）	强（要用含钛不锈钢）	强

注:DMAc 为二甲基乙酰胺;EC 为碳酸乙酯;DMSO 为二甲基亚砜

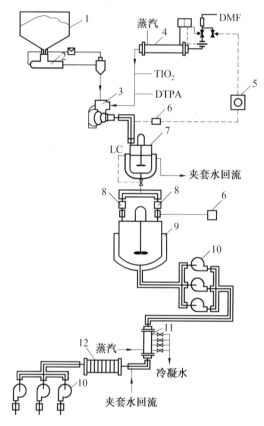

图 4.5　以 DMF 为溶剂的干法纺丝原液制备流程图
1—聚合物储存罐;2—螺杆输送机;3—混合器;4—溶剂加热器;
5—黏度控制器;6—黏度计;7—溶解罐;8—粗滤器;9—浆液储罐;
10—增压泵;11—浆液加热器;12—压滤机

4.3　聚丙烯腈纤维的湿法成型

聚丙烯腈在加热下既不软化又不熔融,在 280～300 ℃下分解,故一般不能采用熔融纺丝,而采用溶液纺丝法。溶液纺丝又可分为干法纺丝和湿法纺丝。目前,全世界每年用这两种纺丝方法生产的腈纶约为 270×10⁴ t,其中湿法纺丝约占 85%。

在湿法纺丝时,高聚物溶液从浸于凝固浴中的喷丝板小孔喷出,通过双扩散作用最终使纤维成型。凝固浴通常为制备原液所用溶剂的水溶液。

4.3.1　工艺流程

因纺丝原液所选用溶剂的不同,相应的湿法成型工艺也有所不同。下面仅以二甲基甲酰胺及硫氰酸钠两种溶剂路线为例,讨论聚丙烯腈湿法成型工艺。

1. 硫氰酸钠溶剂路线

以 NaSCN 为溶剂时一般都采用一步法。丙烯腈在 NaSCN 溶液中聚合,直接用聚合液进行纺丝。其主要优点是工艺过程简单,聚合速度较快,故聚合时间较短,NaSCN 不易挥发,溶剂的消耗定额较低。

工艺流程:纺丝原液(PAN 的质量分数为 12%～14%,NaSCN 的质量分数为 44%)经计量泵计量后,通过喷丝头(孔径为 0.06 mm,孔数为 20 000～60 000 孔)压出进入凝固浴,凝固浴为 NaSCN 水溶液,浓度为 9%～14%,温度为 10 ℃左右,纺丝速度为 5～10 m/min。出凝固浴的丝束进入预热浴进行预热处理,预热浴为 3%～4% 的 NaSCN 水溶液,浴温为 60～65 ℃,纤维在预热浴中被拉伸至 1.5 倍。经预热浴处理后的丝束引入水洗槽进行水洗,水洗槽中的热水温度为 50～65 ℃。水洗后丝束在拉伸浴槽中进行拉伸,拉伸浴的水温为 95～98 ℃,两次拉伸的总拉伸倍数要求为 8～10 倍。随后经上油浴上油,在干燥机中进行干燥致密化。接着丝束经卷曲机再进入汽蒸锅进行热定型,蒸汽压力为 2.5×10² kPa,定型时间为 10 min 左右。接着丝束进行上油,再经干燥机进行干燥致密化,最后经切断或牵切加工,打包后出厂 NaSCN 法腈纶纺丝、后加工流程图,如图 4.6 所示。

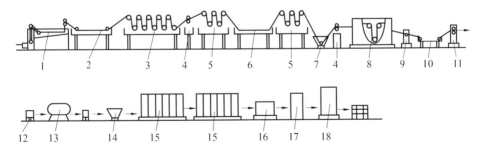

图 4.6　NaSCN 法腈纶纺丝、后加工流程图

1—凝固浴;2—预热浴;3—水洗槽;4—压辊;5—拉伸机;6—拉伸浴槽;7—第一上油浴;8—干燥机;
9—张力架;10—卷曲加热槽;11—卷曲机;12—装丝箱;13—蒸汽锅;14—第二上油浴;15—干燥机;
16—切断机;17—吹风机;18—打包机

2.二甲基甲酰胺(DMF)溶剂路线

以 DMF 为溶剂的湿法纺丝,大多用于制备短纤维。一般将粉末状的 PAN 溶解于 100% DMF 中,制成 PAN 的质量分数为 20% ~25% 的纺丝原液。

其优点是:溶剂的溶解能力强,可制得浓度较高的纺丝原液,溶剂回收也较简单;缺点是在较高温度(大于 80 ℃)下溶解时,会使纺丝原液颜色发黄变深。

工艺流程:质量分数为20% ~25%的纺丝原液,经计量泵计量,通过喷丝头压出进入凝固浴槽中,凝固浴为 DMF 溶液,质量分数为50% ~60%,温度为 10 ~15 ℃。喷丝头孔数可为 30 000 ~60 000 孔,孔径为 0.07 ~0.2 mm,纺丝速度为 5 ~10 m/min。丝束出凝固浴后进入拉伸机进行蒸汽拉伸或热水拉伸,拉伸倍数为 5 ~8 倍,热水拉伸浴为 20% ~25%DMF 水溶液,浴温为 80 ~90 ℃。拉伸后的丝进入水洗机,用 60 ~80 ℃的热水进行水洗。水洗后的纤维经油浴槽上油后,在干燥机中进行干燥致密化,再进入拉伸机拉伸 1.5 倍左右。拉伸后的纤维经卷曲、蒸汽热定型及冷却后进得切断打包。DMF 法腈纶的纺丝、后加工流程图如图 4.7 所示。

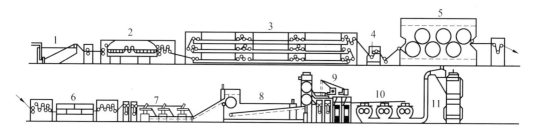

图 4.7 DMF 法腈纶的纺丝、后加工流程图

1—凝固浴槽;2—拉伸机;3—水洗机;4—上油浴;5—干燥致密化机;6—拉伸机;7—卷曲机;8—汽蒸热定型机;9—冷却机;10—切断机;11—打包机

4.3.2 腈纶湿法纺丝机

1.纺丝机结构

目前我国腈纶生产所用纺丝机主要为斜底水平式纺丝机(图 4.8(a)),又称卧式纺丝机。它是一种单面式纺丝机,凝固浴从装有喷丝头的一端(前端)进入浴槽,与丝条并行流向浴槽的另一端(后端)。在成型过程中纺丝原液中的 NaSCN 不断扩散到凝固浴中,使浴液的浓度逐渐升高,较浓的浴液沉向槽底。如果是平底,就会在靠近后端的下部造成死角,使浴液浓度差异增大。斜底槽消除了死角,迫使较浓的浴液不停留地向前流动。此外,腈纶湿法纺丝也可采用立管式纺丝机(图 4.8(b))。

2.计量泵

由于腈纶湿法纺丝大多用于生产短纤维,所以计量泵为大容量计量泵,每转送液量高达 100 ml 或更高。齿轮泵每分钟的输送量决定于泵的转速及每转的送液量,在正常情况下,计量泵的转速以不超过 45 r/min 为好,过高的转速不仅会使齿轮泵的磨损增大,而且将使计量精确度下降。如果需要的供液量大,应选取每转供液量稍大的计量泵。若转速过低(低于 10 r/min),则会导致计量泵的工作不稳定,供液量不均匀等。

3.烛形过滤器

烛形过滤器是喷丝头前最后一道过滤。它是由滤头、滤栓、外壳及连接头等组合而成

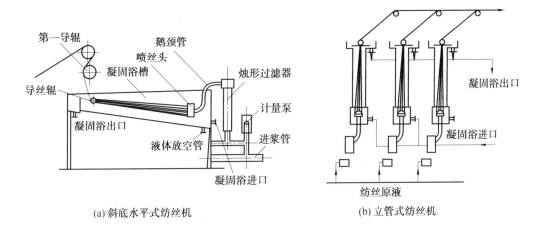

图 4.8　湿法纺丝机

1—纺丝泵;2—过滤器;4—凝固浴管;5—导丝辊

(图 4.9)。滤栓与外壳同心套在一起,滤栓系一空管,表面有螺纹及通液的小孔,在其外面紧密地裹扎滤布。烛形过滤器按滤液的流向可分为两种:一种是由栓内流至外壳,称为里进外出式、外流式或内压式;另一种是由外壳流入栓内,称为外进里出式、内流式或外压式。里进外出式易因捆扎线被崩断,滤布破裂而失去过滤作用,但它不会像外进里出式那样产生因滤布紧贴滤栓表面的沟槽而引起过滤面积的减少,使烛形滤器的进口压力大幅度上升,甚至会导致计量泵的保险销折断。

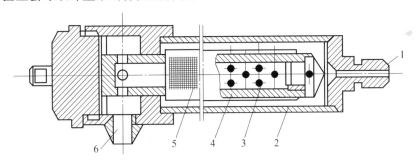

图 4.9　烛形过滤器结构示意图

1—原液进口;2—外壳;3—滤芯;4—通液小孔;5—滤布;6—原液出口

4. 喷丝头

喷丝头的孔数、孔径及毛细孔的长径比对纺丝条件以及纤维的物理机械性能有很大影响。孔径的大小取决于纺丝方法、纺丝原液的组成和黏度、喷丝头拉伸以及成品单纤维所要求的线密度。通常湿法纺丝所用喷丝头孔径比熔纺喷丝孔小,为 $0.06 \sim 0.15$ mm。表 4.2 为腈纶湿法纺丝孔径与单丝线密度的关系。

喷丝头孔数的选择主要取决于纤维的总线密度和单纤维的线密度。喷丝头的形状多数为圆形,但也有矩形或瓦楞形。纺制短纤维时一般都用几万孔以至十几万孔的喷丝头,若制成一个圆形的喷丝头,则会因其直径过大,受压力时容易变形,所以可采用组合型喷丝头,如由 12 个 2 000 孔的小喷丝头组合成 24 000 孔的一个大喷丝头。组合喷丝头的优点是制造方便、组装简单,若其中某一个小喷丝头的若干孔遭到损坏时,只需将坏的一个喷丝头换掉而不需调换整个喷丝头。其缺点是组件直径太大,易造成成型不均匀。

表 4.2　腈纶湿法纺丝孔径与单丝线密度的关系

单丝线密度/dtex	1.1~1.67	1.67~2.78	2.78~5.56	5.56~16.7
喷丝孔径/mm	0.14~0.07	0.07~0.08	0.08~0.1	0.1~0.16

异形喷丝板由异形喷丝孔纺出的纤维,其截面形状是非圆形的,目的是获得某些特殊的性质,从而改变织物的服用性能。如三角形截面的纤维具有类似于蚕丝的光泽;星形截面的纤维具有手感好、覆盖性好和抗起球等优点;空心纤维具有质量轻、保暖、反射光线和不显灰尘等优点;不对称中空纤维可以天然弯曲。常见的异形纤维截面与喷丝孔形状对应图如图 4.10 所示。

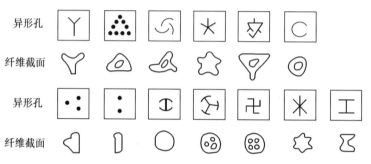

图 4.10　常见的异形纤维截面与喷丝孔对应图

4.3.3　腈纶湿法纺丝的工艺控制

1.原液中高聚物的浓度

原液中高聚物的浓度越高,大分子链间的接触概率越高。当加入凝固剂时,由于部分链段的脱溶剂化作用,将形成许多大分子间的物理交联点。当这些物理交联点不断增加并超过某一临界值时,浓溶液的零切黏度 η_0 由于大分子间力的增长而急剧上升,最后完全失去流动性,形成一个连续的立体网络,并转变为一种柔软而富有弹性的固体,这种固体称为冻胶,浓溶液向冻胶转化的过程称为冻胶化。当其他条件不变而增加纺丝原液中聚合物的浓度时,可增大初生纤维的密度,减少纤维中的孔洞数目,提高结构均一性及纤维的机械性能。原液中聚合物的浓度越高,需脱除的溶剂越少,则成型的速度越快。因此,提高原液中丙烯腈共聚物的浓度不仅在经济上是合理的,同时对改善纺丝条件及初生纤维的结构和成品纤维的性能也都是有利的。常用溶剂制备的原液浓度见表 4.3。

但原液的浓度不能太高。实验发现,当浓度达到某一定值后,继续增加浓度,纤维的机械性能没有明显变化,而溶液的黏度却大幅提高,流动性不良。此外,在确定原液浓度工艺时,还应考虑溶剂的溶解能力和原液流动性等因素。如果原液浓度过低,则在沉淀剂的作用下高聚物只能脱溶剂而呈松散絮状凝聚体析出,无法形成具有一定强度的冻胶体,因而不能形成纤维。

表4.3 常用溶剂制备的原液浓度

溶剂	原液中高聚物的质量分数/%
DMF	28 ~ 32
DMAc(45% ~ 55%)水溶液	22 ~ 27
NaSCN(51%水溶液)	10.15
ZnCl$_2$(55% ~ 65%)水溶液	8 ~ 12
DMSO	20.25
HNO$_3$(65% ~ 75%)水溶液	8 ~ 12
EC	15 ~ 18

2. 凝固浴中溶剂的含量

凝固浴一般为聚丙烯腈溶剂的水溶液,水是凝固剂。凝固浴中溶剂的含量对初生纤维的结构、后加工工艺以及成品纤维的强度、延伸度、钩接强度、耐磨性以及手感和染色性等都有明显的影响。以有机溶剂(如DMF)的水溶液为凝固浴时,因凝固能力较强,故浴中溶剂含量应较高,借以抑制高聚物的凝固速度,以获得结构较为致密的初生纤维。以无机物(如NaSCN)的水溶液为凝固浴时,因凝固能力较差,故浴中的溶剂含量较低。

凝固浴中溶剂的含量过高时,将使双扩散过程太慢,造成凝固困难和不易生头,初生纤维过分溶胀致使在出浴处发生坠荡现象。此外,丝条凝固不充分就进行拉伸容易发生断裂,或由于纤维表面凝固不良而造成并丝。

凝固浴中溶剂含量过低时,双扩散速度相应增大,不仅使表层的凝固过于激烈,而且很快在原液细流外层形成一缺乏弹性而又脆硬的皮层,这不仅导致纤维的可拉伸性下降,还因已形成的这种皮层阻碍了内层原液和凝固浴之间的双扩散,使内层凝固变慢,因而进一步加大皮芯层结构的差异,同时因皮层和芯层脱溶剂化而产生的收缩不一致,造成内应力不均一,使纤维产生空洞,结构疏松并失去光泽。这样的初生纤维拉伸时,易断裂而产生毛丝,干燥后手感发硬,色泽泛白,强度和伸度都很差。因此,选择凝固浴浓度时,应在保证表面凝固良好的前提下,采取较缓和而均匀的凝固条件。在生产上还应使喷丝头各单根纤维的凝固浴浓度尽可能的一致。

3. 凝固浴的温度

凝固浴的温度直接影响浴中凝固剂和溶剂的扩散速度,从而影响成型过程。所以凝固浴温度和凝固浴浓度一样,也是影响成型的一个度要因素,必须严格控制。表4.4为几种主要溶剂路线纺丝时所采用的凝固浴温度范围。

表4.4 主要溶剂路线纺丝时所采用的凝固浴温度

溶剂路线	凝固溶温度/℃	溶剂路线	凝固溶温/℃
DMF	10.15	NaSCN	10.12
DMSO	20.30	HNO$_3$	0.5

凝固浴温度降低,双扩散速度减慢,凝固速度下降,凝固过程比较均匀,初生纤维结构

紧密,纤维中网络骨架较细,而且其网结点的密集度较大,经拉伸后微纤间联结点密度高,整个纤维的结构得到加强,成品的强度和钩结强度上升。

凝固浴温度上升,纤维的强度和延伸度都有所下降,尤其是强度对温度依赖性更为明显。如果凝固浴温度超过某一临界值(HNO₃法为 10 ℃,NaSCN 法为 20 ℃,DMSO 法为 35 ℃,DMF 法为 25 ℃)后,由于凝固过于剧烈,纤维截面由圆形转变为不规整的肾形,并有空洞出现,纤维严重失透,泛白并形成明显的皮芯结构,使内外层的不均匀性加大,内应力增大,因而强度下降。结构的不均匀性,在宏观上表现为纤维的热水收缩率增大,密度也有所下降。

但凝固浴温度不能过低,因为过慢的凝固速度将使纤维芯层凝固不够充分,在拉伸时容易造成毛丝。对于 NaSCN 法,当凝固浴温度过低时,NaSCN 还会从浴中结晶而析出,而且冷冻量消耗过大,使生产成本提高,所以凝固浴温的降低应有一定限度。

综上可知,凝固浴的浓度和凝固浴的温度都能影响原液细流的凝固程度和凝固速度,所以在一定范围内两者可以互相调节。但凝固速度受凝固浴温度的影响较大,受凝固浴浓度的影响较小。所以实际上当凝固浴温过高时,要利用提高凝固浴的浓度来降低凝固速度是不可能的。此外应该注意的是,细流表面的凝固受浴液浓度的影响较大;而芯层的凝固主要是通过分子的扩散来实现的,受浴液温度的影响较大。因此在调节凝固浴的温度和浓度时,要特别注意原液细流皮芯层的凝固情况。

在湿法纺丝过程中,可以通过调整凝固浴浓度和温度等工艺参数使用圆形喷丝孔纺出圆形、豆形及哑铃形等多种截面形状的纤维。

4. 凝固浴循环量

在纤维成型过程中,纺丝原液中的溶剂不断地进入凝固浴,使凝固浴中溶剂浓度逐渐增大,同时由于原液温度和室温都比凝固浴温度高,所以凝固浴温也会有所升高。而凝固浴的浓度和温度又直接影响纤维的品质,因此必须不断地使凝固浴循环,以保证凝固浴浓度及温度在工艺要求的范围内波动,一般浓度允许偏差(又称落差)为 0.2%,即指凝固浴进出口处浓度差,以确保所得纤维的质量。

当凝固浴循环量太小时,会使浴槽中不同部位的浓度和温度差异增大;相反,循环量太大时,又会在纺丝线周围形成流体力学状态不稳定,从而可能造成毛丝,也不利于纺丝的顺利进行。通常,凝固浴的流动状态可以通过改善浴槽结构和采用分区喷丝头排列等方法来加以改善。

5. 初生纤维的卷绕速度

卷绕速度是指第一导盘把丝条从凝固浴中拽出的速度。它与纺丝机的生产能力关系很大,提高卷绕速度,就能提高纺丝机的生产能。但是卷绕速度受丝束的凝固程度和凝固浴动力学阻力的限制。提高卷绕速度必然降低丝束在浴中的停留时间,为达到工艺规定的凝固程度,必须提高凝固浴的凝固能力,但过快的固化速度必定影响成品纤维的质量及均匀性。卷绕速度提高后,凝固浴对丝束的动力学阻力也提高,容易使刚成型的丝条发生毛丝或断裂。上述因素都必须综合考虑。

4.4　聚丙烯腈纤维的干法纺丝

聚丙烯腈纤维的干法纺丝是由美国杜邦公司于1944年开发成功,并于1950年完成工业化生产的。虽然聚丙烯腈及其共聚物可溶于多种溶剂,但直到目前为止,腈纶的干法纺丝只使用 DMF 为溶剂。近年来,由于各国对 DMF 致癌性的担心,使腈纶干法纺丝的产量下降。到目前为止,其产量约占腈纶总产量的15%。

4.4.1　干法成型的工艺流程

如图4.11所示,纺丝原液由计量泵送到原液加热器,加热到130～140 ℃后送到喷丝板。根据纺制成品纤维的线密度不同,常用的喷丝板规格有两种,即纺1.7～3.3 dtex的2 800孔和纺5～11.1 dtex的1 860孔。原液细流从喷丝板喷出后,进入纺丝甬道。温

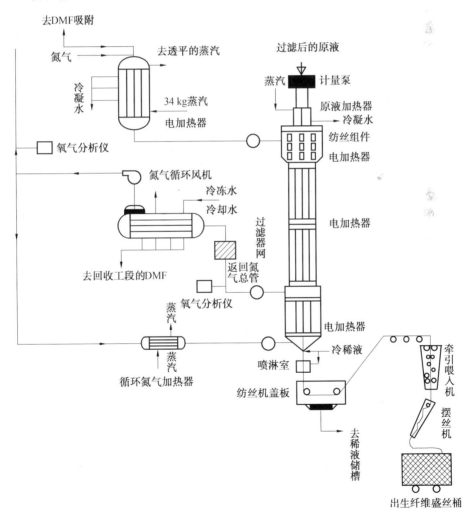

图4.11　干法纺丝工艺流程

度为400 ℃的热 N₂(或其他惰性气体)从甬道顶部通入,与喷丝板喷出的原液细流并流下行,丝束中的溶剂不断蒸发而逐渐成型。含有溶剂 DMF 的热 N₂从甬道中下部排出进入到冷却器,DMF 在冷却器中被冷凝并送往回收工段,而 N₂重新被加热后循环使用。为了防止 DMF 从甬道下端泄出,通常采用通入少量 N₂气体的办法而使甬道下端呈正压。丝束出甬道后,用冷水喷淋降温,经导辊集束后,用皮带夹送器送入摆丝装置,均匀地装入盛丝桶。若纺长丝,则将出纺丝机的丝条经两对导盘进行拉伸,拉伸倍数为 2~4 倍,经拉伸后的丝条以 100~300 m/min 的卷绕速度进行卷取。

4.4.2　干法纺丝设备

1.直管式干法纺丝机

如图 4.11 所示,纺丝原液从导管经过滤后进入纺丝组件,压经喷丝板后形成丝束。纺丝甬道顶部设有加热器。氮气(或其他惰性气体)从上端进入甬道,与丝条平行而下。甬道外设有加热套,加热载体由进口到出口循环流动。还有一些纺丝机采用电加热,这时,可根据不同工艺要求改变甬道上端、中部和下端的加热功率,以获得不同的甬道温度梯度。带有溶剂蒸气的氮气从甬道下部排出。初生纤维由甬道下端抽出,经上油导丝后绕在筒管上。

热风的送风方式是干法纺丝的重要技术问题之一,热风的方向对纺丝操作、成品纤维质量以及丝斑的多少都有直接影响。干法纺丝机的送风方式如图 4.12 所示。

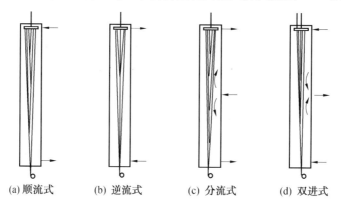

(a) 顺流式　　(b) 逆流式　　(c) 分流式　　(d) 双进式

图 4.12　干法纺丝机的送风方式

(1)顺流式

顺流式是 PAN 干法纺丝用得比较多的一种方式。干燥的加热气体从甬道上部进入,与丝条平行同向流动,自甬道的下部引出。丝束所受热风的阻力较小,溶剂的蒸发较慢,所得纤维的质量较均一。

(2)逆流式

干燥的热风自纺丝甬道的下部进入,与丝束逆向而上,自甬道的上部引出。逆流式的溶剂蒸发速度较快,纤维的成型不太均匀,丝束所受阻力较大,工业用高强力腈纶纺丝以逆流式送风为宜。

(3)分流式

加热的干燥气体自甬道的中部进入,然后分别自甬道的上部和下部引出。这样溶剂的蒸发速度更快(浓度差较大),而且由于一部分气体与丝束成逆向流动,另一部分则为顺流,故丝条所受阻力较小。

(4)双进式

所需的加热气体分成两部分,分别自甬道的上部和下部进入,然后分别与丝条成逆向和同向方式流动,并自甬道的中部同时引出。

纺丝甬道为直形圆柱体,一般长为 6 ~ 10 m,直径为 250 ~ 450 mm。靠夹套保持甬道内的温度和温度梯度。通常夹套中通有联苯(26.5%)和联苯醚(73.5%)作为加热介质。

2. 喷丝头组件

干法纺丝的喷丝头组件的结构比较复杂。为了使喷丝头内、外部丝条中的 DMF 具有基本相同的蒸发速度,原液在组件前的加热器中需通过两个同心圆柱环形甬道。每个甬道所控制的温度不同,并分别将原液供给喷丝板的外侧和内侧,内侧温度约高出外侧 10 ℃。组件中的分离环能使供给喷丝板内侧与外侧的原液直至到达喷丝孔前一直保持分离状态。

由于干法纺丝原液的黏度较大,故纺丝压力较湿纺法高,喷丝头必须用硬度较大的金属(如镍或不锈钢)制造。喷丝头的厚度为 3 ~ 5 mm(湿纺法一般仅为 0.5 mm),有的甚至达 15 mm,孔间距离也比湿纺喷丝头大。纺丝孔径一般为 0.1 ~ 0.3 mm,纺长丝时孔数一般为 30 ~ 50 个,纺短丝时孔数可高达 2 800 个。为了提高每一纺丝位的生产率,纺长丝时可以在一个纺丝位中装上多个喷丝头,或者把从同一喷丝头上纺出的丝束分成两股或数股分别卷绕。

4.4.3 腈纶干法成型的工艺控制

1. 聚合物的相对分子质量

干法纺丝的原液浓度较高,如腈纶干法纺丝常用原液质量分数为 25% ~ 33%,为此应适当降低聚合物的相对分子质量,否则由于原液的黏度太高,不但增加过滤和脱泡的困难,还会降低原液的可纺性,腈纶湿法纺丝所用聚合物相对分子质量一般为 50 000 ~ 80 000,干法纺丝通常为 30 000 ~ 40 000,一般不超过 50 000。当然,相对分子质量过低也是不合适的,它会使纤维的某些物理-机械性指标变差。

2. 原液中聚合物浓度

提高原液中聚合物的浓度,可以减少纺丝时溶剂的蒸发量及溶剂的单耗,降低甬道中热空的循环量,避免初生纤维相互黏结,并能提高纺丝速度;提高纺丝原液的浓度,还对所得纤维物理-机械性能有良好的影响,如纤维的横截面变圆,光泽较好,断裂强度增加,但延伸度有所下降。在一定温度下,原液的黏度主要决定于原液的组成和聚合物的相对分子质量。用腈纶干法纺丝时,原液的黏度一般以控制在 600 ~ 800 Pa·s(落球法)的范围为宜。因为在一定范围内,初生纤维的可拉性随黏度的增加而增加,但是达到某一最大值后,又随黏度的进一步增加而降低。

3. 喷丝头孔数和孔径

在纺丝条件相同的情况下,随着喷丝头孔数或孔径的增大,未拉伸纤维的总线密度增加,丝束中 DMF 的残存量增大,有时甚至使单纤维间互相粘连,而断裂强度和延伸度明显下降。纤维的最大拉伸倍数降低,纤维的热水收缩率增加,所以喷丝头的孔数和孔径不能随意增加,如要增加,则必须相应地改变其他纺丝条件。

在保持吐液量和纺丝速度不变的情况下,减小孔径而增加孔数,丝束的总纤度不变而降低丝的线密度,这等于相应地增加单位丝条体积的蒸发表面积,因此,有利于 DMF 的蒸发,使纤维截面结构较均匀,形状更接近于圆形,纤维的机械性能也较好。但是,孔径过小时,喷丝孔易堵塞或产生毛丝,对纺丝工艺的要求较高。

4. 纺丝温度和甬道中介质温度

纺丝温度应包括喷丝头出口处纺丝原液的温度、通入甬道热空气的温度以及甬道夹套的温度。随着纺丝温度的下降,纤维的断裂强度热水收缩率有所上升。延伸度和喷丝头的最大拉伸倍数开始时随纺丝温度的下降有所增加,至最大值后则随温度的下降而下降。未拉伸纤维中 DMF 的残存量则明显随纺丝温度的下降而上升。

在实际生产过程中,喷丝头内、外两层温度不同,一般内层温度比外层高出 10 ℃,以保证内层丝条中 DMF 能充分蒸发。通入甬道热介质 N_2 饱和蒸汽,热空气或其他惰性气体的温度的选择与多种因素有关,特别是与纺丝原液中高聚物的浓度、溶剂的沸点、初生纤维的线密度、混合气体中溶剂的浓度以及通入纺丝甬道夹层的热载体的温度等有关。适当降低甬道内热介质的温度有利于成型均匀,使所得纤维结构较均匀,横截面形状趋于圆形,纤维的机械性能提高。但若温度过低,而使丝条中溶剂含量较高时,将会造成丝条相互黏结。若温度过高,则会因溶剂蒸发过快而造成气泡丝,从而影响纤维的物理-机械性能和外观质量。此外,PAN 是热敏性聚合物,温度过高时因热分解而使纤维变黄。同时,纺丝温度过高,会使操作条件恶化,并且消耗较多的热能,使成本上升。在使用 N_2 为甬道循环介质时,其进口温度通常为 400 ℃,出口温度为 130 ℃。如以热空气为循环介质,其温度一般为 230 ~ 260 ℃。

5. 纺丝速度

干法纺丝的速度取决于原液细流在纺丝甬道中溶剂的蒸发速度和原液细流中需要释出的溶剂量。随着甬道中温度的提高以及混合气体中溶剂浓度的降低,溶剂的蒸发速度加快,纺丝速度可增高。适当提高原液浓度,减少需要释出的溶剂量,也可提高纺丝速度。但是在提高纺丝速度的同时,必须保证纤维能充分而均匀地成型,特别应使纤维在较长的时间内保持适当的可塑状态,以便进行拉伸。纺丝速度一般取 100 ~ 400 m/min,如适当增加纺丝甬道的长度,或降低单纤维的线密度,可使纺丝速度进一步提高。

纺丝速度对未拉伸纤维的影响如下:卷绕速度的提高,喷丝头的拉伸比相应增大,从而增加纤维中各种结构单元的取向度,使纤维的断裂延伸和最大拉伸比减小,纤维的线密度降低。断裂强度和热水收缩率则随纺丝速度的增加而增大。

纤维中 DMF 的残存量与纺丝速度之间的关系没有一定的规律性,这是因为 DMF 的蒸发速度与丝束在甬道中停留时间及单位体积丝条的表面积两个因素有关。提高纺丝速度,使丝条在甬道中的停留时间缩短,则纤维中 DMF 残留量提高;而提高纺丝速度又增加喷丝头的拉伸比,使丝条的表面积增加,因此纤维中 DMF 的残存量反而下降。

6. 喷丝头拉伸

干纺的腈纶与其他热塑性纤维一样,只有在塑性状态下经拉伸后,才具备所需的纺织性能。在干纺过程中,喷丝头拉伸倍数比湿纺时高,但比熔纺时小,通常为 10 ~ 15 倍。由于纤维中残存的溶剂对大分子有增塑作用,纤维中溶剂残存量越高,拉伸温度就应越低。

离开纺丝甬道的纤维中溶剂的质量分数为 5% ~ 20%。为了提高拉伸的有效性,须经洗涤除去一部分溶剂,再进行后拉伸。后拉伸可在热空气、蒸汽、热水中或热板上进行。拉伸倍数一般为 10 ~ 15 倍。

7. 甬道中溶剂蒸汽的浓度

甬道中溶剂蒸气浓度对于纤维成型条件及溶剂回收的难易具有重要意义。在其他条件不变的情况下,甬道中溶剂浓度越低,丝条中溶剂的蒸发速度越快,成型的均匀性就越差,纤维横截面形状偏离圆形就越大,所得纤维的机械性能也较差。在纺丝速度和纤维线密度一定时,甬道中的溶剂蒸汽浓度可用送入的循环介质量来控制。甬道中保持的溶剂浓度越低,则送入的循环介质量应越大,动力的消耗也相应的增多,另外也给溶剂回收增加困难。此外,从生产安全角度考虑,甬道中二甲基甲酰胺与空气相混合达到某种比例时,有引起爆炸的危险,爆炸的上限为 200 ~ 250 g/m^3,下限为 50 ~ 55 g/m^3,因此,甬道中混合气体中溶剂的质量浓度以控制在 35 ~ 45 g/m^3 为宜。

8. 纤维截面形状

根据干法纺丝的工艺原理可知,溶剂在纤维细流中的扩散速度及在其表面的蒸发速度是决定丝条固化和纤维截面形状的重要因素。由于丝条表面固化速度快,因而形成皮层结构。而后,芯层溶剂经扩散穿过皮层而在表面蒸发使芯层物质减少,造成皮层塌陷,与溶剂扩散速度相比,蒸发速度越快,纤维截面就越容易从圆形变为豆形,甚至犬骨形,如图 4.13(a)所示。有人认为,纤维截面形状还可用溶剂 DMF 的蒸发速度和丝条在甬道中的停留时间两个参数来描述。DMF 蒸发速度可通过原液中溶剂量、出纺丝甬道时溶剂残余量以及丝条在甬道中的停留时间计算得出。DMF 蒸发速度是停留时间的函数,如图 4.13(b)所示。曲线上方为犬骨截面区域,下方为形成圆形、豆形截面区域。

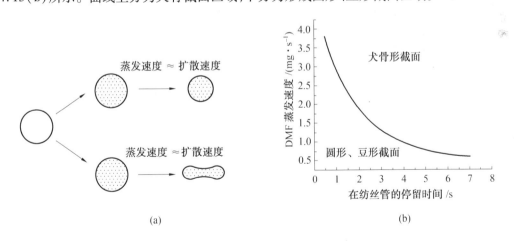

图 4.13 干法纺丝工艺对纤维截面形状的影响

腈纶湿法和干法纺丝的主要优缺点比较见表 4.5。

表 4.5 腈纶湿法和干法纺丝的主要优缺点比较

序号	湿法纺丝	干法纺丝
1	第一导辊的线速度一般为 5~10 m/min,最高不超过 50 m/min	纺丝速度较高,一般为 100~300 m/min,最高可达 600 m/min
2	可达 10 000 孔以上	喷丝头孔数较少,一般为 200~300 孔
3	适于纺短纤维,纺长丝效率太低	适合于纺长丝,但也可纺短纤维
4	成型较剧烈,易成孔洞或产生失透现象	成型过程缓和,纤维内部结构均匀
5	一般不如干法纺丝	纤维物理-机械性能及染色性能良好

腈纶纺丝的主要工艺参数比较。见表 4.6。

表 4.6 腈纶纺丝的主要工艺参数比较

成型方法	DMF 湿法	DMSO 湿法	NaSCN 湿法	HNO$_3$ 湿法	DMF 干法
聚合物相对分子质量(×10^4)	5~8	5~8	5~8	5~8	3~4
纺丝原液的质量分数/%	16~20	16~20	12~14	14~18	25~33
凝固浴的质量分数/%	50.60	50.60	10.14	30	—
凝固温度/℃	10.15	20.30	10	0	—
纺丝甬道温度/℃	—	—	—	—	200~400
纺丝速度/(m·min^{-1})	5~10	5~10	5~10	5~10	>100
拉伸倍数/倍	7~12	7~12	7~12	7~12	10~15
溶剂回收	简单	简单	简单	简单	简单
溶剂的腐蚀性	腐蚀性较小,可用一般不锈钢	腐蚀性较小,可用一般不锈钢	腐蚀性较强,要用特种不锈钢	腐蚀性较强,要用特种不锈钢	腐蚀性较小,可用一般不锈钢
成品	短纤维	短纤维	短纤维	短纤维	长丝或短纤维

4.5 聚丙烯腈的干喷湿法纺丝及其他纺丝方法

4.5.1 干喷湿法纺丝

干喷湿纺法又称干湿法纺丝。由于干喷湿纺法可进行高倍的喷丝头拉伸,因而进入凝固浴的丝条已有一定的取向度,脱溶剂化程度较高,在凝固浴中能较快地固化,使成型速度大幅度提高。干喷湿纺法成型速度可达 200~400 m/min,也有高达 1 500 m/min。

干喷湿纺法优点:干喷湿纺法要求高黏度的纺丝原液,其黏度达 50~100 Pa·s。这就要求提高原液浓度,而这又为减少溶剂的回收和单耗及提高聚合体的相对分子质量,改善纤维的某些物理-机械性能提供了有利条件。干喷湿纺法纺制的纤维,结构比较均匀,强度和弹性均有提高,截面结构近似圆形,染色性和光泽比较好。

1.干喷湿纺法的工艺流程

干湿法纺丝工艺流程图如图 4.14 所示。由计量泵提供的纺丝原液经烛形过滤器进入喷丝头,由喷丝孔喷出后穿过空气或其他惰性气体层后进入凝固浴槽。丝条经过位于槽底部的导丝钩导丝,由导丝盘将其牵引出凝固浴。这时丝条取向度很低,需经洗涤后进入热浴进行热拉伸。拉伸后的丝条通过干燥滚筒干燥后进入蒸汽拉伸槽进行第二次拉伸。最后丝条进入松弛干燥辊筒进行松弛热定型。

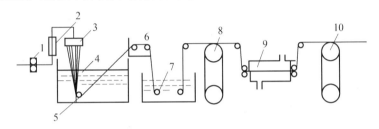

图 4.14 干湿法纺丝工艺流程图

1—计量泵;2—烛形过滤器;3—喷丝头;4—凝固浴;5—导丝钩;6—导丝盘;7—拉伸浴;8—干燥辊筒;9—蒸汽拉伸槽;10—松弛干燥辊筒

2.干湿法纺丝的工艺控制

(1)纺丝原液的黏度

干喷湿纺法成型的纺丝原液的黏度比湿法成型高,当温度为 20 ℃时,适宜于干喷湿纺的原液黏度为 50~100 Pa·s。黏度的提高可采用提高原液中高聚物的含量或增加高聚物相对分子质量的方法来达到。纺丝原液黏度若低于 20 Pa·s,则喷出的原液细流容易拉断,或发生相互粘连。反之,如果原液的黏度过高,则纺丝困难,必须提高原液的温度,使黏度降低,方可顺利纺丝。但原液的温度如超过 100 ℃,则聚合物容易氧化而着色,使纤维使用价值降低。

(2)喷丝头到凝固浴液面的距离

喷丝头表面到凝固浴液面之间的距离是干湿法纺丝的关键参数之一,与纺丝原液的黏度密切相关,并存在如下关系式:

$$y = 2(\lg x - 1.94)$$

式中 y——喷丝头表面到凝固浴液面的距离,cm;

x——纺丝原液的黏度,dPa·s。

可见,喷丝头表面到凝固浴液面间的距离随原液的黏度的增加而增加。合理地选择这一距离,可使纤维的机械性能、光泽及染色色差得到改善。

(3)纤维的干燥和拉伸

离开凝固浴的丝条经洗涤除去溶剂后,在 80~100 ℃热水或蒸汽中进行第一次拉伸。然后使纤维干燥至含水率在 15% 以下,再进行第二次拉伸(5~10 倍),拉伸温度为 120~150 ℃,最后通过松弛干燥辊筒进行干燥和松弛。第一次拉伸倍数应高于 1.5 倍。

只有这样才能保证丝条顺利通过干燥及后处理,并得到具有较好强度、模量和光泽的圆形截面纤维。

干燥的目的是排出冻胶状初生纤维中的水分,使纤维结构致密化,从而提高第二次拉伸的效果。第二次拉伸温度不应低于 100 ℃,否则纤维经不起高倍拉伸。但温度如超过170 ℃,则纤维容易氧化而着色。经第二次拉伸后,纤维不但强度和延伸度有所提高,而且光泽较好,截面呈圆形,而一次拉伸后所得纤维截面多为不均匀肾形。

4.5.2　凝胶法纺丝

凝胶纺丝是利用聚合物的超高相对分子质量配制成低深度的纺丝液而进行的纺丝工艺。将相对分子质量为 50 万(最好为 150 万~200 万)的聚丙烯腈均聚物或共聚物配制成 2%~15% 的溶液(根据聚合物的相对分子质量来决定),在高温下挤出喷丝板,原液细流先被冷却固化成含有溶剂的聚合物冻胶丝,再经脱溶剂与高倍拉伸制得高强高模纤维。常用溶剂是 DMF 或二甲基亚砜。

溶液制备分两步进行,在锥形双螺杆桶里彻底混合后,溶液经带挤压机的纺丝泵输送至喷丝头形成纤维。纺丝液温度为 140~180 ℃,喷丝孔孔径应为 0.25~5 mm,长径比应至少为 10(最好为 20)。初生纤维以 1∶10 的预拉伸比经 10 mm 空气层,冷却温度应低于聚丙烯腈的凝胶点(0~50 ℃),然后进入 0~5 ℃、75% DMF 凝固浴,由于迅速冷却形成了稳定的冻胶丝;制得的冻胶丝中含有与纺丝原液中相近浓度的溶剂,经萃取浴脱除溶剂,干燥去除萃取剂,再经多级高倍拉伸(总拉伸倍数为 15~30 倍),可制得强度为12 cN/dtex、模量为 222 cN/dtex 的高强高模聚丙烯腈长丝。制得的产品可用作优质碳纤原丝、传动带、复合材料中增强纤维等。

4.5.3　熔融纺丝

由于聚丙烯腈的熔点高于其分解温度,所以聚丙烯腈难以采用熔体纺丝成型,因此,这种纤维自问世以来,一直采用溶液纺丝法。为了简化溶液纺丝法的工艺流程,降低纤维的生产成本,减小环境污染,人们提出了聚丙烯腈熔融纺丝法。但直到目前为止,尚未见工业化生产的报道。

聚丙烯腈熔融纺丝,首先必须解决的问题是降低增塑后聚合物的熔点,使其低于分解温度。可以通过降低聚合物的相对分子质量,改变共聚物的组分和组成,或加入增塑剂方法来实现。

1. 聚丙烯腈增塑熔融纺丝的原料特点

(1)聚丙烯腈的相对分子质量

湿法成型的聚丙烯腈的相对分子质量为 5 万~8 万,它的熔点高于分解温度,无法进行熔体纺丝。用于增塑熔融纺丝的聚丙烯腈的相对分子质量一般为 3 万~6 万。相对分子质量低,可使熔体黏度下降。

熔融纺丝聚丙烯腈溶液也可通过加入 5%~20%(质量分数)的、低相对分子质量聚丙烯腈或一种含有不相容组分(如聚烯烃或聚酰胺-PA12)的混合物来制得。

(2)共聚物的组分和组成

增塑熔融纺丝的聚丙烯腈应在聚丙烯腈的大分子主链上引入其他单体的共聚物。这种内增塑方法能有效地降低聚丙烯腈的熔点。如引入异戊二烯,当其质量分数达25%~33%时,共聚物的熔点可降低至170~190 ℃。由85%丙烯腈和15%甲基丙烯酸酯可得到黏度降至0.62的聚合产物。若质量分数为11%的聚合物用丙酮萃取,则黏度可上升至1。该熔体在200 ℃时能以1 500 m/min的速度进行纺丝,如果再以4.5的拉伸比进行热拉伸,则可获得强度为3.969 cN/dtex的1.98 dtex的纤维。但共聚物中聚丙烯腈的质量分数应不低于70%,否则纤维将失去原有的一些特性。

　　用于增塑熔融纺丝的共聚物单体通常有丙烯酸甲酯(MA)、甲基丙烯酸甲酯(MMA)、丙烯酸丁酯、醋酸乙烯酯、偏氯乙烯等,其质量分数为5%~15%。它们除了能降低熔点外,还能改善可纺性、可拉伸性和成品纤维的性能。第三共聚组分一般为亲水性单体,主要为甲基丙烯磺酸钠等磺酸类单体和丙烯酸羟甲酯等酯类化合物。第三共聚组分能增强水的增塑作用,并降低熔体的黏度,改善纤维的品质。

　　(3)聚丙烯腈水合物

　　图4.15(a)表明:根据温度和含水量,从聚丙烯腈水合物能制得单相熔体。借助于差示热分析(DTA),能确定含水熔体需要的最少水量,它显示了所有的CN基团相互分开的程度。

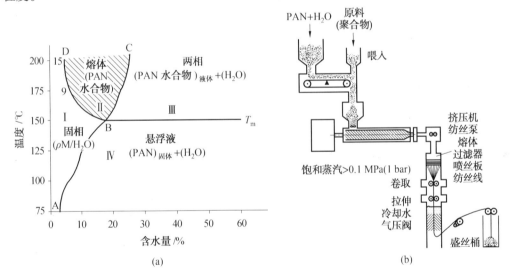

图4.15　聚丙烯腈/水相图和水增塑聚丙烯腈熔融纺丝工艺流程

2. 增塑熔融纺丝的工艺特点

　　(1)增塑剂和降黏剂

　　由于聚丙烯腈的熔点高于分解温度,故在聚合物熔体中应添加增塑剂,以降低其熔点。增塑剂一般为溶剂或水。以水为增塑剂的聚丙烯腈增塑熔融纺丝法,还需添加少量(聚丙烯腈的质量分数为0.3%~5%)降黏剂,使体系黏度下降,以改善聚丙烯腈的可纺性。降黏剂通常为表面活性剂。

　　(2)成型条件

　　聚丙烯腈增塑熔融纺丝与一般熔体纺丝不同,熔体纺丝成型时只有传热过程,而聚丙烯腈增塑熔融纺丝不仅有传热过程,还有单向的传质过程过程,在纺丝线上的增塑剂不断地在甬道中蒸出。

熔体纺丝成型时甬道中的冷却风为常压,而增塑熔融纺丝时则需有一定的压力,甬道中的介质一般为室温的空气、氮气、水蒸气与空气混合物或二氧化碳等,压力为 4×10^5 Pa 以上。这样可以避免因增塑剂从丝条中快速脱除而产生气泡丝和空洞,使纤维的物理-机械性能得到改善。同时,还能使纤维进行高倍拉伸。增塑熔融纺丝的拉伸在纺丝甬道内完成,不需进行后拉伸。

4.6 聚丙烯腈纤维的后加工

无论经湿法还是干法纺丝得到的丝条都必须经过一系列的后加工(或称后处理),才能成为具有实用价值的纤维。对湿法纺丝而言,刚出凝固浴的丝条实际上还只是一种富含溶剂的冻胶。因此,其后加工工艺较为复杂。而干法成型的腈纶,因成型条件较缓和,纤维结构较致密,故丝束的后处理工艺较湿法简单。

4.6.1 湿法成型聚丙烯腈纤维的后加工

1. 湿法成型聚丙烯腈纤维的后加工工艺流程

最常见的湿纺腈纶后加工主要包括拉伸、水洗、干燥致密化、卷曲、热定型、上油、干燥、打包等工序。根据拉伸和水洗的工序顺序不同,又可分为先水洗后拉伸和先拉伸后水洗两种类型。

①刚凝固成型的纤维经导丝装置进入预热浴进行低倍拉伸,此时浴温控制在 50 ~ 60 ℃,浴中溶剂的质量分数为 2.5% ~ 3%,拉伸倍数为 1.5 ~ 2.5 倍,以使大分子得到初步取向,并进一步脱除丝条中的溶剂。

②接着纤维进入第二拉伸箱,在 95 ~ 100 ℃ 的热水或蒸汽中进行第二次拉伸,拉伸倍数为 4 ~ 6 倍。经二次拉伸后的丝条进入水洗工序。水洗中丝条与水逆向而行,以提高洗脱溶剂效果。水洗后丝束含水量为 150% ~ 200%,溶剂质量分数小于 0.1%。水洗后丝束仍处于凝胶态,结构疏松,存在大量微孔、微隙,因此必须进行干燥致密化处理。

③干燥机中装有多个带孔转鼓,丝束在 100 ~ 160 ℃ 不同温区被热空气烘干。在湿、热作用下,纤维结构中大量微孔、微隙缩小或闭合。与此同时,纤维轴向与径向发生收缩,形成有实用价值的纺织纤维。这种后加工路线适用于工业生产所有各种溶剂路线,特别适合于在缓和凝固条件下或在凝固浴中停留时间较短的成型方法。

2. 湿法成型后加工工艺控制

(1)拉伸

湿法成型聚丙烯腈纤维的拉伸一般分两步完成,即预热浴拉伸及沸水或蒸汽浴初生。如果纤维不经预热浴处理就直接进行蒸汽或沸水中拉伸,则所得纤维皮白失透,且强度等机械性能差。

这两种纤维的性能之所以有差异,主要是经预热浴处理后初生纤维的结构出现变化,更有利进行以后的高倍拉伸。与纺丝原液相比,初生纤维的溶剂化程度虽然已显著降低,但其中高聚物含量仍较低。聚丙烯腈大分子链上存在许多强极性腈基,它们与水分子的缔合,使大分子间作用力大为削弱,加之成型时通常采用喷丝头负拉伸,故初生纤维大分子取向度很低。因此,初生纤维实际上还是一种高度溶胀的冻胶体,经不起直接的高倍拉伸。

①拉伸温度。实验证明:经预热浴处理可使初生纤维的热收缩率加大,含水率降低,高聚物含量增加。而且随着预热浴温度的升高,在55~65℃温度范围出现转折点。这是因为初生纤维在55~65℃范围内时聚丙烯腈大分子上的氰基获得足够的热能,在预热浴低倍拉伸力作用下发生重排,并垂直于主链,同时氰基间的相互缔合代替氰基与水分子的缔合,从而使氰基上的水化层部分地被释放出来,造成初生纤维收缩,含水率下降,聚合物体积分数上升,结构单元间作用力加强,冻胶体网络结构趋于密实。实践证明:预热浴温度应高于聚丙烯腈大分子重排缔合温度5~10℃为宜。如果预热处理低于该温度,则冻胶体初生纤维的脱液太少,冻胶体的初级溶胀太大,网络结构太弱,经不起高倍拉伸,从而使后拉伸的最大拉伸比下降,纤维的取向度无法提高;如果预热浴温度超过实际重排缔合温度太多,则冻胶体初生纤维脱液过度,网络结构太强,初生纤维的可塑性下降,同样也会导致最大拉伸比下降,并使拉伸过程中毛丝增加。重排缔合温度还与共聚体的共聚组成和预热浴中溶剂含量等因素有关。通常大分子链中引入磺酸基团后,重排缔合温度将有所下降,而且随磺酸基团含量的增大而向低温方向移动。提高预热浴中溶剂的浓度,由于溶剂的增塑作用,对相同组成高聚物的初生纤维而言,重排缔合的温度向低温方向移动。

②拉伸介质。纤维在不同的拉伸介质中的溶胀度不同,所得纤维物理-机械性能也不同。将先拉伸后水洗(即以一定浓度的溶剂为拉伸介质)和先水洗后拉伸(即以水为拉伸介质)两种方案进行对比,可以看出,当用水作为拉伸介质时,不管采用什么热定型条件,纤维的机械性能都比较好。如果采用甲基丙烯磺酸钠作为第三单体,则先水洗后拉伸工艺对成品纤维干强和钩强的提高更为显著。

在塑性拉伸时,结构单元间的交联点必须具有一定的强度时才能达到取向的目的。如果有增塑剂(如NaSCN)存在,大分子间的作用力被大大地削弱,拉伸时大分子虽然也发生相对滑移,但却不能使之高度有效地取向,所以先拉伸后水洗比先水洗后拉伸所得纤维的质量差。

③拉伸倍数。聚丙烯腈初生纤维的拉伸倍数是通过预热浴的低倍拉伸(1.5~2.5倍)和随后的沸水或蒸汽拉伸(4~6倍)两步来完成的。随着总拉伸倍数的提高,纤维强度上升,延伸度下降,大分子取向度提高。实验证明,在腈纶的拉伸过程中,非晶区取向的发展落后于准晶区取向的发展,因此,总拉伸倍数要求控制在10倍以上,才能得到要求的强度、延伸度、手感和光泽。但过高的拉伸倍数往往造成严重断丝。

(2)水洗

由凝固浴或预热浴出来的丝束中含有一定量的溶剂。如果不把这部分溶剂去除,不仅使纤维手感粗硬,色泽灰暗,而且在以后的加工中纤维发黏,不易梳分,干燥和热定型时容易发黄,并严重影响染色。为了保证纤维质量和后加工的顺利进行,一般要求水洗后纤维上残余溶剂含量不超过0.1%。随着水洗温度的提高,纤维溶胀加剧,有利于丝条中溶剂分子向水中扩散,

同时也有利于水向丝束渗透以达到洗净的目的。但随着水温的提高,热量的消耗也随之增大,尤其在采用有机溶剂时,温度高则溶剂挥发损失大,而且会恶化周围环境。目前水温一般都控制在50~100℃。如水洗工序安排在拉伸工序之前(先水洗后拉伸),因为拉伸前丝束运动速度低,所以,用同样水洗设备可增加水洗时间,使水洗过程更充分。

常用的水洗机有长槽式,多层式和喷淋式以及"U"形水洗机等多种设备。

（3）上油

上油的目的是为了提高纤维的平滑性和抗静电性,从而提高可纺性。根据纤维的不同用途,腈纶的上油率一般为0.1%～0.7%。上油的位置一般选择在水洗和干燥致密化之间,这主要是为了避免在干燥致密化过程中因纤维与设备的摩擦引起静电而使纤维过度蓬松和紊乱造成绕鼓。

（4）干燥致密化

①干燥致密化的目的。初生纤维经拉伸后,超分子结构已经基本形成。但是对于湿法纺丝得到的聚丙烯腈纤维而言,由于在凝固浴成型过程中溶剂和沉淀剂之间的相互扩散,使纤维中存在为数众多、大小不等的空洞及裂隙结构。由于这种结构的存在,造成纤维的透光率低（失透腌白）,染色均匀性及物理–机械性能差。因此,必须通过干燥来去除纤维中的水分,使纤维中的微孔闭合,而空洞及裂隙变小或部分消失,使其结构致密、均匀,以制得具有实用价值的高质量腈纶。

②干燥致密化的机理。如果在低温下把初级溶胀腈纶风干,则纤维失透,也就是说,纤维虽已脱溶胀而未致密化,由此推论,纤维致密化需要一定的温度。如果把经拉伸水洗过的初级容胀纤维放入80～100℃的热水中处理,此时温度虽高,但纤维仍未致密化,由此可知,纤维致密化不仅需要一定温度,而且必须伴随一个脱溶胀的过程,即水分从微孔内逐步移出的过程。在适当温度下进行干燥,由于水分逐渐蒸发并从微孔移出,在微孔中产生一定的负压,即有毛细管压力。又在适当温度下,大分子链段能比较自由地运动而引起热收缩,使微孔半径相应的发生收缩,微孔之间的距离越来越近,导致分子间作用力急剧上升,最后达到微孔的融合。干燥致密化的条件是：①要有适当的温度,使大分子链段比较自由地运动；②要有在适当温度下脱除水分时所产生的毛细管压力,才能使空洞压缩并融合。

致密化和脱溶胀以及干燥概念的区别：室温干燥的纤维虽有毛细管压力,但温度低,不能使大分子适度运动,则不能使微孔融合,如直接进行汽蒸,虽然有高温,但无水分的消除也不能达到致密化。致密化和脱溶胀以及干燥是几个不同的概念。初级溶胀纤维在干燥过程中刚达到微孔融合时,一般其微纤尚未脱溶剂化,纤维的含水率可达百分之几,甚至百分之几十,这是一种已致密化而尚未完全脱溶胀的纤维；而低温风干纤维则是脱溶胀而未致密化的纤维。致密化纤维再润湿后,仍保持着致密化的结构,所以致密化和干燥也是不同的概念。初级溶胀纤维的致密化和溶胀是不可逆的,而已致密化纤维的湿润和干燥则基本是可逆的。

③干燥致密化的工艺控制。

a. 温度和时间。在确定干燥温度和时间时,既要考虑干燥致密化的效果,又要考虑设备的生产能力。要达到干燥致密化的目的,干燥温度应高于初级溶胀纤维的玻璃化温度T_g,但温度不能过高,因为这将使纤维发黄。另外,温度过高会使纤维表面水分蒸发过快而产生一层硬皮层,从而阻碍纤维内层水分向外扩散,使干燥速度反而缓慢。同时硬皮层的干燥收缩受到尚处于溶胀状态内层的阻碍,而内层干燥收缩时却不受这种阻碍,以至于造成结构上的差异,影响染色的均匀性。在实际生产中,干燥温度可分区控制,并随过程的延续逐步降低。例如,NaSCN法腈纶的干法致密化为四区控温,各区温度依次为：

130～160 ℃、120～145 ℃、100～130 ℃和90～110 ℃。实际上，干燥时各区环境温度与湿纤维本身的温度之间存在很大差异，这是因为湿纤维从环境中吸收的热量转化为水的汽化潜热，由此在一定的含水率范围内，纤维温度不变且与环境温度有一定的温差。只有当纤维含水量下降到10%左右时，其温度才继续上升。

干燥时间是由进入干燥设备的丝束速度来控制的。一般纤维在干燥机中停留的时间不超过15 min。时间过长不但造成纤维着色，而且降低了干燥设备的生产能力。

b. 介质的相对湿度。当介质的温度不变时，介质自身的含湿量越低，纤维的干燥就进行得越快，若介质的相对湿度过低，则将与介质的温度过高有同样的弊病。随着纤维中水分不断外逸，干燥介质中的含湿量将随之增加。为了生产过程的稳定，必须不断将干燥介质循环和更换，排去一部分含湿量高的空气，吸入一部分新鲜的含湿量低的空气，一般补给量控制在10%～15%。

总之，干燥的温湿度的控制随干燥设备、纤维层厚度、干燥时间、纤维本身的特点(如共聚物的组成，微纤网络的粗细)以及对成品纤维结构的要求等因素而变化。

c. 张力。在干燥致密化过程中，纤维要产生轴向和径向收缩。如果干燥设备不能使纤维得到完全自由的收缩，则纤维在干燥过程中将受到张力。干燥致密化时纤维所受张力大体可分三种状态，一是紧张态，即长度固定，完全不能进行轴向收缩；二是稍有张力，可有一定程度的收缩；三是松弛态自由收缩。干燥过程中丝束所处的状态对成品纤维的性质影响很大。与松弛态相比，紧张状态所得纤维的干强较高，但延伸度和钩强低，沸水收缩率较高。

d. 干燥设备。目前腈纶干燥致密化多采用松弛式帘板干燥机或半松弛式圆网干燥机。

(5)热定型

①热定型的目的。经干燥致密化后，纤维的结构均匀性和形态稳定性还较差，这主要表现在沸水收缩率较高，强度、延伸度、钩强、钩伸较低，染色均匀性差，有时甚至出现皮芯有明显的色差。因此，必须通过热定型进一步改善纤维的超分子结构，进而改善纤维的机械性能，提高其尺寸稳定性和纺织加工性能。

②热定型的工艺控制。

a. 介质。热定型的传热介质主要有热板、空气、水浴、饱和蒸汽及过热蒸汽五种。实验表明，采用加压饱和蒸汽热定型效果较好。其主要原因是加压饱和蒸汽一方面为纤维中大分子的运动提供了充足的热能；另一方面饱和蒸汽中的水分起到增塑作用，使纤维溶胀，孔下降，有利于提高定型效果。

b. 定型温度。热定型温度对成品纤维的性能有明显的影响。适当地提高热定型温度，有利于纤维超分子结构的舒解、重建和加强。因而，在一定温度范围内，随着定型温度的上升，总取向因素下降，钩结强度和钩强延伸上升，而干结强度稍有下降，沸水收缩率降低，纤度增大，而对染色率影响较小。但是如果定型温度过高，则不仅使纤维发黄和并丝，并且能使纤维的物理-机械性能变差。

c. 定型时间。热定型时间与定型温度、加热介质、热定型设备以及共聚物组成等因素有关。在温度适当的条件下，定型时间对纤维分子结构影响不大，在高温下延长定型时间还容易使纤维发黄，所以不能靠延长时间来弥补温度的不足。试验表明，定型时间在1～

20 min 内,钩强均可达到 1.76 dN/tex 以上,其他质量指标无明显差异,说明在一定蒸汽压力下,丝束达到一定温度后,在这一时间范围内定型效果相同。为了使丝束内外受热均匀,定型时间一般采用 20 min。

d. 纤维张力。热定型效果与纤维所处张力状态有关。值得注意的是,干燥致密化时的张力状态与热定型效果有着内在联系。如果干燥致密化和热定型都在紧张状态下进行,则所得纤维的干强和初始模量较高,但钩强、干伸较低,沸水收缩率高。如干燥致密化和热定型都在松弛状态下进行,则钩强和干伸大幅度提高,但干强,特别是初始模量下降较多。采用紧张态干燥致密化和松弛态热定型相结合所得的结果,则介于上述二者之间,这时钩强和干伸有明显增加,但初始模量下降却不大。紧张态定型不利于充分消除内应力。

(6)卷曲

卷曲的目的是为了增加腈纶自身及其与棉、毛混纺时的抱合力,改善纺织加工性能,提高纤维的柔软性、弹性和保暖性。卷曲度取决于纤维的用途。供棉纺的腈纶短纤维卷曲数较高,供精梳毛纺的腈纶短纤维及制膨体毛条的腈纶丝束则要求中等卷曲数(为 3.5 ~ 5 个/cm)。卷曲时应严格控制温度、湿度及压力等参数,尤其是温度的影响最为突出。丝束温度过低,不能达到要求的卷曲度;温度过高则会造成纤维强度下降,甚至使纤维发黄变脆或出现发黏、并丝等现象。要得到一定的卷曲效果,卷曲温度必须达到纤维玻璃化温度(三元共聚的聚丙烯腈在湿态下 T_g 为 65 ~ 67 ℃)以上。在实际生产中,卷曲温度比卷曲丝束所处状态的玻璃化温度高 10 ℃左右。

(7)纤维的切断

为了使产品能很好地与棉或羊毛混纺,需将纤维切成相应的长度。棉型纤维长度在 40 mm 以下,并要求有良好的均匀度,故应严格控制超长纤维,否则将影响纺织加工。毛型产品则要求纤维较长,一般用于粗梳毛纺的纤维长度为 64 ~ 76 mm,用于精梳毛纺的纤维长度为 89 ~ 114 mm 比较合适。毛型腈纶短纤维对长度的整齐度则无要求,有时甚至希望纤维的长度有一定的分布,使其尽可能与羊毛的长度分布相类似,以利于纺织加工。

4.6.2　干法成型聚丙烯腈纤维的后加工

干法成型的腈纶,因成型条件较缓和,纤维结构致密,故后加工工艺较湿法成型简单。图 4.16 和图 4.17 分别为干纺腈纶水洗–拉伸–上油–卷曲和切断–干燥–上油–打包的流程示意图。

从纺丝工序送来的盛丝桶,被放置在集束架下,然后送入水洗拉伸机。每台水洗拉伸机可以有两条 52 000 tex 的丝束同时进行水洗拉伸。水洗拉伸机是一个很大的钢制箱体,箱体的底部分成 10 个槽子,每个槽子内接近底部处设有导轮,箱体上方有 15 个牵引辊,由安装在机后的齿轮减速装置驱动。牵引辊的转速依次增大,使丝束受到拉伸。热的无离子水自第 10 个槽通入,与丝束逆向流动。连续流过每个槽,含有 10% ~ 30% 溶剂的洗涤水自第一个槽溢流而出,导入回收车间回收溶剂。丝束经洗涤后溶剂残存小于 1.5% ~ 2%。丝束在第 1 ~ 6 个槽内被拉到紧张状态,在第 7 ~ 10 个槽内完成规定的拉伸倍数。

水洗–拉伸温度一般控制在 90 ~ 98 ℃,根据纤维品种的不同,拉伸倍数为 2.2 ~ 6 倍,一般采用4.5倍。拉伸温度的选择与丝条中溶剂的含量有关。一般来说,未拉伸纤维中溶剂含量越少,则拉伸温度应越高。如未拉伸纤维中溶剂质量分数为3%时,最适宜的拉伸温度在140 ℃以上;当溶剂质量分数量为5%时,拉伸温度为120～140 ℃;当溶剂质量分数为8%时,拉伸温度为120 ℃;当溶剂质量分数为20%时,则可在室温下进行拉伸。拉伸温度还与拉伸介质有关,拉伸介质的传热效果较佳者,其拉伸温度可较低。

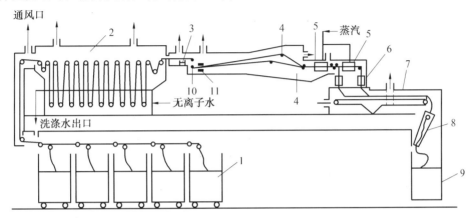

图4.16 干纺腈纶的水洗-拉伸-上油、卷曲流程示意图

1—丝束桶;2—水洗-拉伸机;3—给油机;4—二集束导辊;5—蒸汽箱;6—卷曲机;7—冷却输送带;8—输送带;9—卷曲丝束桶;10—导辊;11—丝束检测器

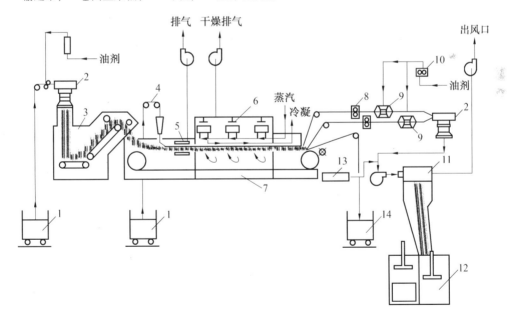

图4.17 短纤状和丝束状干纺腈纶的切断-干燥-上油打包流程示意图

1—丝束桶;2—切断机;3—短纤输送箱;4—丝束平铺辊;5—汽蒸室;6—风扇;7—加热区;8—张力辊;9—喷油泵;10—计量泵;11—集捕器;12—短纤打包机;13—输送带;14—成品丝束桶

经水洗拉伸后的纤维必须上油,以减少丝束在卷曲输送过程中的摩擦损伤,并增加纤维在卷曲整理时的抱合力。改变上油辊的转速及油剂的温度,可调节丝束的上油率。进入卷曲机前的丝束温度必须控制在卷曲温度附近(65 ℃),而离开拉伸机的丝束温度约为

95 ℃。因此,丝束经检测器后,引入丝束罩,使丝束冷却至 65 ℃。离开丝束罩的丝束经蒸汽箱而进入卷曲机。丝束在蒸汽箱内与蒸汽接触而提高塑性。丝束经牵引辊进到卷曲箱的卷曲头,从一对罗拉中间通过而进入卷曲箱,然后由两个辅助罗拉送出。丝束在卷曲箱被挤压、折叠和横向弯曲,丝束的折叠波纹由罗拉的间隙和几何形状所确定卷曲后的丝束进入丝束桶,再送往干燥机。因干纺腈纶的致密性好,所以干燥工艺简单。纤维的干燥可分为短纤状干燥和丝束状干燥两种。短纤状干燥是丝束经上油、切断后再进入干燥机,干燥温度为 130 ℃,出干燥机丝束的含水率小于 1%,干燥后由输送带直接进入打包机打包。丝束状干燥则使丝束直接进入干燥机,干燥后的丝束可送往牵切纺加工,也可经上油、切断后进行打包。

4.6.3　聚丙烯腈纤维的特殊加工

1. 直接制条

腈纶生产中,切断以前的纤维是连续不断的长丝束,切断以后才变成紊乱无序的短纤维,而纺织加工又需将杂乱无章的短纤维进行开松梳理,使纤维恢复到比较整齐排列的状态,为了缩短纺纱工艺,提高劳动生产率,可将腈纶长丝束经过适当的机械加工方法,使长丝束既切断又不乱,从而可直接成条。这种机械加工方法称为直接制条或称牵切纺。要使长丝束变成短纤维而又保持平行排列,目前生产上最常用的有下列两种方法:

（1）切断法

把片状丝束经特殊切丝辊切断成一定长度的纤维片,其断裂点排成对角线,后把纤维片拉伸使断裂点由一个平面状态变成犬牙交错状态（如拉断状态）,然后制成条子。图 4.18 所示是切断法直接成条的工艺流程示意图。丝束经四个罗拉的引张作用,展成宽 260 mm 的丝片。切断装置是一个安装有螺旋形刀片的切丝辊,紧压在一个表面光滑的铜辊上。当展均匀片状的长纤维束被喂入切丝装置时,就被切成一定长度。由于切丝辊上的刀片成螺砌,所以切断点在丝片上排成对角线,接着分离罗拉和一个输送皮圈把切断后的丝片输送给针梳机,纤维在后罗拉与针板之间受到 1.05 ~ 1.75 倍的轻微拉伸,而在前罗拉与针板之间的拉则达 5.5 ~ 6 倍。漏斗形导槽将从针梳机前罗拉出来的丝片聚集成条子,并在卷曲装置中压实,然后经另一导槽而落入条筒中。

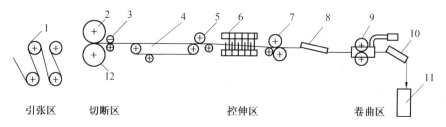

图 4.18　切断法直接制条工艺流程示意图

1—引导罗拉;2—螺旋刀切丝辊;3—分离罗拉;4—输送皮带;5—后罗拉;6—双针梳箱;7—前罗拉;8—导槽;9—卷曲装置;10—导槽;11—条筒;12—铜辊

（2）拉断法

腈纶有热塑性,可在高温下进行高倍拉伸,然后经特殊刀轮被拉断。由于是拉断,所以纤维的断裂点不会发生在同一平面上。因此短纤维将参差地排列成条子。图 4.19 是拉断法直接成条工艺流程的示意图。丝束经张力杆,以幅宽为 230 mm 的均匀片状丝喂入罗拉,经第一组引导罗拉而到达两块加热板之间,然后由第二组引导罗拉至中罗拉。丝束在加热板受热而处于塑性状态,便于在两组罗拉间进行高倍拉伸(拉伸倍数为 1.58 ~ 2.58 倍,拉伸温度为 132 ~ 135 ℃)。丝束离开加热板后,为了防止纤维间回缩,必须迅速冷却,因此在二引导罗拉下方装有冷却风扇。在中罗拉与出条罗拉之间装有一对刀轮,两个刀轮上的刀相互交叉。纤维在拉紧状态下通过刀轮时受到很大的引力,因此被拉断,最后条子经过卷曲箱成条进入条筒,纤维在断裂区又被拉伸 3.11 倍。

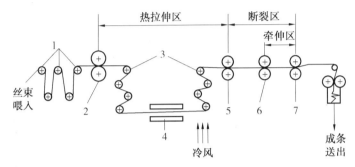

图 4.19　拉断法直接成条工艺流程示意图

1—张力杆;2—喂入罗拉;3—引导罗拉;4—加热板;5—中罗拉;6—刀轮;7—出条罗拉

4.7　溶剂回收

4.7.1　二甲基甲酰胺溶剂的回收

1. 二甲基甲酰胺干法工艺溶剂的回收流程

腈纶干法纺丝以 DMF 为溶剂,可通过精馏分离回收。为了同时处理来自不同工序、不同浓度的溶剂,生产中溶剂回收塔采用多层(65 ~ 70 层)筛板塔。从纺丝甬道抽出的 99% DMF 高浓度冷凝液与补充的新溶剂(防止带杂质)在浓溶剂槽中混合后,进入溶剂回收塔较低层塔板(12 ~ 15 层);水洗拉伸送来的含 10% ~ 20% DMF 低浓度洗液,在稀溶剂槽中与焦油蒸馏塔馏出液混合后,先进入稀溶剂蒸发器,使大部分物料被汽化,气相物料进入溶剂回收塔的较高层塔板(18 ~ 20 层);溶剂回收塔塔底再沸器用 1.5 MPa 蒸汽加热,塔顶蒸出低沸物、水、少量 DMF,二甲胺与塔釜液一起送污水站处理后排放。从低层塔板(5 ~ 7 层)出料的 DMF 纯度可达 98% 以上,含水量小于 0.2%,送往脱离子塔除去微量二甲胺,纯化后 DMF 可回收利用。稀溶剂蒸发器釜底液含少量 DMF、高沸物、盐类及固体杂质,送往焦油蒸馏塔,塔底再沸器用 1.55 MPa 蒸汽加热,从塔顶蒸出 DMF 与水(约 50% 的 DMF),回收送往稀溶剂进料槽,塔底残渣送去焚烧。其工艺流程如图 4.20 所示。

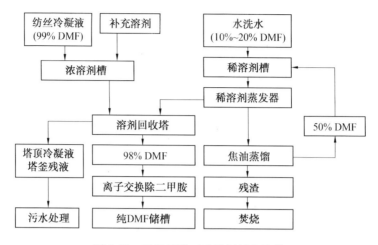

图 4.20　DMF 干纺工艺溶剂回收流程

2. 二甲基甲酰胺湿法工艺溶剂的回收流程

二甲基甲酰胺一步法湿纺中的溶剂也是用精馏法回收,由纺丝工序送来的含 50% ~ 60% DMF 的纺丝液,先进入真空度为 13 kPa 的蒸发缶蒸发,混合气体进入第一精馏塔,塔顶分馏出水,塔釜为浓缩至 80% 的 DMF 溶液,转入第二精馏塔,继续浓缩到 99% 以上,送往第三精馏塔,在第三精馏塔精制,除去高沸物,从塔顶馏出 99.9% DMF,送往聚合配料。由第二精馏塔顶分馏出的水分,先用于加热蒸发缶中的纺丝,然后与第一精馏塔分馏出的水分一起送往水洗工序用作水洗水。从第三精馏塔塔釜排出的高沸物,送高沸物缶,分离、回收残留的 DMF,然后约 0.2% 残渣送焚烧炉烧毁。DMF 湿纺工艺溶剂回收流程如图 4.21 所示。

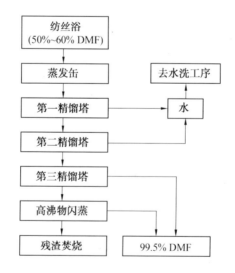

图 4.21　DMF 湿纺工艺溶剂回收流程

4.7.2 NaSCN 溶剂的回收

1. NaSCN 一步法纺丝溶剂的回收流程

在 NaSCN 一步法工艺中,采用多效薄膜(降膜、升膜、喷膜)蒸发器进行浓缩。用沉淀法或结晶法除去 SO_4^{2-}。采用 NaOH 提高溶剂的 pH 值至 10～12,在碱性条件下,使可性 Fe^{2+} 氧化成难溶性 $Fe(OH)_3$ 而滤除,或是采用强碱性阴离子树脂,将溶剂中的铁离子以硫氰化铁络合物的形式转换到树脂上,从溶剂中分离出去 Fe^{2+}。树脂上的铁络合树脂上的铁络合物用焦亚硫酸钠将 Fe^{3+} 还原成 Fe^{2+} 而从树脂上分离出来,树脂获得再生,可重复使用。利用异丙醚能溶解 HSCN 而不溶解其他杂质的特性,可采取液-液萃取的方法除去杂质。其工艺流程如图 4.22 所示。

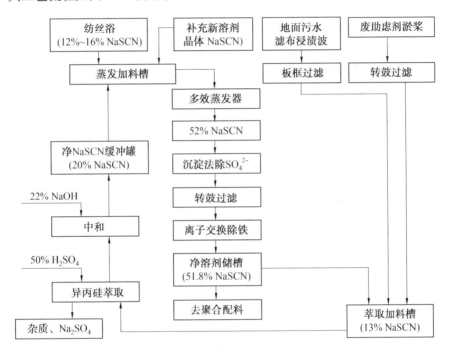

图 4.22　NaSCN 一步法溶剂回收流程

2. NaSCN 二步法溶剂的回收流程

在 NaSCN 二步法生产中,溶剂不参与聚合,不含副反应产生的有机杂质,可采用延迟离子(大孔树脂吸附法)或凝胶处理方法除去。通过专用树脂对 NaSCN 与其他生产过程中带入或产生的不挥发盐类(如 β-丙烯磺酸钠、硫酸钠、亚硫酸钠、硝酸钠和氯化钠)的吸附力差异,将杂质排除。用延迟离子法处理时,约取循环溶剂总量 1/10 量,运行中,树脂先吸附溶剂中的各类盐,然后用水洗脱,按吸附力差异的顺序:β-丙烯磺酸钠<硫酸钠<亚硫酸钠<硝酸钠<氯化钠<硫氰酸钠,逐个被洗脱,吸附力最大的硫氰酸钠吸附最牢固,在其他杂质洗脱后,用脱盐水洗下后回收使用,树脂进行再生,可反复使用。由于过程中不耗用酸、碱等化学品,对环境污染小,运行成本低。NaSCN 二步法溶剂回收流程如图 4.23所示。

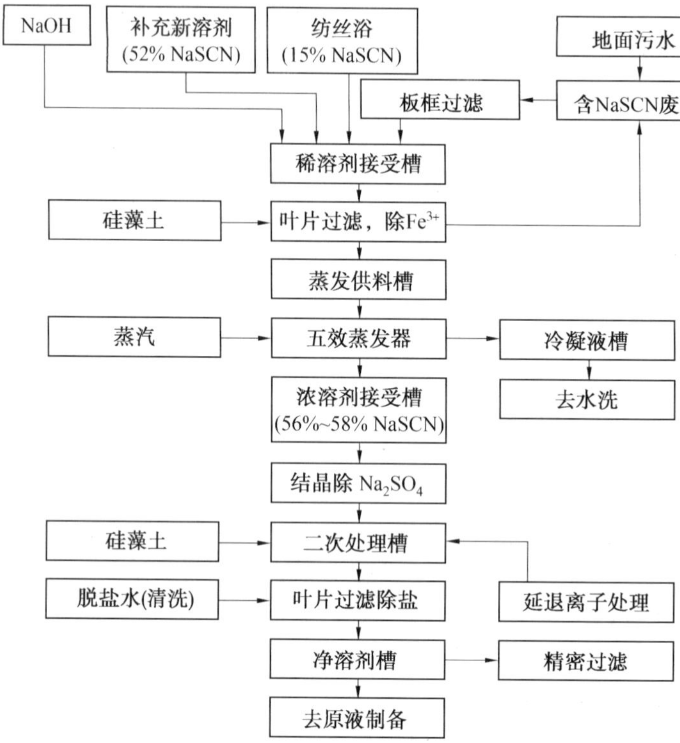

```
                                    ┌─────────┐
                                    │ 地面污水 │
                                    └────┬────┘
 ┌──────┐  ┌──────────┐  ┌──────────┐        ↓
 │ NaOH │  │ 补充新溶剂 │  │  纺丝浴   │   ┌──────────────┐
 └──┬───┘  │(52% NaSCN)│  │(15% NaSCN)│  │ 含NaSCN废水   │
    │      └────┬─────┘  └────┬─────┘   └──────┬───────┘
    │           │         ┌───┴────┐          ↑
    │           │         │ 板框过滤 │──────────┘
    │           │         └───┬────┘
    │      ┌────────────────────────┐
    └──────│      稀溶剂接受槽        │
           └───────────┬────────────┘
 ┌──────┐  ┌────────────────────────┐
 │ 硅藻土 │→│  叶片过滤, 除Fe³⁺        │
 └──────┘  └───────────┬────────────┘
           ┌────────────────────────┐
           │       蒸发供料槽         │
           └───────────┬────────────┘
 ┌──────┐  ┌────────────────────────┐   ┌──────────┐
 │ 蒸汽  │→│      五效蒸发器          │→ │ 冷凝液槽  │
 └──────┘  └───────────┬────────────┘   └────┬─────┘
           ┌────────────────────────┐   ┌──────────┐
           │    浓溶剂接受槽          │   │  去水洗   │
           │  (56%~58% NaSCN)       │   └──────────┘
           └───────────┬────────────┘
           ┌────────────────────────┐
           │   结晶除 Na₂SO₄         │
           └───────────┬────────────┘
 ┌──────┐  ┌────────────────────────┐
 │ 硅藻土 │→│      二次处理槽          │←──────────┐
 └──────┘  └───────────┬────────────┘           │
 ┌──────────┐ ┌────────────────────┐  ┌──────────────┐
 │脱盐水(清洗)│→│   叶片过滤除盐      │  │  延退离子处理  │
 └──────────┘ └──────────┬─────────┘  └──────────────┘
           ┌────────────────────────┐   ┌──────────┐
           │       净溶剂槽          │→ │  精密过滤  │
           └───────────┬────────────┘   └──────────┘
           ┌────────────────────────┐
           │      去原液制备          │
           └────────────────────────┘
```

图 4.23　NaSCN 二步法溶剂回收流程

4.8　聚丙烯腈纤维的应用及改性

4.8.1　聚丙烯腈纤维的性能

腈纶很像羊毛,故以人造羊毛著称。其主要特点是质量轻,保暖,染色鲜艳而牢固,防蛀,防霉,耐日晒。腈纶热弹性和极好的日晒牢度是腈纶最突出的优点。热弹性的本质是高弹形变。经拉伸、水洗和热定型后的纤维,在玻璃化温度以上再次进行拉伸至 1.1 ~ 1.6倍或更高,这一拉伸称为二次拉伸。其时,纤维发生以高弹形变为主的伸长,非晶区原来卷曲的大分子进一步发生舒展。将此纤维进行骤冷,使大分子的链段活动暂时被冻结,纤维因二次拉伸而发生的伸长也暂时不能恢复。但当提高温度至玻璃化温度以上(有时用水分子作增塑剂)时,由于链段热运动加强,在无张力的情况下,非晶区的大分子要恢复原有卷曲状态,纤维的长度又相应地发生大幅度回缩(17% ~18%或更高),这就是腈纶热弹性的具体表现。

涤纶、锦纶等结晶性纤维都不具有这种热弹性,这是因为纤维结构中的微晶像网结一样,阻碍了链段的大幅度热运动。而腈纶结构中的准晶区并非真正的结晶,仅仅是侧向高度有序,这种准晶区的存在并不能阻止链段热运动,而使纤维发生热弹性回缩。此特性常被用来生产腈纶膨体纱。

在所有大规模生产的合成纤维中,以腈纶对日光及大气作用的稳定性最好。经日光和大气作用一年后,大多数纤维均损失原强度的 90% ~95%,而腈纶的强度仅下降 20% 左右。腈纶优良的耐光和耐气候性,可归因于大分子上的氰基。氰基中的碳和氮原子间为三键连接,其中一个是 σ 键,两个是 π 键,这种结构能吸收能量较高(紫外光)的光子,并把它转化为热能,从而保护了主价键,避免了大分子的降解。

4.8.2 聚丙烯腈纤维的用途

腈纶具有很多优良的性能,因此广泛用于混纺或纯纺,制成哔叽、华达呢、大衣呢、运动衫、针织衫、毛毯、长绒织物以及缩绒拉毛织物等。

和其他合成纤维一样,腈纶的吸湿性较低,因此常与吸湿性较好的棉、毛或黏胶纤维混纺。与棉的混纺织物可用作衬衫、毛线衫、运动衫、妇女服装、童装及雨衣布等;与毛混纺纱线常用衫、围巾、手套、袜子等;与黏胶纤维混纺的织物常作为春秋外套料子、一般服装等。

腈纶可根据需要制成线密度为 0.9~2.8 dtex 的各种产品,既可制成粗硬的刚毛,也可制成柔细的绒毛,并可用提花织机仿制各种珍贵的兽皮,比天然兽皮轻便、耐用,在市场上颇受欢迎。腈纶因具有较强的耐污染、耐磨、耐洗和抗褶皱等性能,可代替部分羊毛制作毛毯和地毯等织物。其耐洗涤性优于羊毛,产纱率也比羊毛高(羊毛产纱率为 85%,腈纶可达 95% ~98%),而且价格和供应都较稳定。

腈纶因蓬松、柔软、织物尺寸稳定性较好等特点,适用于制作编织毛线。特别是具有永久螺旋卷曲性能的复合腈纶,因具有优越的弹性和卷曲性,可避免针织物三口(领口、袖口和下摆)易变形的弊病。因此,复合腈纶被广泛用于织造紧身运动衫,还可制成粗细不等的毛绒线,用于多种花型的毛织物等。

丙烯腈纤维的压缩弹性恢复好,手感舒适,很适合制作装饰植绒,可制成丝绒、灯芯绒、服装织物、装饰制品、起毛皮革、玩具动物毛皮、纪念锦旗、墙布等。植绒地毯被广泛应用于汽车制造业。

腈纶因耐气候性和耐光性优良,可作为室外织物,如旗帜、滑雪外衣、猎装、船罩、船帆、炮衣、窗帘等。腈纶经特殊处理后具有仿真丝和抗菌能力,作为运动鞋垫布、内裤等特别合适。

聚丙烯腈中空纤维膜具有透析、超滤、反渗透、微过滤等功能。以 PAN 中空纤维组成的装置可用于混合流体的选择性分离、浓缩和净化等。例如,用于医用无菌水的制造、人工肾、人工肝、血液透析超滤器、血液浓缩器等,还可用于超纯水的制造、污水的处理和回用等。

把普通腈纶(共聚组分含量尽量降低)预先用某种试剂处理(或不经处理),在 200 ℃左右的空气冲进行预氧化,再在 1 000 ℃ 左右保持一定时间使其碳化,可获得含碳量为 93% 左右的耐高温(可耐 1 000 ℃)碳纤维;若在 2 500~3 000 ℃ 下继续进行热处理,可获得分子结构为层状六方晶格的石墨纤维。石墨纤维是目前已知的热稳定性最好的纤维之一,可耐 3 000 ℃ 的高温,在高温下能持久不变形,并具有很高的化学稳定性、良好的导电性和导热性,因此是宇宙飞行、火箭、喷气技术以及工业高温、防腐蚀领域的良好原料。

4.8.3 聚丙烯腈纤维改性

1. 聚丙烯腈复合纤维

复合纤维也称双组分纤维,作为能代替羊毛的一种合成纤维,具有较好的蓬松性、弹性、保暖性,但是和羊毛相比,在回弹性和卷曲性方面存在很大的差距。羊毛之所以具有特殊的回弹性和卷曲性,主要是因为羊毛本身就是一种天然的复合纤维。用电子显微镜观察羊毛截面可发现有两种角质化程度不同的细胞结构相并列,每根羊毛都由两种形状不同的角质层复合而成。由于两种细胞组织的收缩率有差异,赋予羊毛以永久的螺旋状卷曲。模仿羊毛开发的聚丙烯腈复合纤维是由两种收缩性质不同的原液(第二、三单体的种类或含量不同,或两组分的含量或相对分子质量不同)复合而成,从而也是一种永久性立体卷曲纤维。如美国杜邦公司推出的奥纶-21 就是一种典型的双组分复合纤维。这种复合纤维在出厂时也仅存在机械卷曲,但经纺织厂的染色、干燥处理后,纤维呈现出永久三维卷曲。由复合腈纶制成的毛线,外观更似羊毛,手感、弹性好,并更具丰满感。复合腈纶制成的毛衣"三口"更不易变形。

2. 抗静电(导电)聚丙烯腈纤维

常规腈纶在标准状态下的电阻率较高,为 $10^{13}\Omega \cdot cm$。因此,纤维在纺织加工和服用过程中易起静电,限制了腈纶在很多领域的应用。为降低腈纶的静电积聚效应,制取抗静电腈纶,常采用如下措施:

(1)把亲水性化合物通过共聚引入聚合体中,制成高吸湿纤维。

(2)把聚丙烯腈大分子中的氰基部分水解成羧基。

(3)在纺丝原液中混入少量炭黑或金属氧化物等导电性物质,或在纤维后整理时使纤维表面涂覆金属物质,可使纤维的电阻率降至 $10^2\Omega \cdot cm$ 以下。

(4)在纤维后加工中,纤维经抗静电剂溶液处理后,能在纤维表面涂覆上一层抗静电剂,使纤维具有暂时性的抗静电性能。

(5)通过含铜盐、还原剂、硫化剂溶液处理,在腈纶纤维表面和内部生成半导体 Cu_9S_5,使纤维的电阻率降至 $10^{-3} \sim 10^{-2}\Omega \cdot cm$,成为具有永久导电性的腈纶。

目前,抗静电腈纶的电阻率为 $10 \sim 10^3\Omega \cdot cm$。可用于学生服装、晚礼服、抗静电工作服、无尘工作服、无绒毛、无菌工作服、炼油及石化部门用的防爆型特殊工作服,以及地毯、被单、复印带等。

3. 高吸湿、吸水聚丙烯腈纤维

腈纶和其他合成纤维一样,其共同缺点是吸湿和保水性差,穿着有闷热等不舒服感,从而限制了其在内衣、衬衣、睡衣、服装里料及运动服等领域的应用。纤维的吸湿、抗静电及抗污染性之间有一定的内在联系,解决其一即可改善其二。

改善腈纶的吸湿、吸水性的方法主要有:①使共聚体大分子含亲水基团;②与亲水化合物接枝或共聚;⑧与亲水聚合体进行共混纺丝;④与亲水性聚合体进行复合纺丝;⑤使纤维表面含有亲水物质层;⑥使纤维截面粗糙和异型化;⑦使芯层呈泡沫微孔状,并有微导管通向皮层;⑧使纤维超细化,如线密度为 0.45 dtex 的腈纶短纤维,其保水性为普通腈纶的两倍多。

据报道,日本钟纺公司生产的一种高吸湿腈纶——阿奎纶(Aqualon),其表面有条纹或沟槽,纤维中含有众多直径为 1 ~ 2 μm,长度为直径 10 倍的毛细孔,孔隙率为 20% ~ 30% 。因此其吸湿性高,吸水速度快,而且密度小,保暖性优良。与棉纤维相比,阿奎纶的缩水性小,尺寸稳定性较好。

高吸湿腈纶改变了普通腈纶不适于制作春秋服装的状况,可制作四季服装、内衣、运动衫、儿童服装、睡衣、毛巾、浴巾、尿布及床上用品等。

4. 阻燃聚丙烯腈纤维

阻燃腈纶主要通过三种方法来获得:

①应用含氯、溴或磷化合物等阻燃性单体,如氯乙烯、偏二氯乙烯、溴乙烯以及带乙烯基的磷酸酯作第二单体,通过与丙烯腈共聚,制得阻燃腈纶。但因卤系阻燃剂在燃烧时放出有毒性卤化物气体,故已很少使用。

②将聚氯乙烯、聚偏二氯乙烯等阻燃性共聚物或含阻燃成分(如含磷、氮等)的阻燃剂微粒与聚丙烯腈原液共混纺丝。

③纤维在后处理时用阻燃剂作表面整理。但此法所得纤维的阻燃性不持久,经多次洗涤后即失去阻燃性。

目前世界上已有多家公司生产阻燃腈纶,大多使用氯乙烯基类单体与丙烯腈共聚而成,其 LOI 值(极限氧指数)一般为 26.5% ~ 29% 。

5. 抗起球聚丙烯腈纤维

普通腈纶制品,特别是针织品,在经常受摩擦时容易起球,而影响制品的美观性。一般认为,起球除了与织物结构、纱线结构、纤维线密度和短纤维切断长度等有关外,还与腈纶纤维本身性能有密切的关系。经验表明,降低纤维的可弯曲性,能降低起球,因此适当降低纤维的断裂强度、钩强、延伸度和钩伸,有利于改善纤维的抗起球性能。最常采用的方法有:

①提高聚合物中丙烯腈(92% 以上)的含量,降低第二组分(0.5% ~ 1.5%)的含量,从而提高纤维的刚性和脆性,使织物中纤维末端不易缠绕成结。

②降低 PAN 的重均相对分子质量至 40 000 ~ 50 000,并适当加宽相对分子质量分布,从而降低纤维的断裂延伸度,即使织物起球,也易于脱落。

③改变纤维的截面形状,使纤维截面呈三叶形或五角形,并使纤维表面粗糙化,提高纤维的粗度,以增加纤维间的抱合力,提高抗弯曲性和硬挺度。这可减少织物中纱线滑脱和打结的机会。

④增加纤维热处理时的张力,以降低纤维的钩强,使纤维不易起球,起球后也容易脱落。

⑤将纤维或其织物进行表面整理。整理剂一般采用胶态的二氧化硅、丙烯酸乳胶或 DMF 等。

抗起球腈纶除具有普通腈纶的一般特点外,还具有蓬松而不起球,柔软而滑爽的手感,纯纺或与羊毛混纺都具有抗起球的效果,适于制作儿童和妇女服装、毛衣、围巾、毛毯和地毯等。

6. 高收缩聚丙烯腈纤维

高收缩腈纶的收缩率为普通腈纶的 5 ~ 10 倍,是生产腈纶膨体纱的主要原料之一。制造高收缩腈纶通常采用如下工艺流程:

①在高于腈纶玻璃化温度下多次热拉伸,使纤维中的大分子链舒展,并沿纤维轴方向取向,这时大分子链内和链间的张力较大。然后骤冷,使大分子的形态和张力被暂时固定下来。当成纱后,在松弛状态下湿热处理时,大分子链因热运动而处于比较卷缩的状态,张力大多被消除,这种微观的变化引起宏观纤维在长度方向的收缩。

②增加第二单体的含量。增加第二单体丙烯酸甲酯的含量能大幅度提高腈纶的收缩率。当第二单体的质量分数增至 10% ~ 12% 时,纤维收缩率为 30%;当质量分数增至 12% ~14% 时,纤维收缩率高达 40% ~45%。

③采用热塑性的第二单体(如氯乙烯)与丙烯腈共聚也可明显地提高纤维的收缩性。与普通腈纶相比,高收缩腈纶的强度和卷曲度稍低,遇湿热会发生收缩,因此在制成成品前要避免湿热加工。

高收缩腈纶与普通腈纶混纺制成的人造毛皮更加逼真。纯纺可作滚球毛毯和室内装饰织物,具有手感柔软、织物厚实、丰满、保暖性好等特点,还可产生奇异的光泽效果。

7. 腈氯纶

腈氯纶为一种改性聚丙烯腈纤维,其丙烯腈的质量分数为 40% ~60%,相应的氯乙烯或偏二氯乙烯的质量分数则为 60% ~40%。这种含多量第二组分的丙烯腈高聚物,通常以丙酮或乙腈为溶剂配制成纺丝原液,经湿法或干法纺丝而制成纤维。

干法纺丝常用于纺制长丝,其主要工艺条件如下:原液的质量分数为 20% 左右,纺丝套筒长度为 6 mm,套筒内温度 85 ~120 ℃,纺丝速度为 50 ~200 m/min。所得的纤维经过热拉伸(用水蒸气加热到 127 ℃)和加捻,可制取断裂强度为 3.5 ~4.4 dN/tex,延伸度为 10% ~15% 的长丝。

湿法纺丝以丙酮的水溶液为凝固浴,其纺丝过程基本与聚丙烯腈纤维的湿法成型相似。不同之处是原液浓度较高(50 ℃时质量分数为 20% ~30%),黏度较大,使凝固剂在原液细流中的扩散速度显著下降,成型缓慢。另一方面,由于共聚物中第二组分的含量大,显著地破坏了大分子链的规整性,使凝固能力削弱,减少了由于急剧凝固而产生的空洞,因此得到的纤维透明性好,芯层粒状沉淀少。

腈氯纶的性能介于聚丙烯腈与聚氯乙烯之间,具有质量轻、保暖、耐气候、耐化学药品性好的特点,并有一定防火阻燃性。

腈氯纶适于制作人造毛皮和绒毛织物,如地毯、绒毯、床上用品、大衣衬里、领子、防寒衣、拖鞋等。由于腈氯纶具有阻燃性,可作为窗帘、椅子罩面、儿童睡衣以及飞机、轮船、火车、旅馆等的阻燃用品。腈氯纶树脂还可用于制造电池隔板。

此外,超细、异型及抗菌防臭等众多差别化腈纶新品种也在被开发并推向市场。

第5章 聚乙烯醇纤维

聚乙烯醇缩醛纤维是合成纤维的主要品种之一,其常规产品是聚乙烯醇缩甲醛纤维,简称维纶(PVF)。其产品大多是切断纤维(即短纤维),其性状颇与棉花相似。

早在1924年,德国Hermann和Haehnel就将聚醋酸乙烯醇解制得聚乙烯醇PVA,随后又以其水溶液用干法纺丝制得纤维。20世纪30年代,德国Wacker公司生产得到聚乙烯醇纤维,定名为赛因索菲尔(Synthofil),主要用作手术缝线。

1939年,日本樱田等人通过热处理和缩醛化的方法将聚乙烯醇制成耐热水性良好的纤维。这一发明加速了聚乙烯醇纤维的工业化,并于1950年在日本实现工业化生产。

我国第一个维纶厂于1964年建成投产。目前国内维纶生产企业主要有四川维纶厂、上海石化维纶厂、北京维纶厂、福建维纶厂、湖南湘维有限公司等。目前国内维纶生产量 $3 \times 10^4 \sim 4 \times 10^4 t/$年。

近年来,由于化纤市场的生产能力供过于求,涤纶、腈纶、锦纶等原料竞争激烈,价格不断走低,利润大幅缩小。而维纶是一种具有耐酸、耐碱性能的环保型产品,它在产业用领域中拥有很大的发展空间。例如,国外采用维纶替代石棉,在建筑领域开拓了新的市场。日本开发了高强力维纶"K-Ⅱ纤维"和"索菲斯塔",利用高技术、新工艺进行凝胶纺丝制成纤维,其强度和模量可以和凯夫拉纤维与碳纤维相媲美,成本仅为凯夫拉纤维的1/5。利用聚乙烯醇的水溶性,通过化学交联等方式开发的水溶性纤维、中空纤维、阻燃纤维等功能纤维也颇具特色,是其他合成纤维难以匹敌的。在民用服装上,改性维纶也已亮相市场。

从工艺技术上看,聚乙烯醇纤维的纺丝方法已有湿法纺丝、干法纺丝、熔融纺丝、凝胶纺丝以及含硼碱性硫酸钠纺丝等多种工艺。选用不同的纺丝工艺,可以赋予纤维不同的特殊性能。20世纪90年代,在市场经济的主导下,各维纶企业采用了新工艺、新技术、新装置并进行了改扩建,使维纶工业在产品质量、产量、科研、品种开发、用途开拓以及节能降耗等方面都取得了很大的进展。通过调整产品结构,扩大差别化纤维和非纤维制品的用途,维纶工业又获得了生机,其产品具有巨大的潜在市场,尤其在产业用纤维的开发上,实现了高附加值和高性能的目标。

5.1 聚乙烯醇缩醛纤维原料

聚乙烯醇纤维的原料是聚乙烯醇(通常简称为PVA),但是聚乙烯醇不是由乙烯醇聚合而成,因为乙烯醇是一种不稳定的化合物,会转变为乙醛。

$$H_2C=CH \xrightarrow{\quad} H_3C-CH$$

乙烯醇   乙醛

由于不存在游离的单体乙烯醇,因此多以醋酸乙烯为原料,先合成聚醋酸乙烯,再由聚醋酸乙烯醇解(或水解)后制成聚乙烯醇。由于聚乙烯醇的用途不同,就有各种不同的品种和规格,本章主要介绍用于制备纺织纤维的聚乙烯醇。

聚乙烯醇树脂命名由缩写代号加牌号组成,缩写代号为PVAL。聚乙烯醇树脂的牌号由下列部分组成:①平均聚合度,两位阿拉伯数字,以其公称值的千位、百位两位阿拉伯数字表示;②醇解度,两位阿拉伯数字,即聚醋酸乙烯醇解的摩尔分数;③主要用途,英文字母:B表示聚乙烯醇缩丁醛用,F表示纤维用,M表示药用,S表示浆纱用;④醇解工艺,英文字母;L表示低碱醇解,H表示高碱醇解。

在甲醇、碱的作用下,聚醋酸乙烯中的醋酸根(羧基)转换成羟基(醇),制得聚乙烯醇,称醇解,以其公称值的十分位、百分位两位阿拉伯数字表示。

例如,如果某种聚乙烯醇树脂(PVAL)的平均聚合度为1700(17),醇解度为99.8%(摩尔分数)(99),纤维用(F),是通过高碱醇解制备的(H),则其名称为PVAL17-99F(H)。

5.1.1 醋酸乙烯的合成

醋酸乙烯的合成主要有两种,即乙炔法和乙烯法。

1.乙炔法

以乙炔和醋酸蒸气在200 ℃左右、常压下,在以活性炭等为载体的催化剂醋酸锌作用下进行反应而得。其反应式为

$$HC \equiv CH + CH_3COOH \longrightarrow H_2C = CH(OCOCH_3)$$

伴随上述反应还发生一些副反应,生成乙醛、丁烯醛(巴豆醛)、二乙烯基乙炔等。为避免这些副反应产物对醋酸乙烯的聚合产生不良影响,反应获得的粗制品需精制。此法的醋酸乙烯产率高,以乙烯计为92%~98%,以醋酸计为95%~98%。

根据所用乙烯的来源不同,又有电石乙炔法和天然气乙炔法。

(1)电石乙炔法

电石的主要成分为碳化钙(CaC_2)。电石由石灰石和焦炭在电炉中高温熔融状态下反应而得。碳化钙与水作用生成乙炔。其反应式为

$$CaC_2 + H_2O \longrightarrow HC \equiv HC + Ca(OH)_2$$

(2)天然气乙炔法

天然气的主要成分是甲烷(CH_4)。甲烷在高温(1 300~1 500 ℃)和氧气不足的条件下燃烧时所放出的热量,供甲烷发生裂解而产生乙炔。其反应式为

$$2CH_4 \longrightarrow HC \equiv CH + 3H_2$$

部分甲烷被氧化成CO_2、CO、H_2和H_2O等。在所得的混合气体中,乙炔的质量分数仅占8%~9%。为满足合成醋酸乙烯的需要,尚需将其分离并提浓。为此,常用有选择性吸收作用的溶剂,如丙酮、二甲基甲酰胺、N-甲基吡咯烷酮和甲醇等为提浓剂进行处理。经提浓后气体中乙炔的质量分数可达99%以上。由于原料甲烷来源较广,生产成本较电石法低,生产技术日益提高,故成为目前乙炔生产的发展方向。

2.乙烯法

以乙烯为原料合成醋酸乙烯的反应式为

$$2H_2C=CH_2+2CH_3COOH+O_2 \longrightarrow 2H_2C=CH(OCOCH_3)+2H_2O$$

乙烯法合成醋酸乙烯又有液相法和气相法两种,因液相法反应物对设备的腐蚀严重,而且该法副产物较多,分离困难,因此逐步被气相法代替。

气相法在 20 世纪 60 年代后期实现工业化,以贵重的金属钯金或钯铂为催化剂,醋酸钾或醋酸钠为助催化剂,乙烯、氧和醋酸一步反应生成醋酸乙烯,放出 146 kJ/mol 的热量,同时发生乙烯完全氧化的副反应。其反应式为

$$H_2C=CH_2+3O_2 \longrightarrow 2CO_2+2H_2O+1\ 338\ kJ/mol$$

副产物除二氧化碳外,还有少量乙醛、醋酸乙烯酯等化合物。

气相法的选择性高,产品质量高,副产物少,产品精制流程较为简单,成本低,对设备及管道的腐蚀性小。

20 世纪 60 年代前以电石乙炔生产醋酸乙烯占主要地位。自 20 世纪 70 年代以来,随着石油化工的发展,使醋酸乙烯的合成由电石乙炔法逐渐转向乙烯法和天然气乙炔法。这主要是由于电石乙炔法消耗大量的电能,能耗费用约占电石成本的一半,故生产成本高;另外,该法还会产生大量废渣,污染环境,所以,这种方法已逐渐减少使用。

5.1.2 醋酸乙烯的聚合

醋酸乙烯和其他烯烃类单体一样,在紫外线、γ 射线和 X 射线等的作用下,易发生自由基聚合。在热的作用下,少量的醋酸乙烯也容易发生聚合。此外,醋酸乙烯在引发剂的作用下,能在较为缓和的条件下进行聚合。

醋酸乙烯聚合的工业化实施方法很多,对于供生产聚乙烯醇纤维用的聚醋酸乙烯,聚合主要采用溶液聚合,因为溶液聚合反应较易控制,产品质量较好。作为纺丝原料用的聚醋酸乙烯酯要求具有良好的分子规整性,转化率(工厂中习惯上称聚合率)为 50% ~ 60%,反应连续地进行,这样所得产品的聚合度分布均匀,有利于制成性能优越的纤维。聚合反应的溶剂是甲醇,引发剂是偶氮二异丁腈,聚合反应式如下:

$$n H_2C=CH \longrightarrow \left[CH_2-CH_2 \right]_n +89.2\ kJ/mol$$
$$\quad\quad\ | \quad\quad\quad\quad\quad\quad |$$
$$\quad OCOCH_3 \quad\quad\quad OCOCH_3$$

在以甲醇为溶剂的醋酸乙烯聚合过程中,聚合反应的同时,还发生下列主要的副反应:

$$H_2C=CH(OCOCH_3)+CH_3OH \longrightarrow CH_3COOCH_3+CH_3CHO$$
$$H_2C=CH_3(OCOCH_3)+H_2O \longrightarrow CH_3COOH+CH_3CHO$$

醋酸乙烯聚合工艺流程如图 5.1 所示。从图中可以看出,含有 20% ~22% 甲醇的醋酸乙烯溶液加入预热器,在预热器中与由于聚合反应热而蒸发的甲醇及醋酸乙烯进行热交换,再与偶氮二异丁腈甲醇溶液一同加入聚合釜。在第一聚合釜中,醋酸乙烯约有 20% 发生聚合,然后就用齿轮泵送入第二聚合釜,在此转化率已达 50% ~60%,再进入精馏塔。第一、第二聚合釜内有搅拌循环,由聚合反应热蒸发的甲醇和醋酸乙烯用第一、第二聚合釜的回流冷凝器分别冷凝,再送回各自聚合釜。第一、第二聚合釜利用夹套中的热水循环进行保温。第二聚合釜取出的聚合液送往第一精馏塔,蒸馏时,由塔底吹入甲醇蒸汽,从塔顶不断加入纯水。由塔釜取出约 25% 的聚醋酸乙烯甲醇溶液,用甲醇稀释成

22%的该溶液供醇解用。第三精馏塔的主要作用是把甲醇和水分离,甲醇可回收利用。

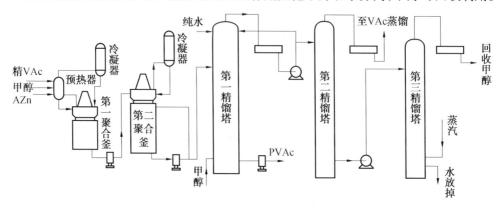

图 5.1 醋酸乙烯聚合工艺流程

由于聚合条件对聚乙烯醇的性能影响较大,所以必须控制以下聚醋酸乙烯聚合的主要工艺参数。

①引发剂用量。引发剂的用量越多,聚合速度越快,且聚合度下降。

②聚合时甲醇的配比。聚合时甲醇的配比即进料时甲醇质量占聚合物质量的百分比。甲醇配比增加,则聚合度下降;若配比太低,则聚合度就太高,导致聚合物溶液的黏度太高,给物料输送带来困难。

③聚合时间。若聚合时间短,则聚合度和转化率下降,相对分子质量分布变宽;若聚合时间长,则发生副反应,使产品的色度(工厂中称色相)变差。

④聚合温度。聚合温度高,反应速度快,产品的物理-机械性能变差。

在聚合阶段,还需要有事故处理的阻聚剂——硫脲甲醇溶液和冷却稀释的事故用甲醇,使用时用压缩空气压入聚合釜。

5.1.3 聚醋酸乙烯 PVAC 的醇解

对于成纤用聚乙烯醇,目前大生产上是将聚醋酸乙烯在甲醇和氢氧化钠的作用下进行醇解反应而制得。其反应式为

$$PVAc + nCH_3OH \xrightarrow{NaOH} PVA + nCH_3OAc$$

在发生上述反应的同时,根据反应体系中水含量的多少,伴随着或多或少下述副反应发生:

$$PVAc + nNaOH \longrightarrow PVA + nNaOAc$$

$$CH_3OAc + NaOH \longrightarrow CH_3OH + NaOAc$$

当反应体系中的含水量比较高时,副反应明显加速,使反应所消耗的碱催化剂量也随之增加。因此在工业化生产中,根据醇解反应体系中所含水分的多少或反应所用碱催化剂量的高低,分为高碱醇解法和低碱醇解法两种生产工艺。影响醇解工艺的因素主要有:碱摩尔比、含水量、反应温度和 PVAC 的质量分数。

1. 高碱醇解法

该法反应体系中的允许水含量为 1% ~ 6%。通常情况下,每摩尔聚醋酸乙烯需加碱 0.1 ~ 0.2 mol。氢氧化钠是以其水溶液的形式加入的,所以此法也称湿法醇解。高碱醇

解法的特点是醇解反应速度快,醇解速度快(约为 1 min),PVA 呈絮状,设备生产能力较大;但副产品醋酸钠的质量分数高(为 5% ~ 7%),除耗用碱催化剂量较多外,还使醇解残液的回收工艺较为复杂。醇解温度为 45 ~ 48 ℃。高碱醇解工艺流程图如图 5.2 所示。

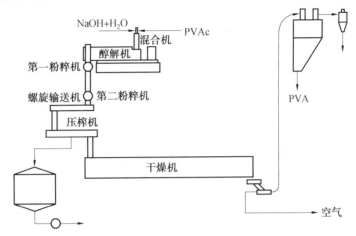

5.2 高碱醇解工艺流程图

2. 低碱醇解法

此法的耗碱量一般为每摩尔聚醋酸乙烯仅加碱 0.01 ~ 0.02 mol。在醇解过程中,碱以甲醇溶液的形式加入,整个反应体系中的含水量必须控制在 0.1% ~ 0.3% 以下,所以此法也称干法醇解。其特点是副反应少,醇解残液的回收比较简单,但反应的速度较慢,约为 10 min,所以醇解物料在醇解机中的停留时间应适当增长。醇解温度为 40 ~ 45 ℃。低碱醇解工艺流程图如图 5.3 所示。

醇解所得的聚乙烯醇为白色小颗粒状固体。纤维级聚乙烯醇的平均聚合度控制在 1 750±50,残存醋酸根少于 0.2%。其主要规格见表 5.1。

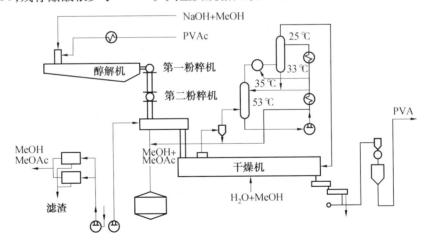

图 5.3 低碱醇解工艺流程图

表5.1 高碱醇解和低碱醇解工艺条件

工艺参数			高碱法	低碱法
工艺条件	树脂	质量分数/%	22～23	33±0.5
		含水率/%	2	<0.1
	碱液	质量浓度/(g·L⁻¹)	350(水溶液)	100(甲醇溶液)
		加碱量/mol	0.112	0.016
醇解反应时间			1 min 左右	9±2 mim
醇解设备			螺旋式醇解机	皮带式醇解机
醇解温度/℃			45～48	40～45
成品指标		残存醋酸基的质量分数/%	<0.2	<0.15
		醋酸钠的质量分数/%	<7	<2.3
		充填密度/(cm³·g⁻¹)	0.2～0.27	0.47±0.05

5.1.4 聚乙烯醇的质量指标

聚乙烯醇色泽洁白,有颗粒状、粉状或小片状等形态。由于形状不同,其充填密度也不同。聚乙烯醇易溶于水,为水溶性高分子化合物,经干燥和热处理后可提高其耐水性。它不溶于一般有机溶剂,但能溶于含有羟基的有机溶剂,如甘油、乙二醇、醋酸、乙醛、苯酚等。聚乙烯醇的羟基和醇类相似,可以与金属钠作用而放出氢气,与氢氧化钠反应可以生成分子型化合物。其羟基也可以发生酯化、醚化及缩醛化。

聚乙烯醇加热至130～140 ℃时性质几乎不变,但色泽变微黄。在160 ℃下长时间加热,则颜色变深。加热至200 ℃时发生分子间脱水,水溶性降低。加热至200 ℃以上,就会发生分子内脱水,质量减轻。加热至接近300 ℃时,其分解成水、醋酸、乙醛及巴豆醛。聚乙烯醇不溶于无机酸,如硫酸、盐酸等酸性溶液中。它可与染料(如刚果红)作用生成分子型加成物。纤维聚乙烯醇树脂质量指标见表5.2。

表5.2 纤维级聚乙烯醇树脂质量指标

项 目	高碱醇解	低碱醇解
平均聚合度	1 750±50	1 750±50
挥发分/%,≤	8.0	9.0
氢氧化钠的质量分数/%,≤	0.30	0.30
残留乙酸根含的质量分数/%,≤	0.20	0.20
醋酸钠的质量分数/%,≤	7.0	2.3
纯度/%,≥	84.7	88.4
透明度/%,≥	90.0	90.0
色度/%,≥	86.0	86.0
膨润度/%	190±15	145±15

5.2 聚乙烯醇纤维生产工艺

5.2.1 纺丝原液的制备

聚乙烯醇易溶于水而得到纺丝原液,所以生产中均以水为溶剂。

制备聚乙烯醇纺丝原液的工艺流程如下:

PVA→水洗→脱水→精 PVA→溶解→混合→过滤→脱泡→纺丝原液

1. 水洗和脱水

水洗的目的是:

①淋洗聚乙烯醇中的游离碱、醛类等化合物,使醋酸钠的质量分数控制在 0.2% 以下,否则将在纺丝后处理过程中使丝条呈碱性而易着色变黄。

②除去原料中相对分子质量过低的聚乙烯醇,借以改善其相对分子质量的多分散性。

③使聚乙烯醇发生适度的膨化,从而有利于溶解。

聚乙烯醇有颗粒和片状两种类型,粒状(或絮状)聚乙烯醇采用逆流喷淋式在金属网或水洗机上水洗,片状聚乙烯醇采用浸泡式。粒状和片状聚乙烯醇水洗工艺流程如图5.4和图5.5所示,两种水洗方法的对比见表5.3。水洗过程中的主要参数是水洗温度、水洗时间和洗涤水量。

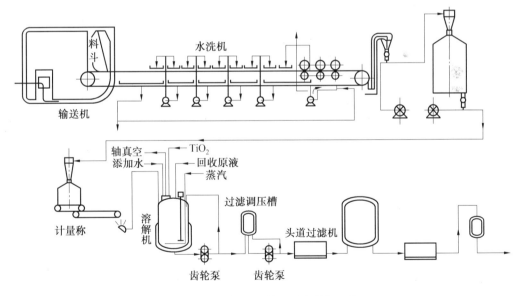

图 5.4 粒状 PVA 纺丝原液制备工艺

聚乙烯醇水洗后需经挤压脱水,以保证水洗后的精聚乙烯醇不仅含有合格的醋酸钠量,还具有稳定的含水率。用以控制精聚乙烯醇含水量的指标是含水率或压榨率。含水率的计算公式为

$$含水率 = \frac{湿\ PVA(质量) - 干\ PVA(质量)}{湿\ PVA(质量)} \times 100\%$$

或

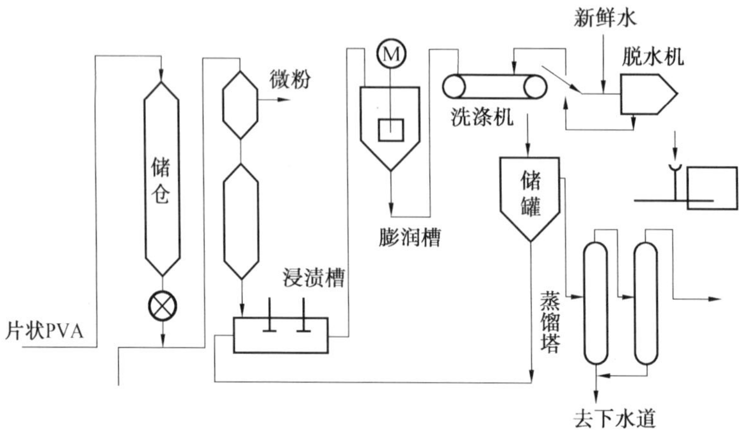

图5.5 片状PVA水洗工艺

$$压榨率 = \frac{湿\,PVA(质量) - 干\,PVA(质量)}{干\,PVA(质量)} \times 100\%$$

水洗后聚乙烯醇的质量波动,直接影响纺丝、拉伸、热处理等工序的进行以及纤维的质量。因此,在水洗工序中必须控制原料的膨润度、水洗温度、水洗机速度等主要参数。生产工艺规定精聚乙烯醇的含水率应控制在 60% ~ 65%,相应压榨率约为 170%。如原料聚乙烯醇的膨化度大(如果大于 200%),或水温过高(如果大于 45 ℃),都将使洗后聚乙烯醇的脱水过程发生困难。

表5.3 两种水洗方法对比

聚乙烯醇的形态	粒状	片状
聚乙烯醇的特性	结构疏松,膨润度大,容易洗涤,洗涤约 10 min 即可达到要求	结构紧密,膨润度小,含有较多甲醇,难以洗涤,洗涤 70 min 左右才能达到要求
洗涤方式	逆流水喷淋式	浸泡喷淋式
洗涤特点	1. 软化水调温在 25 ~ 30 ℃,通过 9 只喷淋筛。物料铺在连续运转的金属网上,料层为 100 mm×1 200 mm(厚×宽);网速为 1.05 m/min 2. 逆流喷淋洗涤,洗涤水量 10 m³/h;洗涤时间为 9.2 min,洗涤能力为23 t/(d·台)。接受槽内的水位经常保持在溢流状态,以保证洗涤水流量在 10³ m/h 3. 三对包胶罗拉压榨脱水,通过调节罗拉压力,控制水洗聚乙烯醇的含水率	1. 聚乙烯醇在浸渍槽内预膨润 20 min,浸渍槽由 12 只搅拌机组成,槽内温度为 30 ℃,液面高为 1.5 m,容积为 24 m³,循环水量为 56 m³ 2. 预膨润后的聚乙烯醇在膨润槽内再膨润 40 min,膨润槽回转笼 12 等份,槽内设有爪形突落装置,回转 1/12 周出料一次 3. 靠膨润槽与水洗机位差将聚乙烯醇压入水洗机,淋洗料层为 300 mm×1 200 mm(厚×宽),淋洗 9 min 4. 离心脱水机脱水 5. 二塔式蒸馏浓缩回收甲醇

续表5.3

聚乙烯醇形态	粒 状	片 状
洗涤效果	1. 醋酸钠的质量分数为 0.22% ± 0.04% 2. 含水率为63%±2%,实际含水率波动1.7%	1. 醋酸钠的质量分数为 0.22% ± 0.04% 2.含水率为41%±2%,实际含水率波动1.1% 3. 回收甲醇1.3%

2. 溶解

溶解是在间歇式溶解釜内进行的。水洗后的聚乙烯醇一般含有一定的水分,经计量以后,对于湿法纺丝用原液,配成质量分数为14%～18%的聚乙烯醇水溶液;若为干法纺丝用原液,则配成质量分数为30%～40%的溶液。在必要的情况下,在聚乙烯醇溶解的同时可添加少量添加剂(如消光剂、有色料、硼酸等),以满足生产消光纤维、有色纤维和具有特殊性能纤维的需要。

要制备质量均匀、完全溶解的纺丝溶液,必须严格控制添加水温度、溶解温度、溶解时间等工艺参数。

(1)添加水温度

添加水温一般可与溶解温度一致,这样可以使溶解机的操作时间缩短。但当溶解机采用真空吸入式进料时,由于加水操作是在聚乙烯醇加入之前,水温太高会导致吸入聚乙烯醇时出现急剧沸腾,影响投料操作的正常进行。所以生产中添加水的温度应使在投料真空度下不使水发生沸腾。如当投料真空度为 53～32 kPa 时,水温应小于 80 ℃。

(2)溶解温度

聚乙烯醇以水为溶剂可以完全溶解,但必须在 70 ℃以上,其溶解度才能迅速增加。生产中在 98 ℃下溶解,因此溶解机热水夹套温度应保持在 99～100 ℃。原液车间任何时候都要将储存溶解后纺丝液的容器和管道保持在这个温度。若低于此温度,聚乙烯醇的溶解性降低,黏度急骤升高,则会发生事故。

(3)溶解时间

在 98 ℃下,完全溶解聚乙烯醇需 30～40 min,工业上采用 50～70 min。

(4)原液的质量控制

在溶解工序中,要制备符合纺丝要求的聚乙烯醇原液,主要控制的质量指标是原液浓度、原液中醋酸钠含量以及杂质和凝胶粒子的含量。

原液浓度直接影响纺丝的线密度,是溶解过程中需要严格控制的参数。当所用聚乙烯醇原料的平均聚合度一定时,在一定温度和操作条件下所得的黏度稳定,就表示原液的浓度稳定,因此可通过控制原液黏度及时地调节原液的浓度。

在生产条件下,对于平均聚合度(DP)为 1750±50 的聚乙烯醇,配成浓度为 15% 的水溶液后,在专用黏度计上测得的黏度(落球黏度)为 135 Pa·s;浓度为 16% 的水溶液的黏度为 180 Pa·s。

原液中醋酸钠的含量影响纺丝及热处理后纤维的色泽。因此,当溶解结束后,应测定原液中醋酸钠含量并进行控制。

3. 过滤和脱泡

经过溶解工序后,原液中尚有部分未完全溶解的凝胶粒子和其他机械杂质,并在搅拌下产生大量的气泡,如果直接送去纺丝,则会堵塞喷丝头或造成大量断头。和所有溶液纺丝的工艺要求一样,原液在送入纺丝前必须经过过滤和脱泡。聚乙烯醇纺丝液应在98 ℃下进行过滤和脱泡。

（1）过滤

用二道板框式过滤机过滤,过滤的动力是齿轮泵输送的392 kPa 压缩空气。为了保证纺丝所需的原液质量,尽量减少杂质,在溶解后先进入第一道过滤机,滤布选用三层绒布和一层细布,可以除去大量的杂质。脱泡后的原液在进入纺丝机前再进行二道过滤,主要起补充过滤的作用,并除去脱泡中产生的凝胶物,所用滤布为一层绒布和一层细布。

原液过滤可以采用恒量过滤与恒压过滤。恒量过滤就是单位时间内过滤机的滤出量固定,而压力却在不断增加。恒压过滤是使过滤压力保持不变,单位时间原液的滤出量随着时间的增加而减少。当生产量较大时,恒量过滤较合适,因为每批原液通过过滤机的时间是一定的,便于生产能力前后平衡。生产量较小时,则采用恒压过滤,可以通过调节压力来调节过滤时间,使两批原液间的过滤时间不致太长。恒量过滤时,用溶解机上的齿轮泵把原液送往调压槽,再用过滤齿轮泵使原液通过过滤机后压向脱泡桶。随着过滤批数的增加,过滤机的压力自然上升,入口压力升高,达到工艺设定的0.392 MPa 或0.529 MPa时,就必须切换到新的过滤机上。拆下的滤布洗净后可再使用。恒压过滤时,由齿轮泵把原液从溶解机打入中间桶,在中间桶以一定压力的压缩空气使原液通过过滤机后进入脱泡桶。

（2）脱泡

聚乙烯醇原液脱泡采用常压静置脱泡,原液在脱泡桶中静止4～6 h。由于气泡的密度比原液小,所以能够自动上升到液面而除去。脱泡桶有夹套保温,使原液温度保持在98 ℃。原液经脱泡后即送往纺丝机。原液在脱泡桶中用压缩空气加压,经过两道过滤及纺丝调压槽,使纺丝机头的原液压力不低于98 kPa。纺丝调压槽的液面用仪表自动控制,以调节脱泡桶的压力,使调压槽的液面保持不变,送往纺丝的压力保持恒定。脱泡桶用人工切换,决不能使空气进入原液,否则会造成空料事故,甚至使纺丝全线断头。

5.2.2　纤维的成型

聚乙烯醇纤维纺丝主要有湿法纺丝和干法纺丝。湿法纺丝即聚乙烯醇原液经烛形过滤器过滤后,从喷丝头喷出进入凝固浴中,在浴中脱水凝固而成纤维。干法纺丝是聚乙烯醇原液经喷丝头喷出后,在热空气浴中使水分蒸发而成型。干法纺丝一般用于长丝的生产,其原液浓度较高（一般达35%左右）,喷丝头孔数较少（为100～200孔）,纺丝速度较快（为200 m/min 以上）。干法纺丝产量和规模都不大,而大规模生产大多采用湿法纺丝,如图5.6所示。

1. 湿法纺丝成型

（1）纺丝原液在不同凝固浴的凝固机理

湿法纺丝用的凝固浴有无机盐水溶液、氢氧化钠水溶液以及某些有机液体组成的凝固浴等,其中以无机盐水溶液为凝固浴在生产上应用最普遍。

①以无机盐水溶液为凝固浴。无机盐一般能在水中离解,生成的离子对水分子有一定的水合能力。常把大量水分子吸附在自己的周围,形成一定水化层的水合离子。当原液细流进入凝固浴后,通过凝固浴组分和原液组分的双扩散作用,原液中的大量水分子被凝固浴中的无机盐离子所摄取,从而使原液细流中的大分子脱除溶剂并互相靠拢,最后凝固成为纤维。可以认为,聚乙烯醇原液细流在无机盐水溶液中的凝固是一个脱水-凝固过程。

由于无机盐水溶液是借助于它对聚乙烯醇纺丝原液的脱水作用而使原液发生凝固的,所以无机盐水溶液的凝固能力取决于无机盐离解后所得离子的水合能力和该无机盐组成的凝固浴浓度。

由于 Na_2SO_4 价廉而易得,所以目前湿法生产聚乙烯醇纤维时,绝大多数都用接近饱和浓度的硫酸钠水溶液为凝固浴。在这种凝固浴中所得聚乙烯醇纤维的截面呈弯曲的扁平状,具有明显的皮芯差异,其皮层的最外部有一层极薄的表层,它的结构最为致密。在生产条件下,PVA 纤维截面多为肾形,并有明显的皮芯结构。

②以氢氧化钠水溶液为凝固浴。原液细流在氢氧化钠水溶液中凝固时,其中聚乙烯醇的含量基本不变。随着凝固浴中的氢氧化钠渗入细流内部,原液的含水量只是稍有下降。凝固历程不是以脱水为主,而是因大量氢氧化钠渗入原液细流(约相当于 PVA 质量的 131%),使聚乙烯醇水溶液发生凝胶化而导致的固化。

以氢氧化钠水溶液为凝固浴所得纤维的结构较为均匀,看不到有颗粒组织,截面形状基本为圆形,只有当浴中氢氧化钠的含量超过一般标准时(大于 450 g/L),脱水效应渐趋明显,截面才慢慢趋于扁平。

③以有机液体为凝固浴。此法可用于纺制那些不能进行水洗的水溶性聚乙烯醇纤维。虽然有机液体对聚乙烯醇水溶液脱水能力较弱,但其凝固历程主要仍为脱水-凝固过程。正是由于其脱水能力较弱,使所得纤维的截面形状比较圆整,但还是可以看到有皮芯层之分,其差异程度随所用有机液体脱水能力的下降而减小。

在生产中采用凝固能力低的凝固浴时,必须加长原液细流在凝固浴中的停留时间,以保证获得充分的凝固,为此应增长纺丝的浸浴长度或降低纺丝速度。以氢氧化钠水溶液为凝固浴时,初生纤维在监测后加工之前,需先由硫酸钠和硫酸等组成的酸性浴进行中和,无疑又会给生产增添复杂性。所以目前对供一般用途的聚乙烯醇纤维,仍以典型硫酸钠水溶液为凝固浴进行生产;氢氧化钠水溶液等低凝固能力的凝固浴,仅用于生产某些特殊用途的聚乙烯醇纤维。

(2)以硫酸钠水溶液为凝固浴的湿法纺丝工艺

该工艺是目前生产中应用最广泛的一种成型方法。在凝固浴中除硫酸钠外,还含有少量硫酸、硫酸锌等组分,添加这些物质的目的主要是为了控制初生纤维的酸度,以防在后续热处理过程发生碱性着色,使成品纤维有较好的白度。图 5.6 是聚乙烯醇纤维湿法成型及后处理的工艺流程图。

①凝固浴组成的作用。

a. Na_2SO_4 凝固脱水作用。聚乙烯醇纤维成型不同于黏胶纤维成型,其成型机理主要不是化学反应,而是硫酸钠的水化作用。由于聚乙烯醇原液细流与凝固浴中的 Na_2SO_4 作用,钠离子吸附聚乙烯醇水溶液中大量的水而形成了大量水化离子,聚乙烯醇纺丝溶液细

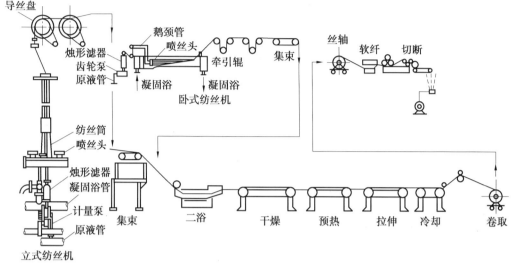

图 5.6　PVA 纤维湿法成型及后处理工艺流程

流因脱水而被凝固析出,于是形成了聚乙烯醇纤维。因此,聚乙烯醇纤维成型主要是一个物理化学的脱水凝固过程。

b.醋酸钠的中和作用。因为聚乙烯醇纺丝液中不可避免地带有少量醋酸钠,因此凝固浴中应添加少量硫酸和醋酸,使之中和醋酸钠,以防止聚乙烯醇纤维在以后的纺丝热处理中发黄。凝固浴的酸度以原液中要中和的醋酸钠的含量来确定,和纤维的成型无关。

c.硫酸锌的作用。硫酸锌是由原来凝固浴中的硫酸钠带入的,主要作用是控制酸度,且具有缓冲作用,对防止纤维发黄也有一定好处。

②湿法纺丝工艺对凝固浴的要求。

a.凝固浴浓度。凝固浴浓度主要指凝固浴中硫酸钠的含量。随着硫酸钠含量的增加,凝固浴浓度增加,纤维的强度也提高;但如果采用已达到饱和浓度的硫酸钠为凝固浴,也会给生产带来许多困难。一是大量硫酸钠会在丝条接触的纺丝机零件上结晶析出,致使行进中的丝条损伤;二是凝固浴的循环会因硫酸钠的析出而发生困难。因此在确定硫酸钠浓度时,既要考虑到有高的凝固能力,避免并丝,使生产稳定,还要考虑硫酸钠结晶析出给生产带来的困难,目前生产中常用接近于饱和浓度的硫酸钠水溶液为凝固浴,即在 $1.315 \sim 1.325 \ kg/m^3$（相当于 Na_2SO_4 的浓度为 $2\ 800 \sim 2\ 900 \ mol/m^3$）。

b.凝固浴的酸度。凝固浴的酸度主要是根据精制 PVA 原料带入原液的醋酸钠的量,通过添加硫酸来调节。酸度偏高和偏低均不利于得到所需白度的纤维,pH 值偏高时的影响尤为显著。但实际上凝固浴中存在的酸有两种:一是所添加的硫酸;二是有残存醋酸根或由醋酸钠转化而来的醋酸。在这两种酸中,硫酸属无机酸,它的过量也会引起纤维酸性着色。而醋酸不会使纤维发生酸性着色,因此对纤维的色相影响不大。

综上,凝固浴中有一部分硫酸消耗于与醋酸钠反应,因此纺丝原液中的醋酸钠含量会直接影响凝固浴中的硫酸含量。在凝固浴的含酸量与原液中 PVA 的醋酸钠含量之间有下列经验关系:

$$凝固浴含酸量/(g \cdot L^{-1}) = 1.09 \times 原液中 PVA 的醋酸钠含量$$

式中,凝固浴含酸量是指以硫酸表示的凝固浴中的全部酸含量(包括醋酸在内)。实际上,一般要求凝固浴中硫酸和醋酸的质量之比为(2~3):1。

c. 凝固浴中硫酸锌含量。硫酸锌是强酸弱碱所生成的盐,本身具有弱酸性,其饱和水溶液的 pH 值约为 3.35。凝固浴中含有少量硫酸锌,对于凝固能力一般无影响,然而对于控制纤维的色相却有明显作用,弱酸性的 $ZnSO_4$ 有助于减少和防止纤维因醋酸钠导致的纤维碱性着色。但是浴中硫酸锌的含量不能太多,当其质量浓度达到 30~40 g/L 时,凝固浴的凝固能力降低,纤维成型稳定性明显变差。另外,还会影响用滴定法测定溶液全酸度时终点的辨认。因此,凝固浴中硫酸锌的质量浓度一般较少,应在 10 g/L 以下。

d. 浸浴长度。浸浴长度即浸长,是保证初生纤维能在凝固浴中获得充分凝固的主要因素之一。纺丝原液从喷丝孔挤出成细流,并在凝固浴中脱水、拉长、变细并凝固。为了使纤维在浴中能充分凝固,浸长必须足够,浸长不足则会导致丝条间发生黏并,以致成型不稳定和后加工困难。另外,未充分凝固的纤维往往总拉伸倍数增加,但强度不增大。

浴中浸长与凝固浴的凝固能力、纺丝速度等因素密切相关。以硫酸钠为凝固浴,丝条在浴中的停留时间不少于 10~12 s,否则所得纤维品质明显降低,并且还会使成型过程的稳定性下降。对于立式纺丝机,浸长等于纺丝管的长度,是不能改变的,只能改变凝固浴的浓度和温度以便纤维充分凝固。

e. 凝固浴温度。通常凝固浴温度应选定在 41~46 ℃,此温度范围内硫酸钠在水中的溶解度达到最大值,故凝固能力最强。当温度低于或高于此温度范围时,由于硫酸钠在水中的溶解度降低,浴中硫酸钠结晶析出,使原液细流的凝固时间加长,并造成操作困难。

另外,当凝固浴温度提高时,使纤维成型过程中的双扩散度加快,因而使凝固浴的凝固能力提高。但在聚乙烯醇纤维成型过程中,随着体系温度的升高,聚乙烯醇大分子的热运动增强,同时也使其在凝固浴中的溶润性增大。因此,当这种效应显著时,凝固浴温度过高反而抑制大分子的凝集,并出现不完全凝固,致使纤维质量下降。实践证明,这一转折点大致出现在 48 ℃ 左右。生产中为使初生纤维凝固良好,凝固浴温度一般不超过 48 ℃,最常用的是 43~45 ℃。

f. 连续纺丝中凝固浴的流量。即单位时间内凝固浴补充新鲜浴液的质量,生产中以凝固浴允许落差表示,一般维持落差在 10 kg/m³ 左右。流量不足,凝固浴浓度偏低,影响凝固效果;流量太大,对丝条的冲击大,不利于纺丝。影响凝固浴透明度的因素主要是铁离子、钙离子以及低平均聚合度聚乙烯醇的含量。

g. 喷丝头拉伸。在湿法成型过程中,喷丝头拉伸一般取负值。因为随着喷丝头拉伸的增大,纤维的成型稳定性变差,纤维结构的均匀性降低,结果造成纤维拉伸性能变差,成品纤维的强度降低。当要求获得高强度的纤维时,纺丝速度相应选择较低,以有利于实现高倍拉伸。在纺丝过程中,喷丝头拉伸率取-30%~-10%。一般随着凝固浴的凝固能力降低,喷丝头负拉伸值应有所减小。

(3)纺丝的主要设备

聚乙烯醇纤维湿法成型的主要设备纺丝机、计量泵等和腈纶湿法纺丝相同,纺丝机也分为立式和卧式纺丝机两种。喷丝头有圆形或方形,孔数为 4 000~48 000 孔。

2. 干法纺丝成型

干法长丝具有线密度小、端面均匀、强度高、延伸度低和弹性模量比较大的特点。作为衣用纤维,其染色性能也较湿法纺丝所得纤维好,色泽鲜艳,并且外观和手感近似蚕丝;另外,干法成型时,纤维不与盐接触,不存在盐析问题;生产需要的辅助化工原料比湿法少,而且消除或减少了污染物质的排出。

干法纺丝的缺点是:首先,由于原液的浓度和黏度较高,故原液的制备以及纺前准备等技术较为复杂;其次是由于水的蒸发潜热比较大,故纺丝所需能耗远比其他干法合成纤维品种的高,纺丝速度也相应较低;而且喷丝头孔数较少,因此生产能力远比湿法纺丝低。

干法成型分为两类,即低倍喷丝头拉伸法和高倍喷丝头拉伸法。这两种方法的区别在于喷丝头拉伸比的范围不同。低倍喷丝头拉伸法采用的喷丝头拉伸比为 1 或小于 1,而高倍喷丝头拉伸法则一般大于 1,有时达到几十。低倍喷丝头拉伸法适用于纺制高强力、线密度大的长丝,而高倍喷丝头拉伸法适用于纺制线密度小的长丝。

(1)低倍喷丝头拉伸纺丝

①冻胶颗粒的制备。低倍喷头拉伸纺丝所用的纺丝原液含量高达 40% 以上,在常温下呈固态。因此,这种纺丝原液的制备过程与熔体纺丝相似,先是将聚乙烯醇粉末与水按一定比例混合,然后将混合料挤压成颗粒状混合物,再送到纺丝工序待用。

混合料的造粒过程如图 5.7 所示。先将聚乙烯醇粉末放入水洗机中水洗,水洗后的聚乙烯醇用泵送至连续混合器中加热并捏合成块,然后将聚乙烯醇块冷却,并送到切割机切割成颗粒,再把颗粒送至调节器中,并按需要加入水和添加剂,使颗粒的含水量调节至预定值,最后将调配好的颗粒放入储槽中待用。

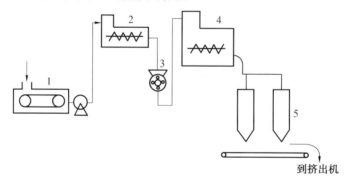

图 5.7 PVA 造粒过程示意图

1—水洗机;2—混合器;3—切割机;4—调节器;5—储槽

②纺丝。干法纺丝的纺丝原液制备是将储槽中的聚乙烯醇颗粒加入挤出机中,在挤出机中聚乙烯醇颗粒被加热、压缩和熔融成高浓度的聚乙烯醇水溶液,然后经过滤器和连续脱泡桶分别除去杂质和气泡。已脱泡的纺丝原液经纺前过滤器过滤后再送到喷丝头,由于纺丝原液黏度高,当纺丝原液温度降低时易形成冻胶,因此,所有制备纺丝原液的设备和管道都要求用蒸汽夹套加热和保温。纺丝原液从喷丝孔中喷出,进入纺丝甬道的空气中,在甬道中原液细流冷却凝固的同时被拉伸,然后经干燥机干燥,在卷绕机中卷绕成筒。PVA 干法纺丝流程示意图如图 5.8 所示。

典型的纺丝条件如下:PVA 聚合度为 1 750±50,纺丝原液的质量浓度为 43%,纺丝原液的温度为 160 ℃,喷丝头孔径和孔数分别为 0.1 mm 和 211 孔,泵供量为 500 mL/min,吹入甬道的空气温度为 50 ℃。从喷丝头挤出的原液细流,由于在甬道中温度下降而凝

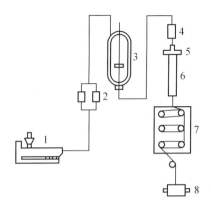

图 5.8 PVA 干法纺丝流程示意图

1—挤出机;2—过滤器;3—连续脱泡桶;4—过滤器;

5—喷丝头;6—纺丝甬道;7—干燥机;8—卷绕机

固,并在低倍喷丝头拉伸比下卷绕成筒。为了降低纺丝原液的黏度和提高可纺性,确保纺丝操作稳定,纺丝原液的温度在出喷丝孔前必须保持高温。另外,必须选择适宜的喷丝头孔径和纺丝原液的挤出速率,以避免纺丝原液温度在 100 ℃ 以上发生沸腾。

（2）高倍喷丝头拉伸纺丝

高倍喷丝头拉伸纺丝所用的纺丝原液黏度比低倍喷丝头拉伸纺丝的低。纺丝原液由喷丝孔挤出形成原液细流,并在湿度和温度均加以严格控制的空气中经受高倍的喷丝头拉伸,然后再干燥和卷绕成筒。

①纺丝原液的制备。高倍喷丝头拉伸纺丝的纺丝原液制备方法与低倍喷丝头拉伸纺丝的基本相同。当聚乙烯醇的聚合度为 $1\ 750 \pm 50$ 时,纺丝原液的质量分数为28% ~43%。

②纺丝。高倍喷丝头拉伸纺丝的纺丝过程,除纺丝甬道中空气的温度、湿度等条件不同外,其他与低倍喷丝头拉伸纺丝基本相同。

纺丝原液的温度为 90~95 ℃,由喷丝孔挤出形成的原液细流,从顶部进入甬道,在拉伸区内经受高倍拉伸,拉伸区的温度通过吹入空气的温度和加热器来控制,使温度保持在 40~60 ℃,相对湿度保持在 60%~85%。丝条经拉伸后进入高温（120~150 ℃）干燥区除去水分,此区的温度通过夹套中的过饱和高压蒸汽和由空气进口通入的干燥空气来保持恒定,最后将丝条卷绕成筒。

拉伸区空气的湿度和温度对最大纺丝速度的影响很大,空气的相对湿度增加,最大纺丝速度也增加。当空气温度为 38 ℃ 时,相对湿度从40%提高到85%,则最大纺丝速度从 70 m/min 提高到650 m/min。当拉伸区温度在 30~60 ℃ 范围内变化时,最大纺速不受温度变化的影响。但当温度降低至 20 ℃ 时,最大纺速将显著减小。

5.3 聚乙烯醇纤维后加工及缩醛化

聚乙烯醇纤维的后加工包括拉伸、热定型、缩醛化、水洗、上油、干燥等工序。生产聚乙烯醇短纤维,包括丝束的切断或牵切;生产长丝,则包括加捻和络筒等工序,和其他品种合成纤维生产不同的是,后加工过程中多一道缩醛化工序。

5.3.1 工艺流程

纺丝的方法不同,后加工流程也不同。典型湿纺法和干纺法所得初生纤维的后加工流程概述如下。

1. 湿纺法 PVF 短纤维后加工流程

以湿纺法生产 PVF 短纤维的后加工流程有两种,即切断状纤维后加工和长束状纤维后加工。前一种流程用于生产普通民用短纤维;后一种流程专用于生产某种产业用牵切纱。前者丝束先经切断而后再进行缩醛化和其他的后加工过程;后者则是丝束先经缩醛化和其他后加工过程,最后进行牵切纺而制成纱。

(1)短纤维后加工流程

PVA 初生纤维→导杆拉伸→导盘拉伸→集束→湿热拉伸→干燥→预热→干热拉伸→冷却→卷绕→切断→热松弛(热定型)→缩醛化→水洗→上油→开松→干燥→打包→切断状 PVF 短纤维。

(2)长束状纤维后加工流程

PVA 初生纤维→导杆拉伸→导盘拉伸→集束→湿热拉伸→干燥→预热→干热拉伸→热松弛(热定型)→冷却→卷绕→缩醛化→水洗→上油→干燥→牵切纺→PVF 短纤维条子。

2. 干法 PVF 长丝后加工流程

由于干纺法 PVF 长丝主要供产业用(如制帘子线等),在一般情况下,制品不与水接触,除供衣着用的长丝外,缩醛化工序可以省掉。

PVA 初生纤维→上油→干燥→卷筒→加捻→干热拉伸→热松弛(热定型)→(缩醛化)→(水洗)→(上油)→络筒→PVF 长丝。

不论是短纤维还是长丝,其后加工过程中大多数工序与其他纤维品种的相应工序大同小异。下面介绍纤维的拉伸、热处理和缩醛化。

5.3.2 纤维的拉伸

在拉伸过程中,纤维的大分子取向度和结晶度均随拉伸倍数而提高,但二者的变化规律不同。随着拉伸倍数的增加,纤维的大分子取向度急速提高,随后便趋于平缓,相应纤维结晶度的提高是连续变化的过程。纤维所能经受的最大拉伸倍数为 10～12 倍。实践中,拉伸常常是在不同的介质中进行的。

(1)导杆拉伸

导杆拉伸是湿法纺丝过程中所特有的一种拉伸方式,是指刚离浴的丝条通过导丝杆而绕经导丝盘,在导丝杆和第一导盘间所完成的拉伸,丝条绕过导杆的包角越大,导杆拉伸就越大,所以它是受导丝杆安装位置和导丝杆直径所决定的。导杆拉伸率约为 15%,即拉伸至 1.15 倍。

(2)导盘拉伸

导盘拉伸是在纺丝机上两个不同转速的导丝盘(或导丝辊)间进行。由于进行导盘拉伸时的纤维刚离凝固浴,尚处于明显的膨润状态,在温室的冷却介质中就能拉伸。这段拉伸的目的主要是为下一步进入较高温度的二浴中经受湿热拉伸做准备。因为通过适当倍数的导盘拉伸,能使加工中纤维的耐热性有所提高,借以防止纤维进入较高温度的二浴中进行湿热拉伸时因溶胀剧烈而使操作困难,导盘拉伸率一般取130%~160%。

(3)湿热拉伸

湿热拉伸(也称二浴拉伸)对以后纤维的干热拉伸起重要作用。经过二浴拉伸,纤维中的大分子开始沿拉伸方向取向,纤维的耐热性提高,有利于以后进行更高倍的拉伸,从而达到提高纤维强度的目的。

湿热拉伸是在较高温度(大于90 ℃)的拉伸浴中进行的,这是为了进一步增大纤维的可拉伸性;另一方面,为了抑制纤维在高温水浴中的溶胀以至溶解,所用拉伸浴常为接近该温度下饱和浓度的硫酸钠水溶液及少量硫酸,一般与凝固浴组分相同,其组成随所取拉伸温度而变化。当拉伸浴温度增加90 ℃时,相应所用拉伸浴浓度为2 600 mol/m^{3}的硫酸钠水溶液,这时湿热拉伸率为65%~75%。

(4)干热拉伸

干热拉伸是纤维生产中很重要的一种拉伸方式,其目的是使纤维在绝干状态下在接近软化点温度时进行高倍拉伸,使大分子进一步取向,使分子间靠拢而发生结晶化。这样不仅提高了纤维的强度,更主要的是提高了纤维的水中软化点,即提高了耐热水性。对于湿法纺丝所得的纤维,在210~230 ℃下进行;对于干法纺丝所得的纤维,在180~230 ℃下进行。

出二浴的丝条,先经过若干对玻璃导杆整形,即成为厚薄均匀、具有一定宽度的扁形丝条,然后进入干燥机、预热机、拉伸机、冷却机,卷绕成丝轴。从干燥机到拉伸机,都有一对纳尔逊式滚筒组成的烘仓,烘仓由电热丝加热。出二浴的丝条经过干燥机和预热机烘燥,水分已烘干,进入拉伸机时,丝束的温度已达210~230 ℃。丝束在预热和拉伸机之间进行了干热拉伸,拉伸后的丝束经冷却滚筒后直接绕在丝轴上,使丝束的温度降下来,以防止丝束长时间高温后发黄。

经干热拉伸后的半成品丝束,必须进行水中软化点、湿强度和线密度的测试。水中软化点(R_p)是纤维束在一定张力下在水中收缩8%时的热水温度。一般要求水中软化点控制在(90±2)℃。R_p值的大小主要与各热仓的温度,特别是拉伸仓的温度有关,温度越高,R_p值越大。干热拉伸或总拉伸倍数增加,也会使R_p增加。干热拉伸倍数达到1.25倍时,R_p最低,1.75倍时结晶度及R_p达到最大值。

干热拉伸的拉伸倍数随纺丝方法和前段预拉伸情况而异。例如,对于已进行多段预拉伸的湿纺法所得的聚乙烯醇纤维,干热拉伸值一般只取1.5~1.8倍,对于未经预拉伸的由干纺法所得的聚乙烯醇纤维,干热拉伸倍数视纤维用途不同而异。一般服装用的纤维拉伸值仅取6~8倍;产业用纤维则可拉伸至8~12倍。

5.3.3 纤维的热处理

纤维热处理(热定型)的目的是提高其尺寸稳定性,进一步改善其物理-力学性能,如结节强度和伸长率。另外,提高纤维的耐热水性,使纤维能经受后续的缩醛化处理。

在热处理过程中,在除去剩余水分和大分子间形成氢键的同时,纤维的结晶度有所提高。提高结晶度使纤维中大分子的取向结构和纤维的卷曲得以保持,从而使纤维定型。

随着结晶度的提高,纤维中大分子的自由羟基减少,耐热水性(R_p)提高。

实际生产中,用半成品纤维的耐热水性——水中软化点来表征纤维的热处理效果。长丝的水中软化点为 91.5 ℃,短纤维的水中软化点为 88 ℃,相应纤维的结晶度约为 60%。

纤维的热处理按所在介质分为湿热处理和干热处理两种。在实际生产中常用干热处理,一般以热空气作为介质。在热处理过程中,主要控制的参数有温度、时间和松弛度。

(1)热处理温度

热处理温度是在热处理过程中最主要的参数,在 245 ℃ 以下进行热处理时,随着温度的提高,纤维的结晶度和晶粒尺寸有所增大,水中软化点也相应提高。

但当热处理温度超过 245 ℃ 时,效果相反,纤维的耐热水性趋于降低,这主要是由于高温下纤维结晶区的破坏速度大于其可能建立的速度,加之氧化裂解速度大大加快,使纤维的平均分子质量减小,这些都会使纤维的性能下降。长束状聚乙烯醇纤维的热处理温度以 225 ~ 240 ℃ 为宜,短纤维的热处理所需时间较长(为 6 ~ 7 min),温度以 215 ~ 225 ℃ 为宜。

(2)热处理时间

热处理时间和热处理温度密切相关,温度越高,所需的热处理时间就越短。在一定时间范围内,随着热处理时间的增加,纤维的结晶度提高。但是,当达到一定结晶度后,随着时间的增加,结晶度几乎不再变化。因此,确定热处理条件时,一般先定热处理温度,再确定适当的热处理时间。例如,湿法生产的长束状聚乙烯醇纤维的热处理温度为 230 ~ 240 ℃,相应所需的热处理时间为 1 min。

(3)松弛度

松弛度又称收缩率,是指纤维在热处理过程中收缩的程度。适当的热收缩处理不仅对提高纤维的结晶度、改善纤维的染色有利,而且会显著地提高纤维的钩接强度和水中软化点。

但松弛度过大,不仅强度损失大,而且纤维的结节强度和结晶度趋于减小,所以生产中控制松弛度一般为 5% ~ 10%。

5.3.4 卷曲及切断

经过热拉伸和热处理的丝束还有很大的内应力,使纤维在使用过程中易于变形。如果纤维表面平直,则抱合性差。为了制成合格的产品,必须进行卷曲处理。卷曲是在松弛状态下,用加热的方法消除纤维的内应力。由于纤维内分子的收缩程度不一致,使纤维具有一定的卷曲度,可以提高纤维纺纱的加工性能。

卷曲有热风和热水两种方式。热风卷曲在热卷曲机中进行,切断后的丝片用送棉机送入卷曲机中。卷曲机是一个内壁带有角钉,具有一定倾斜度的大圆筒,圆筒转动时,纤维也相应翻动。圆筒中有热空气循环,空气由电加热,其温度在 200 ℃ 以上,纤维在此高温下自由卷曲。这种设备体积庞大,耗电量很大,且易发生火灾,工厂一般已不用。

热水卷曲是把切断后的丝片投入热水中,使丝片受热均匀收缩。这种卷曲较稳定,已得到普遍使用。采用这种工艺,需选择合适的热水温度,如果处理温度太低,则卷曲效果不理想;如果温度太高,则纤维强力损失大。

在聚乙烯醇短纤维生产中,经热处理冷却后的丝束带有很多硫酸钠,因此很硬,容易切成所需的长度。丝束在固定刀和回转刀组成的切断机上切成所需长度。切断长度根据成品纤维规格而定,如成品纤维长度为 35 mm,切断长度就为 37～38 mm,因为纤维在后处理时会收缩。

5.3.5 聚乙烯醇纤维的缩醛化

聚乙烯醇纤维经纺丝成型、拉伸热处理、强度等,机械性能已经符合要求,但耐热水性仍很差,在沸水中会剧烈膨润、收缩直至溶解,因此有必要进行化学处理,以进一步提高其耐热水性。聚乙烯醇大分子中有许多羟基,它使聚乙烯醇纤维具有亲水性、耐热水性差的根本原因。当聚乙烯醇与醛类发生缩醛化反应时,自由羟基的数目因羟基被封闭而减少,使聚乙烯醇的疏水性增加,从而提高了耐热水性。

所谓缩醛化,就是用醛处理聚乙烯醇纤维,使大分子链上的羟基与醛分子发生缩醛化反应,羟基部分地被封闭,并在 PVA 分子内和分子间形成交联点,从而进一步提高纤维对热水的稳定性。聚乙烯醇纤维的缩醛化主要是缩甲醛化,工业上常用甲醛作反应剂,在酸的催化作用下,甲醛以亚甲基取代了聚乙烯醇中的自由羟基。缩醛化程度用被取代的羟基占全部羟基的百分率表示,称为缩醛化度。在缩醛化浴中,除了甲醛和硫酸以外,还加入一定量的硫酸钠。甲醛是化学反应的反应物,随着甲醛浓度增加,可促使反应进行;同时甲醛能促使纤维溶胀,有利于纤维内部加速反应。硫酸在具有催化作用的同时,也可使纤维溶胀。加入硫酸钠,主要是控制纤维过大溶胀,从而使反应速度减慢。

经缩醛化后,纤维的水中软化点可提高到 110～115 ℃,煮沸减量及沸水收缩率显著降低。另外,纤维收缩使线密度增大,强度降低,染色性变差。

影响缩醛化的主要工艺参数,除了甲醛配比外,还有温度及时间。温度越高,缩醛化反应速度越快;反应时间增加,缩醛化度增加。

为了达到要求的缩醛化度,选择缩醛化工艺条件时,应使反应剂消耗尽可能低,反应时间尽可能短,对纤维的损伤最少,工艺条件易于控制。

1. 缩醛化工艺流程
聚乙烯醇短纤维缩醛化的工艺流程如图 5.9 所示。

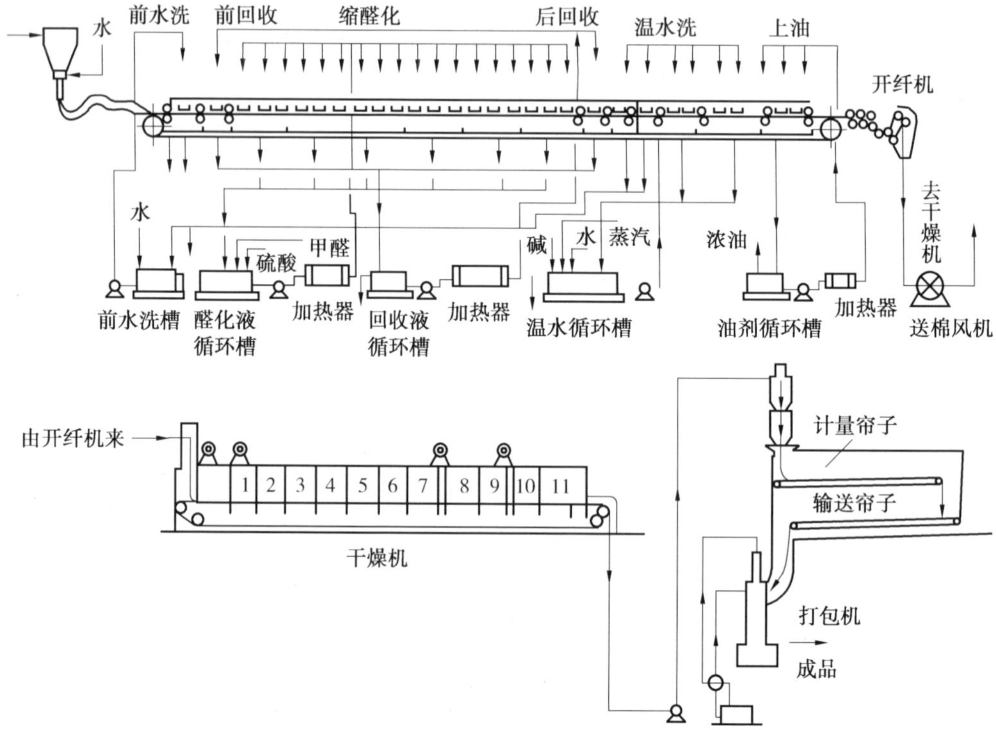

图5.9 聚乙烯醇短纤维缩醛化的工艺流程

2. 缩醛化过程的主要参数

纤维的缩醛化反应通常都在含催化剂的醛化浴中进行,是一种非均相的液-固相反应。生产中用甲醛为缩醛化剂,硫酸为催化剂,硫酸钠为阻溶胀剂,配成一定浓度的水溶液。喷淋在切断状短纤维上,或使长束状的纤维在醛化浴中反复通过。其主要参数如下:

(1)醛化浴的组成

生产中所用缩醛化浴的组成见表5.4。

表5.4 缩醛化浴的组成

组成	短纤维	长丝束
HCHO 的质量浓度/$(g \cdot L^{-1})$	25 ± 2	32 ± 2
H_2SO_4 的质量浓度/$(g \cdot L^{-1})$	225 ± 3	315 ± 4
Na_2SO_4 的质量浓度/$(g \cdot L^{-1})$	70 ± 3	200 ± 10
密度/$(g \cdot cm^{-3})$	1.19 ± 0.01	1.34 ± 0.01

(2)缩醛化的温度

随着温度的提高,缩醛化反应的速度加快。另外,温度提高有利于纤维溶胀,所以应与浴中所添加的硫酸钠量相配合而调节。同时温度升高,必然会导致甲醛的损失量增大,并恶化劳动条件,所以生产中缩醛化温度不宜过高,一般取 70 ℃左右。

(3)缩醛化的时间

在组成和温度一定的醛化浴中,所得纤维缩醛度在反应前期急速提高,随着时间的延续,其变化渐趋平缓,最后达到该条件下的平衡值。在生产中,喷淋式的缩醛化时间为20～30 min。

（4）缩醛度

控制上述各项参数的目的是为了使纤维获得适当的缩醛度,使之既具有良好的耐热水性,又不太降低纤维的弹性和染色性能。如果纤维半成品的水中软化点高,则为保证纤维达到必要的耐热水性,其缩醛度可略低,如一般切断状短纤维缩醛化前的水中软化点为88 ℃,要求纤维的缩醛度应为30%左右;对于水中软化点已达到92.5 ℃的半成品纤维,其缩醛度可降至26%。

5.3.6 牵切纱工艺

聚乙烯醇纤维因纺织加工需要,产品采用丝束的形式,即牵切纱,丝条不经切断而用牵切机将纤维拉断成条,再纺成粗纱、细纱。这种纺纱方式的特点是纱的强力高,纺纱工艺简单,适用于制造强力要求较高的绳索、运输带等工业用品及渔网等水产用品。制备丝束所用的原液与制备短纤维相同。由于纤维不需要消光,所以原液中不加二氧化钛。纺丝所用凝固浴的条件也与制备短纤维基本相同,而热处理条件则有所不同。为了得到色泽良好的丝束,凝固浴和二浴的酸度与制备短纤维不完全相同,生产中一般把丝束和短纤维的凝固浴、二浴系统分开。

牵切纱一般都为工业用,强力要求高,所以在丝束纺丝、热处理时总的拉伸倍数比短纤维高,如果生产短纤维时的总拉伸倍数为5.0,则丝束的总拉伸倍数为6.3。丝束在热处理中增加了一节收缩烘仓。经过两次热收缩处理,丝束纤维的结晶度提高,耐热水性增加。和短纤维相比,R_p 值从90 ℃（即短纤维收缩8%时的温度）增加为98 ℃（即丝束在热水中收缩5%时的温度）。丝束的半成品是丝条卷在丝轴车上,再送至丝束整理机。这是一种罗拉式丝束整理机,同时喂入8根丝束。丝束在罗拉上绕若干圈,罗拉半浸于溶液中,进行各道处理。牵切纱工艺包括牵切、粗纺、精纺、络筒及打包五个工序,工艺流程如图5.10所示。

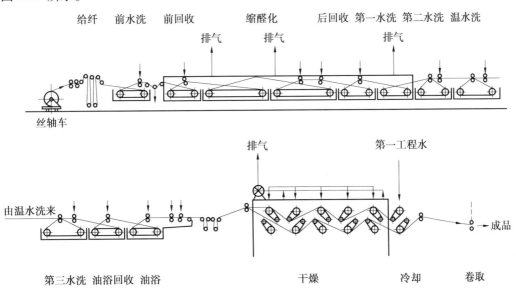

图 5.10 长丝束缩醛化工艺流程

丝束的上油和短纤维相似,都是为了降低纤维的比电阻及摩擦因数,所不同的是,丝束纺纱加工时首先经过牵切机。丝束上油对油剂的要求与短纤维不同,要求上油后的丝束具有良好的分纤性。

上油后的丝束经榨液后送往干燥机。丝束干燥机由金属罗拉组成,罗拉中通蒸汽加热,干热室有热空气循环,最后一对冷却辊把丝束卷绕在线轴车上送往纺纱车间。

5.4 聚乙烯醇纤维的性能与品质指标

5.4.1 聚乙烯醇纤维的性能

1.密度

聚乙烯醇纤维的相对密度为 1.26~1.30,与羊毛、聚酯纤维、醋酯纤维接近,比聚酰胺纤维、聚丙烯腈纤维稍重一点,但比棉纤维和黏胶纤维轻得多。

2.长度

聚乙烯醇纤维的长度可根据用途任意选择。

3.线密度

聚乙烯醇纤维的线密度可根据用途任意选择。

4.强度

聚乙烯醇纤维的强度较好,普通短纤维的断裂强度为 3.54~5.75 cN/dtex,较棉纤维高一倍,工业用纤维的断裂长度在 6.19 cN/dtex 以上,湿态下的强度为干态的80%。

5.断裂伸长率

普通纺织用聚乙烯醇纤维的断裂伸长率为 10%~30%,比棉纤维高一倍多。

6.弹性模量

采用不同的制造条件可以制得不同弹性模量的聚乙烯醇纤维。例如,棉型短纤维的弹性模量为 35.4~44.25 cN/dtex,毛型短纤维为 44.25~48.67 cN/dtex,工业用纤维为 70.2~92.92 cN/dtex。

7.弹性

聚乙烯醇纤维的伸长弹性度比羊毛、聚酯纤维、聚丙烯腈纤维等差,但较棉纤维和黏胶纤维好。一般 3% 伸长弹性度为 70%,5% 伸长弹性度为 60%。

8.耐热水性和耐热性

耐热水性和耐热性对聚乙烯醇纤维具有特殊重要的意义。耐热水性和耐热性一般用水中软化点、沸水收缩率、煮沸减量等指标来表示。水中软化点是纤维收缩 10% 时的热水温度,这是聚乙烯醇纤维半成品的耐热水性指标。经缩醛化后的聚乙烯醇成品纤维,用专用方法测试的水中软化点一般在 110 ℃左右。

沸水收缩率是纤维在水中煮沸 30 min 时的收缩率。聚乙烯醇短纤维的沸水收缩率为 1% 左右。煮沸减量是纤维在沸水中煮沸 30 min 时质量减轻的百分数。聚乙烯醇短纤维的煮沸减量为 0.6% 左右。干热软化点是纤维在热空气中收缩 10% 时的温度。聚乙烯醇纤维的干热软化点一般为 215 ℃左右,温度到 220~230 ℃便已软化。

9. 吸湿性

聚乙烯醇纤维是合成纤维中吸湿性最好的,其在标准状态下的回潮率达 4.5% ~ 5.0%。

10. 耐化学药品性

聚乙烯醇纤维耐化学药品的综合性能优良,10% HCl 或 30% H_2SO_4 对其强度无损,在 50% NaOH 中只是颜色发黄,强度不降低。和其他合成纤维相比,涤纶耐酸而不耐碱,锦纶耐碱而不耐酸,而聚乙烯醇耐酸、耐碱性都较好。

11. 其他性能

聚乙烯醇纤维的耐光性好,在日光下暴晒强力几乎不降低。聚乙烯醇纤维的耐磨性、抗虫蛀性及耐霉菌腐蚀性都比较好。

5.5　聚乙烯醇纤维的改性

由于聚乙烯醇的化学组成中具有大量的仲羟基,它能进行酯化、醚化,能和氢氧化钠与醛类反应,因此适用于许多改性。聚乙烯醇纤维的染色性、弹性等较差,无法与其他合成纤维,如聚酯纤维、聚酰胺纤维、聚丙烯腈纤维相竞争。只有充分利用聚乙烯醇纤维吸湿性好、机械性能优良的优势,才能开发工业用纤维和功能纤维。

5.5.1　水溶性聚乙烯醇纤维

水溶性聚乙烯醇纤维是差别化纤维的主要品种之一。由于聚乙烯醇大分子是由聚醋酸乙烯酯醇解而制得的,大分子链中含有大量的亲水性基团——羟基,所以水溶性是聚乙烯醇纤维原有的特性。

水溶性纤维根据在水中的溶解温度可分为低温溶解(0 ~ 40 ℃)、中温溶解(41 ~ 70 ℃)和高温溶解(71 ~ 100 ℃)3 种类型。水溶性聚乙烯醇纤维具有生物可降解性,是一种不会造成环境污染的绿色纤维。如果将该纤维溶解在水中,可在普通污水处理厂的活性污泥中被生物降解。

1. 水溶性聚乙烯醇纤维的制造方法

水溶性聚乙烯醇纤维的溶解温度取决于 PVA 聚合度(DP)和醇解度(DS)。聚合度越低,纤维的溶解温度就越低;但聚合度低于 500,纤维的强度就明显下降。当醇解度为 87% ~ 89% 时,冷热水都能溶解。此外,纤维加工中的拉伸倍数和热处理温度也影响水溶性聚乙烯醇纤维的溶解温度。根据溶解温度不同,水溶性聚乙烯醇纤维的制造工艺有干法纺丝、湿法纺丝、干湿法纺丝和增塑熔融纺丝等类型。

(1)湿法纺丝

按常规聚乙烯醇纤维生产工艺,以水为溶剂制成水溶性聚乙烯醇纤维。纤维的水溶温度为 70 ~ 90 ℃。如果选择合适的聚合度(如 500 ~ 1 700)和醇解度(如 50% 以上)可制得水溶温度低于 90 ℃的水溶性聚乙烯醇纤维。但此法不适合制备水溶温度低于 60 ℃的水溶性聚乙烯醇纤维。

如果以毒性较小的有机溶剂二甲基亚砜(DMSO)为溶剂,原液的黏度一般控制在 5 ~ 200 Pa·s,采用 DMSO 与甲醇混合溶液作沉淀剂。用此法制备的纤维水溶温度较低,一般为 30 ~ 45 ℃。

（2）干法纺丝

以水或有机溶剂为溶剂，PVA 的醇解度略高，达 80% 以上。原液的黏度也较高，一般控制在 500 ~ 5 000 Pa·s。这种纺丝方法主要是制备长丝，纤维的水溶温度在常温以上。

（3）增塑熔融纺丝

由于 PVA 的熔点与其分解温度非常接近，无法进行熔融纺丝，当 PVA 加入适量的增塑剂——水、乙二醇、甘油等物质后，由于其熔点降低而可以进行增塑熔融纺丝。若选用不同的聚合度、醇解度，可制得水溶温度不同的水溶性聚乙烯醇纤维。

（4）有机溶剂湿法冷却凝胶纺丝

纺丝原液经喷丝孔挤出后急速冷却成为"均匀的凝胶（冻胶）流"，进入低温凝固浴逐渐固化。日本可乐丽公司于 1996 年将这种新型纺丝方法命名为"有机溶剂湿法冷却凝胶纺丝"。通过这种方法生产的聚乙烯醇纤维称可乐纶（Kuralon）K-II 系列水溶性纤维。

2. 日本可乐纶水溶性 K-II 纤维

这是一种通过有机溶剂湿法冷却凝胶纺丝法所制备的水溶性聚乙烯醇纤维。这种方法的特点是采用有机溶剂 DMSO 为溶剂代替常规的水，纺丝工艺为冷却凝胶（冻胶）纺丝，凝固剂为甲醇，制成的纤维具有低温水溶性。

这是一个密闭的循环系统。PVA 溶液由喷丝孔挤压出，由于急速冷却成为凝胶（冻胶）细流，再进入低温凝固浴逐渐固化。这种初生纤维成型缓和、结构均匀，可以经受较大倍数的拉伸和热处理，纤维的性能较好。由于该工艺所使用的溶剂和沉淀剂均为有机溶剂，可以通过回收系统循环使用，因此是一个绿色的新工艺。

可乐纶 K-II 纤维的水溶温度范围较大（为 5 ~ 90 ℃）。低温的水溶性纤维强度与常规聚乙烯醇纤维相似，制成的短纤维品种较多。

5.5.2 高强高模聚乙烯醇纤维

高强高模聚乙烯醇纤维的关键技术包括高聚合度 PVA 原料的制备、纺丝溶液的凝胶（冻胶）化、高倍拉伸和热处理。

1. 高相对分子质量 PVA 原料的制备

高相对分子质量（重均相对分子质量大于 10^5）PVA 是制备高强高模聚乙烯醇纤维的首要条件，因为从大分子结构分析，相对分子质量越高，末端缺陷越少，纤维的断裂概率越少，纤维的强度就越高。制备高相对分子质量 PVA 采用以下工艺。

（1）乳液聚合

美国 Allied 公司将醋酸乙烯（VAC）单体精馏，在 -40 ℃ 经 48 h 紫外线辐射引发，通过乳液聚合制得了平均聚合度（DP）大于 30 000 的 PVA。还有用 H_2O—$FeSO_4$ 氧化还原引发体系和聚氧乙烯壬基酚醚非离子型乳化剂，在 10 ℃ 以下进行低温乳液聚合制得重均相对分子质量大于 $5×10^5$ PVA 的报道。

（2）本体聚合和悬浮聚合

以偶氮二甲基戊腈（ADMVN）为引发剂，通过本体聚合可以制得 DP 为 $7.9×10^3$ 和 $1.26×10^4$ 的 PVA。还有以此为引发剂通过低温悬浮聚合制得平均聚合度为 4 200 ~ 5 800 PVA 的报道。这两种聚合方式，在制备高相对分子质量 PVA 时，需要长时间的低温和特殊的引发剂。

2.纺丝工艺

（1）凝胶纺丝

凝胶纺丝是用柔性链聚合物制备高强高模纤维的重要方法之一。通常是将超高相对分子质量 PVA 在高温下配制成较低浓度（如 10% 以下）的纺丝原液，经冷却浴冷却为凝胶体后，在热甬道中进行超拉伸及脱溶剂。其主要工艺过程有丝条的凝固、纺丝溶剂的萃取、凝胶丝条的萃取、干燥及收缩。在实验室中，可以通过凝胶纺丝制得强度和模量分别为 38 cN/dtex 和 900 cN/dtex 聚乙烯醇纤维。

（2）湿法加硼纺丝

聚乙烯醇纤维纺丝原液中添加了硼酸或盐后，线型聚乙烯醇大分子形成交联结构。在介质 pH 值较小的情况下，只是分子内发生反应，虽然溶液状态还是均相的，但其黏度明显上升。如果 pH 值继续增大达碱性时，则发生聚乙烯醇分子间的反应，溶液黏度骤然升高而形成凝胶。这种纺丝溶液以硫酸钠和氢氧化钠水溶液为凝固浴，大量的氢氧化钠渗入原液细流，使 PVA 水溶液发生凝胶化而导致固化。这种过程非常缓慢，以致使纤维的横向截面变得非常致密和均匀，并接近圆形，这与普通聚乙烯醇纤维的截面（肾形）有很大的不同。成型后的初生纤维，再经过中和、水洗、高倍拉伸和高湿热处理，成为高强高模聚乙烯醇纤维。此方法是日本仓敷公司于 20 世纪 60 年代发明的，称为 FWB 纤维，该纤维于 20 世纪 80 年代末实现了工业化。该纤维所用原料 PVA 的平均聚合度为 2 500，其至平均聚合度为 3 000 ~ 7 000 均可制得强度为 12 ~ 18 cN/dtex、模量为 400 ~ 500 cN/dtex的纤维。FWB 纤维的其他性能可以与其他合成纤维媲美。

（3）干湿法纺丝

纺丝液从喷丝孔喷出后，通过几毫米或几十毫米的空气层（称为气隙）进入凝固浴，形成均匀的冻胶态初生纤维，接着再进行高倍拉伸、脱溶剂和后处理等工艺。为了制备高强高模聚乙烯醇纤维，选用高聚合度（$D_P \geq 4\ 000$）的 PVA 制成纺丝溶液，在高温下经过气隙后即进入温度较低的凝固浴（$-20 \sim 5\ ℃$），由于溶液中大分子间的力形成交联，因此细流成为均匀的冻胶态。这样为分子结构在高倍拉伸下发生变化提供了先决条件。制成纤维的强度和模量分别为 16 ~ 20 cN/dtex 和 450 ~ 550 cN/dtex。

3.高倍拉伸和热处理

在制备高强高模聚乙烯醇纤维过程中，初生纤维必须经过高倍拉伸，通过多道的逐级拉伸来提高总拉伸倍数，效果更佳。实践证明，多级拉伸（如多道湿热拉伸和多道干热拉伸相结合）提高纤维强度和模量的效果要明显好于常规的一步拉伸技术，因为聚乙烯醇初生纤维在不同拉伸阶段具有不同的结构参数变化，即结晶区和非晶区取向和结晶的变化。研究表明，随着拉伸倍数的增加，PVA 大分子中非晶区部分首先发生了取向；当拉伸倍数继续增加时，晶区部分也发生了取向，以致使整个大分子均发生取向。另外，由于在一定温度下生成了新的晶型以及结晶的完整化，因此结晶被固定下来，纤维的强度也逐渐提高。在这方面，有很多研究工作对拉伸倍数的配比进行了优化，使纤维达到较高的强度。与此同时，高度取向的 PVA 大分子还要求一定温度的热处理，这是为了继续提高 PVA 大分子的结晶度，使结晶更完整，以防止高温下的解取向。这样，纤维的模量也随之提高。热处理有松弛热处理和张力状态下热处理两种方式，一般认为，在张力状态下热处理可以得到模量更高的纤维。

5.5.3 共混改性聚乙烯醇纤维

聚乙烯醇与一些聚合物有良好的相容性,可以通过共混的方法提高和改善聚乙烯醇材料的使用性能或加工性能。在聚乙烯醇共混纤维的研究和开发中,比较成熟和成功的例子有聚乙烯醇/壳聚糖、聚乙烯醇/丝素以及聚乙烯醇/乙烯-乙烯醇共聚物(EVAL)共混等纤维。

1. 聚乙烯醇和壳聚糖共混

PVA 是一种无毒、无害的高聚物,具有优良的成膜性能和力学性能。壳聚糖具有很好的血液相溶性和生物相容性。以溶液纺丝的方法,可以制备聚乙烯醇和壳聚糖共混纤维。PVA 中的羟基(—OH)和壳聚糖中的氨基(—NH₂)形成了强烈的氢键,共混制得的水凝胶有很好的血液相溶性和生物相容性,有利于细胞的培植。因此,聚乙烯醇/壳聚糖共混膜可以作为细胞培植的生物材料。以壳聚糖/聚乙烯醇制成共混纤维,可以提高纤维的取向度和结晶度,改善纤维的力学性能。PVA 的质量分数低于 40% 时,共混纤维的抗张强度和断裂伸长率明显高于纯壳聚糖纤维。共混纤维的抗张强度和断裂由于壳聚糖脱乙酰度的增大而明显提高。由于 PVA 具有更强的亲水性,共混纤维的保水值显著提高,适合作医用纤维,用于人造皮肤、创可贴和伤口包扎等的材料。

2. 聚乙烯醇和丝素共混

PVA 与天然蛋白质——丝素蛋白(SF)共混制成的膜,既具有丝素的生物相容性,又具有聚乙烯醇良好的成膜柔韧性和水溶性,是一种较好的医用材料。PVA 和丝素还可以制成共混纤维,这种纤维的外观、手感和光泽酷似蚕丝,具有吸湿性好、强韧、柔软的特性。

3. 聚乙烯醇和明胶共混

共混改性聚乙烯醇纤维用于止血纤维和手术缝合线,是历史长、技术成熟的一种品种,它的止血效率高、无毒无害,且可被人体吸收。聚乙烯醇止血纤维,是将低聚合度的聚乙烯醇和明胶溶解在水中共混,经过滤、脱泡,按常规聚乙烯醇的湿法纺丝工艺制成初生纤维,再经拉伸、热定型、水洗、干燥、灭菌等工序制成的。

4. 聚乙烯醇和聚乙二醇共混

将聚乙烯醇和聚乙二醇(PEG)溶解在水中配成纺丝液,通过特殊的中空喷嘴进入 NaOH 和 Na₂SO₄ 组成的凝固浴中,初生纤维进行缩醛化处理后成为微孔聚乙烯醇膜。当膜凝固时,PVA 和 PEG 之间产生相分离,析出岛状的 PEG 后,剩下的 PVA 骨架纤维中就形成微孔结构。根据具体用途中对微孔尺寸的要求,可以在制造工艺中控制膜的微孔结构。例如,PEG 相对分子质量、PVA 和 PEG 的比例以及凝固条件,它们都有控制膜孔径的作用。

5.5.4 化学改性聚乙烯醇纤维

聚乙烯醇纤维具有良好的亲水性、化学稳定性和机械性能。当纤维经接枝、共聚等化学改性引进了所需要的各种功能性基团后,就可以成为各种具有一定功能的功能纤维,如离子交换纤维、抗菌防臭纤维、止血纤维、放射性纤维和麻醉纤维。

1. 离子交换纤维

制备以聚乙烯醇纤维为基础的离子交换纤维都是先经过缩醛化反应。聚乙烯醇大分子并不具有离子交换性能的活性基团,通过缩醛化反应在大分子链上引进需要的活性基团,并使大分子之间产生交联,纤维在水中不发生溶解。按照引进活性基团的性质不同,可以分为阳离子交换型、阴离子交换型和两性交换型聚乙烯醇纤维。

未缩醛化的聚乙烯醇纤维先以氯乙醛或溴乙醛进行缩醛化,再经化学处理,可制得阳离子型或阴离子型聚乙烯醇离子交换纤维。如果使未缩醛化的聚乙烯醇纤维先缩甲醛化,再进行磺酸化处理,可以制取强酸性阳离子交换纤维。离子交换型聚乙烯醇纤维不仅能广泛地应用于分离、精制难以分离的混合物,而且在这种纤维中引入某种药物的生物活性基团后,就可以成为具有生物活性的改性聚乙烯醇纤维。

2. 抗菌防臭纤维

抗菌防臭纤维也称抗微生物纤维,这种纤维中加入了一定量的化学药品,其特点是抗菌性强,安全,吸水性好。例如,聚乙烯醇与5-硝基呋喃丙烯酸类药物(5-硝基呋喃丙烯酸醛)进行缩醛化制成的纤维,分子结构上具有杀菌作用基团,可保持永久性的杀菌和抑菌作用。只要加入不同品种的抗菌药物,就可以制成各种功能性的抗菌纤维。

3. 血液透析用中空纤维膜

以乙烯-乙烯醇共聚物(EVAL)制成的中空纤维膜,作为血液透析材料是一种很成功的医用纤维。由于血液与乙烯-乙烯醇共聚物相容性很好,因此具有抗凝血和抗溶血的功能。这种纤维既不溶解于水,又有良好的湿态强度和亲水性,是用途较广的纤维材料。

中空纤维膜的制造方法是先将 EVAL 溶解在二甲基亚砜(DMSO)中制成纺丝溶液,通过特殊的中空喷嘴进入水凝固浴中制成初生纤维,再将其中初生纤维拉伸和干燥即得到血液透析用中空纤维膜。

5.6 聚乙烯醇纤维的应用

5.6.1 高强高模聚乙烯醇纤维的应用

聚乙烯醇纤维的应用总是和其性能分不开的。聚乙烯醇纤维的主要特点是强度高、伸长低、模量大、剪切功大、韧性好、耐冲击性能强,可以制成高强高模纤维,因此在各种产业用材料以及国防军工领域得到了广泛的应用。

1. 产业用

(1)绳索

由于聚乙烯醇纤维具有强度高、耐腐蚀、质量轻、不需晒干及使用寿命长的特点,所以适合制作渔网用绳索、船舶用缆绳、吊装绳等制品。

(2)帆布

由于聚乙烯醇纤维具有强度高、耐磨性好、耐化学药品和微生物腐蚀、耐日光、耐热、耐寒性强等优点,所以可以替代棉和麻,适合制作车篷、罩布、帐篷、各种帆布口袋、消防水龙带等制品。聚乙烯醇纤维埋在土中和浸渍在冷水中的强度保持率大大超过了棉制品。例如,聚乙烯醇纤维埋在土中,其强度可保持250天不变,而棉制品仅为20~30天;同样浸渍在冷水中,其强度可保持 250 天不变,棉制品的强度仅在 30 ~ 50 天后就急剧下降。

（3）过滤布

聚乙烯醇纤维耐化学试剂的性能优越,强度高,由它制成的纺织品可用于化学工业、食品工业,可作金属冶炼中的过滤材料。聚乙烯醇纤维制成的纺织品经久耐用且耐洗涤性好。

（4）橡胶制品

聚乙烯醇纤维的强度高,密度较棉纤维低,因此适合制作帘子布、运输带等产品。

（5）水泥增强和建筑材料

聚乙烯醇纤维还在水泥、石棉板或陶瓷等建筑材料上得到了充分的应用,因为这种材料抗拉强度高,模量高,与水泥有良好的化学相容性,能均匀地分散在水泥基质中。

由水泥增强聚乙烯醇纤维制成的增强材料的机械性能良好,可提高材料的韧性和抗冲击强度,材料的挠曲强度、弯曲强度、抗疲劳性均比较好;耐酸碱性好,适合于各种等级水泥;水泥增强聚乙烯醇纤维的分散性好。在聚乙烯醇石棉制品中,其用量只需石棉的 1/5,但能使制品的单位质量减少,因为聚乙烯醇纤维的密度只有石棉的 1/2。

石棉的自然资源缺乏,是一种致癌物质,1990 年起已逐渐被禁止使用。因此,水泥增强聚乙烯醇纤维作为石棉的替代品具有十分重要的意义。

2. 国防军工用

聚乙烯醇纤维具有较强的吸收冲击能力,采用芳纶和高强高模聚乙烯醇纤维混用,选用适宜的黏结树脂,可以制成防弹靶板用热塑性复合材料。用聚乙烯醇纤维取代芳纶制备防弹材料,不但可以降低成本,还有良好的防弹效果。

5.6.2 聚乙烯醇非织造布

聚乙烯醇纤维可以用常规的棉纺设备制成不同品种规格的纺织品,可以纯纺或混纺,也可以制成非织造布,开拓新的应用领域。例如,水溶性 K-Ⅱ 纤维可以制成各种非织造布。

除此之外,高强度封箱纸带的应用数量也很乐观。以热水难溶的聚乙烯醇纤维作为主体和低温水溶性的聚乙烯醇纤维组合起来,可以制得高强度的纸。这种纸可以作粘贴封箱纸带,在封箱后有较高的拉伸强度。

聚乙烯醇还可用于碱性电池隔膜。电池隔膜要求材料具有耐碱性,超细聚乙烯醇纤维不仅具有优良的耐碱性和抗氧化性,而且线密度越低,表面积越大,吸附性能越好。

5.6.3 聚乙烯醇纤维复合材料的应用

聚乙烯醇纤维通过改性可以制成导电纤维。当纤维表面覆盖导电聚合物时,可以改善纤维的导电性能,制成导电纤维。例如,以聚乙烯醇纤维为基材,以聚苯胺为导电覆盖层,采用原位吸附聚合物制成的聚苯胺/聚乙烯醇复合导电纤维,其质量比电阻较未经处理的聚乙烯醇纤维降低 2 ~ 3 个数量级。

第6章 聚氨酯弹性纤维

聚氨酯(PU)弹性纤维是指由至少85%(质量分数)的氨基甲酸酯,具有线型结构的高分子化合物制成的弹性纤维。在美国称为"Spandex",在德国则称为"Elastane",在我国的商品名为氨纶。

6.1 聚氨酯的合成及纤维的结构与性能

6.1.1 聚氨酯的合成

1.初始原料

（1）二异氰酸酯

一般选用芳香族二异氰酸酯,如二苯基甲烷—4,4 二异氰酸酯(MDI)或2,4—甲苯二异氰酸酯(TDI)。

（2）二羟基化合物

一般选用相对分子质量为800~3 000,分子两个末端基均为羟基的脂肪族聚酯或聚醚。脂肪族聚酯由二元酸和二元醇缩聚制得,如聚己二酸乙二醇酯,脂肪族聚醚用环氧化合物水解开环聚合制得,如聚四亚甲基醚二醇。

（3）扩链剂

大多数扩链剂选用二胺类(由芳香族二胺制备的纤维耐热性好,脂肪族二胺制备的纤维强力和弹性好)、二肼类(耐光性较好,但耐热性下降)或者二元醇。

（4）添加剂

一般添加抗老化剂、光稳定剂、消光剂、润滑剂、颜料等添加剂。

2.聚氨酯的合成

聚氨酯的合成常分两步进行,首先由脂肪族聚醚或脂肪族聚酯与二异氰酸酯加成生成预聚体,再加入扩链剂进行反应,生成相对分子质量为20 000~50 000 的嵌段共聚物,聚合反应式一般可表示如下。

（1）预聚体的制备

$$HO-R_1-OH+2OCN-R_2-NCO \longrightarrow OCN-R_2-NHCOO-R_1-OOCNH-R_2-NCO$$
　　脂肪族聚醚或聚酯　　二异氰酸酯　　　　　　　　　　　预聚体($OCN-Ra-NCO$)

（2）扩连反应

①用二元醇作扩链剂。

$$n OCN-R_3-NCO + n HO-R_4-OH \longrightarrow [OOCNH-R_3-NHCOO-R_4]_n$$
　　　预聚体　　　　　　小分子二元醇　　　　　　　聚酯型聚氨酯

②用二元胺作扩链剂。

$$n OCN-R_3-NCO + n H_2N-R_5-NH_2 \longrightarrow HNCONH-R_3-HNCONH-R_5$$
　　　预聚体　　　　　　小分子二元胺　　　　　　　聚脲型聚氨酯

6.1.2　聚氨酯弹性纤维的结构

聚氨酯纤维的分子结构是由软段和硬段两个部分组成的,硬段的聚集态为纤维的支承骨架,软段为纤维的连续相,为纤维提供高弹态基团。由于聚氨酯纤维具有高弹态特性,其断裂伸长率通常可以达到400%～800%。在机械变形后,几乎可以完全恢复到初始形状,其弹性恢复率可达95%～98%。聚氨酯纤维链的结构中软段和硬段的组分不同以及软段、硬段排列的差异,因此对聚氨酯纤维的性能存在很大影响。

1. 软段对聚氨酯纤维性能的影响

聚氨酯纤维中的软段是由聚酯二醇或聚醚二醇等聚二醇构成,软段的相对分子质量及其含量直接影响聚氨酯纤维的性能,即软段必须具有足够高的相对分子质量、良好的柔顺性和较低的玻璃化温度,为纤维提供弹性基团。

当硬段过长、软段过短时,聚氨酯表现出耐冲击的特性。当软段过长、硬段过短时,聚氨酯则失去物理交联的能力。当无物理交联时,纤维内部大分子容易发生塑性流动。合成聚氨酯纤维的聚二醇的平均相对分子质量为800～2 500,根据熔法纺丝的经验,聚酯型聚合物二醇的平均相对分子质量为2 000较为合适,聚醚型聚合物二醇的平均相对分子质量一般为1 000～2 000。

研究结果表明,随着聚酯二醇平均相对分子质量的增加,聚氨酯纤维的断裂强度、断裂伸长率增加。聚醚型聚氨酯纤维的力学强度,随着聚醚二醇平均相对分子质量的增加而下降,但是纤维的断裂伸长率随平均相对分子质量的增加而增加。

聚氨酯纤维的力学强度主要取决于软段的结晶倾向,凡是有利于大分子软段结晶的因素,如大分子的极性、结构规整性、主链碳原子的偶数性、无侧基和支链等,都能提高聚氨酯纤维的力学强度。

2. 硬段对聚氨酯纤维性能的影响

用于熔纺的热塑性聚氨酯(TPU)的硬段是由二异氰酸酯和低分子二醇形成的低分子链节。硬段的特点是具有较大的内聚能,能够使聚氨酯内的大分子链形成物理键合点,是影响聚氨酯物理–力学性能的主要因素,而影响硬段的主要因素是二异氰酸酯。二异氰酸酯的反应活性和结构上的极性影响聚氨酯的结构特性和性质。用作扩链剂的低分子二醇的结构对硬段也有一定影响,如脂肪链二醇使聚氨酯的硬段具有柔软性,而含有苯环的低分子二元醇使硬段结构具有刚性,使硬段的内聚力增加,可以提高软段和硬段的微相分离,使聚氨酯具有较高的熔点。

3. 聚氨酯纤维的形态特征

热塑性聚氨酯纤维的形态特征是较为复杂的体系,基本上可分为结晶态、无定形态和二相态。硬段多为结晶态存在,软段多以无定形态存在,在软段和硬段微相分离不好的情况下又出现二相态。

热塑性聚氨酯最多可能存在四相结构,一般情况下是两相或三相结构。在相同的加工条件下,随着硬段含量的不同,聚氨酯纤维形成不同的结构。在硬段含量较低时,硬段没有形成结晶,分散在软段基质中;当硬段含量增加时,硬段相形成晶核,并出现了微相分离的硬段微晶结构;当硬段的质量分数增加到35%时,硬段形成较大的微相区;当硬段的质量分数增加到45%时,在局部区域内已经出现硬段微晶区连续相,宏观上材料的性质也发生了变化,如硬度、模量增大,伸长率下降等。

在聚氨酯纤维中,硬段起交联作用,限制纤维伸长或使伸长恢复。其熔融与软化温度为 230~260 ℃,为纤维提供必要的热性能。

6.1.3 聚氨酯弹性纤维的性能

1. 线密度小

氨纶的线密度范围为 22~4 778 dtex,最细的氨纶可达 11 dtex。而最细的挤出橡胶丝约为 180 号(折合 156 dtex),比氨纶粗十几倍。

2. 强度大,延伸性好

氨纶是弹性纤维中强度最大的一种,强度为 0.5~0.9 cN/drex,是橡胶丝强度的 2~4 倍。由于氨纶在同样伸长下比橡胶丝具有更大的张力(模量高),所以其织物具有更高的松紧度。

氨纶的断裂伸长率为 500%~600%,和橡胶丝相差无几。另外,在湿润状态下氨纶的强度和断裂伸长率与干态时几乎无差异。

3. 弹性恢复好

氨纶的瞬时弹性恢复率可达 90% 以上(伸长 400% 时),与橡胶丝相差无几。

4. 白度保持性好

无光氨纶(在生产过程中添加了钛白粉)本身呈白色,在聚合过程中还添加了少量的抗紫外光剂和黄变防止剂,故具有较好的耐日光、耐烟熏(耐大气烟雾)性,白度保持好。

5. 耐热性较好

氨纶的软化点(或黏结温度)约为 200 ℃,分解温度约为 270 ℃,优于橡胶丝,在纤维中属于耐热性较好的品种。

6. 吸湿性较好

橡胶丝几乎不吸湿,而氨纶在 20 ℃、65% 的相对湿度下,回潮率为 1.1%,虽然比锦纶、棉、羊毛等纤维的回潮率小,但优于涤纶和丙纶的吸湿性。

7. 耐光性好

氨纶的耐光性比橡胶丝好得多,在日晒牢度实验仪中,同时对氨纶和橡胶丝照射40 h,发现橡胶丝的强度几乎完全丧失,而氨纶的强度只下降 20%;照射 60 h 后,橡胶丝的断裂伸长率保持率为零,而氨纶延伸度保持率为 80%。

8. 手感柔软

氨纶是一种黏结复丝,粗看起来像一根单丝,但实际上它是由多根单丝黏结而成,单丝之间不发生分离。由于这种黏结复丝的单丝线密度较细,并且单丝间有适当的间隙,故手感柔软,耐挠曲性好。而挤出橡胶丝是根圆形截面的单丝,且直径较粗,所以手感发硬,耐挠曲性差。

9. 染色性好

橡胶丝不能染色,而氨纶的染色性很好。

10. 耐磨性好

在同样条件下,氨纶的耐磨性远远优于橡胶丝的表面耐磨性。

11. 耐化学药品性好

氨纶具有优良的耐化学药品性,与橡胶丝相比,它具有极好的耐油性。

6.2　聚氨酯弹性纤维的纺丝成型

聚氨酯弹性纤维可以用干纺、湿纺、反应法纺丝及熔纺而成型。聚氨酯弹性纤维的四种纺丝方法流程图如图6.1所示。

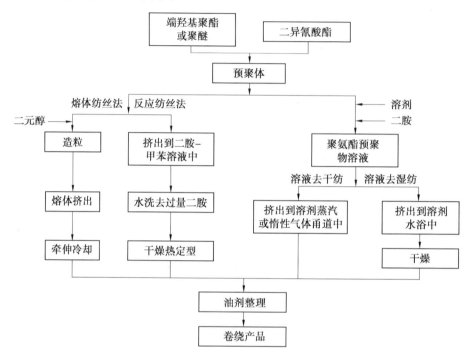

图6.1　聚氨酯弹性纤维的四种纺丝方法流程图

6.2.1　干法纺丝

1. 纺丝原液准备

成纤聚合物的制备是将相对分子质量为 1 000 ~ 3 000 的含两个羟基的脂肪族聚酯或聚醚与二异氰酸酯按 1 : 2 的摩尔比进行反应生成预聚物。为了避免影响最终聚合物的溶解性能,必须特别注意,不能使用三官能团(或更多官能团)的反应物,并严格控制适当的反应条件,以最大限度地减少副反应的发生。

对商品化生产预聚物,用溶液纺丝生产氨纶的原料为:聚四亚甲基醚二醇(PTMG)(也称聚四氢呋喃 PTHF)和二苯基甲烷—4,4'—二异氰酸酯(MDl)。如果能用符合弹性纤维性能要求的聚酯二元醇为原料,则可以降低成本。但以聚酯二元醇为原料,采用干法纺丝,会发生溶剂脱除困难。

在商品化生产的工艺中,所选用的溶剂都是二甲基甲酰胺(DMF)或二甲基乙酰胺(DMAc),扩链剂一般为含有两个氨基的肼或二元胺。二元胺可以加到预聚物溶液中,或者将预聚物加到二元胺的溶液中。聚氨酯在溶液中固体的质量分数一般调整到 18% ~

30%,溶液黏度为 10 ~ 80 Pa·s(30 ℃)。通常,干法纺丝的溶液黏度和固体含量较高。

将添加剂(包括颜料、稳定剂等)在所选用的溶剂中研磨,通常加入少量聚氨酯高聚物,以改善在球磨或砂磨时的分散稳定性。在扩链步骤完成以后,把高聚物含量再调整到所设定的浓度。聚合过程和添加剂的研磨及加入可以是分批的,也可以是连续的。某些生产厂家把聚合、扩链、添加剂的加入以及混合进行合并,采用连续法生产。制备好的原液经过滤、脱泡后送去纺丝。

2. 纺丝成型

世界上大多数的厂家都选用干法纺制氨纶弹性纤维。虽然在处理模量非常低的单丝发黏等问题时,需要特别的技术和设备,但氨纶的干法纺丝还是与聚丙烯腈的干法纺丝很相似。氨纶干法纺丝生产工艺流程如图 6.2 所示。

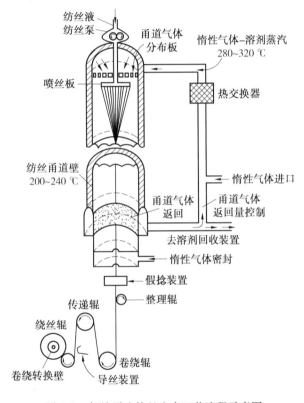

图 6.2 氨纶干法纺丝生产工艺流程示意图

聚氨酯纺丝原液由精确的齿轮泵在恒温下计量,然后通过喷丝板进入直径为 30 ~ 50 cm、长为 3 ~ 6 m 的纺丝甬道,由溶剂蒸汽和惰性气体(N₂)所组成的加热气体,由甬道的顶部引入并通过位于喷丝板上方的气体分布板向下流动。由于甬道和甬道中的气体都保持高温,所以溶剂能从原液细流中很快地蒸发出来,并移向甬道底部。单丝的线密度一般保持在 0.6 ~ 1.7 tex 范围内。在纺丝甬道的出口处,单丝经组合导丝装置按设定要求的线密度进行集束。根据线密度的不同,每个纺丝甬道可同时通过 1 ~ 8 个弹性纤维丝束。

纺丝得到的丝束在卷绕之前要进行后整理,如上油等,以避免在装箱和以后的纺织过程中发生黏结和产生静电,通常使用经过硅油改性的矿物油为油剂。卷绕速度一般在

300～1 000 m/min 范围内。

6.2.2 熔体纺丝

熔纺氨纶的切片必须是热稳定性良好的聚氨酯嵌段共聚物,纺丝时该嵌段共聚物在 180～240 ℃的温度下熔融而不降解,具有良好的热稳定性,同时氨纶产品具有良好的弹性恢复性。聚氨酯嵌段共聚物的热稳定性取决于软链段组分的热稳定性,通过改变扩链剂及软链段的组成,可提高聚氨酯切片的热稳定性和可纺性能。

用于制造熔纺氨纶的原料是线性聚酯型热塑性聚氨酯弹性体(TPU),其中聚酯二醇一般是相对分子质量为 1 000～2 000 的聚己二酸丁二醇酯、聚己内酯、聚碳酸酯等。TPU 的合成可以采用预聚体法,即先合成异氰酸酯基封端的预聚体,然后用小分子二醇进行扩链。由于在扩链反应时,体系的黏度很大,反应的均匀性较难控制,因而一般仅在溶液聚合中采用。

用于熔纺氨纶的 TPU 主要采用一步法工艺,即将二异氰酸酯、聚酯二醇、扩链剂、催化剂、助剂等经计量后直接加入双螺杆反应器中聚合而成。所制得的 TPU 切片经干燥、熔融、计量、纺丝、卷绕、上油、平衡等工序,制成产品。

氨纶熔融纺丝在生产中需注意以下两个方面的问题。一是防止 TPU 降解。由于聚酯型 TPU 的耐水解性能较差,如果切片的含水率较高,在纺丝过程中会造成 TPU 熔体的严重降解。因此切片的干燥条件应严格控制,一般要求切片的含水率低于 0.02%。日本大赛璐公司选用聚己内酯二醇作为合成 TPU 的起始原料,从而提高了 TPU 的耐水解性能。另外,由于氨纶熔融纺丝的温度在 200 ℃左右,与 TPU 的热降解温度相当接近,如何改善 TPU 的耐热性,是制备高质量熔纺氨纶的关键。日本的可乐丽公司选用聚碳酸酯二醇为原料,制备出耐热性优良的 TPU。制成的纤维产品的断裂强度达 1.0～1.3 cN/dtex,断裂伸长率为 400%～550%,弹性恢复率为 80%～93%。日本的钟纺公司则是采用在 TPU 熔体中加入预聚体的方法来改善纺丝加工条件和成品的力学性能。具体方法是将 TPU 切片经螺杆挤出机熔融(图 6.3),在其出口处加入由二异氰酸酯和聚酯或聚醚二醇反应而成的预聚体,经静态混合器均匀混合后再进行纺丝。加入预聚体的作用一方面可降低 TPU 切片的熔化温度,使纺丝可在较低的温度下进行;另一方面,预聚体中的异氰酸酯基在纤维成形过程中,能在 TPU 大分子间形成化学交联,从而提高纤维的力学性能。所得纤维的强度可达 1.38～1.51 cN/dtex,断裂伸长率 450%～550%,在 190 ℃时的弹性恢复率仍可保持在 40%～70%。目前这种方法已在氨纶熔融纺丝中被普遍使用。然而,这种带有异氰酸酯基的预聚体的储存稳定性差,即活性极大的 NCO 基团很容易失去活性,从而无法起到化学交联的作用。一种改进的方法是采用酚、醇等化合物,先将预聚体中的异氰酸酯基封闭,在纺丝的温度下,这种封闭的预聚体将会重新活化,起化学交联作用。

二是需要考虑氨纶熔融纺丝过程动力学的复杂性。虽然氨纶的熔融纺丝速度仅为 400～800 m/min,属常规纺丝的范围,但由于 TPU 的结构与性能的特殊性,使得氨纶熔融纺丝过程与 PET 等热塑性树脂的纺丝相比,显示出更大的复杂性。首先,TPU 是软、硬段交替排列的嵌段共聚物,在纺丝过程中软、硬段之间的微相分离动力学,对于微区结构的形成和稳定以及纤维的力学性能都有显著的影响。其次,TPU 大分子链表现出很大的熵弹性,即使在丝条冷却固化后,在纺丝卷绕力的作用下,纤维仍会发生较大的弹性伸长。因此研究氨纶熔融纺丝过程动力学对于制造高质量熔纺氨纶至关重要。

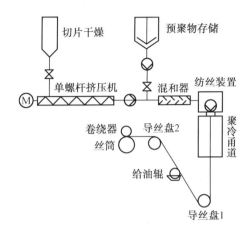

图 6.3　熔纺聚氨酯纤维工艺流程图

6.2.3　湿法纺丝

湿法纺丝采用 DMF 为溶剂,纺丝原液的准备与干法纺丝的类似。

典型的湿法纺丝工艺流程如图 6.4 所示。纺丝原液用计量泵定量挤出通过喷丝板,然后原液细流进入由水和溶剂组成的凝固浴。和干法纺丝相似,单丝的线密度一般保持在 0.6 ~ 1.7 tex,以使溶剂的脱除率保持在最佳状态。在凝固浴的出口按所要求的线密度集束,然后经过萃取浴除去残余的溶剂,并在加热筒中进行干燥、松弛热定型,最后经后整理,卷绕成筒。一条湿法纺丝生产线,可同时生产 100 ~ 300 束丝束。

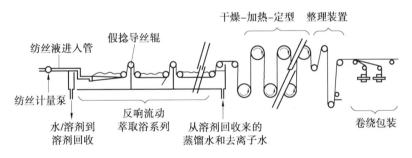

图 6.4　氨纶湿法纺丝生产工艺流程示意图

通常凝固浴中溶剂的质量分数要保持在 15% ~ 30%,为使质量分数波动较小,应保持凝固浴的循环更新。对合成纤维的湿法纺丝,由于受到纺丝浴介质的静态阻力作用,其拉伸速度不宜太高,而对氨纶弹性纤维的湿法纺丝,也存在同样的问题,其丝束的出浴速度在 100 ~ 150 m/min。目前,湿法纺制的弹性纤维约占氨纶总量的 10%。

6.2.4　反应纺丝法

反应纺丝法也称化学纺丝法,是将预聚物通过喷丝孔挤入含二胺的溶液(纺丝浴)中,使预聚物细流在进行聚合反应的同时,凝固成初生纤维的纺丝方法。初生纤维经卷绕后,还应在加压的水中进行硬化处理,使初生纤维内部尚未反应的部分交联,转变为三维结构的聚氨酯嵌段共聚物。

世界上最早应用反应纺丝法的是美国橡胶公司,商品化生产的氨纶商品名为 Vyrene。后来,美国环球制造公司也用该法生产牌号为 Glospan 的氨纶弹性纤维以及不加颜料的氨纶弹性丝 Clearspan。Firestone 橡胶公司及购买其技术的 Courtaule 公司则生产商品名为 Spandelle 的弹性丝。

反应纺丝的生产过程:首先把 TiO_2 和稳定剂与准备在预聚物中使用的相对分子质量为 1 000 ~ 3 000 的聚合物二元醇一起研磨,然后真空干燥并加入计量装置中,按聚合物二醇与二异氰酸酯摩尔比为 1∶2 的配比反应生成预聚物。为了在反应法生产的制品中增强共价键的交联作用,通常在聚合物二元醇中加入适量的三羟基官能团化合物,如丙三醇、三羟甲基丙烷等。

反应纺丝法广泛用于多孔喷丝板纺制氨纶。单丝的线密度为 1.1 ~ 3.7 tex,最后从反应浴的出口处把丝集束为所设计的线密度,纺速一般为 100 m/min 左右。为使二胺扩散到预聚物内部的量保持恒定,在纤维线密度发生变化时,二胺溶液的浓度也要作适当的调整。需要注意的是,由于单丝并没有完全反应,并且在二胺浴的出口处是半塑性状态,芯层仍为液态,往往在干燥时才使芯层反应完全。

反应纺丝装置与湿法纺丝装置十分相似。它们的区别是反应纺丝法仅使用较少的纺丝浴。

6.3 聚氨酯弹性纤维的用途

以往的聚酯或聚酰胺变形弹力丝织物,一般应用于低伸长率(15% ~ 20%)的场合,当织物需要伸长率大于 50% 时,多用含氨纶织物,也就是说,氨纶在织物中总是和其他纤维结合使用。

6.3.1 氨纶纱的类型

提供给纺织厂织造弹性织物的氨纶丝(纱)有裸丝、包覆纱、包芯混纺纱及合捻纱(图6.5)。

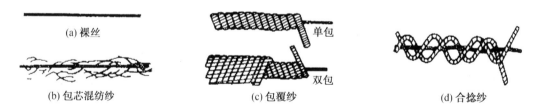

(a) 裸丝 单包 双包
(b) 包芯混纺纱   (c) 包覆纱   (d) 合捻纱

图 6.5 氨纶纱的几种类型

1. 氨纶裸丝

氨纶裸丝即氨纶原丝,由于它易于染色,具有良好的耐磨性和柔软性,并有一定的强力,故其能以不包皮的形式使用。在传统的纺织设备上,借助于特殊的进料方式和拉伸方式,可用氨纶裸丝制造延伸率范围很宽的织物。如服装用的弹力网,服装和泳衣上用的弹性筒形针织物、服装和女内衣中的支撑经编织物、女用袜子（长筒）、短袜口部分编织带和带子。由于氨纶的弹性很大，要用特殊的整经机（如 Liba 23E-560 型整经机）进行整经，以保持张力均匀。氨纶整经时拉伸倍数为 1.8～2.0 倍。

2. 包芯混纺纱

包芯混纺纱又称芯纺纱，是由氨纶经其他品种短纤维纱线包裹而成。包芯混纺纱的生产流程图如图 6.6 所示。经拉伸的氨纶丝进入精纺机，短纤维纱线也经拉伸和加捻进入精纺机，从而在纺成的纱线中心形成一条连续的纱芯，并在张紧的状态下把包芯混纺纱卷绕成筒。

3. 包覆纱

包覆纱是外层包覆其他品种长丝的氨纶纱。包覆纱有单层包覆纱和双层包覆纱两种。

单层包覆纱的生产过程为：通过拉伸使氨纶丝以伸长状态进入包覆机，后被其他类型的长丝呈螺旋状包裹，单螺旋的包覆纱由于存在扭转力而使其具有明显的扭曲，但通过使用具有交替 S 捻和 Z 捻的纱线可以消除这种扭曲，如使用假捻变形的锦纶弹力丝。

双层包覆纱的加工为在单层包覆纱上以单包覆螺旋状相反方向包裹第二层，这样可得到不再发生扭结的稳定纱线。图 6.7 为氨纶双层包覆纱的单锭生产流程示意图，包覆纱机双面共 80 锭，氨纶所需的拉伸在两个区域中进行。第一个区域是从绕满氨纶丝的绕丝筒开始到第一个拉伸辊为止，拉伸倍数大约为 1.3 倍。第二个区域为主拉伸区，从第一拉伸辊开始到第二拉伸辊为止，拉伸倍数为 2.5～4.0 倍。拉伸倍数的大小主要取决于氨纶丝的伸长率、细度、生产能力和经济效益等因素。包覆用的纱由两个装在锭子上的线轴供给，两个线轴是以相反方向旋转的，在拉伸着的弹性丝上绕以硬纱包皮，以使包覆纱能保持所要求的拉伸度。底部的纱用来控制拉伸度，而上部的包覆用纱则用来使扭曲的纱平衡，并使外观平整。卷绕的速度应该稍低于第二拉伸辊的速度，以使卷绕的纱保持在松弛状态。

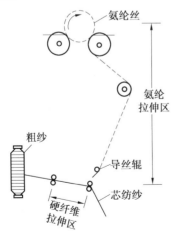

图 6.6 包芯混纺纱的生产流程图

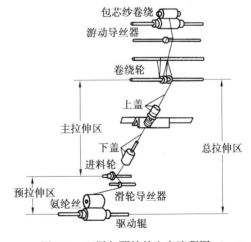

图 6.7 双层包覆纱的生产流程图

包覆纱的弹性伸长率为 300%～400%，纱中氨纶的质量分数为 20%～25%。与氨纶裸丝相比，包覆纱有低的滑移性和良好的触感。包覆纱主要用于服装底衬，如腰带、胸罩、外科手术用的针织品等,袜子的上部、带状织物和鞋带等。弹性纤维包覆纱是目前市场上需求量最大的品种之一。

对包芯混纺纱进行热定型非常重要。包芯混纺纱可以在织成织物后进行热定型(如在 177~204 ℃,90~200 s 内完成),也可以是在成卷的绕丝筒上进行。这时通常要使用蒸汽,所用蒸汽温度为 116 ℃左右,时间为 5~10 min。

对包芯混纺纱制成的织物中,由于只含有较少量的氨纶弹性丝,所以它的拉伸性能不仅与弹性丝的固有性能有关,而且也与弹性丝和非弹性丝在热定型时的相互作用有关。此相互作用导致织物中非弹性纤维和氨纶丝一起永久卷曲。

利用硬纤维保型好的特点及芯纺纱可伸长性、恢复性优良的特点,可以制得有广泛用途、性能优良、款式美观的针织品和纺织品。

4. 合捻纱

合捻纱又称并捻纱,它是由 1~2 根普通棉纱、毛纱或锦纶与氨纶合并加捻而成,常用来织造弹力劳动布。

合捻纱是在捻线机上生产的,通常将氨纶在拉伸 2.5~4 倍下与其他纤维进行加捻。

6.3.2 氨纶织物的类型

1. 机织织物

机织织物一般选用包覆纱或芯纺纱,其伸长率为 100% 左右。在织造过程中,要注意控制张力,以免在织物的表面形成褶皱。经向弹力织物主要用于制灯芯绒、滑雪裤等织物。纬向弹力织物大量用于劳动布、宽幅哔叽及游泳衣。

2. 针织织物

(1)经编针织物

经编针织物包括弹力网眼经编织物、特里科经编织物、经缎网眼织物等。弹力网眼织物和双向特里科经编织物最适合用于各种女内衣,通常使用氨纶裸丝、锦纶和棉纱针织。在生产过程中,氨纶丝的整经非常重要,一般使用专门的整经机,以使纱线整理后具有均匀的伸长率。

(2)纬编针织织物

为了使这类织物具有良好的弹性恢复率和高模量,在生产这类织物时,在基本纤维中混合少量氨纶丝进行针织。氨纶裸丝、包覆纱、芯纺纱和合捻纱均可使用。裸丝的成本虽然较低,但加工困难,可能会在加工缝纫时跑出,故需使用吸入式喂入裸丝装置或用张力调节器来控制裸丝的喂入张力。而包覆纱、芯纺纱和合捻纱的张力控制较容易。

氨纶裸丝用在连裤袜腰围的弹力带上,单层包覆纱和芯纺纱用于便袜和运动袜的螺纹袜口上。双层包覆纱用于连裤袜的腰带和短袜的螺纹口上,能起到永久弹性的作用。

(3)窄幅织物

所谓窄幅织物,即带类织物。含氨纶的带类织物就是平时所说的松紧带,它是在织带机上生产出来的。一台织带机可同时生产 40~60 根带条,所用原料为粗旦氨纶裸丝,占原料总量的 50%~70%,其余为 167 tex 涤纶等网络丝。含氨纶的松紧带要比含橡胶丝松紧带的使用寿命要长,白度好。

第7章 黏胶纤维

7.1 概　述

7.1.1 再生纤维素纤维

再生纤维素纤维包括黏胶纤维、铜氨纤维及莱赛尔纤维三类。铜氨纤维（Cuprammonium fiber）用铜氨法制成的再生纤维素纤维。莱赛尔纤维（Lyocell fiber）是将纤维素溶解在有机溶剂中，纺丝加工后制成纤维素 II 的再生纤维。所谓有机溶剂，实际上是有机化合物与水的混合物；在溶剂纺丝过程中无纤维素衍生物形成。另外还有用纤维素为原料，经化学方法转化为衍生物后制成的化学纤维即纤维素酯纤维。其中用纤维素为原料，经化学方法转化成醋酸纤维素酯制成的化学纤维，称为醋酯纤维或醋酸纤维素纤维（Acetate fiber）。醋酯纤维主要有两类：一类是二醋酯纤维（Diacetate fiber），用纤维素为原料，经化学方法转化成二醋酸纤维素酯制成的化学纤维，其中至少有 74% 但不超过 92% 的羟基被乙酰化；另一类是三醋酯纤维（Triacetate fiber），以纤维素为原料，经化学方法转化成三醋酸纤维素酯制成的化学纤维，其中至少有 92% 的羟基被乙酰化。

黏胶纤维（Viscose fiber）是用黏胶法制成的再生纤维素纤维，是人造纤维的一个主要品种。它由天然纤维素经碱化而成的碱纤维素，再与二硫化碳作用生成纤维素黄原酸酯，溶解于稀碱溶液内得到的黏稠溶液称为黏胶。黏胶经一系列纺前处理后进行湿法纺丝，纤维素黄原酸酯在纺丝过程中再生成纤维素（II）纤维，再经一系列的后处理即成黏胶纤维。

黏胶纤维素纤维（Regenerated cellulose fiber）是用纤维素为原料制成的、结构为纤维素 II 的再生纤维。其化学结构式为

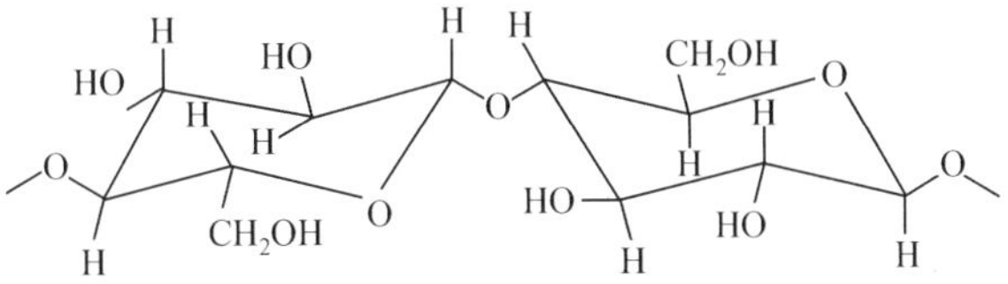

黏胶纤维的原料纤维素纤维多从木材、棉短绒、芦苇、甘蔗渣、竹子等取得。根据制造工艺、纤维结构和性能的不同，黏胶纤维可分成很多品种，见表7.1。各种黏胶纤维的生产工艺如图7.1所示。

表 7.1 黏胶纤维的分类

黏胶纤维
- 普通纤维
  - 长丝
  - 短纤维:棉型、毛型、中长纤维、卷曲纤维
- 高湿模量纤维
  - 波里诺西克(Polynosic)纤维(高强纤维)
  - 变化型高湿模量纤维(HWM 纤维)
  - 高湿模量永久卷曲纤维(HWM 卷曲纤维)
- 强力纤维
  - 普通型强力纤维
  - 超强力型纤维

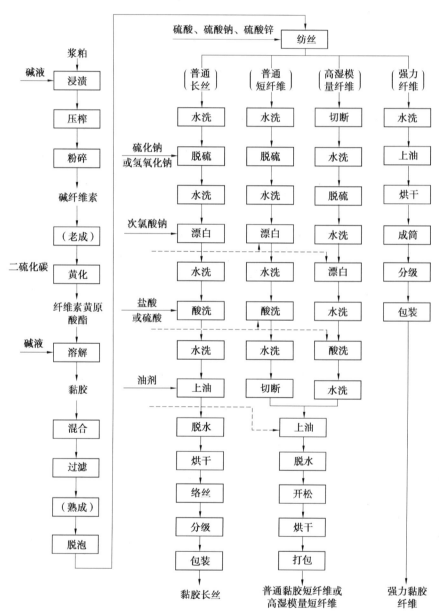

图 7.1 各种黏胶纤维的生产工艺

7.1.2　黏胶纤维生产基本工艺

黏胶纤维的生产通常包括:①黏胶的制备,包括浆粕的准备、碱纤维素的制备及老成、纤维素黄酸酯的制备及溶解。②黏胶的纺前准备,包括混合、过滤、脱泡。③纺丝成型。④纤维的后处理包括水洗、脱硫、漂白、酸洗、上油、干燥等黏胶长丝,还需进行加捻、络丝分级包装等加工;黏胶短纤则需经切断、打包等。图 7.2 为连续法生产普通黏胶短纤维流程示意图。

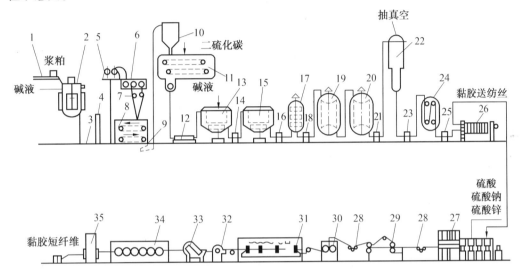

图 7.2　普通黏胶短纤维生产流程示意图

1—浆粕输送带　2—浸渍桶;3—浆料泵;4—压力平衡桶;5—压榨机;6—粉碎机;7—压实机;8—带式老成机;9—送风槽;10—碱纤维素料仓;11—带式黄化机;12—研磨机;13、15—溶解机;14、16、18、21、23、25—齿轮泵;17—PVC 预铺滤机;19、20—熟成桶;22—连续脱泡机;24—脱泡桶;26—板框压滤机;27—纺丝机;28—集束拉伸机;29—塑化浴槽;30—切断机;31—网式后处理机;32—喂毛机;33—开松机;34—圆网烘干机;35—打包机

整个生产过程可以划分为三个部分。

1. 黏胶的制备

包括浸渍、压榨、粉碎、老化、黄化、溶解、熟成、过滤、脱泡等工序。浆粕经质量分数为 18% ~20% 的 NaOH 溶液浸渍,使纤维素转化成碱纤维素、半纤维素被溶出,聚合度部分下降;再经压榨除去多余的碱液。块状的碱纤维素在粉碎机上粉碎后,变为疏松的絮状体,由于表面积增大,有利于随后的化学反应。碱纤维素在氧的作用下发生氧化裂解,使平均聚合度下降至工艺要求,这一过程称为老化。黄化是使纤维素与 CS_2 反应生成纤维素黄原酸酯,由于黄原酸基团的亲水性,使黄原酸酯在稀碱液中的溶解性大为提高。把纤维素黄原酸酯溶于稀碱液中,所得溶液称为黏胶,该过程称为溶解。刚制成的黏胶因黏度和盐值较高而不易成型,必须在一定温度下放置一定时间,此过程称为熟成。在熟成过程中,纤维素黄原酸钠逐渐水解和皂化,使酯化度降低,黏度和对电解质作用的稳定性也随时间而变化。在熟成的同时应进行脱泡和过滤,以除去黏胶中的气泡和不溶性杂质。

2. 纺丝成型

黏胶纤维的成型采用湿法纺丝。黏胶经计量泵精确计量后,压经喷丝孔形成细流,进入含酸和盐的凝固浴。在凝固浴中,黏胶中的碱被中和,细流凝固成丝条,纤维素黄原酸酯分解成再生纤维素。凝固浴是硫酸、硫酸钠和硫酸锌的水溶液,各组分含量因纤维品种不同而不同。

3. 后处理

成型后纤维含有硫酸及其盐类和硫,它使纤维泛黄、手感差、干燥后易受损伤,因此需经过水洗、脱硫、酸洗、上油和干燥等后处理加工。水洗是除去附在纤维表面的硫酸及其盐类和部分硫。脱硫可在氢氧化钠、亚硫酸钠或硫化钠的水溶液中进行。金属离子可用盐酸处理而去除。上油可降低纤维的摩擦因数,减少静电效应,改善纤维的手感,提高纤维的可纺性能。上油后的丝条经过干燥即可包装出厂。黏胶短纤维的切断工序通常在后处理以前进行。强力丝主要作为轮胎或运输带的帘子布,对纤维外观无特殊要求,只需用热水洗去纤维上的硫酸及其盐类,经上油、干燥后即可,故其后处理可在纺丝机上进行。

7.2 黏胶纤维原料

黏胶纤维的基本原料是纤维素(浆粕)。生产过程还需多种化工材料,如烧碱、二硫化碳、硫酸、硫酸锌和纯度较高的水,此外,还有各种辅助材料,如上油剂、消光剂(二氧化钛)及各种有机或无机助剂。各种原材料的单位消耗量,随着纤维的品种、生产方法及这些原材料品质的不同而异。

7.2.1 浆粕

黏胶纤维浆粕按照原料来源,分为木浆、棉浆和草类(如蔗渣、芦苇、芒秆及竹子等)浆;按照制浆方法不同,通常分为碱法(硫酸盐法、苛性钠法)浆、亚硫酸盐法浆和氯碱法浆等;按照用途的不同,分为黏胶长丝浆、普通黏胶短纤维浆、高性能黏胶纤维浆、强力纤维浆和 Lyocell 纤维浆。对再生纤维素纤维用浆粕的品质有如下要求:

1. 纯度高,杂质含量少

浆粕的主要成分是纤维素,其次是非纤维素多糖(五碳糖和六碳糖),此外还有少量的灰分(含铁、钙、镁、锰、硅的化合物)和木质素、树脂等。

①工业上通常用 α-纤维素和半纤维素表征浆粕的纯度。α-纤维素为浆粕浸渍在 20 ℃、17.5% 的 NaOH 水溶液中,在 45 min 内不溶解的部分。因此 α-纤维素是纤维素的长链部分,而半纤维素则是包括浆粕中的非纤维素碳水化合物和浆粕中的短链(聚合度小于 200)纤维素。提高浆粕的 α-纤维素的含量,不仅可以提高成品纤维的收率及设备的生产能力,还可降低化工原料的消耗量。制造高强度的优质黏胶纤维,通常采用 α-纤维素含量高的浆粕。

②半纤维素。若纤维素含量高,则会影响到其后的浸渍、老成、黄化、过滤、熟成等工艺过程,也会降低成品纤维的品质。

③灰分。浆粕中的灰分主要来自纤维素原料、生产用水、化学药剂以及设备、容器、管道等。灰分严重影响黏胶的过滤性能,使碱纤维素老成难以控制,并使黏胶色泽灰暗,浆

粕中的木质素会降低膨润能力和反应性能,延缓碱纤维素的老成,并会使成品纤维产生斑点。因此,浆粕中灰分的含量应尽量少。

④木质素。木质素可以降低浆粕的膨润能力和反应性能,延缓老成时间。有木质素存在,纤维漂白时生成氯化木质素,在碱介质(脱硫浴)中形成有色物,使纤维产生斑点。木质素含量高,丝条手感发硬。

2.纤维素平均聚合度及其分布

对浆粕中纤维素的聚合度要求,根据成品纤维的聚合度而定。制备高强度、高聚合度纤维(如强力黏胶纤维、高性能黏胶纤维),要求高聚合度。但聚合度过高,则因制得的黏胶黏度过高而致过滤困难,或者需要延长碱纤维素老成。各种黏胶纤维浆粕中纤维素的聚合度差异较大,其聚合度通常为 500~1 000。

浆粕中纤维素聚合度分布的分散性要小。实践证明,聚合度大于 1 200 的纤维素,由于黄化性能和黄原酸酯的溶解性能差,会造成黏胶过滤困难;聚合度小于 200 的组分,由于其半纤维素特征,也会使黏胶过滤困难,且纤维的强度、耐磨性能和耐疲劳性能下降。

3.膨化度

膨化度是指浆粕在碱液中的膨化程度,通常以浆粕在标准条件的碱液中浸渍一定时间后的质量或体积增加的倍数或百分数表示,其大小与浆粕中纤维素大分子间的作用力及碱液浸渍条件有关。若膨化度小,则浆粕浸渍不均匀;若膨化度过大,则碱纤维素压榨困难。在连续浸渍压榨时,浆粕的膨化度更不能太大。

4.润湿性

浆粕的润湿性是指试剂渗入浆粕内部的速度,它可以用水滴或质量分数为 18% 的 NaOH 液滴渗透到浆粕内的时间表示。润湿性良好的浆粕用 18% 的碱液测定时,渗入时间最好在 8~15 s。时间太长,浸渍时碱液渗透不匀;润湿速度过高,浆粕的毛细孔易被堵塞,同样造成渗透不匀。

5.反应性能和过滤性能良好

反应性能是指浆粕在碱化、黄化及生成的黄原酸酯的溶解性能;过滤性能是指浆粕制得的黏胶在过滤时的难易程度。若碱化、黄化、溶解不好,则黏胶的过滤性能也不好,两者密切相关。只有使用反应性能良好的浆粕,才能使生产过程顺利进行和制出优质的纤维。表7.2 列举了几种黏胶纤维浆粕的质量指标。

表 7.2 黏胶纤维浆粕的质量指标

质量指标	棉浆(苛性钠法)			木浆(亚硫酸盐法)		蔗渣浆(氯碱法)
	普通短纤用	长丝用	强力丝用	长丝用	短纤用	
α-纤维素/%	≥93.0	≥96.5	≥98.5	≥90	≥89	≥92
戊糖/%	—	—	—	≤4	≤4	≤3.5
聚合度	500±20	555±20	930±20	—	—	800~900
铜氨黏度/(Pa·s)	0.012±0.001	—	0.028 5±0.001 5	0.018~0.022	0.018~0.023	—

续表 7.2

质量指标		棉浆（苛性钠法）			木浆（亚硫酸盐法）		蔗渣浆（氯碱法）
		普通短纤用	长丝用	强力丝用	长丝用	短纤用	
树脂和蜡（苯醇抽提法）/%		—	—	—	≤0.7	≤0.8	≤0.3
灰分/%		≤0.09	≤0.07	≤0.07	≤0.12	≤0.15	≤0.12
铁质/(mg·kg^{-1})		≤20	≤15	≤10	≤20	≤25	≤25
小尘埃/(个·(500 g)$^{-1}$)		≤60	≤40	≤40	≤80	≤100	≤110
大中尘埃/(个·(500 g)$^{-1}$)		≤2	≤2	≤2	不允许	不允许	不允许
吸碱值（质量分数）/%		600±100	600±100	500±10	400~550	400~550	—
膨润度（质量分数）/%		—	160	180±25	400~860	260~400	—
反应性能（CS$_2$/NaOH）		—	—	—	<110/11	<110/11	—
白度/%		≥80	≥82	≥80	≥90	≥85	—
水分/%		9.5±1.5	9.5±1.5	9.5±1.5	10	10	—
定量/(g·m^{-2})	圆网	500±100	500±100	500±100	—	—	—
	长网	700±100	700±100	700±100	600±50	600±50	—

注：小尘埃小于 3 mm^3，中尘埃为 3~5 mm^3，大尘埃小于 5 mm^3

7.2.2 化工原料

1. 烧碱

生产黏胶纤维需用优质烧碱。烧碱中的杂质对工艺过程有直接的影响，其中盐类杂质如 NaCL、Na$_2$CO$_3$、Na$_2$SO$_4$ 等，影响浸渍时浆粕的膨润不均匀，使碱纤维素黄化不均匀，且盐类是电解质，对黏胶有凝固作用，加速黏胶的熟成；烧碱中的铁和锰等金属杂质，在碱纤维素的老化过程中起着催化作用，造成工艺难于控制，金属杂质的存在还使黏胶过滤发生困难，而且铁往往易被氧化成有色氧化物，使纤维产生色斑。

烧碱的制造方法有苛化法、水银电解法和隔膜电解法。其中，水银电解法及采用离子交换膜的隔膜电解法生产的产品纯度较高（为 96%~99%），适宜应用在黏胶纤维生产中。

2. 二硫化碳

纯净的二硫化碳（CS$_2$）为无色、透明液体，相对密度为 1.262（20 ℃），气态密度（以空气为 1 g/cm^3）为 2.670，冰点为 -166 ℃，熔点为 -112.8 ℃，沸点为 46.25 ℃（标准大气压下），在水中的溶解度很小（在 20 ℃时为 0.2%）。

CS_2 有高度的挥发性,挥发度为 1.8(以乙醚为 1)。粗制的 CS_2 气体有萝卜臭味。CS_2 气体与空气混合后具有强烈的爆炸性,爆炸的质量分数范围为 0.8% ~ 52.8%(体积分数)。不论是气态或是液态的 CS_2 都极易燃烧。

CS_2 对人体有毒性,能通过呼吸系统和皮肤进入人体。因此 CS_2 在生产、运输、储存中应采取特别的安全措施。二硫化碳是由含碳物质在高温下与硫黄蒸气进行反应而生成气体 CS_2,再经冷凝、精制后得到纯净的液体 CS_2。所用的含碳物质通常有固体(如木炭、焦炭、煤粉等)和气体(甲烷、丙烯、石油混合气、硫化氢等)两类。根据加热方式的不同,用木炭生产 CS_2 的方法又分为电炉法、外烧炉法、沸腾床法和等离子法。用于黏胶纤维生产的二硫化碳要求纯度较高,需通过蒸馏提纯,蒸发残渣少于 0.005%。

3. 硫酸

纯净的硫酸为无色、透明的油状液体,相对密度为 1.834(15 ℃/4 ℃),沸点为 290 ℃,凝固点为 10 ℃。硫酸对人体有强烈的腐蚀作用,使皮肤严重烧伤,在储存、运输和使用时应十分注意。

黏胶纤维生产使用的硫酸,要求有较高的纯度,硫酸中的金属杂质对于纺丝凝固速度和纤维产品的色泽(特别是染色时的色泽)的鲜艳程度有影响。硫酸中的硝酸成分对设备有强烈的腐蚀作用,故最好使用接触法生产的硫酸。

4. 水

再生纤维素纤维生产耗用的水量大,水的品质对纤维的生产过程及成品质量影响极大,因此对水质要求高。根据用途不同,再生纤维素纤维厂的用水主要有两类:一般用水(用于冷却、清洗等);工艺用水(溶液配制、纤维洗涤等)。一般用水为经过凝聚和过滤的洁净水;而工艺用水为洁净水再经软化处理的软水,其硬度不超过 0.1 ~ 0.3 度。这样高纯度的水,通常用阳离子交换法制备。

7.2.3 浆粕的制备

在各种天然植物材料中,纤维素总是与杂质结合在一起,因此不能将植物直接用于制造黏胶纤维,而必须把纤维素从植物材料中分离出来。其目的是除去植物中各种非纤维素杂质,如半纤维素、木质素、灰分等;尽可能充分和均匀地破坏纤维素的初生胞壁和纤维素大分子间的结合键,以提高浆粕的反应性能;适当降低纤维素的聚合度。

制造黏胶纤维浆粕的工业方法有碱法、亚硫酸盐法和氯化法等。此外,还有正在研究的助溶剂法、硝酸法、氯碱法等。应根据天然纤维原料的种类、浆粕的品种和规格,以及化学药品的供应情况及消耗量而定选择制造黏胶纤维的方法。

用碱法或硫酸盐法处理阔叶树及草类纤维时,为了使多糖物质的含量减少到最低程度并提高浆粕的品质,常在蒸煮前用稀硫酸或蒸汽对原料进行预水解处理。此外,为了进一步除去纤维素的低分子组分,往往在漂白和洗涤之后,对纤维素浆进行精制处理。精制是在常温或高温下用浓碱或稀碱液进行处理。

1. 碱法制浆

碱法制浆是用烧碱或硫化钠溶液,在适当的温度和压力下,从纤维素原材料中分离纤维素的方法。它对植物原材料的要求较低,一般结构紧密,油脂、蜡质含量较高的木材也可适用。碱法制浆主要有苛性钠(烧碱)法、预水解苛性钠法、预水解硫酸盐法等。

（1）苛性钠法

该法多用于制造棉绒浆粕。其生产工艺过程主要包括备料、蒸煮、精选、精漂、脱水和烘干。苛性钠法制棉绒浆粕的工艺流程如图7.3所示。

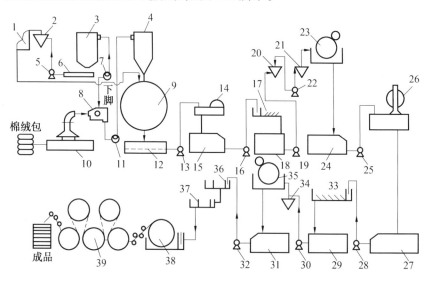

图7.3 苛性钠法制棉绒浆粕的工艺流程

1—曲筛；2、20、21、34—除砂器；3—水膜除尘器；4—旋风分离器；5、13、16、19、22、25、28、30、32—浆泵；6—溜槽；7、11—风机；8—除杂机；9—蒸球；10—撕棉机；12—洗料池；14—打浆机；15、24、27、31—储浆池；17、33—沉砂槽；18、29—稀释池；23、35—圆网脱水机；26—漂白机；36—调浆箱；37—稳浆箱；38—抄浆机；39—烘干机

制浆原料经过预处理除去砂粒、表皮、棉籽等杂质。在一定浴比（碱液体积与原料绝干质量之比）下蒸煮，蒸煮的方式有间歇式和连续式两种。棉浆的间歇式蒸煮浴比为1∶（3~4），蔗渣浆连续蒸煮浴比为1∶（4~5）；棉浆蒸煮的用碱率为15%~18%；蔗渣浆的用碱率为10%~12%。通常，间歇法蒸煮棉浆用150~170 ℃，4~6 h；连续法蒸煮蔗渣浆用130~140 ℃，40~50 min。

蒸煮后的浆料，经过洗涤、打浆、筛选、除砂、浓缩等进行精选，精选后的浆料在精漂池中分批或在管道中连续进行精漂，除去浆料中的有色杂质和残存的木质素、灰分和铁质，进一步提高纤维素的反应性能，并最终调节纤维素的聚合度。再经酸处理降低浆粕的灰分后脱水烘干，根据需要，浆料可加工成散浆或浆板。

浆料的精漂，通常采用综合的化学方法，包括氯化、碱处理、次氯酸盐漂白和酸处理四个阶段。精漂后的浆料可再漂白，其目的是进一步除去浆粕中残余的木质素和有色杂质，提高浆的白度，并调节浆的聚合度。漂白剂有次氯酸钠、二氧化氯、过氧化氢等。它们可以单独使用，也可混合使用，分段进行漂白。

间歇式蒸煮设备有立式、卧式、回转式或固定式蒸煮锅（或蒸球）；连续式蒸煮设备常用多段的立式或水平式的管状蒸煮器。

（2）预水解苛性钠法

此法与苛性钠法制浆原理和制浆过程相同，唯一不同的是在碱蒸煮之前，先将纤维原料进行预水解处理，即在一定的温度、压力下，纤维原料用水、稀酸或蒸汽进行处理。

（3）预水解硫酸盐法

预水解硫酸盐法也是碱法制浆的一种，此法蒸煮所用蒸煮液的主要成分是烧碱和硫化钠。其生产过程及工艺控制与预水解苛性钠法基本相同，只是所用蒸煮液成分不同而已。预水解硫酸盐法适用于树脂和多缩戊糖含量高的纤维原料，如木材中的落叶松、阔叶树及草类纤维中的甘蔗渣等。制得的浆粕α-纤维素含量高，多缩戊糖含量低，反应性能良好。

2. 亚硫酸盐法制浆

亚硫酸盐法制浆，适用于结构紧密的纤维原料，如针叶木等。近年来，由于工艺技术的发展，扩大了适用范围，故可用于阔叶木和草类，如甘蔗渣、芒秆等的制浆。亚硫酸盐法制浆的工艺过程与苛性钠法相同，也可分为原料的准备、蒸煮、精选、精漂、脱水和烘干等过程。亚硫酸盐蒸煮液是用亚硫酸氢盐的亚硫酸溶液。盐基含有钙、钠、铵或镁。蒸煮时，纤维原料主要发生下列变化：

①木质素在较低温度（60～70 ℃）下迅速发生黄化反应，生成固体的木质素黄原酸。然后固态的木质素黄原酸缓慢地水解而溶出，使纤维素得以分离。

②半纤维素局部水解成单糖或寡糖而溶出。

③在高温、高压和酸液的作用下，纤维细胞的初生壁受到破坏，使纤维素的反应性能提高。

④纤维素的聚合度不断下降，尤其是在木质素大部分溶解之后，聚合度下降更为迅速。生产上往往就利用这段时间来调节精漂的聚合度。树脂在蒸煮时较难除去，但在蒸煮后用温水洗涤，可除去树脂的大部分。

亚硫酸盐蒸煮法，通常采用立式蒸煮锅分批进行。蒸煮过程基本上分为两个阶段：首先是将物料在3～4 h内逐步加热到105～115 ℃，并保温2～3 h，然后再升温至140～145 ℃，蒸煮8～12 h。

粗浆料的精选、精漂、脱水和烘干过程与碱法制浆基本相同。亚硫酸盐法制得浆粕的反应性能好，浆的收率（对木材而言）较高。

7.3　纺丝原液(黏胶)的制备

由于纤维素是典型的刚性分子，分子间的作用力很强，不溶于普通的溶剂，故必须把纤维素转化成酯类，再溶解成纺丝溶液，经再生成型为再生纤维素纤维。因此与前面讨论的聚丙烯腈纤维等合成纤维相比，黏胶纤维纺丝原液的制备要复杂得多，它包括浸渍、压榨、粉碎、老化、黄化、溶解、熟成、过滤、脱泡等工序。现将各过程分述如下。

7.3.1　浆粕的准备

浆粕使用前要有一个准备过程。根据浆粕的生产、性质、运输情况以及黏胶纤维生产工艺和设备的不同，对浆粕的准备也有不同的要求。通常要经过储存、调湿、混粕等过程。

1. 浆粕的储存

黏胶纤维厂储存的浆粕量，以能保证维持连续生产，并有足够批数的浆粕进行混合为宜。根据运输及供应的不同，储存量也不同。一般储存量约为一个月生产所需的浆粕量。

如果建立大型的浆粕-纤维生产联合企业,纤维厂浆粕的储存量还可大为降低。

2. 浆粕的调湿

浆粕的含水率直接影响黏胶的生产工艺。含水率的高低不是主要因素,主要是含水率的均匀性。含水率的波动将使纤维素的碱化、老成和黄化不均匀,从而使制得黏胶的过滤性能变坏,成品纤维的质量下降。

浆粕含水率的波动应控制在±2%以内,否则要进行烘干或调湿。由于浆粕的烘干和调湿需要很大的车间且花费相当大的劳动力,故一般采取下列措施,而不设专门的调湿间。

①加强浆粕生产、包装、运输和储存过程的管理。

②使用前将含水率相近的浆粕进行混合和搭配。

③使用时根据含水率不同适当调整浸渍工艺,以制得符合要求的碱纤维素。

3. 浆粕的混合

浆粕混合的目的是尽量减少或消除各批浆粕间性质差异所造成的影响,使生产工艺正常、连续、稳定,通常采用5~7批浆粕相混。

7.3.2　碱纤维素的制备

1. 碱纤维素的制备方法

黏胶纤维生产的第一个化学过程是使纤维素碱化成碱纤维素,工艺上称为浸渍。碱纤维素的制备主要包括如下三个过程,即碱化、压榨和粉碎。因所用设备不同,碱纤维素的制备方法有三种,即古典(间歇)法、五合机法及连续法。

(1)古典法

古典法制碱纤维素的各个工艺过程是分批、间歇地进行。碱化和压榨在浸渍压榨机上进行,粉碎在独立的粉碎机上进行。间歇法制碱纤维素的优点是工艺稳定,碱纤维素的组成、压榨度、粉碎度以及纤维素的聚合度易控制。该设备在生产强力黏胶纤维和高性能黏胶纤维的中小型工厂仍有使用。但该设备因生产效率低、设备笨重、占地面积大、操作繁琐,因而现代的大型黏胶纤维厂一般不采用。

(2)五合机法

五合机法是把碱纤维素和黏胶的制备过程(包括浸渍、粉碎、老成、黄化、初溶解五个工序)在同一台设备内完成的方法,也称一步制胶法。该法的优点是既缩短了工艺流程和生产周期,又减少了设备量,从而减少了车间面积和投资量。其缺点是能源浪费较大,对原材料的质量要求较高;蝇用量大,增加环境污染。目前,五合机法在国内外的黏胶短纤维厂有一定程度的使用。

(3)连续法

连续法制碱纤维素是使浸渍、压榨和粉碎连续进行。连续法具有如下优点:在大浴比下进行浸渍,浸渍较均匀,而且有利于半纤维素等杂质的溶出;对浆粕的适应性较强,可以处理片状浆粕,也可使用含湿较高的散浆;生产自动化和连续化程度较高,劳动条件好,生产效率高;结构紧凑,设备占地面积小。该法制碱纤维素是黏胶纤维生产技术的重大发展,在现代化的大型黏胶纤维厂得到了广泛应用。但也存在一些缺点,如物料连续进出,使浆粕碱化均匀性难以保证;浆粥压榨较困难;因压榨过程的黄液和黑液难以分开,故碱液回收较困难。

2. 纤维素的碱化

浆粕浸在一定浓度、一定温度的碱液中,生成碱纤维素,这一过程工艺上称为浸渍,又称碱化。浸渍的目的是制备碱纤维素,溶出浆粕中的半纤维素和使浆粕膨化,以提高其反应性能。因此,在碱化过程中,纤维素发生一系列的物理化学及结构上的变化。

(1)碱化过程的化学反应

纤维素与 NaOH 作用,生成碱纤维素。该反应既可形成复合物,又可生成醇化物。其反应式为

$$[C_6H_7O_2(OH)_3]_n + nNaOH + nH_2O \longrightarrow [C_6H_{10}O_5 \cdot NaOH]_n + nH_2O$$

$$[C_6H_7O_2 \cdot (OH)_3] + n \cdot xNaOH \longrightarrow [C_6H_7O_2(OH)_3 - x(ONa)_x]_n + n \cdot xH_2O$$

研究认为,纤维素葡萄糖基环第二位碳原子上的仲羟基,有较强的酸性,与碱作用容易生成醇化物,而第六位上的伯羟基酸性较弱,则容易生成复合物。

生成碱纤维素的反应是可逆反应,又是放热反应,因此大分子内反应的羟基数以及所得的碱纤维素组成,取决于正逆反应的速度比,随温度、碱浓度等反应条件而改变。

浸渍时,除了生成碱纤维素的反应外,还发生了一系列的副反应,如浆粕中的半纤维素碱化反应、部分纤维素的碱性氧化降解反应等。

(2)纤维素结构的变化

纤维素与碱作用,在一定的条件下,纤维素的天然结构消失。随着碱液浓度、温度的变化,生成五种碱纤维素结构变体,每种变体都有相应的结晶形态,可以根据 X 射线衍射图像,也可根据其他特征(特别是按结合碱量)加以区分。

对于制备黏胶的碱纤维素,只有当 NaOH 的质量分数为 10% ~ 20%,温度为 0 ~ 30 ℃时制得的碱纤维素 I 才具有实际用途,单元结构体积为 $2.79 \times 10^5 \ nm^3$(天然纤维素为 $1.655 \times 10 \ nm^3$)。

实际生产中的碱液质量分数以 17.75% ~ 18.25% 为宜,高于这一浓度时,纤维素的膨润度、溶解度及反应性能都下降。若碱液浓度过低,则天然纤维素的结构破坏不完全,降低纤维素黄原酸酯在稀碱液中的溶解度。

(3)浆粕的膨化和半纤维素的溶出

浆粕浸渍于 NaOH 水溶液中即发生膨化,其膨化可达 4 ~ 10 倍,在膨化的同时,低分子多糖部分(半纤维素)不断溶出。由于膨化浆粕中的毛细管扩大,比表面积明显增加,由原来的 $8 \ m^2/g$ 增大至 $300 ~ 400 \ m^2/g$。

膨化的实质,是由于碱液中的水化钠离子 $[Na(H_2O)_x]^+$ 扩散进入浆粕内部,使纤维素大分子间距离拉开,当膨化到一定程度时,不但非结晶区大分子距离增大,结晶区结构也受到一定程度的破坏。

影响浆粕膨化的重要因素有碱液的浓度、温度、无机盐和表面活性剂的存在等。提高温度能降低 NaOH 的化学结合量并减少其水化层的厚度,所有这些因素都使膨化度下降。盐类杂质的存在能增加对碱金属离子结合水的竞争,从而使纤维素的膨化度下降。此外,浆粕膨化过程中的毛细管吸附作用,在很大程度上取决于表面活性剂的种类和用量,从而影响纤维素的膨化度。

浆粕的膨化作用,对制备黏胶有十分重要的意义。由于膨化,使浆粕在黄化反应时,

CS_2 向内扩散的速度加快;而且由于膨化,破坏了纤维素大分子间的氢键,使更多的羟基游离出来,提高了黄化反应能力;浆粕的膨化有利于半纤维素溶出和提高黏胶和成品纤维的质量。

3. 碱纤维素的压榨和粉碎

(1)压榨

浆粕经浸渍后把多余的碱液压除,这一过程在工艺上称为压榨。压榨程度可用压榨倍数,即用碱纤维素压榨后的质量与浸渍前干浆粕质量的比值表示,也可用碱纤维素中 α-纤维素的含量表示。压榨度越高,压榨倍数越小,α-纤维素的含量越高。通常控制碱纤维素的压榨倍数为 2.8 ~ 3.3 或 α-纤维素质量分数为 29% ~ 32%。

通过压榨,也可把溶于碱液中的半纤维素压除,降低碱纤维素中的半纤维素含量。

碱纤维素的压榨性能受浆粕的性质和浸渍条件影响:浆粕的膨化度小、纤维长、半纤维素含量少,则有利于压榨;碱纤维素膨化度大、半纤维素含量高、浸渍碱液黏度大,则不利于压榨。

(2)粉碎

将碱纤维素撕碎的过程,工艺上称为粉碎。碱纤维素粉碎成细小的微粒(通常为 0.1 ~ 5.0 mm),增大了反应表面积,有利于提高黄化反应的速度和均匀性,以制得溶解性能和过滤性能良好的黏胶。

粉碎后的碱纤维素比较疏松,其堆积密度为 90 ~ 110 kg/m³,过大的体积导致老成和黄化设备的生产效率降低。因此,连续法生产时,碱纤维素经粉碎后又将其适当压实,表观密度控制在 120 ~ 150 kg/m³。

4. 碱纤维素制备的工艺控制

(1)浸渍时间

在浸渍过程中,碱溶液渗透到纤维素内部以及碱纤维素的生成速度都很快,一般在 2 ~ 5 min内即可完成。这一速度与浆粕的密度有关。因浆粕的批号不同,其速度可以相差 3 ~ 4 倍。但半纤维素的溶出时间较长,这一时间决定了浸渍所需要的时间。采用半纤维素含量少的精制木浆或棉绒浆,均能缩短浸渍时间。通常工艺中所采用的浸渍时间为:古典法为 45 ~ 60 min;连续浸渍法可缩短到 15 ~ 20 min;五合机法为 30 min,甚至更少。

(2)碱液的浓度

理论上制取纤维素Ⅰ所需的碱的质量分数为 10% ~ 20%,但实际采用的浸渍液浓度应比生成碱纤维素的最低理论值要高,这是因为碱液渗透到纤维素内部时,要被纤维素所含的水分稀释;碱和纤维素作用时要消耗一部分 NaOH;反应所放出的水分都会使碱液的浓度下降。若浆粕含水率较高时,浸液的浓度应更高。在相同条件下,如采用散浆浸渍,因达到纤维内外碱浓度平衡较快,故其浸液浓度可比片状浆粕浸渍时的浓度略低。

采用具有正常反应性能的亚硫酸盐木浆,按古典法生产时,浸液的质量浓度为 220 ~ 230 g/L(浸渍温度为 20 ~ 25 ℃),而采用反应性能较差的木浆时,碱液质量浓度应增至 240 g/L。对于连续浸渍机及五合机,因碱化温度较高,所以浸液的质量浓度应比古典法浸渍高 10 ~ 20 g/L。

但碱的质量浓度太高,在经济上和工艺上都不合适。碱的质量分数提高到 22% ~ 24% 时,所得纤维素黄原酸酯的溶解度反而降低,并使黏胶过滤性能变差。

（3）浸渍温度

在其他条件相同时,低温有利于碱纤维素的生成,但纤维素剧烈膨化而致使压榨困难;温度过高又会使碱纤维素的水解反应和氧化降解反应加速。古典法的浸渍温度一般不超过25 ℃,连续法和五合机法采用较高浸渍温度,一般为40~45 ℃。对膨化度大的浆粕,为了能顺利进行压榨,连续浸渍的温度还要适当提高。

5. 制备碱纤维素的设备

连续法制备碱纤维素的设备有多种形式,较普遍应用的是LR连续浸压粉联合机(图7.4)和毛纳尔(Mauner)型连续浸压粉联合机。

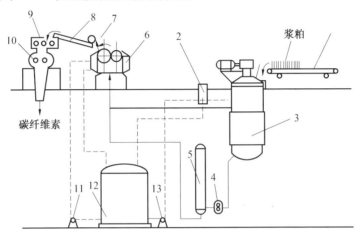

图7.4 LR型连续浸压粉联合机流程示意图

1—浆粕输送带;2—碱液计量桶;3—浸渍桶;4—浆粥泵;5—压力平衡桶;6—压榨机;7—预粉碎辊;
8—输送带;9—粉碎机;10—压实机;11—冲洗碱液泵;12—工作碱液桶;13—碱液泵

（1）LR型连续浸压粉联合机

浆粕垂直地叠置于输送带上,连续向前输送,并由分页刀均匀地拨入浸渍桶中。与此同时,浸渍碱液也连续定量地由碱液泵经碱液计量桶送入浸渍桶中。在浸渍桶内,浆粕被搅拌叶搅拌,并与碱液充分混合,形成浆粥。浆粥在桶内不断循环的同时,一部分便定量地从底部出口流出,由浆粥泵送入压力平衡桶。通过压缩空气的调节,使平衡桶内浆粥以恒定的压力平稳地送往压榨机进行压榨。压榨后的碱液过滤后回至工作碱液桶,碱纤维素则经预粉碎、细粉碎,形成松软的碎屑,连续均匀地送出。浸渍桶(图7.5)是直立的圆桶,总容积为5.6 m³。桶盖上装有进料斗、观察孔及转动装置等。在桶的2/3处有碱液进料管及浆料回流管接头。桶的底部

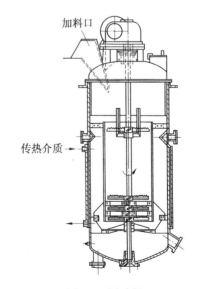

图7.5 浸渍桶

有出料管接头和排污管接头,桶外壁中部有调温水套。浸渍桶内装有一固定套筒,下面有假底,筒内有搅拌轴,轴上装有两组搅拌翼片,其作用是将浆粕捣碎,与碱液混合成浆粥,并推动浆粥沿套筒的内外侧循环。

LR 型连续浸压粉联合机中的辊式压榨机(图7.6)主要由两个平行而转向相反的压辊组成。其中一个压辊带突缘,与另一个压辊紧嵌在一起,碱纤维素在两辊间受到压榨。压辊的表面或沿周向排列有 0.9 mm 宽的沟槽(称为沟槽式),或者分布有直径为 0.9 mm 的小孔(称为网孔式),压榨的碱液进入沟槽或网孔,经由滚筒的两端流出,并回流至碱液桶中。两压辊的距离及转速根据机台生产能力大小和碱纤维素压榨的程度来调节,通常分别为 1 ~ 22.5 mm 及 0.35 ~ 2.1 r/min。两压辊与下面的浆粥槽形成密闭的压榨室。在浆粥槽内有三根螺旋搅拌器,不断搅拌,把碱纤维素送给压榨辊进行压榨,以免碱纤维素沉积在槽底。压榨后的碱纤维素层被刮刀剥下,送去粉碎。

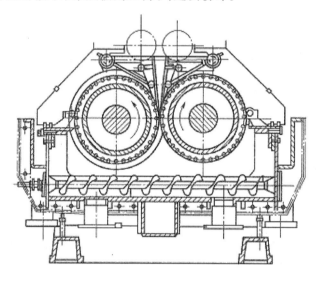

图 7.6　辊式压榨机

(2)毛纳尔型连续浸压粉联合机

毛纳尔型连续浸压粉联合机的工艺流程与 LR 型浸压粉联合机相似。它主要由浆料输送带、碱液计量桶、混合桶、中间桶、浆粥泵、压榨机、粉碎机等组成。

毛纳尔型联合机采用长网压榨机(图7.7)和辊式压榨机两道压榨。长网压榨机主要是上、下两条运动的无端金属网带,网的宽度为 1 500 mm,网带从入口到出口逐渐靠近(其间距通常入口处为 40 mm,出口处为 20 mm),使碱纤维素层在网带间受到压榨。碱纤维素的压榨倍数,决定于碱纤维素层的厚度、网间距离和网的运动速度。通常碱纤维素层厚度约为 20 mm,网速为 2 ~ 2.3 r/min,压榨后碱纤维素含 α-纤维素约为 25%。由于网的坚牢度限制,要进一步提高压榨倍数就有困难,为此,还要在辊轴式压榨机中进行补充压榨。辊轴式压榨机是一对直径为 607 mm,表面刻有沟槽的铁辊,压榨后碱纤维素中 α-纤维素质量分数可达 32% ~ 33%。

7.3.3　碱纤维素的老成

粉碎后的碱纤维素在恒定的温度下保持一定时间,在空气中氧化降解,聚合度下降至

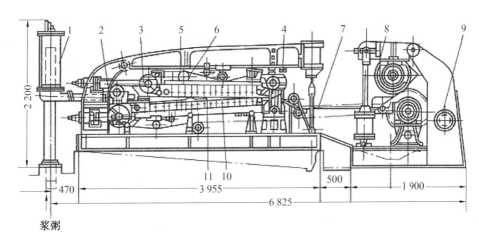

图7.7 毛纳尔型长网压榨机简图

1—压力平衡桶；2—浆粥槽；3—被动辊；4—主动辊；5—张力辊；6—上网带；7—输送皮带；8—压榨辊；9—预粉碎辊；10—下托辊；11—下网带

工艺要求，这一过程称为碱纤维素的老成或老化。老成的目的是调节制成黏胶的黏度和最终成品纤维的聚合度。例如，原始浆粕中纤维素的聚合度是700~1 000，制备普通黏胶纤维和高强力纤维的聚合度分别为300~350和400~600，虽然纤维素在浸渍和黄化等过程中会发生部分降解，但仍需经过专门的老成过程；但对生产高聚合度黏胶纤维（如波里诺西克纤维），则一般无须经专门的老成过程。

纤维素分子中的苷键容易被酸水解，但对碱的稳定性较强。因此，碱纤维素的降解主要是氧化降解，而碱降解不是主要的。纤维素的氧化降解，主要是由于氧化，大分子上的羟基氧化成羰基及其过氧化物，使连接各葡萄糖基环的苷键（氧桥）变弱而断裂。

1. 碱纤维素老成的工艺控制

碱纤维素的降解在起始阶段都较迅速，随着时间的推移，降解的速率也逐渐下降。老成温度与老成时间的作用效果是互相联系的，并可在一定程度上互相补充。在其他条件相同时，提高老成温度，可缩短老成时间（图7.8）。

老成温度和老成时间，应按下列原则来确定。

①粉碎后碱纤维素聚合度越高，或要制备的黏胶的。纤维素的含量越高，则老成所需的时间越长，或相应提高老成温度。碱纤维素的压榨度低，即游离碱的含量高，则所需老成时间长，或老成的温度高；反之，若碱纤维素的结合碱量高和游离碱含量低，则所需的老成时间短，或老成的温度低。

②碱纤维素中若含有还原剂或一些金属杂质，如金、银之类，或含有较多的半纤维素、木质素等，则老成所需的时间长，或老成的温度高；反之，碱纤维素中含有氧化剂或氧化的

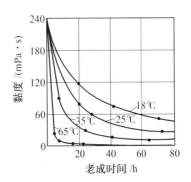

图7.8 老成时间及老成温度对碱纤维素降解的影响

催化剂,如铁、锰、钴、锌等,则老成所需时间短,或老成温度低。

按照老成温度不同,生产上采用的老成方式有三种:常温老成(18~25 ℃),时间为40~60 h、中温老成(30~34 ℃),时间为 12~18 h、和高温老成(50~60 ℃),时间为 1~5 h。生产普通黏胶长丝,通常采用低温或中温老成,生产普通黏胶短纤维却多用高温老成。

2.加速老化过程方法

采用以下方法可加速老化过程:①采用聚合度较低的浆粕,②在浸渍或粉碎工序中加强纤维素的降解,③添加氧化剂以加速碱纤维素的降解;④加入降解剂。

3.碱纤维素老成设备

(1)高温老成鼓

R121 型高温老成鼓(图 7.9)由两个有夹套的圆鼓组成。两鼓上、下重叠式排列,或水平式前、后排列。第一鼓为老成鼓,第二鼓为冷却鼓,两鼓的结构相同。

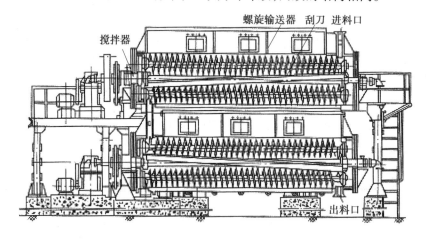

图 7.9　R121 型高温老成鼓

鼓内装有一对推进刮刀和一对螺旋搅拌器。推进刮刀与鼓壁间距为 5~20 mm,刮刀有一定的斜度(螺旋角为 3°),以 1.4 r/min 的速度旋转,它一方面把碱纤维素向前推进,另一方面又将黏附于鼓壁上的碱纤维素刮下来。两个螺旋搅拌器中,一个左旋,另一个右旋。此外,它们又绕着鼓体主轴公转,以推动和翻松碱纤维素。碱纤维素在鼓内受到充分搅拌和不断向前移动的同时,完成老成过程。其后,碱纤维素在冷却鼓中以同样的方式完成降温过程。

在老成鼓和冷却鼓夹套中通入调温水,以调节碱纤维素的温度。调温水系统均由自动调节系统进行控制。

高温老成鼓的优点是能连续化、自动化生产,生产效率高,占地面积小,劳动条件好,室温也不必调节;缺点是老成温度高,且同一批碱纤维素的各部分在鼓内停留的时间不完全一致,因而老成不十分均匀,纤维成品的品质受到一定影响。高温老成鼓在普通黏胶短纤维生产中得到广泛应用。

(2)回转圆筒式老成鼓

回转圆筒式老成鼓由两个直径为 2.7 m,带有调温夹套的圆筒组成,前一个为老成鼓,长度为 24 ~ 40 m,后一个为定温鼓,长度较短,为 12 ~ 20 m。鼓内设有推进刮刀和螺旋推进器。鼓体安装成 1/100 的倾斜度,靠鼓体的旋转,使碱纤维素向前移动。与高温老成鼓相比,回转圆筒式老成鼓的体积庞大,设备笨重,占地面积大,采用中温老成(25 ~ 35 ℃),故碱纤维素老成比较均匀。

(3)多层输送带式连续老成设备

多层输送带式连续老成设备,其中一种是在老成室内装设的一种重叠的、由塑料制成的无端输送带。输送带上的碱纤维素层从加料处顺着一定方向一层层地移动至出料口,并完成老成过程。碱纤维素连续老成输送带如图 7.10 所示。

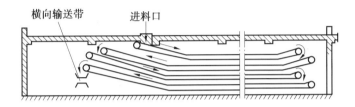

图 7.10 碱纤维素连续老成输送带

输送带的层数、长度和宽度,是根据设备的生产能力及老成时间等要求来设计的,通常有 2 ~ 6 层,长度为 70 ~ 80 m,宽度为 2 ~ 5 m。

输送带的速度可在很大范围内调节。碱纤维素在带上停留 18 ~ 32 h。每台设备的生产能力可达每天 20 t 纤维成品。

这种设备最大的缺点是要对整个老成室安装空调,室内保持 90% ~ 92% 的相对湿度,以避免碱纤维素表面水分过多蒸发(风干);室内温度通常不超过 25 ~ 26 ℃,以避免劳动条件恶化。

新近设计的带式连续老成装置,是采用耐腐蚀的钢板嵌成箱体,老成带装于箱内,采用全自动控制,以调节箱内温度和老成带运动速度,省却了整个老成室的空调。

7.3.4 碱纤维素的黄化反应

纤维素大分子上带有大量的羟基,在一般情况下,它们相互作用而生成牢固的氢键,阻碍着纤维素溶解于普通溶剂中,纤维素经碱化后,虽然削弱了部分氢键,使大分子间距离增大,但尚不能溶于普通溶剂,故必须对碱纤维素进行黄化。通过黄化,一方面在纤维素大分子上引入黄原酸基团,从而增大纤维素大分子间的距离,削弱大分子间的氢键;另一方面,由于具有亲水性的黄原酸基团,与溶剂接触时发生了强烈的溶剂化作用,使纤维素黄原酸酯有可能在水中或溶液中溶解。黏胶就是纤维素黄原酸酯溶解于稀碱中的溶液。黄化是使纤维素与 CS_2 反应生成纤维素黄原酸酯,由于黄原酸基团的亲水性,使黄原酸酯在稀碱液中的溶解性大为提高。

1. 黄化过程的化学反应

(1)黄化过程的主反应

碱纤维素的黄化反应发生在大分子的葡萄糖基环的羟基上,反应式为

$$[C_6H_7O_2(OH)_{3-x}(ONa)_x]_n + nxCS_2 \rightleftharpoons [C_6H_7O_2(OH)_{3-x}(O\overset{\displaystyle S}{\overset{\displaystyle \|}{C}}SNa)_x]_n$$

式中,x 为取代度,即表示一个葡萄糖基环中被取代的羟基数目或黄原酸基数目。为方便起见,碱纤维素的黄化产物习惯上也用 $[C_6H_9O_4OCS_2Na]_n$ 表示。

通常也有用 r 值来表示黄化反应程度(酯化度)。r 值指平均每 100 个葡萄糖基环结合 CS_2 的摩尔数。实际上其反应机理很复杂。

(2)黄化时的副反应

黄化体系十分复杂,有碱纤维素、NaOH、CS_2、半纤维素及水,反应过程又有许多生成物,如纤维素黄原酸酯、多硫化物等。在主反应发生的同时,也发生了复杂的副反应。副反应主要有以下三类。

①纤维素黄原酸酯的水解和皂化。其反应式为

$$(C_6H_9O_4 \cdot OCS_2Na)_n + nH_2O \rightleftharpoons (C_6H_9O_4 \cdot OCS_2H)_n + nNaOH$$
$$\longrightarrow nCS_2 + (C_6H_{10}O_5)_n$$

$$3C_6H_9O_4 \cdot OCS_2Na + 3NaOH \longrightarrow 2nNa_2CS_3 + nNa_2CO_3 + 3C_6H_{10}O_5$$

②CS_2 和 NaOH 反应。其反应式为

$$CS_2 + 4NaOH \longrightarrow Na_2CO_3 + 2NaHS + H_2O$$
$$2CS_2 + 4NaOH \longrightarrow 2Na_2CO_3 + Na_2CS_3 + H_2S + H_2O$$
$$3CS_2 + 6NaOH \longrightarrow 2Na_2CS_3 + Na_2CO_3 + 3H_2O$$
$$2CS_2 + 6NaOH \longrightarrow Na_2S + Na_2CO_3 + Na_2CS_3 + 3H_2O$$

③半纤维素的黄化反应及黄化产物的分解。碱纤维素中半纤维素同样可以与 CS_2 反应生成各种多糖的黄化产物,此类多糖黄原酸酯也能发生皂化和分解。

工业生产中,虽然不能完全排除副反应,但应尽量减少副反应的发生。因为,副反应能消耗大量的 CS_2,并且随着温度的上升,消耗于副反应的 CS_2 也增多;碱纤维素中的部分游离碱被消耗,使黏胶的稳定性降低;副产物在凝固浴中分解而析出 H_2S 和 CS_2,使环境受到污染。

2. 黄化的方法及其工艺控制

按照反应体系中纤维素含量的高低以及它们的多相性分类,黄化的主要方法有以下三种。

(1)干法黄化(纤维素的质量分数为 28% ~ 35%)

在温度为 26 ~ 35 ℃ 的真空状态下进行,因此大部分的 CS_2 处于气态,而碱相由无定形的溶胀纤维素、NaOH、H_2O 和少量的 CS_2 组成。该法应用很广。

(2)湿法黄化(纤维素的质量分数为 18% ~ 24%)

通常在较低温度(18 ~ 24 ℃)和有补充碱的情况下进行,体系中的二硫化碳基本处于液相。该法适合于为加速黄化过程和提高黏胶质量时采用。

(3)乳液黄化

所有二硫化碳均处于液相乳液状态,而且主反应主要受扩散的限制。该法没有工业生产价值,主要在研究工作时采用。

黄化过程控制的工艺参数主要有以下几点。

①黄化温度。黄化温度直接影响反应速度、反应均匀性和黄原酸酯的 r 值,因而影响黄原酸酯的溶解性能、黏胶的过滤性能和可纺性能。

黄化反应是放热反应,从反应热力学角度考虑,在其他因素相同的条件下提高温度,

纤维素黄原酸酯所能达到的最高酯化度(r 值)下降;但从反应动力学角度考虑,提高温度,反应速度提高,到达最高酯化度的时间可缩短;提高温度,副反应速度也加快,纤维素黄原酸酯的分解加速以及 CS_2 在副反应中的消耗量也增加,见表 7.3。

表 7.3   黄化温度对黄化过程的影响

黄化起始温度/℃	黄化时间/min	酯化度	黏胶过滤性能/s	在副反应中消耗 CS_2 的量/%
22	90	50.8	60	25.0
27	60	50.4	57	25.2
32	45	48.6	70	25.6
37	30	46.0	68	28.8
42	15	45.0	86	31.8

为制得结构和组成均一的黄原酸酯,黄化过程必须严格控制温度曲线。生产中可按两种不同方法控制,即升温黄化(开始温度为 25～26 ℃,最终温度为 32～34 ℃)和倒温黄化(开始温度为 30～33 ℃,最终温度为 25～27 ℃)。在某些情况下,也有采用定温黄化的。采用倒温黄化法可省去冷却碱纤维素的过程,从而提高黄化设备利用率。

②CS_2 加入量。黄化时加入 CS_2 的量,取决于纤维素黄原酸酯要求的酯化度、CS_2 的有效利用率以及纤维素的来源及性质。

影响纤维素黄原酸酯在水或稀碱中溶解的根本原因,是黄原酸酯的酯化度及其在长链分子上分布的均匀性。据研究表明,酯化度为 50 的黄原酸酯,不仅能溶于稀碱,而且还能溶于水。因此,制备普通黏胶短纤维的黄原酸酯,其酯化度通常也控制在 50 左右,CS_2 相应的用量为 30%～35%(相对于 α-纤维素质量)。

不同的纤维产品要求黏胶具有不同的 r 值,故黄化时的 CS_2 加入量各不相同。例如,富强纤维黏胶的 r 值应为 80～90,CS_2 加入量为 45% 左右;高湿模量黏胶纤维的 r 值为 50～65,CS_2 加入量为 40%;强力黏胶纤维的 r 值应不低于 75,CS_2 加入量为 40%;普通黏胶纤维的 r 值一般只有 45～55,CS_2 加入量为 30%～36%。

黄化时 CS_2 的有效利用率取决于反应的 CS_2 的量及黄化主反应和副反应消耗量的比例。因而与黄化的方法及所用的工艺条件有关。为了制取酯化度相同的黄原酸酯,如果采用不同的生产方法或采用不同的工艺条件,则加入的 CS_2 的量也要相应改变。如五合机法制黏胶,CS_2 的用量比常规法高,通常为 36%～40%;又如在常规法黄化中,当碱纤维素中游离碱含量或半纤维素含量降低,或者黄化温度降低,都可以相应降低 CS_2 的用量。这是因为在上述条件下,黄化副反应消耗的 CS_2 的量相应减少了。试验说明,采用低温的倒温黄化(开始温度为 22 ℃,最终温度为 18 ℃),或者采用碱纤维素二次浸渍工艺(除去更多半纤维素),CS_2 的用量降低到 30%,可以制得过滤性能良好的黏胶。

使用不同来源及性质的浆粕,CS_2 用量同样也要相应改变。浆粕的反应性能越好,CS_2 需用量越少。棉纤维的结构紧密而均匀,反应性能较差,而草类纤维结构的紧密度较低,反应性能较好。从反应性能考虑,草类浆粕黄化所需 CS_2 的量应少于棉浆粕。但是,由于草类浆粕中,通常含有较多的半纤维素,且灰分、杂质等含量也较高,使黄化过程和纤维素黄原酸酯的溶解性能以及黏胶的过滤性能都受到影响,因此,使用草类浆粕原料时,往往比棉浆粕需用更多的 CS_2。

在黄化开始前,先排除黄化系统内的空气(如抽真空),然后才加入 CS_2,以便提高反应系统内的 CS_2 分压(从 50~60 MPa 提高到 93 MPa),一方面可以增加 CS_2 在碱中的溶解度,另一方面又加速 CS_2 向碱纤维素内部扩散,这都能有效地提高黄化速度,并能改善反应的均匀性。

降低 CS_2 用量,不仅可以节约 CS_2 及其他化工原料的消耗量,降低生产成本,同时相应地减少了三废的排放量,有利于环境保护。

(3)黄化浴比

黄化浴比就是指黄化系统中固态物料(干浆粕)的质量与液态物料(碱液、水、CS_2)体积之比。

黄化浴比直接影响黄化反应的速度和黄化均匀性。浴比小,碱纤维素密度大,CS_2 不易向内部扩散,黄化也不均匀。适当增大浴比,纤维素的膨胀度增大,则黄化反应加快,均匀性也较好。但过大的浴比也不适宜,因为反应体系中水量过多会加速新生的纤维素黄原酸酯的水解,使酯化度偏低。生产上黄化浴比有一个较宽的范围,从 2.6~4.0 或更大些都有应用。

根据黄化浴比的不同,生产中常用的黄化方法又分为干黄化法和湿黄化法两种。干黄化法的整个过程,物料都保持较干的小颗粒状态。黄化浴比小,通常为 2.6~3.0;湿黄化是在较大的浴比下进行,通常为 3.5~4.0,黄化后期物料呈稠糊状。

(4)黄化时间与黄化终点控制

黄化时间取决于黄化温度、黄化体系内压力、黄化方法及纤维素原料的性质。

在通常的黄化温度下,黄化时间为 1.5~2 h。由图 7.11 可以看出,r 值随反应时间延长而增大,在 60 min 以内,其增长速度逐渐减缓,从 60~150 min 内,r 值迅速上升,150 min 后,r 值不再增长。图 7.11 中曲线的曲折段意味着反应后的结构受到破坏,在新的反应层里,反应又加速了。

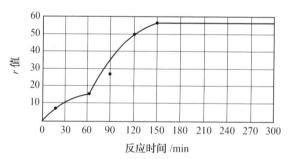

图 7.11 黄化反应过程

黄化前排除机内的空气,再加入 CS_2 可使体系中 CS_2 蒸气分压提高,或者采用反应性能良好的原料浆粕都可缩短黄化时间;对于相同的原料,如用不同的黄化方法,黄化时间也不同。干法黄化一般 100~120 min;湿法黄化只需 80~100 min。

在生产中,黄化终点通常可通过观察黄原酸酯的颜色变化、物料状态、机内真空-压力变化以及黄化进行的时间和温度等来判断。

（5）其他影响因素

压榨倍数在 3.7 以下时，随着压榨倍数的增加，黄化速度加快；超过 3.7 后，随着压榨倍数提高反而下降，这与 CS_2 的扩散距离增大有关。搅拌速度提高有利于黄化。半纤维素及其他多糖含量过高会影响纤维素的酯化速度和 r 值，且使制得的黏胶过滤性能变差。

3. 黄化设备

工业上设计和采用了多种形式的黄化设备。第一种是只能完成黄化过程的机器，如古典黄化鼓和干法连续黄化设备；第二种是能完成黄化及纤维素黄原酸酯初溶解的机器，如 R151 型黄化溶解机、R152 型黄化溶解机、R153 型黄化溶解机和真空黄化捏和机等；第三种是能将浆粕直接制成黏胶的机器，如五合机。下面介绍两种常用的黄化设备。

（1）R151-B 型黄化溶解机

该机能完成黄化及纤维素黄原酸酯的初溶解过程。其结构如图 7.12 所示。机体由机盖、机身和机底三部分组成，相互间由螺钉连接成一密闭的整体。

机盖上装有进料口、碱液管、软水管、CS_2 管和真空管，以供加入各种反应物料和抽真空之用。此外，还装有排气管、真空压力表、安全阀及视镜等，以保证黄化过程的安全。机底为马鞍形，并装有一对水平的、转速不同的 S 形搅拌器。通过减速机构传动，搅拌器可以变换旋转速度（高速与低速）和旋转方向（正转与反转）。机底有两个出料口，与出料管相连，出料阀门由压缩空气启合。CS_2 通过在机内上部沿机壁四周的多孔管均匀地喷淋下来。在 CS_2 喷射管旁，还有另一根多孔的管子，供喷淋溶解所用的碱液和软水之用。为了排除反应热和机械搅拌热，机身与机底都装有冷却夹套，机内还装有温度计插入管，以测量黄化及初溶解的温度。R151-B 型黄化溶解机具有体积小、结构简单、动力消耗不大等优点，适用于干法、湿法和大浴比法黄化；缺点是装机容量不大，生产能力较小。

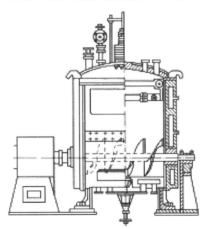

图 7.12 R151-B 型黄化溶解机

目前国外使用的连续黄化机有多种，如美国杜邦公司的输送带式黄化机、前苏联的立式黄化机和瑞士毛纳尔公司的 BUSS 捏合式黄化机。此外，还有多种形式连续设备在试验中。

（2）BUSS 捏合式黄化机

瑞士毛纳尔公司选用的 BUSS 捏合式黄化机，由三台捏合式设备串联而成（图7.13），生产能力有 20 t/d 和 40 t/d 两种。

第一捏合机 A 在固定的机壳内装有纵向中断的螺旋叶片转动体,机壳内壁装有很多销钉,销钉与螺旋叶片相捏合。物料在机中既有转动,又有往复运动的捏和作用。第二台和第三台捏合机结构相同,机内具有强烈的搅拌和剪切作用。机内壁镶有许多固定钉,可转动的中空内筒的外壁同样镶有很多固定钉,黄化反应和初溶解即在其间进行。

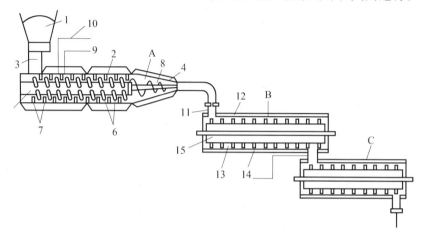

图 7.13 毛雷尔连续黄化机

A—预黄化机;B—主黄化机;C—初溶解机;1—碱纤维素供给装置;2—转筒型反应器;3—碱纤维素导管;4—冷却水循环夹套;5—转动翼(捏和夹轴);6—中断的旋转型叶片;7—固定搅拌钉;8—出口;9—CS_2 入口;10—碱液入口;11—捏和机入口;12—黄化机;13—搅拌叶片;14—夹套;15—搅拌轴

黄化和初溶解分三阶段进行。

第一捏合机进行预压缩和初黄化反应。碱纤维素经压缩后空气被挤出,以防爆炸的危险。碱液和 CS_2 在距加料口三个螺旋叶片处加入。碱液与 CS_2 的体积比为 5 ~ 24,CS_2 在碱液中分散成小滴,以减少挥发。器内温度为 5 ~ 20 ℃,有 30% ~ 40% 的 CS_2 在此区参与初黄化反应。

第二捏合机 B 进行主黄化反应。碱纤维素的无定形区在第一捏合机内已进行初步的黄化反应,而处于结晶区内的碱纤维素则基本未进行反应。在第二捏合机内,由于强烈的搅拌和剪切作用,结晶区发生膨化和解体而参与黄化反应。CS_2 加入量的 60% ~ 70% 在此参与黄化反应。

在第三捏合机内加入稀碱液或水以进行初溶解。

BUSS 捏合式黄化机的特点是:装置结构合理,黄化反应均匀,而且反应速度快(黄化时间仅需 4 ~ 6 min),黄化均匀;机内装填密度高,空气量少,可避免爆炸的发生;捏合机内装有往复螺旋装置,使反应物在机内停留时间恒定,不发生短路,机内无死角,因此不发生黄化不足或过度黄化现象;CS_2 消耗量较间歇式黄化机少 15% ~ 25%,设备密封性好,工作环境污染少;可用于制备高黏度的黏胶。

7.3.5 纤维素黄原酸酯的溶解

把纤维素黄原酸酯分散在稀碱溶液中,使之形成均一的溶液,称为溶解。由此制得具有一定组成和性质的溶液,称为黏胶。

1.纤维素黄原酸酯的溶解历程

纤维素黄原酸酯的溶解实际上是复杂的综合过程,包括:黄原酸基团被溶剂分子的溶剂化;补充黄化;黄原酸基团的转移;纤维素晶格的彻底破坏;溶剂向聚合物分子的扩散和对流扩散。为了加速纤维素结构的破坏和溶解,溶解必须在强烈的搅拌下进行,即在较大的速度梯度场和较高的切变应力场进行。

黄化过程所发生的化学反应在溶解时将继续进行,并在熟成时延续下去,只是由于介质的变化(NaOH的质量分数从15%~17%下降到5%~7%),各种化学反应的速度和比例也发生明显变化。

2.纤维素黄原酸酯溶解的工艺控制

纤维素黄原酸酯在稀碱溶液中的溶解必须解决两个问题,即能否获得优质的溶液和溶解的速度,这取决于纤维素黄原酸酯的性能,如聚合度、酯化度及其分布。其次是碱液的浓度和温度;这主要取决于温度、搅拌和研磨条件。

(1)纤维素黄原酸酯的酯化度及其分布

随着纤维素黄原酸酯酯化度的升高,它的溶解度增大,而且溶剂种类也增多(表7.4)。如果 r 值为50,则可溶于水; r 值达到125~150时,不仅能溶于稀碱和水,还能溶于酒精、丙酮等有机溶剂中。

表7.4　不同 r 值的黄原酸酯的溶解情况

r 值	丙　酮	酒　精	水	含4%NaOH溶液
12	不溶	不溶	不溶	部分溶
25	不溶	不溶	部分溶	溶
50	不溶	不溶	溶	溶
100	不溶	部分溶	溶	溶
150	溶	溶	溶	溶
200	溶	溶	溶	溶
300	溶	溶	溶	溶

黄原酸基团分布越均匀,大分子链间的氢键破坏越多,则溶解度越高。黏胶的结构度下降,其黏度也越小。在工艺上采用碱纤维素二次浸渍,大浴比湿法黄化等都能有效提高黄原酸基团分布的均匀性,有利于溶解。

在溶解过程中,纤维素吸附了体系中的 CS_2 ,在未反应的羟基上进行补充黄化,不仅使酯化度有所提高,也可改善黄原酸基团分布的均匀性,有利于溶解。

纤维素黄原酸酯的聚合度提高,溶液中大分子的结构化程度相应提高,因而溶解度下降,溶解速度也减慢。

(2)溶解温度

温度对纤维素黄原酸酯的溶解影响很复杂。纤维素黄原酸酯与NaOH水溶液的相平衡图具有下临界混溶温度特征(图7.14)。从热力学角度考虑,降低温度,能增加黄原酸基团的水化程度,有利于溶解。随着温度的下降,能够在稀碱液中溶解的最低 r 值也下降;低温下溶解的黏胶过滤性能较好。当溶解温度从20℃降至10℃时,总的过滤指标可提高 16% 。而从动力学角度考虑,降低温度,溶液体系黏度增大,扩散速度下降,溶解速度显著减慢。但生产上不能采用升高温度以加速溶解的方法,而是将溶解温度分段控制,即先在 20 ~ 25 ℃下溶解一段时间,随后降温至 10 ~ 12 ℃继续溶解。

（3）NaOH 溶液的质量分数

NaOH 溶液的质量分数不论对纤维素黄原酸酯的溶解度或溶解后黏胶的性能都有很大的影响。将 NaOH 溶液的质量分数提高到一定范围,能使溶胀和溶解速度加快,而且所得黏胶的黏度也较小。

纤维素黄原酸酯在碱溶液中的膨化度与其酯化度（r 值）有关。各种 r 值的黄原酸酯,实现最大膨化度所对应的 NaOH 溶液的质量分数也不同。如 r 值为 12 时,其最大膨化度的碱溶液的质量分数为 8% ~ 9% ;r 值为 20 时,最大膨化度的碱溶液的质量分数为 6% ~ 7% ;而 r 值增至 30 时,其最大膨化度的碱溶液的质量分数则降为 4% ~ 5% 。

碱溶液的质量分数还影响纤维素黄原酸酯的溶解性和溶解速度以及黏胶的稳定性和黏度。研究表明,碱的质量分数过大,超过 10% 时,纤维素黄原酸酯的溶解性变差,在质量分数超过 25% 的 NaOH 溶液中,低酯化度的纤维素黄原酸酯会出现完全不溶解的现象。NaOH 的质量分数为 4% ~ 8% 时,黄原酸酯的溶解性最好,黏胶的稳定性也最高。由图 7.15 可知,NaOH 的质量分数为 4% 时,具有最大的溶解速度。

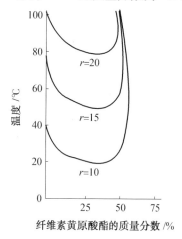

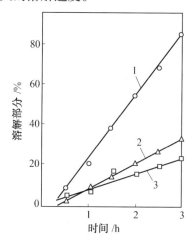

图 7.14　不同 r 值的纤维素黄原酸酯在 NaOH 水溶液中的相平衡曲线

图 7.15　纤维素黄原酸酯在不同质量分数为 NaOH 溶液中的溶解动力学
1—4% NaOH;2—2% NaOH;3—8% NaOH

（4）搅拌与研磨

溶解是纤维素黄原酸酯分子从固相表面开始,再到中心的一个过程。黄原酸酯颗粒越细,则溶解的比表面积越大,溶解速度也越快。强烈的搅拌或研磨,造成较高的速度梯度和剪切力,以加速纤维素黄原酸酯大分子转入溶液中;也通过机械作用把黄原酸酯团块打碎,或把已溶解的黄原酸酯从团块的表面上抹下来,使团块尺寸缩小。实验结果表明,搅拌速度增大,黏胶的过滤性能指标提高。在 120 ~ 150 r/min 的搅拌研磨速度下,溶解时间需要 2 ~ 3 h;研磨速度提高至 500 r/min,溶解时间缩短为 1 h。

（5）黏胶中纤维素的含量

黏胶的黏度较高时,由于扩散层厚度的增加以及搅拌的困难,使 NaOH 在黄原酸盐中的扩散速度相对减慢,因而延长溶胀和溶解时间,同时使黏胶的过滤和脱泡产生困难。但纤维素含量过低时,不但在经济上不合算,而且所得的成品纤维结构疏松、强度低、品质较差。

黏胶的黏度与黏胶中纤维素的浓度的 5 次方成比例。在保持最佳 NaOH 浓度的条件下,尽量提高黏胶中的纤维素含量是适合的,因纤维品种不同,黏胶中纤维素的含量也不同,最低的浓度仅4%,而最高的可达10%。

3.纤维素黄原酸酯溶解的设备

目前使用的溶解设备主要有 R223 型和 R224 型两种。

(1)R223 型后溶解机

后溶解机的作用是将经过初溶解的纤维素黄原嘲旨溶解成均匀的黏胶。R223 型后溶解机的机体(图 7.16)是一个立式圆筒,顶盖上有黏胶进口管、视镜等。底部有黏胶出口管。机内有一内套(内胆),并有栅条构成的假底。在假底下面有旋转轴,轴上装有三片下压式平桨搅拌叶,互成120°。在机底壁上固定有环形的磨盘,盘上刻有径向的沟纹。搅拌叶与磨盘相距很近。纤维素黄原酸酯粒块在旋转的搅拌叶与固定的磨盘间被磨碎,黏胶被甩向四壁,并沿内套与机壁间上升,折返回内套,通过假底,再次受到研磨。

为了有效地除去黄原酸酯的溶解热和机械热,溶解器壁的中部、下部以及内胆都设有夹套,并通入冷盐水循环降温。搅拌叶由 40 kW 电动机通过变速箱传动,转速为143 r/min。R223 型溶解机的研磨、搅拌作用强烈,溶解效果好。其缺点是动力消耗大,发热量大,因而冷却液需用量也大。

(2)R224 型后溶解机

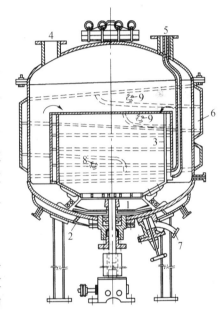

图 7.16　R223 型后溶解机

1—转刀;2—磨盘;3—内胆;4—黏胶进口;5、8—冷盐水进口;6—夹套;7—黏胶出口;9—冷盐水出口

R224 型后溶解机(图 7.17)由带有冷却夹套的筒体、导流圈、搅拌器和齿轮减速箱组成。筒体底部装有固定的伞形齿板和网眼板;中部有圆柱形的,带有冷却夹套的导流圈,导流圈固定在筒体底部的支架上;筒体底部及筒壁均装有冷却夹套;筒盖有人孔、照明灯、视孔、物料和碱液的进口管等;筒体底部有出料阀、冷却水排出管等;筒体上装有取样阀门和温度计插口。

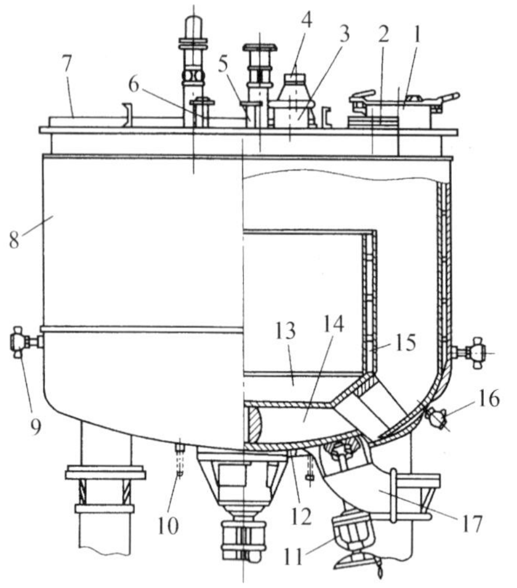

图 7.17　R224 型后溶解机

1—大孔;2—视孔;3—进料口;4—照明灯;5—碱液进口;6—抽气管口;7—桶盖;
8—桶体;9—放气考克;10—冷盐水出口;11—出料;12—伞齿板;13—网板;14—搅拌器;
15—导流阀;16—取样考克;17—出料口

搅拌器安装在伞形齿板与网眼板之间,与伞形齿板间隙为 2 ~ 3 mm,与网眼板间隙为 4 ~ 7 mm,与导流圈间隙为 4 ~ 6 mm,在搅拌的同时还有研磨作用。搅拌器转速为 102 r/min,电动机功率为 55 kW,有效容积为 7.8 m^3。

7.3.6　黏胶的纺前准备

经过后溶解的黏胶,它的凝固能力较低,并含有多种固态杂质及气泡,故需进行混合、熟成、过滤和脱泡,以制得具有良好可纺性能的、清净而均一的黏胶,然后送去纺丝。这个过程,工业上称为黏胶的纺前准备。

1. 黏胶的混合

黏胶混合的目的是减少各批黏胶由于制造工艺或操作上的波动而引起的质量不均匀性,以保持成品纤维品质的稳定;黏胶混合机的容积较大,可以储存几批黏胶。当原液或纺丝车间某一工序发生暂时故障时,它就起着暂时缓冲的作用,以保证连续生产的稳定性。

黏胶混合是在混合机中进行的。R161 型混合机是内径为 2.2 m 的卧式钢制圆筒,有效容积为 20.5 m^3,机内设有卧式的搅拌器,它以 44 r/min 的速度将黏胶搅拌与混合。黏胶混合的方式有连续式混合和间歇式混合。连续式混合是机内储存 3 ~ 4 批黏胶,每新进入一批黏胶时,混合 20 ~ 30 min,再放出一批送去熟成;间歇式混合是将 3 ~ 4 批黏胶一起混合,然后一次放出。目前生产中多采用连续式混合。

2. 黏胶的熟成

黏胶在放置过程中发生一系列的化学变化和物理化学变化,称为黏胶的熟成。严格来说,黏胶熟成实际上是从纤维素黄原酸酯的溶解时就已发生,而黏胶的混合、过滤及脱泡等过程继续进行,直至纺丝成型时才结束。但是,在生产上为了调整黏胶的熟成度和可纺性,使之达到纺丝成型的要求,往往还要在控制的条件下进行专门的熟成过程,习惯上把这个过程进行的时间称为熟成时间。普通黏胶纤维在生产中,专门的熟成是必不可少的,但对于某些品种(如波里诺西克纤维)的生产,就无需专门的熟成过程。

（1）熟成过程的化学反应

熟成过程的化学反应很复杂,大致归纳为以下两大类。

①黄原酸酯的转化反应。黄原酸酯的转化反应包括黄原酸酯的水解、皂化反应以及纤维素的补充黄化和再酯化反应。

水解反应为

$$C_6H_9O_4 \cdot OCS_2Na + H_2O \longrightarrow C_6H_9O_4 \cdot OCS_2H + NaOH$$
$$\longrightarrow C_6H_9O_4 + CS_2$$

$$3CS_2 + 6NaOH \longrightarrow 2Na_2CS_3 + Na_2CO_3 + 3H_2O$$

皂化反应为

$$C_6H_9O_4 \cdot OCS_2Na + H_2O \longrightarrow C_6H_{10}O_5 + HOCS_2Na$$

$$HOCS_2Na + 5NaOH \longrightarrow 2Na_2S + Na_2CO_3 + 3H_2O$$

水解和皂化反应两者的比例,主要取决于体系中碱的浓度。在常规的黏胶中(碱的质量分数为 6% ~7%),主要发生水解;提高碱的浓度,皂化反应加剧,且随着碱的浓度的变化,皂化反应生成的副产物也不完全相同。

黏胶中纤维素上未反应的羟基或黄原酸酯分解后游离出来的羟基,能吸附游离的 CS_2,发生补充黄化或再酯化反应。

水解和皂化反应,使黄原酸基团分解,纤维素的酯化度下降;而补充黄化和再黄化作用在一定程度上提高了酯化度。但是,在熟成的整个过程中,随着 CS_2 与 NaOH 不断被消耗,黄原酸基团补充的数量远少于脱落的数量,因而黏胶的酯化度是不断降低的,而黄原酸基团分布的均匀性却有所提高(图 7.18)。

②副反应产物的转化反应。由黄原酸酯分解的副产物和黄化过程生成的副产物相互作用,或这些副产物受氧化作用,使黏胶体系发生复杂的副反应。

黄原酸酯水解放出的 CS_2 与 Na_2S 作用生成 Na_2CS_3,或与 Na_2S_2 作用生成过硫代碳酸钠。其反应式为

$$Na_2S + CS_2 \longrightarrow Na_2CS_3$$
$$Na_2S_2 + CS_2 \longrightarrow Na_2CS_4$$

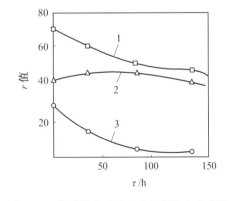

图 7.18　在黏胶熟成过程中酯化度变化情况
1—总酯化度;2—伯羟基酯化度;3—仲羟基酯化度

另外,多种硫化物也发生转换反应,如过硫代碳酸钠转化为硫代硫酸钠和多硫化物, Na_2S 部分氧化为多硫化钠。其反应式为

$$Na_2CS_4 + Na_2SO_3 \longrightarrow Na_2S_2O_3 + Na_2CS_3$$
$$Na_2CS_4 + Na_2S \longrightarrow Na_2S_2 + Na_2CS_3$$
$$Na_2S + (x-1)S \longrightarrow Na_2S_x$$

此外,由于氧的存在,纤维素黄原酸酯还发生部分氧化,生成二黄原酸酯,使熟成速度

加快。因此,氧化剂(如 H_2O_2 和 NaClO 等)的加入,会显著加快熟成的速度,而还原剂(如 Na_2SO_3)等却会延缓熟成。

（2）熟成过程中的物理化学变化

①黏胶黏度的变化。在熟成过程中,黏胶的黏度开始时不断下降,达到最低点后徐徐上升。经过一定时间后,黏度急剧升高,最后使黏胶全部凝固。

黏胶黏度的变化,归因于溶液结构化程度的变化。熟成开始时,由于补充黄化和再黄化作用,一方面,在纤维素结晶部分逐渐引入黄原酸基团,使黄原酸基团分布均匀性提高,结晶也逐步拆散;另一方面,使纤维素基环 6 位碳原子上的羟基逐步反应,引入黄原酸基团,使黄原酸基团在 2、3 和 6 位上的分布均匀性有所改善,这些都必然使黏胶的结构化程度和黏流活化能下降,从而使黏胶黏的度下降。

当黏胶的黏度下降到最低点时,纤维素黄原酸酯的水解和皂化反应较明显,随着酯化度下降,脱溶剂化和结构化程度增加,黏度开始上升。再延长熟成时间,黄原酸酯酯化度继续下降,副反应的产物不断增多,纤维素大分子间因氢键的作用而不断凝集,故黏胶的黏度便急剧上升。

②黏胶熟成度的变化。黏胶的熟成度是表示黏胶熟成进行的程度。其实质是指黏胶对凝固作用的稳定程度。在生产中常用氯化铵值表示,即在 100 mL 黏胶中,加入质量分数为 10% 的 NH_4Cl 水溶液,直至黏胶开始胶凝时所用的 NH_4Cl 溶液的量即为氯化铵值。显然 NH_4Cl 值越小,表示黏胶的熟成度越高。此外,也有的用“盐值”来表示黏胶的熟成度。盐值是指能使黏胶开始析出沉淀时所用的 NaCl 水溶液的浓度,以质量分数(%)表示。

熟成开始,黄原酸酯的酯化度便开始下降,但由于补充黄化反应等原因,黏胶的结构化程度还是有所降低,故氯化铵值略有升高或变化不明显。随着熟成的进行,黄原酸酯分解加剧和副产物增多,黏胶的结构化程度增大,溶液稳定性下降,因而 NH_4Cl 值迅速降低。熟成度是黏胶的重要指标,对黏胶的可纺性及成型纤维的品质有重要影响。

（3）黏胶熟成的工艺控制

黏胶的熟成受很多因素影响,如熟成温度、熟成时间、黏胶组成以及各种添加剂或杂质等。生产上主要通过调节纤维素黄原酸酯的酯化度、熟成温度和时间来控制黏胶熟成度的。

温度的高低,影响熟成的速度和时间长短,决定了熟成的程度,因此熟成温度与熟成时间的影响是互相联系的,并在一定程度上可以互相补充。据研究结果表明,在其他条件不变时,熟成温度升高 10 ℃,熟成时间可缩短 8 ~ 10 h。

当其他条件相同时,黏胶的凝固性能只取决于黏胶的熟成程度,而与熟成进行的速度无关,因此在高温下快速熟成和在低温下长时间熟成,都可获得相同品质的纺丝黏胶。

生产上通过调节黄化时的 CS_2 加入量及后溶解温度,来调节黏胶中纤维素黄原酸酯的酯化度,以控制黏胶的熟成时间。

根据使用的设备不同,黏胶熟成有连续熟成与静置熟成两种方式。

连续熟成的黏胶是在流动和搅拌状态下进行熟成的。通常还将黏胶加热,以加速熟成。连续法可大大加速黏胶的熟成过程,提高生产效率,节省设备及厂房面积,有利于生产的自动化。但对黏胶的温度控制要求严格,适宜于在大型的生产中应用。

间歇式熟成是将黏胶静置于圆形的黏胶桶中进行的。为了使黏胶在熟成的同时进行脱泡,黏胶桶还装有真空管、压缩空气管、排气管和仪表等部件。间歇熟成通常在恒定的常温(18~20 ℃)下进行,熟成时间连同过滤和脱泡时间一般为 20~30 h。间歇式熟成桶及黏胶过滤机等都置于恒定室温的熟成车间内。

间歇式熟成的生产效率低,设备需用量大,还要占用较大面积的有空调的车间,因而在现代化的大型黏胶短纤维厂中较少应用。普通黏胶纤维的纺丝黏胶的熟成度通常为 9~12(10% NH_4Cl),黏度为 40~60 Pa·s(落球黏度)。

3. 黏胶的过滤

过滤的目的是除去黏胶中不溶解或半溶解的粒子,以防在纺丝时堵塞喷丝孔,或影响纤维的物理-机械性能。黏胶通常要经过 3~4 道过滤,最后一道过滤在纺丝机上进行。

黏胶的过滤性能是指黏胶通过过滤材料的能力,即过滤的难易程度。它是黏胶主要的质量指标之一,也是综合反映原材料性质和黏胶质量好坏的重要标志。

黏胶的过滤性能除与黏胶的黏度和组成有关外,还与黏胶中不溶解和半溶解粒子的数量、大小和性能有关。其中以下列几项为重要:浆粕的反应性能;浸渍、压榨、粉碎的效果;碱纤维素的聚合度及分布;纤维素黄原酸酯的酯化度及分布;黄化及溶解的情况;原料中杂质的含量和性质;设备及管道的洁净度。

黏胶的过滤设备,长期以来都采用板框式压滤机。板框式压滤机的缺点是不能连续过滤,过滤效率低,滤布换洗频繁,劳动力消耗大。为实现黏胶过滤的连续化和自动化,20世纪 60 年代以后研制出了许多新式过滤机,如瑞士预铺的芬达(Funda)过滤机、瑞典连续筛滤机、美国散茨和杜邦公司自动反洗的组合板框式过滤机等。

4. 黏胶的脱泡

(1)黏胶中的气泡

在黏胶制造过程中,不可避免地混入大量的气体。其中,有少量气体溶解于黏胶中(通常为 8~9 mL/L 黏胶)。而大量的空气是以大小不同的气泡状态存在(为 20~60 mL/L黏胶),其直径通常为 0.03~5 mm。这些气体主要是氮。黏胶中溶解空气的数量取决于温度、压力和黏胶组成;而空气泡的多少,与黏胶制备时的机械因素,如搅拌、混合等情况有关。黏胶中的气泡,会使纺丝发生困难,并且会使成品纤维的品质下降。为此,黏胶在纺丝前必须经过脱泡。在常规的纺丝黏胶中,空气泡的含量应小于 0.001%。

(2)脱泡方法

目前生产中常用的脱泡方法有静置脱泡和连续脱泡两种。

①静置脱泡。在恒定的室温下,黏胶静置于脱泡桶中,在真空度维持 0.086~0.093 MPa下脱除气泡。静置脱泡是与熟成同时进行的,脱泡时间根据黏胶温度、桶内真空度、黏胶层的高度及黏度等因素而定。温度越高、真空度越高或黏胶的液面越低和黏度越低,脱泡时间越短。在熟成温度为 18~20 ℃下,一般需 12~24 h。静置脱泡为间歇操作,生产效率低,需用许多黏胶桶,还要占用较大面积的恒温室。

②连续脱泡。连续脱泡是强化快速的脱泡方法其原理一是使黏胶形成薄层,沿斜面慢慢淌下,以缩短气泡逸出表面的路程和时间;二是采用高的真空度。工业上常用的R236 型连续脱泡装置如图 7.19 所示。

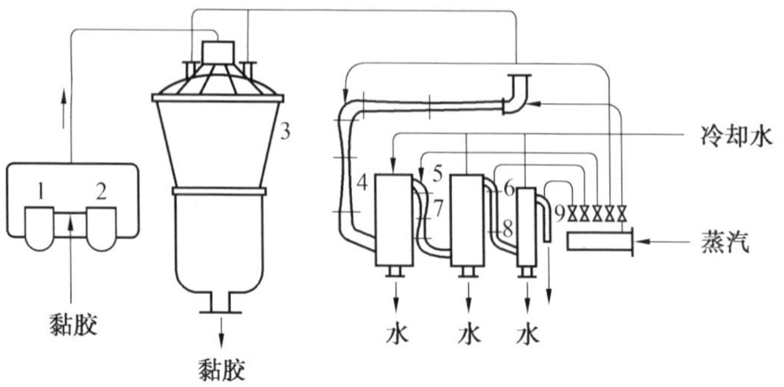

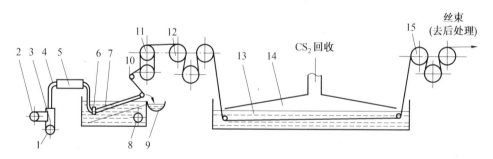

图 7.19　R236 型连续脱泡装置示意图

1、2—过滤器；3—脱泡塔；4、5、6—冷凝器；7、8、9—蒸汽喷射泵

7.4　黏胶纤维的成型

黏胶纤维通常只能用湿法纺丝。由于纤维素未熔融即分解，不可能采用熔纺。又因为要在纺丝过程中完成纤维素黄原酸酯分解的化学过程，故难以采用干法纺丝。只是在某些研究中，黏胶纺丝采用了干-湿法纺丝。按照纺丝浴槽的数量及要求不同，黏胶纤维纺丝方法通常分为一浴法和二浴法，个别情况还采用三浴法。一浴法纺丝是黏胶的凝固和纤维素黄原酸酯的分解都在同一浴槽内完成（如普通黏胶长丝成型）；二浴法纺丝则是黏胶的凝固主要在第一浴，纤维素黄原酸酯分解主要在第二浴（如强力黏胶纤维）。

黏胶纤维的品种繁多，但纺丝流程比较相似。图 7.20 为黏胶短纤维纺丝拉伸示意图。

图 7.20　黏胶短纤维纺丝拉伸示意图

1—黏胶管；2—计量泵；3—桥架；4—曲管；5—烛形滤器；6—喷丝头组件；7—凝固浴；8—进酸管；9—回酸槽；10—导丝杆；11—纺丝盘；12—前拉伸辊；13—塑化浴；14—罩盖；15—后拉伸辊

过滤、脱泡后的黏胶，由计量泵定量送入，通过烛形滤器再次过滤，并由鹅颈管送入喷丝头组件。黏胶在压力下通过喷丝孔，形成黏胶细流。在凝固浴作用下，黏胶细流发生复杂的化学和物理化学变化，凝固和分解再生，成为初生丝条。初生丝条由导丝盘送去集束拉伸，在塑化浴中，初生丝条经受拉伸的同时，最终完成分解再生过程，纤维的结构和性能基本定型下来。

图 7.21 为连续纺丝、后处理流程。丝条经凝固、拉伸、再生后，再经水洗、脱硫、上油和干燥，最后卷绕成筒子。

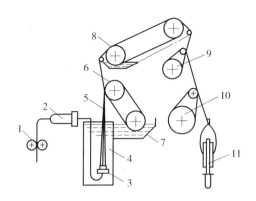

图 7.21　连续纺丝、后处理（HⅢ型机）流程图

1—计量泵；2—烛形滤器；3—喷丝头；4—凝固浴；5—丝条；

6、8—再生洗涤；9—上油；10—干燥辊筒；7—再生浴；11—锭子

7.4.1　成型过程中的化学反应

黏胶是以纤维素黄原酸酯为溶质，以 $NaOH$ 水溶液为溶剂的高分子溶液，还包括原料浆粕带入或制造黏胶过程中生成的半纤维素及其反应产物；也包括在碱化、黄化熟成等工艺过程因副反应生成的 Na_2CS_3 多硫化物；黏胶纺丝成型时采用的是含有 H_2SO_4、Na_2SO_4、$ZnSO_4$ 三组分的凝固浴。因此，黏胶与凝固浴组成一个复杂的化学反应体系，黏胶中的组分与凝固浴中的 H_2SO_4 及其盐类作用，使 $NaOH$ 被中和、纤维素黄原酸酯被分解而再生成水化纤维素，多种副反应产物同时被分解以及生成某些含锌的中间化合物。

1. 主反应

主反应是指与黏胶的凝固和纤维素再生有直接关系的反应。

（1）黄原酸酯的分解与纤维素的再生

$$C_6H_9O_4 \cdot OCS_2Na + nH_2SO_4 \longrightarrow [C_6H_9O_4(OH)]_n + nNaHSO_4 + nCS_2 \uparrow$$

研究认为，上述反应分两步进行：

$$(C_6H_9O_4 \cdot OCS_2Na)_n + nH_2SO_4 \longrightarrow (C_6H_9O_4 \cdot OCS_2H)_n + nNaHSO_4$$
$$\longrightarrow nCS_2 + (C_6H_{10}O_4OH)$$

反应第一步进行得很快，而第二步反应相对较慢，纤维素黄原酸酯徐徐分解，因为它是一种弱酸，其离解度为 $(2.1 \times 10^{-5}) \sim (5.5 \times 10^{-5})$。整个过程进行的速度取决于第二步反应的速度。第二步反应使纤维素再生，大分子上游离出的羟基增多，大分子间相互作用（氢键）加强，黏胶体系稳定性下降。

（2）中和反应

黏胶中的 $NaOH$ 被凝固浴中的 H_2SO_4 中和。其反应式为

$$2NaOH + H_2SO_4 \longrightarrow Na_2SO_4 + 2H_2O$$

由于中和反应，黏胶中游离碱的浓度下降，黏胶的稳定性降低。

2. 副反应

黏胶中多种副反应产物被凝固浴的 H_2SO_4 分解，成为一系列不稳定产物。其反应式为

$$Na_2CS_3+H_2SO_4\longrightarrow Na_2SO_4+CS_2\uparrow+H_2S\uparrow$$
$$Na_2CO_3+H_2SO_4\longrightarrow Na_2SO_4+H_2O+CO_2\uparrow$$
$$Na_2SO_3+H_2SO_4\longrightarrow Na_2SO_4+H_2O+SO_2\uparrow$$
$$Na_2S_2O_3+H_2SO_4\longrightarrow Na_2SO_4+H_2O+SO_2\uparrow+S\downarrow$$
$$Na_2S+H_2SO_4\longrightarrow Na_2SO_4+H_2S\uparrow$$
$$Na_2S_x+H_2SO_4\longrightarrow Na_2SO_4+H_2S\uparrow+(x-1)S\downarrow$$

3. 含锌化合物的形成

黏胶中含有多种能与 Zn^{2+} 相作用的化合物,特别是生产强力纤维时,由于凝固浴中的 $ZnSO^+$ 含量很高,更容易形成锌化物。在一系列锌化物中,纤维素黄原酸锌具有重要作用,因纤维素黄原酸锌比较稳定,这就明显地提高了初生纤维的取向拉伸能力,由于大分子间形成了 Zn-黄原酸酯键,使黏胶细流的凝固机理有所改变,从而形成了较微细的纤维结构,使成品纤维的机械性能有所提高。

从上面的分析可知:

①纤维素黄原酸酯的分解,再生的纤维素(纤维素 Ⅱ)与原料浆粕的纤维素(纤维素 Ⅰ)具有相同的化学组成,但其分子结构和聚集结构(包括相对分子质量、结晶态、大分子的形态)发生了变化。

②主反应和副反应都消耗大量的 H_2SO_4,生成大量的 Na_2SO_4、水和硫黄,使凝固浴组分变动,破坏了纺丝体系的稳定性,故凝固浴必须不断循环、除杂,并保证凝固浴的组成稳定。

③主副反应都生成 CS_2、H_2S、SO_2 等有毒气体和 CO_2,因此纺丝过程的通风排毒十分重要。

④化学反应明显地影响了黏胶的凝固和纤维素的再生,对成品纤维的结构和物理-力学性能也有重要影响,这也是黏胶纤维成型与其他合成纤维(如腈纶等)成型的重要区别。

7.4.2　凝固浴的组成及作用

黏胶纺丝凝固浴的基本作用,是使黏胶细流按控制的速度完成凝固和纤维素黄原酸酯的分解过程,以配合适当的拉伸,获得具有所要求的结构和性能的纤维。

凝固浴一般由 H_2SO_4、Na_2SO_4 和 $ZnSO_4$ 的水溶液组成,还有少量硫及其化合物,为了某些工艺目的和提高纤维的物理-机械性能,还常在凝固浴中加入少量有机化合物作为变性剂。改变黏胶纤维的成型条件,可在很大程度上改变纤维的结构和机械性能,而凝固浴组成的变化则具有重要的作用。

纤维素黄原酸酯的分解速度取决于凝固浴中 H^+ 的浓度,黄原酸酯的分解速度随着 H^+ 的浓度的增加而加快。为提高成品纤维的结构均匀性,一般应减慢凝固速度,其有效工艺措施是在浴液中引入硫酸盐。凝固浴中各组分的作用如下。

1. 硫酸

硫酸参与三方面的化学作用:一是使纤维素黄原酸酯分解,纤维素再生并析出(再生凝固);二是中和黏胶中的 NaOH,使黏胶凝固(中和凝固);三是使黏胶中的副反应产物分解。

由此可见,黏胶的凝固与纤维素的再生都与硫酸有关,硫酸浓度(H^+浓度)的高低,不仅影响凝固、再生过程,最终还影响成型纤维的结构和性能。

2.硫酸钠

硫酸钠的作用主要有两方面:一是作为强电解质,促使黏胶脱水凝固(盐析凝固);二是其与强电解质硫酸盐与硫酸的同离子效应,能有效地降低凝固浴中H^+的浓度,延缓纤维素黄原酸酯的分解,以使初生丝束离开凝固浴时仍具有一定的剩余酯化度,具有一定的塑性,能经受一定程度的拉伸并使分子取向,有利于提高纤维的物理-力学性能。

3.硫酸锌

在凝固浴中只含有硫酸和硫酸钠,虽能制得符合强力指标的纤维,但纤维的刚性太高,纺织加工较困难。通常在纺丝浴中加入少量的硫酸锌,以改进纤维的成型效果,使纤维具有较高的韧性和较优良的疲劳性能。硫酸锌除具有硫酸钠的作用外,还有下列两个特殊作用。

①与纤维素黄原酸钠作用,生成纤维素黄酸锌。纤维素黄原酸锌在凝固浴中的分解比纤维素黄原酸钠慢得多,在初生丝经过拉伸后才完全分解,所制得纤维的物理-力学性能较好。

②纤维素黄原酸锌作为众多而分散的结晶中心,避免了纤维结构生成体积较大的晶体,使纤维具有均匀的微晶结构,不但能提高纤维的断裂强度,还能提高纤维的延伸度和钩接强度。表7.5列出了几种黏胶纤维凝固浴的组成及作用机理。

表7.5 凝固浴的组成及作用机理

纤维类别	组分含量			凝固机理		
	H_2SO_4	Na_2SO_4	$ZnSO_4$	中和作用	脱溶剂化	生成黄原酸锌
普通黏胶纤维	130	280	12	+++	++	++
强力丝,变化型高湿模量纤维	50~80	160~180	50~80	++	++	+++
波里诺西克纤维	25	70	0.7	+	+	+
BX纤维	800	50	5	+	+++	+

注:"+"号表示强弱程度

7.4.3 成型过程的物理化学变化

1.纺丝过程的双扩散

黏胶细流被压出喷丝孔后,在进入凝固浴的过程中,其内部通过双扩散改变其溶剂和沉淀剂的比例。当溶剂的浓度达到或低于凝固临界浓度时,则发生相分离而凝固成纤维。因此,这种固化的完成是以双扩散为其关键步骤的。黏胶成型过程中的双扩散是指凝固浴中各组分(H_2SO_4、Na_2SO_4、$ZnSO_4$)扩散到黏胶细流内部,而黏胶细流中的低分子组成($NaOH$和H_2O)则扩散到凝固浴中。双扩散使黏胶细流产生凝固、中和、盐析、分解和再生等作用而形成固态纤维。

双扩散对黏胶纤维成型具有重要的影响。如凝固浴各组分的扩散速度大于黏胶组分的扩散速度,则黏胶细流的凝固主要是由于黏胶中的$NaOH$被中和而使纤维素黄原酸酯析出(中和作用)、纤维素黄原酸酯被酸分解(再生作用)和生成纤维素黄原酸锌交联析出(交联作用)等;反之,如黏胶中的 H_2O 和 $NaOH$ 的扩散占主导地位,则主要是脱溶剂(盐析作用)而凝固。

事实上,在各品种黏胶纤维成型过程中,由于双扩散导致的各种凝固作用都是同时发生的,但通过改变成型条件(主要是凝固浴组成及温度),可突出其中的某个作用,而抑制其他几个作用。普通黏胶纤维成型时,凝固浴含有较高浓度的硫酸和硫酸钠,细流的凝固主要是盐析作用和纤维素再生作用;强力黏胶纤维的黏胶加入了变性剂,并在低浓度硫酸、中等浓度硫酸钠和高浓度锌盐凝固浴中成型,细流的凝固主要是形成纤维素黄原酸锌的交联作用以及盐析作用;波里诺西克纤维成型时,黏胶的含碱量低,并采用了低酸、低盐、低锌浓度及低温凝固浴,细流的凝固主要是中和作用。

凝固机理不同,所成型纤维的结构及性能就有显著的差异。

2. 凝胶丝条的生成

黏胶由喷丝孔挤出,进入凝固浴,形成黏胶细流。由于黏胶细流和凝固浴之间的双扩散作用,黏胶细流逐渐变为凝胶丝条,即生成以纤维素网络结构为主的凝胶相和以低分子物质为主的液相。

根据高聚物体系相转变过程的热力学可知,要从溶液中析出新相,则原始相(溶液)内析出组分的化学位必须高过新相内该组分的化学位,以克服表面张力的作用。黏胶中的纤维素黄原酸酯与溶剂间有很强的相互作用能,而且属于下临界混溶温度体系,但在凝固浴组分作用下,中和作用、盐析作用、再生作用和交联作用,使纤维素黄原酸酯与溶剂的相互作用显著降低,故黏胶细流凝固的相变过程得以自动、连续地进行。

在黏胶中,纤维素黄原酸酯主要是以分子状态存在的,但也有众多微晶和缔合体,包括未溶解分散的纤维素微晶和分散后大分子由于氢键作用或相互缠结重新形成的缔合体以及缔合体不断增大而逐渐形成的结晶中心。

在凝固浴作用下,黏胶细流中大分子间的缔合作用加强,微晶粒子首先析出,其他大分子或缔合体则逐渐向它靠拢,形成结晶区域,有些大分子的一部分可停留在微晶或缔合体内,而另一部分则停留于微晶和缔合体外。停留于微晶和缔合体外的部分还可以通过与其他大分子结合而形成新的缔合点或微晶。随着体系中大分子缔合点浓度的增加,

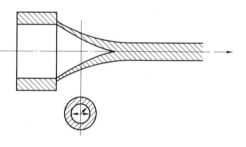

图 7.22 黏胶细流的凝固过程示意图

结构化增大至一定程度,黏胶的细流黏度急剧上升,最终失去流动性,成为连续的立体网状结构,变为柔软而富有弹性的丝条。初生丝条中,大分子上仍保留相当数量的黄原酸基团,而且保留一定的溶剂化层。在大分子网络中间的空隙,充填着水、碱、凝固剂和各种多硫化物等低分子溶液。

黏胶细流的凝固是从表面逐渐向中心推进的,如图 7.22 所示。

根据成型过程凝固动力学分析认为,当黏胶与凝固浴接触时,细流的表面由于溶剂被迅速中和,而形成过饱和度较大的纤维素黄原酸酯的过饱和区,并在瞬间形成结构化中心,在中心周围形成聚合物相的增长和微纤结构。经过极短时间(0.1~0.5 s)后,相邻的

微纤中心形成次级结构,在黏胶细流的最外层生成一层非常稠密的膜层。随着扩散的继续进行,凝固层逐渐加厚,凝胶与黏胶的界面逐渐向中心推移,直至整个界面在中心汇合,黏胶细流即凝固为凝胶丝条。

7.4.4 纺丝的影响因素及工艺控制

1. 黏胶的组成

黏胶的组成是指黏胶中主要成分(α-纤维素和 NaOH)的含量,它在很大程度上决定了黏胶的特性(如黏度和熟成度)。黏胶中 α-纤维素含量的提高,使黏度上升,熟成速度加快,纤维素凝胶结构较紧密,有利于成品纤维强度的提高。黏胶中含碱量的高低也影响黏胶的稳定性、熟成度以及凝固浴中硫酸的浓度。含碱量高,黏胶稳定,黏度低,成型相应减慢。不同品种纤维纺丝黏胶的组成见表7.6。

表7.6 几种黏胶纤维纺丝溶液的组成

纤维品种	α-纤维素(质量分数)/%	NaOH(质量分数)/%	$w(NaOH):w(\alpha$-纤维素)
普通黏胶短纤维	7.8~8.5	5.5~6.5	0.7~0.75
富强纤维	6~6.5	4~4.5	0.5~0.7
强力黏胶纤维	6.0~7.0	6.0~7.0	0.95~1.0

(1)黏度

黏胶的黏度对可纺性能有一定的影响。普通黏胶纤维的纺丝黏度,一般控制在 30~50 Pa·s。黏度低于 20 Pa·s 的黏胶可纺性很差,成型困难;当黏度超过 160 Pa·s,也要对某些成型参数做相应调整,否则纺丝困难。为了保证成型的均匀性,纺丝黏胶的黏度波动范围应控制在 3~5 s。

黏胶的黏度还对喷丝头拉伸率有较大的影响,在黏度较低的情况下,最大喷丝头拉伸率随着黏度的增加而急剧上升;黏度为 50 Pa·s 时,最大喷丝头拉伸率增至最大值;当超过 50 Pa·s 时,最大喷丝头拉伸率则随黏度的上升而下降。

(2)熟成度

在一定的条件下,纺丝黏胶有一个最适宜的熟成度。据研究表明,普通黏胶纤维纺丝时,黏胶的可纺性随熟成度的提高而变好;在 NH_4Cl 值达到 8~12 时,可纺性最好。采用熟成度较高(NH_4Cl 值较低)的黏胶纺丝时,黏胶成型过快,所得纤维结构不均匀,力学性能较差,断裂强度和断裂伸长率较低,染色均匀性差。适当调整凝固浴成分,以减慢纤维素黄原酸酯的分解速度,纤维结构均匀性可得到改善;反之,熟成度太低,纺丝的稳定性下降,甚至无法纺丝。适当提高凝固浴中硫酸的浓度或温度,可在一定程度上改善其可纺性。

(3)黏胶中的粒子及气泡

黏胶中的粒子对可纺性及成品纤维品质影响极大。其中大于喷丝孔直径的粒子,会堵塞喷丝孔,造成单丝断裂或纺丝断头;直径为 5~10/μm 的凝胶粒子,带入初生纤维中,会形成纤维结构上的缺陷,或引起毛丝、单丝断裂等。

黏胶中的气泡也是造成黏胶可纺性能及成品纤维品质下降的重要原因。纺丝黏胶除了要经过充分脱泡外,还要避免黏胶管道密封不良而进入气泡和在管道上受热分解而产生微细气泡。

2.纺丝速度

黏胶纤维纺的丝速度随所纺制的品种不同而异。普通黏胶长丝、短纤维为 60 ~ 80 m/min;强力黏胶纤维为 40 ~ 60 m/min;富强纤维为 20 ~ 30 m/min。采用不同的纺丝设备,其纺速也不同,如纺制普通长丝的离心式纺丝机一般为 60 ~ 75 m/min,高的可达 90 ~ 100 m/min,而连续式纺丝机一般只有 50 ~ 65 m/min。提高纺丝速度,可以提高纺丝机的生产效率。但是提高纺丝速度会带来下列困难:

①大量的凝固浴被丝条带出浴外。

②增加丝条在凝固浴内的阻力,容易产生毛丝或单丝断头。

③纤维素黄原酸酯来不及凝固和分解再生。

采取下列措施能提高纺丝速度:提高凝固浴中 H_2SO_4 的浓度和凝固浴温度;增加丝条在凝固浴的浸没长度;在黏胶或凝固浴中加入助剂。

3.丝条的浸没长度

黏胶挤出细流在凝固浴中的浸没长度一般为 20 ~ 70 cm,浸没时间一般为 0.1 ~ 0.2 s。丝条的浸没长度越长,纤维的成型就越均匀,并且当其他条件相同时,纤维的强度和柔软性也越高。但浸没长度过长,将使机件过大,操作不便;而且随着浸没长度的加长,丝束在凝固浴内所受到的阻力也加大,因而相应地增大了丝条的张力。

4.凝固浴浓度、温度及循环量

黏胶纤维成型时,凝固浴的组成必须保证黏胶经过凝固浴的作用后,在离开凝固浴的纤维素凝胶仍具有一定剩余酯化度,这一过程通常在 0.1 ~ 0.2 s 内完成。

凝固浴浓度的确定,取决于黏胶的性能与纺丝的其他条件。黏胶挤出细流在凝固浴中的距离越短,纺丝速度越高,黏胶中的含碱量越高,熟成度越低(盐值越高),单纤维的线密度越高,则凝固浴中 H_2SO_4 的浓度也应越高。

凝固浴的循环直接影响凝固浴的组成及纺丝过程的稳定性。在连续纺丝过程中,凝固浴中的 H_2SO_4 不断消耗,化学反应生成的 Na_2SO_4 不断增多,温度又不断变化。为了保证整个纺丝过程及在纺丝浴槽各个纺丝位的凝固浴浓度均匀、稳定,凝固浴必须连续循环。凝固浴的循环量取决于纺丝速度和纤维的总线密度。纺丝速度越高,纤维的总线密度越大,循环量就越大。不同的黏胶纤维品种,凝固浴差异较大,见表 7.7。

表 7.7 凝固浴的组成及温度

纤维品种	凝固浴的温度 /℃	凝固浴组成/($g \cdot L^{-1}$)			凝固浴循环量 /($L \cdot (锭 \cdot h)^{-1}$)
		H_2SO_4	Na_2SO_4	$ZnSO_4$	
长丝	44 ~ 48	115 ~ 120	220 ~ 240	12 ~ 15	30 ~ 50
棉型纤维	55 ~ 65	95 ~ 120	290 ~ 310	13 ~ 16	3 000 ~ 4 000
毛型纤维	50 ~ 65	93 ~ 103	290 ~ 310	11 ~ 14	4 000 ~ 5 000
富强纤维	20 ~ 25	20 ~ 25	45 ~ 55	0.3 ~ 0.7	1 500 ~ 2 000
高湿模量纤维	20 ~ 40	60 ~ 90	105 ~ 145	24 ~ 60	3 000 ~ 4 000
强力纤维	40 ~ 50	80 ~ 90	160 ~ 180	80 ~ 90	250 ~ 350

凝固浴温度影响各种化学反应速度、双扩散速度、凝固和纤维素再生的速度。凝固浴温度过高，纤维成型过快，不但使纤维的品质下降，还会使纺丝操作困难；温度过低，黏胶细流凝固过慢，同样不能正常纺丝。此外，由于 Na_2SO_4 在凝固浴中的溶解度随着温度降低而减小，若常规的凝固浴温度低于 $25 \sim 35$ ℃，则容易析出 Na_2SO_4 结晶，造成纺丝困难。凝固浴的温度与 H_2SO_4 的浓度对黏胶凝固作用的影响在一定程度上可以相互补充。当 H_2SO_4 浓度偏低时，适当提高凝固浴温度，可以提高凝固速度；同样，当温度偏低时，适当提高 H_2SO_4 浓度也可得到升高温度的同样效果。

5. 喷丝孔形状

喷丝孔的长径比及形状，对成型稳定性及纤维的物理-机械性质有较大的影响。增加喷丝孔的长径比，把喷丝孔导孔制成双曲线形，可以增加黏胶液流在喷丝孔道中的逗留时间，降低入口效应产生的出口胀大效应，从而提高纺丝稳定性，增加喷丝头的最大拉伸比，并使成品纤维的断裂强度有所提高。

最大喷丝头拉伸值是衡量黏胶的弹黏性、表面张力、凝固浴的凝固能力以及其他因素的综合指标，又是成型稳定性的指标。

7.4.5 纤维的拉伸

与大多数化学纤维一样，初生黏胶纤维强度很低，伸度过高，没有实用价值，必须进行拉伸。在拉伸过程中，大分子或其结构单元在拉力作用下，沿纤维轴方向取向排列，由此提高纤维的力学性能。黏胶纤维的拉伸一般由三个阶段组成，即喷丝头拉伸、塑化拉伸和松弛回缩。

1. 喷丝头拉伸

喷丝头拉伸是第一纺丝导盘的线速度与黏胶从喷丝头喷出速度之间的比率。

$$喷丝头拉伸率 = \frac{第一纺丝导丝盘线速度 - 黏胶喷出速度}{黏胶喷出速度} \times 100\%$$

如果第一导盘线速度与黏胶喷出速度相等，则喷丝头拉伸为零。第一导盘线速度大于喷出速度，通常称为正拉伸；若喷出速度大于第一导盘速度，拉伸率为负值，通常称为负拉伸。黏胶从喷丝头喷出时，黏胶细流尚处于黏流态，不宜施加过大的喷头拉伸，否则容易造成断头或毛丝。由于高湿模量黏胶纤维和黏胶强力纤维等的酯化度较高，故常用喷丝头负拉伸。

2. 塑化拉伸

塑化拉伸通常在塑化浴中进行。塑化浴温度一般为 $95 \sim 98$ ℃，H_2SO_4 的质量浓度为 $10 \sim 30$ g/L。刚离开凝固浴的丝条，虽已均匀凝固，但尚未完全再生，在高温的低酸热水浴中，丝条处于可塑状态，大分子链有较大的活动余地，加以强烈的拉伸，就能使大分子和缔合体沿拉伸方向取向，在拉伸的同时，纤维素基本再生，使拉伸效果巩固下来。普通型短纤维丝束进入塑化浴的酯化度，一般控制在 10 左右；强力黏胶纤维为 20 左右。

3. 松弛回缩

丝条经强烈拉伸后，纤维素大分子及其聚集体大多沿着拉力的方向取向，大分子间的作用力很强，使纤维素大分子几乎处于僵直状态。纤维的断裂强度虽然较高，但伸度很低，钩接强度也较低，脆性较大，纤维的实用性能较差。

生产中,为改善成品纤维的脆性,常在拉伸后给予纤维适当回缩,以消除纤维的内应力,在不过多损害纤维强度的情况下,改善纤维的脆性,并使纤维的断裂伸长率和钩接强度有所提高。

综上所述,喷丝头拉伸、塑化拉伸和纤维的回缩必须调配得当,才能获得良好的拉伸效果。

7.4.6 纺丝设备

按凝固浴循环方式不同,把纺丝机分为浴槽式和管中成型两类。浴槽式纺丝机有深浴式和浅浴式之分,如图 7.23 所示。浴槽式纺丝机结构简单,占地面积小,对凝固浴循环要求低,故被广泛采用。浅浴式纺丝机主要为了增加浸浴长度,而且便于观察和操作,但占地面积较大。管中成型有水平管(图 7.24)和 U 形管(图 7.25)两类。管中成型凝固浴与初生纤维在管中同向流动,明显减少了凝固浴对初生纤维的阻力(阻力大小可通过调节两者的相对速度而变化),既可减少纤维的疵点,又可提高纤维的纺丝速度,浴槽式纺丝机速度在 110 m/min 以下,而管中成型的纺丝速度可达 150 ~ 180 m/min。

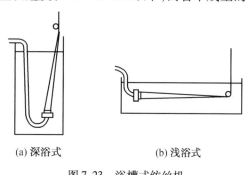

(a) 深浴式   (b) 浅浴式

图 7.23　浴槽式纺丝机

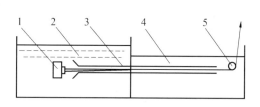

图 7.24　水平管成型示意图
1—喷丝头;2—高位槽;3—纺丝管
4—低位槽;5—换向轮

根据黏胶纤维品种的不同,可把纺丝机分为长丝纺丝机和短纤维纺丝机。长丝纺丝机包括普通长丝和超强力丝两种;短纤维纺丝机有普通短纤维和高湿模量短纤维之分。

1. 长丝纺丝机

黏胶长丝的纺丝设备主要有四种类型:离心式、半连续式、连续式和筒管式。筒管式纺丝机通常为单层双面纺丝机,受丝机构为筒管,用以纺制低线密度的普通黏胶长丝,目前已基本淘汰。

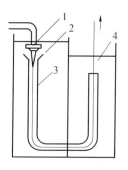

图 7.25　U 形管成型
1—喷丝头;2—高位槽;3—U 形管;4—低位槽

(1)离心式纺丝机

离心式纺丝机主要有 R531 型、KR401 型、KR402 型和 ZS14 型离心纺丝机等类型。R531 型离心式纺丝机为我国应用的主要机型之一。该机的受丝结构是高速离心罐,纺制的丝饼呈酸性,丝条有一定的捻度。

(2)半连续式纺丝机

半连续式纺丝机的特点是将纺丝及丝条水洗过程在一台机器上连续进行,从而得到中性丝饼。

(3)连续式纺丝机

连续式纺丝机的主要特点是使纺丝、后处理和干燥的所有过程全部在一台机器上完成,实现单机台连续生产,所制得的纤维基本克服了离心法的不足;缺点是丝条的含硫量较高,收缩率较高,设备维修复杂。

连续式纺丝机有纳尔逊(Nelson)连续纺丝机、毛纳尔连续纺丝机、罗马尼亚的 FCV 连续纺丝机、捷克的 KVH 型连续纺丝机、意大利的康维斯(Convise)连续纺丝机等类型。成型的丝条从凝固浴出来进入再生浴,同时进行塑性拉伸;再生丝条绕上精练辊筒对进行热水洗涤,同时进行脱硫;洗涤后的丝条经上油辊筒达到干燥辊筒对;经干燥的丝条绕在环锭式锭子上。

2. 短纤维纺丝机

国内外短纤维纺丝机的主要型号有 SR301 型短纤维纺丝机、HR401 型短纤维纺丝机、OCYN 型塑化拉伸机、凯姆特克斯短纤维纺丝机、毛雷尔短纤维纺丝机以及捷克 ZS20 型短纤维纺丝机。

7.5 黏胶纤维的后处理

经成型拉伸后的初生黏胶纤维,必须经过后处理,其目的如下:

(1)除去纤维中含有的杂质

初生纤维会带出硫酸(占丝束总质量的 1% ~ 1.2%)、硫酸盐(占总质量的 12% ~ 14%)和胶态硫黄(占丝束总质量的 1% ~ 1.5%)一部分附着于纤维表面,一部分分散于纤维内部。这些杂质的存在会影响纤维外观,严重影响纤维的柔软性及手感。

(2)进一步完善纤维的物理-力学性能和纺织加工性能

黏胶纤维后处理的主要项目有水洗、脱硫、漂白、酸洗、上油以及烘干等过程。对于不同品种的纤维,后处理的方法和所用的设备也不尽相同。如黏胶长丝除了上述项目外,还需加捻、络丝等纺织加工;对于短纤维还必须进行切断等,切断可在后处理前或后处理后进行,大多数均在后处理前进行。供丝织用的长丝要求颜色白、光泽好,对后处理要求高;而对工业用的黏胶帘子线在外观上并无特殊的要求,少量硫黄的存在并不影响其质量,因此,后处理过程就比较简单;有些特殊要求的纤维需要进行漂白,一般纤维则无须进行。

1. 水洗

水洗可以除去纤维从凝固浴带出的硫酸及硫酸盐、附着在丝条表面的硫黄以及生成的水溶性杂质。由于水洗是最简单经济的办法,因此后处理的第一步就是水洗,而且每经脱硫、漂白、酸洗等化学处理后,仍需进行水洗。

后处理最好用纯净的软水。如果水中存在钙、镁、锰等杂质,会黏附在纤维上;水洗温度高,容易洗净,一般将水温控制在 60 ~ 70 ℃;水循环量越大,洗得越干净,但过大的循环量必然会消耗更多的水(蒸汽)和电。

2. 脱硫

经水洗后,纤维上的硫黄大部分被洗去,其质量分数由 1% ~1.5% 下降至 0.25% ~ 0.40%。剩余的硫黄大部分包埋于纤维内部,故需用化学法脱硫。脱硫剂通常用 NaOH、Na_2S、Na_2SO_3 等;连续纺丝后处理机,通常用加有表面活性剂的含酸热水溶液作为脱硫剂。其脱硫的化学反应式分别为

$$6NaOH + 4S \longrightarrow 2Na_2S + Na_2S_2O_3 + 3H_2O$$
$$Na_2S + xS \longrightarrow Na_2S_{x+1}$$
$$Na_2SO_3 + S \longrightarrow Na_2S_2O_3$$

不溶性的胶态硫,经反应后生成一系列的水溶性含硫化合物,通过水洗即被除去。黏胶纤维脱硫,在工艺上主要控制脱硫剂的浓度及溶液温度。黏胶短纤维,通常用 NaOH 脱硫,脱硫浴液所含 NaOH 的质量浓度为 3 ~ 6 g/L,温度为 65 ~ 75 ℃;黏胶长丝通常用 Na_2SO_3 脱硫,脱硫浴液所含 Na_2SO_3 的质量浓度为 20 ~ 25 g/L,温度为 70 ~ 75 ℃。

3. 漂白

经脱硫后的纤维,光泽虽较好,但对有特殊要求的纤维(尤其对用于织造色泽鲜艳的浅色织物的纤维),其白度仍然不够,因而必须进行漂白。漂白剂一般采用次氯酸钠、过氧化氢和亚氯酸钠等。

(1)次氯酸钠漂白

NaOCl 能同纤维上不饱和的有色物质起加成反应,或使其氯化,从而达到漂白的效果。通常控制漂白液中活性氯的质量浓度 1.0 ~ 1.2 g/L,pH 值为 8 ~ 10。为严格控制 pH 值,通常在漂白液中加入一些缓冲剂(如碳酸氢钠、磷酸盐等)。次氯酸钠漂白可以在室温下进行。为了彻底去除 NaOCl,并使黏附在纤维上的钙盐和铁盐等金属杂质转变为可溶性物质,在漂白、水洗后,还必须进行酸洗。

(2)过氧化氢漂白

H_2O_2 在碱性介质中能释出原子态氧,与纤维上的不饱和有色物质起加成反应或使其氧化,生成淡色或无色物质。通常控制漂白液中 H_2O_2 的质量浓度 1 ~ 2 g/L,pH 值为 8.0 ~ 9.0,浴温为 60 ~ 70 ℃。

(3)亚氯酸钠漂白

$NaClO_2$ 的漂白应在酸性条件下进行,因为在碱性介质中不能释出原子态氧而无漂白作用。$NaClO_2$ 的漂白过程可以和纤维的增柔过程相结合,在连续纺丝后处理机上进行漂白,处理时间只需 20 ~ 25 s。$NaClO_2$ 的制造比较困难,价格也较贵,从而限制了它的广泛应用。

4. 酸洗

酸洗的目的是中和残存在纤维上的漂白(或脱硫)碱液,并把不溶性的金属盐类(或氧化物)转化为可溶性的金属盐,以进一步增加纤维的白度,提高纤维的质量和外观。酸洗使用无机酸的水溶液,最常用的是盐酸和硫酸,质量浓度控制在 2 ~ 3 g/L,常温酸洗。

5. 上油

上油是为了调节纤维的表面摩擦力,使纤维具有柔软、平滑的手感,有良好的开松性和抗静电性,又要有适当的抱合力。

所用的油剂因纤维品种而异。普通黏胶纤维常用磺化植物油(土耳其红油)、氨肥皂

等的水溶液,或用颜色浅、黏度低的矿物油(如白节油、锭子油、凡士林油、冷冻机油等)的水乳液。根据油剂成分的不同,添加不同要求的浸润剂或乳化剂,如含 12 ~ 18 个碳的脂肪醇硫酸盐、平平加、聚氧乙烯脂肪醇醚(JFC)等。

黏胶纤维用油剂必须配成稳定的水溶液或水乳液,黏度低,无色、无臭、无味、无腐蚀,洗涤性好,来源充沛易得,且价格便宜。

纤维的上油率控制在 0.15% ~ 0.3% 为宜,过低或过高都不能起到调节纤维表面摩擦力的作用。上油率是通过调节油浴中的油剂的浓度及 pH 值来控制的。通常使用的油浴含油剂 2 ~ 5 g/L,温度为常温。上油后纤维轧压的程度,对上油率也有很大的影响。通常纤维轧压后的含水率为 130% ~ 150%。

6. 干燥

黏胶纤维经后处理后,必须进行脱水,尽可能除去纤维上所带的水分,以减少烘干过程中所蒸发的水量。长束状后处理的纤维,可通过压榨除去多余的浴液;散状短纤维可通过压榨法或离心法脱水;离心丝饼一般用离心法脱水;而筒管丝一般不进行脱水。黏胶纤维经脱水后的含水量一般为 150% ~ 250%。为了达到成品规格要求,使其含水率降至公定的标准(短纤维为 11%,长丝为 13%),必须将纤维烘干至含水 6% ~ 8%,然后再调湿至 11% ~ 13%。

刚成型的溶胀纤维的烘干过程,不是一个水分蒸发的简单过程,而是伴随着纤维结构发生变化的过程。纤维经烘干后膨化度大为降低,断裂强度和伸长率、钩接强度、染色性、手感及纤维尺寸稳定性等也发生了变化。这些变化不能通过再润湿而回到烘干前的状态。但经烘干后纤维的状态也并不是最终的定型状态,而必须把纤维经过多次反复地润湿和烘干之后,才能达到最终的定型状态。烘干过程对黏胶纤维的结构和性能会产生明显的影响。

7.6 纤维素的新溶剂与高性能黏胶纤维

7.6.1 纤维素的新溶剂

由于纤维素不能溶于常见的溶剂中,因而在纤维素工业或理论研究中,常把它转化成衍生物。在转化过程中,纤维素的结构和性能难免不发生变化。研究纤维素的新溶剂,如果能把纤维素直接溶解成溶液,工业上又可直接加工成型,将给纤维素工业带来很大的变革。

早期使用的新溶剂大多是过渡族金属与氨(或乙二胺)形成的络合物,如由氢氧化铜溶解于浓氨水中而制得的铜氨络合物等。用铜氨溶剂制造的纤维称为铜氨纤维。铜氨溶剂现广泛应用于测定纤维素溶液的黏度和聚合度。

新溶剂是 20 世纪 70 年代以后出现的以有机溶剂为基础的不含水的溶剂,也称非水溶剂。非水溶剂主要由纤维素的活性剂和极性有机溶剂组成,活性剂和有机溶剂可为同一化合物,也可为两种或三种化合物的共混液体。其中与纤维素相作用的活性剂需要较大的过量。极性有机溶剂作为活性剂的溶剂或作为活性剂的成分,可增加溶液的极性,促使纤维素溶解,并使纤维素溶液稳定。

纤维素新溶剂主要有下列三类。

（1）一元体系

一元体系有三氟醋酸（CF_3COOH）、乙基吡啶化氯（$C_2H_5C_5H_5NCl$）、无水胺氧化物 N-甲基-吗啉-N-氧化物（NMMO）、联氨或肼（$NH_2—NH_2$）等。

把棉绒浆或木浆在压力锅中与肼一起加热，纤维素就溶解，通过对聚合度的调节，可制得质量分数为33%的纤维素溶液，在水中纺丝成型，可纺成纤维。美国已发表了纤维素肼溶液的纺丝专利。

Lyocell 纤维是以 NMMO 为溶剂，现已实现工业化生产。NMMO 可直接使纤维素溶解，即不生成中间衍生物。NMMO 的熔点为 130 ℃，它可与水缔合成一水至四水的水合物（大量水存在时）。NMMO 的一水化合物（含水率为 13.3%）溶解纤维素的能力最高，随着含水量的增加，其对纤维素的溶触能力逐渐下降。

（2）二元体系

二元体系有 N_2O_4/极性有机液（包括 DMSO、DMF、DMAC）、NOCl/极性有机液、$NOHSO_4$/极性有机液、$CH、NH_2$/DMSO、三氯乙醛/极性有机液、NH_3/NH_4 SCN、LiCl/DMAC、PF/DMSO 等。

（3）三元体系

三元体系有 SO_2/胺/极性有机液（DMSO）、SO_2Cl/胺/极性有机液、$SOCl_2$/胺/极性有机液。

7.6.2 高性能黏胶纤维

1. Lyocell 纤维

莱赛尔（Lyocell）是以纤维素浆粕直接溶于有机溶剂 NMMO 纺制而成的新型纤维素纤维。因此相比黏胶传统工艺少了碱化、老成、黄化和熟成等工序，生产流程大大缩短，只有黏胶工艺的2/3 或1/2。生产原料及生产过程对环境没有或者很少污染。NMMO 是一种氨基氧化物，对人体和环境生物几乎没有毒性。莱赛尔除了能保持纤维素纤维的优点外，其物理-机械性能和综合性能还优于黏胶纤维，部分性能优于棉纤维。其工艺流程包括：天然纤维素化学加工提纯制得浆粕，经粉碎、溶解、混合、过滤脱泡、纺丝、后处理等工序制成。Lyocell 纤维可以生产短纤和长丝。

（1）Lyocell 纤维的生产工艺特点

①用于生产莱赛尔的浆粕，要有较高的纯度，α-纤维素的质量分数为 96.5% ~99% ；由于生产过程中纤维素的降解作用不显著，故原料浆粕的聚合度控制在 650 ~700。

② NMMO 水溶液溶解纤维素的机理：NMMO 中的 N—O 键有较强的极性，可以同纤维素中的—OH 形成强的氢键，生成纤维素—NMMO 络合物。这种络合作用先是在非晶区内进行，破坏了纤维素大分子间原有的氢键。由于 NMMO 的存在，络合作用逐渐深入到晶区内，最终使纤维素溶解。Lyocell 法的溶解过程基本上可视为只有溶胀和溶解而没有化学反应的物理溶解过程。这是 Lyocell 法与黏胶法生产纤维素纤维溶解过程的最大区别。

生产中通常控制 NMMO 的含水率为 13% ~15%。温度一般不宜超过 120 ℃。如果溶剂采用50% 左右的 NMMO 水溶液，在 80 ~90 ℃温度下溶解较适宜。溶解采用薄膜蒸发器或 LIST 混合-溶解设备。

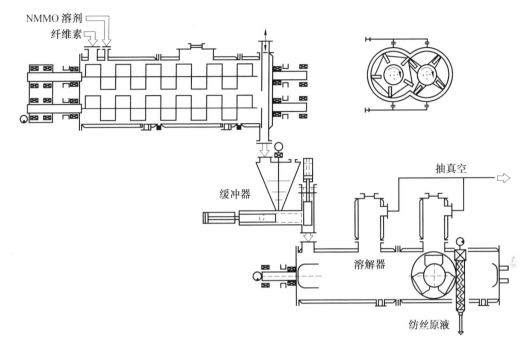

图 7.26　LIST 混合-溶解工艺

（2）Lyocell 纤维的纺丝采用干湿法工艺

纺丝溶液从喷丝头压出后,先经过一段气体层(气隙),然后进入凝固浴,因此也有人把这种方法称为气隙纺丝(Airgap spinning)。凝固浴的组成为含 50% NMMO 的水溶液,浴温为 15 ℃。丝条在凝固浴中发生溶剂和凝固剂的双扩散,使纤维凝固析出。Lyocell纤维的纺丝速度要比黏胶纤维的纺丝速度高得多,一般在 50 ~ 200 m/min,有的甚至高达500 m/min。

另外,干湿法纺丝可以采用直径较大的喷丝孔和黏度较大的纺丝溶液。湿法纺丝溶液的黏度一般为 20 ~ 50 Pa·s,喷丝孔直径一般为 0.07 ~ 0.1 mm。而 Lyocell 纤维的纺丝溶液中纤维素的质量分数一般为 15% ~ 18%,黏度一般为 700 ~ 750 Pa·s,喷丝孔直径一般为 0.15 ~ 0.3 mm,均远大于黏胶纤维。因此,Lyocell 纤维的干湿法与传统的黏胶纤维湿法相比有明显的优势。

2.超强力纤维

超强力黏胶纤维主要应用于黏胶轮胎帘子线生产,具有较高强度和韧性和耐疲劳性能。超强力黏胶纤维的制造工艺,与普通黏胶纤维相比主要有如下差别:

（1）采用 α-纤维素含量高的浆粕,聚合度高而分布窄。

（2）降低碱纤维素中游离碱的含量,老成条件缓和而均匀。

（3）黄化时 CS_2 的用量较多,纤维素黄原酸酯的酯化度较高,分布较均匀。

（4）黏胶组成中纤维素的质量分数为 6% ~ 7%,碱纤比在 1 左右。

（5）在黏胶中加入变性剂,以延缓纤维素黄原酸酯的再生作用,同时加入表面活性剂,以提高可纺性,并防止喷丝头堵塞。

（6）凝固浴中 H_2SO_4 和 Na_2SO_4 的质量分数较低,而 $ZnSO_4$ 的质量分数高达8% ~ 10% 。

（7）黏胶细流在一浴中凝固,在二浴中分解,并在一浴中进行负拉伸,在二浴中高倍拉伸,以提高纤维的强度。

（8）三超黏胶强力纤维成型前采用黏胶预热,进行管中成型。

（9）黏胶强力纤维无需脱硫和漂白,纤维经热水洗后,经上油、烘干、初捻即为成品。

强力黏胶纤维取向度高于普通黏胶纤维,晶区尺寸较小,分布均匀。纤维横截面外缘为较圆滑的锯齿状,皮层较厚;二超以上的强力黏胶纤维,横截面形状接近圆形,为全皮层结构。按纤维干态、湿态强度的高低,可分为强力、高强力、超强力、二超、三超、四超等强力黏胶纤维。

3. 波里诺西克纤维

由于高湿模量纤维的品种繁多,为相互区别起见,1961 年,国际波里诺西克协会特别规定一些基准值,凡符合下列指标者即属于波里诺西克型。

未经处理的纤维,在湿态和0.44 cN/dtex 的负荷下,纤维的伸长小于4% ;在20 ℃下,经质量分数为5% 的 NaOH 水溶液处理后,在0.44 cN/dtex 的负荷下,纤维的湿伸长不大于8% ;在20 ℃ 经质量分数为5% NaOH 溶液处理后,纤维的湿断裂强度在2.0 cN/dtex以上;钩结强度大于0.4 cN/dtex;成品纤维的聚合度在450 以上。

（1）与普通黏胶纤维比较,波里诺西克纤维具有如下特点:

①有较高的断裂强度,湿态下强度损失不大于30% 。

②有较低的断裂伸长,其织物经水洗后收缩性较小。

③有相当高的弹性恢复率,较高的初始模量,织物有较高的尺寸稳定性,水洗收缩率与棉纤维相似,制成的服装较耐褶皱。

④在水中溶胀度不高,吸湿性较低。

⑤钩结强度较差,脆性较大。

⑥纤维中存在很多微小孔隙,有利于染料和后处理药液渗透到纤维内部,进行树脂整理时,孔隙的存在具有特别有利的作用。

（2）波里诺西克纤维生产的主要工艺特点

①采用纯度较高、平均聚合度较高、聚合度分布较窄的浆粕。浆粕中纤维素的平均聚合度要在800 以上,聚合度大于500 的级分占75% 左右,聚合度低于250 的级分含量不应超过5% 。

②在常温下进行浸渍和粉碎,粉碎后的碱纤维素一般不再老成,以免过多地降低纤维素大分子的聚合度。

③黏胶成型前,要求纤维素黄原酸酯有较高的酯化度(为80 ~ 90),黏胶熟成度较低,故黄化时 CS_2 的用量较高(一般不低于 α-纤维素质量的45%)。

④黏胶中 NaOH 与 α-纤维素的质量比不超过0.62∶1。碱的含量高,会过多地破坏纤维素原有的结构。

⑤使用低酸(为30 g/L 以下)、低盐(Na_2SO_4 的质量浓度为47 ~ 55 g/L)、低锌($ZnSO_4$ 的质量浓度低于1 g/L)或无锌、低温(20 ~ 25 ℃)的凝固浴,在低纺速(20 ~ 25 m/min)下进行纺丝。

⑥拉伸时,先经喷丝头负拉伸,然后进行高倍率的正拉伸,再经适当的松弛回缩。

（3）结构特点

①分子结构。波里诺西克纤维具有较高的聚合度和较窄的分散性。波里诺西克纤维的聚合度一般为450~600,超型虎木棉的聚合度高达700。

②超分子结构。在现有黏胶纤维的所有品种中,以波里诺西克纤维的结晶度最高,晶粒尺寸最大,取向度和侧序也最高。

③形态结构。与其他品种的黏胶纤维不同,波里诺西克纤维的横截面为圆滑的圆形或接近圆形的全芯层结构。故纤维的物理-机械性能也反映出芯层的特点,即高强度、低伸度、脆性大、钩结强度差、在水中的膨润度高、吸湿性较低及密度较大。

（4）对碱液稳定性好,能经受丝光化处理

4. 高湿模量黏胶纤维

波里诺西克纤维虽然基本上克服了普通黏胶纤维的一些主要缺点,但纤维的钩结强度较低,脆性较大,易形成原纤化结构,工艺也比较复杂。为了克服波里诺西克纤维的上述缺点,在该工艺的基础上参照了黏胶强力丝的工艺特点,生产出另一类高湿模量纤维——变化型高湿模量黏胶纤维,简称为高湿模量黏胶纤维（High wet modulusrayon,或简称 HWM 纤维）。这类纤维的干态、湿态强度略低于波里诺西克纤维,断裂伸长率较高,钩结强度特别优良,湿模量低于波里诺西克纤维,但与棉的同一指标大致相似,已基本上克服了普通黏胶纤维的严重缺点,而且克服了波里诺西克纤维的钩结强度差、脆性大的缺点,它更适于与合成纤维混纺,以改善合成纤维的吸湿性。近年来,高湿模量纤维的发展较快。

与波里诺西克纤维比较,高湿模量纤维制造工艺的主要特点:

①成型时黏胶的黏度（70~100 Pa·s）比波里诺西克纤维黏胶的黏度（250~350 Pa·s）低得多,使黏胶的过滤、脱泡、输送及纺丝较方便。

②黄化时,CS_2 的用量（34%~38%）远较波里诺西克纤维（45%~55%）低。

③黏胶中 α-纤维素的含量较高,经济上更为合理。

④黏胶中添加变性剂,在高锌（50~80 g/L）低酸浓度的凝固浴中成型。

⑤在较低的温度下成型,减慢纤维素黄原酸酯的分解速度,有利于生成较大的晶区,使纤维的湿模量提高。

⑥降低凝固浴中硫酸钠的浓度,初生纤维脱水速度和结构形成较慢,有利于形成高侧序、高湿模量纤维。

⑦纺丝速度虽低于普通黏胶纤维,但是波里诺西克的 1 倍,而且还有进一步提高的潜力。

⑧纺丝稳定性高,很少有黏胶块产生,成品纤维的疵点很少。

⑨在塑化浴中进行高倍拉伸,以提高无定形区的侧序。

⑩除增加锌的回收设备外,生产普通黏胶纤维的设备基本不必改动,改换品种较方便。

高湿模量黏胶纤维的结晶度高于普通黏胶纤维和强力黏胶纤维,而低于波里诺西克纤维。结晶粒子的尺寸大于普通黏胶纤维,而小于波里诺西克纤维。即具有较高的结晶度和适中的结晶粒子。因此,高湿模量黏胶纤维的干态、湿态断裂强度较高（但稍低于波里诺西克纤维）。湿模量明显高于普通黏胶纤维,而低于波里诺西克纤维。与结晶度及晶粒大小有关的羟基可及度,高于波里诺西克纤维而低于普通黏胶纤维。高湿模量纤维的吸湿性(10%~12%)高于波里诺西克纤维(9%~11%),而低于普通黏胶纤维(11%~13%)和强力黏胶纤维(12%~14%)。

高湿模量黏胶纤维成型时采用高度拉伸,使纤维素大分子链沿纤维轴进行高度取向,随后又给予适当回缩,使某些链段解取向。因此,高湿模量纤维的取向度高于普通黏胶纤维,而低于波里诺西克纤维。

总的说来,高湿模量黏胶纤维的结晶度、晶粒大小、取向度以及侧序都比波里诺西克纤维稍低,而高于普通黏胶纤维。因此,它的强度和湿模量较波里诺西克纤维低,而伸度、钩结强度和耐磨性却比波里诺西克纤维高。

7.7 再生纤维素纤维的性能和用途

7.7.1 黏胶纤维的性能和用途

几种黏胶纤维的力学性能见表7.8。

表7.8 几种黏胶纤维的力学性能

性能	普通黏胶纤维	三超强力丝	变化型 HWM	Polynosic 纤维
干强度/(cN·dtex^{-1})	2.0~3.1	4.4~5.3	3.1~5.4	3.1~5.8
干伸度/%	10~30	15~25	8~18	6~12
湿强度/(cN·dtex^{-1})	0.9~2.0	4.0~4.8	2.2~3.8	2.4~4.0
干模量/(cN·dtex^{-1})	55~80	36~80	70~150	110~160
湿模量/(cN·dtex^{-1})	2.7~3.6	2.7~4.5	9~22	18~65
钩接强度/(cN·dtex^{-1})	0.3~0.9	1.5~2.5	0.6~2.7	0.6~1.0

黏胶纤维吸湿性能优,易于染色,不易起静电,有较好的纺织加工性能。短纤维可以纯纺,也可以与其他纺织纤维混纺,织物光滑、柔软、透气性良好,穿着舒适,染色后色泽鲜艳、色牢度好。黏胶短纤维织物适于制作内衣、外衣和各种装饰用品。长丝织物质地轻薄,除适于制衣料外,还可织制被面和装饰织物。普通黏胶纤维的缺点是牢度较差,湿模量较低,缩水率较高而且容易变形,弹性和耐磨性较差。

高湿模量黏胶纤维具有强度高、延伸度低、湿模量高、耐碱性良好等特点,其与棉的混纺织物可进行丝光处理,基本上克服了普通黏胶纤维的缺陷,其织物牢度、耐水洗性、形态稳定性均与优质棉相近。Polynosic 纤维在水中的溶胀度低,弹性恢复率高,因此织物的稳定性较好。HWM 纤维的干、湿态强度略低于 Polynosic 纤维,但断裂伸长较高,钩接强度特别优良,湿模量低于 Polynosic 纤维,但与棉纤维的同一指标大致相似,已基本克服了普通黏胶纤维的重要缺点,而且克服了 Polynosk 钩接强度差、脆性大的缺点。它更适于与合成纤维混纺,以改善合纤的吸湿性,也可以进行纯纺。

强力黏胶纤维的强度高,抗多次变形性特别好,可用作轮胎帘子线、传送带和三角皮带的帘子线、绳索、各种工业用织物,如帆布、塑料涂层织物等。

改性黏胶纤维具有多种用途:与聚丙烯腈或聚乙烯醇复合的黏胶纤维具有毛型感和蓬松性,适于制作西装、毛毯和装饰织物;有扁平形状和粗糙手感的"稻草丝"(扁丝)和空心黏胶纤维的密度小、覆盖能力大,并有膨体特性,适用于编织女帽、提包和各种装饰用具;用丙烯酸接枝的黏胶纤维有很高的离子交换能力,可用以从溶液中回收金、银、汞等贵重金属;含有各种阻燃剂的黏胶纤维,可用在高温和防火的工业部门;黏胶纤维还可用作医用纤维,如经特殊处理的黏胶纤维可制成止血纤维,含钡的黏胶长丝或短纤,可分别制成医用缝合线或纱布,它能被 X 射线所探查,黏胶(或再生纤维素)中空纤维膜具有透析作用,可用于制作人工肾血液透析器,作为肾衰病症的辅助治疗器具。此外,黏胶纤维经热处理和活化处理而制得的碳纤维和石墨纤维,具有高强度和高模量,与环氧树脂等制成的复合材料,可用作空间技术的烧蚀材料;由黏胶和硅酸钠共混而纺得的原丝,经处理后制成的陶瓷纤维作为耐高温树脂的增强材料,可用于液体火箭发动机和喷气发动机的喷嘴以及空间装置重返大气层的防热罩。

7.7.2　Lyocell 纤维的性能和用途

Lyocell 纤维与其他纤维力学性能见表 7.9。显然,Lyocell 纤维的强度与涤纶相当而远高于棉和普通黏胶纤维,尤其是其湿强仅比干强低 15%,是再生纤维素纤维中第一个湿强超过棉纤维干强的品种,这使它能用多种纺纱方法纺制成高强度的纱线,并适合纺制细支纱,从而纺造薄型织物;且湿态时的高强度使之可经受住高速生产工艺,大大提高了织造效率。Lyocell 纤维的应力-应变特点还使它与其他天然纤维和合成纤维之间有较大的抱合力,易与这些纤维以任意比例混纺,从而改善织物的力学性能、外观效果及手感,而且在整个混纺比例范围内,纱线的强度高,能经受剧烈的机械和化学处理,并能用生物酶处理制成各种风格和各种手感的服装面料。另外,Lyocell 纤维具有很高的湿模量,这使得该纤维织物的收缩率很低,在纬编和经编织物中收缩率仅为 2% 左右,因此,织物的可洗性较好。

表 7.9　Lyocell 纤维与其他纤维力学性能的比较

指　标	Lvocell 纤维	棉	涤　纶
线密度/dtex	1.7	—	1.7
干态强度/($cN \cdot tex^{-1}$)	42 ~ 48	23 ~ 30	42 ~ 52
干伸长率/%	6 ~ 16	7 ~ 9	25 ~ 35
湿强度/($cN \cdot tex^{-1}$)	36 ~ 41	26 ~ 32	42 ~ 52
湿伸长率/%	10 ~ 18	12 ~ 14	25 ~ 35
湿模量(5%伸长)/($cN \cdot tex^{-1}$)	270	100	210

由于 Lyocell 纤维具有一些独特的性能,因此已在服装和产业领域具有重要的用途。

在服装领域,Lyocell 纤维因其突出的高强特性、原纤化特性、良好的可纺纱性能以及作为纤维素纤维的优良服用性能和舒适性,为国际服装市场的"时装化、高档化、个性化"的潮流在面料上提供了可靠的保证。通过与 Lyocell 纤维的一些重要特征的结合,创造了许多全新的织物。此外,各种后处理技术的组合可产生约 1 万种不同的外观。其中,纯

Lyocell 织物有珍珠般的光泽,固有的流动感,使织物看上去舒适,并有良好的悬垂性。通过控制原纤化的生成,可赋予织物桃皮绒、砂洗、天鹅绒等多种表面效果,形成全新的美感,制成光学可变性的新潮产品。另外,Lyocell 纤维与丝、棉、麻、毛、合成纤维及黏胶纤维混纺,可制成各种风格及有特殊外观和手感风格的面料和绒线等,用于高级牛仔服、高级女式时装、高级女式内衣、裙子、高级男式衬衫休闲服、运动衣、针织品(内衣和 T 恤衫)和毛绒织物等多种服装。近十多年来,由 Lyocell 织物做成的服装在日本、美国、西欧等国家和地区日趋流行,销量不断增加。许多著名时装设计师选择 Lyocell 织物作为他们设计的时装面料,推出了许多时尚服饰。Lyocell 纤维可用来做高强耐磨、阻燃、抗静电工作服和作战服等特种防护服装面料。在新一代军服的系列服装中,Lyocell 纤维及其混纺制品可用于四季的常服、夏季训练服、冬季训练服和体能训练服面料。

在产业领域,由于 Lyocell 纱线具有强度高、断裂伸长率较低、吸附性良好、可生物降解、在水刺过程中易于原纤化等特点,因此应用前景也十分广阔。例如,用针刺法、水缠结法、湿铺法、干铺法和热黏法将 Lyocell 纤维加工成各种性能的非织造布,其加工性能和产品性能均优于黏胶纤维。此外,Lyocell 纤维在工业丝、特种纸、工业过滤材料、传送带、篷盖布、缝纫线、保湿絮等方面都有许多潜在的用途。

第8章 高技术纤维

8.1 碳纤维

碳纤维(CF)是无机类高强高模纤维的代表,纤维的化学成分中碳元素占总质量的90%以上,由于碳元素最耐高温,对大多数化学试剂是惰性的,因此不熔融,在各种溶剂中也不溶解,所以碳纤维不能用一般的熔融纺丝法和溶液纺丝法来制造,长丝型的碳纤维只能通过高分子有机纤维的固相碳化而制得。碳的八面晶体形式是金刚石,六边形结构是石墨,石墨纤维的结晶构造给予人们很大的启示,已经发现用来制备碳纤维的有机纤维有纤维素纤维、聚丙烯腈纤维、聚氯乙烯纤维、聚酰胺纤维、聚苯并咪唑纤维以及沥青纤维等,但是由于碳化收率、生产技术的难易和成本等原因,实际上只有纤维素纤维、聚丙烯腈纤维及沥青纤维为原丝制造碳纤维的方法实现了工业化。

8.1.1 聚丙烯腈基碳纤维

1. 制造工艺流程

(1)聚丙烯腈原丝的制备

制造碳纤维用的 PAN 原丝,是影响碳纤维质量的关键因素之一,要求 PAN 原丝强度高,热转化性能好,杂质含量少,原丝的结构缺陷少,线密度均匀。

①聚合时加入少量共聚单体,使原丝预氧化时有利于链状大分子的环化作用,又能缓和热化学反应的激烈程度,使预氧化反应容易控制。加入的共聚单体有甲基丙烯酸、顺丁烯二酸、甲基反丁烯酸等不饱和羧酸类单体,它们的质量分数为 0.5% ~3% 。

②纺丝一般采用湿法纺丝,不用干法纺丝,因为干法生产的纤维中溶剂不容易洗净,如果纤维中残留少量溶剂,在预氧化及碳化热处理时,溶剂的挥发或热分解会造成原丝的内部缺陷和纤维之间粘连,影响最终碳纤维的质量,这种情况也说明了纺丝过程中水洗工序的重要性。近年有采用干湿法纺丝方法,纺丝原液从喷丝孔流出后,先经过一小段空气层,再进入凝固浴,此法可以提高纺丝液的浓度,在空气层中增加有效的拉伸作用,不仅提高了纺丝速度,而且纤维的取向度很高,结构均匀致密,可得到高质量的 PAN 原丝。

③制造碳纤维原丝时,要求所使用的单体、水、溶剂等原料纯度高,车间内无尘,容器设备耐腐蚀,使原丝中杂质的含量(包括金属离子含量)降到最低,因为杂质使原丝缺陷增多,降低碳纤维的性能。PAN 原丝含杂质对碳纤维强度的影响见表8.7。

④原丝细特化和规模化。原丝质量的变异系数要小,这样有利于原丝的结构均匀,在预氧化和碳化热处理时反应完全,质量稳定。

表 8.1 PAN 原丝含杂质对碳纤维强度的影响

项 目	原丝残留溶剂的质量分数/%			原丝含尘量		
	4.46	0.24	0.01	高	中	低
碳纤维强度 /GPa	1.10	1.83	2.85	1.5	2.0	2.9

（2）聚丙烯腈原丝的预氧化工艺

如图 8.1 所示，PAN 原丝在 200～300 ℃的空气介质中，通过预氧化炉，PAN 大分子链转化为环形梯状结构，使其在高温碳化时不熔不燃，保持纤维的形态。预氧化时加以一定的张力于 PAN 原丝上。预氧化反应所需的时间是纤维直径的函数，直径越大，所需时间就越长。在预氧化过程中，产生一系列复杂的化学反应，纤维颜色由白经黄、棕色，再转变为黑色，主要反应有以下几种：

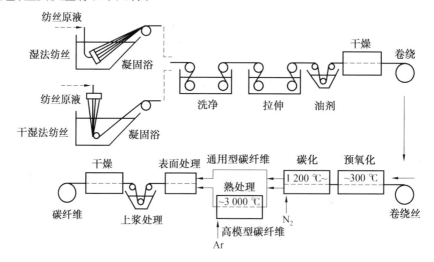

图 8.1 PAN 基碳纤维制造的工艺流程示意

①环化反应。

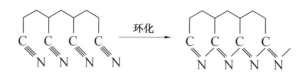

②脱氢反应。

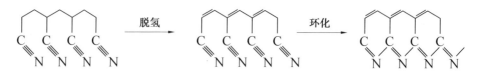

③氧化反应。预氧化反应在空气中进行,氧可直接被结合到纤维的结构中去,生成羟基、羰基等基团,也生成环氧型结构。

预氧化工艺条件和设备设计要满足 PAN 原丝的上述化学反应和结构转变,对放热反应要有良好的温度控制和空气风量、风温的测试,为了得到优质的碳纤维,采用多段拉伸,以确保 PAN 原丝达到要求的预氧化程度和均匀性。

(3)预氧化丝的碳化工艺

预氧化丝在氮气的保护下进入碳化炉,炉内温度为 800 ~ 1 500 ℃,纤维产生碳化反应,梯形大分子发生交联,转变为稠环状结构,纤维中碳的质量分数从 60% 左右提高至 92% 以上,形成梯形六元环连接的乱层状石墨片结构。

在碳化过程中,当温度较低时,大分子结构中的氢以 H_2O、NH_3、HCN 和 CH_4 的形式从纤维中分离出来,氮主要以 HCN、NH_3 的形式分离。当温度较高时,除了氢、氮以上述形式分离外,还以分子态氢和氮的形式分离,同时氧也以 H_2O、CO_2 和 CO 的形式分离出来,这些热解产物的瞬间排除是碳化工艺的技术关键。碳化炉的设计和工艺要使分解产物顺利排出,否则会造成纤维表面缺陷,影响碳纤维的质量。和预氧化一样,纤维碳化时也会有物理和化学的收缩,所以也对纤维施加适量的张力进行拉伸,提高大分子主链方向的择优取向。

为了获得更高模量的碳纤维,可将碳纤维再经过接近 3 000 ℃高温热处理,也称石墨化处理,使纤维的含碳量增加至 99% 以上,改进纤维的结晶在大分子轴向的有序和定向排列。石墨化工艺要绝对隔断氧气,炉子中气体只能选择氩气或氦气,不用氮气,因为氮在 2 000 ℃以上时与碳反应生成氰化物。

(4)碳纤维的后处理

碳纤维主要作为纤维增强材料应用,碳纤维增强树脂的强度取决于该纤维与基体树脂之间的黏合力,所以碳纤维需要经过表面处理,改善纤维的表面形态,增加表面活性,加强与基体树脂界面的复合性能,提高复合材料的层间剪切强度。

碳纤维的表面处理方法很多,有表面氧化法(如阳极电解氧化法、臭氧氧化法和等离子氧化法)、有表面涂层法(如清洗与涂层、氧化与涂层)、有表面化学法(如次氯酸钠、硝酸等溶液处理),还有一些其他方法,虽然表面处理的作用机理还不十分清楚,但处理后在碳纤维表面产生了活性点,较好地改善了纤维与基体树脂的黏合力。经表面处理的碳纤维与树脂复合,其层间剪切强度可提高至 80 ~ 120 MPa,而未经表面处理的,它的复合材料层间剪切强度只有 50 ~ 60 MPa,达不到使用的要求。

经表面处理后的碳纤维还要进行上浆处理,用改性环氧树脂类的溶液作为上浆剂,避免碳纤维在后道加工中起毛损伤。

2. 聚丙烯腈基碳纤维的结构和性能

(1) PAN 基碳纤维的结构

碳纤维由其高度取向,优先平行于纤维轴的两向乱层石墨结构结晶所构成,具有两相结构,碳纤维的结构模型,可用非均相的微观结构来描述,如微纤维、层状、圆周径向形(洋葱皮)二维结构和鞘–芯及三维模型。这些模型可以解释:①碳纤维存在的石墨化的高度取向和结晶;②相对较小结晶尺寸而含有的大量洞穴孔隙;③几种微观结构的不匀性和缺陷。事实上,在预氧化和碳化过程中,对纤维施加张力拉伸,使石墨单元优化取向可导致碳纤维强度和模量的提高,提高热处理温度将使碳纤维的结晶尺寸增大,见表8.2。

表8.2 PAN 基碳纤维的结晶尺寸

热处理温度 /℃	晶体 c 轴长 L_c/nm	晶体 a 轴长 L_a/nm	热处理温度 /℃	晶体 c 轴长 L_c/nm	晶体 a 轴长 L_a/nm
1 000	1.0	2.0	2400	4.0	6.2
1 400	1.8	3.5	2800	6.0	7.0
2 000	3.4	5.4			

碳纤维的密度和结晶密度分别为 $1.74 \sim 1.86 \ g/cm^3$ 和 $2.03 \sim 2.21 \ g/cm^3$,可见碳纤维具有明显的洞穴结构,这些孔隙直径非常小,垂直于纤维轴分布,孔的平均直径是热处理温度的函数。

碳纤维的表面结构也是一个重要参数,它决定纤维与基体树脂结合性能,表面积和表面洞孔相关,也与纤维的表面处理工艺有关,一般 PAN 基碳纤维具有均匀的横断面和光滑的表面,其表面积随表面处理效果提高而增大。

(2) PAN 基碳纤维的性能

PAN 基碳纤维按照加工工艺的不同,其力学性能有很大的差异,可分为:

①通用型:拉伸强度低于 1.4 GPa,拉伸模量小于 140 GPa;

②高强型(HS):拉伸强度为 3 ~ 7 GPa;

③高模型(HM):拉伸模量为 300 ~ 900 GPa。

由于各个公司生产的 PAN 原丝的技术不同,预氧化和碳化技术水平的差异,形成了碳纤维的性能各有千秋。碳纤维的化学结构和力学结构使它具有优异的物理–机械性能和热性能。与金属相比密度小,因此比强度和比模量高,耐磨耗性、润滑性优良、尺寸稳定性好,热膨胀系数小($0 \sim 1.1 \times 10^{-6} K^{-1}$),在惰性气体中耐热性优良,耐化学腐蚀性好,不生锈,振动衰减性优良,耐疲劳强度高,生物体适应性好,有导电性,电磁波屏蔽性,因此碳纤维与树脂基体的复合材料是一种高性能的结构材料。

8.1.2 沥青基碳纤维

沥青基碳纤维于 1963 年由日本大谷杉朗教授用 PVC 沥青,熔融纺丝后在空气中不熔化处理,再碳化而制得的纤维,他的发明建立了沥青基碳纤维研制的基本原理。起初应用各向同性沥青为原料制造碳纤维,得到通用型碳纤维的短纤维,后来用液晶沥青为原料,制得高性能沥青碳纤维,并于1975年工业化。目前全世界的沥青碳纤维长丝的生产能力为934 t/年,短纤维的生产能力为1 200 t/年。

1. 制造工艺流程

沥青基碳纤维的制造工艺流程如下所示:

各向同性沥青→沥青纤维→不熔化→碳化→通用型碳纤维。

液晶沥青→沥青纤维→不熔化→碳化、石墨化→高性能碳纤维。

沥青是缩合的多环芳烃化合物为主要成分的低分子烃类混合物,含碳量大于70%,平均相对分子质量为200以上。沥青的资源丰富,多从石油或煤焦油的副产物中提取,也可由聚氯乙烯裂解而得。

(1)沥青的调制

作为碳纤维用的沥青原料,首先要有适宜的纺丝流变性能,具有适当的化学反应活性,使刚纺出的纤维通过氧化反应转变为不熔性纤维,具备一定相对分子质量及相对分子质量分布,以使初生纤维有一定的力学性能。沥青的调制可通过加氢热处理、蒸馏或溶剂萃取、通过添加树脂或其他化合物等方法,达到调整沥青的化学成分和结构的目的。

(2)沥青纤维的成型及不熔化处理

调制好的沥青,经过熔融纺丝,刚纺出的纤维的直径最好在15 μm以下,有足够的纤维强度,然后在400 ℃左右进行氧化反应,沥青分子间产生缩合或交联,达到提高熔点的目的。

(3)碳化工艺

不熔化纤维在惰性气体的保护下,在1 000 ~ 1 500 ℃加热碳化,纤维中非碳原子发生各种化学反应,生成的气态化合物随惰性气体一起被排出,大分子转变为乱层石墨结构的碳纤维,在张力下择优取向,使纤维强度增加40%,模量增加25%。碳化后纤维也可进入更高温度(2 500 ~ 3 000 ℃)热处理,得到石墨纤维。

2. 沥青基碳纤维的结构和性能

沥青基碳纤维的结构模型如图8.2所示。对于各向异性沥青原料纺成的碳纤维,在纤维轴方向苯基缩合环形成取向结构,其取向程度和结晶度大小(主要决定于热处理温度),将影响纤维的模量,与PAN基碳纤维相比,它的苯基缩合环结构取向比较容易,碳纤维的模量也就比较高。例如,日本三菱化学公司的沥青基碳纤维($K_{13}C_2U$),其模量达900 GPa,而PAN基碳纤维的模量为640 GPa。同样道理,其纤维轴向的高度取向缩合环结构,使它的纤维轴向热导率相当高,用$K_{13}C_2U$纤维增强的复合材料,热导率可以和铜相似,这么高的热传导性,使材料直接与火焰接触也不会着火,故也称为不燃材料。

8.1.3 黏胶基碳纤维

美国早在1950年开始研制黏胶基碳纤维,黏胶纤维的主要化学成分是纤维素,而纤维素是自然界最大的一类有机化合物。纤维素基本单元中有三个羟基,即一个伯羟基和两个仲羟基,可吸附10% ~ 13%的水分,结构单元中氧的质量分数高达49.39%,如果氧都以水的形式脱除,理想的碳化收率是44.4%,实际的碳化收率仅为10% ~ 30%。由于黏胶碳纤维工艺条件苛刻,碳化收率比较低,相对成本大,黏胶碳纤维的综合性能指标比

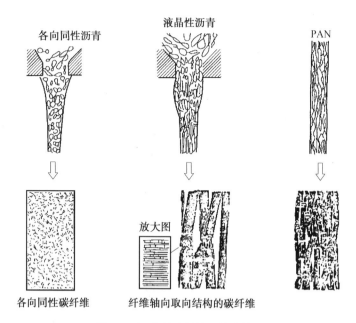

各向同性沥青　　液晶性沥青　　PAN

放大图

各向同性碳纤维　　纤维轴向取向结构的碳纤维

图 8.2　沥青基碳纤维的结构模型

PAN 基碳纤维的要差,因此黏胶碳纤维的发展就受到制约,目前随着 PAN 基碳纤维的飞速发展,黏胶基碳纤维逐步萎缩。但是黏胶基碳纤维在结构和性能如隔热、耐烧蚀等方面有不可取代的用途,因此还保留近百吨的年生产量。

1. 黏胶基碳纤维的制造工艺流程

黏胶基碳纤维的制造工艺流程如下所示:

黏胶原丝→加捻→稳定化浸渍→干燥、预氧化→低温碳化→卷绕→高温碳化→表面处理→络筒→碳纤维成品。

和 PAN 基碳纤维相比,黏胶基碳纤维增加了加捻、稳定化处理工序,因为黏胶纤维中含水量多,在稳定化工序中加入适当的无机或有机系催化剂,降低热裂解热和活化能,缓和热裂解和脱水反应,便于生产工艺参数的控制,有利于碳纤维强度的提高。

在催化剂作用下,白色黏胶纤维经过脱水、热裂解和结构的转化,变为黑色预氧化纤维,提高了耐热性。高温碳化在一个衬石墨的碳化炉中进行,温度为 1 400 ~ 2 400 ℃,可获得含碳量为 90% ~ 99% 的碳纤维,为了保持碳纤维良好的力学性能,在预氧化、碳化过程中,对纤维施加张力,控制纤维反应中的热收缩,使产生的乱层石墨结构择优取向,有时还要高温石墨化处理,可得到超高模量的碳纤维。

2. 黏胶基碳纤维的成型机理

黏胶纤维的脱水、热裂解和碳化过程非常复杂,物理化学反应主要发生在 700 ℃ 之前,可大致上归纳为四个重要阶段:

①开始阶段,是黏胶纤维中物理吸附水的解脱,在 90 ~ 150 ℃ 低温除水。

②第二阶段,温度接近 240 ℃,纤维素葡萄糖残基发生分子内脱水化学反应,消除羟基,生成碳双键。

③第三阶段,残基的糖甙环发生热裂解,在高温 240 ~ 400 ℃ 下,纤维素环基深层次裂解成含有双键的碳四残链。

④第四阶段,在400～700 ℃高温下发生芳构化反应,使碳四残链横向聚合、纵向交联缩聚为六碳原子的石墨层结构,如果在张力下进行石墨化处理,可提高层面间的取向,转化为乱层石墨结构,从而提高碳纤维的强度和模量。

3.黏胶碳纤维的结构和性能

在脱水、热裂解、缩聚和芳构化过程中,纤维素的化学组分发生了很大的变化,如图8.3所示。碳的含量随着热处理温度的增高而迅速增加,氧和氢的含量逐步下降,在400 ℃左右变化最大,说明这个温度区域相当重要。

黏胶基碳纤维的性能特征如下:

①密度在1.52～1.53 g/cm³,比PAN基或沥青基碳纤维的小。

②石墨层间距大,取向低,耐烧蚀。

③碱和碱土金属离子的含量低,热稳定性好。

④石墨化程度低,热导率低,是隔热及防热的好材料。

⑤黏胶基碳纤维由天然纤维素转化,因此材料的生物相容性好。

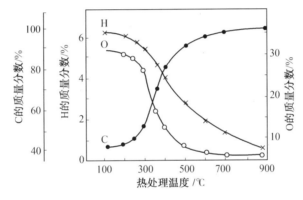

图8.3　纤维素热处理时组成的变化

由于黏胶基碳纤维有上述特性,除了应用于军工上外,在民用上也有一定用途,主要应用在各种规格的碳纤维纺织品,如布、纱线等,再加工成柔性电热制品、高温的保温和绝热材料,在活性炭纤维材料和医疗卫生材料方面也有广泛应用。

8.1.4　碳纤维的用途

综上所述可知,碳纤维是高强高模耐高温的高性能纤维材料,用碳纤维增强的复合材料被称为先进复合材料,其结构特性可与铝合金等金属材料相比拟,并显示高强轻质耐腐蚀的优越性。碳纤维在航天航空方面有广泛的用途,还正向其他产业领域拓展。

1.土木建筑

碳纤维的强度高、模量高、质量轻、耐腐蚀疲劳强度好,和环氧树脂复合加工方便,因此在建筑物的修补、补强及替代钢筋方面有特别的效果。

2.汽车及交通车辆

碳纤维复合材料早已在赛车上,随着大型卡车和高速列车的建造,使用碳纤维复合材料作车厢,可减轻车身的自重,增加有效的载重量。在制造过程中,一体化成型法可简化组装时间。在车辆的零部件应用方面,如传动轴、压缩天然气燃料容器等正开始实用化阶段。

3. 电器及电子

碳纤维复合材料可应用于高精度天线、卫星天线等电子装备上。在微波器件如方圆过渡波导、高精度馈源等,使系统尺寸达到高精度,质量减轻 20% ~ 30%。其他在办公室机器、家用电器等方面,也在逐步应用开发。

4. 体育器材

最早应用碳纤维的是钓竿,用量可达 1 200 t,后来是高尔夫球杆,用量达 2 000 t,网球拍也开始使用碳纤维增强材料,在赛艇、自行车、滑雪器材等方面都有应用。

5. 医疗卫生

由于碳纤维的生物相容性好,在人工骨、人造关节、假肢和假手等方面有广泛的应用,在医疗仪器上利用它的高刚性和 X 射线透过性。今后,随着碳纤维的发展,在新的产业领域大量的应用,将引起碳纤维工业的一个飞跃。

8.2 超高相对分子质量聚乙烯纤维

20 世纪 70 年代以来高性能纤维的研制有了突破性进展,刚性链聚合物获得的成功,能否引申到柔性链聚合物,是否可以制得类似伸直链结构的高强度纤维,如聚酰胺、聚酯、聚丙烯腈及聚乙烯等能否成为高强度的纤维。近几十年来,各国科学家在理论和实践两个方面做了大量的研究工作,使大分子构造最简单的柔性聚合物,理论模量和理论强度最高的聚乙烯,实现了高性能化。1979 年荷兰 DSM 公司发明超高相对分子质量聚乙烯(UHMWPE),用凝胶纺丝法制备高强聚乙烯纤维,并获得专利。以这个专利为基础,美国和日本也相继开始了高强高模聚乙烯纤维的研制,DSM 公司于 1990 年建成第一条工业化的生产线,以 Dyneema 为注册商标。目前世界上高强聚乙烯纤维的总生产规模为2 500 t/年。

我国自 1985 年开始进行超高相对分子质量聚乙烯纤维的研制,在溶剂、凝胶纺丝和拉伸后处理方面进行深入研究,达到中试和工业化开发阶段,其纤维性能为国际中等水平并具有自己的特色。

8.2.1 高强高模聚乙烯纤维的纺丝成型工艺

普通聚乙烯纤维用常规熔融纺丝法生产,所用聚合物的相对分子质量往往较低,即大分子链的长度有限,链末端较多,造成纤维微细结构上缺陷增加,同时柔性链分子容易呈折叠状排列,当纤维受外力时,微小缺陷逐步扩大,易被拉断,因此相对分子质量的大小,成为影响纤维强度的重要原因之一。但常规纺丝法不能使用相对分子质量太高的聚合体,否则熔体黏度增高,造成纺丝困难,甚至无法纺丝,所以采用超高相对分子质量聚乙烯为纺丝原料,必须寻找新的纺丝和拉伸技术,如增塑熔融拉伸法、高压固态挤出法、纤维状结晶生长法、区域拉伸法及凝胶纺丝超拉伸法等,其中最成功并且已经工业化生产的是聚乙烯凝胶纺丝超拉伸方法,其纺丝及拉伸工艺流程如图 8.4 所示。

1. 超高相对分子质量聚乙烯及其原液调配工艺

如前所述,制造高强高模聚乙烯纤维必须采用超高相对分子质量聚乙烯,使分子结构

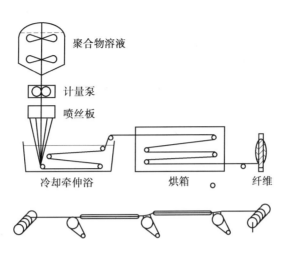

图8.4 凝胶纺丝及拉伸工艺流程

中大分子链末端数目尽量减少,因此聚乙烯相对分子质量的大小,将影响纤维强度的高低。一般材料的强度和模量,可用 Griffith 关系式表示,即

$$\sigma = AE^n$$

式中　　σ——强度;

　　　　E——模量;

　　　　A、n——常数。

但对于超高相对分子质量聚乙烯来说,通过实验解析,A、n 及强度都与相对分子质量的大小有关,见表8.3。

表8.3　PE 相对分子质量与参数 A、n 纤维强度的关系

试样	Mw	A	n	强度[①]/GPa
1	4×10^6	0.153	0.80	12.7
2	1.5×10^6	0.105	0.77	7.4
3	8×10^5	0.082	0.75	5.2

①$E = 250$ GPa 时的强度

从表8.3 可以看出,应用该关系式有一定的局限性,但相对分子质量对纤维的强度影响是十分显著的。

超高相对分子质量的聚乙烯,其大分子链具有众多的缠结点,如图8.5 所示,在浓溶液或熔体时这种缠结就影响了可加工性,只有控制缠结点的密度,使它下降到适当的程度,柔性大分子中的非晶区在拉伸初期较容易转化为缚结分子,如图中聚合物的溶液为半稀状态,经过初期拉伸使初生纤维能承受超倍拉伸,在较大张力的作用下,越来越多的大分子先后被拉直,进而形成伸直链结构,最终达到高结晶的分子结构,获得高强高模的聚乙烯纤维。

凝胶纺丝就是把超高相对分子质量的聚乙烯,溶解于特定的溶剂中,如采用十氢化萘为溶剂时,溶解温度是150 ℃。制成的半稀溶液(质量分数为2% ~10%)作为纺丝原液,从喷丝孔喷出,经过空气层,在低温凝固浴里成型的丝条,是带有大量溶剂的凝胶状丝条,

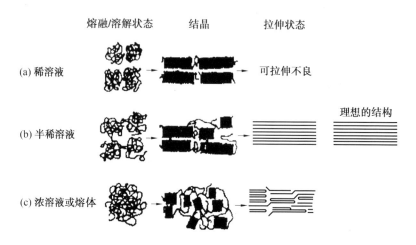

图 8.5　缠结结构控制说明

所以形象地称作凝胶纺丝。初生丝条在冷凝过程中与凝固浴只有能量交换,凝胶丝经萃取处理后进行超倍热拉伸,得到高性能的聚乙烯纤维。

如果纺丝溶液调配得很稀,溶液中大分子之间的缠结点极少,成型后凝胶丝条中大分子间的缠结点也仍然很少,虽然拉伸时丝条中大分子容易伸展和产生相对滑移并取向,但因为形变后大分子之间相互作用力太弱,结构疏松不利于拉伸效果的发挥和纤维性能的提高。

超高相对分子质量聚乙烯的半稀溶液具有较高的黏弹性,容易造成溶解的不均匀性,现在常用双螺杆型溶解机来调制纺丝原液。

2. 凝胶纺丝成型工艺

纺丝原液的流变性质有重要意义;UHMWPE 溶液是典型假塑性流体。UHMWPE 溶液与 PET 熔体的流变性比较见表 8.4。

表 8.4　UHMWPE 溶液与 PET 熔体的流变性比较

性　能	UHMWPE 5% 溶液($T_m = 150$ ℃)	PET 熔体($T_m = 280$ ℃)
剪切速率/s^{-1}	1 000	1 000
剪切模量/Pa	~9×10^2	~5×10^4
松弛时间/s	~17×10^{-3}	~2×10^{-3}
剪切黏度/(Pa·s)	~15	~100

从表 8.4 可知,UHMWPE 溶液的松弛时间较长,流动时会产生所谓的记忆效应,因此必须仔细设计喷丝头组件、喷丝孔的长径比及进口孔道前锥体角度,控制适宜的纺丝温度和纺丝速度,以避免过大的孔口膨胀或孔口收缩。在原液中加入少量助剂,可降低溶液与孔壁的黏着力,有利于纺丝速度的提高。原液自喷丝孔喷出后,先经过一段几厘米的空气层,再进入凝固浴冷却成形,原丝呈凝胶状,其中网络骨架是由质量分数为 30% ～40% 的聚乙烯浓溶液组成,丝条中的微孔充满了质量分数为 0.4% ～0.5% 的聚乙烯溶液。凝胶丝在冷却过程中产生部分结晶,同时失去部分缠结,纺丝成型过程中的解缠和结晶,使凝胶丝条能承受更大的拉伸张力,有利于后道工序的高倍拉伸,得到伸展链的高性能聚乙烯

纤维。

3. 凝胶丝条的超倍拉伸工艺

凝胶丝条只有经过超倍拉伸才能成为高性能的纤维,高倍拉伸使大分子取向及产生应力诱导结晶,使原有的折叠链伸展成伸直链晶体。初生纤维的拉伸性能受到溶液的浓度、PE 的相对分子质量以及凝胶丝条的形态结构的影响,其最大拉伸倍数(λ_{max})与 PE 在原液中的体积分数的关系表示为

$$\lambda_{max} = \frac{Ne}{\varphi_2}$$

式中 Ne—— 代表缠结点之间统计链节数,对于 PE 熔体 $Ne \approx 13.6$。

从上式可知,最大拉伸比是 PE 的浓度和相对分子质量的函数,最大拉伸比随浓度与相对分子质量的增大而下降,因为缠结程度增加了。实际上,凝胶丝条内还含有大量的溶剂,存在众多的微孔,溶剂有增塑作用,微孔增加自由体积,它们的存在能降低大分子链节跃迁的活化能,有利于超拉伸工艺。

8.2.2　高强高模聚乙烯纤维的结构和性能

聚乙烯是有机聚合物中构造最简单的化合物,凝胶纺丝成型和超倍拉伸都是物理过程,UHMWPE 纤维所具有的高性能可用它的特殊结构来解释。

1. 化学和物理结构

聚乙烯的化学结构是亚甲基相连大分子链,锯齿形分子构型,其大分子链高度取向、高度结晶呈伸直链结构,具有串晶形态,晶区及非晶区的大分子充分伸展,非晶区中大分子链先后被拉直伸展,成为张紧的缚结分子,当纤维受到外力时,缚结分子承受大部分的张力,缚结分子越多,纤维的力学性能越好。

用凝胶纺丝得到的纤维微细结构中,晶区和非晶区原有的缺陷被分散,间断地分布在伸直链结晶连续基质中,如果能将大分子链完全伸直,就有可能排除这些缺陷,使伸直链的结晶结构达到理想的结构状态,UHMWPE 纤维的极限强度可达 32 GPa。

2. 高强高模聚乙烯纤维的力学性能

目前商业化的高强高模聚乙烯纤维 Dynnema、Spectra 的力学性能如表 8.5 及图 8.6 所示。在高技术纤维中,它们的强度非常高,模量也很高,而密度小于 1,其比强度和比模量明显高于其他高性能纤维,是最轻的高性能纤维。

高强高模聚乙烯纤维还具有高的能量吸收能力和抗冲击力。

表 8.5　部分高性能纤维的力学性能

性　　能	Dynnema		Spectra	
	SK60	SK65	900	1000
强度/GPa	2.7	3.1	2.5	3.0
模量/GPa	89	95	98	130
伸长率/%	3.5	3.6	3.5	2.7

3. 高强高模聚乙烯纤维的化学性能

聚乙烯是化学惰性化合物,耐化学性优良,在酸碱溶液中强度不会降低。在海水中也

不会溶胀和水解,有抗紫外线及抗霉的能力。

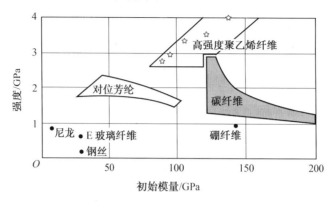

图 8.6　高性能纤维的强度和模量

4. 纤维的其他性能

高强高模聚乙烯纤维仍然非常柔软,挠曲寿命长,又因有较低的摩擦因数,比其他高性能纤维有更优越的耐磨性。

UHMWPE 纤维的熔点只有 150 ℃左右,其强度和模量随温度上升而降低,所以该纤维不宜在高温下使用,但在低温(0 ℃以下),对它并没有影响,即使在−150 ℃低温下,也不会脆化。通常纤维的最高使用温度在 85 ℃左右,如果短时间接触,125 ℃高温仍可保持原来的性能,这一点对用于复合材料加工是非常重要的。

8.2.3　高强高模聚乙烯纤维的改性

如前所述,UHMWPE 纤维的结构和性能在应用时最大的缺点是使用温度不能超过125 ℃,其次是结构的化学惰性,作为复合材料与树脂基体的黏结性差,针对这些问题,已经有了纤维改性的方法和技术。

1. 物理改性

用带有极性基团的聚合体与聚乙烯共混,再凝胶纺丝,得到改性纤维。也有用等离子对纤维表面进行刻蚀,使原来光滑的表面变得粗糙,改善黏结性能。

2. 化学改性

表面化学处理的方法,如化学氧化刻蚀、电晕放电等,还有表面化学接枝,使纤维表面产生活化中心,接入极性基团,改善纤维表面性能。通过紫外光、高能电子引发等方法,使聚乙烯大分子之间产生交联,形成网络结构有助改善聚乙烯大分子的耐热性,但要注意减少对大分子链的损伤。

8.2.4　高强高模聚乙烯纤维的用途

1. 绳索制造

高性能 PE 丝束经并丝机、牙筒机和编织机,加工成有芯的、无芯的及实芯等各种规格的绳索。由于用高强聚乙烯纤维编织的绳子,机械强度很高,质量轻,柔曲性好,耐磨耗,不吸水,电绝缘性好,因此和钢丝绳、麻绳相比,它做的绳子强力高,伸长低,直径小,轻巧耐用,在系留绳、牵引绳、拉索绳及缆绳等方面用途广泛。

用高性能聚乙烯纤维编织的线绳,用于渔网,可减轻渔网的质量,使拉网的合股绳子强力更大,而拉网阻力比普通渔网减少 40%,提高于捕鱼效率,同时又降低渔网的破损率。

2. 防弹材料

UHMWPE 纤维所具有的优异特性,最适合用于防弹材料,其对子弹能量的吸收能力强,用它做成的防弹背心,柔软舒适,质量又轻,很受警务人员的欢迎。用单向纤维排列制造的 UD 材料(Uni-directional),裁剪加工方便,热压成 UD 复合防弹板,装配简单,材料可以回收利用,还具有吸收中子的功能,作为轻型装甲材料,在运钞车、高级警车、坦克轻型装甲材料及防护盔甲上得到广泛应用。

用单向 UD 复合防弹板,可以有效地防御钢芯弹的射击,和防弹钢板相比,UD 防弹板的质量几乎降低一半。UHMWPE 短纤维经过针刺非织造工艺制得的非织造布毡,对于二次爆炸碎片、锋利的弹片,有特殊的防御功能,减少碎弹片的杀伤力。

3. 其他用途

高性能聚乙烯纤维能吸收冲击的动能,因此可防割、防刺,在防护手套、击剑服和防链齿工作裤中发挥优良的保护作用。

在复合材料制备中,高强聚乙烯纤维除了单独使用外,利用它的优异抗冲击性能和其他高性能纤维共混使用,例如,与玻璃纤维或碳纤维混合,由于高强聚乙烯纤维夹杂在中间,吸收了冲击的能量,使脆性玻璃纤维或碳纤维减少破裂的机会,提高整个复合材料的性能。

第9章 化学纤维成型原理

9.1 概　　述

9.1.1 化学纤维成型的基本步骤和主要变化

化学纤维成型是将纺丝流体（聚合物熔体或溶液）以一定的流量从喷丝孔挤出,固化而成为纤维的过程。它是化学纤维生产过程中最重要的环节之一。

化学纤维成型也称纺丝,主要采用熔体纺丝法、干法纺丝法和湿法纺丝法。本章讨论纺丝过程的基本原理。

从工艺原理角度,这三种纺丝方法均由四个基本步骤构成。

①纺丝流体（溶液或熔体）在喷丝孔中流动。

②挤出液流中的内应力松弛和流动体系的流场转化,即从喷丝孔中的剪切流动向纺丝线上的拉伸流动的转化。

③流体丝条的单轴拉伸流动。

④纤维的固化。

在这些过程中,成纤聚合物要发生几何形态、物理状态和化学结构的变化。几何形态的变化是指成纤聚合物流体从喷丝孔挤出并在纺丝线上转变为具有一定断面形状、长径比无限大的连续丝条（即成型）。纺丝中化学结构的变化,对于纺制再生纤维是重要的,在熔体纺丝中只有很少的裂解和氧化等副反应发生,通常可不予考虑。纺丝中物理状态的变化,虽然在宏观上用温度、组成、应力、速度等几个物理量就能加以描述,但整个纺丝过程涉及聚合物的溶解和熔化、纺丝流体的流动和形变、丝条固化过程中的冻胶化作用、结晶、二次转变和拉伸流动中的大分子取向以及过程中的扩散、传热和传质等。物理状态的变化还与几何形态和化学结构变化相互交叉,彼此影响,构成纺丝过程固有的复杂性,这些都是纺丝成型理论的核心问题。

纺丝理论是在高分子物理学和连续介质力学等学科背景下发展起来的,涉及的问题相当广泛,包括纺丝过程中的动量、热量传递;流动和形变下的大分子行为;连续单轴拉伸、结晶和冷却条件下的大分子取向;聚合物结晶动力学;受纺丝条件影响的纤维形态学等内容。

当前,纺丝理论还处于发展中,作为一个具有完善科学系统的纺丝成型理论尚远。

9.1.2 纺丝过程的基本规律

为了对纺丝过程进行理论分析,首先应对纺丝过程所显示的一些基本规律有所认识。

①在纺丝线的任何一点上,聚合物的流动是稳态的和连续的。纺丝线是对熔体挤出细流和固化初生纤维的总称。稳态是指纺丝线上任何一点都具有各自恒定的状态参数,

不随时间而变化。即其运动速度 v、温度 T、组成 C_i 和应力 P 等参数在整个纺丝线上各点虽不相同，位置而连续变化，但在每个选定位置上，这些参数不随时间而改变，它们在纺丝线上形成一种稳定的分布，称作稳态分布。用数学语言表示"稳态"，即某一物理量对时间的偏导数等于零，记作

$$\frac{\partial}{\partial t}(v, t, C_i, P, \cdots) = 0 \tag{9.1}$$

在稳态纺丝条件下，纺程上各点每一瞬时所流经的聚合物质量相等，即服从流动连续性方程所描写的规律。

$$\rho_0 A_0 v_0 = \rho A v = \rho_L A_L v_L = 常数 \tag{9.2}$$

式中　ρ_0、ρ、ρ_L——丝条在喷丝孔口、纺丝线上某点和卷绕丝上聚合物的密度；

　　　A_0、A、A_L——上述各点丝条的横截面积；

　　　v_0、v、v_L——上述各点丝条的运动速度。

在喷丝孔出口处，考虑到液体丝条内部在横截面上的速度分布，式中 v_0 应为平均速度。

因纺丝液本身不均匀、挤出速度或卷绕速度变化，或者外部成型条件有波动，所以式(5.1)和式(5.2)所表示的纺丝状态便会遭到破坏，使纤维产品外表形状不规则或内部结构不均匀。应该指出，在实际生产过程中，纺丝条件不可能控制得完全准确和稳定，稳态纺丝只是一种理想的状况。在正常的工业生产中，上面的假设应做到尽可能的接近。可是，工业上的纺丝条件和材料特性总是有些变化的，这些变化会引起偏离理想稳态过程。这种不再满足稳态条件的纺丝过程皆称为非稳态纺丝。导致非稳态纺丝的原因十分复杂，其现象也多种多样。为使问题简化，本章仅在稳态条件下讨论熔体纺丝、湿法纺丝和干法纺丝的核心问题。

②在纺丝线上主要的成型区域内，占支配地位的形变是单轴拉伸。纺丝线上聚合物流体的流动和形变是单轴拉伸流动，与在刚性壁约束下的剪切流动不同。两者的速度场也不同，剪切流动的速度场具有垂直于流动方向的径向速度梯度，拉伸流场的速度梯度则与流动方向平行，称为轴向速度梯度。

③纺丝过程是一个状态参数(温度、应力、组成)连续变化的非平衡态动力学过程。即使纺丝过程的初始(挤出)条件和最终(卷绕)条件保持不变，纤维的结构和性质仍强烈地依赖于状态变化的途径，即依赖于状态变化的历史。因此，研究纺丝条件与纤维结构和性质的关系，必须对从纺丝流体转变为固态纤维的动力学问题加以考虑。

④纺丝动力学包括几个同时进行并相互联系的单元过程，如流体力学过程，传热、传质，结构和聚集态变化过程等。要对纺丝过程作理论上的阐述，就必须对这些单元过程及其相互联系有所了解。

9.1.3　纺丝流体的可纺性

"可纺性"这个术语在化学纤维工艺学中并无严格的定义，所谓可纺，一般意味着能形成纤维，即适合于制造纤维之意。某种流体在单轴拉伸应力状态下能大幅度出现不可逆伸长形变，这种流体即为可纺。故可纺性是指流体承受稳定拉伸操作所具有的形变能力，即流体在拉伸作用下形成细长丝条的能力。因此，可纺性实质上是一个单轴拉伸流动

的流变学问题。

显然,作为纺丝液体,仅具有可纺性是不够的,它必须在纺丝条件下具有足够的热稳定性和化学稳定性,在形成丝条后容易转化成固态,且固化的丝条经过适当处理后,具有必要的物理-力学性质。所以,可纺性是作为成纤聚合物的必要条件,但不是充分条件。

从成型的角度看,聚合物流体从喷丝孔挤出后,便受到轴向拉伸而形成丝条,有良好的可纺性,是保证纺丝过程持续不断的先决条件,故评定可纺性,是从纺丝溶液或熔体纺制纤维所面临的基本问题。

20世纪60年代初,波兰学者Ziabicki等人对"可纺性"形成了一个比较确切的概念。在探讨流体丝条断裂机理的基础上,系统地提出了定量的可纺性理论,认为决定最大丝条长度 x^* 的断裂机理至少有两种,一种是内聚破坏(即脆性断裂),一种是毛细破坏。

内聚破坏机理是基于强度的能量理论。对于黏弹性流体的拉伸流动,当储存的弹性能密度超过某临界值时,流动就发生破坏,这个临界值相当于液体的内聚能密度 K。在稳态流动中,应力达到拉伸强度 σ_{11}^* 是出现断裂的条件,这个机理又称为内聚断裂。图9.1所示为运动丝条内聚性断裂的示意图。

丝条的毛细破坏与表面张力引起的扰动及这种不稳定性的滋长和传播有关,这种扰动在液体自由表面上形成一种所谓的"毛细波动"。当毛细波的振幅由最初的 δ_0 发展到等于自由表面无扰动丝条的半径时,液流便解体成滴而断裂。图9.2所示为运动丝条毛细破坏的示意图。可见,毛细破坏现象与经典流体力学中的稳定性有关。

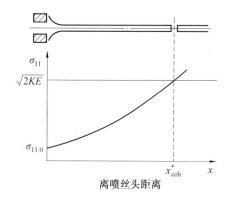
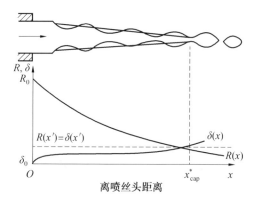

图9.1 运动丝条的内聚性断裂   图9.2 运动丝条毛细破坏的示意图

E—弹性模量;x_{coh}^*—内聚能破坏最大拉伸长度 x_{cap}^*—毛细破坏的最大拉丝长度

上面讨论的可纺性理论,只能定性地用于对实际纤维成型的分析,因为这种理论所做的流体模型假设都过于简单。对于非线性的黏弹性纺丝流体,无论内聚破坏或毛细波生长的临界条件都更为复杂。

此外,研究者还从实验中得出了一些判别聚合物流体可纺性的经验关系。例如,用玻璃棒从待测流体中拉出发生断裂时丝条的最大长度 x^*、结构黏度指数 $\Delta\eta$ 和松弛时间 τ、稳态简单拉伸流动中的拉伸黏度 η_e 和最大喷丝头拉伸比 $\left(\dfrac{v_L}{v_0}\right)_{max}$。有些实验发现,聚合物流体的结构黏度指数 $\Delta\eta$、松弛时间 τ 和稳态简单拉伸流动中的拉伸黏度 η_e 的值越大,其可纺性越差；$\left(\dfrac{v_L}{v_0}\right)_{\max}$ 的值越大，其可纺性越好。例如，超高相对分子质量聚乙烯（UHMWPE）溶液的松弛时间比较长（表9.1），可纺性比较差，因此 UHMWPE 冻胶纺丝技术的要点之一是严格控制高弹性纺丝溶液的流动。

表9.1 一些纺丝流体的松弛时间

纺丝流体	DHMWPE5%溶液（相对分子质量为200万，150℃）	PE 熔体（相对分子质量为18万，180℃）	PET 熔体（相对分子质量为8万，280℃）
r/s	17×10^{-3}	10×10^{-3}	2×10^{-3}

在实际生产中，影响纺丝流体可纺性的主要因素是成纤聚合物的相对分子质量、纺丝流体的浓度和温度。

9.1.4 挤出细流的类型

化学纤维成型首先要求把纺丝流体从喷丝孔挤出，使之形成细流。因此形成正常的细流是熔体纺丝及溶液纺丝必不可少的先决条件。随着纺丝流体黏弹性和挤出条件的不同，挤出细流的类型大致有四种，图9.3 所示。

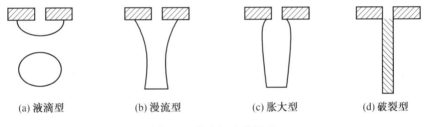

(a) 液滴型　　(b) 漫流型　　(c) 胀大型　　(d) 破裂型

图9.3 挤出细流的类型

1. 液滴型

液滴型细流不能成为连续细流，显然无法形成纤维。这正是前面所述的毛细破坏现象。

出现液滴型细流首先与纺丝流体的性质有关。流体表面张力 α 越大，细流缩小其表面积成为液滴的倾向也越大。此外，黏度 η 的下降也促使液滴的生成。有人建议用比值 $\dfrac{\alpha}{\eta}$ 来量度液滴型细流出现可能性的大小（表9.2）。

由表9.2 可以看出，$\dfrac{\alpha}{\eta}$ 在 10^{-2} cm/s 以上时，形成液滴型细流的可能性随 $\dfrac{\alpha}{\eta}$ 增大而增大。金属熔体之所以易于成为液滴型，是由于其 α 很大，η 很小。杂链聚合物熔体，当喷丝板过热时，或由于降解使熔体黏度 η 下降过大时，在纺丝过程中也会产生液滴现象。湿纺中，纺丝流体的黏度为 $5\sim50$ Pa·s，与熔纺相比，其 η 虽然不大，但由于在凝固浴内成型，α 实际上是纺丝液体与凝固浴间的界面张力，这个值一般在 $10^{-3}\sim10^{-2}$ N/m，因此 $\dfrac{\alpha}{\eta}$ 的比值还是很小，一般不会发生液滴现象。液滴型形成与否还要由具体的挤出条件来决定。喷丝孔径 R_0 和挤出速度 v_0 减小时,形成液滴的可能性增大。

表9.2 用不同方法成型时,几种成纤物质的 $\dfrac{\sigma}{\eta}$ 值与生成液滴型细流可能性之间的关系

成纤物质	纺丝流体	成型方法	α /(N·m^{-1})	η/(Pa·s)	α/η /(cm·s^{-1})	液滴型形成的可能性
金属	熔体	熔纺	0.2~1	0.01~0.1	10^2~10^3	+++
有机聚合物	浓溶液	干纺	0.03~0.08	20~100	10^{-2}~10^{-1}	++
杂链聚合物	熔体	熔纺	0.03~0.08	100	10^{-2}	+
聚烯烃类	熔体	熔纺	0.03~0.05	(2~15)×10^2	10^{-3}~10^{-2}	—
有机聚合物	浓溶液	湿纺	0.001~0.01	5~50	10^{-3}~10^{-2}	—

注:"+"表可能形成液滴型,"+"越多,形成的可能性越大;"—"表示不可能形成液滴型

在实际纺丝过程中,通常通过降低温度使 η 增大,或增加泵供量,使 v_0 增大而避免出现液滴型细流。

2. 漫流型

随着 R_0、v_0 的增加和 α 的减小,挤出细流由液滴型向漫流型过渡。虽然漫流型因表面积比液滴型小20%而能形成连续细流,但由于纺丝液体在挤出喷丝孔后即沿喷丝板表面漫流,使细流间易相互粘连,从而引起丝条的周期性断裂或形成毛丝,因此仍是不正常细流。

漫流型产生的根源,是纺丝流体的挤出动能超过了纺丝流体与喷丝板面的相互作用力和能量损失之和。

从漫流型转变为胀大型所需的最低临界挤出速度 v_c 和漫流半径 R_c 有关(图5.8),也与孔径 R_0 和黏度 η 有关。

挤出速度 v_0 大于临界挤出速度 v_c 时,挤出类型由漫流型向胀大型转化。孔径 R_0 和

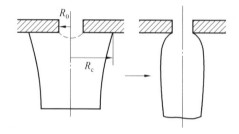

图9.4 从漫流型向胀大型转化

黏度 η 越小,或孔径 R_0 越大,则临界挤出速度 v_c 越大。这就是说,这时需要采取更高的挤出速度 $v_0(v_0 \geqslant v_{cr})$,才能使纺丝流体从喷丝头(板)表面剥离变成胀大型。在实际纺丝过程中,通常在喷丝头(板)表面涂以硅树脂或适当改变喷丝头的材料性质,以降低纺丝流体与喷丝板间的界面张力;或适当降低流体的温度,以提高其黏度;或增大泵供量,使 v_0 增大,从而减轻或避免漫流型细流的出现。

3. 胀大型

胀大型与漫流型不同,纺丝流体在孔口胀大,但不流附于喷丝头(板)表面。只要将胀大比 B_0(B_0 指细流最大直径与喷丝孔直径之比)。控制在适当的范围内,细流就是连续而稳定的,因此是纺丝中正常的细流类型。

纺丝流体出现孔口胀大现象的根源是纺丝流体具有弹性。纺丝流体从大空间压入喷丝孔时,会由于入口效应而产生法向应力差 N';在孔道内做剪切流动时,会由于法向应力效应而产生法向应力差 N''。这些法向应力差的大小,决定了胀大比 B_0 的大小。

一般纺丝流体的胀大比 B_0 为 $1 \sim 2.5$，个别纺丝流体的 B_0 达到 7。B_0 过大，对于提高纺速和丝条成型稳定性不利。因此，实际纺丝过程中希望 B_0 接近 1。

4. 破裂型

在胀大型的基础上，如继续提高切变速率（特别是在纺丝流体黏度很高的情况下，提高 v_0），挤出细流会因均匀性的破坏而转化为破裂型。当细流呈破裂型时，纺丝流体中出现不稳定流动，熔体初生纤维外表面呈现波浪形、鲨鱼皮形、竹节形或螺旋形畸变，甚至发生破裂。这种细流类型最初是在聚合物熔体挤出过程中发现的，所以称为熔体破裂。后来一些聚合物流体，如聚乙烯醇、聚苯乙烯、聚丙烯腈的浓溶液以及黏胶原液在高切变应力（$\sigma_{21} > 10^5 \text{Pa}$）挤出时，都曾观察到不稳定流动。对此一般也称为熔体破裂，实际上是上节所述的内聚破坏。对纺丝来说，破裂型细流属于不正常类型，它限制着纺丝速度的提高，使纺丝过程不时地中断，或使初生纤维表面形成宏观的缺陷，并降低纤维的断裂强度和耐疲劳性能。

可以从多方面来考察聚合物流体不稳定流动的条件，对绝大多数聚合物来说，熔体破裂的临界切应力值 σ_{cr} 约为 10^5Pa（表 9.3）。

表 9.3　几种聚合物熔体的临界切应力 σ_{cr} 值

聚合物熔体	$t/℃$	σ_{cr}/kPa
聚酰胺 6	240	960
聚酰胺 66	280	860
聚酰胺 610	240	900
聚酰胺 11	210	700
聚对苯二甲酸乙二酯（$[\eta] = 0.67$）	270	$100 \sim 600$
高密度	$150 \sim 240$	$150 \sim 200$
低密度聚乙烯	$130 \sim 230$	$80 \sim 130$
聚丙烯（$[\eta] = 0.33$）	$200 \sim 300$	$80 \sim 140$

临界切应力 σ_c 与聚合物的相对分子质量及温度有关。相对分子质量增高或挤出温度下降，导致临界切应力下降。由于各种聚合物流体的黏度可能相差极大，如果用临界切变速率 $\dot{\gamma}_{cr}$ 来评定发生熔体破裂的条件，则各种聚合物的临界切变速率可相差几个数量级。一般来说，缩聚型成纤聚合物，如聚酰胺 66，在挤出温度 $T_0 = 275 ℃$ 时，只有切变速率高达 10^5s^{-1} 左右，才会出现熔体破裂，而在喷丝孔流动中，一般切变速率只有 10^4s^{-1}。加聚型成纤聚合物，如聚乙烯和聚丙烯的情况则有所不同，聚乙烯在 $250 ℃$ 时挤出，切变速率在 $100 \sim 1\,000 \text{ s}^{-1}$ 便出现熔体破裂现象。

相对分子质量对 $\dot{\gamma}_{cr}$ 有一定影响，相对分子质量增大时，$\dot{\gamma}_{cr}$ 值减小。

也有人建议将临界黏度作为出现熔体破裂的标志。随着 $\dot{\gamma}$ 值的增加，当聚合物流体的 η_a 值由零切黏度 η_0 下降至临界值 η_{cr} 时，熔体发生破裂。η_{cr} 与 η_0 之间有下列经验关系：

$$\eta_{cr} = 0.025\eta_0 \tag{9.3}$$

黏性湍流是一种不稳定性流动,对于小分子流体来说,雷诺数 Re 是表征流型的准数 圆管内流动时,有

$$Re = \frac{2R\bar{v}\rho}{\eta} \tag{9.4}$$

式中　$\bar{v}$—— 流体在管内流动的平均线速度;

　　　ρ、η—— 流体的密度和黏度。

在纺丝流体从喷丝孔内被挤出的条件下,由于 η 很大($\eta > 10$ Pa·s),喷丝孔孔径 R_0 很小,即使在发生熔体破裂的平均线速度 $\bar{v}$ 下,N_{Re} 一般仍小于1。因此,纺丝流体挤出过程中的熔体破裂不是黏性湍流的结果。纺丝熔体挤出过程中的不稳定流动是其弹性所引起的。当流体内的弹性形变能量与克服黏滞阻力所需的流动能量相当时,则发生熔体破裂。这种不稳定流称为弹性湍流。还有人发现,对于不同的聚合物黏弹体来说,只要它们在流动中的弹性可复切应变到达某一临界值时,均开始呈现熔体破裂现象,而且该可复切应变的临界值与聚合物流体的种类无关。

纺丝流体的弹性可复切应变 γ 可表示为

$$\gamma = \frac{\sigma_{12}}{G} = \frac{\eta\dot{\gamma}}{G} = \tau\dot{\gamma} = Re_{el} \tag{9.5}$$

式中　Re_{el}—— 弹性雷诺准数。

Re_{el} 可作为熔体破裂出现的判据。有人认为:当 $Re_{el} > 5$ 时,即发生熔体破裂。

式(9.5)表明:熔体破裂发生与否取决于纺丝流体的黏弹性(τ)及其在喷丝孔道中的流动状态($\dot{\gamma}$)。在实践中,主要通过调节影响 τ 和 $\dot{\gamma}$ 的各项因素来避免熔体破裂。例如,提高纺丝流体温度,以减小 τ,减少泵供量,以降低 $\dot{\gamma}$。

9.2　熔体纺丝

熔体纺丝是一元体系,只涉及聚合物熔体丝条与冷却介质间的传热,纺丝体系没有组成的变化。从这种意义上说,熔体纺丝是最简单的纺丝过程,在理论研究中,容易用数学模型进行分析,生产工艺也比较简单。

9.2.1　熔体纺丝的运动学和动力学

纺丝线的速度分布(速度场)和应力分布(应力场)对熔纺纤维结构形成起着重要的作用,历来是化学纤维成型理论研究的核心问题之一。现在,熔融纺丝理论已能够对纺丝线的速度场和应力场进行定量的描述。

1. 熔体纺丝线上的速度分布

对于熔体的等温稳态纺丝,如果不考虑速度在丝条截面上的分布,可以作单轴拉伸处理。式(5.2)所示的连续性方程式可以简化为

$$\rho_x v_x A_x = 常数 \tag{9.6}$$

式中　ρ_x—— 丝条的密度;

　　　v_x—— 纵向速度;

A_x——截面积。

ρ_x 取决于温度和相态的变化。对于纺丝线上基本不发生结晶的熔体纺丝,ρ_x 可以通过温度分布 $T(x)$ 确定。由于熔纺纤维的直径 d_x 可以通过取样或采用激光衍射法等测定,因此其速度场不难确定。

图 9.5、图 9.6 是 PA6 纺丝时,在不同纺丝速度下测得的纺丝线直径的变化以及由此推算出的纺丝线速度分布。

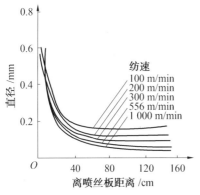

图 9.5　PA6 熔体纺丝线上的直径变化

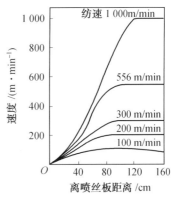

图 9.6　PA6 熔体纺丝线上的速度分布

从速度分布 v_x 可以进一步求出拉伸应变速率(即轴向速度梯度)$\dot\varepsilon(x)$,即

$$\dot\varepsilon(x) = \frac{\mathrm{d}v_x}{\mathrm{d}x} \tag{9.7}$$

分析 $v_x - x$ 曲线可知,丝条的加速运动并不是均匀的。再加上对出口胀大区的考虑,在出口胀大直径最大的截面之前,运动是减速的,经过最大直径以后又逐步加速,固化后,速度基本上维持恒定。拉伸应变速率作为纺丝线位置的函数,如图 9.7 所示,$\dot\varepsilon(x)$ 是一个极大值的函数。

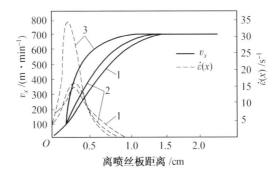

图 9.7　聚合物在等温纺丝条件下的平均轴向速度分布和拉伸应变速率变化

1—PA6;2—PET;3—聚苯乙烯

(流量 2.9 g/min,纺速 656 m/min)

对于纺丝线上发生的结晶情况,如 PET 高速纺丝,ρ_x 的确定还要考虑相态的变化。图 9.8 和图 9.9 为 PET 高速纺丝线上直径的变化及由此推算出的拉伸应变速率的变化。值得注意的是,纺丝速度为 4 000 m/min 时,丝条直径及拉伸形变速率的趋势与常规纺丝

基本相同,即丝条直径随距喷丝板的距离单一地减少至达到卷绕直径,但纺丝速度在 6 000 m/min 以上时,存在着一处丝条直径急剧减小的位置。这种急剧细化过程称为细径现象,在常规纺丝中,只有在拉伸过程中才出现。

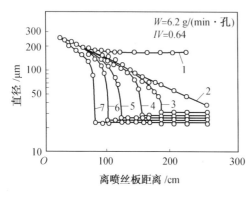

图 9.8　PET 熔体纺丝线上的拉伸应变速率变化
1—自内挤出;2—纺速 4 000 m/min;3—纺速
6 000 m/min;4—纺速 7 000 m/min;5—纺速
8 000 m/min;6—纺 速 9 000 m/min;7—纺 速
10 000 m/min

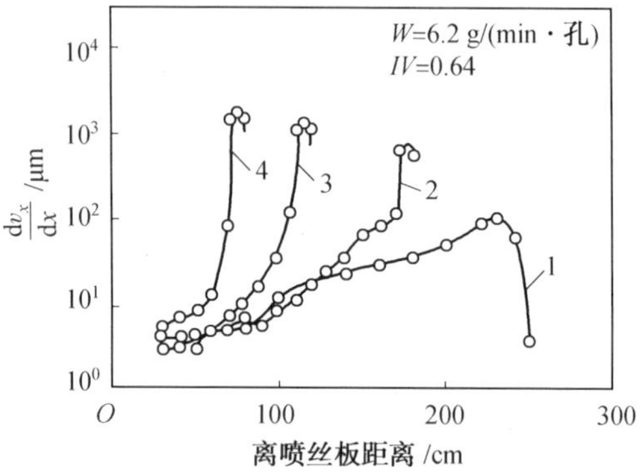

图 9.9　PET 熔体纺丝线上的直径变化
1—纺速 4 000 m/min;2—纺速 6 000 m/min;
3—纺速 8 000 m/min;4—纺速 10 000 m/min

根据拉伸应变速率 $\dot{\varepsilon}(x)$ 的不同,可将整个纺丝线分成三个区域(图 9.10)。

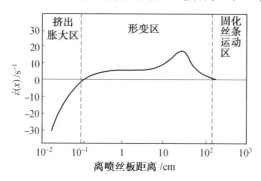

图 9.10　纺丝过程中拉伸应变速率分布示意图

Ⅰ 区(挤出胀大区)和 Ⅱ 区(形变区)交界处对应于直径膨化最大的地方,通常离喷丝振不超过 10 mm。在此区中,熔体进入孔口时所储存的弹性能以及在孔流区储存的且来不及在孔道中松弛的那部分弹性能将在熔体流出孔口处发生回弹,从而在细流上显现出体积膨化现象。由于体积膨化,故 v_x 沿纺程减小,轴向速度梯度为负值,即 $\dfrac{\mathrm{d}v_x}{\mathrm{d}x} < 0$,在细流最大直径处,轴向速度梯度为零,即 $\dfrac{\mathrm{d}v_x}{\mathrm{d}x} = 0$。在改变喷丝头拉伸比的情况下,胀大比随 $\dfrac{v_L}{v_0}$ 的增大而下降,当拉伸比增至一定值时,挤出胀大区完全消失。熔纺的 $\dfrac{v_L}{v_0}$ 通常较大,故 Ⅰ 区通常不存在。

在形变细化区中,在张力作用下,细流逐渐被拉长变细,故 v_x 沿纺程 x 的变化常呈 S

形曲线,拐点把 Ⅱ 区划分为 Ⅱ$_a$ 区和 Ⅱ$_b$ 区。在 Ⅱ$_a$ 区中,$\frac{\mathrm{d}v_x}{\mathrm{d}x} > 0$,$\frac{\mathrm{d}v_x}{\mathrm{d}r} = 0$,$\frac{\mathrm{d}^2 v_x}{\mathrm{d}x^2} > 0$;在 Ⅱ$_b$ 区中,$\frac{\mathrm{d}v_x}{\mathrm{d}x} > 0$,$\frac{\mathrm{d}v_x}{\mathrm{d}r} = 0$,$\frac{\mathrm{d}^2 v_x}{\mathrm{d}x^2} < 0$。

Ⅱ 区的长度通常在 52 ~ 150 cm,具体的值随纺丝条件而定。在图 9.8 中,细径结束点随纺丝速度的增大而向前移动。此区的长度本身就是一种非常重要的特性,它既能决定纺丝装置的结构,又是鉴别纺丝线对外来干扰最敏感的区域。在这一区中,$\dot{\varepsilon}(x)$ 出现极大值,一般为 10 ~ 50 s^{-1},随纺丝速度、冷却条件和材料流变特性而异。如 PET 高速纺丝中,$\dot{\varepsilon}(x)$ 的极大值可达 1 500 s^{-1} 以上。Ⅱ 区是熔体细流向初生纤维转化的重要过渡阶段,是发生拉伸流动和形成纤维最初结构的区域,因此是纺丝成型过程最重要的区域。在此区中,熔体细流被迅速拉长而变细,速度迅速上升,速度梯度也增大。由于冷却作用,丝条温度降低,熔体黏度增加,致使大分子取向度增加,双折射上升;若卷绕速度很高,还可能发生大分子的结晶。该区的终点即为固化点。

在 Ⅲ 区中,熔体细流已固化为初生纤维,不再有明显的流动发生。纤维不再细化,v_x 保持不变,$\frac{\mathrm{d}v_x}{\mathrm{d}x} = 0$。纤维的初生结构在此继续形成。此区的结晶发生在取向状态,这种取向状态影响结晶的动力学和形态学。在高速纺丝时,Ⅲ 区的长度也会由于运行的固体丝条的空气阻力而影响丝条的张力。

2. 熔体纺丝线上的力平衡及应力分布

在熔纺过程中,聚合物熔体从喷丝孔挤出后,立即受到导丝盘卷绕力的轴向拉伸作用,丝条在运行过程中,将克服各种阻力而被拉长细化。要使成型过程稳定,所有作用在丝条上的力(图 9.11)应处于平衡状态。

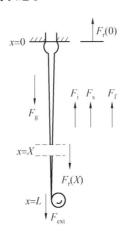

图 9.11 纺丝线轴向受力分析示意图

将运动学方程式根据单轴拉伸的假设简化后进行积分,可以得到离开喷丝头距离 x 处的力的平衡方程式,即

$$F_r(X) = F_r(0) + F_s + F_i + F_f - F_g \tag{9.8}$$

式中 $F_r(X)$——在 $x = X$ 处丝条所受到的流变阻力;

$F_r(0)$——熔体细流在喷丝孔出口处做轴向拉伸流动时所克服的流变阻力;

F_s—— 纺丝线在纺程中需克服的表面张力；

F_i—— 使纺丝线做轴向加速运动所需克服的惯性力；

F_f—— 空气对运动着的纺丝线表面所产生的摩擦阻力；

F_g—— 重力场对纺丝线的作用力。

在卷绕筒管（$x = L$）处，式（9.8）可写成

$$F_{ext} = F_r(L) + F_r(0) + F_s + F_i + F_f - F_g \tag{9.9}$$

F_g 对纤维张力的贡献的重要性随纺丝条件而定。对常规熔体纺丝，在喷丝板附近，F_g 对纤维张力有明显影响。在很低速度下纺制高线密度纤维时，F_g 是很重要的因素。当熔体表观黏度过低时，F_g 引起的熔体自重引伸可能大于喷丝头拉伸，从而会产生并丝而无法卷绕。在高速纺丝中，F_g 的作用减弱，甚至可将它完全忽略。

在熔体纺丝中，表面张力 F_s 一般都很小，仅在处于液态的小段区域内起作用，一般可以忽略不计。但在纺制异形纤维时，F_s 会引起表面曲率的平均化，其结果是降低截面的异形度，因此应予以注意。

F_i 对纤维张力贡献的重要性随纺丝条件而异。对于常规熔体纺丝，F_i 在有加速运动的范围内与 v_x 的平方成正比。因此高速纺丝中，F_i 的重要性将大大增加。在 8 000 m/min 以上的超高速纺丝中，几离喷丝板不远处就开始显示出很大的影响，其对结构形成的影响很大。有人认为，超高速纺丝中纺丝线上出现细颈现象，正是只引起丝条的质量微元突然加速的结果。

F_f 沿纺丝线而变化。接近喷丝板处，熔体丝条速度特别低，F_f 也极微小，甚至在形变速率最大的整个区域中，F_f 都不十分重要。实际上，F_f 绝大部分为丝条达到卷绕速度以后的纺丝线所贡献。F_f 的经验计算式（式（9.10））表明，F_f 和纺速的 1.39 次方成正比。

$$F_f = \int_0^x 0.37 \left(\frac{v\,\mathrm{d}x}{0.16 \times 10^{-4}} \right)^{-0.61} \frac{1.2}{2} v_x^2 \pi d_x \mathrm{d}x =$$

$$8.28 \times 10^{-4} v_x^{1.39} d_x^{0.39} x \tag{9.10}$$

对于一定纺丝速度下的纺丝线，在拉伸形变完成之后，张力沿纺丝线成线性增大，其原因基本上只是空气阻力增加的结果，因为 F_g 的作用可以忽略，而 ΔF_i、ΔF_s 均为零。图 9.12 是各种不同纺丝速度的 PET 熔纺中测得的张力沿纺丝线的变化情况。由图 9.12 可知，在高速纺丝中，F_f 随纺丝速度的提高而急剧增大。因此，F_f 在高速纺速中的作用十分重要，对结构的形成也有很大影响。纺丝速度超过 6 000 m/min 时，F_i 和 F_f 达到了使纤维在纺丝线上进行全拉伸。

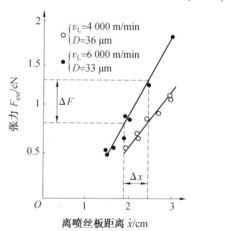

图 9.12　PET 高速纺速时固化区张力沿纺程的变化

空气摩擦阻力的确定在熔体纺丝研究中的意义重大，因为纺丝线上的拉伸流动研究需要求得到流变力 $F_r(0)$ 的大小，其他诸项分力，如惯性力、重力可以进行计算，而且在某些条件下这些分力无足轻重。卷绕力也可

以测定,按前面的力平衡式确定 F_r,空气摩擦阻力的确定是关键,而这项阻力又最难确定,目前尚无一个公认的精确的理论方法,因此流变力的确定强烈地受空气摩擦阻力表达式选用的影响。

根据拉伸应力的定义,F_r 取决于聚合物熔体离开喷丝孔后的流变行为和形变区的速度梯度,即

$$F_r(x) = \eta_e(x)\dot{\varepsilon}(x)\pi R_x^2 \tag{9.11}$$

由于拉伸黏度是纺丝线上的位置函数,它受纺丝线上速度分布和温度分布的影响,其在线测定很困难,因此不能由式(9.11)直接确定 F 的值,但是可以由力平衡关系式计算。

$$F_r(x) = F_{ext} + F_g - F_s - F_i - F_f \tag{9.12}$$

式中各项阻力(F_g、F_r、F_i、F_f)是从离喷丝头工到卷绕筒管($x = L$)处的一段纺丝线上的作用力。

在喷丝孔出口处($x = 0$),流变力 $F_r(0)$ 可按下式计算:

$$F_r(0) = \pi R_0^2 \sigma_{xx}(0) \tag{9.13}$$

式中　$\sigma_{xx}(0)$ —— 聚合物细流在喷丝孔出口处的拉伸应力。

拉伸应力的表达式为

$$\sigma_{xx}(0) = \eta_e \dot{\varepsilon}(0) \tag{9.14}$$

式中　η_e —— 喷丝孔出口处的拉伸黏度;
　　　$\dot{\varepsilon}(0)$ —— 喷丝孔出口处的轴向速度梯度(dv/dx)。

$F_r(0)$ 对纤维张力有重要贡献,一般不可忽略。

在卷绕点处($x = L$),$F_r(L)$ 即卷绕张力 F_{ext}。F_{ext} 不合适是造成成型不良的主要因素。F_{ext} 过大会出现凸肩,F_{ext} 过小会出现凸肚,即"面包丝"。在实际生产中,应根据产品线密度的不同选择合适的卷绕张力,丝筒成型良好。在确保成型良好的前提下,卷绕张力稍大些,既有利于丝筒在后道织造工序中顺利退绕,也可降低包装材料的费用。

应该指出,上述理论分析和实验研究均就单丝而言。至于复丝,其所经历的机械和热的条件与纺单纤维时极不相同。甚至复丝中多根纤维之间所经历的条件也有变化,从而引起纤维受力情况的改变。例如,纺细特丝时,纺丝应力明显增大。实验表明,总线密度一定时,根数增加 1 倍,纺丝张力几乎增大1 倍。根据纺丝线上的力平衡方程式,可求得任意点 x 处的纺丝应力,从而确定纺丝线上的应力分布(图9.13)。

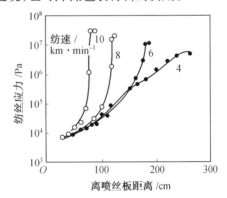

图 9.13　PET 纺丝线上的应力分布

图 9.13 表明,在 4 000 m/min 的纺速下,纺丝应力沿纺程几乎单调增加。当纺速更高,纺丝线上出现细颈现象时,细颈点附近的纺丝应力急剧增大。

9.2.2 熔体纺丝中的传热

熔体细流的固化过程,首先受细流和周围介质传热过程的控制,同时伴随结晶和分子取向的过程。

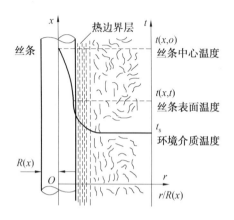

图9.14 纺丝线传热过程示意图

熔体纺丝中的传热,是熔体纺丝过程的一个决定因素,它影响纺丝线上的速度分布、应力分布以及纺丝线上的结晶、分子取向和其他结构形成过程,因此也是化学纤维成型理论研究的核心问题之一。纺丝线传热过程过程如图9.14所示。在丝条内部($0 < r < R$),热流因传导引起,从丝条表面到环境介质,则主要为对流传热,有很小一部分为热辐射。这样,丝条在纺丝线上逐渐冷却,有一个轴向的温度场($t - x$);同时,由于热量是由中心经边界层传到周围介质中的,因而必定有一个径向的温度场($t - r$)。研究熔体纺丝中传热问题的主要任务就是找出任何时刻纺丝线上的温度分布情况,即轴向温度场和径向温度场。

1. 熔体纺丝线上的轴向温度分布

确定熔体纺丝线上轴向分布,可采用能量方程式。为了使问题简化,做如下假设:

① 热力学能 U 的变化及流动过程中能量失散均忽略不计。

② 忽略热辐射。

③ 在纺丝线上的任何一点上,聚合物流动是稳态的。

④ 丝条在冷却过程中无相变热释放。

⑤ 以拉伸应变速率 $\dot{\varepsilon}$ 和拉伸应力 σ_{xx} 做黏性拉伸流动过程中产生的热量可以忽略。

⑥ 沿丝条轴向的传热可忽略。

⑦ 丝条径向无温差。

⑧ 将丝条做圆柱形处理,其直径为 d、密度为 ρ 速度为 v。

这样就可以得到纺丝线上稳态轴向温度分布的方程式为

$$T_x = T_s + (T_0 - T_s)\exp\left(-\int_0^x \frac{\pi d\alpha'}{Wc_p}dx\right) \tag{9.15}$$

式中　　T_x——纺丝线纺程 x 处的温度,K;

　　　　T_0——熔体的挤出温度,K;

T_s—— 环境介质温度,K;

α'—— 传热系数,$W/(m^2 \cdot K \cdot s)$;

c_p—— 等压热容,$J/(kg \cdot K)$;

W—— 喷丝孔熔体挤出量,kg/s。

根据式(9.15)计算,由于c_p和W通常可视为常数,在α'确定后,可求得纺丝线上x处的温度为T_x。

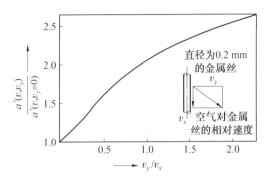

图 9.15　空气速度分量v保持恒定时传热系数随v_y分量的变化情况

传热方程解析的关键是传热系数α'。熔体纺丝过程中,丝条冷却的热导率是以气流冷却圆柱形金属丝的模拟实验,依据稳态假定推导出来的(图 9.15)。空气以不同的角度吹过金属丝,其纵向分量v_x和横向分量v_y随之发生变化。v_x相当于纺丝过程中丝条的运动速度。设丝条的截面为圆形,其面积为A,可得出热导率的表达式为

$$\alpha' = 0.425\,3A^{-0.33}\left[v_x^2 + (8v_y)^2\right]^{0.167} \tag{9.16}$$

从式(9.16)可以得出两个重要的结论:

① 在横吹风时(相当于模拟实验中$v_x = 0,v_y = 0$)的热导率为纵向吹风v_x的2倍。

② 在纺丝线上,丝条冷却的控制因素是变化的。由式(9.16)可知:

若$v_y/v_x < 0.125$,则$\left[v_x^2 + (8v_y)^2\right]^{0.167} \approx v_x^{0.334}$

若$v_y/v_x > 0.125$,则$\left[v_x^2 + (8v_y)^2\right]^{0.167} \approx 2v_y^{0.334}$

这种关系所预示的含义是:在横向吹风速度v_y不变时,因丝条的运动速度在纺丝线上是变化的,则在整个纺丝线上必定要经历一个若v_y/v_x值从大于0.125到等于0.125,又到小于0.125的变化。在接近喷丝板的范围内,$v_y/v_x > 0.125$,在喷丝板之下不远,丝条的运动速度远小于v_y,α'算式中的v_x^2项可忽略不计。随着纺丝线上速度的逐渐提高,v_y/v_x减小,至$v_y/v_x \ll 0.125$时,v_x^2项可忽略不计。这个变化关系就是说,在纺丝窗的上段,冷却过程主要受冷却吹风速度v_y控制;在纺丝窗下部,冷却过程几乎完全决定于丝条本身的运动速度v_x。

由于高速纺丝条的速度比常规纺高3～4倍,所以在纺程上出现$v_y/v_x < 0.125$的位置要早,而且$v_x/v_y \gg 0.125$,因此v_y的变化对冷却过程和初生丝结构性质的影响不如常规纺丝明显。

多年来,纺丝研究大多采用式(9.16)计算传热。有人发现将该式用于高速纺时,传热系数偏低25%,这是因为式(9.16)的推导是根据加热金属丝在风筒中冷却的实验,不完全符合实际纺丝中丝条的冷却状况。于是提出了如下从纺丝线上测到的传热系数的表

示式:

$$\alpha' = 1.74 \left(\frac{v}{A}\right)^{0.259} \left[1 + \left(\frac{8v_y}{v_x}\right)^2\right]^{0.167} \tag{9.17}$$

还应看到,向下运动的高速纺丝条,在其周围会挟带一薄的边界层气流,并且丝条受横吹风气流而处于振动态。这些因素均对传热系数有影响。因此,选择一个合适的传热系数表达式是重要的。

PA6 常规纺丝线上实际测定的温度分布曲线(图 9.16)表明,式(9.16)所预示的温度分布与实测值十分吻合。但在 PET 纺速为 8 000 m/min 时,纺丝线的温度曲线上出现一个平台(图 9.17),与计算值不符。其原因是式(9.16)未考虑丝条冷却过程中的相变热,而实际上,PET 高速纺丝中会发生取向结晶,因此实测值高于计算值。为此,对于纺丝线上发生结晶的情况,式(9.15)应做相应的校正。

$$T_x = T_s + (T_0 - T_s)(1 + k) \exp\left(-\int_0^x \frac{\pi d\alpha'}{W c_p} dx\right) \tag{9.18}$$

式中 k——结晶潜热的修正系数,其值为

$$k = \begin{cases} 0 & (T > T_m) \\ \dfrac{\rho k_c}{c_P}(T_m - T_s) & (T < T_m) \end{cases} \tag{9.19}$$

式中 k_c——结晶的潜热,J/mol;

T_m——熔点,K。

一般成纤聚合物的 K 为 0.08 ~ 0.65。

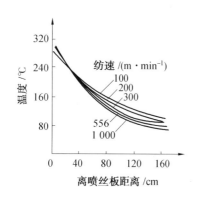

图 9.16   PA6 纺丝线上的温度分布

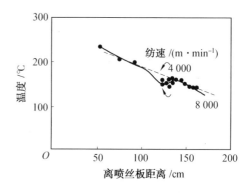

图 9.17   PET 纺丝线上的温度分布

2. 熔体纺丝线上的冷却长度 L_k

通常将从喷丝板($x = 0$)到卷绕点($x = L$)之间的距离称为纺程,喷丝板到丝条固化点($x = X_e$)之间的距离称为冷却长度(L_k)。在冷却长度 L_k 的范围内,是熔体细流向初生纤维转化的过渡阶段,也是初生纤维结构形成的主要区域。因此,测定或计算出 L_k 并加以控制,是纺丝工程中的重要研究内容。

对 L_k 的研究可以从纺丝线上的直径分布、速度分布和温度分布着手,采用由温度分布求 L_k 的方法。设 W、α'、c_p 为常数,固化点前的直径和速度均用平均值($\bar{d}$, $\bar{v}$)表示,L_k 的

计算式为

$$L_k = \frac{Wc_p}{\pi \overline{d} \, \overline{\alpha'}} \ln \frac{T_0 - T_s}{T_e - T_s} = \frac{\rho \overline{d} \, \overline{v} c_p}{4\alpha'} \cdot \frac{T_0 - T_s}{T_e - T_s} \tag{9.20}$$

式中 ρ—— 丝条的密度。

由式（9.20）可知，L_k 受冷却吹风时，丝条的传热系数 α'、环境介质温度 T_s、熔体的等压比热容 c_p、丝条的平均直径 $\overline{d}$、丝条的平均速度 $\overline{v}$ 和熔体的挤出温度 T_0 等因素影响。其中 α' 的影响最大，一般 α' 增大 1 倍，L_k 减少 1/2。

PET 熔体的 c_p 平均值［1.7 kJ/（kg·K）］低于 PA6［2.4kJ/（kg·K）］和 PA66［2.5kJ/（kg·K）］，因此其 L_k 通常比 PA6 和 PA66 短些。对于常规纤维的纺丝，L_k 较长，缩短喷丝板到侧吹风的距离 H 即可以获得比较好的条干 CV 值，但 H 太短，喷丝板冷却加快，丝条冷却速率提高，丝条易断头。因此，常规 PET 直接纺丝的 H 值一般控制在 20～30 mm。纺制超细纤维，由于丝条的平均直径 $\overline{d}$ 远低于常规纤维，L_k 太短，因此应适当增大 H，以降低侧吹风对喷丝板面的影响，减小喷丝板的温度降，使丝自然冷却，防止丝条变脆、强度降低。因此，超细 PET 直接纺丝的 H 值一般控制在 40～1 200 mm。

值得注意的是，不管是理论计算还是实测，纺制常规纤维时，L_k 一般都格外短，只有 0.5 m 左右，而其纺程为 4～6 m，高速纺时达 7 m。因此，适当地修正固化点至卷绕点之间过长的距离是可能的。紧凑短程纺的发展已完全证实了这种设想。

3. 熔体纺丝线上的径向温度分布

讨论丝条运动学和动力学时，常忽略了丝条径向温度的不同。但由于聚合物为导热差的物体，从丝条中心到表皮实际上存在着温差。在高速纺丝纤维成型过程中，由于聚合物对温度敏感，即使小的径向温度差，也会对纤维截面的应力分布产生影响，而分子取向的分布在很大程度上取决于应力分布，因此这种径向温差会对丝条的径向结构发展产生重要的影响。

根据傅里叶经验规律，可得到径向温度分布的微分方程为

$$\left(\frac{\partial T}{\partial r}\right)_R = -\frac{(T_R - T_s)\alpha'}{\lambda} \tag{9.21}$$

式中 T_R—— 丝条的表面温度；

λ—— 丝条的热导率，W/（m²·K）。

可见，丝条的径向温度梯度随热导率而增大，即随纺速和横吹风风速的增加以及线密度降低而增大。

由式（9.21）可得丝条平均径向温度梯度的表达式为

$$\frac{T_0 - T_R}{R} = \frac{(T_R - T_s)\lambda_S N_{nu}}{2\lambda_a R} \tag{9.22}$$

式中 T_0—— 丝条中心温度（$r = 0$）；

λ_a—— 空气的热导率，W/（m²·K）；

N_{nu}—— 鲁塞尔数。

从图 9.18 可知，丝条中心与表面之间存在温差，即使温度差只有几度，但如果丝条

的半径为0.002 cm,这就相当于径向温度梯度的数量级为10^3 ℃/cm。由于聚合物的性质对温度的敏感性,这样的径向温差会对纤维的径向结构发展产生重要影响。图9.18表明由于径向的温度分布导致径向黏度分布,高黏性的皮层出现应力集中现象,这样高应力的皮层区要比接近于纤维轴的低应力区存在更好的大分子取向和结晶的条件。

这正是高速纺纤维形成皮芯结构的原因。

式(9.22)适用于圆形纤维。对于异形纤维,还应该以异形截面的几何形状作为微分单元,通过分析各微分单元之间的传热情况,建立异形丝的传热模型,通过热平衡方程定量分析各单元间的传热情况,进而可推导出各单元内部的温度分布。

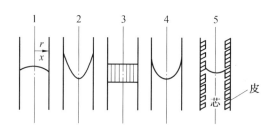

图9.18　熔纺纤维的径向温度梯度物理性质和动力学特征
1— 温度;2— 聚合物的黏度;3— 轴向速度;4— 张应力;5— 结晶速率

9.2.3　熔体纺丝中纤维结构的形成

从纺丝得到的纤维结构,即所谓卷绕丝结构,对纤维的最终结构具有非常重要的影响,控制着进一步加工中的结构变化,且间接地影响到成品纤维的纺丝加工和使用性能。

卷绕丝的结构是在整个纺丝线上发展起来的,它是纺丝过程中流变学因素(熔体细流的拉伸)、纺丝线上的传热和聚合物结晶动力学之间相互作用的结果。纤维结构的形成和发展主要是指纺丝线上聚合物的取向和结晶。

1. 熔体纺丝过程中的取向

熔体纺丝过程中得到的取向度,即所谓的预取向度,对拉伸工序的正常操作和成品纤维的取向度有很大的影响。因此,研究纺丝过程中的取向不仅有理论价值,还具有很大的实际意义。

(1)纺丝过程中的取向机理

根据聚合物在纺丝线上的形态特点,纺丝过程中的取向作用有两种取向机理:一种是处于熔体状态下的流动取向机理;另一种是纤维固化之后弹性网络的形变取向机理。前者包括喷丝孔中切变流场中的流动取向和出喷丝孔后熔体细流在拉伸流场中的流动取向。图9.19所示为三种取向机理示意图。

喷丝孔中的剪切流动取向,是在径向速度梯度场中的取向。在稳态条件下,取向度正比于切变速率$\dot\gamma$与松弛时间τ的乘积,$\dot\gamma\cdot\tau$是一个无量纲组合,即所谓威森堡数。

在喷丝孔中流动时,熔体温度较高,因而松弛时间τ较小,造成的取向就小。再则,即使有流动取向,在挤出胀大区域中也会松弛殆尽,对于熔体纺丝,这种贡献完全可以忽略不计。

对于熔体纺丝线上的拉伸流动取向,控制取向的速度场是拉伸流动中的轴向速度梯

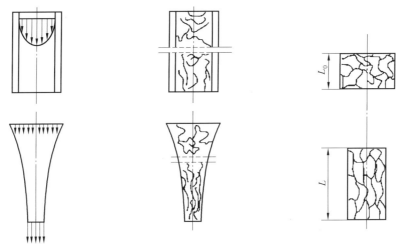

(a) 喷丝孔切变流场中的流动取向   (b) 纺丝拉伸流场中的流动取向   (c) 弹性网络的形变取向

图 9.19   取向机理示意图

度。实验表明,这是熔体纺丝中所应考虑的最重要的取向机理,卷绕丝的取向度主要是纺丝线上拉伸流动的贡献。

(2) 熔体纺丝线上分子取向的发展

熔体纺丝线上取向度的变化规律,因成纤聚合物的特性而异。

对于 PET 等在纺程上基本不发生结晶的聚合体,其取向度(用双折射率 Δn 表示)沿纺程的分布如图 9.20 所示。

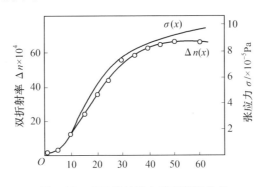

图 9.20   PET 纺丝线上的双折射分布

根据 Δn 的不同,可将图 9.20 分成三个区域。

Ⅰ区中,Δn 略有增加。这是因为,拉伸黏度 η_e 发生变化。一方面 $\dot{\varepsilon}(x)$ 导致拉伸流动速度场的取向作用;另一方面熔体细流温度远高于固化温度,η_e 较小,因此布朗运动的解取向作用也较大。两者竞争的结果,使总的取向度增加有限。

Ⅱ区中,Δn 增加迅速。这是因为拉伸流动速度场的取向因 $\dot{\varepsilon}(x)$ 仍较大而继续发挥较大的作用;同时解取向作用因 η_e 逐渐增大而削弱,因此有效的取向度大幅度单调上升。

Ⅲ区丝条几乎固化,大分子的活动性较小,相变形变困难,纺程上的拉伸应力已不足以使大分子取向,因此 Δn 达到了饱和值。

由式(9.14)可知,纺丝应力 σ_{xx} 综合反映了 $\dot{\varepsilon}(0)$ 和 η_e 的作用。因此纺丝应力在纺程上的分布与 Δn 的变化十分一致(图9.20)。一般认为,纤维的双折射率与纺丝应力有关,即

$$\Delta n = C_{dp}\sigma_{xx} \tag{9.23}$$

式中 C_{dp}——应力因子。

Halmna 认为, Δn 与 σ_{xx} 的关系为

$$\Delta n = 7.8 \times 10^{-5}\sigma_{xx} \tag{9.24}$$

此关系式仅对 σ_{xx} 值较小时适用。当 σ_{xx} 趋向无穷大时, Δn 应达到特征双折射率0.2。根据橡胶弹性理论, Δn 通常与 $\sigma_{xx}/(t+273)$ 有关,因此有如下表达式:

$$\Delta n = 0.2\left[1 - \exp\left(-\frac{0.165\sigma_{xx}}{t+273}\right)\right] \tag{9.25}$$

如前所述,纺丝应力随纺丝速度提高而增大。因此 PET 在纺程上的取向度随纺速的提高而增大(图9.21)。显然,对于这类在纺程上基本不结晶的聚合物,可以在很宽的纺速范围内充分发展卷绕丝的取向。这正是实际生产中 PET 可以通过高速纺丝制取预取向丝(POY)和全取向丝(FDY)的原因。

图9.21表明,PP卷绕丝的取向作用仅在纺速较低的范围内发生,双折射率很快达到饱和值;继续提高纺速,双折射率变化缓慢。这是因为PP是在纺程上易结晶的聚合物,其结晶度在纺程上发展很快,从而使卷绕丝除发生液态的分子取向外,还发生微晶取向,因此双折射率很快达到饱和值。由于纺程上的应力水平不足以使结晶聚合物进一步取向,因此继续提高纺速,双折射率变化缓慢。显然,其高速纺丝效果不如 PET 显著。

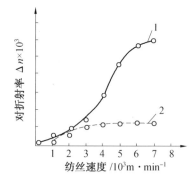

图9.21   卷绕丝双折射率与纺丝速度的关系

有实验表明,在相同纺丝温度下,用茂金属催化剂催化制备的等规聚丙烯(miPP)初生纤维的双折射率,普遍比 PP 初生纤维的双折射率要高。这是由于 miPP 相对分子质量分布较窄,因此在纺丝过程中结晶开始晚,这就允许其在无定形区的取向增大,所以初生纤维具有较高的双折射率。

因此,当聚合物在纺程上结晶时,其取向度沿纺程的分布除取决于应力历史外,还取决于热历史。图9.22为纺速6 000 m/min时PET卷绕丝的双折射率、纺丝应力、丝条直径和温度沿纺程的分布。聚合物熔体从喷丝孔以温度 t_0 挤出后温度逐渐下降。据此可以将 Δn 沿纺程的分布划分为三个区。

图9.22中,卷绕速度为6 000 m/min,拉出温度为295 ℃,孔径为 ϕ2.4 mm,流量为8.4 g/min。

(1)流动形变区

该区在喷丝板下0～70 cm,此处大部分的细化形变已基本完成,但是双折射率仍然很低。这是因为该区的形变速率较低,聚合物处于高温,大分子迅速发生解取向作用。因此此区中双折射率仅和纺丝应力有关。

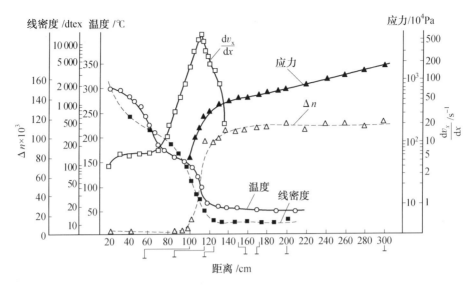

图 9.22　PE 高速纺丝的典型特性

对于 PP 有人得出

$$\Delta n = 3.903 \times 10^{-9} \sigma_{xx}^{0.741} \tag{9.26}$$

（2）结晶取向区

该区在喷丝板下 80 ～ 130 cm。显然，与常规纺 PET 不同，其 Δn 在该狭小的区域内急剧上升，其饱和值大大提高。此区对应的直径曲线上出现细颈，温度曲线上出现平台，形变速率 d_v/d_x 出现极大的峰值。这是由于 PET 卷绕丝在纺程上发生了结晶。当双折射率增至 0.02 ～ 0.03 时，某些分子排列形成密集相，这对晶核形成起着重要的作用。晶核一旦形成，结晶细颈处纺丝应力急剧增大，引起大分子取向加速。由图 9.21 可见，伴随着细颈的出现，双折射率跃升至 0.1 左右。同时，急剧增大的分子取向又促进了结晶。这种过程称为取向诱导结晶或取向结晶。在图 9.22 上可以看到，Δn 急剧上升后的 X 线衍射图谱上出现了结晶的特征。

（3）塑性形变区

这个区域始于接近固化的末端，距喷丝板约为 130 cm。尽管表面看来纤维几乎固化，但是由于空气阻力的存在，张应力随之不断增加，使大分子在这样高的张应力下屈服。因此在纺丝期间出现初生纤维的"冷拉"，而且可以看到纤维在结构和力学性质方面的某些变化。

2. 熔体纺丝过程中的结晶

结晶是熔体纺丝过程中最主要的相转变，它直接决定卷绕丝的后加工性能及成品丝的性质。另一方面，如上所述，它还对卷绕丝在纺程上的温度分布、速度分布和取向作用有重要影响。因此，对熔体纺丝过程中结晶的研究，已进行了几十年。下面仅介绍其中几个主要的问题。

（1）纺丝线的等温结晶动力学

对单一组分聚合物的等温结晶动力学研究较多，应用最多的是 Avrami 方程。在等温条件下，聚合物的结晶可用 Avrami 方程近似地处理。其计算式为

$$1 - \theta_t = \exp(-Kt^n)$$

$$t = \frac{T_0 - T}{\beta} \tag{9.27}$$

式中　θ_t——结晶时间 t 时的相对结晶度；

　　　T_0——结晶起始温度；

　　　T——结晶温度；

　　　β——降温速率；

　　　n——Avrami 指数，在 1 ~ 6，它取决于成核过程的类型（无热成核还是热成核）和结晶生长的几何特征（结晶生长的空间维数）；

　　　K——结晶速率常数。

以 $\lg[-\ln(1-\theta_t)]$ 对 $\lg t$ 作图，有较好的线性关系。从直线的斜率和截距可以得到 Avrami 方程的 n 值和 K 值。

根据式(9.27)，可作出结晶特性曲线（图 9.23）。它由三个不同的区域组成：

① 结晶诱导期。此区的结晶度低且上升缓慢，结晶诱导期的长短取决于结晶温度的高低和聚合物相对分子质量的大小。在一般情况下，结晶诱导期随结晶温度的提高或聚合物相对分子质量的下降而延长。

② 结晶进行期。此区的结晶度急剧增加。

③ 结晶结束期。此区中结晶趋于稳定。

（2）纺丝线的非等温结晶动力学

非等温结晶更接近真实的工业生产条件，所以更具现实意义。Ziabicki、Ozawa 和

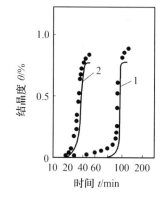

图 9.23　高密度 PE 的结晶特性曲线
1— 等温结晶;2— 非等温结晶

Jeziorny 等人在处理等温结晶过程的 Avrami 方程基础上，考虑到非等温结晶特点，对等降温速率下的结晶动力学，各自提出了自己的处理方法。但由于非等温结晶过程的复杂性，到目前为止还没有一个能够适用于所有结晶聚合物体系的非等温结晶动力学方程。

图 9.23 表明，在聚合物等温结晶过程中，结晶度随结晶的时间有一定的分布。为了方便地表示结晶速率，Ziabicki 将结晶度达到最大可能结晶度的 1/2 所需时间的倒数 $(t_{1/2})^{-1}$ 作为各种聚合物结晶速度比较的标准，称为结晶速率常数 K。显然，结晶速率快的，$t_{1/2}$ 就小，K 就大。对同一种聚合物，结晶速率常数也是温度的函数。$K(T)$ 曲线为一倒钟形曲线（图9.24）。由 $K(T)$ 曲线可定义出半结晶宽度 $D = (T_1 - T_2)$ 和动力学结晶能力 G，G 的定义是 $K(T)$ 曲线下的面积。由图 9.24 可知，G 近似地等于半结晶宽度 D 与最大结晶速率常数 K' 之乘积，即

$$G = \int_{T_g}^{T_m} K(T)\mathrm{d}T \approx K'D \tag{9.28}$$

动力学结晶能力 G 是从准等温的角度来考虑非等温结晶过程的基本物理参数，其意义是：某一聚合物从熔点 T_m 以单位冷却速度降低至玻璃化温度 T_g 时，所得到的相对结晶

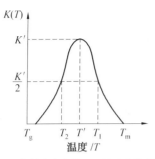
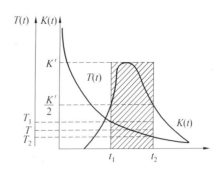

(a) 结晶速率常数$K(T)$的温度依赖性　　　(b) 冷却曲线$T(t)$和结晶速率常数$K(T)$的温度依赖性

图9.24　结晶速率特性曲线示意图

度。之所以是相对的,是因为K并不等于结晶速率,而是假定以它代替结晶速率。几种聚合物的结晶动力学特征见表9.4。

表9.4　几种聚合物的结晶动力学特征

聚合物	$t'_{1/2}$①/s	T_m/℃	T'/℃	T_1/℃	T_2/℃	D/℃	K'/s^{-1}	G/(℃·s^{-1})	T_g/℃
天然橡胶	5×10^3	30	-24	-12.2	-34.6	22.4	1.4×10^{-4}	3.14×10^{-3}	-75
等规聚丙烯	1.25	180	65	95		60	0.55	35	-20
PET	42.0	267	190	222	158	64	0.016	1.1	67
PA6	5.0	228	145.6	169.4		47.6	0.14	6.66	45
PA66	0.42	264	150	190		80	1.66	133	5
等规聚苯乙烯	185	240	170	190	150	40	3.7×10^{-3}	0.148	100

注:① 在T'温度下,结晶完成一半所需的时间

这样通过等温结晶动力学方法,得出非等温条件下的相对结晶度,这就为预示熔体纺丝在非等温条件下卷绕丝所能达到的结晶度提供了依据。例如,基于表9.4中的数据,在同样冷却速率下结晶,PA66得到的结晶度将比PET高130 ~ 250倍(G分别为133和1.0),比PA6高20倍(G为6.66)。有人计算得到降温速率为20 ℃/min时聚对苯二甲酸丙二醇酯(PTT)时G为66.45,大于同样方法计算得出的PET的G。因此可以预计,PTT在纺程上的结晶度将比PET高。实验表明,PTT的最小$t_{1/2}$值为0.699 min,而PET的最小$t_{1/2}$为1.91 min,证明PTT的结晶速率确实大于PET。

根据这一理论得出,到达卷绕装置时,丝条的结晶度近似为

$$\theta_L = \int_0^{t_L} K[T(t)]\mathrm{d}t \approx K'(t_2 - t_1) \tag{9.29}$$

式中　t_L——相当于丝条元到达卷绕装置的时间;

　　　$T(t)$——丝条元由喷丝孔至卷绕装置的温度历史,在稳态条件下,相当于纺丝线上的温度分布$T(x)$;

　　　t_1、t_2——分别对应于温度达到T_1和T_2的时间。

丝条流过半结晶宽度D的时间$(t_2 - t_1)$为

$$t_2 - t_1 = \int_{t_1}^{t_2} \frac{\mathrm{d}x}{v} \tag{9.30}$$

采用前述的温度分布(式(9.15)),式中 d 和 α' 都应用在温度 T' 时的值,将式(9.30)代入式(9.15),则可得到卷绕丝的结晶度为

$$\theta(t_L) \approx K' \frac{\rho c_p \cdot d(T')}{\ln} \ln \frac{T' + \dfrac{D}{2} - T_s}{T' - \dfrac{D}{2} - T_s} \tag{9.31}$$

从上式可以看出,卷绕丝的结晶度 $\theta(t_L)$ 依赖于材料特性 K'、D 和 T'(随 K'、D 的增加而增加,随 T' 的增加而减小),还依赖于与冷却速率有关系的参数(α'、ρ、c_p)和 T_s,而纺丝运动学参数 v_0、v_L 和 W 与丝条在 T' 时的直径 $d(T')$ 相联系,并与这一点上的传热系数 $\alpha'(T')$ 相关,从而也对卷绕丝的结晶度有影响。但必须指出,上述结论仅考虑了热历史,而未考虑纺丝应力的影响,因此个别结论与纺速实验不符。例如,根据式(9.31),纺速 v_L 增大,$d(T')$ 减小,而 $\alpha'(T')$ 增大,从而导致 $\theta(t_L)$ 下降。但如图9.25所示,在PET高速纺丝中,$\theta(t_L)$ 在4 000 ~ 7 000 m/min,反而随 v_L 的提高而增大。其原因是纺程上发生了取向结晶。

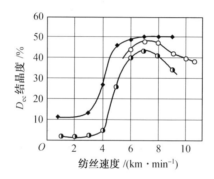

图9.25 PET高速纺丝中的结晶度与纺速的关系

Ozawa方程是20世纪70年代提出的处理聚合物非等温结晶动力学的方法。Ozawa考虑到冷却速率对动力学速率常数的影响,假定非等温结晶过程是由无限小的等温结晶步骤构成的,将 Avrami 方程推广到非等温结晶过程,推导出

$$(1 - \theta_t) = \exp\left[\frac{-K(T)}{\beta^m}\right] \tag{9.32}$$

但应用Ozawa方程处理实验结果时存在着一定的局限性。如果Ozawa方程能够描述聚合物的非等温结晶行为,以 $\ln[-\ln(1 - \theta t)]$ 对 $\ln \beta$ 作图,则得到一条直线,直线的斜串和截距分别为式(9.32)中的 m 和 $K(T)$ 值。由于同一样品在不同冷却速率下的结晶温度区间各不相同,当 β 范围较大时,对于某些聚合物,$\ln[-\ln(1 - \theta t)] \sim \ln \beta$ 可能没有明确的线性关系,这表明用Ozawa法处理该聚合物的非等温结晶过程并不适合。

Jeziorny 直接将 Avrami 方程用于聚合物的非等温结晶过程研究,但是考虑到结晶过程的非等温特性,将结晶速率常数 K 做了修正。

$$\begin{cases} \ln[-\ln(1-\theta_t)] = \ln K + n \ln t \\ \ln K_c = \dfrac{\ln K}{\beta} \end{cases} \tag{9.33}$$

式中　K——非等温结晶速率常数，是考虑到冷却速率 β 而对 Avrami 等温结晶动力速率
　　　　　常数进行的修正；

　　　n——非等温结晶过程的 Avrami 指数。

　　$\ln[-\ln(1-\theta t)] \sim \ln t$——一般具有线性关系，从直线的斜率和截距可以计算求
　　　　　　　　得 K 和 n 值，然后用冷却速率 β 修正得出 K_c。

3. 纺丝线上的取向结晶

所谓取向结晶，通常是指在聚合物熔体、溶液或非固体中，大分子链由或多或少的取
向状态到开始结晶的过程，熔体纺丝线上的结晶，正是其典型的例子。

Alfonso 等人用实验方法研究 PET 中分子取向对结晶的影响，推荐用式（9.34）描述
取向结晶：

$$\frac{X_c}{X_\infty} = 1 - \exp\left(-\left(\int_0^t f(T(\tau), \Delta n(\tau)) \mathrm{d}\tau\right)^{n_a}\right) \tag{9.34}$$

式中　X_c、X_∞——对应于结晶时间为 t 和终止时的结晶度；

　　　$f[T(\tau), \Delta n(\tau)]$——在分子取向条件下与结晶速率有关的函数，它取决于温度
　　　　　　　　和双折射率；

　　　n_a——Avrami 指数。

取向结晶理论所涉及的问题相当广泛且复杂，一般认为，取向结晶具有如下特点：

（1）结晶聚合物的形态随分子取向程度的不同而变化

许多实验结果表明，PET 高速纺产生纤维的形态结构，不同于未取向或稍稍取向的样
品、用或不用后续固态拉伸获得的样品的形态结构。根据形变高分子网络结晶理论，聚合
物在高延伸下有可能快速或逐渐从折叠链转变为链束状形态。PET 高速纺丝的实验数据
支持了这种理论，X 射线衍射图的变化情况表明，典型的折叠链结构随着纺速提高变得较
弱。随着纺丝速度的提高，晶体宽度增加，晶体趋向于成为立方体。这意味着纺丝速度提
高时，初生纤维的晶体从棒状转变为立方体。在 4 500 m/min 以上的速度下纺丝的 PET
纤维的晶体尺寸为 5×10^{-3} μm 或更大，远远超过未取向的样品。其长周期比拉伸纤维
大，分别为 3×10^{-2} μm 和 1.15×10^{-2} μm。

（2）结晶温度和结晶速率升高

Ziabicki 等人的研究结果表明，在高速纺丝中，纺丝速度和纺丝应力越高，结晶开始
的温度（即临界结晶温度）也越高（图 9.26）。Simth、Alfonso 和 Wasiak 等人提出的实验数
据表明，已取向的聚合物的结晶速率可增加 $10^2 \sim 10^3$ 倍。取向使结晶速率增加的原因可
概括为两类。

① 从结晶理论的角度看，大分子取向规整区域越大，生成晶核的临界温度也越高。
因此，在熔体冷却过程中，取向高的体系能够在较高的温度形成晶核；取向低的体系则相
反，必须有较大程度的过冷才能形成晶核。从图 9.27 可见，纺速为 6 000 m/min 的体系只
需少量过冷 ΔT_s 就开始形成晶核，并继续延伸至 ΔT_g，即能在较宽温度范围内（$\Delta T_s \sim$
ΔT_g）形成晶核和晶粒生长，因此，不但结晶速率大（包含曲线峰值对应的最大结晶速

率），而且晶粒尺寸大；纺速低的体系，如 3 000 m/min，则需较大的过冷 ΔT_s 才可能形成晶核，这时结晶温度范围窄（$\Delta T_s \sim \Delta T_g$）而且温度较低，因此结晶速率和晶粒尺寸均小。

② 从热力学的角度看，取向比未取向体系的熵值低，所以从熔体转变成晶体时，取向体系的熵值变化较小，即自由能变化较大，这样就能使那些在未取向体系中不稳定的亚稳晶核稳定下来，即增大晶核生成的速率。对于取向度非常高的体系，临界晶核尺寸将小到晶胞尺寸的数量级，有人提出在这种条件下，结晶的历程就从通常的晶核形成和晶粒生长转变为"整体均匀成核"（Nucleative collapse），因此结晶速率迅速增加。

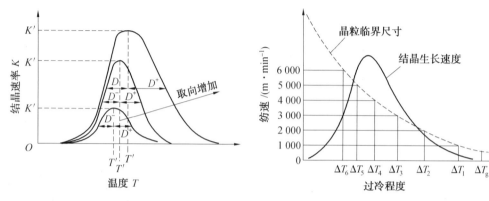

图 9.26　取向结晶过程中结晶速率与温度的关系　　图 9.27　纺丝速度对结晶过程影响示意图

Ziabicki 等人提出了"选择性"结晶的理论，认为取向不同的晶体以不同的速度成核和增长。在小的取向角范围内，几乎平行于纤维轴取向的链段，与垂直于体系取向轴的链段相比，在较高的温度下结晶，成核（增长）速率要高许多数量级。这一理论得到了实验数据的支持。Heuvel 等人报道的 PA6 高速纺 X 射线的数据表明，优先生成沿纤维轴的结晶取向。但这一理论忽略了参与成核与增长过程的基本动力学单元（链段）具有不同取向的事实。

（3）结晶机理有可能完全不同

有人提出取向结晶的机理是由垂直的折叠链结构向平行折叠链结构转变。但他们假设长周期（折叠链长度）随取向度的增加而增加，这与实验数据不符。有人认为形成连续核的伸直链起着成核剂的作用，完全折叠链的增长过程只限于垂直方向进行；涉及伸直链的成核过程，是一种无热过程。但它不能解释应力松弛现象。因为他们不排除折叠链和伸直链叠加的可能性。

Ziabicki 等人通过束状和折叠链晶束簇的成核理论分析，得出如下的结论：链形变和链段的取向，通常有利于取向良好的束状晶体的形成。在垂直于流动的方向，束状晶体的形成被强烈抑制，而折叠链结构所受到的影响要小得多。因此可以预计，垂直晶体的总体与平行晶体相比，所含的折叠链晶体更多，但这并不一定意味着在高速纺中取向的聚合物内，折叠链晶体应该定量由"纯"束状晶体取代。实际的形态可能是复杂的，是既含有束状链区，又含有折叠链部分的"混合"晶体。

此外，Baranov 等人发现，链段应倾斜于而不是垂直于晶面。关于这些结论还需要进行更深入的理论研究。

9.3 湿法纺丝

湿法纺丝是化学纤维三种基本成型方法之一,它适用于不能熔融但仅能溶解于非挥发性的或对热不稳定的溶剂中的聚合物。根据物理化学原理的不同,湿法纺丝可进一步分为相分离法、冻胶法(也称凝胶法)和液晶法。在液晶法中,溶致性聚合物的液晶溶液通过在溶液中固体结晶区的形成而固化。在冻胶法中,聚合物溶液通过在溶液中分子间键的形成而固化,这种现象称为冻胶作用,也称冻胶化(Gelatination),它是由于溶液中的温度或浓度变化形成的。在实际生产中,湿法纺丝通常通过相分离法实施。聚合物溶液经喷丝板至凝固浴(纺丝浴),聚合物溶液中的溶剂向外扩散,而沉淀剂向聚合物溶液内扩散,于是引起相变。此时溶液中出现两相:一是聚合物浓相,二是聚合物稀相。当使用一种非渗透性浴液时(如聚乙二醇),则仅发生聚合物溶液中溶剂的向外扩散和冻胶化。

与熔纺不同,湿法成型过程中除有热量传递外,质量传递十分突出,有时还伴有化学反应,因此情况十分复杂。下面仅定性地讨论一些与纺丝溶液转变为初生纤维(冻胶体)有关的主要问题。

9.3.1 湿法纺丝的运动学和动力学

1. 湿法成型过程中纺丝线上的速度分布

在湿法纺丝中,影响纺丝成型速度 v_x 的因素比熔纺复杂。对于熔纺,如前所述,v_x 可通过测定纺丝线的直径 dx 确定。在湿纺中,稳态纺丝条件下的单轴拉伸应满足

$$v_x A_x C_x = 常数 \tag{9.35}$$

式中　　C_x——纺丝线处于 x 点时,其单位体积内所含的聚合物质量。

若此体系的密度 ρ_x 沿纺程不变,则纺丝线的速度分布依赖于其直径 dx 和聚合物浓度 C_x 的分布。显然,v_x 与 dx 无单值关系。因此在湿纺中,必须独立地测量这两个不可缺的特征量。

由于纺程上 v_x 的测定较为困难,因此关于湿法纺丝速度分布的资料较少。图9.28是PVA湿纺纺丝线上的速度和速度分布。由图9.28可见,由于喷丝头拉伸比的不同,湿纺纺丝线上的速度 v_x 和纵向速度梯度 $\dfrac{dv_x}{dx}$ 有两种情况。

与熔纺不同,在湿纺中,当纺丝原液从喷丝孔挤出时,原液尚未固化,纺丝线的断裂强度很低,不能承受过大的喷丝头拉伸,故湿法成型通常采用喷丝头负拉伸、零拉伸或不大的正拉伸。对于正拉伸,在整个或大部分纺丝线上,纺丝线的速度略大于喷丝速度,胀大区消失或部分消失,其 v_x 和 $\dfrac{dv_x}{dx}$ 沿纺丝线分布与熔纺基本相同。零拉伸与负拉伸的情况大致相仿。由于胀大区的存在,在刚进入凝固浴时,纺丝线的速度低于 v_x,然后纺丝线被缓慢地加速到 v_L,在这种情况下成型时,纺丝线上可能出现收缩区域,故存在胀大区,其 v_x 和 $\dfrac{dv_x}{dx}$ 沿纺丝线分布与熔纺不同。

2. 湿法成型区内的喷丝头拉伸

由上面的分析可知,喷丝头拉伸比与湿纺纺丝线上的速度和速度梯度分布的关系很

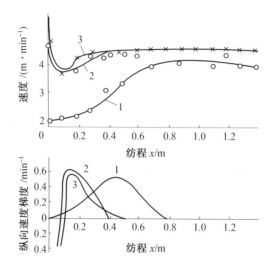

图 9.28 PVA 湿法纺丝上 v_x 和 $\dfrac{\mathrm{d}v_x}{\mathrm{d}x}$ 分布

1—喷丝头正拉伸; 2—喷丝头零拉伸; 3—喷丝头负拉伸

密切,后来的讨论也表明,它对湿纺初生纤维取向和形态结构的影响也比较大。因此,湿法成型运动学通常要研究湿法成型区内的喷丝头拉伸。纺丝线在成型区内的拉伸状态由两个参数表征:喷丝头拉伸率 φ_a(或喷丝头位伸比 i_a)和平均轴向速度梯度 $(\bar{\dot{\varepsilon}}_x)_a$,分别由以下各式定义:

$$\varphi_a(\%) = \frac{v_L - v_0}{v_0} \times 100 \tag{9.36}$$

$$i_a = \frac{v_L}{v_0} = \frac{\varphi_a}{100} + 1 \tag{9.37}$$

$$(\bar{\dot{\varepsilon}}_x)_a = \frac{v_L - v_0}{X_e} \tag{9.38}$$

式中 v_0——纺丝原液的挤出速度;

v_L——初生纤维在第一导辊上的卷取速度;

X_e——凝固长度,即凝固点与喷丝头表面之间的距离。

从式(9.36)~(9.38)可以看出,φ_a、i_a 和 $(\bar{\dot{\varepsilon}}_x)$ 均以 v_0 作为基准。在正常纺丝条件下,挤出细流属于胀大型。如果细流是自由流出的,细流胀大至最大直径 d_f 后,继续保持该直径沿细流轴向做等速流出,这时自由流出速度为 v_f;如果细流在拉伸力作用下被拉出,细流沿纺程不再保持等径,此时细流上出现最大直径,记作 d_m。因此,如果考虑到细流的挤出胀大,喷丝头拉伸状态的表征就不应该以 v_0 为计算基准,而应以 v_f 为计算基准。这时真实喷丝头拉伸率 φ_f、真实喷丝头拉伸比 i_f 以及真实平均轴向速度梯度 $(\dot{\varepsilon}_x)_f$ 应表示为

$$\varphi_f = \frac{v_L - v_f}{v_f} \times 100\% \tag{9.39}$$

$$i_i = \frac{v_L}{v_f} = \frac{\varphi_f}{100} + 1 \tag{9.40}$$

$$(\dot{\varepsilon}_x)_f = \frac{v_L - v_f}{X_\varepsilon} \tag{9.41}$$

v_f 可以直接从单位时间内自由流出细流的长度测得,也可以从纺丝线上拉伸应力为零时的 v_L 外推值 $\lim\limits_{\sigma_{xx} \to 0} v_L$ 求出。此外,还有人建议从自由流出细流的直径 D_f 来间接计算 v_f,但这样做,必须考虑到质量传递过程的影响。根据连续方程,在无质量传递时,单位时间内通过纺程各点的纺丝线质量应相等。

v_f 是湿法成型运动学中一个十分重要的参数,它不但影响 φ_f 和接下来要讨论的最大纺速 v_{max},而且还影响初生纤维的取向度。

当纺丝线的密度沿纺程变化不大时,有

$$R_0^2 v_0 = R_f^2 v_f \tag{9.42}$$

此时,自由流出细流的胀大比 B_0 与 v_f 之间的关系为

$$B \equiv \frac{R_f}{R_0} = \left(\frac{\rho_0 v_0}{\rho_f v_f} \right)^{\frac{1}{2}} = \left(\frac{v_0}{v_f} \right)^{\frac{1}{2}} \tag{9.43}$$

这就是说,在传质和密度变化可以忽略的情况下,v_f 可从自由流出细流的直径求得,即

$$v_f = \frac{v_0}{B_0^2} = v_0 \left(\frac{R_0}{R_f} \right)^2 \tag{9.44}$$

湿法成型中有传质过程,因此式(9.44)不再成立。但由于在成型初期,通过照相法测定 R_i 后通过此式计算得到的 v_f 值与直接测量相差甚微,因此在许多湿纺文献中,式(9.44)仍被采用。

通过计算可以发现,当表观喷丝头拉伸率一定时,只有当 $B_0 = 1$ 时,φ_f 才与 φ_a 相等。根据以上所述,在传质不明显的湿纺成型中,式(9.39)可改写为

$$\varphi_f(\%) = \left(\frac{\dfrac{v_L}{v_0} \dfrac{R_0}{R_f}}{} \right) \times 100\% = \left[\left(\frac{\varphi_a}{100} + 1 \right) \left(\frac{R_f}{R_0} \right)^2 - 1 \right] \times 100\% \tag{9.45}$$

由式(9.45)可见,当表观喷丝头拉伸率 φ_a 一定时,如果 $\dfrac{R_f}{R_0}$ 的比值不同,则真实喷丝头拉伸率 φ_f 也不同。φ_f 和 φ_a 的值不仅大小上经常不同,而且符号也常常各异。

通常,φ_f 增大对应于膨化比 B_0 增大。如前所述,B_0 太大会影响成型的稳定,因此湿纺中常采用喷丝头负拉伸,以降低 φ_f,从而使成型得以稳定。应该指出,在表观上,湿法成型区内的喷丝头拉伸率是负的,但由于胀大区的存在,细流实际上所经受的拉伸率却是正的。此时,如果 φ_a 负值的取值不合理,不但会使正常纺丝状态遭到破坏,而且成品纤维的质量也将下降。

纺丝线的断裂机理有毛细破坏和内聚破坏之分。在湿法纺丝中,虽然黏度 η 值并不大,但表面张力 α 很小,所以内聚断裂是湿纺中的主要矛盾。根据内聚断裂机理,有人得出湿法成型中第一导盘的最大速度 v_{Lmax} 与自由流出速度 v_f 间的关系为

$$\ln \frac{v_{Lmax}}{v_f} = 0.567 - 0.362\ln \frac{v_f \tau E}{X_e \sigma_{xx}^*} + \left[0.074 \left(\ln \frac{v_f \tau E}{X_e \sigma_{xx}^*} \right) \right]^2 \qquad (9.46)$$

式中 τ——纺丝线的松弛时间;

E——纺丝线的弹性模量;

σ_{xx}^*——纺丝线的断裂强度。

从式(9.46)可以看出,当 v_f 增大时,v_{Lmax} 也增大,但较之按正比例增大的要稍低些。由此可见,胀大比 B_0 对最大纺丝速度 v_{Lmax} 有较大影响。B_0 增大后,v_f 下降,这将使 v_{Lmax} 下降。v_{Lmax} 可作为可纺性的一种量度。因此,最小的挤出胀大比相对应于最大的可纺性。实际纺速 v_L 和最大纺速 v_{Lmax} 之间的区域 $\Delta v_L(\Delta v_L = \Delta v_{Lmax} - v_f)$ 是正常纺丝的缓冲范围。这个范围越大,成型越稳定。

3. 湿纺纺丝线上的轴向力平衡

虽然湿纺纺丝线上的轴向力平衡方程式与熔纺相似,但其中有几项力与熔纺有较大差别。

在溶液纺丝时,由于纺丝线和周围介质之间的质量交换 F_i 还包含有附加项。这个附加项正比于垂直于细流表面的速度分量 v_n。当净质量通量指向纺丝线外面,v_n 为正,则惯性力增加。这就是干纺时的情况,也是当溶剂向外扩散速度超过沉淀剂向丝内扩散速度的湿纺时的情况。当沉淀剂向里的扩散较快时,v_n 变为负,则惯性力 F_i 变小。此外,如前所述,F_i 在熔体纺丝线上起一定作用,特别在熔体高速纺丝中起很重要的作用。但在湿纺中,由于采用喷丝头负拉伸、零拉伸或不大的正拉伸,因此惯性力 F_i 一般可忽略。但采用高速纺丝成型时,F_i 应做适当考虑。

决定摩擦阻力 F_f 的表皮摩擦因数,在溶液纺时通常与熔纺有所不同。由于细流和它周围之间的传质影响边界层的厚度,因而也影响表皮摩擦因数、传热系数和传质系数。此外,表皮摩擦因数的边界理论仅仅对于在无限大的稳定黏性介质中做轴向运动的简单圆柱体(纤维)才是正确的。在熔纺和干纺中,纤维被空气所包围,因而这样的体系可认为是或多或少地实现了。然而,在湿纺时(特别在复丝的湿纺中),液体介质(凝固浴)并不是稳定的。在由许多单丝组成的丝束中,围绕一根根单丝的边界层交相覆盖,并且溶液中的速度场是非常复杂的。所有这些因素都使得从边界层理论所导出的一些表皮摩擦方程,对于解释在液体浴中复丝的纺丝不适用。F_f 应该由式(9.47)直接计算得

$$F_f = \int_0^x \sigma_{rx,s}(x) \cdot 2\pi R_x dx \qquad (9.47)$$

式中 $\sigma_{rx,s}$——介质作用在纺丝线表面的剪切应力;

R_x——在 x 点处的纺丝线半径。

其中细流表面上的剪切应力 $\sigma_{xx,s}$ 可由式(9.48)确定。

$$\sigma_{xx,s} = \eta^0 \left(\frac{dv_b}{dr} \right)_{r=R} \qquad (9.48)$$

式中 η^0——凝固浴的黏度;

v_b——凝固浴沿纺程的流速。

在熔纺中,重力 F_g 在喷丝头附近对纤维张力有明显影响。但在湿纺中,由于纺丝线的密度与凝固浴的密度相差其小,而且往往采用水平方式成型,因此 F_g 在纺程上任意处

均可忽略。但有人认为,当丝条从凝固浴中引出后垂直向下纺丝时,F_g 应做适当考虑。例如,在黏胶纤维成型中,单纤维的 F_g 可达 $5 \times 10^{-5}\mathrm{N}$,相应的拉伸应力为 $1\ \mathrm{N/cm^2}$,因此可能导致丝条产生疵点。

虽然熔纺和湿纺中的表面张力 F_s 均可忽略,但应指出,与熔纺不同,湿纺中纺丝线与周围介质的界面张力 F_s 沿纺程有变化。此外,在实验室中用聚合物稀溶液纺制高线密度纤维时,F_s 恰恰成为一种主要因素。

在湿法成型中,有些项可以忽略。当无导丝装置时,作为近似,式(9.8)可写成

$$F_r(x) = F_f + F_r(0) \tag{9.49}$$

由于 F_f 与 x 几乎成正比,有人沿纺丝线 x 测定张力 $F_r(x)$,把 $F_r(x)$ 外推至 $x=0$,从而求出 $F_r(0)$。NaSCN 法腈纶纺丝中张力与纺丝线的关系,如图 9.29 所示。

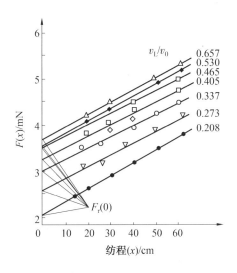

图 9.29　NaSCN 法腈纶纺丝中张力与纺丝线的关系

测定和分析纺丝线上的受力,对于了解和控制成型过程有一定的意义。

① 测定等温纺丝中的 $F_r(0)$,可以求出表观拉伸黏度。

② 测定纺丝张力 $F_r(L)$,有助于选择纺丝工艺参数。

有人认为当 $\dfrac{v_L}{v_0}$ 一定时,在较高的张力上纺丝可以增加纺丝稳定性,使断头率下降,并有助于提高成品丝的质量。

③ 从以上分析可知,纺丝张力与一系列参数有关,诸如纺丝流体的流变性质、凝固浴液的流动场、浴温、浴浓以及喷丝头拉伸比等。以上参数如发生变化,必将导致纺丝线上张力的变化,所以了解纺丝张力,有助于检查纺丝过程是否稳定。

4.湿纺纺丝线上的径向应力分析

式(9.11)计算流变力 $F_r(x)$ 时,未考虑拉伸应力的径向分布。实际上,由于受径向温度梯度的影响,纺丝线同一截面上各层次间的物理性质是不同的。如果将单一的纺丝线近似看作是一个圆柱体,则纺丝线的拉伸黏度沿径向有连续变化,r 处的黏度为 $\eta_e(r)$,其拉伸速度在径向可认为是相等的,因此拉伸应力沿径向也是连续变化的,在 r 处的应力为 σ_{xx}(图 9.30(a))。此时流变力的计算公式为

$$F_r(x) = \int_0^{R_x} 2\pi r \sigma_{xx} dr = \int_0^{R_x} 2\pi \gamma \dot{\varepsilon}(x) \eta_e(r,x) dr \tag{9.50}$$

式中　R_x——x 处纺丝线的半径。

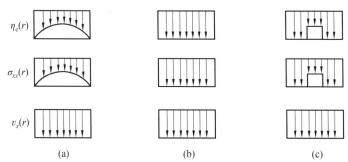

图 9.30　在某横截面上 v_x 为常数时，$\eta_e(r)$ 和 $\sigma_{xx}(r)$ 的示意图

如果沿径向 η_e 无差异（图 9.30(b)），则式（9.50）还原为式（9.11）。

湿法成型纺丝线上的横截面，往往形成皮、芯两层结构。可想而知，纺丝线上皮层的拉伸黏度远大于芯层。如果假设皮层和芯层的拉伸黏度分别为 $(\eta_e)_s$ 和 $(\eta_e)_c$，并分别为某一常数（图 9.30(c)），则

$$\eta_e(r,x) = \begin{cases} (\eta_e)_s & (\xi_x^* < r \leqslant R_x) \\ (\eta_e)_c & (0 \leqslant r \leqslant \xi_x^*) \end{cases} \tag{9.51}$$

式中　R_x、ξ_x'——纺丝线 x 处纺丝线的半径和芯层的半径。

这时 $\sigma_{xx}(r,x)$ 显然应为

$$\sigma_{xx}(r,x) - \begin{cases} \dot{\varepsilon}_x \cdot (\eta_e)_s & (\xi_x^* < r \leqslant R_x) \\ \dot{\varepsilon}_x \cdot (\eta_e)_c & (0 \leqslant r \leqslant \xi_x^*) \end{cases} \tag{9.52}$$

因此，湿纺成型中的流变力 $F_r(x)$ 可表示为

$$F_x(x) \approx \pi \varepsilon(x) [(\eta_e)_s (R_x^2 - \xi_x^{*2})] + (\eta_e)_c \xi_x^{*2} \tag{9.53}$$

此外，由于 $(\eta_e)_s$ 要比 $(\eta_e)_c$ 大几个数量级，因此式（9.53）中的第二项可以忽略，即

$$F_r(x) \approx \pi \varepsilon(x) [(\eta_e)_s (R_x^2 - \xi_x^{*2})] \tag{9.54}$$

虽然上述模型与湿纺中复杂的实际情况相比是经过简化的，但较之均匀分布模型来说，皮芯模型在本质上更接近于湿纺成型所固有的特点。从这个模型出发，可作如下推论：

① 从式（9.54）可以看出，所有施加于纺丝线上的张力，实际上完全由皮层所承受和传递，尚处于流动状态的芯层，几乎是松弛的。换句话说，大部分拉伸张力导致皮层产生单轴拉伸形变，只有极小部分张力使芯层发生单轴拉伸流动。总之，虽然湿纺成型中的张力并不大，但由于集中于不厚的皮层上，该张力足以使皮层中的大分子和链段沿纤维轴取向，事实上，皮层的取向度也的确比芯层高得多。皮层、芯层取向度的差异对成品纤维的力学性能有着重要的影响。

② 如近似地把 $F_r(x)$ 看作沿纺丝线不变的常数，并设为 F_r，则在 x 处，皮层内的拉伸应力 $\sigma_{xx,s}(x)$ 可表示为

$$\sigma_{xx,s}(x) = \frac{F_r}{\pi(R_x^2 - \xi_x^{*2})\left[1 + \frac{\xi_x^{*2}(\eta_e)_c}{(R_x^2 - \xi_x^{*2})(\eta_e)_s}\right]} \tag{9.55}$$

在凝固最后开始阶段的细流，$(R - \xi^*) \ll R$，可以证明在 $\xi = R$ 处，$\sigma_{xx,s}$ 有最大值。这就是说，在靠近喷丝头的区域内，由于皮层非常薄，沿纺丝线所传递的张力，均由这很薄的皮层承受，故皮层内的应力 $\sigma_{xx,s}$ 非常大。因此，采用过大的纺丝张力时，往往引起原液细流的断裂。实践证明，这种断裂往往发生在离喷丝头表面数毫米之内。

③ 由于双扩散过程所引起的细流凝固作用，$R - \xi^*$ 沿纺丝线逐渐增大，$\sigma_{xx,s}(x)$ 则单调地减小。

④ 在硫氰酸钠法腈纶纺丝工艺中，当凝固浴浓度 C_b 在 10% 左右时，但 $F_r(L)$ 出现极大值，这时纺丝稳定，所得纤维的机械性能较好，皮层也最厚。从式（9.54）可以看出，$F_r(L)$ 越大，$\xi^*(L)$ 必定越小，相对于初生纤维的皮层越厚。有人认为：当 C_b 高于 10% 时，因溶剂含量较高而导致凝固能力过弱，皮层很薄，反映在 $F_r(L)$ 上一定较小，当张力稍大时，必然导致纺丝线断裂，因此成型不够稳定；反之，当 C_b 低于 10% 时，由于浴的凝固能力太强，致使细流表面过快地形成皮层，使双扩散速度减慢，而阻碍了皮层的进一步增厚，故皮层较薄，反应在 $F_r(L)$ 上，其数值一定不大，相应的，纤维的最大拉伸比也一定较小。

综上，对皮、芯层结构模型和径向应力的分析，可为选择适当的凝固条件提供理论依据，从而提高成型的稳定性，并使产品纤维具有厚实而均匀的皮层结构和优良的物理－机械性能。

9.3.2 湿法纺丝中的传质和相转变

湿法纺丝中，纺丝原液细流固化形成纤维的过程主要是多组分的扩散，伴随着相和结构的转变，有时还涉及化学反应。当纺丝细流刚进入凝固浴时，所有要控制的热量传递、质量传递和溶液动力学物理参数都起到了重要作用，从而导致丝条的形成。

1. 湿法成型中的扩散过程

扩散是支配湿法成型的基本过程之一。当纺丝溶液从喷丝孔中挤出后，就受到原液细流中的溶剂向凝固浴扩散和凝固浴中的沉淀剂（凝固剂、非溶剂）向原液细流扩散的控制。因为凝固发生在喷丝孔出口处，所以这些扩散过程就是描述纤维表层和内层之间的浓度差情况。溶剂和沉淀剂扩散的相对速率决定了相分离的驱动力和速率，它对于细流的凝固动力学和初生纤维的结构与性能有决定性的影响。研究表明，扩散缓慢有利于提高纤维结构的均匀性，在这种情况下，其机械性能一般都比较好。

稳态纺丝时，沿纤维轴的分子扩散可以用菲克（Fick）扩散第一定律描述。

$$J_i = -D_i \frac{dc}{dx} \tag{9.56}$$

式中　J_i——成分 i 的传质通量，即该成分在一维传递中（沿 x 轴方向），每秒通过垂直于 x 轴方向的物质的质量，$g/(cm^2 \cdot s)$；

D_i——成分 i 的扩散系数，cm^2/s；

$\dfrac{dc}{dx}$——浓度梯度，g/cm^4。

如用以描述湿法成型过程中溶剂及凝固剂的双扩散问题,则

$$J_s = - D_s \frac{dC_s}{dx}, J_N = - D_N \frac{dC_N}{dx} \tag{9.57}$$

式中　　D_s、D_N——溶剂和凝固剂的扩散系数;

$\quad\quad$ J_s、J_N——溶剂和凝固剂的通量;

$\quad\quad$ C_s、C_N——溶剂和凝固剂的浓度。

应该指出,式(9.57)仅适用于真正的二元体系,即必须满足

$$C_s + C_N = 1, J_s + J_x = 0 \tag{9.58}$$

对于湿纺体系,通常是三元或多元的,它不满足等摩尔条件式(9.57),而且即使一个组分(聚合物)是不移动的,但移动组分(溶剂、沉淀剂)的传质通量和既不为零,也不为常数。因此将式(9.57)应用于湿纺并不完全正确。

另一个值得注意的问题是,扩散系数 D_i(D_s 和 D_N)的精确测定在实验上较为困难,因此一般文献中给出的数值通常为从二元等摩尔分子扩散模型计算得出的表观值。研究表明,D_i 的值与湿法成型中的许多变量有关。

像任何扩散过程一样,湿法纺丝工艺有关扩散的独立变量是速率、浓度和温度。

速率项包括总的纺丝速率和喷丝头拉伸比。总的纺丝速率影响喷丝孔壁处的剪切速率和孔口膨化程度,从而也改变扩散速率。喷丝头拉伸比的作用就像一只泵,使抽出的沉淀剂向聚合物溶液内渗透,把溶剂从聚合物溶液中挤出。因此,在凝固浴中增加喷头拉伸比就等于提高扩散速率。

温度是控制溶剂和沉淀剂扩散的一个关键变量。溶剂和沉淀剂的扩散系数均随温度的升高而增大,但温度对各组分扩散速率的影响不同。对于聚丙烯腈－二甲基甲酰胺体系,Gröbe 等人观察到,$\frac{D_s}{D_N}$ 随温度的升高而下降;而 Paul 发现,对于聚丙烯腈－二甲基乙酰胺体系,溶剂扩散系数的提高快于沉淀剂。

凝固浴浓度反映了凝固浴中溶剂与沉淀剂的比例。可以通过不同的溶剂与沉淀剂的比例来改变扩散速率。随着凝固浴浓度的增加,溶剂和沉淀剂的扩散系数均下降,但 Capone 认为,溶剂对沉淀剂的相对扩散速率增加。而 Gröbe 等证实,D_s 和 D_N 随凝固浴中溶剂含量的变化有极小值(图9.31)。这可能是已固化部分冻胶的结构对扩散过程继续进行起着控制作用之故。当凝固浴中溶剂达到某一质量分数时,冻胶密度出现极大值,此时结构最紧密,故 D_i 最小;当凝固浴浓度进一步增加时,由于溶剂的溶胀作用,纺丝线的结构反而变松,因此溶剂和沉淀剂的扩散系数均又上升。

提高纺丝溶液中聚合物的含量,增加了纺丝线的边界层阻力,从而限制了溶剂和沉淀剂的扩散。在聚丙烯腈－二甲基甲酰胺体系中,发现聚合物含量的增加,提高了溶剂对于沉淀剂的相对扩散速率。

此外,纺丝线的半径大小、添加剂等对扩散系数也有一定的影响。

综上所述,用于解释湿纺扩散系数的数学模型式(9.57)还有许多不一致的地方且过于简化。因此,许多研究者一直在寻求更完整、更准确的扩散模型。他们根据已知的纺丝溶液和凝固浴主要变量的实验数据,提出了移动边界模型和恒流量比模型等一系列扩散模型,根据这些扩散模型,能计算纺丝线的凝固时间、溶剂和凝固剂的扩散速率及各种纺

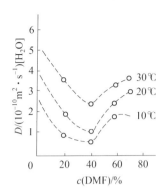
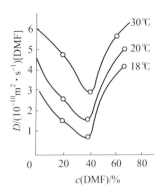

图 9.31 聚丙烯腈纤维成型时扩散系数与凝固浴中 DMF 浓度及温度的关系

丝体系大概的扩散系数。

Paul 等人观察到,随着挤出细流的凝固,其表面形成坚硬的皮层,已凝固和未凝固部分之间往往形成明显的界面,此界面随扩散的进行而不断移动,称为移动边界(Moving boundary)。随着凝固浴中溶剂浓度的提高,边界移动速率下降。此速率可用固化速率参数 S_r 表征,即

$$S_r \equiv \frac{\xi^2}{4t} \tag{9.59}$$

式中　ξ—— 边界移动的位移或固化层的厚度,cm;

　　　t—— 扩散时间,s。

事实上,固化速率参数 S_r 既取决于扩散,也与相分离有关。这个参数比较直观,且具有重演性,能较真实地反映湿纺过程中的固化速率,并反映原液的组成、凝固浴组成和温度对固化速率的影响。它与前述的传质通量 J_s 和扩散系数 D_N,是表征扩散过程的基本物理量。

Paul 提出扩散有三个物理模型,即等流量模型、恒流量比模型及变流量比模型。他提出的恒流量比模型,假设溶剂与沉淀剂的流量比例在凝固边界和细流内部是常数。该模型直观地描述了湿纺中的扩散过程,与实验数据较为吻合。但 G. L. Capone 认为:所有的模型均很复杂,需要做近似和曲线拟合处理。由于相的变化,所以实际上实验很难进行。

钱宝钧等人对湿法成型中的扩散模型进行的研究,求出了对以前一些研究者提出的非稳态扩散的第二菲克定律(式(9.60))的解(式(9.61))。

$$\frac{\partial c_i}{\partial t} = \frac{1}{r}\left[\frac{\partial}{\partial r}\left(r\frac{\partial c}{\partial r}\right)\right] \tag{9.60}$$

式中　r—— 纺丝线的径向位置;

　　　c—— 纺丝线中的溶剂浓度;

　　　t—— 凝固时间。

$$\frac{M_t}{M_0} = 4\sum_{n=1}^{\infty}\frac{1}{\lambda_n^2}e^{-\lambda_n^2 D_s t/R^2} \tag{9.61}$$

式中　M—— 纺丝线中作为时间函数的溶剂质量,下标 0、t 表示凝固时间;

　　　λ_n—— 满足零阶 Bessel 函数的平方根;

　　　R—— 纺丝线半径;

D_s——溶剂－扩散系数。

钱宝钧等人以二甲基甲酰胺－水体系的腈纶成型为例进行了研究,发现扩散系数与Paul以二甲基乙酰胺－水体系得到的数据相同:$(4 \sim 10) \times 10^{-6} \mathrm{cm}^2/\mathrm{s}$。Jian等人研究了其他溶剂体系,得到扩散系数的范围也与之相同。进一步的研究表明,尽管扩散系数相同,由不同溶剂体系制得的湿纺初生纤维的结构和性能有较大的差异。其原因是由于它们的相分离机理不同。

还有一些研究领域把下面讨论的相分离现象和扩散模型结合起来研究。这些研究能更好地预测纤维的性能。

2. 湿法成型中的相分离

在聚合物、一种或多种溶剂和沉淀剂的三元或多元体系中,可能发生多种相转变,其中最主要的是相分离过程。

在聚合物－溶剂－凝固剂的三元体系中,将聚合物－溶剂二元体系与凝固剂混合,如果在摇匀后体系出现混浊,即表示发生了相分离。把开始出现混浊的各点相连,即可获得相分离曲线图。Ziabicki利用图9.32所示的三元相图和相分离模型,定性地描述了湿法纺丝系统。他的结论是:相分离的热力学和动力学控制着湿法纺丝过程。

在三元体系相图中,相分离曲线以上的部分是均匀的溶液;曲线以下的部分由于发生了相分离,所以是多相体系。当纺丝原液进入凝固浴时,由于双扩散的进行,在聚合物(P)－溶剂(S)－凝固剂(N)的二元体系中,组成随双扩散的进行而逐步发生变化。组成的变化决定于溶剂的通量(J_s)和沉淀剂的通量(J_N)的比值(J_s/J_N),此值称为传质通量比。当代表纺丝线组成变化路径的直线与相分离曲线相交时,体系发生相分离。如改变纺丝用的凝固剂,其组成变化所经历的路径是不同的,每一路径的通量比也是不同的。因此,可用不同通量比来代表纺丝线组成变化的路径。图9.32中的圆弧线为相分离线,相分离线下的阴影部分为两相体系,空白区域为均相体系。组成变化线与 SP 线间的夹角为 θ。

由图9.32可见,当夹角 $\theta = 0°$ 时,SD 沿 SP 线向 S 靠近,相应的通量比 $J_s/J_N = -\infty$,即纺丝原液不断地被纯溶剂所稀释;当 $\theta = \pi$ 时,SD 向户靠近,通量比 $J_s/J_N = \infty$,相当于干法纺丝,即纺丝原液中的溶剂不断蒸发,使原液中聚合物浓度不断上升,直至完全凝固。

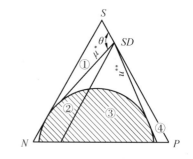

图9.32 P－S－N 三元体系相平衡图

图9.32大致可分为四个区域:

在 ① 区中,$-\infty \leqslant J_s/J_N \leqslant u^*$,此区域的下限为 $-\infty$,上限为第一临界切线 u^*。在此区中,纺丝线聚合物不断被稀释,即溶剂扩散速度小于凝固剂的扩散速度,而且无相变,因此原液始终处于均相状态而不固化。

在 ② 区中,$u^* < J_s/J_N \leqslant 1$,此区切割相分离线,其上限为1,即溶剂与凝固剂的扩散速度相等。在此区中,纺丝线聚合物的含量沿路径下降,但当凝固剂的浓度增加到一定值(超过凝固值)时,均相体系变为两相体系。相变的结果使体系固化,但形成疏松的不均匀结构。

在③区中，$1 < J_s/J_N \leq u^{**}$，此区为第二临界切线 u^{**} 所限制。在此区中，纺丝线聚合物的浓度不断沿路径增加，并且所有路径都进入两相区。固化是相变和聚合物含量增加的结果，因此所获得的结构要比②区均匀些。

在④区中，$u^{**} < J_s/J_N \leq \infty$，此区在两相区的外缘，其上限为干法纺丝。在此区中，纺丝溶液可能发生冻胶化，对于溶致性聚合物液晶则发生了取向结晶，从而发生固化，并形成最致密而均匀的结构。

综上所述，图 9.32 中，①区是不能纺制成纤维的，②、③和④区的原液细流能够固化。从纤维结构的均匀性和机械性能看，以④区成型的纤维最为优良。通常的湿法纺丝以③区为多。

根据以上分析可知，湿法成型中，初生纤维的结构不仅取决于平均组成，而且取决于达到这个组成的途径。通常冻胶法和液晶法形成的结构比相分离法形成的结构均匀。相分离法中，浓缩凝固形成的结构比稀释凝固形成的结构均匀。

必须指出的是，纺丝线组成变化路径的直线与相分离曲线的相交并不一定保证相分离的实现，因为上述分析仅标志其热力学可能性。相分离动力学、亚稳态体系存在的可能性等对相分离都有极其重要的影响。

Cohen 等人在湿法成型的三元相图中引入双节线和旋节线相边界理论。双节线和旋节线分别为共混体系混合自由能在组成曲线上的极小值和拐点构成的曲线。对于无定形聚合物，相图被双节线和旋节线划分为三个区（图 9.33）。双节线以上的区域为均相区，该区体系处于热力学稳定状态，纺丝溶液是均匀、透明的；旋节线以下的区域为非稳态区，相分离过程迅速自发进行，属于旋节分离机理；双节线与旋节线之间的区域为亚稳态

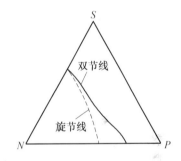

图 9.33　引入来稳态概念 P－S－N 三元体系相平衡图

区，温度或组成的有限波动会使溶液进入非稳态区，相分离必须首先克服势垒形成的分相的"核"，然后"核"逐渐扩大，最终形成分相，属于成核及生长分离机理。

对于结晶或半结晶聚合物，相图上除了双节线和旋节线外，还存在结晶凝胶线。在该线之外，纺丝溶液是均相的。在纺丝溶液中添加一定量的非溶剂后，溶液组成越过结晶凝胶线，纺丝溶液将出现凝胶现象。

湿纺初生纤维的多孔结构取决于纺丝溶液组成在相图中的位置和相分离机理。如果组成落在双节线与旋节线之间，初生纤维较为致密；如果组成落在旋节线区内，则初生纤维就形成多孔结构。

9.2.3　湿法纺丝中纤维结构的形成

在湿法纺丝凝固浴中形成的纤维结构是溶剂和沉淀剂双扩散和聚丙烯腈相分离的结果。由于湿纺初生纤维含有大量的凝固浴液而溶胀，大分子具有很大的活动性，因此其超分子结构接近于热力学平衡状态。另一方面，其形态结构却对纺丝工艺极为敏感。

湿纺初生纤维的形态结构，包括宏观结构（如横截面形状、大空洞、毛细孔以及皮芯

结构等）和微观结构（微纤和微孔等）。

1. 形态结构

（1）横截面形状

横截面形状是溶液纺纤维的重要结构特征之一，它影响纤维及其织物的手感、弹性、光泽、色泽、覆盖性、保暖性、耐脏性以及起球性等多种性能。因此，控制及改变纤维的横截面形状已成为纤维及织物物理改性的一个重要方面。

研究表明，影响溶液纺初生纤维横截面形状的因素，主要是传质通量比（J_s/J_N）、固化表面层硬度和喷丝孔形状。

图 9.34 简明地解释了传质通量比和固化表面层硬度对溶液纺初生纤维横截面形状的影响。当溶剂向外的通量小于凝固剂向里的通量（$J_s/J_N < 1$，图 9.34（a））时，丝条就溶胀，可以预期纤维的横截面是圆形的。当溶剂离开丝条的速率比沉淀剂进入丝条的速率高（$J_s/J_N > 1$）时，横截面的形状取决于固化层的力学行为。柔软而可变形的表层（图 9.34（b））收缩的结果导致形成圆形的横截面；当具有坚硬的皮层时，横截面的崩溃将导致形成肾形（图 9.34（c））。因此，采用圆形喷丝孔纺丝时，薄而较硬的皮层和内部芯层变形性的差异是导致溶液纺初生纤维形成非圆形截面的根本原因。

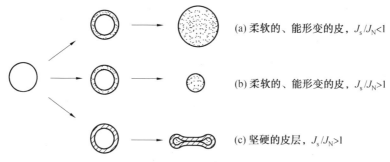

（a）柔软的、能形变的皮，$J_s/J_N < 1$

（b）柔软的、能形变的皮，$J_s/J_N > 1$

（c）坚硬的皮层，$J_s/J_N > 1$

图 9.34　固化过程中形成的横截面结构的图解

传质通量比和固化表层硬度取决于纺丝工艺条件。例如，对于腈纶湿法成型，无机溶剂的固化速率参数 S，一般小于有机溶剂。当采用无机溶剂纺丝时，传质通量比通常小于1，因此纤维的横截面为圆形。相反，当采用有机溶剂纺丝时，传质通量比通常大于1，而且皮层的凝固程度高于芯层，芯层收缩时，皮层相应的收缩较小，因此纤维的横截面呈腰子形。

Knudsen 等人观察到，当凝固浴温度较高、纺丝溶液中聚合物含量较高和凝固浴中溶剂含量较高（因此降低了固化速率参数和固化表面层的硬度）时，湿纺纤维的截面会变得更圆。但由于凝固浴温度同时影响 J_s 和 J_N，当其结果使 $J_s/J_N > 1$ 时，纤维的截面形状将取决于固化面的硬度。

黏胶纤维的成型过程较为复杂。控制不同的凝固条件和黏胶的熟成度，可分别获得全皮层（高锌、低酸、加变性剂）、全芯层（低酸、低盐、低温、低纺速）和一般皮芯型纤维。全皮层和全芯层纤维横截面为圆形，皮芯层纤维截面具有锯齿形周边。这是由于皮层和芯层收缩率不同所致。

肾形、椭圆形、带形等异形纤维，要用异形喷丝板生产，凝固条件应根据要求的横截面进行选择。

总之,湿纺工艺具有较大的柔性,能制备许多不同横截面形状的纤维,以满足不同的用途。图 9.35 列举了部分腈纶的横截面形状。

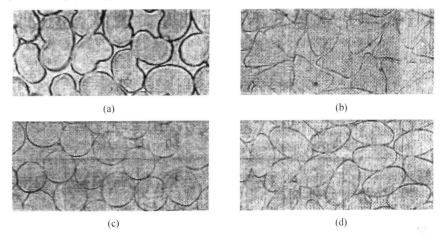

(a)　　　　　　　　　　　　　　　　　(b)

(c)　　　　　　　　　　　　　　　　　(d)

图 9.35　腈纶的截面形状

(2)皮芯的结构

湿纺初生纤维形态结构的另一特点是沿径向有结构上的差异,这个差异继续保留到成品纤维中。纤维外表有一层极薄的、密实的、较难渗透的、难染的皮膜(黏胶纤维特别明显),该膜对传质过程有决定性作用。皮膜内部是纤维的皮层,再向里是芯层(图9.36)。皮层可占整个横截面积的 0～100%。皮层中一般含有较小的微晶,并具有较高的取向度;芯层结构较为松散,微晶较粗大。

皮芯层的结构和性能有较大的差别。从超分子结构方面看,皮层的序态较低,结构比较均一,晶粒较小,取向度较高。

与芯层比较,皮层具有如下主要特性:在水中的膨润度较低;吸湿性较高;对某些物质的可及性较低,密度较低,对染料的吸收值较低,但染色牢度较高;因皮层有较高的取向和均匀的微晶结构,因此其断裂强度和断裂延伸度较高,抗疲劳强度和耐磨性能都较优越。

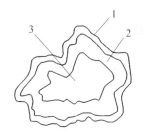

图 9.36　黏胶纤维的横截面
1—膜层;2—皮层;3—芯层

实际上,在湿纺纤维的横截面上,往往可以观察到沿径向分布的多层结构,这是由于聚合物的凝固条件不同所引起的。有人认为,纤维中径向各环层的厚度是按几何级数递增的。聚丙烯腈纤维和黏胶纤维等的实验数据证实了这一点。

对湿纺纤维皮芯结构研究得较为深入的是黏胶纤维。黏胶纤维横截面中的皮层含量随凝固浴组分而改变,随浴中硫酸锌含量、硫酸钠含量的增加而增加;随黏胶盐值的增加而增加;随浴中硫酸含量的增加而下降;有机变性剂一般促进皮层的形成。维纶的皮层也随凝固浴中 Na_2SO_4 含量的增加而加厚。因此,通过改变工艺条件,可以制得全皮型、皮芯型和全芯型纤维。

（3）空隙

由于成型过程中发生了溶剂和凝固剂双扩散，纺丝溶液发生了相分离，湿纺初生纤维的结构为由空隙分隔、相互连接的聚合物冻胶网络。该网络是通过把聚合物溶液分成聚合物浓相和溶剂浓相而形成的。聚合物浓相由相互连接的聚合物链网络组成。尺寸达几十微米的空隙，成为大空洞或毛细孔（图9.37），尺寸在10 nm左右的称为微孔。初生纤维经拉伸后，成为初级溶胀纤维，此时微孔被拉长，呈梭子形，聚合物冻胶网络取向而成为微纤结构（图9.38）。

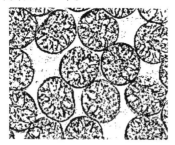 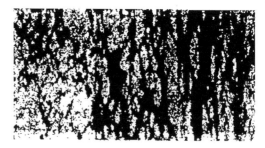

图9.37 腈纶初生纤维中大空洞的照片 　　图9.38 腈纶初级溶胀纤维的微纤和微孔

湿纺初生纤维空隙的形成与扩散和相分离速率有关。空隙尺寸由扩散和相分离速率确定，并随其速率提高而增加。当空隙尺寸增大时，空隙数量则要减少。空隙的尺寸和数量对湿纺纤维的物理性能和后处理工艺有较大的影响，具有大空洞的成品纤维在服用过程中受摩擦易发生纵向开裂——原纤化。微纤微孔结构较细密时，初生纤维最大拉伸倍数增加，原纤化倾向减小，干燥致密化的条件温和。

Reuvers根据相分离速率快慢，定义了两种双扩散类型。当聚合物溶液浸入凝固浴后，溶剂与沉淀剂的双扩散迅速引发溶液的相分离者称为瞬时双扩散；当延续一定时间后，才引起聚合物溶液相分离者称为豫迟双扩散。

当凝固浴中溶剂含量较高时，降低了浓度梯度，使得原液细流的凝固变得缓和。在豫迟时间内，原液释放的溶剂较它从凝固浴中汲取的凝固剂多，在界面处有一个非常陡的聚合物浓度梯度，随着豫迟时间的延长，界面不断增厚，直到聚合物稀相核出现为止。如果整个凝固过程受豫迟双扩散的控制，初生纤维便会形成一个没有核孔而且非常致密的结构。

在绝大多数情况下，凝固初期表层的厚度还比较薄，双扩散速度往往比较快，相分离界面处的原液组成立刻产生聚合物稀相核。瞬时双扩散引起瞬时相分离的纤维总是存在聚合物稀相核结构。Smoldors认为这是形成大孔结构的原因。若部分聚合物稀相核进一步生长，便形成大孔；否则在已有的前沿继续形成新的核，这样形成的初生纤维具有均匀的海绵状结构。但是这种纺丝成型条件很难维持，往往得不到完全这种结构的初生纤维。

影响空隙的因素涉及湿法成型的所有工艺参数，包括溶剂、聚合物、沉淀剂、凝固浴浓度、温度和流量。Jenny报道了溶剂影响初生纤维空隙结构的实例（表9.5）。由表9.5可知，腈纶初生纤维的比表面积因溶剂而异。此表面积较大，说明初生纤维空隙的尺寸较小。采用无机溶剂纺制腈纶，一般不形成大空洞。在硫氰酸钠法中，即使将凝固浴温度由正常的0～10 ℃升至50 ℃，纺丝也很难进行，但所得初生纤维中仍无大空洞。这显然是由于无机溶剂固化速率参数 Sr 小于有机溶剂,凝固比较缓和的缘故。

表9.5　溶剂与腈纶初生纤维比表面积的关系

溶剂类型	比表面积/ ($m^2 \cdot g^{-1}$)	相对值	溶剂类型	比表面积/ ($m^2 \cdot g^{-1}$)	相对值
NaSCN	160	2.5	DMF	90	1.1
HNO_3	204	1.5	DMAc	114	1.2

早期曾采用过丙烯腈均聚物纺丝,由于水是沉淀剂,而均聚物中缺乏亲水性基团,所以凝固过程十分激烈。这种腈纶初生纤维中有大量的大空洞,干燥后大空洞体积缩小或闭合,但并未根除,纤维在服用过程中因受摩擦而沿空洞发生纵向撕裂。腈纶第二、第三单体的采用赋予纤维以弹性、染色性的同时,第三单体一般还具有亲水性。因此,共聚物在含水凝固浴中的凝固要比均聚物的凝固温和,这就从根本上解决了纤维的原纤化问题。

Knuden 曾研究过凝固浴浓度对腈纶初生纤维空隙的影响(表9.6)。结果表明,当凝固浴浓度较低时,因凝固能力过强,易产生空隙。Takahashi 研究了腈纶 DMF–H_2O 体系的湿法纺丝,发现在凝固浴质量分数为20% ~70%时,易形成大空洞,只有在凝固浴质量分数大于75%或当扩散速率减小时,大空洞才消失。

表9.6　凝固浴浓度对初生纤维形态结构的影响

凝固浴的质量分数	初生纤维横截面 平均空洞数	初生纤维表观密度 /($g \cdot cm^{-2}$)	初生纤维表面积 /($m^2 \cdot g^{-1}$)
40% DMAc,60% H_2O	8	0.44	100
55% DMAc,45% H_2O	4	0.45	100
70% DMAc,30% H_2O	1	0.47	130

Knuden 还研究了 DMAc–H_2O 体系湿法纺丝中纺丝溶液聚合物含量和凝固浴温度对腈纶初生纤维空隙的影响。结果表明,在纺丝溶液中增加聚合物的含量或降低凝固浴温度,均可减小空隙尺寸(图9.39 和图9.40),这是由于扩散和相分离速率随之降低的缘故。

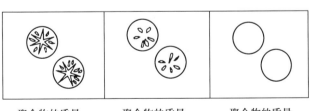

聚合物的质量　　　　聚合物的质量　　　　聚合物的质量
分数为20%　　　　　分数为25%　　　　　分数为27.5%

图9.39　纺丝溶液中聚合物的质量分数对腈纶初生纤维形态结构的影响

喷丝头拉伸对形态结构也有较大的影响。研究表明,湿纺初生纤维的空隙随喷丝头拉伸率降低而减小。值得注意的是,最大喷丝头拉伸是溶剂浓度的函数。以 DMF 或 DMAc 为溶剂,以水为非溶剂的湿法纺丝体系,当凝固浓度增加时,最大喷丝头拉伸均达

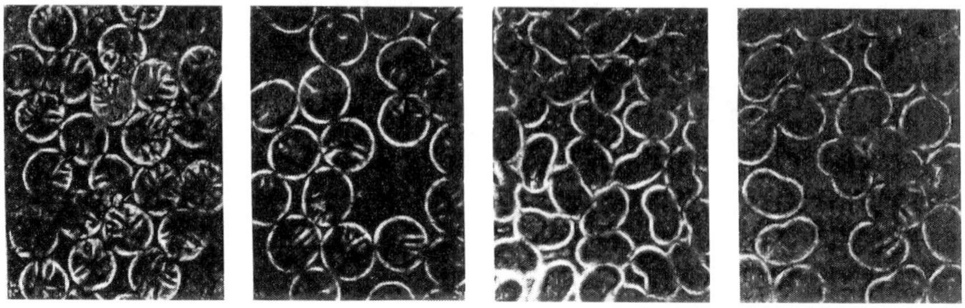

(a) 75 ℃　　　　(b) 50 ℃　　　　(c) 30 ℃　　　　(d) 10 ℃

图 9.40　凝固浴温度对腈纶初生纤维形态结构的影响

到最小值。这种现象不能光靠扩散解释，而是要通过溶剂、非溶剂的相互作用而更充分地理解。对于 DMF 和 DMAc，最大喷丝头拉伸的最小值在水与这些溶剂的摩尔比为 2∶1 处。当摩尔比大于 2∶1 时，体系中有多余的水，因此凝固迅速发生，并形成一种多孔结构。这种多孔结构具有可拉伸性，并能承受高的拉伸张力。当摩尔比接近 2∶1 时，凝固变慢，从凝固表层到丝条液流中心的结构差异不能承受较高的应力。在该浓度范围内，溶剂、非溶剂的黏度增加相当快，增加的黏度成为丝条阻力更大的原因之一。当溶剂量进一步增加，即溶剂量大于水量时，相分离的驱动力减小，纤维的径向结构差异由于皮层较薄而减小，从而最大喷头拉伸比就戏剧性地提高。

喷头拉伸对纤维性能的影响主要体现在纤维光泽和干燥、致密化、松弛工艺方面。喷头拉伸低的条件使纤维产生小的空隙结构，这些空隙对光更透明，并有闪光的外观，同时对于干燥、致密化和松弛条件比较温和。但在初生纤维经拉伸、干燥致密化和松弛热定型后，喷丝头拉伸对成品纤维机械性能的影响不再明显。

必须指出，合适的湿纺工艺可以避免纤维产生大空洞或毛细孔，但湿纺初生纤维中产生微纤微孔结构是不可避免的。纺丝线沉析过程中的相分离伴随着聚合物相强烈的体积收缩，直接导致冻胶网络的形成，从而形成微纤微孔结构。冻胶网络以及微纤微孔结构的粗细，可通过湿纺工艺的改变加以调节。

2. 超分子结构

虽然从聚合物溶液所得的未拉伸纤维经常出现某种程度的轴向取向，但这种特性较之熔纺中所起的作用似乎要小得多。在湿纺体系中，许多学者观察过大分子或结晶沿纤维轴的某种取向。然而对于取向机理、取向对纺丝条件的依赖关系以及它对纤维性质的影响都还不清楚。

在喷丝孔道中所形成的取向，应该在松弛之前就给予凝固而固定。在湿法成型过程中，除纺丝线上外表的一薄层外，其余都来不及凝固而松弛，加上孔口膨化的影响，使原来已有取向的大分子链产生解取向。所以，孔道中的剪切流动取向对纤维总取向的影响是很有限的。

对于纺丝线上的拉伸流动取向，应该注意到在湿纺中轴向速度梯度 $\varepsilon(x)$ 和平均拉伸应力要比熔纺中低得多。因此，熔纺中的流动取向机理在湿纺条件下的效果是较小的。然而也有一些实验数据表明有拉伸流动取向发生。

Paul 对纺丝条件对聚丙烯腈纤维取向度影响进行了系统的研究，发现取向因数 f 与真实喷丝头拉伸比有一定关系(图9.41),而不是仅与速度或者速度梯度有关。这表明,取向机理所涉及的是该体系固体冻胶部分的形变,而不是聚合物溶液流体的流动。这种解释与前面讨论的固化的非均一模型是非常符合的。即使在纺丝线中平均拉伸应力是低的,但由于它集中于固化皮层,这对于产生大分子和微晶的永久取向来说已是足够大了。双折射的分布在皮层中较高,在芯层中较低,也为这种机理提供了间接证据。

另一方面,有些资料显示了纺速和速度梯度对形成纤维双折射所起的作用。湿纺中涉及的速度梯度的大小比熔纺中的速度梯度小 $1 \sim 3$ 个数量级,但是半固化纺丝线中较长的松弛时间能补偿低的形变速率。Perepelkin 和 Pugatch 对维纶湿纺做了系统的研究,Δn 随卷绕速度 v_L 而单调升高,如图9.42所示。图9.42中,1 表示喷丝头拉伸比不变,2 表示喷丝头拉伸比随速度增大而增加。这表明维纶初生纤维的取向机理似乎是拉伸流动。但该机理对所有的湿纺纤维或对所有的纺丝条件不是普适的。据胡学超等报道,纺丝速度较低时,Lyocell 纤维的双折射 Δn 随卷绕速度 v_L 升高而增加,当 v_L 达到 50 m/min 后,Δn 维持不变。并且发现 Lyocell 纤维的晶区取向随卷绕速度的提高而单调增大,而无定形区的取向开始时随卷绕速度提高而增加,当纺丝速度达到 50 m/min 后反而下降。

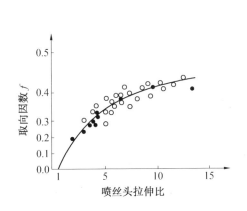

图 9.41 取向因数与喷丝头拉伸比的关系

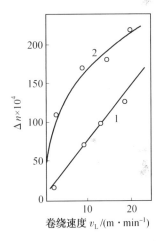

图 9.42 取向度与卷绕速度的关系

Purz 曾观察到黏胶初生纤维在没有任何拉伸条件下也具有正的双折射率。有人用定向固化解释了这一现象。

关于湿纺初生纤维的结晶以及纺丝条件对其影响的研究较少。黏胶纤维、腈纶和铜氨纤维的 X 射线衍射测定表明,在未拉伸纤维中有某种结晶或准晶序态。纺丝速度对 Lyocell 纤维结晶度的影响见表9.7。随着纺丝速度的提高,Lyocell 纤维的结晶度增大。研究表明,随着凝固浴温度的升高,竹纤维素纤维的结晶度几乎呈线性上升。

表9.7 纺丝速度对 Lyocell 纤维结晶度的影响

纺丝速度/(m·min⁻¹)	结晶度/%	纺丝速度/(m·min⁻¹)	结晶度/%
10	50.2	50	53.3
30	56.1	80	55.8

通常认为,湿法成型时纤维结构的形成可分为两个主要过程,即初级结构的形成;结构的重建和规整度的提高。对于分子链刚性不同的聚合物,其结晶的形成按以下几种方式进行。

①具有各向异性的纺丝溶液成型时,能很快地形成规整结构,随后形成结晶(次级)结构。

②刚性和中等刚性链大分子的各向异性溶液成型时,过程中可能产生溶液的各向异性状态,随后形成规整的结构,并进一步缓慢地改建。

③柔性链聚合物的各向同性溶液成型时,可能析出无定形相或具有一定规整的结构,但它在较短时间内可形成晶体结构。

9.4 干法纺丝

干法纺丝是历史上最早的化学纤维成型方法。某些成纤聚合物的熔点在其分解温度之上熔融时要分解,不能形成一定黏度的热稳定的熔体,但在挥发性的溶剂中能溶解而成浓溶液,这类聚合物适于采用干法纺丝工艺生产。

在干法纺丝过程中,通常要受到溶剂从丝条中挥发速度的限制,聚合物固化速度较慢,这就决定了干纺工艺的特点:

①纺丝溶液的浓度比湿法高,一般达18% ~45%,相应的黏度也高,能承受比湿纺更大的喷丝头拉伸(2 ~7 倍),易制得比湿纺更细的纤维。

②纺丝线上丝条受到的力学阻力远比湿纺的阻力小,故纺速比湿纺高,一般达300 ~600 m/min,高者可达1 000 m/min,或更高些,但由于受到溶剂挥发速度的限制,干纺速度总比熔纺低。

③喷丝头孔数远比湿纺少,这是因为干法固化慢,固化前丝条易粘连,一般干纺短纤维的喷丝头孔数不超过1 200 孔(最高4 000 孔),而湿纺短纤维的喷丝头高达数万至十余万孔。因此干法单个纺丝位的生产能力远低于湿纺,干纺一般适于生产长丝。

干法成型涉及聚合物-溶剂二元体系,因此比三元体系的湿纺简单,但比单组分体系的熔纺复杂。然而,假设溶剂蒸发不引起变化,纺丝线可以作为连续体处理,则干纺过程可以像熔纺过程那样进行理论分析。但由于对干纺过程的理论研究还较落后,积累的资料较少,因此下面仅简单地讨论该过程的一些基本原理。

9.4.1 干法纺丝的运动学和动力学

干法纺丝线与熔纺不同,但与湿纺相似。干法纺丝线的速度 x 与直径 d_x 之间无单值对应关系,因此必须独立地测量这两个必不可少的特征值。

图9.43 为腈纶干法成型过程中纺丝线上 d_x 和 v_x 的变化情况。在靠近喷丝板的区域内,d_x 急剧下降,这主要是由于细流拉伸流动的结果;以后 d_x 因溶剂蒸发和喷丝头拉伸的作用而缓慢减少;随着溶剂蒸发量的减少和丝条的固化,d_x 趋于平稳。

图9.43 表明,干法纺丝线上的速度分布与熔纺相似,胀大区基本消失。这是因为干法纺丝时,根据流变因素来看,成型条件接近熔纺,纺丝速度较高(600 ~1 200 m/min),但干纺中 v_x 的提高比熔纺快。

干纺过程中纺丝线受力的轴向力平衡方程与熔纺相同(见式(9.8))。

由于纺丝线和周围介质之间存在质量交换,干纺中的惯性力 F_i 与湿纺相同,也包含附加项。但由于其净介质通量总是指向纺丝线外面,因此 F_i 项比相同纺丝条件下的熔纺大。干法纺丝线上介质的摩擦阻力 F_f 在传质速率较低时,也可由 Sakiadis 公式近似地描述为

$$F_f = 常数 \times v^{1.082} R^{0.264} X^{0.918} \quad (9.62)$$

式中 v——纺丝线速度;

R——纺丝线的半径;

X——纺程的长度。

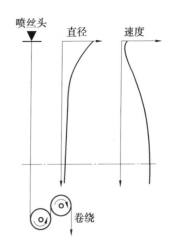

图 9.43 腈纶干法纺丝线上直径和速度分布

干纺中各单项力的相对重要性与熔纺有些相似,一般表面张力 F_s 可以忽略。重力 F_g 总是正的(向下方),而且通常较小。惯性力 F_i、介质摩擦阻力 F_f 和流变力 $F_r(0)$ 的贡献被所施加的张力 F_{ext} 平衡。其中 F_f 的贡献最为重要。

张力在靠近喷丝板的区域内很小,主要是 $F_r(0)$ 的作用。随着 F_i 和 F_f 沿纺程增大,张力迅速增加。

9.4.2 干法纺丝中的传热和传质

干纺时,固化是由于溶剂从丝条细流中挥发的结果。溶剂挥发导致聚合物脱溶剂化,并急剧降低了体系的流动性,从而使丝条固化。由于溶剂的挥发耗费了大量的热能,所以成型过程同时取决于热量和质量交换的动力学,这实际上与纤维状聚合物材料的干燥过程相类似,干纺过程溶剂的挥发干燥与丝条的细化同时发生。溶剂从纺丝线上除去有三种机理:①闪蒸;②纺丝线内部的扩散;③从纺丝线表面向周围介质的对流传质。

溶剂的闪蒸发生在喷丝孔的出口处,这是热的聚合物溶液解除压缩的结果。在热力学平衡时,聚合物溶液上的溶剂压力 P_s 可按 Flory – Huggins 理论计算,即

$$\ln(P_s/P_s^0) = \ln C_s + (1 - C_s)(1 - \zeta) + x_{12}(1 - C_s)^2 \quad (9.63)$$

式中 C_s——溶剂的体积分数;

P_s^0——纯溶剂上的分压;

ζ——溶剂的摩尔体积与聚合物的摩尔体积之比;

X_{12}——Huggins 聚合物溶剂相互作用参数。

分压 P_s 和 P_s^0 对温度非常敏感。许多溶剂的 $P_s^0(T)$ 都能用式(9.64)这一经验方程式表示为

$$P_s^0 = A\exp\frac{B}{T + T_a} \quad (9.64)$$

式中 A、B、T_s——溶剂的特性常数,称为安托尼常数(Antoine Constant),可从有关手册查到。

根据传质机理和纤维内溶剂含量 C 和温度 T 的变化,可以把整个成型过程分成三个

区域,如图 9.44 和图 9.45 所示。

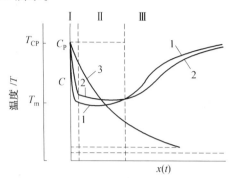

图 9.44 干纺成型时沿纺程温度和溶剂的浓度分布图

1— 纤维表面温度;2— 纤维中心温度;3— 纤维内溶剂的平均浓度;Ⅰ— 起始蒸发区;
Ⅱ— 恒速蒸发区;Ⅲ— 降速蒸发区;C_P— 纤维周围的介质;广纺丝溶液;
$x(t)$— 纺程(时间);T_m— 湿球温度;T_{CP}— 纤维周围的介质温度

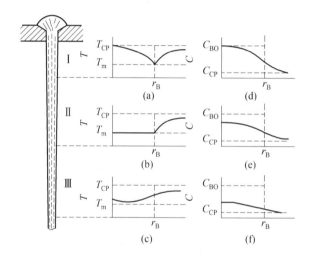

图 9.45 各成型区内溶剂浓度(d,e,f) 和温度(a,b,c) 沿纤维截面的分布

Ⅰ— 起始蒸发区;Ⅱ— 恒速蒸发; Ⅲ— 降速蒸发区;r_B— 纤维的半径;r— 瞬时传热半径;T— 温度;
T_{CP}— 纤维周围的介质温度;C_{BO}— 纺丝溶液中溶剂的起始温度;
C_{CP}— 纤维周围介质中溶剂的浓度

Ⅰ 区:在喷丝孔出口处,由于热的纺丝液解除压缩的结果,发生溶剂闪蒸,使溶剂迅速大量挥发,细流的组成和温度发生急剧变化。在高温下,从喷丝孔挤出的细流主要依靠自身的潜热和来自热风的传热,从溶液表面急剧蒸发,使纺丝线的组成和温度大大有别于挤出原液的组成和温度。这时溶剂的蒸发潜热被夺取,而使细流表面温度急剧下降到湿球温度(T_M) 直至达到平衡为止。在此区内,细流内部温度比细流表面高,所以溶剂从内部向表面的扩散速度很大,细流表层溶剂浓度较高,主要以对流方式进行热交换。因此,这一阶段蒸发完全取决于纺丝溶液的闪蒸和自身的潜热,以及来自热风的传热,其中以闪蒸为主。

Ⅱ 区:由于热风的传热与丝条溶剂蒸发达到平衡,这一阶段丝条的温度实际上保持不变,且等于湿球温度。沿纤维截面的温度近乎是均匀一致的$[T(r,\tau)\approx$常数$]$,由湿球温度可以计算热与溶剂的传递系数比,所以湿球温度是干法纺丝的重要特征值。Ohxilwil 和 Nagano 对若干溶剂所做的实验证明了毕渥数 β^* 与给热系数 α^* 比值的恒定性,并且提出了对于纺丝工艺定量处理所需的数据。

大沢等人测定了各种湿球温度,并给出了各种纤维在标准纺丝条件下的计算结果。说明 II 区内的丝条温度:醋酯纤维为 5 ℃,PVA 为 46 ℃,PAN 为 85 ℃,聚氨酯为 90 ℃。

如上所述,在该区内,丝条内部温度保持较低,溶剂缓慢扩散,但随着干燥的进行,扩散减缓,质量交换速度变化很小,可以近似地认为不变。由于此时聚合物丝条内自由溶剂的浓度大,所以过程不是内部扩散控制,它主要取决于外部的(对流的)热、质交换速度和与此相对应的表面温度。这个阶段的热、质交换大致相同,纤维表面湿度不变。

当溶剂从丝条芯层向表层扩散的速度低于表面溶剂蒸发速度时,丝条表面温度上升,开始影响总的动力学,进入成型的第三阶段。纤维内溶剂分子扩散速度降低,是由于与聚合物微弱结合的溶剂大部分已被排除,继而排除的是与聚合物分子溶剂化的溶剂。

III 区:在该区内丝条内部溶剂扩散速度变得更慢,浓度分布变得更大,随着蒸发强度的急剧降低,丝条表面温度上升并接近热风温度。

在 III 区内,溶剂的蒸发速度变小,以至聚合体与溶剂间的相互作用加强,而且受内部扩散控制。III 区发生的过程为控制阶段,从纺丝甬道出来的丝条上残留溶剂的含量,决定于该阶段的温度与时间。III 区丝条的固化过程基本上完成,此时溶剂质量分数为 30% ~ 50%。从甬道出来的纤维溶剂的质量分数为 5% ~ 25%。

有关干纺的实验数据表明,开始阶段传质机理由闪蒸、对流和扩散综合控制,而后逐渐地趋于以纯扩散作为速度的控制因素。为使丝条残余溶剂浓度符合规定,纺丝甬道的最短长度取决于纺丝液中的二元扩散系数 D^*、丝条的线密度、纺速和空气流强度并不能使甬道有效地缩短。

9.4.3 干法纺丝中纤维结构的形成

由于成型机理不同,干纺初生纤维的结构特征与熔纺初生纤维有较大区别。

如前所述,熔纺初生纤维最重要的结构特征与超分子结构有关。干纺初生纤维却不是如此。由于干法纺丝过程中形成的冻胶体在适合高弹形变的黏度区域的停留时间很短,因此来不及充分进行取向;又由于离开干燥甬道的丝条会有相当数量的残留溶剂存在,使分子的活动性较大,因此,此干纺初生纤维中分子和微晶的取向度很低,它在纺程上通常是各向同性的,或稍有一点取向。但一般来说,纺丝期间纤维产生的取向度随溶液的黏度、纺丝速度和喷丝头拉伸倍数提高而上升,也随纤维固化速度的提高而上升(固化速度同纤维的表面积有关,纤维越细,其表面积越大,故固化速度加快)。纺丝甬道温度高低的存在有利和不利两方面因素,其温度升高,会增加分子的活动性,但阻碍了分子的取向。在纺丝过程中较高的取向,会降低纤维的可拉伸性;或者如果拉伸比不变,则提高纤维的强度。然而,纺丝甬道的温度远远没有纤维上残留溶剂量的影响大。

由于样品的不均匀性,用于测定熔纺初生纤维结晶度的密度法不适用于干纺初生纤维,因此关于干纺初生纤维结晶度的资料较少。对于干法腈纶初生纤维等的 X 射线衍射的测定表明,干纺初生纤维中存在某种结晶或准结晶。但其超分子结构参数对纺丝条件远不如熔纺初生纤维敏感。

纺丝参数对纤维的结果和性质的影响也与熔纺不同,在熔纺中力学因素和传热因素,如纺丝线中的应力和速度场以及冷却强度起着重要作用。在干纺中,这些因素的作用是次要的,纤维的微观结构、形态结构以及机械性质强烈地依赖于纺丝线和周围介质之间的传质强度以及各种浓度所控制的转变。例如,在干纺过程中,由于溶剂存在于整个丝条中,溶剂从丝条表面蒸发的速度(E)和溶剂从丝条中心扩散到表面的速度(v)的相对大小,即 E/v 值决定了初生纤维断面形态结构的特征。

当 $E/v \leqslant 1$ 时,成纤干燥固化过程十分缓和、均匀,纤维断面结构近乎同时形成,截面趋近于圆形,几乎没有皮层。当 E/v 略大于 1 时,纤维的截面如图 9.46(a) 所示。随着 E/v 的增加,近于中等值时,纤维截面如图 9.46(b) 所示。当 $E/v \gg 1$ 时,特别是纺丝液浓度较低时,所得的纤维截面呈扁平状,近于大豆形或哑铃形,如图 9.46(c) 所示。

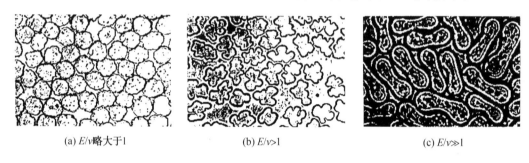

(a) E/v略大于1 　　　　　 (b) $E/v>1$ 　　　　　 (c) $E/v \gg 1$

图 9.46　纤维截面形状

干纺纤维的截面形状除与成型过程中丝条表面和内部溶剂的蒸发、扩散速度有关,在很大程度上还取决于纺丝液的初始浓度、固化时的浓度以及纤维在甬道中的停留时间等。纺丝液的浓度越低,纤维截面形状与圆形差别越大。图 9.47 为纺丝参数对干纺纤维横截面形状的影响。

另一方面,干纺初生纤维中的结构特征与湿纺初生纤维也有较大的差异。大量的研究表明,采用相同的成纤聚合物进行湿纺和干纺制取纤维,后者不但宏观结构较均匀,没有明显的皮层和芯层,纤维的超分子结构尺寸大,纤维的微纤结构也不明显。这与成型方法及成型条件密切相关。因为湿法纺丝液的浓度较低,丝条固化采用非溶剂,体系的相分离速率比较快,并且存在双扩散,因此初生纤维会形成多孔凝胶网络。而干纺纺丝液的

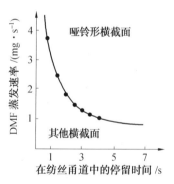

图 9.47　纺丝参数对干纺纤维横截面形状的影响

浓度较高,丝条的机理为单相凝胶化,不存在双扩散,因此成型条件比湿法缓和,从而导致纤维的结构均匀、致密,纤维表面光滑,截面收缩不大,在显微镜下没有明显可见的孔洞,而且染色后色泽艳丽,光泽优雅,且纤维更富于弹性,织物尺寸稳定性也较好。

第 10 章　化学纤维后加工原理

10.1　拉伸原理

10.1.1　概述

1. 拉伸过程的作用及特征

经熔体或溶液纺丝成型的初生纤维,结构尚不稳定,从超分子结构上讲,大分子的序态较低,物理–机械性能尚不符合纺织加工的要求,必须通过一系列后加工。拉伸则是后加工过程中最重要的工序之一,常被称为合成纤维的二次成型,它是提高纤维物理–机械性能必不可少的手段。

在拉伸过程中,纤维的大分子链或聚集态结构单元舒展,沿纤维轴取向并排列。取向的同时,通常伴随相态以及其他结构特征的变化。虽然,不同品种的初生纤维经拉伸之后,结构和性能变化的程度不尽相同,但有一个共同点,即纤维低序区(对结晶高聚物来说即为非晶区)的大分子沿纤维轴向的取向度明显提高,同时伴有密度、结晶度等其他结构方面的变化。由于纤维内大分子沿纤维轴取向,形成或增加了氢键、偶极力以及其他类型的分子间力,纤维受到外加张力时,能承受张力的分子链数目增多,从而显著提高了纤维的断裂强度、耐磨性和对各种形变的抗疲劳强度,并使延伸度下降。

简而言之,拉伸不仅使纤维的几何尺寸发生了变化,更重要的是在拉伸过程中,纤维结构的变化带来了纤维性能的变化。

2. 拉伸的实施方法

在化学纤维生产中,拉伸可以紧接着纺丝工序连续地进行,也可与纺丝工序分开进行。后者先将初生纤维卷装在筒子上或存于盛丝桶中,然后在专门的拉伸设备上进行拉伸。

初生纤维的拉伸可一次完成,有些必须分段进行。纤维的总拉伸倍数是各段拉伸倍数的乘积。一般熔纺纤维的总拉伸倍数为 3~7,湿纺纤维拉伸倍数可达 8~12,某些高强高模纤维,采用冻胶纺丝法,拉伸倍数达几十倍以上百倍。

拉伸的条件和方式依据纺丝方法及纤维品种的不同而有所变化。按拉伸介质分,拉伸的方式一般有干拉伸、蒸汽浴拉伸和湿拉伸三种。

(1)干拉伸

拉伸时初生纤维处于空气包围之中,纤维与空气介质及加热器之间有热量传递的为干拉伸。干拉伸又可分为室温拉伸和热拉伸。室温拉伸一般适用于玻璃化温度(T_g)在室温附近的初生纤维;热拉伸是用热盘、热板或热箱加热,使纤维的温度升高到 T_g 以上,使大分子链段容易运动,降低拉伸应力。干拉伸适用于 T_g 较高、拉伸应力较大或线密度较大的纤维。

（2）蒸汽浴拉伸

拉伸时,纤维处于饱和蒸汽或过热蒸汽的包围之中,称为蒸汽浴拉伸。由于受热和水分子的增塑作用,蒸汽浴拉伸使纤维的拉伸应力有较大下降。

（3）湿拉伸

拉伸时纤维浸泡在液体介质里、有热量传递,若与成型过程同时进行,则会有传质甚至化学反应发生,这样的拉伸称为湿拉伸。将热水或热油剂喷淋到纤维上,边加热边拉伸的喷淋法也是湿拉伸的一种。由于拉伸时纤维完全浸在浴液之中,故纤维与介质之间的传热、传质过程进行得较快且较均匀。

20 世纪 80 年代,熔法高速纺丝技术发展很快,纺丝速度达 5 000 ~ 7 000 m/min 的高取向丝(High oriented yarn,HOY)、高速纺丝拉伸联合制成的全拉伸丝(Fully draw yarn,FDY)可以省去后拉伸工序,或可使纺丝、拉伸和变形、加弹过程连续进行。在高速纺丝过程中,气流对丝条的摩擦阻力增加,惯性力加大,丝条在纺丝的同时也进行了部分的或充分的拉伸。

10.1.2　拉伸流变学

1. 经典拉伸流变学理论

初生纤维是兼具黏性和黏性的聚合物黏弹体。经典拉伸流变学的基础是固体的黏弹理论和聚合物黏弹体的松弛理论。从理论上讲,初生纤维的拉伸形变很大,属于非线性黏弹行为,作为近似处理,可借用描述小形变线性黏弹行为的蠕变方程来描述,即

$$\varepsilon = \varepsilon_1 + \varepsilon_2 + \varepsilon_3 = \frac{\sigma_e}{E_1} + \frac{\sigma_e}{E_2}(1 - e^{-\frac{t}{\tau_2}}) + \frac{\sigma_e}{\eta}t \tag{10.1}$$

从式(10.1)可看出,拉伸过程的形变 ε 是时间的函数,并由普弹形变 ε_1、高弹形变 ε_2 以及塑性形变 ε_3 组成。

（1）普弹形变 ε_1

$$\varepsilon_1 = \frac{\sigma_e}{E_1} \tag{10.2}$$

普弹形变是瞬间发生的("瞬间"一般指 0.01 s 之内),是大分子受力后主链的键角和键长发生形变的反映,形变(ε_1)与应力(σ_e)同相位,应力去除,形变马上恢复,即 ε_1 与时间无关。普弹形变的弹性模量(E_1)很大,形变值很小,一般只有总形变值的 1% 左右。

（2）高弹形变 ε_2

$$\varepsilon_2 = \frac{\sigma_e}{E_2}(1 - e^{-\frac{t}{\tau_2}}) \tag{10.3}$$

聚合物的高弹形变是大分子链在引力的作用下,由蜷曲构象转化为伸展构象的宏观表现。高弹形变的特点是模量 E_2 较小(一般 E_2 比 E_1 小 2 ~ 3 个数量级),形变量 ε_2 大,可伸长至原长的 10 倍以上,且形变滞后于应力,即形变有明显的时间依赖性。在外力除去后,高弹形变基本上能恢复,但恢复需要时间。

凡是有时间依赖性的力学过程,一般称为松弛过程,高弹形变就是一种松弛过程。τ_2 为松弛时间,其物理意义为高弹形变发展到其平衡值的 63.2% 时所需的时间。显然,τ_2 越大,高弹形变的发展越慢。

如果把式(10.3)画成曲线,如图 10.1 所示,可以看出,ε_2 的发展速度随时间逐渐减慢。松弛时间 τ_2 是形变速率常数是的倒数,假定 k 能满足 Arrhenius 方程,则

$$k = Ae^{-\frac{U}{RT}}$$

$$\tau_2 = \tau_0 e^{\frac{U}{RT}} \qquad (10.4)$$

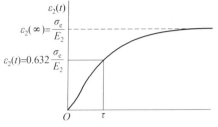

图 10.1 高弹形变随时间的发展

式中　U——摩尔高弹形变活化能;

　　　A——指前因子,频率因子;

　　　τ_0——常数;

　　　R——气体常数;

　　　T——绝对温度。

如果同时考虑增塑及应力对松弛时间的影响,则

$$\tau_2 = \tau_0 e^{\frac{U - U_P - a\sigma_e}{RT}} \qquad (10.5)$$

式中　U_P——由于增塑作用而引起的高弹形变活化能的下降;

　　　$a\sigma_e$——由于张应力作用而引起的高弹形变活化能的下降(a 为常数)。

将式(10.5)代入式(10.3),则得

$$\varepsilon_2 = \frac{\sigma_e}{E_2}\left\{1 - \exp\left[-\frac{t}{\tau_0 e^{(U - U_P - a\sigma_e/RT)}}\right]\right\} \qquad (10.6)$$

从式(10.6)可以看出,高弹形变的发展与外力作用的时间 t、增塑所引起的活化能下降 U_P、纤维试样中的拉伸应力 σ_e 以及形变时纤维的温度 T 有关,其中 U_P、σ_e 和 T 都是通过对 τ_2 的影响使 ε_2 发生变化的。

在实际生产中,应在拉伸应力 σ_e 较小的前提下(以避免毛丝的生成),采用适当措施使 T(通过改变拉伸温度)、U_P(通过调节纤维的增塑程度)以及 t(通过改变拉伸速度、拉伸辊间纤维的长度或通过采用多级拉伸)等因素互相配合,以保证拉伸时高弹形变得以顺利发展。

(3)塑性形变 ε_3

$$\varepsilon_3 = \frac{\sigma_e}{\eta}t \qquad (10.7)$$

塑性形变是聚合物在外力作用下,大分子链间产生相对滑移的宏观反映。塑性形变实际上是一种流动变形,它在外力作用下随着时间的延长而连续增大,理论上讲,只要时间允许,它会无限地发展下去。外力去除后,它将作为永久形变而保存下来,这种形变是完全不可恢复的。它是一种固体的形变,其分子运动机理虽与黏性流动相似,但塑性形变必须在某一特定应力之上,使聚合物固体屈服后才能发生,σ^* 即为屈服应力。正因为有这一点差别,ε_3 应表示为

$$\varepsilon_3 = \frac{\sigma_e - \sigma^*}{\eta}t \qquad (10.8)$$

式(10.8)表明,外力必须克服应力 σ^* 后才能使聚合物发生塑性变形,所以差值 $(\sigma_e - \sigma^*)$ 才是产生 ε_3 的有效应力。式(10.8)也反映出塑性形变随作用时间 t 的延长而增大,而且形变是不可恢复的,因此 ε_3 是拉伸总形变中的有效部分,拉伸过程实际上就是

设法发展塑性形变。

塑性形变实质上属于黏性流动,当然与塑性黏度 η_3 有关,η_3 越大,塑性形变就越困难;而黏度与温度有关,温度上升,则塑性黏度 η_3 下降,塑性形变 ε_3 则增大。按式(10.8)所述,只要时间 t 足够长,则塑性形变 ε_3 可以足够大,而事实上,由于大分子间的相互缠结,任何一种化学纤维的总拉伸倍数都是有限的。因此这种描述尚有不足之处。

在连续拉伸过程中,在增塑作用、温度、张力以及纤维结构改变的影响下,纤维的形变性质会发生一定的改变。通过纤维的力学模型,可以清楚地看出这一改变。图10.2 表明拉伸时纤维力学模型状态的变化情况。

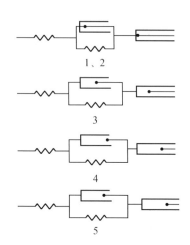

图 10.2　拉伸时纤维力学模型状态的变化
1、2— 原始或准备区开始时的状态;3— 拉伸区开始时的状态;4— 拉伸区终了时的状态;5— 松弛区终了时的状态

2. WLF 方程

材料发生塑性形变时,最重要的参数是黏度 η,它与温度密切相关。在考虑黏度与温度的关系时,可借鉴气体黏度与温度的关系。非晶态聚合物可以看作是过冷液体。气体分子间的距离非常大,远远大于气体分子本身的直径,所以气体流动时,分子间是互不干涉的,而液体间分子距离较小,相互间有制约,因此应当修正。式(10.9) 为 M. L. Williams、R. F. Landel 和 J. D. Ferry 从大量有机和无机聚合物得出的实验经验式,即 WLF 方程。

$$\ln \frac{\eta_T}{\eta_{T_g}} = \frac{-17.44(T - T_g)}{51.6 + (T - T_g)} \tag{10.9}$$

在 $T_g < T < (T_g + 100\ ℃)$ 的范围内,式(10.9) 几乎适用于所有非晶聚合物,一般聚合物 T_g 下的黏度 η_{T_g} 约为 $10^{12}\,\mathrm{Pa \cdot s}$。

WLF 方程反映了自由体积或聚合物链段运动与温度的关系,除黏度以外,凡与自由体积有关的或由聚合物链段运动所控制的物理量与温度的关系,都可以使用 WLF 方程来研究,且 WLF 方程与非晶聚合物的种类无关。

形变时间对玻璃化温度的影响很大,当形变时间降到 10^{-3} s 以下时,玻璃化温度 T_g 可以在远高于标准 T_g 的温度下观察到。实验时间 t 对 $T_g(t)$ 的影响也可用 WLF 方程来解析,设标准玻璃化温度的实验时间为 t_0(100 s),则

$$T_g(t) = \frac{2.96}{\dfrac{1}{17.44} + \dfrac{1}{\lg \dfrac{t_0}{t}}} + T_g(t_0) \tag{10.10}$$

3. 时间 - 温度参数变换原理

作用时间与温度有相同的效果。采用参数变换原理进行解析,对研究纤维高分子的黏弹性行为(包括纤维拉伸行为) 非常有效,但对研究分子间作用力很大的结晶性高分子

则有很大限制,适用性较差。

Ferry 的温度 – 时间变换理论研究的是无定形聚合物或具有一定浓度的高分子物溶液,它们是符合 Maxwell 松弛模型的高分子物质。其理论的主要内容为:

① 组成松弛模型的各种元件的弹性模量都与温度成正比,即这种弹性与橡胶弹性的特征相同。

② 松弛模型的弹性模量与单位体积中所含高分子物质的质量成正比,这是由于热膨胀引起单位体积中松弛模型元件数量变化的结果。

③ 当温度由 T_0 变为 T 时,所有流变模型元件的松弛时间全都增加 α_T 倍,α_T 为物质仅由温度 T_0、T 决定的那些函数的移动因子。大多数高分子移动因子 α_T 都可用 WLF 方程解出,见式(10.11)。

$$\ln a_T = \frac{-C_1(T - T_s)}{C_2 + T - T_s} \tag{10.11}$$

式中　　T_s —— 标准温度;

　　　　C_1、C_2 —— 常数,对一般无定形高分子固体,$C_1 = 8.86$,$C_2 = 101.6$。

此时,T_s 值见表 10.1。以 T_g 代替公式(10.11)的 T_0 后得

$$\ln a_T = \frac{-C'_1(T - T_g)}{C'_2 + T - T_g} \tag{10.12}$$

式中,$C'_1 = 17.44$,$C'_2 = 51.6$。用式(10.12)研究无定形高分子的流变行为,与实际情况十分吻合。但构成纤维的材料大部分为结晶性高分子,其结构比无定形高分子要复杂得多。因此,其黏弹行为也不像无定形高分子那么单纯。

表 10.1　无定形高分子固体的 T_s、T_g

高分子物质	T_s/K	T_g/K	$T_s - T_g$/K
聚异丁烯	243	202	41
聚丙烯酸甲酯	324	276	48
聚醋酸乙烯酯	349	301	48
聚苯乙烯	408	354	54
聚甲基丙烯酸甲酯	433	378	55
聚对苯二甲酸乙二醇酯	385	343	42

10.1.3　拉伸过程中应力 – 应变性质的变化

1. 概述

在拉伸过程中,应力和应变不断地变化。反映初生纤维拉伸时应力 – 应变变化的曲线称为拉伸曲线。拉伸曲线的形状依赖材料的化学结构(分子组成、分子构型、平均相对分子质量、相对分子质量分布、交联程度)、超分子结构(结晶、取向)、加工条件(拉伸程度、定型情况、温度)以及材料中添加剂的种类和数量。

测定应力 – 应变关系,一般是沿纤维轴向拉伸,测定纤维负荷和伸长的关系,而后换算成应力 – 应变关系。在材料的负荷拉伸试验中,试样所受的拉伸应力为 σ,对于小的伸

长,通常将应变(或伸长率)定义为

$$\varepsilon^c = \frac{\Delta L}{L}$$

$$\Delta L = L - L_0$$

即拉伸后的长度 L 与原长 L_0 之差。其中 ε^c 称为工程应变或 Cachy 应变,但对于大的伸长,则采用由瞬时伸长定义的应变,称为真应变或 Henky 应变,记为 ε^H:

$$\varepsilon^H = \int_{L_0}^{L} \frac{\mathrm{d}L}{L} = \ln \frac{L}{L_0} = \ln R \tag{10.13}$$

式中　　R—— 拉伸比(或拉伸倍数)。

初生纤维的拉伸比可用连续拉伸时的拉伸速度 v_2 与喂丝速度 v_1 之比来表示,即

$$R = \frac{L}{L_0} = \frac{v_2}{v_1}$$

拉伸时,试样截面积的变化将影响试样所受的实际应力,因此应力有真实应力与许用应力拉伸时的真实应力 σ 为

$$\sigma = \frac{F}{A} \tag{10.14}$$

许用应力 σ_a 为

$$\sigma_a = \frac{F}{A_0} \tag{10.15}$$

式中　　F—— 施加的张力;

　　　　A—— 拉伸过程中试样的实际截面积;

　　　　A_0—— 试样的原始截面积。

若试样体积不变,在 σ 和 σ_a 之间有下列换算关系:

$$\sigma_a = \frac{\sigma}{R} = \frac{\sigma}{1 + \varepsilon^c} (\text{根据 Cachy 定义得出}) \tag{10.16}$$

$$\sigma = \sigma_a \exp(\varepsilon^H) (\text{根据 Henchy 定义得出}) \tag{10.17}$$

如在恒定拉力 F 下拉伸,由于试样截面积逐渐减小,故真实应力 σ 随伸长的增大而增大,许用应力 σ_a 则与 R 或 ε 无关。

2. 应力 - 应变曲线

纤维的应力 - 应变曲线是在外力作用下对纤维力学行为的具体描述,是研究纤维拉伸过程的依据。各种初生纤维的应力 - 应变曲线(简称 $S - S$ 曲线)的类型如图 10.3 所示。

(1)a 型(凸形)

a 型应力 - 应变曲线,模量($E = \frac{\mathrm{d}\sigma}{\mathrm{d}\varepsilon}$)随着 ε 的发展而减小,其数学表达式为

$$\frac{\mathrm{d}E}{\mathrm{d}\sigma} = \frac{\mathrm{d}}{\mathrm{d}\varepsilon}(\frac{\mathrm{d}\sigma}{\mathrm{d}\varepsilon}) = \frac{\mathrm{d}^2\sigma}{\mathrm{d}\varepsilon^2} < 0 \tag{10.18}$$

由 a 型图的 $\sigma_a - \varepsilon$ 曲线可见,随着 ε 的增大,许用应力 σ_a 到达临界点,即到达最大值 σ^*,随后曲线迅速下降,模量 E 急剧变小,纤维经不起拉伸,很快就出现脆性断裂。塑料和金属材料的拉伸就属于这种类型。这种类型的初生纤维是不可拉伸的。

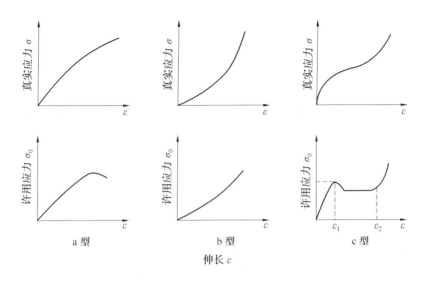

图 10.3　应力 – 应变曲线的基本类型

（2）b 型（凹形）

b 型应力 – 应变曲线，模量与应变的关系可表示为

$$\frac{\mathrm{d}E}{\mathrm{d}\sigma} = \frac{\mathrm{d}}{\mathrm{d}\varepsilon}(\frac{\mathrm{d}\sigma}{\mathrm{d}\varepsilon}) = \frac{\mathrm{d}^2\sigma}{\mathrm{d}\varepsilon^2} > 0 \qquad (10.19)$$

式（10.19）表明模量随着应变的增大而增大，纤维在拉伸过程中发生自增强作用，不出现细化点，属于均匀拉伸。硫化橡胶的 $S-S$ 曲线就是典型的 b 型曲线。湿法纺丝成型的凝固丝，是一种高度溶胀的冻胶体，由聚集态大分子间的物理交联形成的网络结构内充满液体（溶剂或沉淀剂），这样的网络结构与硫化橡胶有某些相似之处，所以，湿纺凝固丝的 $S-S$ 曲线基本上属于 b 型曲线。应创造条件使初生纤维具备这种应力 – 应变曲线。

（3）c 型（先凸后凹形）

在 $\sigma_a - \varepsilon$ 曲线上有屈服点，还会出现 σ_a 几乎不变的平台区。在小形变区内，即当 $\varepsilon < \varepsilon_1$ 时，形变是均匀且可逆的，相当于弹性形变。在 $\varepsilon_1 < \varepsilon < \varepsilon_2$ 区内，形变先集中在一个或多个细颈处，继而细颈逐渐发展，在此区域内拉伸属于不均匀拉伸；当 $\varepsilon > \varepsilon_2$ 时，形变又是均匀的，拉伸应力逐渐增大，而形变也随之增大，直至断裂。具有 c 型应力 – 应变曲线的拉伸过程又称为冷拉过程。

本体聚合物初生纤维，如涤纶、锦纶和丙纶的熔纺卷绕丝，在 T_g 附近拉伸时，其应力 – 应变曲线基本属于 c 型，如图 10.4 所示。分析图 10.4 所示的拉伸曲线，可以了解熔纺卷绕丝拉伸时的力学行为。

（1）oa 段

形变的初始阶段，为一很陡的直线。此时发生单位形变的应力很大，即弹性模量很大，而总的形变量很小，这时纤维的形变符合弹性定律，属于普弹形变，a 点称为线性极限。

（2）ab 段

开始偏离直线，但基本上仍是可恢复的。曲线的斜率随拉伸倍数的提高而下降，即此时使纤维发生单位形变的应力虽仍在增加，但增加的速率有所减小；到 b 点时，应力达到极大值。b 点称为屈服点,与之相对应的应力即为屈服应力。

(3) bc 段

应力稍有下降,与此同时,在纤维的一处或几处出现细颈。在这一段中,应力下降的原因可能是由于纤维在拉伸时放热,使纤维发生软化所致。应该指出,在 $\sigma-\varepsilon$ 曲线上,真应力 σ 不一定下降,只是应力增加的速率有所减小,称之为应变软化现象。bc 段是细颈发生阶段,生产上通常所说的"拉伸点"或"拉伸区",是指细颈产生的具体位置。

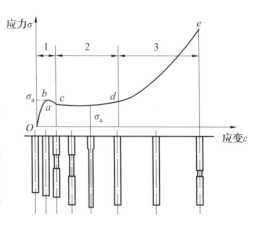

图 10.4 熔纺卷绕的拉伸曲线

(4) cd 段

细颈的发展阶段。此时,未拉伸的部分逐渐被拉细而消失,在到达 d 点时,细颈发展到整根纤维。此段中形变发生很大变化,但应力却基本保持不变,这时的应力记为拉伸应力 σ_n。与 d 点相对应的拉伸倍数称为自然拉伸比,记为 N。自然拉伸比可定义为原纤维的截面积 A_0 和细颈截面积 A_1 之比。根据质量守恒定律,显然有

$$N = \frac{A_0}{A_1} = \frac{\rho_1 L_1}{\rho_0 L_0} \tag{10.20}$$

式中　　ρ_0、ρ_1——拉伸前、后纤维的密度;

　　　　L_0、L_1——纤维的原始长度和完全变为细颈时的长度。

由于拉伸后纤维的密度变化不大,所以有 $N \approx \dfrac{L_1}{L_0}$。自然拉伸比是材料可拉伸性的一个重要指标。

(5) de 段

过了 d 点,要使已全部变为细颈的样品再继续被拉细,需要施以更大的应力,所以应力又恢复上升,纤维形态变化表现为直径均匀变细,直至 e 点,拉伸应力增加到纤维强度的极限,于是纤维发生断裂。与 e 点相对应的拉伸倍数称为最大拉伸倍数。e 点的应力称为断裂应力(也称断裂强度),相应的应变称为断裂伸长。由于在 de 段需要加大应力才能使纤维继续发生形变,所以这一段又称为应变硬化区。

在生产工艺上,一定要控制纤维的实际拉伸倍数,使之大于自然拉伸比而小于最大拉伸比。

a 型、b 型和 c 型为初生纤维拉伸曲线的三种基本类型。此外,在某些条件下,初生纤维拉伸时可能伴随着张力或应力的周期性波动(图 10.5),可将这种形变称为 d 型(或锯

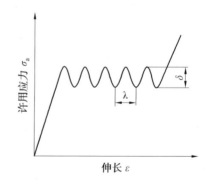

图 10.5　拉伸张力有周期性波动的形变特性(d型)

齿形）形变。

3. 初生纤维结构对拉伸性能的影响

初生纤维的结构包括分子链结构和超分子结构。对一种给定的纤维来说，大分子的化学结构基本上是固定的，分子链结构指的是聚合物的平均相对分子质量及相对分子质量分布；而超分子结构主要是指结晶和取向，也就是指大分子在空间的位置和排列的规整性。

（1）熔纺成型的本体聚合物卷绕丝

① 结晶度和结晶变体的影响。初生纤维的结晶结构对其应力–应变的性质影响很大。随着初生纤维结晶度的增加，应力–应变曲线沿着 b → c → a 型的方向转化，导致屈服应力 σ^* 提高，并引起自然拉伸比的变化。

现已知道，聚乙烯纤维、涤纶的屈服应力与结晶度呈线性关系。聚偏二氯乙烯初生纤维一旦发生结晶，就根本不能拉伸，即拉伸时呈 a 型脆性破裂。

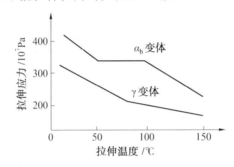

图 10.6　不同结晶变体的尼龙 6 的拉伸应力与拉伸温度的关系

对于有不同结晶变体的聚合物，其拉伸行为与各种结晶变体的相对含量有关。如丙纶初生纤维结晶由六方晶系的 β 变体向单斜晶系 α 变体转变时，拉伸曲线向着增大应力的方向转化，结晶变体的相对含量不同，其最大拉伸比亦有很大不同。图 10.6 表明不同结晶变体的锦纶 6 的拉伸应力与拉伸温度的关系。由图可见，α_B 型结晶变体的拉伸应力远较 γ 型变体为大。为了保持良好的可拉伸性，在拉伸前要防止初生纤维从 γ 变体转化为 α_B 型变体。

② 预取向的影响。一般熔纺初生纤维的预取向度都较低，但它对后拉伸的影响不应忽视。随着初生纤维预取向度的增大，形变特性沿着 c → b 型的方向转化，即自然拉伸比有所减小，并转变为均匀拉伸，屈服应力和初始模量都有所增大。图 10.7 所示为不同预取向的尼龙 6 初生纤维的拉伸曲线。可见，低取向拉伸时为 c 型拉伸，高取向拉伸时为 b 型拉伸。

初生纤维的预取向度对自然拉伸比的影响很大。图 10.8 表明涤纶初生纤维的预取向度对自然拉伸比非常敏感。

总之，对于一般纺丝工艺而言，为了提高初生纤维的可拉伸性，使拉伸倍率增大、拉伸顺利，并使成品纤维强度较大、断裂伸长较小，应适当控制纺丝条件，不要使初生纤维取向度太高。采用高速纺丝新工艺（纺丝速度达 6 000 m/min 以上）时，由于初生纤维已接近完全取向纤维（FOY）的水平，则不需要进行后拉伸。

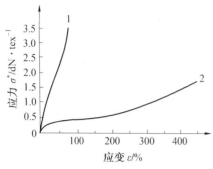

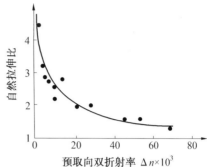

图 10.7　锦纶 6 初生纤维的拉伸特性　　　图 10.8　涤纶初生纤维的预取向对自然拉伸
$v_1 = 3\,800$ m/min, $\Delta n = 332 \times 10^{-4}$; $v_1 = 800$ m/min,　　　比的影响
$\Delta n = 161 \times 10^{-4}$

③初生纤维平均相对分子质量的影响。人们对相对分子质量及其分布对纤维拉伸性能的影响所知不多。可能平均相对分子质量和相对分子质量分布因与微布朗(Brown)运动和松弛特性有关,故应对拉伸应力和应力-应变曲线的形状有影响,特别是对于 b 型形变。一般来说,随着初生纤维相对分子质量的增大,拉伸时的屈服应力有所提高。初生纤维要避免 a 型的不可拉伸情况,就必须具备一定的初始模量和较高的断裂强度,才能经得起一定应力下的拉伸作用而不致一拉就断。

图 10.9 显示了两种组成相近,但相对分子质量不同的乙烯-乙烯醇共聚物的应力-应变曲线。图中试样 A 的 $M_n = 3.04 \times 10^4$,试样 B 的 $M_n = 1.94 \times 10^4$,即试样 B 的数均相对分子质量只有试样 A 的 2/3。A、B 试样的应力-应变曲线表现出很大的差别,表明要使初生纤维有可拉伸性,相对分子质量必须达到某一数值。

但这并不是说初生纤维的相对分子质量越大越好。事实上,随着相对分子质量的增加,分子间的作用力增强,使分子间的相对滑移困难,即难以实现塑性形变。所以,相对分子质量若超过一定限度,反而会使纤维的可拉伸性降低。

初生纤维的结构对其拉伸应力-应变行为的影响可用图 10.10 加以概括。即随着结晶度或取向度的增大,初始模量增大,屈服应力增大,而断裂伸长减小,断裂点的轨迹沿箭头所示的方向变化。相对分子质量增大时,断裂功增大(韧性增加),应力-应变曲线向更高断裂强度和断裂伸长的方向移动。

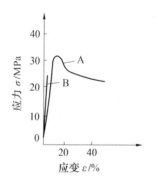

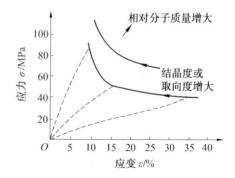

图 10.9　乙烯-乙烯醇共聚物的应力-应变曲线　　图 10.10　聚合物结构对应力-应变行为的影响

　　此外,当初生纤维内包含与纤维直径大小相当的气泡和固体粒子(包括凝聚粒子、消光剂 TiO_2 等)时,或者由于纺丝成型时工艺控制不当,在初生纤维内出现裂缝或线密度波动时,也会使纤维的拉伸性能变坏。

　　(2)湿法成型冻胶体凝固丝

　　湿纺时,纺丝原液在凝固浴中脱溶剂化而凝固形成的初生纤维,是一种高度溶胀的立体网络状的冻胶体(图 10.11)。立体网络的骨架由大分子或大分子链束构成,大分子间的缠结(由分子脱溶剂化后相互作用而形成)是这个骨架的物理交联点。在没有交联的地方,链段仍保持一定的溶剂化层,在网络骨架的空隙中,充满着溶剂与沉淀剂的混合物。

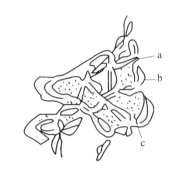

图 10.11 冻胶体结构示意图
a—交联点;b—溶剂化层;c—溶剂与沉淀剂

　　前面已指出,湿纺初生纤维的拉伸属于均匀拉伸,一般没有明显的屈服应力,也不产生细颈现象。而凝固丝的形成条件对冻胶体的可拉伸性影响很大。图 10.12 表明纺丝条件(浴中溶剂含量、浸浴长、浴温)对腈纶初生纤维可拉伸性的影响。

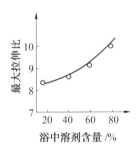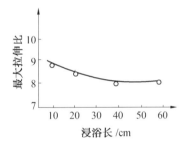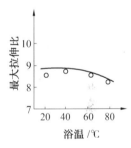

图 10.12 纺丝条件对腈纶最大拉伸比的影响

　　纤维中溶剂含量的增大起到了增塑作用,使冻胶更具有弹性和塑性,这一点可从图 10.13 中看到。但是冻胶中溶剂的含量也不是越多越好,因为溶剂太多,立体网络的交联点数目就较少,网络较弱,强度必然较低,就经不起高倍拉伸。所以在拉伸前,必须调节凝固丝的溶胀度(或含固量),使结构单元具有适宜的交联点,使之具有较好的拉伸性能。

　　有文献报道,湿纺的腈纶凝固丝拉伸时,在一定条件下,也能产生细颈而成为不均匀拉伸。此外,可利用冻胶纺丝经很高倍数(比熔体或浓溶液纺丝成型纤维的最大拉伸倍数高出数倍)的拉伸制取高强高模纤维。

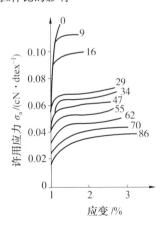

图 10.13 凝固浴中溶剂含量对腈纶初生纤维应力-应变特性的影响

4. 拉伸条件的影响

影响初生纤维应力-应变行为的最重要条件是拉伸温度、拉伸速度和低分子物的存在。

（1）拉伸温度

初生纤维应力-应变曲线对温度非常敏感，特别是在 T_g 附近。一般认为在 T_g 以上拉伸就不出现细颈。图 10.14 所示为不同温度下聚氯乙烯纤维的拉伸曲线。在-40 ℃，样品表现为脆性，在-20 ~ 23 ℃，样品表现出一定的韧性，在 40 ~ 60 ℃表现为冷拉伸，在 80 ℃表现为橡胶状。

应该指出，T_g 具有速度依赖性。例如，涤纶卷绕丝的 T_g 为 67 ~ 69 ℃，但在拉力机上以较高速度拉伸时，T_g 上升到 80 ℃左右，而在高速拉伸下，T_g 可达 100 ℃以上。这就是涤纶卷绕丝在 80 ℃以上拉伸仍出现细颈的原因。

前面提及湿纺凝固丝的拉伸，一般属于 b 型的均匀拉伸，但也不是绝对的，它往往因拉伸条件的影响而改变。以二甲基甲酰胺（DMF）为溶剂的湿纺腈纶在不同温度下的拉伸曲线表明，此种纤维在 80 ℃以下不能很好地拉伸，易发生脆性断裂；在 80 ~ 120 ℃拉伸时，有细颈产生，属于不均匀拉伸，在 120 ℃以上，才属于均匀拉伸。

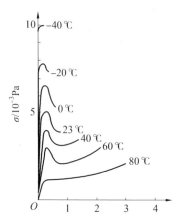

图 10.14 不同温度下聚氯乙烯纤维的拉伸曲线

综上所述，初生纤维拉伸时，提高拉伸温度到 T_g 以上是必要的，而且多级拉伸时，温度要逐级提高。显然，拉伸温度应低于非结晶高聚物的黏流温度或结晶高聚物的熔点，否则，不可能进行有效的拉伸取向。表 10.2 列出了几种主要合成纤维的拉伸温度。

表 10.2 几种主要合成纤维的拉伸温度

纤维	拉伸温度/℃	玻璃化温度 T_g/℃	熔点 T_m 或流动温度 T_f/℃
锦纶 6	室温	35 ~ 49	223
锦纶 66	20 ~ 150	47、65	265
涤纶	80 以上	非晶态:69;水中:49 ~ 54 部分结晶:79 ~ 81 高度取向结晶:120 ~ 127	260 ~ 264
腈纶	80 ~ 120 165（在甘油中）	90 105、140	320
氯纶	水中 80 ~ 98	92	170 ~ 220
偏氯纶	23	18	—
乙纶	115，水中 90	−21 ~ −24	137

（2）拉伸速度

实践证明，增大拉伸速度对应力-应变曲线的影响与降低温度的影响相似，符合时温等效原理。在 c 型形变范围内，随着拉伸速度的提高，屈服应力 σ^* 和自然拉伸比 N 有所增大。有人导出了屈服应力与形变速率 ε 之间的经验关系式，即

$$\sigma^* = a + b\lg \varepsilon \tag{10.21}$$

式中　　a、b——常数。

式（10.21）适用于许多高聚物体系的 c 型形变区域。

如果原来属于 b 型形变，则随着拉伸速度的增大，逐渐由 b 型向 c 型转化。

拉伸速度对细颈形态也有影响。锦纶 6 单丝拉伸试验表明，拉伸速度增加，细颈角加大，细颈现象更为明显。

纤维材料的大分子具有各种不同的结合状态，因此它们的力学松弛时间有一个宽广的范围。一般随着形变速率的增加，对应的应力也相应增加。黏胶纤维、醋酯纤维、玻璃纤维、聚酰胺纤维的形变速度为 0.05～7%/min 时的测定结果为：

①断裂强度随形变速度的增加而增大。

②除聚酰胺纤维外，随着形变速度的增加，断裂伸长稍有增加。

③应力-应变曲线的初始模量随形变速度的增加而增加，大体上与应变速度的对数成比例增加。

对于部分结晶的初生纤维（包括非晶区和不稳定的或不完善的晶体），拉伸速度不宜太快或太慢。若拉伸速度太快，则产生很大的应力，并使细颈区局部过热，产生不均匀流动，可能使纤维形成空洞，甚至断头，产生毛丝；拉伸速度太慢，产生缓慢流动，纤维的拉伸应力不足以破坏不稳定的结构以及随后使它改建，结果尽管拉伸倍数可能很高，但取向效果并不大；拉伸速度适中，则塑性流动时，应力足以破坏不稳定的结晶结构，并随后得到重建，在细颈区建立最佳热平衡，且没有显著的张力过度，所以得到的纤维缺陷较少。

（3）低分子物的存在

除了拉伸温度与拉伸速度以外，初生纤维中存在水、溶剂、单体等低分子物质也可影响初生纤维的拉伸。因为这些物质的存在，可使大分子间距离增大，减少大分子间的相互作用力，降低松弛活化能，使链段和大分子链的运动变得容易，从而使聚合物的 T_g 降低，这种现象称为增塑作用。增塑作用对纤维拉伸行为的影响与提高温度相似。图 10.15 是含不同量水分和低聚物的锦纶 6 初生纤维的拉伸曲线。由图 10.15 可见，由于水或低聚物的增塑作用而使屈服应力下降，并使应力-应变曲线水平段缩短，即促使由 c 型形变向 b 型形变转化。湿纺所得的初生纤维拉伸时，也有类似的影响。

在某些情况下，应力-应变的性质与被拉伸试样的线密度有关。线密度减小时，拉伸应力和自然拉伸比有所增大，即相当于降低温度的影响；线密度增大时，对拉伸曲线的影响相当于提高温度。

概括地说，在满足下列条件的情况下，初生纤维的应力-应变曲线的形状会发生如下的变化：b 型→c 型→a 型或 d 型。在 c 型形变范围内，变化方向为屈服应力 σ^* 和自然拉伸比 N 增大。其条件是：

①降低温度。

②增大拉伸速度（形变速率）。

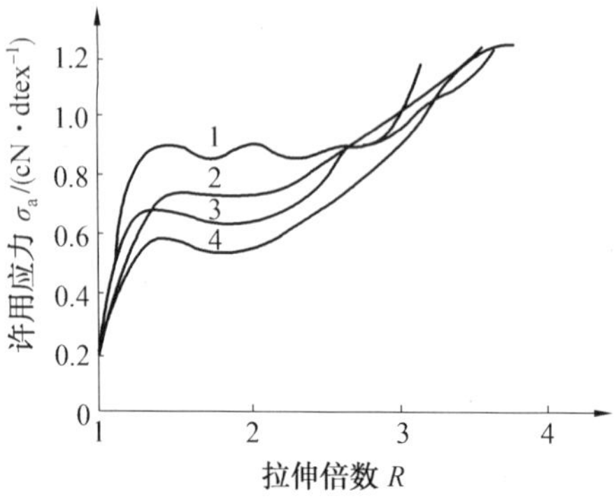

图 10.15　含不同量水分和低聚物的锦纶 6 初生纤维的拉伸曲线(拉伸温度 20 ℃,拉伸速度 500 mm/min)

1—干纤维,低聚物的质量分数为 0.5% ;2—风干纤维,低聚物的质量分数为 0.5% ;3—干纤维,低聚物的质量分数为 7.8% ;4—风干纤维,低聚物的质量分数为 7.8%

③初生纤维中大分子活动性减小(溶剂含量减小或除去起增塑作用的小分子物质)。

④初生纤维的结晶度增大。

⑤初生纤维的预取向度降低。

⑥初生纤维的线密度减小。

在实际拉伸工艺中,可根据未拉伸纤维的结构来调整拉伸条件,以抵消不利因素的影响。

10.1.4　连续拉伸的运动学和动力学

从工程上讲,拉伸是一个连续过程。在工业生产条件下应使整个过程稳定均匀。未拉伸丝或丝束以恒定的喂入速度 v_1 引入拉伸机构,并经一组具有恒定速度 v_2 的拉伸盘(辊)而获得拉伸,$v_2 = Rv_1$,此处 R 为名义拉伸比。实际拉伸比(不可逆形变)较 R 小,因为除去张力时,拉伸线要发生收缩。

1. 拉伸过程的连续性方程

对于初生纤维在拉伸机上的冷拉行为,可以进行如下分析。若令拉伸前、后纤维的横截面积分别为 A_1 和 A_2,丝条运动的速度为 v_1 和 v_2,而丝条上拉伸点(即出现细颈处)的速度为 v_x(图 10.16),假定没有二次拉伸发生,对流入此点和流出此点的质量进行物料平衡,则可得出丝条运动的连续性方程。

$$v_1\rho_1 A_1 = v_2\rho_2 A_2 + v_x(\rho_1 A_1 - \rho_2 A_2) \qquad (10.22)$$

式中　ρ_1、ρ_2——拉伸点前后纤维的密度。

由此式可得

$$v_x = \frac{v_1\rho_1 A_1 - v_2\rho_2 A_2}{\rho_1 A_1 - \rho_2 A_2}$$

由于自然拉伸比 $N = \dfrac{A_1}{A_2}$，名义拉伸比 $R = \dfrac{v_2}{v_1}$，故 v_x 表达式可化为

$$v_x = \frac{v_2\left(\dfrac{v_1}{v_2}\rho_1 \cdot \dfrac{A_1}{A_2} - \rho_2\right)A_2}{\left(\rho_1 \cdot \dfrac{A_1}{A_2} - \rho_2\right)A_2} = \frac{v_2\left(\dfrac{\rho_1}{\rho_2}N - R\right)}{R\left(\dfrac{\rho_1}{\rho_2}N - 1\right)} \qquad (10.23)$$

由于 $\rho_1 \approx \rho_2$，故式（10.23）可简写为

$$v_x = \frac{v_2(N - R)}{R(N - 1)} \qquad (10.24)$$

由此可知，当 $N - R = 0$ 时，$v_x = 0$，此时拉伸点固定不动。

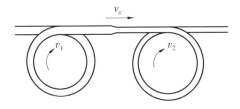

图 10.16　拉伸机上丝条运动示意图

2. 拉伸线上的速度和速度梯度分布

初生纤维连续拉伸时，其横截面积发生改变，导致沿拉伸线上速度和速度梯度有所改变。对连续拉伸时速度分布的研究表明，纤维在拉伸箱或拉伸浴中拉伸时，沿拉伸线所发生的形变或拉伸本身是不均匀的。速度分布曲线呈 S 形，如图 10.17 所示。

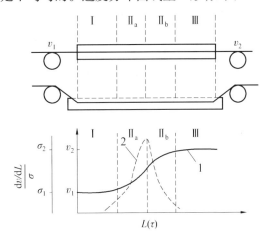

图 10.17　连续热拉伸和塑化拉伸时的速度

Ⅰ—准备区（塑化区）；Ⅱ—形变区（拉伸区）；Ⅲ—松弛区

连续拉伸取向过程可分成三个区，每个区中丝条或丝束的运动速度和张力均不同。

（1）Ⅰ区：准备拉伸区

在此区内，由于塑化拉伸或热拉伸时的膨胀和加热，纤维发生塑化。在准备区中，速度恒定并等于丝条的喂入速度，而速度梯度则等于零。当纤维温度超过玻璃化温度而开始剧烈形变的瞬间，准备区就告结束。

湿法成型的初生纤维、预先经塑化的或加热了的纤维在拉伸时,准备区可能很短,或根本没有准备区。

（2）Ⅱ区:形变区或真正拉伸区

此区内由于机械力的作用,纤维发生取向,伴随着结构改组。丝条性质改变的同时,速度增大,$\dfrac{\mathrm{d}v}{\mathrm{d}t} > 0$,但此段总速度梯度的变化规律不同,在速度曲线的拐点之前,可称为

Ⅱ$_a$区,此区的速度梯度有所增加,即$\dfrac{\mathrm{d}^2 v}{\mathrm{d}t^2} > 0$;达到最大值以后,速度梯度又开始下降,即

$\dfrac{\mathrm{d}^2 v}{\mathrm{d}t^2} < 0$。

随着纤维的结构变得规整和大分子动力学柔性的减小,纤维的形变性能迅速下降,拉伸作用就停止。

（3）Ⅲ区:拉伸纤维松弛区

在此区内,纤维不再发生形变,但内应力逐步发生松弛。松弛区内,丝条的运动速度大致恒定,与此相对应,速度梯度$\dfrac{\mathrm{d}v}{\mathrm{d}t} = 0$。

根据拉伸过程的设备形式,在松弛区之后,或做进一步热松弛处理,或开始将纤维冷却。

在实际生产中,应注意选择适合的拉伸条件,以使形变区大致位于拉伸设备中丝条行程的中部。

3. 拉伸线上的张力分布

拉伸张力关系到拉伸过程的稳定性和所得纤维的结构。一般说来,拉伸张力是拉伸条件以及未拉伸试料的组成和结构的一个函数。

丝条或丝束通过一圆柱形拉伸辊后,张力的增大主要取决于丝条与辊面之间的摩擦因数 μ 和丝条在辊上的包角 θ（图 10.18）。根据 Amonton 定律,张力增大可写成

$$\frac{T_1}{T_2} = \exp(\mu\theta) \qquad (10.25)$$

式中　　μ——丝条与辊面之间的摩擦因数。

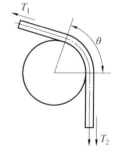

图 10.18　丝条通过拉伸辊面张力的变化

若丝条通过一系列的辊,则自最后一辊导出后的张力 T_R 为

$$T_R = T_1 \exp(\mu\theta) \qquad (10.26)$$

式中　　T_1——进入第一辊前的预张力;

θ——每个辊上包角之和,$\theta = \theta_1 + \theta_2 + \cdots + \theta_n$。

在辊上多绕一圈,相当于包角 θ 增大 2π,同样,也可由以上公式计算。但是 Amonton 公式只是很粗略地近似,没有考虑拉伸辊半径 r 这类重要的参数。根据实验数据,最好采用 Howell 公式,即

$$T_2^{(1-n)} = T_1^{(1-n)} + (1-n)a\theta r^{(1-n)} \qquad (10.27)$$

式中　　n——常数,其值为 $0.65 \sim 1.00$;

a——常数。

根据上述分析,可将七辊拉伸机上的张力分布示于图 10.19 中。对于长丝在拉伸-加

捻机上的拉伸,丝条在拉伸过程中也承受类似张力梯度的作用。用张力除以丝束截面积,可得到拉伸应力,其分布如图 10.20 所示。由图 10.19 和图 10.20 可见,细颈一般发生在紧靠第一台牵伸机不远的油(水)浴槽中。如果拉伸点发生在第一台拉伸机的最后一辊或倒数第二辊上,则拉伸极不稳定。降低最后一辊或数辊的辊面温度是使拉伸点后移的简便方法。要使拉伸线上的拉伸点稳定,可加热两台拉伸机之间的被拉伸丝。

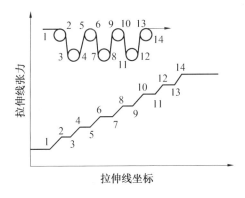

图 10.19　七辊拉伸机给丝辊上的张力梯度

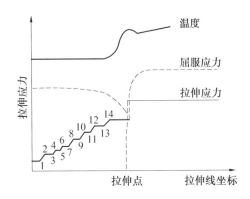

图 10.20　拉伸线坐标拉伸线上应力、屈服应力和温度变化示意图

10.1.5　拉伸中纤维结构与性能的变化

1. 拉伸过程中纤维结构的变化

在拉伸过程中,纤维的超分子结构发生深刻的改变,包括取向的提高以及晶态结构的变化。

(1)分子取向和结晶取向

非晶态高聚物纤维的拉伸取向较简单,根据取向单元的不同,可以分为大尺寸取向和小尺寸取向。大尺寸取向是指整个分子链已经取向,但链段可能未取向,如熔体纺丝中从喷丝孔出来的熔体细流即有大尺寸取向现象。小尺寸取向是指链段的取向排列,而分子链的排列是杂乱的。在温度较低时,整个大分子一般不能运动,在这种情况下的取向就得到小尺寸取向。

晶态聚合物纤维的拉伸取向比较复杂,因为在取向的同时伴随有复杂分子聚集态结构的变化。对于具有球晶结构的聚合物,拉伸取向过程实质上是球晶的形变过程。在球晶形变过程中,组成球晶的片晶之间发生倾斜、晶面滑移和转动,甚至破裂,部分折叠链被拉伸成为伸直链,使原有结构部分或全部破坏,而形成新的结晶结构,它由取向的折叠链片晶与在取向方向上贯穿于片晶之间的伸直的分子链段组成,这种结构称为微纤结构,如图 10.21(a)所示;在拉伸取向过程中,原有的折叠链片晶也有可能部分地转变成为分子链沿拉伸方向有规则排列的完全伸直链晶体,如图 10.21(b)所示。

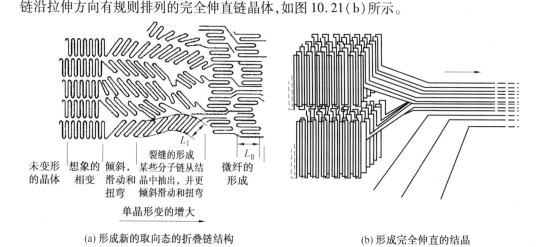

(a) 形成新的取向态的折叠链结构　　　　　　　　(b) 形成完全伸直的结晶

图 10.21　晶态聚合物拉伸取向时结构变化示意图

不同类型的结晶聚合物,在不同的拉伸条件(温度、拉伸速率)下,可能有不同的取向机理。

实验资料表明,结晶聚合物的初生纤维在拉伸过程中以形成在拉伸方向上的微纤结构为主,但也有形成部分伸直链晶体的报道。

聚合物拉伸取向的结果,伸直链段的数目增多,折叠段的数目减少,由于这些片晶之间的连接链增加,从而提高了取向聚合物纤维的力学强度和韧性。因此,控制加工过程中所生成的高分子聚集态结构,可使它生成伸直链结构,是提高取向聚合物力学强度的一条途径。

部分结晶聚合物,由于不同结构单元共存,它们对外力有不同的响应。应采用不同的测试方法来表征纤维中不同结构单元或不同结构区域的取向程度。

拉伸倍数并不是决定取向度的唯一因素,在工程上要完成纤维的拉伸,还需要考虑拉伸温度、拉伸速度、拉伸介质等各种因素的影响。

(2)结晶的变化

多数结晶聚合物拉伸取向的过程,实质上是球晶的形变过程。对于不同化学结构的结晶高聚物,在不同的拉伸工艺条件下,结晶变化情况也不一样,一般可分为以下三种情况。

①拉伸过程中相态结构不发生变化。非晶态的未拉伸试样拉伸后仍保持非晶态,结晶试样则不改变其结晶度。

非结晶性高聚物,如无规聚苯乙烯、聚甲基丙烯酸甲酯等拉伸时晶态结构不变,所有结晶性的湿纺纤维在塑化浴中拉伸也是如此。另外,未拉伸纤维处于非晶态,而构成纤维的聚合物是能够结晶的,对于这种纤维(如涤纶),如果其拉伸条件可以排除高速度结晶的可能性,则拉伸过程中仍能保持其非晶态结构。涤纶在低温下慢速拉伸时就是此种情况。对于聚丙烯纤维,也有在拉伸过程中结晶度不改变的报道。

②拉伸过程中试样原有结构发生部分破坏,结晶度有所降低。高度结晶的试样在拉伸过程中,在分子活动性低的条件下,原有结构被破坏,成为一种新的、缺陷较多的结构,并沿着所加张力的方向取向。如果形变在低温下发生,则原有的晶态结构破坏之后很难重建,结果形成非晶区和高度破坏的晶体共存的结构。聚乙烯、聚酰胺和聚丙烯纤维冷拉时,都曾观察到结晶度降低的现象。在结晶度降低的同时,往往还伴随着微晶体大小和完整程度的改变。

③拉伸过程中发生进一步结晶,结晶度有所增大。这种情况是由两种不同的因素诱发的。一种因素(纯粹动力学因素)是增加分子的活动性。与周围介质的热交换(热拉伸时)和形变能量的转换,会导致纤维温度升高,并使纤维结晶速度增大。在聚乙烯、聚丙烯、聚酯、聚酰胺、聚氯乙烯及聚乙烯醇纤维热拉伸或冷拉伸时,都发现结晶度有所提高。X 射线衍射图像表明:原来非晶态的 PET 纤维经热拉伸与原来结晶的试样冷拉伸相比,得到的结晶结构更完整。

另一种因素是分子取向和应力作用,它会影响共聚物的结晶动力学和平衡结晶度,橡胶是取向诱导结晶最典型的一类材料。在各向同性状态下,它是非晶态的,拉伸时可很快地结晶。其他一些非晶态聚合物在拉伸时也会伴随着发生取向诱导结晶。

在某些情况下,拉伸过程中原有结构的转化还包括晶格的转变。

一般在纺丝成型过程中,希望得到取向度和结晶度尽可能低(或具有较不稳定结晶变体)的卷绕丝,以利于通过后拉伸而得到结构较完善、性能较优良的纤维。自然,这并不包括采用高速纺丝或超高速纺丝工艺得到的部分取向丝(POY)或接近完全的取向丝(FOY)。

2. 拉伸对纤维物理-力学性质的影响

拉伸所引起的最重要的结构变化是大分子、晶粒和其他结构单元沿纤维轴取向。这种取向导致各种物理性质的各向异性。除机械性质外,拉伸还导致光学性质(双折射、吸收光谱的二向色性)的各向异性以及热传导、溶胀和其他一些性质的各向异性。

拉伸对纤维结构的另一重要影响,是伴随着拉伸所发生的结晶、晶体破坏和晶型转化等相变。与结晶度有关的物理性质主要有密度、熔化热、介电性和透气(汽)性等。对于骤冷的试样(结晶度低),密度和熔化热两者都单调地随拉伸比而增大,这是二次结晶的结果。与此不同,经热处理的纤维拉伸时,密度和熔化热都有一个极小值,这可能是由于原有的晶体发生了破坏(在小的形变时),接着在较大的拉伸比时,又发生再结晶。由于热诱导结晶的结果,密度和熔化热随拉伸温度而单调地增大。

拉伸后,纤维的机械性质取决于拉伸过程中所形成的超分子结构,即为拉伸后纤维的取向态、结晶态及形态结构所确定。纤维的拉伸取向主要是为了提高纤维的强度并降低其变形性。事实上,未取向纤维与取向纤维的强度相差达 5~15 倍。

拉伸条件,特别是拉伸比(拉伸倍数)是影响拉伸纤维力学性质的主要因素。图 10.22 显示了在室温下拉伸倍数对各种化学纤维强度的影响。

除了强度以外,拉伸纤维的其他力学性质也都与拉伸比密切相关。例如,拉伸模量正和屈服应力 σ^* 随拉伸倍数 R 而单调增加;断裂伸长 ε 和总变形功 W 随拉伸倍数 R 递增

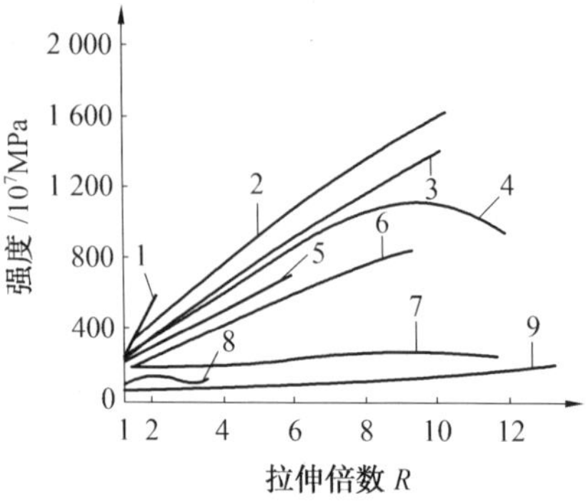

图 10.22　各种纤维的强度与拉伸倍数的关系

1—黏胶纤维;2—聚乙烯醇纤维;3—聚甲醛纤维;4—PVA 与乙烯基己内酰胺;5—聚酰胺和聚酯纤维;
6—聚丙烯腈纤维;7—乙烯醇与;N—乙烯基吡咯烷酮;8—三醋酯纤维;9—聚四氟乙烯纤维

而单调减小。另一方面,形变弹性功 $W_弹$ 对拉伸倍数 R 的关系曲线则有一个极大值。对于不同品种的纤维,应选择一个最佳的拉伸倍数,以使 $W_弹$ 为最大。

拉伸纤维的机械性质不仅取决于拉伸条件(拉伸比、拉伸速度、拉伸温度),而且取决于未拉伸纤维原来的结构。当用结晶的、准晶的或无定形的纤维拉伸时,或者未拉伸纤维的取向度或形态结构不同时即使拉伸条件相同,所得的结果也不相同。

结构均匀性是已拉伸纤维的重要指标,纤维热拉伸的时间越长,温度越高,松弛过程进行得就越完全,纤维的结构均匀性就越高。

10.2　热定型原理

10.2.1　概述

合成纤维成型及拉伸之后,其超分子结构已基本形成。但由于纤维在这些工艺过程中所经历的时间很短,有些分子链处于松弛状态,有些链段则处于紧张状态,致使纤维内部存在着不均匀的应力,纤维内的结晶结构也有很多缺陷,在湿法成型的纤维中,有时还有大小不等的孔穴。这种纤维若长时间放置,随着内应力松弛、大分子取向的变化等,它们的内部结构,如纤维尺寸、结晶度(急冷形成的无定形区的二次结晶化)、微孔性(微孔洞的陷缩)等会逐渐变化而趋于某种平衡。

以上变化的速度,从根本上讲是受纤维材料黏弹特性的控制,从分子论的角度来说,是受到分子运动强度的制约。在室温下,系统的变化速度一般很慢,在高温下,大分子运动强度增加很快,可以在数分钟内就使体系接近平衡,从而在以后的使用过程中基本上能抵抗外界条件的变化,而处于稳定状态。

在纤维成型加工过程中,有两个阶段要完成这种平衡。第一个阶段是纺丝加工后的未拉伸丝,需平衡若干小时再去拉伸。这一平衡过程对于熔纺亲水性聚合物(如聚酰胺纤维、聚氨酯纤维)特别重要,该过程使湿度和水分导致的初生纤维结构变化达到某一水平。

第二个阶段是拉伸后的湿热平衡过程。由于纤维在拉伸加工中会产生新的应力不均匀和新的结构缺陷,以至于在一般实际应用温度下(如洗涤、熨烫)表现极强的形状不稳定。因此拉伸纤维需经热处理过程达到一个新的稳定平衡,其过程通常称为热定型。在这一过程中如果能得到适当的结晶和取向度,就能明显地改善纤维的力学性能。

热处理过程将引起纤维超分子结构和形态结构的改变,使不稳定的结构单元转变为稳定度较高的结构单元。但热定型要达到的是修补或改善纤维成型或拉伸过程中已经形成的不完善结构,而不是彻底破坏和重建。这些结构上的变化有三方面作用:

①提高纤维的形状稳定性(尺寸稳定性),形状稳定性可用纤维在沸水中的剩余收缩率来衡量。

②进一步改善纤维的物理-机械性能,如打结强度、耐磨性以及固定卷曲度(对短纤维)或固定捻度(对长丝)。

③改善纤维的染色性能。

在某些情况下,通过热定型可使纤维发生热交联(如聚乙烯醇纤维),或借以制取高收缩性和高蓬松性的纤维,赋予纤维及其纺织制品以波纹、皱纹或高回弹性等效果。

热定型可在张力作用下进行,也可在无张力作用下进行。根据张力的有无或大小,纤维热定型时可以完全不发生收缩或部分发生收缩。根据热定型时纤维的收缩状态来区分,有四种热定型方式。

①控制张力热定型。热定型时纤维不收缩,而略有伸长(如1%左右)。

②定长热定型。热定型时纤维既不收缩,也不伸长。

以上两种方式统称为无收缩热定型,或称紧张热定型。

③部分收缩热定型。或称控制收缩热定型。

④自由收缩热定型或称松弛热定型。

如按定型介质或加热方式来区分,则有干热空气定型、接触加热定型、水蒸气湿热定型、溶液(水、甘油等)定型四种方式。

就定型效果的永久性而论,定型可以是暂时的或永久的,通常把它们叫作暂定或永定。在使用中,稍经热、湿和机械作用,定型效果就会消失的称为暂定。工业生产中对纺织材料施加的定型处理,大多是永久性的定型,这里所引起的纤维和织物结构的变化是不可逆的。有些定型效果介于上述两者之间,叫作半永定。暂定、半永定和永定可能同时发生,纤维织物的熨烫就是如此。

热定型的工艺条件随纤维品种不同而有所差异,即使是同一品种的纤维,也会因拉伸条件不同或对最终产品性能要求不同而有明显差别。

10.2.2 纤维在热定型中的力学松弛

1. 纤维在热定型中的形变

大部分纤维的超分子结构都具有结晶结构,并且大分子是沿纤维轴高度取向的。纤维强度、弹性模量、刚性模量等力学性能都显示了极强的各向异性。并且大部分纤维明显地偏离线性黏弹性模型,这可以从应力不同时其蠕变曲线的形状以及应变不同时其松弛曲线的形状明显看出来。但是,有很多关于蠕变和松弛的测定报告都是在无定形高分子的线性黏弹性范围内完成的,并未包括结晶在内的系统化测定。另外,化学纤维生产中的冷却、凝固、拉伸等条件的不同,使性能变化很大;再加上构成纤维的聚合物结构和性能的测定受到测定温度、湿度等环境条件的影响,难以简单阐述。图 10.23 为初生纤维在后加工过程中形变的示意图,现按该图来分析热定型的力学松弛过程。

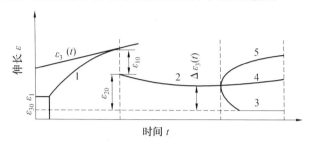

图 10.23　纤维后加工过程中的形变示意图

1—拉伸;2—低温恢复;3—松弛状态热收缩;4—定长热定型;5—控制张力热定型

图 10.23 中的曲线 1 表示初生纤维在拉伸过程中形变对时间的依赖关系。若令初生纤维的拉伸过程在恒定应力 σ_0 作用下进行,拉伸时间为 t_0,显然蠕变方程为

$$\varepsilon(t_0) = \sigma_0 \left[E_1^{-1} + E_2^{-1}(1 - e^{-\frac{t_0}{\tau_2}}) + \frac{t_0}{\eta_3^*} \right] \qquad (10.28)$$

式中　　$\varepsilon(t_0)$——拉伸时间为 t_0 的形变;

　　　　E_1、E_2——普弹形变和高弹形变的弹性模量;

　　　　τ_2——松弛时间;

　　　　η_3^*——塑性黏度。

纤维拉伸 t_0 时间后解除负荷(使 $\sigma_0 = 0$),此时拉伸形变开始发生松弛恢复。若令拉伸时普弹形变、高弹形变和塑性形变的贡献分别 ε_{10}、ε_{20} 和 ε_{30},则它们的表达式为

$$\varepsilon_{10} = \frac{\sigma_0}{E_1}$$

$$\varepsilon_{20} = \frac{\sigma_0}{E_2}(1 - e^{\frac{t_0}{\tau_2}}) \qquad (10.29)$$

$$\varepsilon_{30} = \frac{\sigma_0 \cdot t_0}{\eta_3^*}$$

负荷解除后,形变发生的松弛恢复也具有时间依赖性,此时的形变可表示为

$$\varepsilon(t_0) \begin{cases} \varepsilon_{10} + \varepsilon_{20} + \varepsilon_{30} & (t = 0) \\ \varepsilon_{20} \exp\left(-\frac{t}{\tau_2}\right) & (t > 0) \end{cases} \qquad (10.30)$$

可见,当拉伸后的纤维送去热定型时,其中形变主要是由高弹形变 ε_{20} 和塑性形变 ε_{30} 组成。因为普弹形变在拉伸负荷解除时已立即恢复。

(1)松弛状态下热定型

图 10.23 曲线 2 和曲线 3 相当于式(10.30)中所描述的高弹恢复部分。

将式(10.29)中 ε_{20} 与 ε_{30} 代入式(10.30),得

$$\varepsilon(t) = \sigma_0 \left[\frac{1}{E_2} \exp\left(-\frac{t}{\tau_2}\right)(1 - e^{-\frac{t_0}{\tau_2}}) + \frac{t_0}{\eta_3^*} \right] \qquad (10.31)$$

由式(10.31)可见,当 $t \to \infty$ 时,方括号内的第一项(经松弛后的高弹形变)逐渐趋近于零,而另一项则保持不变,这便是不可逆塑性形变。但在低温下,松弛时间非常长,高弹形变是"冻结"的;热处理或增塑作用使松弛时间(τ_2)缩短。在较高温度下或经长时间的热处理以后,剩余形变 $\varepsilon_r(t)$ 接近于恒定的塑性形变,即

$$\varepsilon_r(t) = \varepsilon_2(t) + \varepsilon_{30}$$
$$\lim_{t \to \infty} \varepsilon_r = \varepsilon_{30} = 常数 \qquad (10.32)$$

松弛热定型使纤维收缩,其结果使纤维变粗,且由于高弹形变的松弛恢复和内应力的消除,使纤维尺寸稳定,打结强度提高。

(2) 定长热定型

图10.23中曲线4表示纤维在固定长度下的热定型。此时形变 ε 保持不变,而应力是时间的函数,相应的松弛过程可用下式来描述:

$$\sigma(t) = c_1 \exp(-\lambda_1 t) + c_2 \exp(-\lambda_2 t) \qquad (10.33)$$

式中 c_1、c_2—— 取决于起始条件的常数;

λ_1、λ_2—— 物质特性 E_1、E_2、η_2^* 和 η_3^* 的函数。

定长热定型的实质是在纤维长度及细度不变的情况下,将内应力松弛,而让高弹形变转变为塑性形变。定型效果是指消除内应力的程度,与定型时间 t 及应力松弛时间有关。

(3) 在恒张力下的紧张热定型

图10.23中曲线5表示在恒定张力 σ 下的热定型。在热定型开始的瞬间($t=0$),纤维的形变包括不可恢复的塑性形变 ε_{30} 和一部分冻结的高弹形变 ε_{20},两者都是在拉伸过程中产生的。

当 $t = 0$ 时,有

$$\varepsilon = \varepsilon_{20} + \varepsilon_{30} \qquad (10.34)$$

当 $t > 0$ 时,形变 $\varepsilon(t)$ 可写成

$$\varepsilon(t) = \varepsilon_{30} + \frac{\sigma t}{\eta_3^*} + \frac{\sigma}{E_2}\left[1 - \exp\left(-\frac{t}{\tau_2}\right)\right] + \varepsilon_{20}\exp\left(-\frac{t}{\tau_2}\right) \qquad (10.35)$$

式中 ε_{30}—— 热定型前纤维原有的塑性形变;

t—— 时间;

$\dfrac{\sigma t}{\eta_3^*}$—— 在张力 σ 作用下,热定型过程中产生的新的塑性形变;

$\dfrac{\sigma}{E_2}\left[1 - \exp\left(-\dfrac{t}{\tau_2}\right)\right]$ —— 在张力 σ 作用下热定型过程中新发展的高弹形变;

$\varepsilon_{20}\exp\left(-\dfrac{t}{\tau_2}\right)$ —— 经松弛恢复后剩余高弹形变。

对比式(10.31)和式(10.35)可知,当 $\sigma = 0$(松弛热定型)时,式(10.35)转化为式(10.31),因此式(10.35)可作为热定型过程中纤维形变随时间发展的一般关系式。

2. 纤维在热定型过程中的收缩

热定型过程中纤维的收缩 $\Delta\varepsilon(t)$ 定义为在瞬间 t 的形变 $\varepsilon(t)$ 与初始时的形变 $\varepsilon(0)$ 之差的负值,即

$$\Delta\varepsilon(t) = -\left[\varepsilon(t) - \varepsilon(0)\right] \tag{10.36}$$

将式(10.34)和式(10.35)代入式(10.36),可得

$$\Delta\varepsilon(t) = \frac{\sigma t}{\eta_3^*} + \left(\varepsilon_{20} - \frac{\sigma}{E_2}\right)\left[1 - \exp\left(-\frac{t}{\tau_2}\right)\right] \tag{10.37}$$

由式(10.37)可见,$\Delta\varepsilon(t)$ 包括两项,第一项为负值,表示伸长,它来源于所加的张应力。第二项可正可负,视热定型方式而异。如果采用松弛热定型($\sigma = 0$),则 $\Delta\varepsilon(t) = \varepsilon_{20}\left[1 - \exp\left(-\frac{t}{\tau_2}\right)\right]$,它总是正值,即原有高弹形变发生回缩,并随时间 t 和松弛时间的倒数 $\frac{1}{\tau_2}$ 而有限地增大。在张力下紧张热定型时,情况较为复杂。按式(10.37),当外加张力 σ 比乘积 $\varepsilon_{20}E_2$(它等于定型前纤纠中的内应力)小时,$\Delta\varepsilon > 0$,即纤维发生收缩。反之,当对内应力小的试样施加大的外加应力时,即 $\sigma > \varepsilon_{20}E_2$ 或 $\frac{\sigma}{E_2} > \varepsilon_{20}$ 时,则 $\Delta\varepsilon$ 为负值,即试样发生伸长。此种紧张热定型的结果不能达至完全消除高弹形变的目的,因为旧的高弹形变未消除,新的高弹形变又发展了,所以在紧张热定型之后,必须接着进行一次松弛热定型,以消除内应力,否则纤维尺寸就不稳定。

应该指出,式(10.35)和式(10.37)都是在恒定温度条件下才适用的。事实上,松弛时间 τ(或黏度 η^*)对温度是很敏感的。τ(或 η^*)与温度 T 的关系,在狭窄温度范围内,可用 Arrhenius 式表示为

$$\tau = \tau_0 \exp\frac{E_a}{kT} \tag{10.38}$$

式中　τ_0——常数;

　　　E_a——控制松弛过程分子运动所需的活化能;

　　　k——Boltzmann 常数。

假定对于固体聚合物,E_a 的值为 $1.6 \times 10^2\,\text{kJ/mol}$,若从 $20\,℃$ 加热至 $120\,℃$,则松弛时间可缩短 $10^6 \sim 10^7$ 个数量级,因而将纤维加热会导致迅速收缩(松弛热定型时)或应力松弛(定长热定型时)。在紧张热定型时,由于张力的作用,使分子链运动受到限制,使松弛过程所需克服的能垒有所增加。所以,在紧张热定型时,τ 与 T 的关系可写成

$$\tau = \tau_0 \exp\frac{E_a + \Delta E_a}{kT} \tag{10.39}$$

式中　ΔE_a——紧张热定型在松弛过程中所需增加的活化能。

研究松弛热定型温度对涤纶热收缩率及剩余收缩率的影响可知,其热收缩随热定型的温度而单调增加乃至达到平衡。剩余收缩 $\Delta\varepsilon_r$ 表示预先在不同温度下热定型后的纤维,再在 $100\,℃$ 下进行收缩的收缩率,随定型温度升高而单调地下降。

另外,收缩开始的温度低于拉伸的温度,在 $115\,℃$ 拉伸的纤维在 $80\,℃$ 即开始有收缩,而且与纤维的相对分子质量无关。高拉伸倍数的样品收缩率小于通常低拉伸倍数的样品,可能是晶相产生了某种程度的连续性,即产生了所谓的"晶桥"。

3. 热定型温度的选择

目前尚无统一的理论能解释不同纤维热定型的机理,所以在生产中还是使用经验的"转变温度"作为制定工艺条件的参考。经验"转变温度"(T_t)定义为黏弹恢复速率等于

10%/min 时的温度,即此温度相当于松弛时间为 10 min,它通常比 T_g 高 20 ~ 100 ℃。对于疏水性纤维,如聚乙烯、聚丙烯等,干态和湿态下的转变温度相同。因此,湿度对于松弛恢复过程没有明显影响。反之,对于纤维素、聚酰胺、醋酸纤维素以及聚乙烯醇,在湿态下转变温度 T_t 明显降低。对于这些纤维,湿度在热定型过程中起重要作用。而聚丙烯腈和聚酯则处于上述两者之间,湿度对于 T_t 也有一定的影响。成纤聚合物的转变温度见表 10.3。

表 10.3　成纤聚合物的转变温度

聚合物	玻璃化温度 T_g / ℃	熔点 T_m / ℃	经验转变温度 T_t/ ℃	
			干态	湿态
低密度聚乙烯	−68	105 ~ 115	−25	−25
等规聚丙烯	−20	180	−10	−10
聚酰胺 6	40 ~ 50	215 ~ 230	—	—
聚酰胺 66	40 ~ 50	255 ~ 265	60	10
聚丙烯腈	约 100	320	90	70 ~ 75
聚对苯二甲酸乙二酯	67 ~ 81	264 ~ 267	100	85
纤维素醋酸酯	69	230	180	105
聚乙烯醇	80 ~ 85	225 ~ 230		
纤维素	—		200	0

因实际定型工艺中所采用的温度是在玻璃化温度与熔点之间适当选择的,故每种纤维都有一个最合适的热定型温度范围。一般热定型温度应高于纤维或其织物的最高使用温度,以保证在使用条件下的稳定性。此外,热定型应在一定温度条件下完成,以在合理的短时间内(如 10 ~ 100 min)达到动力学平衡。这个要求与表 10.3 中所列的转变温度有关。再则,一种纺织纤维热定型时所能达到的最高温度还受此物质热稳定性的限制。例如,聚酯纤维在水的存在下,加热至高温时会发生解聚,聚乙烯和聚丙烯则对氧化作用较为敏感。

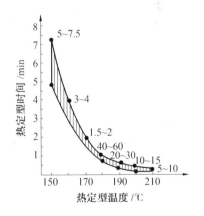

图 10.24　涤纶合适的热定型温度与热定型时间的对应关系

图 10.24 为涤纶合适的热定型温度与热定型时间的对应关系。由图 10.24 可见,温度越高,定型时间越短,最佳热定型时间的范围越窄。

应该指出,以上所讨论的线性松弛理论可作为讨论纤维后加工时尺寸变化的理论基础,但不能保证定量而正确地描述真正的过程。

10.2.3 热定型过程中纤维结构和性能的变化

1. 热定型过程中纤维结构的变化

与拉伸过程一样,热定型过程中纤维结构的变化,主要是超分子结构的变化。然而,热定型时的变化比拉伸时的变化更为明显。热定型时纤维结构的变化,在很大程度上决定于分子链的柔性,而热定型的条件,如温度、介质和所加张力对结构变化的影响也十分明显。

(1)结晶度的变化

对于结晶性的聚合物,将纤维在无张力状态下热处理,其结晶度有所增大,定型温度较高时,结晶度的增大往往更快。对聚酰胺、聚酯、聚丙烯、聚乙烯醇和聚乙烯纤维,热处理时都发现结晶度有所增大。由于热处理的结果,能使结晶度提高 20% ~ 30%。如进行定长热定型或在张力下热定型,所得纤维的结晶度保持不变或比松弛热定型时增加得较慢。

纤维在热定型过程中的结晶速率与拉伸纤维原来的结构有关。图 10.25 所示为经拉伸和热处理后,涤纶的密度与热处理温度的关系。

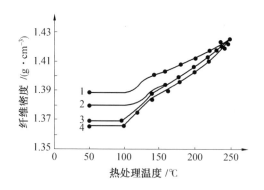

图 10.25 涤纶在不同温度下热处理后(热处理时间为 30 min)的纤维密度

(2)微晶尺寸和晶格结构的变化

在松弛状态下进行热定型,一般会增大微晶的尺寸,特别是垂直于纤维取向方向上的尺寸,这是由于热处理有利于分子链运动而发生链折叠,在张力下热定型时,平行于纤维取向轴的微晶尺寸会大为增大,而垂直于纤维取向轴的尺寸只是略微增大,张力大时尺寸可能减小。

显然,微晶尺寸的增大,会使晶区缺陷减少,晶区完整度得到改善。

热定型也能影响晶格结构。例如,拉伸聚丙烯纤维的结晶一般为六方晶体,在加热时转变为更稳定的单斜晶变体。取向的锦纶 6 在绝对干燥状态下加热,只能增加原来六方晶体结构的完整性,而在水或其他能形成氢键的试剂存在下热处理,就会促使它转变为单斜晶变体。

(3)取向度的变化

热定型时纤维取向度的变化受定型方式的影响很大。图 10.26 为聚丙烯纤维在不同条件下热处理时双折射率 Δn 的变化。

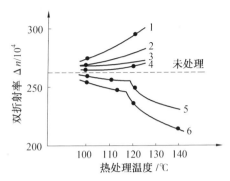

图 10.26 聚丙烯纤维在不同条件下热处理时双折射率的变化

（原有结晶度和拉伸时自热效应的次序为 1>2>3>4）

1—纤维伸长 10%，在乙二醇中处理；2—纤维伸长 10%，干处理；3—在乙二醇中定长热处理；

4—干态定长热处理；5—干态松弛热处理；6—在乙二醇中松弛热处理

在定长或张力下热定型时，双折射率保持不变或有所增大，而松弛热定型时，双折射率随温度的增加而明显下降。

（4）纤维的长周期和链折叠

小角 X 射线散射（SAXS）的研究表明，纤维的长周期（所谓长周期是指拉伸纤维形成的微纤结构中晶区与非晶区平均尺寸之和）随热定型温度的升高而增大。长周期增大表明晶片厚度增加，反映晶区与非晶区电子密度加大，也间接地反映折叠链的数目增加。

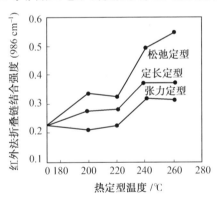

图 10.27 涤纶热处理所引起的有规折叠链的增加

图 10.27 表明利用红外光谱技术研究热定型温度对涤纶超分子结构的影响。红外光谱中 986 cm^{-1} 波数的吸收峰是 PET 中有规折叠链的特征峰。由图 10.27 可见，随着热定型温度的提高，涤纶中有规折叠链的数目有所增加，而松弛热定型增加最多，定长热定型次之，张力定型增加得最少。这与 X 射线散射的研究结果基本一致。

2. 热定型对纤维物理–机械性质的影响

热定型时，纤维发生松弛和结构变化，引起纤维物理–机械性质发生改变，这种改变取决于始用纤维的性质和热定型条件，特别是定型温度和张力对纤维物理–机械性质的影响最为明显。热定型时纤维结构和性质的变化与热定型时间的关系如图 10.28 所示。由图 10.28 可知，取决于取向度的断裂强度在松弛热定型时通常有所减小，紧张热定型时则保持不变，甚至有所增大。断裂伸长率通常与断裂强度的变化方向相反，热定型后纤维的延伸度有所提高。

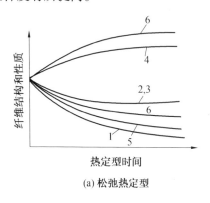 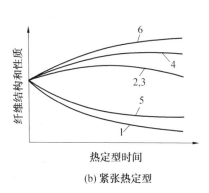

(a) 松弛热定型   (b) 紧张热定型

图 10.28　松弛热定型和紧张热定型时,纤维结构和性质的改变

1—热处理后纤维的收缩;2—取向度;3—断裂强度;4—断裂伸长率;5—吸湿率;6—对应介质作用的稳定性

（1）热定型温度、张力对纤维应力–应变行为的影响

在不同温度、张力条件下热处理 1 min 后,涤纶的应力–应变曲线如图 10.29 所示。由图 10.29 可知,松弛热定型时,纤维的应力–应变曲线都在未处理的参比曲线之下,热处理温度越高,曲线的位置越低;紧张热定型时,应力–应变曲线则在参比曲线之上。

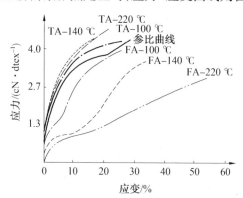

图 10.29　涤纶热定型后的应力—应变曲线（定型 1 min）

FA—松弛热定型;TA—紧张热定型

图 10.30 表示松弛热定型温度对涤纶（不同拉伸倍数）的强度和初始模量的影响;图 10.31 为紧张热定型温度对涤纶的强度和初始模量的影响。由图可以看出,松弛热定型温度超过 100 ℃时,纤维的强度和初始模量随定型温度的升高而明显下降。紧张热定型温度在 140 ~ 200 ℃,涤纶的强度随温度升高而有所增大,在 200 ℃以上,涤纶的强度随温度的升高而下降。由此可见,紧张热定型时,强度开始下降的转折点温度远较松弛热定型时（100 ℃）为高。初始模量随定型温度的变化曲线与松弛热定型时大不相同,它先是稍有下降,而后有明显增大,当定型温度超过 200 ℃时,模量又明显下降,这可能与非晶区取向、结晶度以及晶粒尺寸的变化有关。

（2）热定型对纤维热收缩的影响

如前所述,随着温度的升高,纤维收缩率增加。图 10.32 所示为热处理温度对锦纶

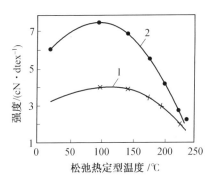 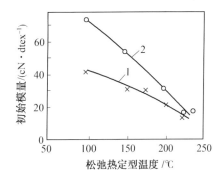

图 10.30　松弛热定型温度对涤纶强度和初始模量的影响
1—拉伸 3 倍;2—拉伸 5 倍

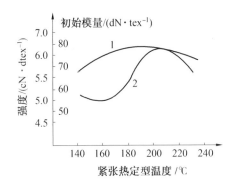

图 10.31　紧张热定型温度对涤纶强度和初始模量的影响
1—断裂强度;2—初始模量

66 热收缩率的影响。在 220 ℃以上,收缩率迅速上升,但纤维的力学性能迅速恶化,如图 10.33 所示。可见,纤维的热收缩不是一种简单的解取向过程。

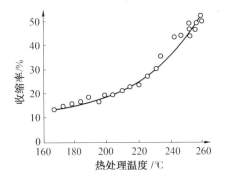 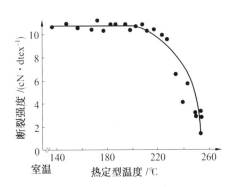

图 10.32　热处理温度对锦纶 66 热收缩率的影响　图 10.33　热定型温度对锦纶 66 断裂强度的影响

(3)热定型对纤维染色性能的影响

热定型对纤维吸湿性和染色性能的影响较为复杂,由于水分子及染料一般只能渗入纤维的非晶区,所以吸湿性和染色性能主要取决于纤维的结晶度、晶粒尺寸、非晶区的取向以及微孔结构。

聚丙烯腈纤维经热定型后吸湿性有所减小,这可能与其超分子结构和微孔结构同时变化有关。

涤纶热处理温度在 175 ℃附近时,平衡上染率 C_∞ 有一极小值。研究结果表明,这种现象与纤维中晶粒尺寸变化有关。

对于锦纶 66 的研究表明,蒸汽定型可使染料的扩散大大加快,如在多次热定型中,最后一次采用蒸汽定型,则染料扩散速率就会增大。

10.2.4　热定型机理

纤维拉伸时放热,结构的有序程度增加;纤维热定型时吸热,无序程度增加。拉伸形变主要是熵的贡献,而热定型时,除了熵变化之外,必定要有大分子内能的变化,而且大分子有多种运动单元,在吸热后各种转变都可能发生,目前尚无综合上述各种情况的统一理论。现从热定型过程中纤维大分子间作用力的变化,热定型与分子运动等方面对纤维的热定型进行探讨。

1. 热定型过程中大分子间作用能的变化

从纤维的大分子链结构分析可知,聚酰胺纤维大分子间的作用力主要是氢键,聚酯纤维则是极性酯键以及苯环之间的相互作用;聚丙烯腈纤维分子间有极强性的侧基—CN 的作用;聚烯烃纤维只有—CH$_2$ 或侧基—CH$_3$ 的作用,后一类分子间相互作用力很小,温度稍高时就会舒解。

从分子间结合能的观点出发,化学纤维的热定型过程包括三个阶段。

第一阶段(图 10.34 中曲线 Ⅰ):用加热或掺入增塑剂的方法减弱纤维分子间的作用力,并使纤维达到高于 T_g 的温度。由于扩散过程或传热的速度很快,故在此阶段中,纤维分子间作用力的减弱在几秒钟内即完成。此阶段可称为"松懈"阶段。纤维中大分子原先的活动性越小,即分子间的结合越牢固,"松懈"阶段的时间($t_{H1} - t_{H0}$)就越长,温度就应越高。

当时间 t_{H1} 时就使热定型过程终止,即在第二阶段开始前就结束,则纤维会比热定型以前更易变形,首先表现在加热或膨化时纤维收缩率的增大。

必须指出,"松懈"阶段分子间结合能的降低只发生在最松散的无定型区,而较牢固的超分子结构(晶粒、球晶、微纤)并不拆散。

第二阶段(图 10.34 中曲线 Ⅱ):这是热定型过程的主要阶段,也是真正的定型阶段。此时,分子间结合能 E 自发地由 E'_2 增大至 E''_2。由于"松懈"和热振动的结果,个别的大分子链节和链段周期性地相互靠近并重新相互排斥。振动时,大分子个别的活性基团与其他大分子的同样基团相遇,靠近到原子间相互作用的距离,就形成新的键。此时由于处在高温下,这些键很弱,但其数目却不断增加,同时分子间的作用力也增大。在结晶聚合物中会发生进一步的结晶,使非晶区或介晶区减小,结晶度有所提高。在非结晶性高聚物所形成的纤维中,热定型时仅发生无定型结构的紧密化,并形成新的微纤和其他超分子结构单元,这也使分子间的作用力增加。

相邻大分子的活性基团发生结合需要时间,因此第二阶段的时间比第一阶段长好几倍。发生该过程的速度也取决于大分子链节或链段的活动性,即取决于热定型温度。此

过程在高于 T_g 的温度下自发地进行,通常在低于聚合物熔点 $30 \sim 50$ ℃的温度下达到最高速度。

把热的作用和增塑作用结合起来,可使定型的第二阶段大为加快。因此,在热水或蒸汽介质中定型时,能以较低的温度和较短的时间达到与在热空气中定型相同的效果。

第三阶段(图10.34中曲线Ⅲ):在此阶段使纤维冷却除去增塑剂(水洗、干燥),并降低温度至 T_g 以下,此时在第二阶段所产生的新键以及大分子的位置得到固定。新生结构的固定发生得很快,可在几秒内完成,因此过程取决于传热或增塑剂的扩散速度。

为了使纤维有恒定的物理力学性质和热定型程度,必须精确地控制定型温度(± 0.5 ℃),纤维中增塑剂含量也应保持恒定。热处理温度应比在给定增塑剂含量下成纤聚合物的玻璃化温度至少高出 $20 \sim 30$ ℃,以使纤维制品在随后使用过程中有足够的稳定性,但处理温度不应过高,以免纤维发生形变或裂解。

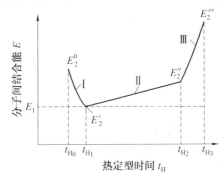

图 10.34　热定型过程中分子间结合能的变化

2. 热定型与分子运动

聚合物分子运动的特点之一是存在着多种运动单元和多种运动方式。每种运动方式所需的活化能与该运动单元的松弛特性有关。运动单元的松弛时间越短,其转变温度(从运动被"冻结"状态转变为开始运动状态的温度)就越低。因此,聚合物在宽广的温度范围内显示出多种运动单元的转变温度,通常称之为聚合物的多重转变。聚合物中除了链段(其长度相当于 $50 \sim 100$ 主链原子的长度)开始运动的玻璃化温度 T_g、整个大分子链开始流动的黏流温度 T_f 以及结晶聚合物的熔融温度 T_m 以外,还存在着多种转变温度,例如,侧基的运动;主链中 $4 \sim 8$ 个碳原子在一起的"曲柄"运动;主链中杂原子基团,如聚酰胺中的酰氨基、聚酯中的酯基的运动;主链中苯环的运动;侧基中的基团,如聚甲基丙烯酸甲酯中的酯基及甲基的运动;结晶聚合物中晶区的缺陷、折叠链的手风琴式的运动以及晶型的转变等。每种运动方式定要在高于其转变温度以上方能进行。

聚合物中各种运动单元的松弛过程和转变温度可在其动态力学-温度谱上反映出来,内耗-温度谱上反映得更为明显。如在一定频率下(如110 Hz、11 Hz),在宽广的范围内测定聚合物的内耗(以内耗角正切 $\tan \delta$ 表示,$\tan \delta = \dfrac{E''}{E^*}$,$E''$ 为损耗模量,E^* 为储能模量),就得到聚合物的内耗-温度谱。图10.35 ~ 图10.37 是几种成纤聚合物的内耗-温度谱。根据温度从高到低,谱图上的内耗峰分别 α、β、γ、δ 等,其对应的温度称为 α、β、γ、δ 转变温度。在大多数情况下,α 转变温度相当于 T_g。

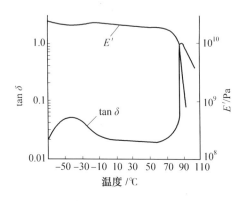

图 10.35　无定型聚酯(PET)的动态力学温度谱

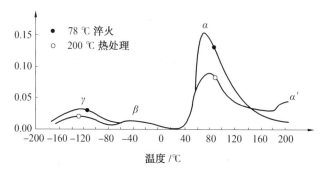

图 10.36　锦纶 6 的内耗正切-温度谱(100 Hz)

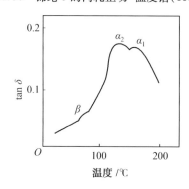

图 10.37　聚丙烯腈薄膜的温度-内耗关系

　　纺织用纤维在使用温度下要具备必要的柔性和弹性,不发生蠕变或蠕变尽可能小,即能保持纤维的形状和尺寸的稳定性。若要符合上述条件,就要求成纤聚合物结构中存在多种运动单元。一种理想纤维的内耗-温度谱应包括两部分内容:一是松弛时间短的运动单元,其内耗峰的位置低于室温,以使纤维在室温下具有必要的柔性和弹性;另一部分是松弛时间相当长,相当于室温以上具有内耗峰,即一些较大的运动单元(一般指链段)在室温下还不能发生运动,这就防止在室温下发生蠕变或松弛。如果在较高温度下进行热定型,则较大的运动单元得以快速松弛,纤维的内应力得到消除,同时使热定型后纤维的结构得以稳定。

　　在内耗-温度谱上同时出现低于室温的内耗峰和高于室温的内耗峰,称之为"双内耗峰"现象。在生产实践中发现,涤纶的热定型效果最好,聚酰胺纤维次之,腈纶也有热定型效果,而聚烯烃纤维和纤维素纤维热定型效果不好,其原因可从它们的内耗-温度谱中得到解释。涤纶因具有上述的双内耗峰现象,因此热定型效果很好;锦纶 6 在室温下有多重内耗峰,但由于其分子间有氢键,在湿态下,锦纶 6 的 α 转变温度可降低到室温。虽然可借水或其他溶剂的存在来降低热定型温度,但热定型的效果将受水分子的影响。腈纶的转变温度强烈受共聚、拉伸和增塑等作用的影响。由图 10.37 可知,β 峰在 $50 \sim 60 \, ^\circ\text{C}$,在共聚或增塑后,$\beta$ 峰可移至室温;α 松弛有 α_1 和 α_2 两个峰,α_1 在 $140 \sim 160 \, ^\circ\text{C}$,它是侧基(氰基)偶极力存在下非晶区链段运动的反映,其分子间的作用力较强;α_2 在 $80 \sim 110 \, ^\circ\text{C}$,是分子间较弱的范德华力作用下非晶区的链段运动。腈纶的热定型一般在转变温度下进行,因 α_1 转变温度较高,为了降低此转变温度,一般采用湿态蒸汽定型的方法。

在 α 转变温度以上进行快速的应力松弛,可使纤维固定于一定的长度和形状,使其在低温时形状稳定。热定型时的进一步结晶化使纤维结构有所改变,并使转变温度提高,可以抑制进一步形变和不可恢复伸长的发生。热定型使纤维具有能承受一定的热和张力作用的稳定结构。

参考文献

[1] 沈新元. 化学纤维手册[M]. 北京:中国纺织出版社,2008.

[2] 李光. 高分子材料加工工艺学[M]. 北京:中国纺织出版社,2010.

[3] 张瑞志,徐德增,刘维锦. 高分子材料生产加工设备[M]. 北京:纺织工业出版社, 2005.

[4] 董纪震,赵耀明,陈雪英,等. 合成纤维生产工艺学:上、下册[M]. 2版. 北京:中国纺织出版社,1999.

[5] 沈新元. 高分子材料加工原理[M]. 北京:中国纺织出版社,2009.

[6] 肖长发,尹翠玉,张华,等. 化学纤维概论[M]北京:中国纺织出版社,2005.

[7] 大卫·R·萨利姆. 聚合物纤维结构的形成[M]. 高绪珊,吴大诚,译. 北京:化学工业出版社,2004.

[8] 辛长征,王延伟,杨东洁,等. 纤维纺丝工艺与质量控制[M]. 北京:中国纺织出版社, 2009.

[9] JAMES C M. 腈纶工艺及应用[M]. 陈国康,沈新元,林耀,译. 北京:中国纺织出版社, 2004.

[10] 蔡小平. 聚丙烯腈基纤维生产技术[M]. 北京:化学工业出版社,2012.

[11] MCINTYRE J E. 合成纤维[M]. 付中玉,译. 北京:中国纺织出版社,2010.

[12] 张旺玺. 纤维材料工艺学[M]. 郑州:黄河水利出版社,2012.

[13] 高绪珊,吴大诚. 纤维应用物理学[M]. 北京:中国纺织出版社,2001.

[14] 蔡再生. 纤维化学与物理[M]. 北京:中国纺织出版社,2009.

[15] 郭大生,王文科. 聚酯纤维科学与工程[M]. 北京:中国纺织出版社,2001.

[16] 中国化纤总公司. 化学纤维及原料实用手册[M]. 北京:纺织工业出版社,1996.

[17] 郭大生,王文科. 熔纺聚氨酯纤维[M]. 北京:中国纺织出版社,2003.

[18] 孙晋良,吕伟元. 纤维新材料[M]. 上海:上海大学出版社,2007.

[19] 薛金秋. 化纤机械[M]. 北京:中国纺织出版社,1999.

[20] 周松亮,周维. 涤纶工业丝生产与应用[M]. 北京:中国纺织出版社,1998.

[21] 王荣光,夏波拉,张瑞志,等. 涤纶长丝设备的使用与维护[M]. 北京:中国纺织出版社,1997.

[22] 中国石油化工集团公司人事部. 腈纶纺丝操作工[M]. 北京:中国石化出版社,2007.

[23] 贺福. 碳纤维及石墨纤维[M]. 北京:化学工业出版社,2006.

[24] 王成国,朱波. 聚丙烯腈基纤维[M]. 北京:科学出版社,2011.

[25] 白伦,谢瑞娟,李明忠,等. 长丝工艺学[M]. 上海:东华大学出版社,2011.

[26] 于伟东,储才元. 纺织物理[M]. 上海:东华大学出版社,2002.

[27] 晏雄. 产业用纤维制品学[M]. 北京:中国纺织出版社,2010.

[28] 言宏元. 非织造工艺学[M]. 北京:中国纺织出版社,2010.

[29] 西鹏. 高技术纤维[M]. 北京:化学工业出版社,2004.